图像质量评价
经典理论

翟广涛　闵雄阔　著

科学出版社

北京

内 容 简 介

多媒体质量评价与优化是近年来多媒体信号处理领域的重要前沿性研究方向，国内外研究者在该方向上已经取得了一系列的研究成果。本书比较全面地论述了多媒体质量评价，尤其是图像质量评价领域的前沿理论与方法。主要内容包括：图像质量评价简介、基于自由能的图像质量评价、基于伪参考的图像质量评价、采集到显示全链路图像质量评价、图像增强质量评价、图像质量增强以及视频质量评价等。本书反映了国内外图像质量评价领域的发展现状和近期成果，也包含了作者近年来在该领域的主要研究成果。

本书可作为高等院校电子、通信、计算机、自动化等专业的高年级本科生、研究生的教材及课外读物，同时可供从事图像和视频质量评价、图像视频处理、多媒体信号处理、计算机视觉、人工智能等相关领域的专业研究人员学习、参考。

图书在版编目（CIP）数据

图像质量评价：经典理论 / 翟广涛，闵雄阔著. -- 北京：科学出版社，2024. 12. -- ISBN 978-7-03-079732-2

I. TN911.73

中国国家版本馆 CIP 数据核字第 20245K0D41 号

责任编辑：刘凤娟　郭学雯 / 责任校对：彭珍珍
责任印制：张　伟 / 封面设计：无极书装

科学出版社 出版
北京东黄城根北街 16 号
邮政编码：100717
http://www.sciencep.com

北京中科印刷有限公司印刷
科学出版社发行　各地新华书店经销

*

2024 年 12 月第 一 版　开本：720×1000　1/16
2024 年 12 月第一次印刷　印张：30 1/2
字数：598 000

定价：238.00 元
（如有印装质量问题，我社负责调换）

前　　言

随着社会的不断进步和科技的迅猛发展，人们传递信息和交流沟通的方式也在不断改变。从古代的烽火狼烟、飞鸽传书，再到现代的手机和电脑等多媒体设备，信息技术的每一次发展都会对人类的生产生活方式产生巨大的影响。尤其是进入 21 世纪以后，信息技术得到了前所未有的发展，人们可以随时随地上传图像或者视频来分享自己的生活，这使得以图像和视频为代表的多媒体信息逐渐成为人们沟通交流的不可或缺的方式。统计数字表明，在全世界各地范围内人们每年拍摄的照片就超过万亿张，而视频等其他类型的多媒体信息也呈爆炸性增长。在此背景下，图像视频处理等相关的多媒体信号处理技术也成为研究热点。海量图像或视频信息在最终呈现给用户之前可能会经历采集、压缩、传输、处理、呈现等各个阶段，而在整个通信链路中，图像视频信息可能会遭受各种失真的影响，从而造成质量退化，那么在整个通信链路的各个阶段量化感知质量的退化，对于保持、控制和提升图像视频的体验质量具有非常重大的价值。本书主要围绕图像质量评价 (image quality assessmant, IQA) 的相关理论、技术及应用，展开深入的探讨。

图像质量评价一般通过对图像进行分析，衡量图像的失真程度，从而给出图像的质量评估结果。根据是否有观察者直接参与评价，质量评价可以分为主观质量评价和客观质量评价。主观质量评价一般通过综合大量观察者对图像的评分来获得最终的质量分数。通常来说，人类是最终的信息接收者，所以主观质量评价是最准确的评价方法。但是，主观质量评价需要大量的观察者参与，所以它具有耗时耗力、不可实时使用等缺点。客观质量评价一般通过研究图像质量及其影响因素之间的关系，设计图像及其质量之间的计算模型，实现图像质量的客观估计。客观质量评价虽然没有主观质量评价准确，但它具有自动、随时等优点。近二十年来，研究者在质量评价领域开展了大量研究并取得了丰富的研究成果，比如各种各样的质量评价数据集和性能优越的客观评价方法，这些成果将推动多媒体技术的不断发展，促进社会的进步。

本书详细论述了大量先进的图像质量评价方法及其应用，全书共 7 章。第 1 章 "图像质量评价简介"，主要阐述了质量评价的理论基础；第 2 章 "基于自由能的图像质量评价"，主要阐述了基于自由能原理研发的客观图像质量评价算法的相关内容；第 3 章 "基于伪参考的图像质量评价"，主要阐述了基于伪参考和失真强化的无参考图像质量评价的相关内容；第 4 章 "采集到显示全链路图像质量评价"，主要阐述了真实失焦模糊、单失真和多重失真图像的混合质量评价算法，考虑视距、分辨率和观看环境的视觉质量评价算法，以及考虑环境亮度的液晶屏动态背光调节的相关内容；第 5 章 "图像增强质量评价"，主要阐述了基于合成雾图像、基于真实雾图像的去雾质量评价、端到端的雾浓度预测网络、弱光图像增强、对比度变化、基于信息最大化的对比度失真无参考质量评价，以及基于信息、自然性和结构的色调映射图像的盲质量评价的相关内容；第 6 章 "图像质量增强"，主要阐述了基于显著性保护的对比度增强，基于广义均衡模型的对比度增强，模糊视频插帧的相关内容；第 7 章 "视频质量评价"，主要阐述了低码率视频的多维感知质量评价，基于用户感知质量评价的三维可伸缩视频适配，以及超高清内容清晰度用户体验质量评价的相关内容。

本书作者在国家自然科学基金等的资助下开展了深入研究，取得多项国内外先进成果，作者通过对相关研究成果进行总结，归纳出了一整套图像质量评价理论和方法。虽然目前有大量的学者从事图像质量评价的研究工作，但并无对目前先进的图像质量评价算法进行综合论述的书籍。本书深入系统地论述了图像质量评价及其应用的各种有效的模型，为图像质量评价领域注入了新的活力，可作为高等院校电子、通信、计算机、自动化等专业的高年级本科生、研究生的教材，同时可供从事图像视频质量评价、图像视频处理、多媒体信号处理、计算机视觉、人工智能等相关领域的专业人员学习参考。

参与本书撰写的人员来自上海交通大学翟广涛教授领导的课题组，全书由翟广涛、闵雄阔博士共同撰写和统稿，高艺璇、吴思婧等博士研究生也做了大量的辅助性工作。本书参考了大量近年来出版的相关技术资料，吸取了许多国内外专家同仁的宝贵经验，在此向他们深表谢意。书中彩图可扫封底二维码查看。

本书是在国家自然科学基金委员会的一系列研究课题的成果的基础上撰写的，在此对国家自然科学基金委员会等表示衷心的感谢。

作　者
2024 年 1 月

目　　录

第 1 章　图像质量评价简介

随着社会的进步和科技的发展，人们传达信息的方式不断发生着改变。尤其是进入 21 世纪之后，信息技术的快速发展使得以图像和视频为代表的多媒体逐渐成为人们传达信息和沟通交流不可或缺的一种方式。统计数字表明，在全世界人们每年拍摄的照片就超过万亿张，而视频等其他类型的多媒体信息也呈爆炸性增长。海量的多媒体信息在从采集到呈现的整个过程中不可避免地会引入降质，那么研究如何评价多媒体信息的感知质量，对于提供更好的体验质量 (quality of experience，QoE) 也具有非常重大的价值。

1.1　多媒体通信及体验质量

海量的多媒体信息并不都拥有完美的质量，不同多媒体信息在呈现给用户之前所经历的过程不一样，因而其质量也参差不齐。一般地，图像或视频等多媒体信息在最终呈现给用户之前可能会经历采集、压缩、传输、处理、呈现等阶段。而在整个多媒体通信链路中，多媒体信息可能会遭受各种失真 (distortion) 的影响，从而造成质量退化 (quality degradation)[1]。例如，视觉媒体在采集阶段的噪声和模糊、压缩阶段的有损压缩、传输阶段中的传输错误、呈现阶段的呈现失真。而质量评价的目标就是对人感知的 QoE 进行量化。质量评价特别是质量评价算法在多媒体信号处理中有广泛的应用 [1]。首先，质量评价可以用于质量监测及控制。在多媒体通信系统中，通常有诸多因素会影响多媒体的质量，从而造成其质量的波动。利用质量评价就能监测多媒体质量的变化，当质量下降或者不能满足需求时就可以对系统进行调整，以提供更加稳定和可靠的服务。其次，质量评价可以用于系统配置及优化。实际的多媒体通信系统或者网络不可避免地会涉及整个系统的配置及参数的设定，我们可以利用质量评价来指导这些配置和设定。最后，质量评价可以用于算法及系统评估。多媒体处理相关的算法及系统种类繁多，而这些算法及系统的目标是为用户提供更好的 QoE。我们可以利用质量评价来评估各种算法及系统的性能，选择能达到最佳 QoE 的算法及系统。

总的来说，由于多媒体通信系统整个链路的复杂性，多媒体的质量很难处于完美状态。因此，在整个通信链路的各个阶段量化感知质量的退化，对于保持，控制和提升多媒体的 QoE 具有非常重要的意义。而多媒体信息的最终接收者通常是人，因此利用人类相关的感知特性则有助于提升多媒体质量评价模型的效果。

1.2　体验质量评价

QoE 的概念近些年在很多应用中受到大量的关注，QoE 通常描述了用户对设备、网络和系统、应用或业务的质量和性能的主观感受。很多国际组织，如欧洲多媒体系统和服务体验质量网络组织 (European Network on Quality of Experience in Multimedia Systems and Services，简称 Qualinet) 与国际电信联盟 (International Telecommunication Union，ITU) 都给出了 QoE 的详细定义及说明 [2,3]。本节将主要以 Qualinet 关于 QoE 定义的白皮书 [2] 为参考，详细介绍 QoE 的定义及相关概念。

质量的概念是和所谓的服务质量 (quality of service，QoS) 高度相关的。QoS 是在通信领域被广泛采用的服务的度量标准。QoS 评价指标主要包括网络的吞吐率、时延、丢包率、抖动、误码率等。而现如今，QoE 这一概念的出现主要是因为 QoS 这个概念不能充分地解释在通信服务领域的所有事情。QoS 的评价指标仅仅反映了服务技术层面的性能，甚至仅仅是网络传输层面的性能，忽略了用户主观因素。QoE 是一种以用户认可程度为标准的服务评价方法。它综合了服务层面、用户层面、环境层面的影响因素，直接反映了用户对服务的认可程度。

1.2.1　体验质量定义

为了更好地理解 "体验" 以及 "质量" 这两个词，首先需要定义 "事件" 这个概念。

事件　一个可以观测到的事情。一个事件可以被具体到空间 (即它在什么位置发生的)、时间 (即它在什么时间发生的) 和特性 (即它可以观测到什么)。

接着可以定义 "体验"。

体验　体验是一个人对一个或多个事物的感知和解释的过程事件。

例如，一个体验可能来自于一个人与一个系统、服务或人工品。经验不一定会导致对其质量的判断。

质量　质量是一个人的比较和判断过程的结果。它包括知觉、对感知的思考，以及对结果的描述 [4]。

对于实际的质量形成过程 (图 1.1)[4,5]，我们可以分成两条路径：质量感知路径和参考路径。参考路径反映了质量形成过程的时序和上下文性质，并且还继承了以前经历过的质量的记忆，如图中从体验的质量到参考路径的箭头所示。质量感知路径需要一个物理事件来触发，例如，通过一个物理信号到达我们的感觉器官，作为一个输入。这个物理事件在参考路径的约束下，通过低层次的知觉过程处理成一个感知信号。这个感知信号然后经历一个反射过程，再次直接回到参考路径上，通过认知加工来解释这些感官特征；接着概念可以被描述和 (潜在地) 量化，成为感知质量特征。

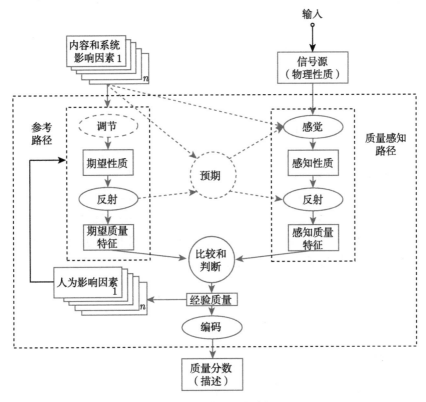

图 1.1　质量形成过程

　　最后，将参考路径产生的期望质量特征和质量感知路径产生的感知质量特征转化为 QoE，来代表比较和判断过程。这种体验到的质量在时间、空间和特性上是有界限的，因而可以称为质量事件。然而，此事件发生在人类用户内部，并且只能在描述性级别上从用户处获取有关该事件的相关信息。

　　对于 QoE，Qualinet 关于 QoE 定义的白皮书 [2] 给出的定义是：

QoE 是用户对于一个应用或服务的愉悦或烦恼程度。

　　这是根据用户的个性和当前状态，由他/她对应用或者服务的效用/期望的实现程度决定的。

　　这里，"个性"是指"一个人的导致他感觉、思考和行为一致的模式的特性"[6]，

而 "当前状态" 是指 "一个人根据情境或时间变化的感觉、思维或行为"[7]。值得注意的是，这里的当前状态也是一个 QoE 的影响因素，也是由人的经验所引起的。此外，应用被定义如下。

应用 一个允许用户对给定的目的来使用和交互的软件或硬件。这些目的可以包括娱乐或是信息检索，或是其他。

此外，服务被定义如下。

服务 某一实体为了实现另一个实体渴望的事情而发生的事件。

根据国际电信联盟制定的标准 ITU-T Rec.P.10/G.100[3]，QoE 被定义如下。

QoE 由终端用户主观感知的一个应用或服务的总体可接受性。

注 1：包括完整的端到端系统效应。

注 2：可能受到用户期望和环境的影响。

与这个定义相反，在 QoE 白皮书[2] 中，QoE 与可接受性有明确的区别，其中 "服务" 的特征是用来描述一个人使用该服务的乐意程度。

可接受性 可接受性是部分基于 QoE 所得出的决策结果。

基于类似的思考，在 Dagstuhl 研讨会 09192 "从服务质量到体验质量"[8] 的讨论中，制定了以下 QoE 定义，以解决与 ITU-T 定义相关的一些问题。

QoE 用户使用服务后的愉悦程度。在通信服务方面，它受到内容、网络、设备、应用程序、用户的期望和目标，以及使用环境的影响。

此外，QoE 必须与性能区分开来，性能可以定义如下。

性能 一个单元实现它所设计的功能的能力。

1.2.2 体验质量影响因素

QoE 影响因素的研究对 QoE 的评价至关重要。因为 QoE 评价的基本目标就是要从已知或者容易测量的 QoE 来预测难以直接测量的 QoE。因此，在本节中，我们将重点讨论影响 QoE 的因素，我们将其定义如下。

影响因素 任何可能影响用户的体验质量的实际状况或者设置，这些状况或者设置来自于用户、系统、服务、应用程序或者环境的特征。

影响因素不能被认为是孤立的，因为它们可能相互关联。影响因素可分为三类，即用户影响因素、系统影响因素和环境影响因素，如图 1.2 所示。

用户影响因素 是任何一个用户可变的或者不可变的属性或者特征。这些特征可以描述人口和社会经济的背景，物理和心理构成，或用户的情绪状态。用户影响因素是复杂且紧密相关的。它们可能会影响两个重要层次的知觉过程[9]。在前期感知或所谓的低层次处理层次，与用户生理、情感和心理构成有关的属性占主导地位。这些特征可以是本性的 (用户的视觉和听觉敏锐度、性别、年龄)，也可

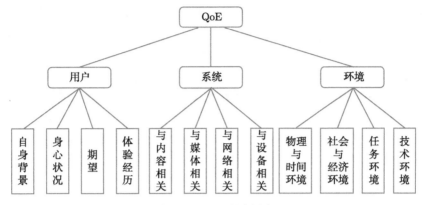

图 1.2　QoE 影响因素

以是可变和动态的 (低阶情绪、用户情绪、个性特征、动机、注意力水平)。在更高层次的认知加工、解释和判断中，其他的用户影响因素则更重要。同样，这些属性可以有一个不变的或相对稳定的特征 (社会经济状况、教育背景、态度和价值观、个性特征) 以及一个变化的和更敏锐的特征 (期望、需要、知识、以前的经历、情感)[10,11]。

系统影响因素　是指决定应用或服务的技术质量的属性和特征 [12]。它们与多媒体采集、编码、传播，存储、渲染和复制/显示有关，以及与从内容生产到用户的信息传输本身也有关联。系统影响因素可分为四个子类别。

(1) 与内容相关的系统影响因素，是指内容类型 (特定的时间或空间需求、颜色深度、纹理、2D/3D) 和内容可靠性；

(2) 与媒体相关的系统影响因素，是指媒体配置因素 (编码、分辨率、采样率、帧率、媒体同步)；

(3) 与网络相关的系统影响因素，指的是在网络上的数据传输 (带宽、延迟、抖动、损失、错误率、吞吐量)；

(4) 与设备相关的系统影响因素，指的是端到端通信路径上涉及的终端系统或设备，包括系统特性 (互通性、个性化、安全、隐私)，设备特性 (类型/复杂性/可用性、人体工程学、移动性)，设备能力 (显示器尺寸、屏幕分辨率、颜色深度、用户界面功能、扬声器、耳机、亮度、声音响度、计算能力、内存、电池寿命)，供应商的规格和能力 (服务器性能和可用性)。

环境影响因素　是包含任何用来描述用户环境的状态属性，包括了物理、时间、社会、经济、任务和技术特征 [13]。这些因素可以发生在不同的量级 (微观和宏观)，不同的状态 (动态和静态)，以及不同的发生的模式 (有序的和随机的)。因素的发生可以是单独的或是这三个层次的组合。物理环境描述了空间位置的特征，包括内部移动和两地传输之间的移动。时间环境方面的因素,例如服务/系统的使用时间、时长和频率 (服务/系统) 成本、订阅类型或服务/系统的品牌是经济环境因素的一部分。体验可以被感知为一个任务下,或者多任务情况 (即任务环境) 下,单独或与在场甚至参与体验的其他人一起 (即社会环境)。最后,技术环境描述了所感兴趣的系统与其他相关系统和服务之间的关系,包括设备 (现有的设备通过蓝牙或近场通信 (NFC) 相互连接)、应用 (应用程序而不是当前使用的基于浏览器的服务解决方案的可用性)、网络 (当前使用的网络以外的其他网络的可用性),或者额外的信息构件 (额外使用钢笔和纸,以便更好地从服务中吸收信息)。

1.2.3　体验质量评价分类

如 1.2.2 节所述,QoE 受诸多因素的影响,为了研究 QoE 与这些影响因素的关系,我们需要对 QoE 进行评价,并建立 QoE 关于各种影响因素的映射关系及函数模型。QoE 评价按照是否有用户直接进行评价可以分为两大类:主观质量评价和客观质量评价。

在大多数多媒体系统中,人类是最终的信息接收者,因此最可靠的评价算法应该是主观质量评价。主观质量评价通常让大量用户对评价对象按照一定标准进行评价,并取其 “平均意见分数” 作为主观质量评价的结果。主观质量评价因其准确性长久以来都被认为是质量评价的最佳方法,一般作为评价客观评价方法的标准。但是主观质量评价的测试环境需要达到严格的标准,如 ITU-R BT.500 建议书 [14],并且具有耗时耗力、费用昂贵、不可实时使用、可移植性差等缺点,因此难以在实际的多媒体网络中得到大规模应用。但是,由于主观质量评价具有准确、直接的特点,通常可以作为客观质量评价方法的验证标准及优化目标。

客观质量评价通过研究 QoE 及其影响因素的关系,设计影响因素与 QoE 之间的计算模型。通过该模型,当影响因素发生变化时,我们可以自动准确地预测体验质量的变化。客观质量评价方法的主要用途包括以下三方面 [1]。

(1) 质量监测及控制:在多媒体网络系统中,通常有诸多因素会造成 QoE 的波动,利用客观质量评价方法自动监测 QoE 的变化,当 QoE 不能满足需求时,对网络进行自动调整,以提供更加稳定和可靠的服务。

(2) 系统配置及优化:由于客观质量评价算法是全自动的,因此可以将其嵌入到多媒体处理及传输系统中,对整个系统的配置进行调节和优化。例如,我们可以以客观质量评价方法为指导,对整个网络的参数进行调节。

(3) 算法及系统评估:各种多媒体处理算法及系统的目标是为用户提供更好的 QoE,而多媒体处理算法及系统种类繁多,我们可以利用客观质量评价方法选择能达到最佳 QoE 的算法及系统。

1.3 主观质量评价

主观质量评价是指综合大量观察者对图像评分获得最终质量分数。主观质量评价因其准确性长久以来都被认为是质量评价的最佳方法，所以一般也将主观质量评价结果作为评价客观评价方法的标准。国际电信联盟制定和颁布了相关标准来规范化整个主观质量评价过程[14]，本节主要参考国际电信联盟颁布的 ITU-R BT.500 建议书来介绍主观质量评价的大致流程。总的来说，主观质量评价过程包括以下五步。

(1) 搭建评价环境；

(2) 准备测试素材；

(3) 邀请测试人员；

(4) 进行主观评价；

(5) 评价数据处理。

1.3.1 搭建评价环境

首先，我们需要对测试环境和测试设备进行设定和校准，以达到相应的观看条件。ITU-R BT.500 建议书对主观质量评价的通用观看条件给出了详细的要求，包括未激活时屏幕亮度与峰值亮度之比、屏幕亮度和对比度、屏幕尺寸、屏幕分辨率、环境亮度、背景亮度、最大观察角度、观看距离等观看条件[14]。在所有的观看条件中，屏幕尺寸和观看距离比较容易影响主观质量评价结果，其设定必须满足优选观看距离 (preferred viewing distance，PVD) 规则。具体地，不同屏幕尺寸下的 PVD 由表 1.1 和图 1.3 给出，其中表 1.1 和图 1.3 所给出的数字对标准清晰度 (SD) 显示设备和高清晰度 (HD) 显示设备都有效[14]。

表 1.1　PVD 量表

屏幕对角线/英寸		屏幕高度 (H)/m	PVD(H)
4/3 宽高比	16/9 宽高比		
12	15	0.18	9
15	18	0.23	8
20	24	0.30	7
29	36	0.45	6
60	73	0.91	5
>100	>120	>1.53	3~4

注：1 英寸 = 2.54 厘米。

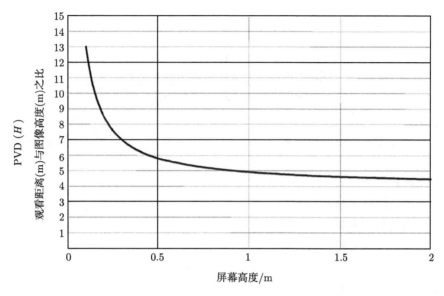

图 1.3　活动图像的 PVD

1.3.2　准备测试素材

我们需要根据待评价的问题来准备测试素材，如原始图像和失真图像。其中，选择主观质量评价中所需的测试素材有好几种方式，在实践中我们需要分析待评价的问题，从而采用特定种类的测试素材。表 1.2 给出了一系列的典型评价问题，以及针对解决这些问题所用的主观测试素材选择建议[14]。

表 1.2　测试素材的选择

评价问题	所用的素材
采用普通素材的总体性能	通用地，"严格但并不过分严格"
容量，严格应用 (例如馈给、后期处理等)	一定范围的，包括对待测应用来说极为严格的素材
"自适应" 系统的性能	对于所用 "自适应" 方案来说极为严格的素材
识别出弱点和可能的改进措施	某种属性的严格的素材
识别出影响系统出现可见变化的因素	范围广泛、内容丰富的素材
不同标准之间的转换	对于不同之处 (例如场频) 来说严格的素材

某些参数可能会对大多数图像和序列引起相似的损伤等级。在这些情况下，以非常少的图像或序列 (例如 2 个) 所得到的结果仍然可能提供一种有意义的评价。

但是，在很大程度上新系统常常会产生某种取决于场景内容或序列内容的影响。在这种情况下，对于整个节目时间而言，将存在一种损伤概率的统计分布和图像内容或序列内容的统计分布。在一般情况下,不知道这种分布的形式,必须仔细选择测试素材和整理分析得到的结果。

通常,纳入严格的素材是很重要的,因为在分析结果时可能要考虑这种情况,而从非严格的素材推断结果则是不可能的。在场景内容或序列内容影响到结果的情况下,应选择对于测试系统来说是"严格但不过分严格"的素材。"但不过分严格"指这些图像仍可能形成正常节目时间的一部分。在这种情况下,至少要使用4个素材。例如,其中一半肯定是严格的,另一半是中等严格的。

1.3.3 邀请测试人员

我们需要邀请测试者参与主观质量评价。根据待评价的问题,测试者可能是专家或非专家。专家测试者对测试系统中包含的图像及相关质量损伤具有专长。非专家测试者对测试系统中包含的图像及相关质量损伤不具备专长。但无论是专家测试者还是非专家测试者,都不应该了解实验以及待评价问题和系统的详细情况 [14]。

在测试阶段开始之前,应对观察者进行筛选。可以使用 Snellen 氏 E 字视力表或 Landolt 氏 C 字视力表对测试者进行视敏度测试,使得筛选出的测试者具有正常或者矫正至正常的视敏度。此外,还应该使用专门选定的测试表 (例如,石原氏色盲检查表) 对测试者进行彩色视觉测试,使得筛选出的测试者具有正常或者校正至正常的彩色视觉。

一般地,至少应该包含 15 位测试者。主观质量评价所需测试者的数目通常取决于实验所采用的测试程序的敏感性和可靠性,此外还取决于所评估的影响的预期范围。在一定范围内开展探索性研究时,可以使用少于 15 位的测试者,但是在这种情况下,应将研究确定为"非正式"性质。此外,实验者应该尽可能丰富地搜集并且报告测试人员的特点,以促进对相关因素的进一步研究,其中建议提供的数据包括:职业、性别、年龄等信息。

1.3.4 进行主观评价

邀请完测试者之后,需要测试者按照预定的测试方法和评价标准给出主观评价。测试方法的种类很多,如单激励法和双激励法,一般根据测试的需要进行选择,评价尺度一般采用五级质量和损伤量表,根据需要评价尺度可以是连续的也可以是离散的 [13]。

具体地,常用的主观测试方法包括单激励连续质量尺度 (single stimulus continuous quality scale,SSCQS) 法,双激励连续质量尺度 (double stimulus continuous quality scale,DSCQS) 法和双激励失真测度 (double stimulus impairment scale,DSIS) 法。此外,成对比较法也是一种有效的主观质量测试方法。

常用的评价标准主要包括两种，分别是五级评分的质量尺度和妨碍尺度[14]，如表 1.3 所示。通常来说，对非专业人员宜采用质量尺度，对专业人员宜采用妨碍尺度。

表 1.3   质量尺度与妨碍尺度对照

评分	质量尺度	妨碍尺度
5	非常好	丝毫看不出图像质量变差
4	好	能看出图像质量变化但不妨碍观看
3	一般	清楚看出图像质量变化，对观看稍有妨碍
2	差	对观看有妨碍
1	非常差	非常严重妨碍观看

1.3.5   评价数据处理

在所有测试者完成主观评价之后，需要对评分数据进行筛选，剔除异常测试者及异常评分，然后再计算 “平均意见分数”(mean opinion score，MOS) 或 “平均意见得分差”(difference mean opinion score，DMOS) 作为主观质量评价的结果。其中，MOS 是直接对测试人员的分数取平均值，代表了图像的绝对质量分数，MOS 值越高表示图像的质量越好，而 DMOS 是将失真图像与参考图像评分之间的差作为图像最后的质量分数，是一种相对质量的体现，DMOS 值越低表示图像的质量越好。以 MOS 为例，主观评价数据处理流程如下[14]。

平均评分的计算：

首先，一次测试由 L 个演示组成。每个演示包含 J 种测试条件，每种测试条件施加于 K 个测试序列/测试图像之一上。在某些情况下，测试序列/测试图像与测试条件的每种组合都可能重复 R 次。对结果进行分析的第一步是计算每一演示的平均评分 $\bar{\mu}_{jkr}$：

$$\bar{\mu}_{jkr} = \frac{1}{N} \sum_{i=1}^{N} \mu_{ijkr}$$

其中，μ_{ijkr} 为观察者 i 在测试条件 j、测试序列/测试图像 k、重复 r 次情况下的评分，N 为观察者数目。同样，可算出每一测试条件和每一测试序列/测试图像的总平均评分 $\bar{\mu}_j$ 和 $\bar{\mu}_k$。

置信区间的计算：

表示某一测试的结果时，所有的平均评分都应有相应的从每一样本的标准差和大小导出的置信区间。

建议采用由下式给出的 95% 的置信区间

$$[\bar{\mu}_{jkr} - \delta_{jkr}, \bar{\mu}_{jkr} + \delta_{jkr}]$$

其中

$$\delta_{jkr} = 1.96 \frac{S_{jkr}}{\sqrt{N}}$$

每一演示的标准差 S_{jkr} 由下式给出

$$S_{jkr} = \sqrt{\sum_{i=1}^{N} \frac{(\bar{\mu}_{jkr} - \mu_{ijkr})^2}{N-1}}$$

采用 95% 的概率时, 实验平均评分 (对于数目极多的观察者而言的) 与 "真实" 平均评分之间的差的绝对值小于 95% 的置信区间, 条件是各个评分的分布满足某些要求。

观察者的筛选:

事实上, 在实验过程中, 常常会有个别的观察者打出的分数与其他人相比很不正常, 这时候就需要使用剔除异常观察者的算法来筛选观察者。

首先用 β_2 测试 (通过计算函数的峰态系数, 即四阶动差与二阶动差平方的比值) 确定测试演示的这种评分分布是否服从高斯分布。如果 β_2 在 2 和 4 之间, 则这一分布被视为服从高斯分布。对于每次演示, 每一观察者的评分 μ_{ijkr} 必须与平均值 $\bar{\mu}_{jkr}$, 加上相关标准差 S_{jkr} 乘以 2(若服从高斯分布) 或乘以 20(若不服从高斯分布), 也就是与 P_{jkr} 相比较, 并与相关平均值减去同样的标准差乘以 2 或乘以 20, 也就是与 Q_{jkr} 相比较。每当发现观察者的评分高于 P_{jkr} 时, 与每一观察者 P_i 相关的计数仪就递增。同样, 每当发现观察者的评分低于 Q_{jkr} 时, 与每一观察者 Q_i 相关的计数仪就递增。最后, 必须计算下面两个比值: $P_i + Q_i$ 除以每一观察者在整个测试阶段内的总评分次数, 以及 $P_i - Q_i$ 除以 $P_i + Q_i$ 得出的绝对值。如果第一个比值大于 5% 而第二个比值小于 30%, 则观察者 i 必须舍弃。

上述过程可用数学公式表示如下。

对于每次测试演示, 计算均值 $\bar{\mu}_{jkr}$、标准差 S_{jkr} 和峰态系数 β_{2jkr}, 其中 β_{2jkr} 由下式给出

$$\beta_{2jkr} = \frac{m_4}{m_2^2}, \quad \text{其中} m_x = \frac{\sum_{i=1}^{N} (\mu_{ijkr} - \bar{\mu}_{jkr})^x}{N}, \quad x = 2, 4$$

对于每一观察者 i, 找出每一 P_i 和 Q_i, 即

对于 $j, k, r = 1, 1, 1$ 至 J, K, R;

若 $2 \leqslant \beta_{2jkr} \leqslant 4$, 则

若 $\mu_{ijkr} \geqslant \bar{\mu}_{jkr} + 2S_{jkr}$，则 $P_i = P_i + 1$；

若 $\mu_{ijkr} \geqslant \bar{\mu}_{jkr} - 2S_{jkr}$，则 $Q_i = Q_i + 1$。

否则：

若 $\mu_{ijkr} \geqslant \bar{\mu}_{jkr} + \sqrt{20}S_{jkr}$，则 $P_i = P_i + 1$；

若 $\mu_{ijkr} \leqslant \bar{\mu}_{jkr} - \sqrt{20}S_{jkr}$，则 $Q_i = Q_i + 1$；

若 $\dfrac{P_i + Q_i}{J \cdot K \cdot R} > 0.05$ 且 $\left| \dfrac{P_i - Q_i}{P_i + Q_i} \right| < 0.3$，则舍弃具有如下参数的观察者 i。

N：观察者数目。

J：测试条件的数目，包括基准在内。

K：测试序列/测试图像的数目。

R：重复次数。

L：测试演示的次数 (在大多数情况下，演示的次数等于 $J \cdot K \cdot R$，不过要注意，有些评价对每一测试条件都采用数目不等的序列)。

MOS 的计算：

在将异常的观察者的数据剔除以后，则可以计算最终的 MOS。对于观测条件 j 下的图像 k，其 MOS 定义为

$$\mathrm{MOS}_{jk} = \frac{1}{N' \cdot R} \sum_{i=1}^{N'} \sum_{r=1}^{R} \mu_{ijkr}$$

其中，N' 为筛选完观察者之后剩余的观察者数目。

1.4　客观质量评价

在过去二十年间，研究者基于各种模型开发了大量的客观质量评价算法。以图像质量评价为例，图 1.4 展示了客观质量评价的系统框图。根据对参考图像的依赖程度，客观质量评价算法又可以分为全参考 (full-reference，FR)、半参考 (reduced-reference，RR) 和无参考 (no-reference，NR) 质量评价算法。其中，全参考质量评价算法是指参考原始图像的全部信息估计失真图像的质量；半参考质量评价算法是指参考原图的部分信息，比如原图的一些特征，来对失真图像的质量进行评价；无参考质量评价算法是指在不参考原图任何信息的情况下，对失真图像的质量进行评价。

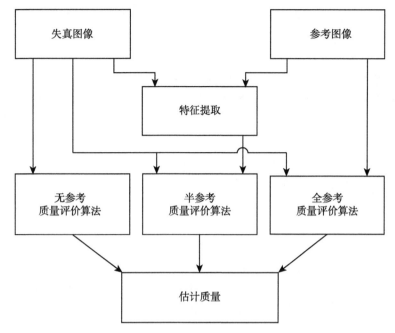

图 1.4　客观质量评价的系统框图

1.4.1　全参考质量评价

全参考质量评价算法通过对失真图像与原始无失真图像的比较进行质量评价，通常需要对两张图像的像素点进行一一比对，所以也可以认为是一种图像相似性（similarity）或者保真度（fidelity）度量。最早和最经典的全参考质量评价算法是均方误差（mean square error，MSE）及峰值信噪比（peak signal-to-noise ratio，PSNR）。均方误差是衡量"平均误差"的一种较方便的方法，给定参考图像 $\boldsymbol{x}$ 及失真图像 $\boldsymbol{y}$，均方误差可以定义为

$$\mathrm{MSE}\,(\boldsymbol{x},\boldsymbol{y}) = \frac{1}{M}\,(x_m - y_m)^2$$

其中，m 表示位置坐标索引；M 表示整个图像的像素总数。基于均方误差，我们可以进一步定义峰值信噪比

$$\mathrm{PSNR}\,(\boldsymbol{x},\boldsymbol{y}) = 10 \cdot \log_{10}\left(\frac{L^2}{\mathrm{MSE}(\boldsymbol{x},\boldsymbol{y})}\right)$$

其中，L 表示最大的动态范围。对于常用的 8 比特图像，L 为 255。PSNR 表示信号最大可能功率和影响信号的表示精度的破坏性噪声功率的比值。MSE 及 PSNR

因具有明确的物理含义和高效的计算效率获得了人们的长期青睐。但广泛的研究表明，MSE 及 PSNR 舍弃了图像内容和位置信息，仅仅计算像素级的差异，故不能准确度量图像的视觉质量。

为克服 MSE 及 PSNR 与图像的感知质量相关性不足的缺点，研究者基于人类视觉系统的相关特性，提出了众多图像质量评价方法。其中最具代表性的是结构相似性 (structural similarity，SSIM) 指标 [15]。SSIM 的基本理念在于自然影像是高度结构化的，自然影像中相邻像素之间是相关的，而这种关联性表达了场景中物体的结构信息。人类视觉系统在观看自然图像时已经习惯提取这种结构性信息。因此，在设计图像质量评价算法时，应当考虑图像的结构性失真。SSIM 通过比较参考图像和失真图像的亮度信息、对比度信息和结构信息的相似度估计失真图像质量。

由于考虑了图像的亮度、对比度、结构等特性，SSIM 取得了相对 MSE 及 PSNR 更佳的性能。自此之后，研究者提出了更多全参考质量评价算法，如视觉信噪比 (visual signal-to-noise ratio，VSNR)[16]、多尺度 SSIM(multi-scale SSIM，MS-SSIM)[15]、视觉信息保真度 (visual information fidelity，VIF)[17] 等，均取得了良好的质量评价效果。

1.4.2   半参考质量评价

半参考质量评价算法是介于全参考质量评价算法及无参考质量评价算法之间的一类算法，这类算法通常利用参考图像的部分信息来评估失真图像的质量。半参考质量评价算法通常应用于多媒体通信系统中，我们需要监测多媒体信息通过复杂网络传输后的视觉损伤。图 1.5 展示了一般半参考质量评价算法的系统框图。在这种网络中，参考图像只存在于源端，在接收端只能获取通过传输信道的失真图像，因此无法采用全参考质量评价算法。而无参考质量评价算法要么在传输过程引入的失真类型必须是确定的，要么只能处理简单失真。在现实的复杂网络中，引入的失真比较复杂，无法用单一的简单失真完整描述，并且通常是动态的，现有的无参考质量评价算法也无法完全适用。

半参考质量评价算法为这类场景提供了一个比较好的解决方案。如图 1.5 所示，在源端需要对参考图像提取能够描述视觉质量的特征，并且将提取的特征作为辅助信息通过辅助信道进行传输。设计半参考质量评价算法时，通常可以认为辅助信道是可靠并无损的，即使辅助信息在辅助信道中可能遭受某种损失，部分辅助信息仍然有助于失真图像的质量评价。由于开辟一条辅助信道代价较大，在实际应用中我们也可以采用另外一种方案，即辅助信息同样通过传输信道进行传输，但必须为辅助信息提供更强的保护，减少可能遭受的失真。当参考图像通过传输信道传输到接收端后，我们对失真图像进行同样的特征提取。通过对参考图像和失真图像的特征进行分析和比对,可以对失真图像进行评价。

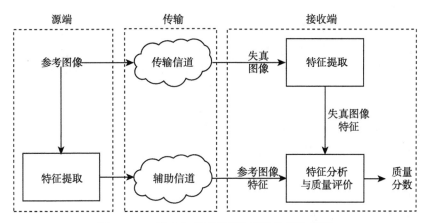

图 1.5 一般半参考质量评价算法的系统框图

半参考质量评价系统中的一个重要参数是参考信息的数据率。当数据率较高时,在接收端将有更多的参考信息可供利用,通常也可以得到更佳的质量评价效果。数据率增高的一个极端情况是将整个参考图像作为辅助信息进行传输,在接收端就可以利用全参考质量评价算法。相反地,当数据率较低时,在接收端可供参考的信息更少,得到的质量评价效果通常也更差。数据率降低的极端情况是完全没有参考信息可利用,这种情况下就只能利用无参考质量评价算法,所得的质量评价效果也会劣于半参考及全参考质量评价算法。

综上信息可知,辅助信息的数据率和最终的质量评价效果是半参考质量评价算法需要权衡的矛盾。质量评价效果与辅助信息成正比,辅助信息越多,效果越好;辅助信息越少,效果越差。在实际的半参考质量评价系统中需要综合辅助信道的容量、期望达到的效果等方面信息进行考虑。

1.4.3 无参考质量评价

通过对图像在空域、频域和系数域等上进行分析,量化参考图像和失真图像之间的差异,全参考算法获得了深度的研究,并具有准确性高、鲁棒性强、计算简单等优点。但在大多实际应用中很难得到原始参考图像,而且参考信息需要存储和传输大量数据,极大地限制了全参考质量评价算法的实用性,无参考质量评价算法由此产生。

设计质量评价算法时,通常可以利用三个方面的信息:原始高质量参考图像、失真过程及人类视觉系统。在 1.4.1 节所述全参考质量评价算法中,高质量原始图像就是一种先验信息,利用这种先验信息可以更准确地预测图像质量。然而在无参考质量评价算法中,无法获取原始图像,但是我们仍然可以假设该原始图像是存在的，而该原始图像是典型的自然图像中的一种。根据以上讨论的三个方面的信息，无参考质量评价算法可以分为两类：基于人类视觉系统和自然图像统计的算法以及针对失真过程的算法。

由自然图像的统计信息可以得知自然图像只是占据了理论上可能存在的图像的很小一部分。自然图像的这类统计特性为我们提供了可能看到的图像的一种非常强的先验信息，而利用这种先验信息可以设计无参考质量评价模型。这种模型首先对自然图像进行统计建模，而图像失真通常会破坏自然图像的统计特性，通过量化失真对这种统计特性的偏离程度即可建立无参考质量评价模型。需要注意的是人类视觉系统对自然环境具有高度的适应性，因此对自然场景进行建模和对人类视觉系统进行建模通常是对偶问题。

对潜在失真过程的了解是设计无参考质量评价算法的另一个重要信息来源。例如，图像采集系统通常会引入模糊和噪声，而现有的模糊及噪声估计等方法可以有效估计这种类型的失真。基于小波的图像压缩算法如 JPEG 2000 通常会在较低比特率情况下引入模糊及振铃效应。而基于图像块的压缩方法如 JPEG 通常会引入块效应。假如失真过程已知，我们可以通过对引入的失真进行分析并建模，从而设计出针对特定失真过程的无参考质量评价算法。以 JPEG 为例，当对图像进行 JPEG 压缩时，首先需要将整幅图像分成许多统一大小的 8×8 的图像块，在每个图像块上采用离散余弦变换 (discrete cosine transform, DCT)，对 DCT 系数进行压缩。由于不可避免地存在量化和截断误差，因此压缩后的图像会出现模糊和块效应。因为图像块的大小及位置已知，失真类型及特性已知，无参考质量算法根据对两种失真现象进行量化，进而对压缩后的图像进行质量评价。

1.4.4　三类模型应用对比

通过以上分析，我们可以发现三种类型的质量评价算法各有其特点、优势和劣势，因此也各有其应用场景。

全参考质量评价算法的优点在于其准确度高、可推广性强、受失真类型影响小，而其缺点在于必须完整获取参考图像，因此全参考质量评价较常应用于参考图像可获取且获取代价小甚至无任何获取代价的场景。例如，在多媒体通信系统的源端，当需要压缩并提供不同质量的多媒体内容时，我们可以利用全参考质量评价对压缩后的多媒体内容进行评价。或者当对多媒体网络进行设置、调节或者优化时，我们可以利用全参考质量评价对网络的局部或者整体的性能进行评价。

无参考质量评价算法的优点在于其不需要参考图像，而其缺点在于效果一般、可推广性差、受失真类型影响大，只能处理简单失真等，因此无参考质量评价算法较常应用于参考图像无法获取或者获取代价巨大的场景。例如，使用照相机拍摄照片时可能会引入模糊、噪声等失真，但是在这种应用场景里根本没有参考图像，我们只能使用无参考质量评价算法。类似地，当需要对一些没有原始图像的失真图像进行质量增强时，我们也只能利用无参考质量评价算法对增强结果进行评价。或者在多媒体通信系统中，我们无法开辟一条辅助信道时也只能使用无参考质量评价算法。

半参考质量评价算法的特性介于全参考和无参考两者之间，其优点是能提供优于无参考质量评价算法的效果，而其缺点是需要建设一条辅助信道，因此半参考质量评价算法较常应用于以下场景：无参考质量评价算法无法提供令人满意的效果，而无法完整获取参考图像。例如，在多媒体通信系统中，假如开辟一条辅助信道不是完全不可行，而当利用辅助信道传输整个参考图像代价太大时，半参考质量评价算法就能派上用场。或者辅助信道天然存在，例如，可以利用压缩文件的头文件传输辅助信息。当然，半参考质量评价算法的前提是无参考质量评价算法无法提供令人满意的效果，能利用无参考质量评价算法处理的就没有必要使用半参考质量评价算法。

总的来说，三种类型的质量评价算法有其优缺点，在实际应用当中我们需要综合考虑各方面的条件及信息，提供适用于该应用的解决方案。

1.5 质量评价研究现状

近二十年来，研究者围绕着质量评价进行了深入的研究，并取得了大量的研究成果。具体地，在主观质量评价方面，研究者通过主观实验构建了各种各样的质量评价数据集；在客观质量评价方面，研究者提出了许多性能优越的客观评价算法，并且将算法应用到实践中。本节我们将对质量评价的相关工作进行回顾与总结，首先介绍主观质量评价的国内外研究进展，然后重点介绍客观质量评价的国内外研究现状。

1.5.1 主观质量评价研究现状

主观质量评价因其准确性长久以来都被认为是质量评价的最佳方法，所以一般也将主观质量评价结果作为评价客观评价方法的标准。许多主观评价工作是围绕建立数据库展开的。从 2000 年至今，已有大大小小几十个图像或者视频质量评价库被建立和公开。最具代表性的工作是以下七个传统图像质量评价数据集：

(1) LIVE 图像质量评价库[18]。LIVE 库包括 29 幅参考图像 (reference image) 以及利用 5 种失真类型由参考图像生成的 779 幅失真图像 (distorted image)。其中 5 种失真类型分别为 JPEG 压缩 (JPEG compression，简称 JPEG)、JPEG2000 压缩 (JPEG2000 compression，JP2K)、高斯模糊 (Gaussian blur，GB)、高斯白噪声 (additive white Gaussian noise，AWGN) 和快速衰落 (fast fading，FF)。每

种失真包含 4 个或者 5 个失真级别。多数图像分辨率为 768 × 512。LIVE 库提供了平均意见分数差值作为每幅失真图像的图像质量真值。

(2) TID2008 图像质量评价库 [19]。TID2008 库包括 25 幅参考图像和利用 17 种失真类型生成的 1700 幅失真图像。其中 17 种失真类型分别为加性高斯噪声 (additive Gaussian noise)、颜色分量的加性噪声 (additive noise in color component)、空间相关噪声 (spatially correlated noise)、掩蔽噪声 (masked noise)、高频噪声 (high frequency noise)、脉冲噪声 (impulse noise)、量化噪声 (quantization noise)、高斯模糊、图像去噪 (image denoising)、JPEG 压缩、JPEG2000 压缩、JPEG 传输错误 (JPEG transmission error)、JPEG2000 传输错误 (JPEG2000 transmission error)、非偏心模式噪声 (non eccentricity pattern noise)、局部块式失真 (local block-wise distortion)、均值偏移 (mean shift)、对比度变化 (contrast change，CC)。每种失真包含 4 个失真级别。图像分辨率都固定为 512 × 384。TID2008 库提供了平均意见分数作为真值。

(3) TID2013 图像质量评价库 [20]。相对于 TID2008 库，TID2013 库增加了 1 个失真级别和 7 种失真。它总共包含了 25 幅参考图像和 3000 幅失真图像。除了 TID2008 中的 17 种失真外，还增加了另外 7 种失真，包括色彩饱和度变化 (change of color saturation)、乘性高斯噪声 (multiplicative Gaussian noise)、舒适噪声 (comfort noise)、噪声图像的有损压缩 (lossy compression of noisy image)、颜色量化抖动 (color quantization with dither)、色差 (chromatic aberration) 和稀疏采样和重建 (sparse sampling and reconstruction)。TID2013 库的主观测试过程和数据处理与 TID2008 库类似。

(4) CSIQ 图像质量评价库 [21]。CSIQ 库包含 30 幅参考图像和利用 6 种失真生成的 866 幅失真图像。失真类型包括 JPEG 压缩、JPEG2000 压缩、加性高斯白噪声、高斯模糊、对比度变化和加性粉红高斯噪声 (additive pink Gaussian noise，APGN)，其中每类失真包括 4 个或 5 个失真级别。图像分辨率都为 512 × 512。CSIQ 库提供了平均意见分数差值作为真值。

(5) IVC 图像质量评价库 [22]。IVC 库包含 10 幅原始参考图像和对应的 185 幅失真图像。失真类型包括 5 类：50 幅 JPEG 压缩的失真图像，25 幅亮度分量 JPEG 压缩的失真图像，50 幅 JPEG2000 压缩的失真图像，40 幅局部自适应分辨率编码压缩的失真图像和 20 幅高斯模糊失真图像。每个失真类型中含有 5 个常见的失真级。图像分辨率都为 512 × 512。IVC 库提供了平均意见分数作为真值。

(6) MICT 图像质量数据库 [23]。MICT 库包含 14 幅参考图像，以及 168 幅失真图像。整个数据库包括 2 类失真：84 幅 JPEG 压缩的失真图像和 84 幅 JPEG2000 压缩的失真图像。每个失真类型由 6 个失真级组成。其中所有图像都

具有相同的 768×512 分辨率。MICT 库提供了平均意见分数作为真值。

(7) A57 图像质量数据库 [24]。A57 库包含 3 幅黑白参考图像,以及 54 幅黑白失真图像。整个数据库包含 6 个失真类型:在离散小波变换域的子带量化、加性高斯白噪声、JPEG 压缩、JPEG2000 压缩、基于动态对比度变化的 JPEG2000 压缩和高斯模糊。每个失真类型包括 3 个不同的失真级别。图像分辨率都为 512×512。A57 库提供了平均意见分数作为真值。

表 1.4 归纳了以上传统数据库的基本信息。除了以上比较常用的通用质量评价库外,还有一些专门针对特定应用场景和针对特定失真的图像质量评价库,如多重失真图像质量评价库 LIVEMD[25] 和对比度变化图像质量评价库 CID2013[26] 等。

表 1.4 常用的传统图像质量评价数据库

图像库	参考图数量	失真图数量	失真类型数量	失真级别数量	分辨率 宽 × 高	真值
LIVE	29	779	5	4 或 5	$\sim 768 \times 512$	DMOS
TID2008	25	1700	17	4	512×384	MOS
TID2013	25	3000	24	5	512×384	MOS
CSIQ	30	866	6	4 或 5	512×512	DMOS
IVC	10	185	5	5	512×512	MOS
MICT	14	168	2	6	768×512	MOS
A57	3	54	6	3	512×512	MOS

近年来,研究者越来越关注面向真实失真的图像质量评价问题,因为这更符合实际应用情况。海量用户通过手机摄影摄像、社交媒体应用程序等渠道生成和共享大量包含真实失真的用户生成图像,因此开发一种面向真实失真的用户生成图像质量评价模型是迫切需要的。鉴于此,研究者建立了若干面向真实失真的图像质量评价数据库,其中有代表性的数据库如下所述。

• CLIVE:CLIVE [27] 由 1162 幅图像组成,这些图像具有由各种移动设备捕获的各种真实失真。CLIVE 数据库中的图像分辨率为 500×500。CLIVE 提供 MOS 作为每个图像的质量真实值。

• BID:BID [28] 是一个模糊图像数据库,包含 586 幅具有真实模糊失真的图像,包括去模糊、失焦、简单运动、复杂运动模糊等。这些图像是在各种照明条件和曝光时间下拍摄的。BID 数据库中的图像分辨率范围包含 960p 到 2K,并且提供 MOS 作为每个图像的质量真实值。

• KonIQ-10k:KonIQ-10k [29] 包含 10073 幅图像,这些图像选自大型公共多媒体数据库 YFCC100m。所选图像在质量指标 (如亮度、色彩、对比度、噪声、锐度等) 方面涵盖了广泛而均匀的范围。KonIQ-10k 中图像的分辨率为 1024×768,并且提供 MOS 作为每个图像的质量真实值。

• SPAQ：SPAQ [30] 由 66 个移动设备拍摄的 11125 张图像组成。涵盖了大量场景类别，如动物、人类、植物、室内场景、城市景观、夜景等。SPAQ 数据库中所有图像的最小分辨率尺寸被调整为 ~512p，同时保持其纵横比。SPAQ 提供 MOS 作为每个图像的真实值。除了提供图像整体质量分数外，SPAQ 还提供图像属性分数 (即对比度、亮度、噪声、色彩和清晰度)。

• FLIVE：FLIVE [31] 是迄今为止最大的开放场景图像质量评价数据库，其中包含约 40000 张真实失真图像和 120000 张随机裁剪的图像块。这些图像选自四个公共图像数据库，且具有不同的内容、大小和纵横比。FLIVE 提供 MOS 作为每个图像的真实值。

我们在表 1.5 中总结了上述面向真实失真的图像质量评价数据库的信息。

表 1.5　面向真实失真的图像质量评价数据库

数据库	图像数量	分辨率	来源	真值	主观分数区间	主观实验环境
CLIVE[27]	1162	500×500	拍摄	MOS	[0,100]	众包
BID[28]	586	960p~2K	拍摄	MOS	[0,5]	实验室
KonIQ-10k[29]	10073	1024×768	互联网	MOS	[1,5]	众包
SPAQ[30]	11125	~512p	拍摄	MOS	[0,100]	实验室
FLIVE[31]	~40000	160p~700p	互联网	MOS	[0,100]	众包

1.5.2　客观质量评价研究现状

客观质量评价是指通过对人类视觉系统进行建模，提出客观算法来预测图像的质量。如 1.4 节所述，根据是否参考原图，我们可以把客观质量评价方法分为全参考质量评价算法、半参考质量评价算法和无参考质量评价算法。在本节，我们分别对这三种客观质量评价方法的国内外研究现状进行回顾与总结。除了通用的质量评价模型，还有一系列针对特定应用场景及内容的客观质量评价方法，我们也将对这类客观方法进行总结。

1. 全参考质量评价算法研究现状

如 1.4.1 节所述，最早和最经典的全参考质量评价算法是 MSE 及 PSNR。由于 MSE 及 PSNR 不能很好地反映图像的主观质量，Wang 等提出了设计了一个 SSIM 指标 [15]。SSIM 首先计算了参考图像和失真图像的均值 μ_x 和 μ_y，方差 σ_x^2 和 σ_y^2，以及它们之间的协方差 σ_{xy}：

$$\mu_x = \frac{1}{W} \sum_{i=1}^{W} w_i x_i$$

$$\mu_y = \frac{1}{W} \sum_{i=1}^{W} w_i y_i$$

$$\sigma_x^2 = \frac{1}{W-1} \sum_{i=1}^{W} w_i \left(x_i - \mu_x \right)^2$$

$$\sigma_y^2 = \frac{1}{W-1} \sum_{i=1}^{W} w_i \left(y_i - \mu_y \right)^2$$

$$\sigma_{xy} = \frac{1}{W-1} \sum_{i=1}^{W} w_i \left(x_i - \mu_x \right) \left(y_i - \mu_y \right)$$

其中，$w_i, i = 1, 2, \cdots, W$，表示一个 $\sqrt{W} \times \sqrt{W}$ 的圆对称高斯加权函数。w_i 的均值为 1，标准差为 1.5。

进而 SSIM 定义了参考图像和失真图像的亮度信息、对比度信息及结构信息的相似度

$$l(x, y) = \frac{2\mu_x \mu_y + c_1}{\mu_x^2 + \mu_y^2 + c_1}$$

$$c(x, y) = \frac{2\sigma_x \sigma_y + c_2}{\sigma_x^2 + \sigma_y^2 + c_2}$$

$$s(x, y) = \frac{\sigma_{xy} + c_3}{\sigma_x \sigma_y + c_3}$$

其中，c_1、c_2 和 c_3 为三个固定的小正数，用于保障当分母趋近于零时整个分式可以得到稳定的计算结果。最后 SSIM 可以定义为

$$\text{SSIM}(x, y) = \frac{1}{N} \sum_{n=1}^{N} l(x_n, y_n) \cdot c(x_n, y_n) \cdot s(x_n, y_n)$$

其中，n 表示位置坐标索引；N 表示整个图像中局部高斯加权窗的个数。

受 SSIM 算法的启发，研究者提出了一系列基于结构相似性的改进型算法。考虑到人眼在不同观看条件下，例如不同的观看距离，感知的主要图像内容不同，Wang 等 [32] 利用多尺度分析将单一尺度的 SSIM 扩展成多尺度结构相似

性 (multi-scale SSIM，MS-SSIM) 指标。在 SSIM 和 MS-SSIM 中，质量图 (quality map) 最终通过平均池化 (average pooling) 得到最终的质量分数。考虑到人眼可能会更加关注信息丰富的区域，Wang 和 Li[33] 引入了一种信息内容加权池化策略，并提出了基于信息内容加权的结构相似性 (information content weighted SSIM，IW-SSIM) 算法。

图像梯度是另一种用来计算结构相似性的常用特征。Zhang 等 [34] 计算了相位一致性 (phase congruency，PC) 和梯度幅值 (gradient magnitude，GM) 相似性，并提出了特征相似性 (feature similarity，FSIM) 算法。Liu 等 [35] 通过计算梯度的相似性提出了梯度相似性 (gradient similarity，GSIM) 算法。Xue 等 [36] 首先计算出了梯度幅值相似性图，然后再计算该图的标准差作为质量分数，作者将该算法命名为梯度幅值相似性偏差 (gradient magnitude similarity deviation，GMSD) 算法。Gu 等 [37] 提出了感知相似性 (perceptual similarity，PSIM) 方法，通过宏观和微观两个方面的梯度相似性来评价图像质量。

除了在空间域直接计算图像相似性，还有研究者尝试从变换域估计图像之间的差异性。Sheikh 等 [38] 利用小波域的自然场景统计 (natural scene statistics，NSS) 模型来描述参考和失真图像，并提出了信息保真度准则 (information fidelity criterion，IFC) 来量化两者之间的差异。Sheikh 和 Bovik[17] 探讨了图像信息和视觉质量感知之间的关系，并对 IFC 进行了扩展，提出了 VIF 算法。Chandler 和 Hemami[16] 利用人类视觉系统的近阈值 (near-threshold) 和超阈值 (suprathreshold) 特性，提出了 VSNR 模型。VSNR 采用了小波模型来判断质量退化的视觉可见性。

一些研究表明，深度特征相似性对全参考图像质量评价任务十分有效。Kim 和 Lee[39] 提出了一种基于卷积神经网络的全参考图像质量评价模型，名为 DeepQA，该方法试图从图像质量评价数据库的底层数据分布中学习人类视觉系统的行为。Bosse 等 [40] 提出了加权平均深度图像质量评价 (weighted average deep image quality measure for FRIQA，WaDIQaM-FR) 模型，该模型同时训练卷积神经网络模型来获得每个图像块的质量分数及其相对权重。Zhang 等 [41] 通过计算从卷积神经网络提取的参考图像的深度特征与失真图像的深度特征之间的 L2 距离，提出了学习感知图像块相似性 (learned perceptual image patch similarity，LPIPS) 度量。Prashnani 等 [42] 使用成对学习框架训练深度学习模型，以学习参考图像和失真图像之间的感知距离。Ding 等 [43] 计算从卷积神经网络模型的中间层提取的特征的全局平均相似性和全局方差相似性，以表示纹理相似性和结构相似性，从而提出了深度图像结构和纹理相似性 (deep image structure and texture similarity，DISTS) 指数。

2. 半参考质量评价算法研究现状

半参考质量评价算法是介于全参考质量评价算法及无参考质量评价算法之间的一类算法，半参考质量评价算法的目标是利用少量参考图像的特征来更好地评价失真图像的质量。Wang 等 [44] 提出了图像质量感知模型 (quality-aware image model，QAIM)。作者首先对小波系数的边缘分布进行拟合，然后再计算原始和失真图像的小波系数边缘分布的距离来评价图像质量。在特征传输方面，此方法利用数字水印的方式将原图的特征隐藏在原图中，节省了辅助传输信道。Li 和 Wang[45] 通过对小波系数归一化提出了一个半参考质量评价算法，该算法首先对原始和失真图像进行小波分解，然后对每个子带做归一化处理，提取系数分布的参数如方差、峰度和偏度等作为特征，并利用 KL 散度描述子带分布的差异，最后综合特征的差异和分布的差异对图像质量作出评估。

进一步地，Rehman 和 Wang[46] 提出了半参考结构相似性 (reduced-reference SSIM，RR-SSIM) 算法，通过对图像进行多尺度多方向的小波分解，然后对各子带系数做归一化操作，然后在度量特征失真程度时，借助 SSIM 的思想，利用结构相似性对特征差异进行加权，区分结构失真和非结构失真，从而更加准确地估计图像质量。Soundararajan 和 Bovik[47] 通过对参考图像和失真图像进行小波分解，然后计算两图之间的信息量变化，提出了半参考熵差 (reduced reference entropic differencing，RRED) 模型。

3. 无参考质量评价算法研究现状

在很多实际应用中，原始无失真的参考图像很难获取或者不存在，全参考和半参考质量评价算法也就不适用。因此，研究者引入了无参考质量评价算法，其目标是利用单一的失真图像来评价图像质量。根据算法的适用范围，无参考质量评价又可以分为两类，一类是针对特定失真 (distortion-specific) 类型的质量评价方法，另一类是能够评价更多失真 (general-purpose) 类型的通用质量评价方法。针对特定失真类型的质量评价通常更加简单，因为失真类型已经知晓，这样就可以针对该失真类型设计专门的特征来描述失真程度，从而达到质量评价的目的。实际应用中往往失真类型更加多样且复杂，因此研究者希望设计通用的质量评价算法，并且希望该算法能够评价各种类型的失真。设计通用质量评价算法通常更具挑战性，也吸引了很多研究者的关注。在本节，我们首先介绍针对特定失真的质量评价算法，然后着重回顾分析通用的质量评价算法。

图像质量比较容易受到噪声的影响，在各大图像质量数据库中都包含了噪声失真图像。学术界关于噪声图像的质量评价研究较少，而对于噪声图像的质量研究更多的是从噪声估计的角度来进行。准确的噪声估计不仅能够预测图像的主观质量，而且能够有效地指导去噪算法对图像进行去噪。

另一种常见的图像失真是由于图像压缩，Wang 等 [48] 通过评价块的活跃程度、块效应以及模糊的程度来预测 JPEG 压缩图像的质量，Bovik 和 Liu[49] 提取 DCT 域的特征来评价块效应，Perra 等 [50] 利用索贝尔 (Sobel) 算子提取特征来评价图像块效应，Li 等 [51] 学习结构的规则来预测 JPEG 压缩图像的质量，Sheikh 等 [52] 基于自然图像统计特性，分别计算原始图像与压缩图像小波系数中系数为 0 的数量，然后进行对比，评价 JPEG2000 压缩图像的质量，Min 等 [53] 提出了一个统一的 HEVC 压缩自然图像、图形图像、屏幕图像的无参考质量评价算法。

第三种常见的图像失真是模糊失真，研究者提出了一系列专门的算法来评价模糊图像的质量。Marziliano 等 [54] 利用一个横向和纵向边缘检测器来检测横向和纵向边缘的变化来评价图像的模糊程度，Ferzli 和 Karam[55] 提出了一个恰可察觉模糊 (just-noticeable blur，JNB) 模型，该模型通过计算边缘的宽度来预测图像的模糊程度，Narvekar 和 Karam[56] 进一步将 JNB 模型进行扩展，提出了一个累积概率的模糊检测 (cumulative probability of blur detection，CPBD)，模型图像的模糊程度也可以通过分析图像变换域的特征来评价，Vu 和 Chandler[57] 计算小波变换系数的能量来预测模糊度，提出了一个快速的基于小波的全局和局部的图像锐度的评价 (fast wavelet-based global and local image sharpness estimation，简称 FSIH) 算法，Hassen 等 [58] 认为图像的锐度与复小波变换域中的局部的相位相干性具有很强的相关性，提出了一个基于局部相位相干性的锐度指标 (local phase coherence sharpness index，LPC-SI)。Vu 等 [59] 提出了一个频域和空域结合的图像锐度评价算法，其中频域评价基于图像频域幅值的斜率，空域评价是基于每一个图像块的全变分 (total variation，TV) 特征，然后综合频域评价和空域评价来评价图像的模糊程度。

由于特定的无参考质量评价算法只能评价特定类型的失真，而实际中，图像的失真情况不得而知，因此，特定类型的无参考质量评价模型的应用范围受到很大的限制。通用的无参考质量评价算法被提出来并且得到了很大的发展，其目的是在图像失真类型未知的情况下对图像的质量进行评价，从而具有更加广泛的应用价值。

最早的通用无参考质量评价模型是一类基于自然场景统计的模型。这类模型的出发点是高质量的自然场景图像服从某种统计特性，而质量退化可能会导致图像偏离这种特性。Moorthy 和 Bovik[60] 利用一个先识别失真后评价特定失真图像质量的两阶段框架，提出了盲图像质量指标 (blind image quality index，BIQI)。BIQI 利用了以下广义高斯分布 (generalized Gaussian distribution，GGD) 来对小波系数进行建模：

$$f(x \mid \alpha, \beta, \mu, \lambda) = \alpha e^{-(\beta|x-\mu|)^{\gamma}}$$

其中，μ 和 γ 是均值和形状参数，α 和 β 是归一化和尺度参数。图像的统计特性由广义高斯分布的拟合参数来描述，最后作者把拟合参数当作质量特征，利用支持向量机 (support vector machine, SVM) 和支持向量回归 (support vector regression, SVR) 来识别失真和回归图像质量。进一步地，作者通过考虑不同子带、尺度和方向的小波系数之间的关系丰富了质量特征，并提出了基于失真分类的图像保真度评价算法 (distortion identification-based image verity and integrity evaluation, DIIVINE)[61]。Saad 等 [62] 利用离散余弦变换 (discrete cosine transform, DCT) 域的自然场景统计，提出了基于 DCT 统计的盲图像保真度评价算法-II(blind image integrity notator using DCT statistics-II, BLIINDS-II)。BLIINDS-II 利用上述的广义高斯分布对 DCT 系数进行建模，并提取拟合参数作为质量特征，最后利用多变量广义高斯分布 (multivariate GGD, MGGD) 来估计图像质量。Mittal 等 [63] 利用空间域的自然场景统计，提出了空间域盲/无参考图像质量估计 (blind/referenceless image spatial quality evaluator, BRISQUE) 算法。BRISQUE 统计了均值去除对比度归一化 (mean subtracted contrast normalized, MSCN) 因子的特性:

$$\hat{I}(i,j) = \frac{I(i,j) - \mu(i,j)}{\sigma(i,j) + 1}$$

其中，i, j 是像素索引，I 是图像亮度，μ 和 σ 分别是局部均值和标准差。然后作者利用广义高斯分布来对 MSCN 因子建模，另外，还利用非对称广义高斯分布 (asymmetric GGD, AGGD) 来对相邻 MSCN 因子的乘积建模。最后的质量分数由所有拟合参数回归得出。基于 BRISQUE, Mittal 等 [64] 提出了全盲的 (completely blind) 自然图像质量评价器 (natural image quality evaluator, NIQE)。NIQE 的质量特征与 BRISQUE 类似，但是作者只是用了高对比度的图像块。此外，NIQE 不需要主观分数来训练回归器，它用多变量高斯模型 (multivariate Gaussian, MVG) 来计算高质量图像和失真图像之间的距离作为质量分数。Zhang 等 [65] 基于 NIQE 提出了综合局部自然图像质量评价器 (integrated local NIQE, IL-NIQE)。IL-NIQE 参照了 NIQE 的整个框架，并考虑了更多的图像特征，如梯度、对数伽博 (Gabor) 滤波器响应、颜色等信息的统计特性。

图像聚类和特征学习等计算机视觉领域常用的技术也可用于无参考质量评价算法。Ye 等 [66] 引入了无监督特征学习，并提出了基于码本表示的无参考图像评价 (codebook representation for no-reference image assessment, CORNIA) 算法。CORNIA 利用 k-means(k 均值) 聚类从未标定的图像块中构建了一个码本，然后利用软分配编码 (soft-assignment coding) 和特征池化 (feature pooling) 来提取质量特征，最后再从质量特征中回归出质量分数。Xue 等 [67] 提出了质量感知聚类 (quality aware cluttering, QAC) 算法。QAC 从全参考算法标定的图像中利用聚类学习出了一系列质心 (centroid)，然后将这一系列质心当作码本来推断图像块的质量。此外，还有研究者受人类视觉系统的启发提出了一些无参考质量评价算法。Zhai 等 [68] 认为视觉质量可以利用自由能 (free energy) 来量化，并提出了一个半参考的基于自由能的失真度量 (free energy based distortion metric，FEDM) 和一个基于自由能的无参考质量评价 (no-reference free energy based quality metric，NFEQM)。Gu 等 [69] 对这些基于自由能的算法进行了改进，并提出了基于自由能的鲁棒无参考评价 (no-reference free energy based robust metric，NFERM) 算法。Min 等 [70,71] 引入了伪参考图像的概念，并建立了基于伪参考图像的质量评价框架，其中与假定具有完美质量的传统参考图像不同，伪参考图像是由失真图像生成的，并且假定在给定应用中遭受最严重的失真。

近几年深度学习在相关的计算机视觉问题上取得了巨大的成功，图像质量评价领域的研究者也将深度学习引入到客观质量评价中，进一步提升了无参考质量评价算法的性能。Kim 和 Lee[72] 利用全参考方法的评价结果作为标签，训练卷积神经网络来学习和逼近全参考方法的预测行为，进而提出了一个基于卷积神经网络的无参考评价算法。Bosse 等 [40] 设计了一个神经网络，该网络包含 10 个卷积层、5 个池化层和 2 个全连接层，其中卷积层和池化层用于特征提取，全连接层用于质量回归，该网络可以同时用于全参考和无参考质量评价算法。Ma 等 [73] 提出了一个多任务的端到端深度神经网络用于无参考质量评价算法，该网络包含两个子网络，其中一个子网络用于失真类型识别，另一个子网络用于质量预测，在训练过程中利用失真识别子网络的结果来训练质量预测子网络。Kim 等 [74] 讨论了将深度学习用于无参考质量评价算法的主要问题，即缺少大量的训练图像，并对解决训练图像不足的方法，即基于图像块的训练进行了相关的探讨。Sun 等 [75] 通过多层次特征融合及多数据库联合训练，提出了一个面向真实失真的无参考图像质量评价模型。

以上介绍的只是有代表性的全参考、半参考和无参考图像质量评价模型。经过几十年的发展，当前文献中的质量评价模型已经远远不止这些。此外，除了通用质量评价模型，还有各种针对特定失真的和针对特定应用的质量评价模型。关于各种质量评价模型的详细介绍可以参阅相关的文献综述 [1,76–79]。

1.5.3 客观质量评价算法评估

鉴于其准确性和可靠性，主观质量评价结果可以用作客观质量评价算法的验证标准及优化目标。一般地，我们首先进行主观质量评价，构建质量评价数据库，然后在数据库上测试客观质量评价算法。参考视频质量专家组 (Video Quality Experts Group，VQEG) 给出的建议 [80]，我们可以从准确性、单调性和一致性等方面来对客观算法进行评估。我们用 o_i 和 s_i 分别表示主观意见分数和客观算法的估计分数, 其中 $i = 1, \cdots, N$ 表示图像索引, 而 N 表示总的图像幅数。那么首先需要用一个五参数逻辑斯谛回归函数 (logistic regression function) 来对算法预测的分数进行非线性映射:

$$q(s) = \beta_1 \left(\frac{1}{2} - \frac{1}{1 + \exp(\beta_2(s - \beta_3))} \right) + \beta_4 s + \beta_5$$

其中, $\beta_i (i = 1, 2, \cdots, 5)$ 是五个通过曲线拟合的参数, s 和 $q(s)$ 分别表示原始的预测分数和非线性映射后的分数, 然后再利用以下三种常用的评估准则来评估主观分数和客观分数之间的一致性。

(1) 斯皮尔曼秩相关系数 (Spearman rank-order correlation coefficient, SROCC)。SROCC 描述了预测的单调性, 它不考虑分数之间的相对距离:

$$\text{SROCC} = 1 - \frac{6 \sum_{i=1}^{N} d_i^2}{N(N^2 - 1)}$$

其中, d_i 表示第 i 幅图像的主观评分排序和客观评分排序之差, N 表示数据库中的测试图像的幅数。

(2) 皮尔逊线性相关系数 (Pearson linear correlation coefficient, PLCC)。PLCC 描述了预测的线性度:

$$\text{PLCC} = \frac{\sum_{i=1}^{N} (q_i - \bar{q})(o_i - \bar{o})}{\sqrt{\sum_{i=1}^{N} (q_i - \bar{q})^2 (o_i - \bar{o})^2}}$$

其中, o_i 和 q_i 分别表示第 i 幅图像的主观评分和非线性映射之后的客观评分, $\bar{o}$ 和 $\bar{q}$ 分别表示 o_i 和 q_i 的均值。

(3) 均方根误差 (root mean square error, RMSE)。RMSE 描述了预测的误差, 它计算了 o_i 和 q_i 之间的差的算术平方根

$$\text{RMSE} = \sqrt{\frac{1}{N} \sum_{i=1}^{N} (q_i - o_i)^2}$$

以上三种评估准则中, SROCC 和 PLCC 的值越高, RMSE 的值越低, 表示客观评价算法的性能越好。

1.6 本书概述

近年来, 各种图像质量评价方法已经被开发并成功应用到图像处理的各个领域中。本书紧密围绕图像质量评价的相关理论与方法展开研究, 涉及基于自由能

和伪参考的图像质量评价、采集到显示全链路图像质量评价、图像增强质量评价、图像质量增强以及视频质量评价等方面。

本书的具体章节安排如下：

第 1 章，图像质量评价简介，是后面章节的理论基础。

第 2 章，基于自由能的图像质量评价，阐述基于自由能理论开发的图像质量评价方法的相关内容。

第 3 章，基于伪参考的图像质量评价，阐述基于伪参考图像以及失真强化的无参考图像质量评价方法的相关内容。

第 4 章，采集到显示全链路图像质量评价，阐述真实失焦模糊图像质量评价、单失真和多重失真图像的混合无参考质量评价算法、考虑视距和分辨率的图像质量评价、考虑观看环境的视觉质量评价以及考虑环境亮度的液晶屏动态背光调节的相关内容。

第 5 章，图像增强质量评价，阐述基于合成雾图像的去雾质量评价，基于真实雾图像的去雾质量评价，端到端的雾浓度预测网络，弱光图像增强的感知质量评价，对比度变化的半参考感知质量评价，基于信息最大化的对比度失真无参考质量评价以及基于信息、自然性和结构的色调映射图像的盲质量评价的相关内容。

第 6 章，图像质量增强，阐述基于显著性保护的对比度增强、基于广义均衡模型的对比度增强以及模糊视频插帧的相关内容。

第 7 章，视频质量评价，阐述低码率视频的多维感知质量评价、基于用户感知质量评价的三维可伸缩视频适配以及超高清内容清晰度用户体验质量评价的相关内容。

参 考 文 献

[1] Wang Z, Bovik A C. Modern image quality assessment. Synthesis Lectures on Image Video & Multimedia Processing, 2006, 2(1): 1-156.

[2] Callet Le, Möller P S, Perkis A. Qualinet white paper on definitions of quality of experience. European Network on Quality of Experience in Multimedia Systems and Services (COST Action IC 1003), 2012.

[3] Vocabulary for performance, quality of service and quality of experience. Document Recommendation ITU-T P.10/G.100, Nov. 2017.

[4] Jekosch U. Voice and speech quality perception: Assessment and evaluation. Heidelberg: Springer Science & Business Media, 2006.

[5] Raake A. Speech Quality of VoIP: Assessment and Prediction. Chichester: John Wiley & Sons, 2007.

[6] John O P, Robins R W, Pervin L A. Handbook of Personality: Theory and Research. New York: Guilford Press, 2010.

[7] Amelang M. Differentielle Psychologie und Persönlichkeitsforschung. Stuttgart: W. Kohlhammer Verlag, 2006.

[8] Fiedler M, Kilkki K, Reichl P. 09192 Executive summary–from quality of service to quality of experience. Dagstuhl Seminar Proceedings. Schloss Dagstuhl-Leibniz-Zentrum für Informatik, 2009.

[9] Jumisko-Pyykkö S, Häkkinen J, Nyman G. Experienced quality factors: Qualitative evaluation approach to audiovisual quality. Multimedia on Mobile Devices. International Society for Optics and Photonics, 2007.

[10] Geerts D, de Moor K, Ketykó I, et al. Linking an integrated framework with appropriate methods for measuring QoE. 2010 Second International Workshop on Quality of Multimedia Experience (QoMEX), IEEE, 2010.

[11] Wechsung I, Schulz M, Engelbrecht K P, et al. All users are (not) equal-the influence of user characteristics on perceived quality, modality choice and performance. Proceeding of the Paralinguistic Information and its Integration in Spoken Dialogue Systems Workshop, 2011: 175-186.

[12] Jumisko-Pyykkö S. User-centered quality of experience and its evaluation methods for mobile television. Tampere University of Technology, 2011: 12.

[13] Jumisko-Pyykkö S, Strohmeier D, Utriainen T, et al. Descriptive quality of experience for mobile 3D video. Proceedings of the 6th Nordic Conference on Human-Computer Interaction: Extending Boundaries, 2010.

[14] Series B. Methodology for the subjective assessment of the quality of television pictures. Recommendation ITU-R BT, 2012: 500-513.

[15] Wang Z, Bovik A C, Sheikh H R, et al. Image quality assessment: From error visibility to structural similarity. IEEE Transactions on Image Processing, 2004, 13(4): 600-612.

[16] Chandler D M, Hemami S S. VSNR: A wavelet-based visual signal-to-noise ratio for natural images. IEEE Transactions on Image Processing, 2007, 16(9): 2284-2298.

[17] Sheikh H R, Bovik A C. Image information and visual quality. IEEE Transactions on Image Processing, 2006, 15(2): 430-444.

[18] Sheikh H R. LIVE image quality assessment database release 2. 2005. http://live. ece. utexas. edu/research/quality, 2005.

[19] Ponomarenko N, Lukin V, Zelensky A, et al. TID2008-A database for evaluation of full-reference visual quality assessment metrics. Advances of Modern Radioelectronics, 2009, 10(4): 30-45.

[20] Ponomarenko N, Jin L , Ieremeiev O, et al. Image database TID2013: Peculiarities, results and perspectives. Signal Processing: Image Communication, 2015, 30: 57-77.

[21] Larson E C, Chandler D. Most apparent distortion: full-reference image quality assessment and the role of strategy. Journal of Electronic Imaging, 2010, 19(1): 011006.

[22] Ninassi A, Le Callet P, Autrusseau F. Subjective quality assessment-ivc database. 2005. http://www.irccyn.ec-nantes.fr/ivcdb/.

[23] Horita Y, Shibata K, Kawayoke Y, et al. MICT image quality evaluation database.

2000. [Online]. Available: http://mict.eng.u-toyama.ac.jp/mict/index2.html.

[24] Chandler D M, Hemami S S. A57 Database 2007. [Online]. Available: http://foulard. ece.cornell.edu/dmc27/vsnr/vsnr.html.

[25] Jayaraman D, Mittal A, Moorthy A K, et al. Objective quality assessment of multiply distorted images. 2012 Conference Record of the Forty Sixth Asilomar Conference on Signals, Systems and Computers (ASILOMAR), 2012.

[26] Gu K, Zhai G, Yang X, et al. Subjective and objective quality assessment for images with contrast change. 2013 IEEE International Conference on Image Processing, 2013.

[27] Ghadiyaram D, Bovik A C. Massive online crowdsourced study of subjective and objective picture quality. IEEE Transactions on Image Processing, 2016, 25(1): 372-387.

[28] Ciancio A, Targino da Costa A L N T, da Silva E A B, et al. No-reference blur assessment of digital pictures based on multifeature classifiers. IEEE Transactions on Image Processing, 2011, 20(1): 64-75.

[29] Hosu V, Lin H, Sziranyi T, et al. KonIQ-10k: An ecologically valid database for deep learning of blind image quality assessment. IEEE Transactions on Image Processing, 2020, 29: 4041-4056.

[30] Fang Y, Zhu H, Zeng Y, et al. Perceptual quality assessment of smartphone photography. Proceedings of the IEEE/CVF Conference on Computer Vision and Pattern Recognition. [S.l.]: [s.n.], 2020: 3674-3683.

[31] Ying Z, Niu H, Gupta P, et al. From patches to pictures (PaQ-2-PiQ): Mapping the perceptual space of picture quality. Proceedings of the IEEE/CVF Conference on Computer Vision and Pattern Recognition. [S.l.]: [s.n.], 2020: 3575-3585.

[32] Wang Z, Simoncelli E P, Bovik A C. Multiscale structural similarity for image quality assessment. The Thrity-Seventh Asilomar Conference on Signals, Systems & Computers, 2003.

[33] Wang Z, Li Q. Information content weighting for perceptual image quality assessment. IEEE Transactions on Image Processing, 2011, 20(5): 1185-1198.

[34] Zhang L, Zhang L, Mou X,et al. FSIM: A feature similarity index for image quality assessment. IEEE Transactions on Image Processing, 2011, 20(8): 2378-2386.

[35] Liu A, Lin W, Narwaria M. Image quality assessment based on gradient similarity. IEEE Transactions on Image Processing, 2012, 21(4): 1500-1512.

[36] Xue W, Zhang L, Mou X, et al. Gradient magnitude similarity deviation: A highly efficient perceptual image quality index. IEEE Transactions on Image Processing, 2014, 23(2): 684-695.

[37] Gu K, Li L, Lu H, et al. A fast reliable image quality predictor by fusing micro-and macro-structures. IEEE Transactions on Industrial Electronics, 2017, 64(5): 3903-3912.

[38] Sheikh H R, Bovik A C, de Veciana G. An information fidelity criterion for image quality assessment using natural scene statistics. IEEE Transactions on Image Processing, 2005, 14(12): 2117-2128.

[39] Kim J, Lee S. Deep learning of human visual sensitivity in image quality assessment

framework. Proceedings of the IEEE Conference on Computer Vision and Pattern Recognition. [S.l.]: [s.n.], 2017: 1676-1684.

[40] Bosse S, Maniry D, Müller K R, et al. Deep neural networks for no-reference and full-reference image quality assessment. IEEE Transactions on Image Processing, 2018, 27(1): 206-219.

[41] Zhang R, Isola P, Efros A A, et al. The unreasonable effectiveness of deep features as a perceptual metric. Proceedings of the IEEE Conference on Computer Vision and Pattern Recognition. [S.l.]: [s.n.], 2018: 586-595.

[42] Prashnani E, Cai H, Mostofi Y, et al. PieAPP: Perceptual image-error assessment through pairwise preference. Proceedings of the IEEE Conference on Computer Vision and Pattern Recognition. [S.l.]: [s.n.], 2018: 1808-1817.

[43] Ding K, Ma K, Wang S, et al. Image quality assessment: Unifying structure and texture similarity. IEEE Transactions on Pattern Analysis and Machine Intelligence, 2022, 44(5): 2567-2581.

[44] Wang Z, Wu G X, Sheikh H R, et al. Quality-aware images. IEEE Transactions on Image Processing, 2006, 15(6): 1680-1689.

[45] Li Q, Wang Z. Reduced-reference image quality assessment using divisive normalization-based image representation. IEEE Journal of Selected Topics in Signal Processing, 2009, 3(2): 202-211.

[46] Rehman A, Wang Z. Reduced-reference image quality assessment by structural similarity estimation. IEEE Transactions on Image Processing, 2012, 21(8): 3378-3389.

[47] Soundararajan R, Bovik A C. RRED indices: Reduced reference entropic differencing for image quality assessment. IEEE Transactions on Image Processing, 2012, 21(2): 517-526.

[48] Wang Z, Sheikh H R, Bovik A C. No-reference perceptual quality assessment of JPEG compressed images. International Conference on Image Processing, 2002.

[49] Bovik A C, Liu S. DCT-domain blind measurement of blocking artifacts in DCT-coded images. 2001 IEEE International Conference on Acoustics, Speech, and Signal Processing. Proceedings (Cat. No. 01CH37221), 2002.

[50] Perra C, Massidda F, Giusto D D. Image blockiness evaluation based on Sobel operator. International Conference on Image Processing 2005, 2005.

[51] Li L, Lin W, Zhu H. Learning structural regularity for evaluating blocking artifacts in JPEG images. IEEE Signal Processing Letters, 2014, 21(8): 918-922.

[52] Sheikh H R, Bovik A C, Cormack L. No-reference quality assessment using natural scene statistics: JPEG2000. IEEE Transactions on Image Processing, 2005, 14(11): 1918-1927.

[53] Min X, Ma K D, Gu K, et al. Unified blind quality assessment of compressed natural, graphic, and screen content images. IEEE Transactions on Image Processing, 2017, 26(11): 5462-5474.

[54] Marziliano P, Dufaux F, Winkler S, et al. A no-reference perceptual blur metric. Pro-

ceedings of International Conference on Image Processing, 2002.

[55] Ferzli R, Karam L J. A no-reference objective image sharpness metric based on the notion of just noticeable blur (JNB). IEEE Transactions on Image Processing, 2009, 18(4): 717-728.

[56] Narvekar N D, Karam L J. A no-reference image blur metric based on the cumulative probability of blur detection (CPBD). IEEE Transactions on Image Processing, 2011, 20(9): 2678-2683.

[57] Vu P V, Chandler D M. A fast wavelet-based algorithm for global and local image sharpness estimation. IEEE Signal Processing Letters, 2012, 19(7): 423-426.

[58] Hassen R, Wang Z, Salama M M. Image sharpness assessment based on local phase coherence. IEEE Transactions on Image Processing, 2013, 22(7): 2798-2810.

[59] Vu C T, Phan T D, Chandler D M. A spectral and spatial measure of local perceived sharpness in natural images. IEEE Transactions on Image Processing, 2012, 21(3): 934-945.

[60] Moorthy A K, Bovik A C. A two-step framework for constructing blind image quality indices. IEEE Signal Processing Letters, 2010, 17(5): 513-516.

[61] Moorthy A K, Bovik A C. Blind image quality assessment: From natural scene statistics to perceptual quality. IEEE Transactions on Image Processing, 2011, 20(12): 3350-3364.

[62] Saad M A, Bovik A C, Charrier C. Blind image quality assessment: A natural scene statistics approach in the DCT domain. IEEE Transactions on Image Processing, 2012, 21(8): 3339-3352.

[63] Mittal A, Moorthy A K, Bovik A C. No-reference image quality assessment in the spatial domain. IEEE Transactions on Image Processing, 2012, 21(12): 4695-4708.

[64] Mittal A, Soundararajan R, Bovik A C. Making a "completely blind" image quality analyzer. IEEE Signal Processing Letters, 2013, 20(3): 209-212.

[65] Zhang L, Zhang L, Bovik A C. A feature-enriched completely blind image quality evaluator. IEEE Transactions on Image Processing, 2015, 24(8): 2579-2591.

[66] Ye P, Kumar J, Kang L, et al. Unsupervised feature learning framework for no-reference image quality assessment. 2012 IEEE Conference on Computer Vision and Pattern Recognition, 2012.

[67] Xue W, Zhang L,Mou X. Learning without human scores for blind image quality assessment. IEEE Conference on Computer Vision and Pattern Recognition, 2013.

[68] Zhai G, Wu X, Yang X, et al. A psychovisual quality metric in free-energy principle. IEEE Transactions on Image Processing, 2012, 21(1): 41-52.

[69] Gu K, Zhai G, Yang X, et al. Using free energy principle for blind image quality assessment. IEEE Transactions on Multimedia, 2015, 17(1): 50-63.

[70] Min K, Gu K, Zhai G, et al. Blind quality assessment based on pseudo-reference image. IEEE Transactions on Multimedia, 2018, 20(8): 2049-2062.

[71] Min K, Zhai G, Gu K, et al. Blind image quality estimation via distortion aggravation. IEEE Transactions on Broadcasting, 2018, 64(2): 508-517.

[72] Kim J, Lee S. Fully deep blind image quality predictor. IEEE Journal of Selected Topics in Signal Processing, 2017, 11(1): 206-220.

[73] Ma K, Liu W, Zhang K, et al. End-to-end blind image quality assessment using deep neural networks. IEEE Transactions on Image Processing, 2018, 27(3): 1202-1213.

[74] Kim J, Zeng H, Ghadiyaram D, et al. Deep convolutional neural models for picture-quality prediction: Challenges and solutions to data-driven image quality assessment. IEEE Signal Processing Magazine, 2017, 34(6): 130-141.

[75] Sun W, Min K, Zhai G, et al. Blind quality assessment for in-the-wild images via hierarchical feature fusion and iterative mixed database training. IarXiv Preprint arXiv:2105.14550, 2021.

[76] Wang Z, Bovik A C. Mean squared error: Love it or leave it? A new look at signal fidelity measures. IEEE Signal Processing Magazine, 2009, 26(1): 98-117.

[77] Wang Z, Bovik A C. Reduced-and no-reference image quality assessment. IEEE Signal Processing Magazine, 2011, 28(6): 29-40.

[78] Lin W, Kuo J C C. Perceptual visual quality metrics: A survey. Journal of Visual Communication and Image Representation, 2011, 22(4): 297-312.

[79] Zhai G, Min X. Perceptual image quality assessment: A survey. Science China Information Sciences, 2020, 63(11): 211301.

[80] Group V Q E. Final report from the video quality experts group on the validation of objective models of video quality assessment. VQEG Meeting, 2000.

第 2 章　基于自由能的图像质量评价

自由能原理于 2006 年被提出，并被用于统一及证明一些脑理论。自由能原理说明了以下事实：人脑试图用一个内部生成模型来解释场景，对于任意给定的图像，图像与其最佳内部生成模型的可解释部分之间的差异是由自由能推导过程所界定的。由此可以推测，输入图像的感知质量与自由能值密切相关。在这一原理下，本章提出了一些图像质量评价技术。首先，本章将对近年来提出的基于自由能原理的视觉质量评价方法进行概述，然后重点介绍几种基于自由能原理的半参考和无参考图像质量评价方法，以及一种基于自由能原理的视觉信号感知质量比较质量评价方法。

2.1　基于自由能的视觉质量评价框架

自由能原理 [1,2] 统一了关于人类感知、学习和行动的几种脑理论。热力学第二定律认为，一个孤立的系统趋向于无序状态，它的熵会随着时间增加，直到达到平衡状态的最大值。然而，所有的生命体都试图将它们的内部状态维持在低熵水平，这是存活的先决条件。自由能原理表明，生命体通过最小化这一过程的自由能来实现这个目标，这就是不同环境下总 "吃惊"(surprise) 的上限 [1]。

自由能原理指出，自由能可以由生命体利用其内部生成模型和外部感觉输入来评估。对于视觉感知，大脑通过内部生成模型以建设性的方式给出场景的预测。生成模型可以被分解成似然与一个先验的乘积，因此视觉感知是一个将给定场景的似然性转化为后验可能性的过程。由于大脑不可能对所有的视觉场景都持有一个通用的生成模型，所以在外部视觉输入和它的生成模型可解释部分之间总会有差异。场景的视觉感知质量可以通过场景和它的预测之间的一致性来定义，而这种一致性使用了最能描述场景的内部生成模型。研究表明，原始视觉系统以多通道多分辨率的方式处理视觉输入 [3]。许多成功的质量评价算法都是基于对人类视觉系统 (human visual system，HVS) 的视觉信号进行合理的分解 [4]。有研究者认为，基于自由能原理的视觉质量评价算法从根本上不同于这种基于分解的方法，其以 "合成" 的方式与视觉信号输入一起工作 [5]。

基于自由能原理的视觉质量评价算法的一个关键任务是构建内部生成模型。一个好的生成模型应该能够高精度地逼近任何给定的视觉输入，模拟人脑的工作机制。内部生成模型预测的图像通常被认为是场景的 "有序" 部分，即 "有序" 是由模型明确地描述的。同时，模型可解释部分和输入之间的差异，即模型预测残差被认为是场景的"无序"部分。从将图像分为有序部分和无序部分的角度来看，无须使用显式模型也可以实现模型预测及残差的计算。例如，可以使用双边滤波器 [6] 将图像分为内容 (有序) 和细节 (无序) 的两层信息 [7-9]。

2.1.1 自由能原理简介

内部生成模型对自由能原理的实现至关重要。我们将参数化的内部生成模型定义为 $\mathcal{G}$，该模型通过调整参数向量 $\boldsymbol{\theta}$ 来解释感知的场景。给定一个视觉刺激 (图像)I，可以通过在模型参数 $\boldsymbol{\theta}$ 的参数空间上将联合分布 $P(I, \boldsymbol{\theta}|\mathcal{G})$ 进行积分来计算 "吃惊"

$$-\log P\left(I \mid \mathcal{G}\right) = -\log \int P(I, \boldsymbol{\theta}|\mathcal{G})\mathrm{d}\boldsymbol{\theta} \tag{2-1}$$

由于参数和图像的联合分布 $P(I, \boldsymbol{\theta}|\mathcal{G})$ 超出了我们目前对大脑工作方式的了解，因此在式 (2-1) 中同时引入给定图像的模型参数的一个辅助后项 $Q(\boldsymbol{\theta}|I)$

$$-\log P\left(I \mid \mathcal{G}\right) = -\log \int Q(\boldsymbol{\theta}|I)\frac{P(I, \boldsymbol{\theta}|\mathcal{G})}{Q(\boldsymbol{\theta}|I)}\mathrm{d}\boldsymbol{\theta} \tag{2-2}$$

$Q(\boldsymbol{\theta}|I)$ 近似于模型参数 $P(I, \boldsymbol{\theta}|\mathcal{G})$ 的真实后验，这是可以由大脑计算出来的。大脑通过调整参数 $\boldsymbol{\theta}$ 来更好地解释 I，从而减小近似后验 $Q(\boldsymbol{\theta}|I)$ 与真实后验 $P(\boldsymbol{\theta}|I, \mathcal{G})$ 之间的差。$Q(\boldsymbol{\theta}|I)$ 也称为贝叶斯脑理论中的识别密度[10]。读者可以参阅文献 [11]~[12] 进行更深入的了解。

在下面的分析中，为简单起见，我们删除对生成模型 $\mathcal{G}$ 的依赖。注意到在式 (2-2) 中，$-\log P\left(I \mid \mathcal{G}\right)$ 是给定模型的图像数据 I 的日志证据。因此，"吃惊"的最小化等于模型证据的最大化。利用 Jensen 不等式，从式 (2-2) 中我们得到

$$-\log P\left(I\right) \leqslant -\int Q(\boldsymbol{\theta}|I) \log \frac{P(I, \boldsymbol{\theta})}{Q(\boldsymbol{\theta}|I)}\mathrm{d}\boldsymbol{\theta} \tag{2-3}$$

根据统计物理和热力学的传统 [13]，式 (2-3) 的右边被定义为自由能

$$F\left(\boldsymbol{\theta}\right) = -\int Q(\boldsymbol{\theta}|I) \log \frac{P(I, \boldsymbol{\theta})}{Q(\boldsymbol{\theta}|I)}\mathrm{d}\boldsymbol{\theta} \tag{2-4}$$

显然，由于 $-\log P\left(I\right) \leqslant F\left(\boldsymbol{\theta}\right)$，自由能 $F\left(\boldsymbol{\theta}\right)$ 定义了图像 I 的"吃惊"的上界。将式 (2-4) 进行整理我们可以得到

$$F\left(\boldsymbol{\theta}\right) = \int Q(\boldsymbol{\theta}|I) \log \frac{Q(\boldsymbol{\theta}|I)}{P(I, \boldsymbol{\theta})}\mathrm{d}\boldsymbol{\theta}$$

$$= \int Q(\boldsymbol{\theta}|I) \log Q(\boldsymbol{\theta}|I) \mathrm{d}\boldsymbol{\theta} - \int Q(\boldsymbol{\theta}|I) \log P(I, \boldsymbol{\theta}) \mathrm{d}\boldsymbol{\theta}$$

$$= E_Q\left[-\log P(I, \boldsymbol{\theta})\right] - E_Q\left[-\log Q(\boldsymbol{\theta}|I)\right] \tag{2-5}$$

这便将自由能表示为能量减去熵。$-\log P(I, \boldsymbol{\theta})$ 定义为系统的吉布斯 (Gibbs) 自由能，而该系统由图像 I 和生成模型 $\mathcal{G}$(通过模型参数 $\boldsymbol{\theta}$ 表示) 组成。$E_Q[-\log P(I, \boldsymbol{\theta})]$ 给出了能量项对不同近似识别密度的期望。$E_Q\left[-\log Q(\boldsymbol{\theta}|I)\right]$ 简单来说就是识别密度的熵。

实际上，由于联合分布函数 $P(I, \boldsymbol{\theta})$ 的积分十分复杂，式 (2-4) 和式 (2-5) 不能直接计算。注意到 $P(I, \boldsymbol{\theta}) = P(\boldsymbol{\theta}|I) P(I)$，式 (2-4) 可以改写为

$$F(\boldsymbol{\theta}) = \int Q(\boldsymbol{\theta}|I) \log \frac{Q(\boldsymbol{\theta}|I)}{P(\boldsymbol{\theta}|I) P(I)} \mathrm{d}\boldsymbol{\theta}$$

$$= -\log P(I) + \int Q(\boldsymbol{\theta}|I) \log \frac{Q(\boldsymbol{\theta}|I)}{P(\boldsymbol{\theta}|I)} \mathrm{d}\boldsymbol{\theta}$$

$$= -\log P(I) + \mathrm{KL}\left(Q(\boldsymbol{\theta}|I) \,\|\, P(\boldsymbol{\theta}|I)\right) \tag{2-6}$$

根据吉布斯不等式，式 (2-6) 中的识别后验和真实后验参数分布之间的库尔贝克-莱布勒 (Kullback-Leibler) 散度是非负的，即 $\mathrm{KL}\left(Q(\boldsymbol{\theta}|I) \,\|\, P(\boldsymbol{\theta}|I)\right) \geqslant 0$，当且仅当 $Q(\boldsymbol{\theta}|I) = P(\boldsymbol{\theta}|I)$ 时才相等。在这里，自由能 $F(\boldsymbol{\theta})$ 定义了"吃惊"的严格上限或负的模型日志证据的严格上限。如式 (2-6) 所示，对于固定图像数据 I，通过最小化散度项来抑制自由能。换句话说，当感知给定场景时，大脑试图降低模型参数的近似识别密度与其真实后验密度之间的散度 $\mathrm{KL}\left(Q(\boldsymbol{\theta}|I) \,\|\, P(\boldsymbol{\theta}|I)\right)$。

或者，我们可以令式 (2-4) 中 $P(I, \boldsymbol{\theta}) = P(I|\boldsymbol{\theta}) P(\boldsymbol{\theta})$，便有

$$F(\boldsymbol{\theta}) = \int Q(\boldsymbol{\theta}|I) \log \frac{Q(\boldsymbol{\theta}|I)}{P(I|\boldsymbol{\theta}) P(\boldsymbol{\theta})} \mathrm{d}\boldsymbol{\theta}$$

$$= \int Q(\boldsymbol{\theta}|I) \log \frac{Q(\boldsymbol{\theta}|I)}{P(\boldsymbol{\theta})} \mathrm{d}\boldsymbol{\theta} - \int Q(\boldsymbol{\theta}|I) \log P(I|\boldsymbol{\theta}) \mathrm{d}\boldsymbol{\theta}$$

$$= \mathrm{KL}\left(Q(\boldsymbol{\theta}|I) \,\|\, P(\boldsymbol{\theta})\right) + E_Q\left[\log P(I|\boldsymbol{\theta})\right] \tag{2-7}$$

其中，$\mathrm{KL}\left(Q(\boldsymbol{\theta}|I) \,\|\, P(\boldsymbol{\theta})\right)$ 衡量模型参数的识别密度与真实先验密度之间的差别，并当且仅当 $Q(\boldsymbol{\theta}|I) = P(\boldsymbol{\theta})$ 时才为零。$E_Q\left[\log P(I|\boldsymbol{\theta})\right]$ 衡量数据在近似后验密度上的平均似然可能性。

自由能原理管理视觉感知，而自由能的值描述了生成模型能够何种程度地解释图像。由于质量评价是观众在视觉感知过程中执行的"固有"任务，因此有理由

相信自由能原理可用于视觉质量评价。一个简单的实验就是将视觉质量与自由能的值联系起来。对于全参考质量评价算法，使用参考图像 I_r 及其失真的版本 I_d，我们可以将两幅图像之间的质量差计算为自由能的绝对差，即

$$\mathcal{D}(I_\mathrm{d}, I_\mathrm{r}) = |F(\widehat{\boldsymbol{\theta}}_\mathrm{d}) - F(\widehat{\boldsymbol{\theta}}_\mathrm{r})| \tag{2-8}$$

其中，$\widehat{\boldsymbol{\theta}}_\mathrm{r} = \underset{\boldsymbol{\theta}}{\arg\min} F(\boldsymbol{\theta} \mid \mathcal{G}, I_\mathrm{r}), \widehat{\boldsymbol{\theta}}_\mathrm{d} = \underset{\boldsymbol{\theta}}{\arg\min} F(\boldsymbol{\theta} \mid \mathcal{G}, I_\mathrm{d})$。请注意，如果原始图像的自由能的值被预先计算，式 (2-8) 中的方法也适用于半参考质量评价算法。这种半参考质量评价算法所需的辅助信息非常少。

式 (2-8) 是失真度量，因为该值随着 I_d 的质量增加而减小。显然，该方法具有有界性和对称性。容易证明 $0 \leqslant \mathcal{D}(I_\mathrm{d}, I_\mathrm{r}) \leqslant M$，其中 M 是最大可能的自由能的值。例如，如果图像是完全随机的，则自由能值 M 等于编码像素的位数，即对于有 L 个亮度级别的图像，$M = \lceil \log L \rceil$。

对于无参考质量评价算法，失真图像 I_d 自由能的值 $F(\widehat{\boldsymbol{\theta}}_\mathrm{d})$ 可以直接表示视觉感知质量：

$$\mathcal{Q}(I_\mathrm{d}) = F(\widehat{\boldsymbol{\theta}}_\mathrm{d}) \tag{2-9}$$

其中，该自由能值随图像 I_d 遭受的失真而变化，而单一一种失真将增加或者减少 I_r 的自由能 $\widehat{\boldsymbol{\theta}}_\mathrm{r}$。例如，图像模糊和噪声注入分别会减少和增加自由能。当使用无参考质量评价算法时，这两种类型的失真无法融合。对于复杂的失真，例如，来自 JPEG 压缩失真，在消除有用的图像细节的同时增加了虚假的结构，这种简单的方案无法有效地处理它。

自由能建模的一般框架如图 2.1 所示。模型的输入是视觉场景，模型的可能

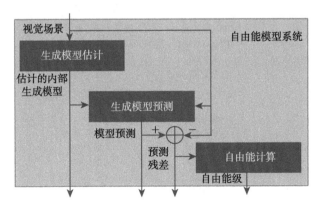

图 2.1 自由能模型的一般框架

输出包括估计的内部生成模型、模型预测、预测残差和自由能级。在上述基于自由能原理的两个最基本的质量评价算法中，我们仅仅使用了自由能级。接下来我们介绍基于其他输出的一些更复杂的实现。

2.1.2　基于自由能的视觉质量评价算法总体介绍

我们首先概述一下基于自由能的视觉质量评价算法。如图 2.2 所示，我们根据应用领域将算法进行了分类，即通用、特定失真和特定应用三类。表 2.1 给出了算法的细节，包括内部生成模型的选择和关键的思想。

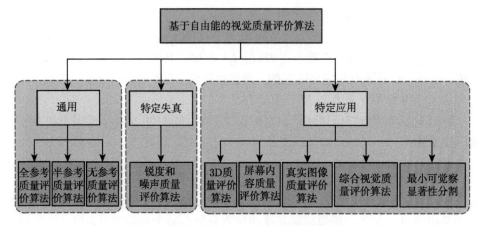

图 2.2　基于自由能的视觉质量评价的分类

表 2.1　基于自由能的质量评价概述

类别	应用	算法	生成模型	关键点
通用	FR VQA	IGM	AR	(无) 有序内容相似性
		FePVQ	结构/纹理分离	结构/内容相似性
		D-VICOM	最小二乘分解	(无) 有序梯度相似性
		FEA-PSNR	AR	调整后 PSNR
	RR VQA	FEDM	AR	残差熵差异
		Wu 等	AR	(无) 有序内容保真度
		FSI	AR 和稀疏表示	残差熵差异
		MCFRM	稀疏表示	残差熵差异
		FEMJ	JPEG&JP2K 压缩	残差熵差异
	NR VQA	NFEQM	AR	残差熵
		NFSDM	AR	残差熵和其他
		NFERM	AR	残差熵和其他
	对比的 VQA	C-IQA	AR	交叉建模
基于特定失真	锐度	ARISM	AR	AR 参数

续表

类别	应用	算法	生成模型	关键点
基于特定 失真		Han 等	稀疏表示	残差熵差异
基于特定 应用	噪声	Zhao 等	AR	残差熵
	3D VQA	Zhu 等	AR	残差熵和其他
		Zhu 等	AR	残差熵和其他
	屏幕 VQA	SVQJ	AR 和双向滤波器	全局/局部结构相似性
		SIQE	AR 和双向滤波器	残差熵和其他
		Jakhetiya 等	AR 和双向滤波器	残差的标准差
		MPS	稀疏表示	粗糙/光滑区域特征
		Che 等	AR 和引导滤波器	残差熵和其他
	真实 VQA	Liu 等	AR	残差熵和其他
		BQIC	AR	残差熵和其他
		Zhu 等	AR	残差熵和其他
	合成 VQA	APT	AR	残差阈值
		Jakhetiya 等	AR 和双向滤波器	残差的标准差
		JETC	JPEG 压缩	残差阈值
	显著性	FES	AR 和双向滤波器	残差熵
	JND	Wu 等	AR	预测残差
	分割	Feng 等	AR	(无) 有序内容分割

通用质量评价算法通常被假定为能够处理各种失真并应用于各种场景。根据参考图像的通用性，视觉质量评价算法可以分为全参考、半参考和无参考的视觉质量评价算法。

全参考质量评价算法通常遵循图 2.3 所示的一般框架。首先，分别使用生成模型对参考图像和失真图像进行近似，将两个图像都分解为模型预测 ("有序" 部分)

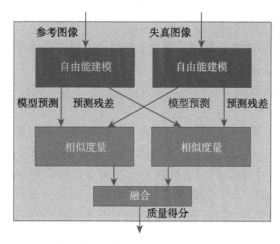

图 2.3 基于自由能框架全参考的视觉质量评价算法

及预测残差 (“无序” 部分)，然后分别度量两个图像的有序部分和无序部分之间的相似度，再进行融合以提供最终的图像质量得分。

　　按照上述框架，Wu 等 [14] 利用自回归 (autoregressive，AR) 模型将输入场景分解为有序 (即模型可解释的) 部分和无序 (即预测残差) 部分，从而提出了一种基于 AR 内部生成模型的全参考 (full-reference，FR) 感知质量评价算法。有序部分被认为拥有主要的视觉信息，因此结构相似性评价 [15] 可以用于度量失真程度。无序的预测残差部分主要与不确定信息相对应，因此可以使用峰值信噪比 (peak signal-to-noise ratio，PSNR) 来衡量失真。最后可以将这两个失真度量结果整合为最终质量。Xu 等 [16] 提出了基于自由能原理的全参考视频质量评价模型。他们遵循了将图像分为有序和无序部分的框架。为了整合时序信息，他们纳入了基于人类视觉速度感知 (human visual speed perception，HVSP) 得出的运动强度因子，因此将自由能原理扩展到时空域以进行视频质量评估。为了降低计算复杂度，他们使用相对总变化模型 (relative total variation model) 而不是 AR 模型来近似内部生成模型，并使用逐块运动矢量表示视频运动。除了视频质量评价外，作者还讨论了所提出的指标在感知率失真优化 (rate distortion optimization，RDO) 中的应用。除了直接分解图像，Di Claudio 等 [17] 将失真图像的梯度分解为参考图像的梯度加上梯度域中的残差信号。然后，通过在小的观察窗口中衡量预测梯度的衰减来衡量细节的损失，并在小窗口中观察梯度残差来识别虚假细节的存在。最后提出了两个评价标准来衡量细节损失和虚假细节的感知影响，并最终将其整合到总体质量中。Liu 和 Zhai [18] 介绍了一种用于全参考视觉质量评价 (visual quality assessment，VQA) 的自由能调整 PSNR(free energy adjusted PSNR，FEA-PSNR) 准则，该准则基于以下观察：对于每种类型的失真，主观评分和 PSNR 之间的偏差可以通过目标图像的感知复杂度来系统地描述。具体地，自由能被用于衡量图像的感知复杂度，并通过一种考虑图像自由能和失真类型的线性分数映射来提升 PSNR 算法。图 2.4 和图 2.5 分别给出了基于自由能的半参考和无参考视觉质量评价算法的框架。在一项开创性研究中 [5]，Zhai 等开发了半参考的 FEDM 和 NFEQM。同时，在文献 [5] 中作者也提出了使用 AR 模型来实现内部生成模型。

　　Wu 等 [19] 同样使用 AR 模型作为内部生成模型，将图像分解为主要的视觉信息 (模型预测) 和不确定性部分 (预测残差)。这两个部分的局部二进制模式 (local binary pattern，LBP) 的直方图被用作特征来比较原始图像和失真图像之间的相对质量。该方法是一种半参考质量评价算法，因为在最终指标中仅需要提取基于自由能的 LBP 特征。Liu 等 [20,21] 提出了基于自由能原理和稀疏表示的图像质量评价 (free-energy principle and sparse representation-based index for image quality assessment，简称 FSI) 算法。FSI 使用与 FEDM [5] 相同的框架，利用预测残差的熵的差异来测量图像质量。FSI 利用稀疏表示而不是 AR 模型来模拟内部生成模型。Zhu 等 [22] 提出了一种半参考质量的评价准则，并称之为基于多通道自由能的半参考质量评价 (multi-channel free-energy based reduced-reference quality metric, MCFRM)。MCFRM 首先使用两级离散哈尔 (Haar) 小波变换分解输入图像。与 FSI 相似，MCFRM 利用稀疏表示来模拟内部生成模型并提取基于自由能的特征，然后将基于自由能的特征集成到最终质量分数中。为了减少估计 AR 模型参数的计算复杂性，Gu 等 [23] 提出使用 JPEG / JPEG2000 压缩来近似模型预测过程。其想法是，由于以低比特率进行 JPEG / JPEG2000 压缩会以与预测过程类似的方式去除精细的图像细节，因此可用于近似内部生成模型。Gu

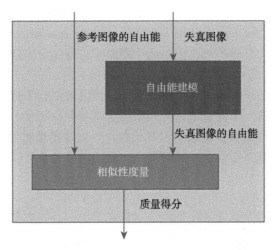

图 2.4　基于自由能框架的半参考视觉质量评价

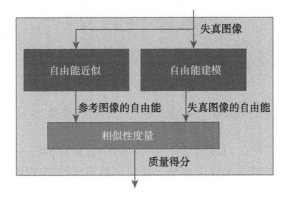

图 2.5　基于自由能框架的无参考视觉质量评价

等 [24] 通过将 NFEQM 和结构退化模型 (structural degradation model，SDM)
集成在一起，开发了无参考基于自由能和结构退化的失真度量 (no-reference free
energy and structural degradation based distortion metric，NFSDM) 算法，该
模型通过比较失真图像及其模糊版本来测量结构退化信息。后来研究者还发现了
自由能值和 SDM 之间的线性相关性，并且将 NFSDM 修改为基于自由能的无参
考鲁棒评价 (NR free energy based robust metric，NFERM) 算法，并获得了良
好的性能 [25]。NFERM 使用了三组特征：NFSDM 中的特征、失真图像和预测图
像之间的相似性 (基于 HVS 的特征，例如结构和梯度特征) 以及均值去除对比度
归一化系数的自然场景统计 (natural scene statistics，NSS) 特征。

　　在视觉质量评价的研究中尚未得到广泛探索的一个特别有趣的问题是：如何
比较内容相同但失真类型和/或水平不同的两个图像的相对质量。这个问题被定
义为比较图像质量评价 (comparative image quality assessment，CIQA) 问题 [26]。
CIQA 与 FR 和 RR 任务不同，因为两个图像都可能包含失真。CIQA 与 NR 问
题也形成了鲜明对比，因为两个图像具有相同的内容。在一项工作中 [26]，研究
者从输入图像对中估计了两个 AR 生成模型，但同时进行了自模型和交叉模型预
测。换句话说，将从一个图像估计的模型用于解释自身和另一个图像。然后将自
建模和交叉建模过程的自由能水平进行比较，以确定图像对的相对质量 (请参见
图 2.6)。该算法的基本假设是：具有较高质量的图像包含可以更好地解释其他图
像的模型。

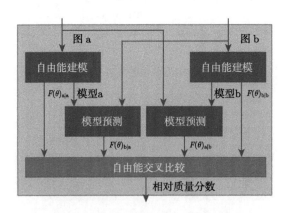

图 2.6　　自由能比较视觉质量评价框架

　　在某些应用场景中，可以假设失真类型对于质量评价任务是已知的。对于此
类情况可以设计针对特定失真的方法，并且这些方法通常使用特定功能来分析失
真过程引入的图像降质。由于自由能与感知图像复杂度之间的高度相关性，一些
研究者提出了基于自由能的锐度或噪声评价算法。在文献 [27] 中，作者提出了

一种基于 AR 模型的无参考图像清晰度度量 (AR model-based image sharpness metric，ARISM) 算法。在 ARISM 中，作者采用了 NFEQM[5] 中使用的 AR 模型，最终的 ARISM 算法是通过分析 AR 模型参数建立的。该算法首先使用局部估计的 AR 系数计算能量差和对比度差，然后使用百分位数池化来衡量图像清晰度，而颜色信息也被合并以增强上述功能。Han 等 [28] 提出了一种基于自由能原理半参考评价算法来评估模糊图像的质量，该算法中利用稀疏表示来近似内部生成模型，并结合了视觉显著性来对重要的视觉内容进行局部加权以提高性能。Zhao 等 [29] 根据与 NFEQM 相同的思想，提出了一种用于噪声图像的基于自由能原理的无参考质量评价算法，其主要区别在于它使用了局部中值滤波器作为内部生成模型的近似值。鉴于中值滤波过程比 AR 建模要简单得多，Zhao 等提出的算法是非常高效的。

除了上述一般的视觉质量评价算法外，自由能原理还启发了针对特定应用的质量评价指标的设计，例如 3D 内容、合成视图、真实失真、屏幕内容质量评估和显著性检测。Zhu 等 [30] 在自由能建模的框架内引入了对 3D 内容的盲质量评价，其中 NFERM [25] 被用于评估 2D 视图的质量，然后使用模型预测过程来估计双目竞争水平，以确定左视图和右视图的相对重要性，而最终质量是两个视图的质量的加权平均值。这项工作随后在文献 [31] 中被改进，作者使用了从传统 2D 视觉质量评价 (visual quality assessment，VQA) 准则计算出的 2D 图像质量，并使用了内部生成模型预测版本来确定视图间权重，此外还使用了视觉注意模型进行局部调整。人们发现，计算机生成的屏幕内容图像 (screen content image，SCI) 与自然场景图像 (natural scene image，NSI) 在许多统计特性上都存在很大差异 [32]。因此，近年来研究者针对屏幕内容提出了许多质量评价算法。Gu 等 [7] 通过结合整体结构和局部结构变化的衡量结果，提出了基于结构变化的全参考质量指数 (structural variation based quality index，SVQI)。该算法的整体结构的变化是通过参考图像和失真图像之间的自由能变化来衡量的，其中使用了 AR 和双边滤波器来近似内部生成模型。在另一项工作中 [8]，作者通过整合图像复杂度、屏幕内容统计信息、全局亮度质量和清晰度，提出了一种屏幕图像质量评价器 (screen image quality evaluator，SIQE)。其中，作者将图像复杂度项计算为图像的自由能级。与 SVQI 相似，AR 模型和双边滤波器均被用于近似内部生成模型。Jakhetiya 等 [9] 介绍了一种针对屏幕内容的半参考质量评价算法，该算法使用感知相关的基于普通最小二乘 (ordinary least squares，OLS) 法的 AR 模型来近似内部生成模型。OLS AR 模型优于朴素 AR 模型，因为文本区域的建模更好，因此可以在质量指标的最终池化阶段得到强调。Wu 等 [33] 在梯度域中将屏幕内容图像划分为粗糙和平滑的区域，然后遵循基于稀疏表示的自由能原理的基本思想，得出最优选的结构 (most preferred structure，MPS) 来描述每个图像块的 "有意义" 部分。由于保留了大多数有用的结构，生成模型预测的图像被认为比预测残差更有意义。最后，作者将粗糙和光滑区域的 MPS 合并起来并整合到图像整体质量中。Che 等 [34] 通过将屏幕内容图像分为文本层和图片层设计了针对屏幕内容的半参考质量评价算法，该算法分别对文本层和图片层进行了质量评估，而在这两个质量指标中，图像层的自由能级均被用作特征。

视图合成在许多场景中有非常重要的应用，例如虚拟/增强/混合现实、自由视点视频和光场显示。这些年来，研究者提出了许多视图合成方法。这些方法引入了不同的视觉失真，并导致质量下降，因此，需要使用视图合成质量度量来量化合成质量。Gu 等 [35] 使用基于 AR 模型的局部图像描述来为基于深度图像的渲染 (depth image-based rendering, DIBR) 合成图像设计了一种基于自由能的质量评价算法。该算法是受到以下观察结果而启发的，即 DIBR 合成图像与其利用 AR 模型的预测版本之间的残差很好地描述几何变形失真。Qiao 等 [36] 改进了这个想法，他们通过用类似于文献 [32] 的图像压缩模块替换 AR 模型来提高效率。Jakhetiya 等 [9] 设计的半参考屏幕内容质量评价算法同样也适用于合成视图评价，这是因为自由能原理也适用于 3D 内容，并且 OLS AR 模型将 3D 合成图像分离为可在质量评价阶段独立处理的预测部分和无序残留部分。

除了视觉质量评价之外，自由能原理还启发了其他一些与视觉感知相关的图像处理工具，例如，显著性检测和恰可识别差异 (just noticeable difference，JND) 估计。Wu 等 [37] 提出了基于自由能原理的 JND 估计模型，其中 JND 阈值是使用视觉场景的无序信息 (内部生成模型预测残差) 的掩蔽模型估计的。在文献 [38] 中，作者们提出了一种基于自由能的显著性 (free energy inspired saliency，FES) 算法，FES 的原理是自由能原理直接将自由能级与给定场景的 "吃惊" 量联系起来，该算法使用了 AR 和双边滤波器作为生成模型。Feng 等 [39] 提出了一种由内部生成模型驱动的医学脑图像分割方法，他们对原始图像和模型预测版本构建 "Otsu 阈值化"[40] 来进行分割，然后设计了一种重组方法以细化分割结果。

2.1.3 算法性能测试

现有文献通常遵循一种常见的做法来进行质量评价性能的评估，如 VQEG 所建议的 [41]，可以从三个方面评价客观评价算法的性能：预测准确性、预测单调性和预测一致性。为了减少预测质量得分的非线性，通常先使用五参数逻辑斯谛函数来对目标质量得分进行非线性映射 [42-44]：

$$q = \beta_1 \left(\frac{1}{2} - \frac{1}{1 + e^{\beta_2(s-\beta_3)}} \right) + \beta_4 s + \beta_5 \tag{2-10}$$

其中，s 和 q 是预测和映射的质量得分，$\{\beta_i|i=1,2,3,4,5\}$ 是通过曲线拟合确定的参数。

然后，可以从以下几个方面测量映射的质量得分和主观评分之间的一致性，以全面评估质量指标[42-44]。

(1) 斯皮尔曼秩相关系数 (SROCC)：它在计算单调性的同时忽略了数据之间的相对距离：

$$\text{SROCC} = 1 - \frac{6\sum_{i=1}^{N} d_i^2}{N(N^2-1)} \tag{2-11}$$

其中，d_i 表示第 i 个图像在主观和客观评价中排序的差异，并且 N 是测试数据库中的图像个数。

(2) 肯德尔秩相关系数 (Kendall rank-order correlation coefficient，KROCC)：

$$\text{KROCC} = \frac{N_c - N_d}{0.5N(N-1)} \tag{2-12}$$

其中，N_c 和 N_d 分别表示测试数据中一致和不一致对的数量。

(3) 皮尔逊线性相关系数 (PLCC)：这是一种预测准确性的度量：

$$\text{PLCC} = \frac{\sum_{i=1}^{N}(q_i - \bar{q}) \cdot (o_i - \bar{o})}{\sqrt{\sum_{i=1}^{N}(q_i - \bar{q})^2 \cdot (o_i - \bar{o})^2}} \tag{2-13}$$

其中，o_i 和 q_i 是第 i 张图像的主观评分以及经过非线性映射后的客观得分；$\bar{o}$ 和 $\bar{q}$ 是 o_i 和 q_i 的平均值。

(4) 均方根误差 (RMSE)：它计算预测的和真实的质量得分之间的差异

$$\text{RMSE} = \sqrt{\frac{1}{N}\sum_{i=1}^{N}(p_i - o_i)^2} \tag{2-14}$$

其中，o_i 和 p_i 是第 i 张图片的主观质量评分和映射的客观得分。

在上述四个评估标准中，SROCC 和 KROCC 测量预测的单调性，PLCC 评估线性和一致性，RMSE 评估预测准确性。较高的 SROCC、KROCC、PLCC 和较低的 RMSE 表示质量评价的性能更好。

我们收集了通用的基于自由能的视觉质量评价的源代码，并在相关数据库上重新运行所有质量评价算法，以便在相同的测试环境下比较它们的性能。在所有基于自由能的通用视觉质量评价算法中，IGM [14]、FEDM [5]、FSI [20,21]、MCFRM [22]、NFSDM [5] 和 NFERM [25] 的源代码是公开可用的。表 2.2 列出了它们在文献中广泛使用的图像质量数据库上的性能,包括 LIVE [45]、CSIQ [46]、TID2008[47] 和 TID2013 [48]。对于基于训练的算法,我们将它们在 LIVE 数据库上进行了训练,并在其他数据库上进行了测试,因此它们在 LIVE 数据库上的性能未列出。对于其他针对特定失真和特定应用的质量评价算法,由于基准数据集的高度多样性,我们没有展示其性能。

从表 2.2 可以注意到,一些基于自由能的图像质量评价算法确实达到了最先进的性能。对于几乎所有指标,在 LIVE 和 CSIQ 这两个小型数据库中,相关系数都很高。同时,在大型数据库 TID2008 和 TID2013 上的性能结果很低。在大多数数据库上,如果算法能够获取参考图像的更多信息,则质量指标可以实现更高的性能,这与相关文献中给出的结果是一致的。下面我们进一步进行分析,以便更好地理解基于自由能的视觉质量评价算法。

表 2.2   基于自由能的图像质量评价算法的性能

数据库	准则	FR		RR		NR	
		IGM	FEDM	FSI	MCFRM	NFSDM	NFERM
LIVE	SROCC	0.9576	0.7947	0.8826	—	0.9274	—
	KROCC	0.8238	0.5964	0.6957	—	0.7776	—
	PLCC	0.9567	0.7976	0.8808	—	0.9285	—
	RMSE	7.9550	16.479	12.937	—	10.147	—
CSIQ	SROCC	0.9324	0.7230	0.7759	0.6846	0.5133	0.6609
	KROCC	0.7775	0.5247	0.5977	0.5063	0.3601	0.4937
	PLCC	0.9185	0.7210	0.8063	0.7667	0.6350	0.7522
	RMSE	0.1038	0.1819	0.1553	0.1686	0.2028	0.1730
TID2008	SROCC	0.8899	0.2870	0.4069	0.4134	0.2636	0.3064
	KROCC	0.7101	0.1688	0.2864	0.2930	0.2054	0.2298
	PLCC	0.8855	0.4707	0.5882	0.5803	0.4281	0.4902
	RMSE	0.6236	1.1840	1.0853	1.0928	1.2128	1.1696
TID2013	SROCC	0.8096	0.3977	0.3977	0.4471	0.2855	0.3479
	KROCC	0.6395	0.2764	0.2764	0.3160	0.2112	0.2375
	PLCC	0.8562	0.5840	0.5840	0.5926	0.3956	0.4882
	RMSE	0.6406	1.0063	1.0063	0.9986	1.1385	1.0819
运行时间		9.3519	45.863	3.2327	4.8535	21.805	25.050

得益于深度学习的最新进展,这些年提出了一些基于深度学习的视觉质量评价算法 [49-52],并且在该领域已经取得了相当可观的成就。正如文献 [49]~[52] 所述,这些深层的视觉质量衡量标准依赖于大型训练数据,它们在性能基准测试中显示出优于传统视觉质量评价算法的巨大优势。但是它们可能没有很好的泛化性,尤其是在训练集中没有类似数据的情况下。而且,这些深度质量评价算法纯粹是数据驱动的,因此没有良好的可解释性。与深度视觉质量评价算法不同,基于自由能的视觉质量评价算法受到人脑感知的心理机制的启发,即自由能原理。它们

更接近人类视觉系统的工作机制，因此具有更好的可概括性和可解释性。它们不太依赖训练数据，但是在性能基准测试中的表现可能会有所欠缺。

我们测试了所有对比算法的计算复杂性，并在表 2.2 中报告了 100 对分辨率固定为 512×512 的图像对的平均运行时间 (秒/图)，其中运行时间包括所有特征提取和质量预测时间。我们在配置为英特尔酷睿 i7-6700K CPU @ 4.00 GHz 和 32 GB RAM 的计算机上运行 MATLAB R2016a 对算法进行了测试。对于所有比较的方法，我们均使用了作者提供的原始代码。可以看出，模拟内部生成模型为 AR 模型的基于自由能的视觉质量评价算法在计算上相当复杂。FSI 和 MCFRM 是基于稀疏表示算法，它们的计算效率更高。

为了更好地了解基于自由能的视觉质量评价算法，我们在图 2.7 中展示了这些评价算法的各个阶段的一些结果。对于参考图像和失真图像，AR 模型用于预测原始场景，然后将输入场景分解为模型预测的有序部分 (图 2.7 中的第二列) 和无序的模型预测残差部分 (图 2.7 中的第三列)。可以看出，预测有序部分描述了输入场景的主要内容和结构，而无序模型预测残差部分描述了输入场景的图像纹理和细节。可以将预测残差的熵计算为场景的自由能。然后，根据图 2.3 ~ 图 2.6 中给出的框架，可以将这种自由能和相关的分解图像用于构建全参考、半参考、无参考和比较视觉质量评价算法。

图 2.7   基于自由能的视觉质量评价算法的各个阶段中间结果可视化

第一列：原始图片；第二列：AR 预测图像；第三列：预测残差 (缩放至 [0, 255] 以便更好地展示。第一行：参考图像；第二行：高斯模糊图像)

在基于自由能的质量评价算法中，通常将对图像的感知和理解建模为一种主动推理过程，而在这种过程中，大脑试图使用内部生成模型来解释场景。感知质量与内部生成模型如何准确地解释视觉感知数据密切相关，因此如何选择合适的内部生成模型来模拟人脑生成模型是基于自由能的质量度量的关键问题。通常，以下模型可以用作生成模型。

(1) AR 模型：AR 模型是统计和信号处理中一种随机过程的代表模型。为了获得令人满意的性能，AR 模型需要对图像进行分块。这种局部适应性使该模型更具表现力，因此在功能上更接近内部大脑生成模型。AR 模型在评估感知质量上取得了令人鼓舞的性能。从表 2.1 可以看出，大多数基于自由能的质量评价算法均采用 AR 作为生成模型。但是，与其他生成模型 (如双边滤波器) 相比，AR 模型需要更高的计算成本。

(2) 双边滤波器：双边滤波器是一种用于图像的非线性，保留边缘和降低噪声的平滑滤波器。它用附近像素的强度值的加权平均值代替每个像素的强度。该生成模型可以很好地保留锐利的边缘，并且在保护感知图像的结构信息上取得了令人满意的性能。但是，双边滤波器模型会引入某些类型的伪像，例如，阶梯效应和梯度反转。

(3) 稀疏表示：稀疏表示是指使用预定义或经过训练的词典中的少量原子的线性组合来表示信号。哺乳动物初级视皮层中简单细胞的感受野通常具有空间局部性、定向和带通等特性。稀疏表示可以很好地描述这些神经反应特征，因此在近似内部生成模型方面具有优越性。通常，字典越大，稀疏表示具有更快的运行时间，但会引入更高的存储成本。

(4) 压缩 (JPEG、JPEG2000 等)：除了上述模型以外，图像压缩还可以用作生成模型。与上述模型类似，图像压缩还具有保留主图像内容和去除图像细节的相同功能，并且可以将输入图像分解为有序图像内容部分和无序图像残差部分。由于各种代码库中都有图像编解码器，因此可以轻松、快速地将图像压缩用作生成模型，但这种操作在生物学上不像上述模型那样合理。

值得注意的是不同的生成模型各有其优缺点，我们可能需要选择合适的模型来构建特定的基于自由能的质量评价算法。表 2.1 总结了相关方法所用的生成模型。

在本节中，我们概述了基于自由能原理的视觉质量评价算法。具体地，首先简要介绍了自由能脑理论，并综述了其在视觉质量评价中的应用思想，然后列出了基于自由能原理的通用任务中的视觉质量评价算法，即全参考、半参考和无参考视觉质量评价算法，以及针对特定失真和特定应用的质量评价算法，并根据算法的基本思想和性能进行了相关的比较。自由能建模已成为视觉质量评价领域中一种新兴且强大的工具。在过去的几年中，研究者已经提出了数十种相关算法，并且一些算法已经达到了当时最先进的性能。从对现有基于自由能的视觉质量评价的分析中可以注意到，内部生成模型对于整个算法至关重要。自回归模型是在一项早期研究中引入进来的，尽管它具有很高的复杂性，但它在许多后续工作中得到了广泛使用。尽管有人尝试设计新颖的生成模型，例如双边滤波器，但是许多这些工作是启发式的，因此缺乏理论依据。从人类感知上来说更合理的内部生成模型，还有待进一步研究。

接下来将详细介绍几种流行的基于自由能的质量评价算法。

2.2 基于自由能的半参考和无参考视觉质量评价算法

HVS 使我们能够从外界收集信息，而视觉信息的心理表现被称为视觉感知。但是，人们看到的不是对视网膜上的刺激直接处理后的结果，而是涉及复杂的心理推论。19 世纪 60 年代，von Helmholtz[53] 研究了视觉感知，并得出结论：视觉是推理的结果，它是根据经验从 (部分) 感官数据做出假设并得出结论的过程。同样，Gastalt 也认为视觉是大脑的一种活跃过程 [54]。这些理论现已被心理学、认知科学和神经科学的研究人员广泛使用。

视觉是大脑和眼部输入之间的一种固有相互作用，因此直接量化图像的视觉质量而不顾其与人脑感知的心理和生理机制是没有意义的。从这个角度来看，任何衡量视觉质量的纯信号处理方法都是有缺陷的。受脑理论和神经学发展的启发，我们在现有的关于视觉质量评价的研究基础上进行了深入探讨，并提出了使用大脑推理过程中的 "吃惊" 程度来衡量心理视觉质量。

最近，在文献 [1] 和 [55] 中有研究者提出了一种所谓的自由能原理，并用来统一有关人类行为、感知和学习的几种大脑理论，其中一些理论似乎彼此并不完全兼容。值得一提的是，自由能原理还将人类的感知和认知与感官数据的有效编码进行了相互关联 [56,57]。

一般而言，自由能原理背后的基本原理是，在不断变化的环境中，所有适应性生命体都在抵抗自然环境的无序化倾向 [58]。值得注意的是，一个孤立系统的无序化倾向是由热力学第二定律预测的，该定律指出，一个不处于平衡状态的系统的熵会随着时间的流逝而增加，在平衡时接近最大值。因此，自由能原理表明，生命体可以通过将其内部状态保持在低熵水平来以某种方式不满足热力学第二定律，从而使自己保持在某些生理范围内。这个目标是通过避免在不同环境下遇到 "吃惊" 来实现的 [1]。尽管生命体无法直接测量或避免 "吃惊"，但它的上限便是 "自由能"。这样，自由能的最小化就隐含了 "吃惊" 的最小化。更重要的是，可以由生命体使用其内部 (生成) 模型和外部 (感官) 状态来评估自由能。毫无疑问，可以通过更改感官输入或模型状态来抑制自由能。在给定固定输入的情况下，最小化自由能实质上是使内部生成模型适应外部感官状态的过程。生成模型定义了在 "吃惊" 约束下的系统和自由能的质量。具有较高描述能力的模型倾向于更好地解释输入，并保持较低的自由能 ("吃惊")。这个过程与贝叶斯大脑假说相呼应[10]，贝叶斯大脑假说认为我们的大脑使用贝叶斯统计研究中的最佳规则来处理不确定性。因此，感知是大脑的推理过程，并且可以使用内部生成模型来积极预测和解释感觉。

对于视觉感知，自由能原理和贝叶斯大脑假说都引起人们猜想：大脑对于我们所关注的场景具有内部生成模型 (如亥姆霍兹机所假设的那样[59])。大脑使用生成模型以建设性的方式来生成那些遇到的场景的预测，而建设性模型本质上是一个概率模型，可以分解为似然项和先验项。然后，视觉感知是将这个似然项反转以推断给定场景的后验可能性的过程。尽管人的大脑可能比我们想象的要复杂得多，但假设外部视觉输入与大脑的生成模型之间存在差异仍然是合理的，否则对于整个世界拥有一个通用生成模型的大脑来说，没有什么会是令人惊讶、新颖或有趣的。外部输入与其生成模型可解释部分之间的差距应与感知的质量有关，因此可以将场景的心理视觉质量定义为场景本身与最能描述场景的内部生成模型的输出之间的一致性，并且可以通过模型中输入和输出之间残差的不确定性来在数学上量化该质量。换句话说，对于视觉感知，自由能原理表明大脑总是通过调整其内部生成模型来寻求每个给定场景的最 "合理" 的解释，而场景中无法描述的部分的不确定性与其感知质量密切相关。

许多现有的感知图像质量评价算法都是基于视觉信号的 HVS 合理分解来进行的[60]，包括文献 [61] 和 [62] 中的质量感知图像框架 (quality-aware image framework) 以及视觉信息保真度 (visual information fidelity，VIF)[63]。具体来说，这些方法分解小波域中的图像，并用高斯混合模型拟合小波系数以获得自然场景统计数据[64]。但是，自由能原理表明心理视觉质量超出了信号分解的范围。相反，心理视觉质量评价的大脑动作必定涉及合成，即使用内部生成模型来解释给定的图像，这可以看作 "合成分析" 的过程。从模型综合的角度来看，我们基于自由能原理的心理质量评价算法与上述算法是截然不同的。

2.2.1　FEDM 及 NFEQM 算法总体介绍

我们以脑理论为指导来研究图像质量，并提出了两个新颖的心理视觉质量评价算法：FEDM 和 NFEQM。FEDM 为参考图像和输入图像之间的自由能差异。NFEQM 定义为输入图像的自由能，而该算法在根本没有有关参考图像的先验信息时使用。与现有文献相比，心理视觉评价算法 FEDM 和 NFEQM 具有许多独特的优势。例如，FEDM 和 NFEQM 对平移、旋转和小的全局照明变化都不敏感，这些变化几乎不会导致视觉质量或图像语义的变化，但是现有的图像质量评价算法的性能会受到这些变化的严重影响。在不影响视觉质量的情况下对图像进行小规模的简单缩放时，FEDM 将在合理的较小范围内变化，但是其他图像质量评价算法都不适用于这种形式的图像尺度缩放。FEDM 几乎可以看作盲视觉质量评价算法，因为它只需要参考图像的单个自由能标量值即可。相比之下，许多所谓的半参考图像质量评价算法依赖于参考图像上的大量先验信息，例如，边缘图或变换系数的统计数据 [62,65,66]。即使在近乎全盲或全盲的情况下，FEDM 和 NFEQM 与 SSIM 在流行的测试集 LIVE 数据库上相比仍具有很高的竞争力 [45]。FEDM 的另一个优点在于，当评估基于模型的图像处理算法的视觉质量时，相关对比算法常常变得无效 (人类观察者将质量排名倒置)，但 FEDM 产生的结果始终是有意义的。

1. FEDM 及 NFEQM 算法框架

我们提出的这种基于自由能的质量评价算法可被用于客观图像质量评价，其中 FEDM 越低，失真图像的感知质量就越高。FEDM 具有一些有利的数学特性。首先，FEDM 是有界的，即 $0 \leqslant \mathcal{D}(I_\mathrm{d}, I_\mathrm{r}) \leqslant M$，其中 M 是最大可能的自由能的值，例如，如果图像是完全随机的，则它等于编码像素的位数，即，对于有 L 个强度级别的图像，$M = \lceil \log L \rceil$。FEDM 是对称的，即 $\mathcal{D}(I_\mathrm{d}, I_\mathrm{r}) = \mathcal{D}(I_\mathrm{r}, I_\mathrm{d})$。当 $\mathcal{D}(I_\mathrm{d}, I_\mathrm{r}) = 0$ 时，我们认为失真图像 I_d 与参考图像 I_r 具有相同的心理视觉质量，因为 I_r 和 I_d 都可以通过大脑生成模型很好地解释。通过大脑生成模型对视觉数据进行拟合是 FEDM 区别于 PSNR 以及被广泛接受的 SSIM[15] 和其他基于像素差异的质量指标的地方。FEDM 相对于 PSNR 的明显优势在于，FEDM 对旋转、平移、缩放和亮度缩放不变或不敏感，而 PSNR 则不是。

在许多情况下，当图像经过系统的操作而对视觉质量没有实质性影响时，FEDM 将为零或非常小，但 PSNR 可能会取非常大的值。FEDM 还证实了我们最近的经验观察，即使在前者的 PSNR 低于后者的情况下，在某些比特率上，基于模型的图像编码方法在视觉质量上也优于流行的变换编码方法。因此，新的心理视觉质量评价算法 FEDM 可以用于设计和优化图像处理 (例如插值、去噪、压缩等)。

2. 基于 AR 模型的自由能逼近

接下来，我们介绍 FEDM 和 NFEQM 的具体计算流程。式 (2-8) 和式 (2-9) 的任何定量计算都需要首先假设大脑生成模型。具有较高表达能力的模型可以更好地逼近大脑，但会带来更高的计算复杂性。此外，在模型选择理论中，具有大量参数的更复杂的模型具有更高的模型成本 [67]，因此更难从观测值进行估计。在本书中，我们选择线性 AR 模型是因为它可以通过更改其参数来逼近各种自然场景，并且具有简单性的优点。AR 图像模型定义为

$$x_n = \boldsymbol{\mathcal{X}}^k (x_n) \, \boldsymbol{a} + e_n \tag{2-15}$$

其中，x_n 是像素，$\mathcal{X}^k(x_n)$ 是含有 k 个最近邻像素的向量，$\boldsymbol{a} = (a_1, a_2, \cdots, a_k)^{\mathrm{T}}$ 是 AR 系数的向量，e_n 是具有零均值和精度 (方差的倒数) 为 β 的加性高斯噪声项。我们假设向量 $\boldsymbol{a}$ 中的 AR 系数是从精度为 α 的零均值球面高斯分布中得出的，假设 AR 系数和噪声的精度值是从伽马 (Gamma) 先验中得出的。模型参数 $\boldsymbol{a}$ 和两个超参数 α 和 β 与参数向量 $\boldsymbol{\theta}$ 相关联，那么，

$$P(\boldsymbol{\theta}) = P(\boldsymbol{a}|\alpha) P(\alpha) P(\beta) \tag{2-16}$$

这样，式 (2-7) 中的散度项分为三个子项。可以通过使用以下迭代方法，分别更新参数和超参数来使式 (2-7) 中的自由能 $F(\boldsymbol{\theta})$ 最小化。

(1) 将模型参数固定为 $\boldsymbol{a}_{t-1}$，更新超参数 α 和 β 来使 $F(\boldsymbol{\theta})$ 最小化。

(2) 将超参数固定为 α_t 和 β_t，更新模型参数 $\boldsymbol{a}$ 来使 $F(\boldsymbol{\theta})$ 最小化。

模型参数向量 $\boldsymbol{a}$ 初始化为根据图像数据 I 得出的最大似然估计值。

自由能最小化的过程与预测编码密切相关。Barlow[56] 提出了一种有效的脑编码原理，认为大脑可以优化外部感觉数据与其内部表示之间的互信息。之后，这一理论在文献 [57] 中被扩展为 “信息最大化” (infomax) 原理。

为了达到最小编码长度，AR 模型是需要分块的，即应在逐个像素的基础上调整模型参数，以最佳地适应动态变化的局部统计量。这种局部适应性使模型更具表现力，因此在功能上更接近内部大脑生成模型。当以最小编码长度为标准选择每个像素的模型时，关键问题是 AR 模型的 2D 支撑的顺序和形状。k 阶 AR 模型的图像数据 I 的总描述长度为

$$L(\boldsymbol{\theta}) = -\log P(I|\boldsymbol{\theta}) + \frac{k}{2} \log N \tag{2-17}$$

其中，N 是像素的个数。我们可以通过最小化 $L(\boldsymbol{\theta})$ 来选择模型。在大样本中，当 $N \to \infty$ 时，自由能 $F(\boldsymbol{\theta})$ 等于总描述长度 $L(\boldsymbol{\theta})$：

$$F(\boldsymbol{\theta}) = -\log P(I|\boldsymbol{\theta}) + \frac{k}{2} \log N \quad (N \to \infty) \tag{2-18}$$

这样，由 AR 模型给出的图像数据 I 的自由能可以大约计算为图像数据的总描述长度，即预测残差的熵加模型成本。实际上，我们可以选择一个固定模型的阶数来简化复杂的模型选择过程，比如：$k = 8$。

2.2.2　算法性能测试

接下来我们通过实验来验证 FEDM 和 NFEQM，我们首先在 LIVE 数据库 [45] 上对比其他三个 (全参考) 质量指标，即 PSNR、均值 SSIM(mean structural similarity index, MSSIM)[15] 和 VIF [63] 来验证所提出的 FEDM 和 NFEQM。

PSNR 是保真度/质量测量的常规算法, MSSIM 是被广泛接受的感知图像质量评价算法, 而 VIF 在对比很多全参考图像质量评价算法中具有良好的性能。因此, 在我们的比较中选择了这三个指标。在验证之前, 我们通过四参数逻辑斯谛函数来对指标的质量得分进行非线性映射, 如下所示:

$$M\left(s\right) = \frac{\beta_1 - \beta_2}{1 + \exp(-(s - \beta_3)/\beta_4)} + \beta_2 \tag{2-19}$$

其中, s 是输入分数, $M\left(s\right)$ 是映射分数, β_1、β_2、β_3、β_4 是要在曲线拟合过程中确定的参数。

表 2.3 比较了四种不同质量指标的性能: PSNR、MSSIM、VIF 和 FEDM。在比较过程中, 我们测试了三类失真: ① AWGN; ② GB; ③ 压缩 (包含 JPEG、JP2K、FF)。在该表中, 我们利用了四个常用的测试标准来测试这三个指标的性能结果: 相关系数、斯皮尔曼秩相关系数、平均绝对误差和均方根误差, 表中较高的相关性和较低的误差表明质量指标的性能更好。

表 2.3　LIVE 数据库中不同类型图像降级的三种图像质量评价的比较

图像	相关系数				斯皮尔曼秩相关系数			
	PSNR	MSSIM	VIF	FEDM	PSNR	MSSIM	VIF	FEDM
AWGN	0.986	0.969	0.981	0.925	0.985	0.963	0.985	0.915
GB	0.783	0.874	0.966	0.902	0.782	0.894	0.968	0.931
JP2K	0.896	0.937	0.963	0.921	0.890	0.932	0.956	0.915
JPEG	0.860	0.928	0.842	0.875	0.841	0.903	0.909	0.854
FF	0.890	0.943	0.877	0.875	0.890	0.941	0.866	0.852
平均	0.883	0.930	0.945	0.893	0.878	0.927	0.937	0.887
图像	平均绝对误差				均方根误差			
	PSNR	MSSIM	VIF	FEDM	PSNR	MSSIM	VIF	FEDM
AWGN	2.164	3.256	3.115	4.679	2.680	3.916	2.536	6.065
GB	7.742	5.760	4.072	5.003	9.772	7.639	3.297	6.783
JP2K	5.528	4.433	4.370	4.937	7.187	5.671	3.307	6.316
JPEG	6.380	4.485	5.377	5.821	8.170	5.947	3.906	7.733
FF	5.800	4.297	7.904	5.789	7.516	5.485	6.221	7.961
平均	5.523	4.446	4.968	5.365	7.065	5.731	3.853	7.132

总结表 2.3 的结果, 我们可以得出结论: 对于 GB, FEDM 的性能优于 PSNR 和 MSSIM; 对于白噪声, PSNR 是三者中最好的, 但是在这种情况下, 所有指标都与主观得分非常吻合 (相关性非常高, 平均绝对误差非常小); 对于压缩类型的

失真，FEDM 排在 PSNR 和 MSSIM 之间。但是，FEDM 几乎不需要参考图像，而其他两个算法都是全参考算法。

图 2.8 给出了 DMOS 与 PSNR、MSSIM、VIF 和 FEDM 在测试图像上的散点图，其中 (红色) 实线表示拟合的逻辑斯谛函数方程 (2-19)，而 (黑色) 虚线表示拟合的 95％置信区间。

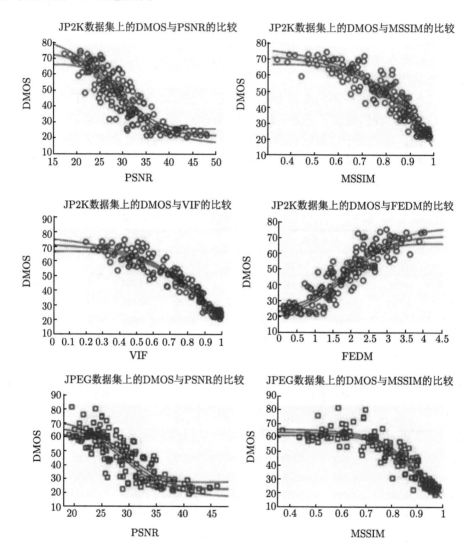

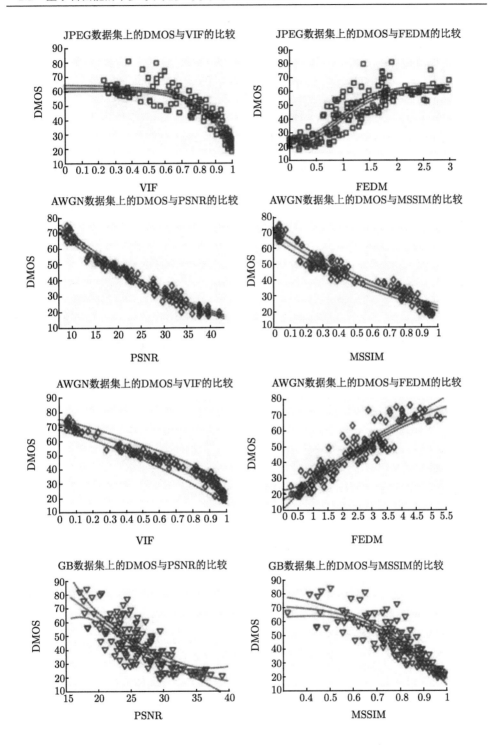

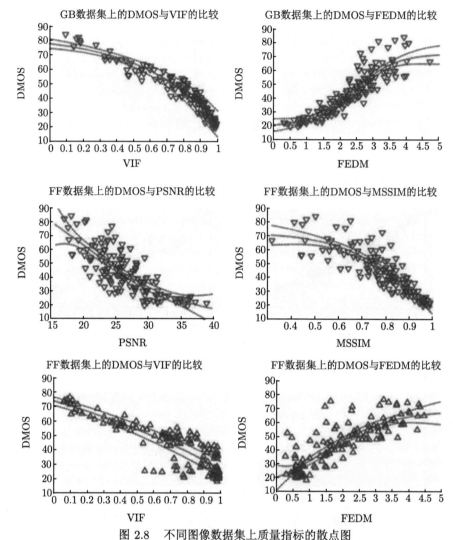

图 2.8　不同图像数据集上质量指标的散点图

○: JP2K; □: JPEG; ◐: AWGN; ▽: GB; △: FF; (红色) 实线表示拟合的逻辑斯谛函数方程, (黑色) 虚线表示拟合的 95% 置信区间

　　除了上面讨论的三类图像失真之外, 我们发现 FEDM 在量化受其他类型失真影响的图像的心理视觉质量方面更为准确。特别地, FEDM 对图像几何形状或/和亮度的全局系统性细微变化不敏感, 而这些细微变化对视觉质量和图像语义没有影响。然而, 据我们所知, 这些视觉上几乎不明显的变化被 PSNR、MSSIM 和几乎所有其他当前图像质量评价算法判定为严重失真。在图 2.9(b) 和图 2.9(c) 中, 测试图像 "Lena" 的一部分经过了简单的变换 $(\mathrm{d}x, \mathrm{d}y) = (1, 1)$ 和 $(\mathrm{d}x, \mathrm{d}y) = (-1, -1)$。在图 2.9 (d) 和图 2.9 (e) 中, 分别对图像执行 $1.4°$ 和 $-1.4°$ 的旋转 (使用双三次

插值重新采样)。尽管这些全局几何变换实际上对图像的感知质量没有影响,但是 PSNR 和 MSSIM 的质量分数都急剧下降。相反,FEDM 在上述变换下几乎不变 (变化小于最大失真范围 $[0, 8]$ 的 2%,0 是完美质量,而 8 是最差质量),正确预测变换后的图像看起来与原始的是一样的。

我们发现,在用于评估经历了不同退化的图像的心理视觉质量中,SSIM 指标存在一些不一致之处。在图 2.9(f)~(h) 中,原始图像分别被椒盐噪声、高斯白噪声和高斯模糊污染。尽管这三张图像具有不同的心理视觉质量,但它们的 MSSIM 得分几乎相同,从而产生了与主观质量的不一致预测。FEDM 克服了这个缺点。从图 2.9(f) 到图 2.9(h),FEDM 增加,即与主观质量从图 2.9(f) 到图 2.9(h) 变差的事实一致。

图 2.9 (i) 和图 2.9(j) 是图像 "Lena" 的裁剪部分,其中图 2.9(i) 比图 2.9(a) 大 2%,而图 2.9(j) 比图 2.9(a) 小 2%。由于空间分辨率的微小变化,没有图像质量评价算法在无须调整的情况下即可直接应用于这种特殊类型的 "失真"。图 2.9(i) 和图 2.9(j) 的 PSNR 和 MSSIM 分数是在三次插值后计算的,以使其大小与图 2.9(a) 的大小相匹配,并在图形标题中列出。尽管图 2.9(i) 和图 2.9(j) 与图 2.9(a) 是无法区分的,但通过 PSNR 和 MSSIM 判断它们是图 2.9(a) 的明显降级版本。在这种情况下,FEDM 可以衡量图 2.9(i) 和图 2.9(j) 关于图 2.9(a) 的心理视觉失真,而无需调整图像大小。结果 FEDM 值几乎为零,再次正确地预测了图 2.9(i)、图 2.9(j) 和图 2.9(a) 具有相同的心理视觉质量。

在图 2.9(k) 和图 2.9(l) 中,测试图像的亮度被乘以 1.17 和 0.88。这种感知上无关紧要的操作会导致 PSNR 大幅下降,但 FEDM 和 MSSIM 的变化相对较小,这表明 FEDM 和 MSSIM 对较小的全局亮度变化的鲁棒性。

如果没有有关原始图像的信息,则仍然可以使用式 (2-9) 中定义的 NFEQM 来评价失真图像的心理视觉质量,前提是该图像受到的是已知的主要失真类型。NFEQM 的使用和有效性如图 2.10 所示。

图 2.10 中,图 2.10(d) 是原始图像,图 2.10(c),图 2.10(b) 和图 2.10(a) 是图 2.10(d) 的模糊版本,平滑程度从中心到左侧逐渐增加;在相反的方向上,图 2.10(e)~ 图 2.10(g) 是图 2.10(d) 噪声级别不断增加的噪声图像。NFEQM 的值随着平滑变得更严重而从图 2.10(d) 单调减小到图 2.10(a),而随着噪声水平的增加,它从图 2.10(d) 单调增加到图 2.10(g)。NFEQM 在已知失真下的单调性可用于评估模糊或噪声图像的感知质量。对于模糊失真,较高的 NFEQM 值表示较高的视觉质量。相反,对于噪声失真,较低的 NFEQM 值表示较高的视觉质量。图 2.11 展示了 LIVE 数据库中模糊和噪声图像上的 NFEQM 及最新的无参考图像质量评价算法的散点图。

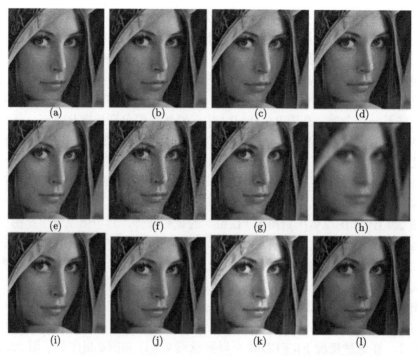

图 2.9　图像在经历了各种变换或失真以及不同质量评价算法的值

(a) 原始图像；(b) 变换 (1, 1)，PSNR=23.85dB，MSSIM=0.695，FEDM=0.004；(c) 变换 (−1, −1)，PSNR=23.77dB，MSSIM=0.693，FEDM=0.003；(d) 旋转 1.4°，PSNR=23.01dB，MSSIM=0.691，FEDM=1.02；(e) 旋转 −1.4°，PSNR=23.00dB，MSSIM=0.690，FEDM=0.107；(f) 椒盐噪声 =0.017，PSNR=23.03dB，MSSIM=0.694，FEDM=1.02；(g) 高斯噪声 σ=9.17，PSNR=28.36dB，MSSIM=0.692，FEDM=1.69；(h) 高斯模糊，9 × 9 核，σ=4.8，PSNR=23.43dB，MSSIM=0.693，FEDM=2.35；(i) 重采样 1.02 次，PSNR=22.85dB，MSSIM=0.667，FEDM=0.002；(j) 重采样 0.98 次，PSNR=22.75dB，MSSIM=0.664，FEDM=0.005；(k) 亮度 ×7，PSNR=21.50dB，MSSIM=0.975，FEDM=0.154；(l) 亮度 × 0.88，PSNR=24.53dB，MSSIM=0.986，FEDM=0.181

图 2.10　高斯模糊和高斯噪声污染的图像

　　此外，NFEQM 和其他评价算法的性能结果列在表 2.4 中，其中 NFEQM 实现了最佳的总体性能。这进一步证实了 NFEQM 在衡量模糊和噪声图像的心理视觉质量方面的有效性。将表 2.4 与表 2.3 进行比较可以得出结论，对于噪声和模糊图像，NFEQM 甚至比全参考评价 PSNR 和 MSSIM 更具竞争力。事实上，在某些情况下，无参考评价 NFEQM 甚至比 FEDM 有更好的性能。

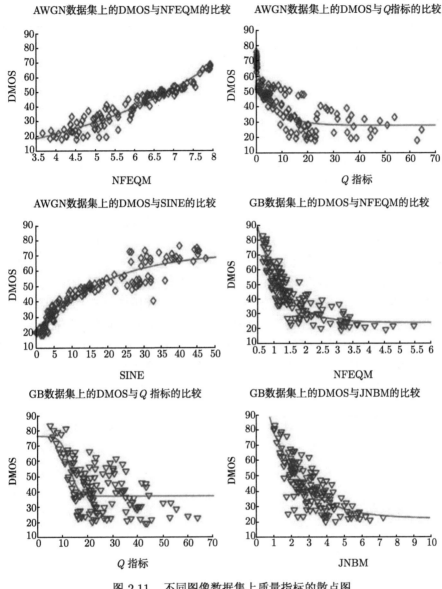

图 2.11 不同图像数据集上质量指标的散点图

◇: AWGN; ▽: GB; (红色) 实线是拟合的逻辑斯谛函数曲线

本小节提出的基于自由能原理开发的 NFEQM 算法已经在预测图像质量方面实现了优越的性能,接下来我们将介绍一种预测性能更好的,并且鲁棒性更强的算法。

表 2.4   NFEQM 在测试图像数据集上的实验结果

	图像	相关系数	SROCC	MAE	RMSE
NFEQM	AWGN	0.971	0.968	3.823	2.960
	GB	0.892	0.886	7.100	5.670
Q 指标	AWGN	0.894	0.879	7.150	5.764
	GB	0.816	0.787	9.085	6.960
JNBM	GB	0.694	0.549	11.319	9.607
SINE	AWGN	0.944	0.957	5.260	3.822

2.3   基于自由能原理的鲁棒无参考图像质量评价算法

为了解决原始图像的依赖性问题，在过去的十年中研究者已经针对特定的失真类型开发了许多盲质量评价算法 [68-71]。最近，噪声估计的话题已经得到了深入的研究。另外，脑科学和神经科学方面的一些最新进展 [1,2] 促使我们设计了基于自由能的无参考质量评价 (no-reference free energy based quality metric，NFEQM) 算法 [5]，以预测模糊图像和噪声图像的质量。上述这些盲质量评价算法都是针对特定失真的，而近年来研究者已经开始着重研究通用的盲/无参考质量评价算法 [72-74]。通用无参考质量评价算法一般从失真的图像中提取有效特征，然后使用这些特征训练回归模块。受自然场景统计 (natural scene statistics，NSS) 模型的启发，DIIVINE [72]、BLIINDS-II[73] 和 BRISQUE [74] 分别在离散小波变换 (DWT)、DCT 和空间域中提取了视觉质量特征，而我们提出的 NFSDM 算法则设计了另一种提取特征的方法 [24]。

在本节中，我们对 NFSDM 算法进行了改进，一方面增加了由人类视觉系统 (human visual system，HVS) 启发的特征来改进预测性能，另一方面将特征总数减少一半，从而设计出了基于自由能的鲁棒无参考评价 (NR free energy-based robust metric，NFERM) 算法。我们将提取的特征分为三类，其中第一个包括自由能和结构退化信息的 13 个特征。自由能特征来自 FEDM 算法 [5]，它定义心理视觉质量为输入图像和内部生成模型的输出之间的一致性，而结构退化信息则由结构退化模型 (structural degradation model，SDM)[75] 修改得到。尽管这两种半参考质量评价算法仍然需要部分参考信息，但是我们发现原始图像的自由能特征和结构退化信息具有近似的线性关系。

此外，自由能原理表明，当感知和理解输入视觉刺激时，HVS 总是试图基于内部生成模型来减少不确定性。例如，人的大脑可以自动恢复图像或去除噪点。我们使用线性自回归 (autoregressive，AR) 模型来近似生成模型，以预测 HVS 从输入失真的图像中看到的图像。然后，从失真和预测的图像中计算出的六个重要的基于 HVS 的特征 (如结构信息和梯度幅度)，从而构成了第二组特征。第三组四个特征来自 NSS 模型。通过将广义高斯分布对均值去除对比度归一化系数进行拟合，我们可以估计失真图像中"自然度"的损失。利用自由能原理和图像场景统计数据，本节将全参考、半参考、无参考质量评价算法连接在一起，并通过适当集成现有的三类算法提出了一个更高性能的通用模型。

2.3.1 NFERM 算法总体介绍

尽管现有的针对特定失真的盲质量评价算法具有良好的性能，但它们在很大程度上取决于对失真类别的先验知识并且对专用应用场景有依赖性，因此可以同时处理各种失真类型的通用无参考图像质量评价算法引起了更多关注。

广义上讲，主流通用无参考图像质量评价算法一般分三步操作。

首先，提取特征，例如使用经典的 NSS 模型。

其次，将整体的失真图像随机分为训练组和测试组，然后对训练组中的图像提取特征并利用相应的主观 MOS 值来训练支持向量回归 (support vector regression，SVR) 获取模型。假设图像的特征为 $f = \{f_1, f_2, \cdots, f_n\}$，训练集为 Φ_1，那么模型则为

$$\text{model} = \text{SVR\_TRAIN}([f_i], [q_i], I_i \in \Phi_1) \tag{2-20}$$

其中，q_i 是图像 I_i 的 MOS 值。

最后，利用所获得模型在测试组上进行测试，并衡量无参考质量评价算法的相应性能。图像 I_j 的客观质量得分 s_j：

$$s_j = \text{SVR\_PREDICT}([f_j], \text{model}, I_j \in \Phi_2) \tag{2-21}$$

其中，Φ_2 是测试集。接下来，在测试集中测量的 $[q_j]$ 和 $[s_j]$ 之间的相关性表明了无参考质量评价算法的性能。我们在图 2.12 中绘制了无参考图像质量评价算法训练及测试的流程图，其中，特征提取是关键。

我们提出的 NFERM 算法一共需要提取三组特征值。

1. 特征组 1

第一组由 13 个特征 ($f_{01} \sim f_{13}$) 组成，它们分别从两种有效的半参考质量评价算法 (FEDM 和 SDM) 中获取。我们前期提出的 FEDM[5] 基于自由能理论而设计，该理论最近由 Friston 提出，并用于解释和统一了关于人类行为、感知和学习的几种脑理论[1,2]。与贝叶斯大脑假说[10] 相似，基于自由能的脑理论的基本前提是认知过程由内部生成模型所操纵。使用这种生成模型，人脑可以主动推断和预测输入视觉信号中有意义的信息，并以建设性的方式避免预测残差的不确定性。

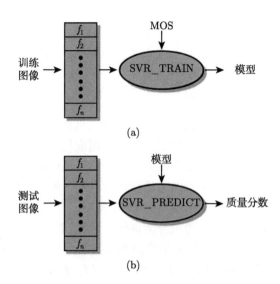

图 2.12　无参考图像质量评价的主流方案流程图

(a) 利用 SVR 训练一些图像和相关的 MOS 值来获得模型；(b) 使用 SVR 模型预测剩余图像的客观质量分数，以验证性能

　　这个建设性模型本质上是一个概率模型，可以分解为似然项和先验项。然后，通过反转该似然项，视觉感知就可以推断出给定场景的后验可能性。因为生成模型不可能是通用的，所以真实场景与大脑的预测之间总存在差距。外部输入与其生成模型的可解释部分之间的差异被认为与人类视觉感知的质量非常相关，甚至可以用于图像的质量评价 [5]。

　　根据 SSIM[15] 中局部统计计量的定义，我们首先用满足 $\mathrm{sum}\,(w)=1$ 和 $\mathrm{var}\,(w)=1.5$ 的二维圆对称高斯加权函数 $w=\{w\,(k,l)\,|\,k=-K,\cdots,K,l=-L,\cdots,L\}$ 来计算 I 的局部均值 μ_I 和方差和 $\sigma_I(\mathrm{sum}\,(\cdot)$ 和 $\mathrm{var}\,(\cdot)$ 计算总和和方差值)。类似地，$\bar{\mu}_I$ 和 $\bar{\sigma}_I$ 有相同的定义，有所不同的是此处使用了脉冲函数而不是高斯加权函数来计算局部统计计量。然后，结构退化信息可以由下式给出

$$S_a(I) = E\left(\frac{\sigma_{(\mu_I\bar{\mu}_I)} + C_1}{\sigma_{(\mu_I)}\sigma_{(\bar{\mu}_I)} + C_1}\right) \tag{2-22}$$

$$S_b(I) = E\left(\frac{\sigma_{(\sigma_I\bar{\sigma}_I)} + C_1}{\sigma_{(\sigma_I)}\sigma_{(\bar{\sigma}_I)} + C_1}\right) \tag{2-23}$$

其中，$E\,(\cdot)$ 表示平均池化。$\sigma_{(\mu_I\bar{\mu}_I)}$ 和 $\sigma_{(\sigma_I\bar{\sigma}_I)}$ 表示类似于文献 [15] 中定义的局部协方差，C_1 是一个小的常数以避免分母为零。

　　本书选取了三对 $(K,L)((1,1)$、$(3,3)$ 和 $(5,5)$)，因为不同大小的高斯加权函数在一个点上引入不同数量的相邻像素信息。另外，对于带有白噪声和其他失真

类型的图像，SDM 预测值和主观评分之间的关系是不同的。例如，质量较差的噪声图像具有较大的 SDM 值，而质量较差的其他失真类型的图像的 SDM 值较小。因此，我们修改了 $S_a(I)$ 来保持不同类型的失真的一致性

$$\tilde{S}_a(I) = \begin{cases} -S_a(I), & F(I) > T \\ S_a(I), & \text{其他} \end{cases} \tag{2-24}$$

其中，T 根据观察值设为 5。同样地，$S_b(I)$ 修改为 $\tilde{S}_b(I)$。鉴于 $\tilde{S}_a(I)$ 和 $\tilde{S}_b(I)$ 不是 JPEG 压缩的有效质量评价方法 (即它们对于 JPEG 压缩图像的值接近于零)，我们在每个块中使用内部和外部部分的分割。如图 2.13 所示，对于一个尺寸为 8×8 的块，外面的深灰色部分对应于外部部分，而中间的浅灰色部分对应于内部部分。此外，一些结合了下采样策略的图像质量评价算法已经获得了与人类感知更好的相关性 [76-78]，这促使我们以更低的分辨率计算 $\tilde{S}_a(I)$ 和 $\tilde{S}_b(I)$(低通滤波和降采样 2 倍)。我们在表 2.5 中定义了结构退化信息。

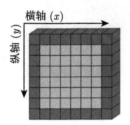

图 2.13   块外部和块内部的图解

对于一个尺寸为 8×8 的块，外面的深灰色部分对应于外部部分，而中间部分用浅灰色部分对应于内部部分

表 2.5   块内部部分和外部部分的 $\tilde{S}_a(I)$ 和 $\tilde{S}_b(I)$ 的定义以及不同的 (K, L) 值

	内部部分		外部部分	
	$\tilde{S}_a$	$\tilde{S}_b$	$\tilde{S}_a$	$\tilde{S}_b$
$(K, L) = (1, 1)$	$\hat{S}_{a1}$	$\hat{S}_{b1}$	$\check{S}_{a1}$	$\check{S}_{b1}$
$(K, L) = (3, 3)$	$\hat{S}_{a3}$	$\hat{S}_{b3}$	$\check{S}_{a3}$	$\check{S}_{b3}$
$(K, L) = (5, 5)$	$\hat{S}_{a5}$	$\hat{S}_{b5}$	$\check{S}_{a5}$	$\check{S}_{b5}$

在文献 [24] 中，我们已经证明了结构退化信息与 LIVE 数据库中原始图像的自由能特征之间存在近似的线性关系。为了更好地验证 NFERM 的通用性和数据库独立性，我们从 Berkeley 数据库 [79] 中随机选取了 30 幅不同场景的图像 (参见图 2.14)。我们之所以使用 Berkeley 数据库，是因为现有的图像质量评价数据库 [38-42] 将在后面的实验中用于验证各种无参考图像质量评价算法。然后我们将结构退化信息 $\hat{S}_s(I_r)$ 和 $\check{S}_s(I_r)$ $(s = \{a1, a3, a5, b1, b3, b5\})$ 与这 30 幅图像的自由能特征 $F(I_r)$ 进行比较，并在图 2.15 中绘制其散点图。

图 2.14   从 Berkeley 数据库中随机选取的 30 幅不同场景的图像

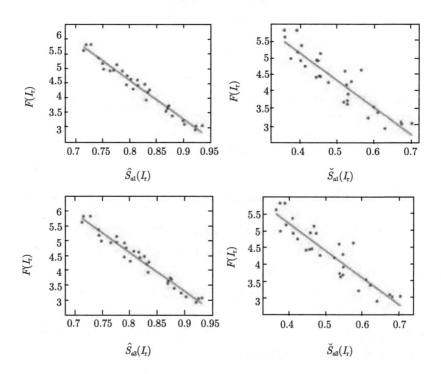

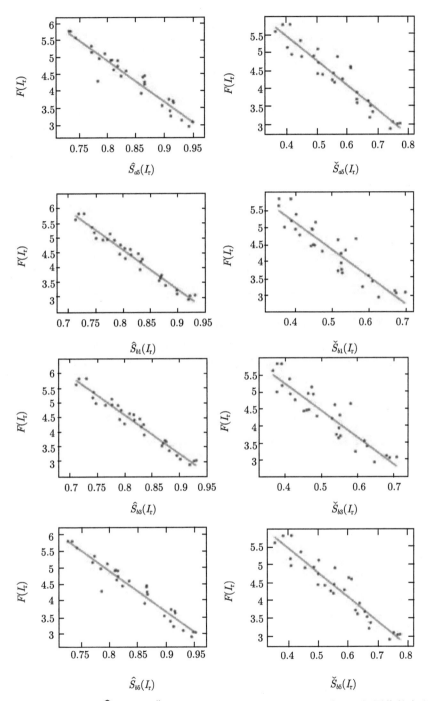

图 2.15 结构退化信息 $\widehat{S}_s(I_\mathrm{r})$ 和 $\check{S}_s(I_\mathrm{r})(s = \{a1, a3, a5, b1, b3, b5\})$ 与 30 幅图像的自由能特征 $F(I_\mathrm{r})$ 进行比较的散点图。直线表示用最小二乘法拟合的直线

自由能特征与结构退化信息之间的线性相关性为在没有原始图像信息的情况下描述失真图像提供了机会。我们拟合以下线性回归模型

$$F(I_r) = \alpha_s \cdot \hat{S}_s(I_r) + \beta_s \tag{2-25}$$

$$F(I_r) = \theta_s \cdot \check{S}_s(I_r) + \phi_s \tag{2-26}$$

其中，α_s、β_s、θ_s 和 ϕ_s 是根据最小二乘法得到的，其值在表 2.6 中给出。

表 2.6   使用最小二乘法得到的 α_s、β_s、θ_s 和 ϕ_s 的值

	α_s	β_s		θ_s	ϕ_s
$\hat{S}_{a1}$	-13.279	15.194	$\hat{S}_{b1}$	-13.326	15.236
$\hat{S}_{a3}$	-7.9861	8.2961	$\hat{S}_{b3}$	-8.0013	8.3093
$\hat{S}_{a5}$	-13.019	14.988	$\hat{S}_{b5}$	-13.096	15.051
$\check{S}_{a1}$	-7.8427	8.3219	$\check{S}_{b1}$	-7.8451	8.3282
$\check{S}_{a3}$	-12.399	14.808	$\check{S}_{b3}$	-12.378	14.795
$\check{S}_{a5}$	-6.7687	8.1662	$\check{S}_{b5}$	-6.8255	8.1973

最后，我们利用 $\hat{S}S_S = F(I_d) - (\alpha_s \cdot \hat{S}_s(I_r) + \beta_s)$ 和 $\check{S}S_S = F(I_d) - (\theta_s \cdot \check{S}_s(I_r) + \phi_s)$，以减少对原始参考图像的依赖，因为高质量图像 (几乎没有失真) 的 $\hat{S}S_S$ 和 $\check{S}S_S$ 都非常接近于零，而当失真变得更大时，它们将远离零。因此，我们将前 12 个特征定义为

$$\begin{cases} f_{01} - f_{06} : \hat{S}S_S, & s = \{a1, a3, a5, b1, b3, b5\} \\ f_{07} - f_{12} : \check{S}S_S, & s = \{a1, a3, a5, b1, b3, b5\} \end{cases} \tag{2-27}$$

此外，NFEQM 对噪声和模糊图像的评价有很好的效果 (表 2.7)，因此我们同样将它用作第一组中的特征。

2. 特征组 2

第二组六个特征 ($f_{14} \sim f_{19}$) 也受到自由能理论的启发。自由能理论表明，HVS 总是试图通过降低基于内部生成模型的不确定性来感知和理解输入的视觉刺激。因此，我们使用上述线性 AR 模型来近似生成模型，从而预测 HVS 从输入失真的图像中感知到的图像。

我们计算了失真图像 I_d 与其预测值 I_p 之间的峰值信噪比作为特征值 f_{14}：

$$f_{14} = 10 \log_{10} \left(\frac{255^2}{\frac{1}{M} \sum_{i=1}^{M} [I_d(i) - I_p(i)]^2} \right) \tag{2-28}$$

表 2.7 全参考质量评价算法 PSNR、SSIM、MS-SSIM、针对特性失真的无参考质量评价算法 WNJE、MBBM、Sheikh、SINE、JNB、CPBD、NFEQM、最先进的通用无参考质量评价算法 DIIVINE、BLIINDS-II、BRISQUE、NIQE、QAC 和我们提出的 NFERM(1000 次训练的中值) 在 LIVE 及其五种不同失真类型上的相关性能，我们选择最佳的三个进行了加粗

SROCC	类型	JP2K (169)	JPEG (175)	AWGN (145)	GB (145)	FF (145)	全部 (779)
PSNR	FR	0.8954	0.8809	**0.9854**	0.7823	**0.8907**	0.8756
SSIM	FR	**0.9355**	0.9449	0.9629	0.8944	**0.9413**	0.9104
MS-SSIM	FR	**0.9654**	**0.9794**	0.9745	**0.9587**	0.9315	**0.9448**
WNJE	NR	—	**0.9735**	—	—	—	—
MBBM	NR	—	—	—	0.9015	—	—
Sheikh	NR	0.9130	—	—	—	—	—
SINE	NR	—	—	**0.9837**	—	—	—
JNB	NR	—	—	—	0.7871	—	—
CPBD	NR	—	—	—	0.9186	—	—
NFEQM	NR	—	—	0.9682	0.8845	—	—
DIIVINE	NR	0.9123	0.9208	0.9818	**0.9373**	0.8694	0.9250
BLIINDS-II	NR	0.9323	0.9331	0.9463	0.8912	0.8519	0.9250
BRISQUE	NR	0.9139	**0.9647**	0.9786	**0.9511**	0.8768	**0.9395**
NIQE	NR	0.9187	0.9422	0.9718	0.9329	0.8639	0.9086
QAC	NR	0.8621	0.9362	0.9509	0.9134	0.8231	0.8683
NFERM	NR	**0.9415**	0.9645	**0.9838**	0.9219	0.8627	**0.9405**
PLCC	类型	JP2K (169)	JPEG (175)	AWGN (145)	GB (145)	FF (145)	全部 (779)
PSNR	FR	0.8996	0.8879	**0.9858**	0.7835	0.8895	0.8701
SSIM	FR	**0.9410**	0.9504	0.9695	0.8743	**0.9428**	0.9014
MS-SSIM	FR	**0.9697**	**0.9814**	0.9724	**0.9530**	**0.9200**	**0.9338**
WNJE	NR	—	**0.9786**	—	—	—	—
MBBM	NK	—	—	—	0.9194	—	—
Sheikh	NR	0.9201	—	—	—	—	—
SINE	NR	—	—	0.9796	—	—	—
JNB	NR	—	—	—	0.8160	—	—
CPBD	NR	—	—	—	0.8953	—	—
NFEQM	NR	—	—	0.9708	0.8921	—	—
DIIVINE	NR	0.9233	0.9347	**0.9867**	0.9370	0.8916	0.9270
BLIINDS-II	NR	0.9386	0.9426	0.9635	0.8994	0.8790	0.9164
BRISQUE	NR	0.9229	0.9734	0.9851	**0.9506**	**0.9030**	**0.9424**
NIQE	NR	0.9262	0.9523	0.9763	**0.9434**	0.8794	0.9054
QAC	NR	0.8648	0.9435	0.9180	0.9105	0.8248	0.8625
NFERM	NR	**0.9548**	**0.9817**	**0.9915**	0.9371	0.8878	**0.9457**

其中，M 是整个图像中的像素数。同时，考虑到 SSIM 中的对比度和结构相似性

比亮度相似性更有效 (例如，MS-SSIM 主要关注对比度和结构相似性)，而且亮度相似性与 PSNR 密切相关，我们选择 I_d 和 I_p 之间的对比和结构相似性作为特征 $f_{15} \sim f_{16}$。

$$f_{15} = E\left(\frac{2\sigma_{(I_d)}\sigma_{(I_p)} + 2C_1}{\sigma^2_{(I_d)} + \sigma^2_{(I_p)} + 2C_1}\right) \tag{2-29}$$

$$f_{16} = E\left(\frac{\sigma_{(I_d I_p)} + C_1}{\sigma_{(I_d)}\sigma_{(I_p)} + C_1}\right) \tag{2-30}$$

其中，$E(\cdot)$ 是计算平均值或期望值。

HVS 对相位一致性 (phase congruency，PC) 和梯度幅度 (gradient magnitude，GM) 非常敏感，这在最近的图像质量评价算法中被证明是非常有效的 [76,80]。根据生理学相关证据，PC 模型提供了一个简单但在生物学上合理的模型来说明 HVS 如何检测和识别图像中的特征 [81]。因此，我们将特征 f_{17} 设置为

$$f_{17} = E(\mathrm{PC}_m) = E\left(\max[\mathrm{PC}(I_p), \mathrm{PC}(I_d)]\right) \tag{2-31}$$

其中 PC 使用了与文献 [80] 相同的被广泛使用的定义。另外，图像梯度计算是图像处理中的一个非常经典的主题，并且在质量评价算法性能提升方面也是非常有效的 [76]。梯度算子本质上可以用卷积掩模表示，在本研究中，我们利用沙尔 (Scharr) 算子 [82]，如图 2.16 所示。

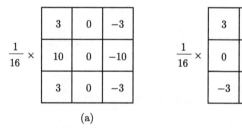

图 2.16　沙尔梯度算子

GM 被定义为 $\mathrm{GM} = \sqrt{\mathrm{GM}_x^2 + \mathrm{GM}_y^2}$，其中 GM_x 和 GM_y 是使用沙尔算子后图像沿水平和垂直方向的导数。这个 GM 特征可以作为特征 f_{18}：

$$f_{18} = E(\mathrm{GM}_{\mathrm{map}}) = E\left(\frac{2\mathrm{GM}(I_d)\mathrm{GM}(I_p) + C_2}{\mathrm{GM}^2(I_d) + \mathrm{GM}^2(I_p) + C_2}\right) \tag{2-32}$$

在大多数情况下，显著区域 (比如 PC_m) 在评价图像质量时对 HVS 有很大的影

响。因此，我们将 PC 和 GM 分量按 PC_m 加权得到特征 f_{19}：

$$f_{19} = \frac{E(GM_{map} \cdot PC_{map} \cdot PC_m)}{E(PC_m)} \tag{2-33}$$

其中

$$PC_{map} = \frac{2PC(I_d)PC(I_p) + C_3}{PC^2(I_d) + PCv^2(I_p) + C_3} \tag{2-34}$$

C_2 和 C_3 是两个类似于 C_1 的固定常数。

3. 特征组 3

第三组有四个特征 ($f_{20} \sim f_{23}$)。我们首先遵循文献 [74] 和 [24] 中使用的方法计算失真图像 I_d 的均值去除对比度归一化系数。然后，我们假设上述系数的分布具有特定的统计特性，而施加失真后这些特性将会发生变化。此前有研究者发现广义高斯分布 (generalized Gaussian distribution，GGD) 可以有效地捕捉到失真图像的统计特性。因此，本书利用文献 [83] 中给出的相关定义来估计零均值的GGD：

$$f\left(x; \alpha, \sigma^2\right) = \frac{\alpha}{2\beta\Gamma\left(\frac{1}{\alpha}\right)} \exp\left(-\left(\frac{|x|}{\beta}\right)^{\alpha}\right) \tag{2-35}$$

其中

$$\beta = \sigma\sqrt{\frac{\Gamma\left(\frac{1}{\alpha}\right)}{\Gamma\left(\frac{3}{\alpha}\right)}} \tag{2-36}$$

并且

$$\Gamma(a) = \int_0^\infty t^{\alpha-1}e^{-t}dt, \qquad a > 0 \tag{2-37}$$

在式 (2-35) 中，参数 α 控制分布的形状，而另一个参数 σ^2 表示分布的方差。在这项研究中，由于均值去除对比度归一化系数的分布一般是对称的，所以我们选择了零均值分布。我们采用这个参数模型来拟合失真图像和未失真图像的均值去除对比度归一化系数的实际分布。对于每幅图像，我们在两个尺度上从均值去除对比度归一化系数的 GGD 拟合估计出两对参数 (α, σ^2)，即原始尺度以及通过低通滤波和 2 倍下采样的低分辨率尺度。这些构成了最后一组特征。

4. 特征回归

在特征提取之后，我们需要通过回归模型学习从特征空间到主观 MOS 值的一个合适的映射，然后应用它得到客观的质量分数。当然，这里可以使用任何回归函数。为了显示所提取特征的有效性，并与现有技术进行比较，本文采用了 BRISQUE[74] 中的 SVR[84] 方法。采用 LIBSVM 软件包 [56] 实现了径向基函数 (radial basis function，RBF) 核的 SVR。

2.3.2　NFERM 算法性能测试

接下来，我们将从三个方面测试所提出算法的预测精度：① 在 LIVE 数据库上将我们的 NFERM 与经典的全参考图像质量评价算法和最先进的无参考图像质量评价算法相比来体现 NFERM 的有效性；② 通过在 TID2008、CSIQ、IVC 和 Toyama 数据库上的交叉验证实验，验证 NFERM 的鲁棒性；③ 比较 NFERM 中使用的三组特征的性能。

1. LIVE 数据库上的性能测试

我们首先在 LIVE 数据库上使用总共 15 种图像质量评价算法来评估所提出的 NFERM 的性能：① 经典全参考算法 PSNR、SSIM、MS-SSIM；② 针对特定失真的盲质量评价算法 WNJE、MBBM、Sheikh、SINE、JNB、CPBD、NFEQM；③ 最先进的通用无参考质量评价算法 DIIVINE、BLIINDS-II、BRISQUE、NIQE、QAC。LIVE 数据库包括 779 张由 29 张参考图像得到的失真图像，其中包括 5 种常见失真类型：JP2K、JPEG、AWGN、GB 和 FF。研究者对每种失真类型分别进行了主观测试，得到每种失真图像对应的 DMOS 值。

为了测试我们的 NFERM 的相关性能，需要一个训练过程来校准回归器模块。与通常的训练方法相似，我们在这项工作中随机地将 779 张失真图像分成两个子集。一种是训练集，它包含 80%的失真图像；另一种是包含剩余 20% 失真图像的测试集。为了确保所提出的 NFERM 在图像内容上是鲁棒的，并且不受特定的训练–测试拆分的影响，我们将随机的 80%训练–20%测试程序重复了 1000 次，并报告这 1000 次重复的性能的中间结果，以尽可能消除性能偏差。

一般来说，首先需要利用 VQEG 提出的一种四参数逻辑斯谛函数将待测试的图像质量评价算法预测的客观质量分数非线性映射到主观评分上

$$q\left(\epsilon\right) = \frac{\xi_1 - \xi_2}{1 + \exp\left(-\dfrac{\epsilon - \xi_3}{\xi_4}\right)} + \xi_2 \tag{2-38}$$

其中，ϵ 和 $q\left(\epsilon\right)$ 分别是输入分数和映射分数，$\xi_j (j = 1, 2, 3, 4)$ 为曲线拟合过程中确定的自由参数。然后，我们通过计算两个常用的性能指标：SROCC 和 PLCC，

在客观质量预测和主观 DMOS 值之间进行评价。

我们将比较的图像质量评价模型的性能结果列在表 2.7 中。很明显，所提出的评价算法与主观评价结果相关性很高。更具体地说，我们提出的 NFERM 算法优于最先进的通用无参考图像质量评价算法，尤其是在所有图像以及白噪声和 JP2K 压缩的图像上。此外，NFERM 的预测精度完全高于常用的针对特定失真的盲评价算法。由于原始图像的不可用性，全参考算法一般与无参考算法在性能评价上难以匹敌，但我们提出的 NFERM 算法仍然优于 PSNR 和 SSIM，与 MS-SSIM 旗鼓相当。

除了直接与众多图像质量评价算法进行比较外，我们还利用 t 检验进一步评估统计显著性[58]，其中 t 检验常用于确定两组数据之间是否存在显著差异，而我们利用从 1000 次训练实验中获得的这些质量评价算法的 SROCC 值进行 t 检验。表 2.8 提供了 NFERM 和所考虑的每个对比算法之间性能的统计结果。空假设是我们的 NFERM 的平均相关性等于对应列的算法的平均相关性，其中置信度为 95%。表 2.8 中的值 "1" 表示 NFERM 在统计上显著优于列算法。值 "0" 表示 NFERM 和列算法在统计上是不可区分的 (或等效的)，也就是说，在 95% 的置信度下，我们不能拒绝空假设。从表 2.8 中我们可以得出结论，NFERM 在统计学上优于所有测试的最新无参考质量评价算法以及全参考算法 PSNR 和 SSIM，并且与 MS-SSIM 不相上下。值得注意的是，除了先进的性能，NFERM 只采用了 23 个特征，远远低于目前性能最好的无参考算法 BRISQUE 中使用的 36 个特征。

表 2.8　提出的 NFERM 在 LIVE 数据库上的 SROCC 值与各种对比算法之间进行的单侧 t 检验结果

t 检验	PSNR	SSIM	MS-SSIM	DIIVINE	BLIINDS-II	BRISQUE	NIQE	QAC
LIVE	1	1	0	1	1	1	1	1

2. 其他数据库上的验证

前文中我们在 LIVE 数据库上验证了所提出的算法，接下来我们想证明所提出的 NFERM 并不局限于 LIVE。为了说明这一点，我们在 LIVE 中使用所有图像来训练 NFERM，然后将其应用于其他四个图像质量评价数据库，如下所列。

(1) TID2008 数据库[85] 由 25 幅原始图像和共 1700 幅失真图像组成，共 17 种失真类型，4 种失真水平。这些失真类别包括：AWGN(#01)、颜色分量中的加性噪声比亮度分量中的加性噪声 (#02)、空间相关噪声 (#03)、掩蔽噪声 (#04)、高频噪声 (#05)、脉冲噪声 (#06)、量化噪声 (#07)、模糊 (#08)、图像去噪 (#09)、

JPEG(#10)、JP2K(#11)、JPEG 传输误差 (#12)、JP2K 传输误差 (#13)、非偏心模式噪声 (#14)、不同强度的局部分块失真 (#15)、平均偏移 (#16) 和对比度变化 (#17)。由于最新无参考图像质量评价算法和 NFERM 所使用的特征主要依赖于自然图像,因此我们选择了其余 24 幅自然图像及其对应的 1632 幅失真图像作为测试数据。

(2) CSIQ 数据库 [86] 使用 6 种失真类型 (JP2K、JPEG、AWGN、GB、加性粉红高斯噪声 (additive pink Gaussian noise,APGN) 和对比度变化 (contrast change,CC)) 在 4 到 5 个失真级别上生成了来自 30 幅原始图像的 866 幅失真图像。

(3) IVC 数据库 [87] 包含了从 10 幅原始图像创建的 185 幅失真图像。这些失真类型如下:① JP2K(50 幅图像);② JPEG(50 幅图像);③ 高斯模糊 (20 幅图像);④ JPEG_LUMICHR(25 幅图像);⑤ 局部自适应分辨率 (local adaptive resolution,LAR) 编码 (40 幅图像)。

(4) Toyama 数据库 [88] 包括经常使用的 JP2K 和 JPEG 压缩,每一个压缩都由来自 12 个源图像的 84 幅失真图像组成。

我们将 SROCC 应用于这一多数据库验证测试中,来测量和比较各种图像质量评价算法。

表 2.9 展示了 NFERM 在 TID2008、CSIQ、IVC 和 Toyama 数据库上的性能评估,并报告了测试图像质量评价算法的 SROCC 结果。

为了更直接、更清晰地比较,我们计算了以上 4 个图像数据库的性能平均值,定义如下

$$\bar{\delta} = \frac{\sum_i \delta_i \cdot \pi_i}{\sum_i \pi_i} \tag{2-39}$$

其中,δ_i $(i = 1, 2, 3, 4)$ 表示每个数据库的相关性度量,π 是每个数据库或每个相关子集中的图像数 (即 TID2008 为 384,CSIQ 为 600,IVC 为 120,Toyama 为 168)。我们在表 2.9 中列出了这些平均结果。很明显,所提出的 NFERM 与人们对所有图像和每种失真类型的评价有更高的相关性。

我们使用 F 检验进一步测量 NFERM 的统计显著性,这是在比较已拟合到数据集的统计模型时最常用的方法,以确定最适合描述所采样的总体的模型,来计算客观预测 (非线性映射后) 与主观评分之间的预测残差。我们在表 2.10 中列出了我们的算法与其他 IQA 评价算法之间的统计显著性,其中符号 "1"、"0" 或 "−1" 表示所提出的算法在统计上 (具有 95% 的置信度) 比相应的 IQA 方法更好、无法区分或更差。此外,我们在这里也使用了 t 检验进行统计显著性测试。

表 2.9　一些全参考以及无参考算法在各种数据库上的表现性能

准则	类型	TID 2008[39]					CSIQ[40]				
		JP2K (96)	JPEC (96)	AWGN (96)	GB (96)	全部 (384)	JP2K (150)	JPEG (150)	AWGN (150)	GB (150)	全部 (600)
PSNR	FR	0.8248	0.8753	0.9177	0.9335	0.8703	0.9362	0.9019	0.9363	0.9291	0.9219
SSIM	FR	0.8785	0.9248	0.8110	0.9444	0.7678	0.9207	0.9222	0.9255	0.9245	0.8767
MS-SSIM	FR	0.9727	0.9391	0.8190	0.9630	0.8973	0.9707	0.9626	0.9088	0.9728	0.9416
WNJE	NR	—	0.9212	—	—	—	—	0.9551	—	—	—
MBBM	NR	—	—	—	0.7852	—	—	—	—	0.8768	—
Sheikh	NR	0.3093	—	—	—	—	0.5697	—	—	—	—
SINE	NR	—	—	0.8885	—	—	—	—	0.9542	—	—
JNB	NR	—	—	—	0.7143	—	—	—	—	0.7624	—
CPBD	NR	—	—	—	0.8542	—	—	—	—	0.8853	—
NFEQM	NR	—	—	0.8074	0.7407	—	—	—	0.8380	0.8939	—
DIIVINE	NR	0.8419	0.5805	0.8322	0.8150	0.7749	0.8308	0.7996	0.8663	0.8716	0.8284
BLIINDS-II	NR	0.8968	0.8620	0.6062	0.8388	0.7985	0.8951	0.8986	0.7597	0.8766	0.8511
BRISQUE	NR	0.9037	0.9101	0.8227	0.8742	0.8978	0.8665	0.9040	0.9252	0.9025	0.8990
NIQE	NR	0.8939	0.8756	0.7775	0.8249	0.8006	0.9065	0.8826	0.8098	0.8944	0.8717
QAC	NR	0.8953	0.8773	0.5929	0.8408	0.8538	0.8699	0.9016	0.8222	0.8362	0.8416
NFERM	NR	0.9474	0.9365	0.8281	0.8436	0.9156	0.9051	0.9223	0.9220	0.8964	0.9142

续表

数据库		IVC[41]				Toyama[42]			平均				
准则	类型	JP2K (50)	JPEG (50)	GB (20)	全部 (120)	JP2K (84)	JPEG (84)	全部 (168)	JP2K (380)	JFEG (380)	AWGN (246)	GB (266)	全部 (1272)
PSNR	FR	0.8500	0.6740	0.8051	0.7708	0.8605	0.2868	0.6132	0.8800	0.7292	**0.9290**	**0.9214**	0.8513
SSIM	FR	0.8501	0.8067	0.8691	**0.8424**	**0.9148**	0.6263	0.7870	**0.8994**	0.8423	0.8808	**0.9275**	0.8287
MS-SSIM	FR	**0.9320**	**0.9221**	**0.9443**	**0.9154**	**0.9470**	0.8360	**0.8870**	**0.9609**	**0.9233**	0.8738	**0.9671**	**0.9185**
WNJE	NR	—	**0.9451**	—	—	—	**0.8829**	—	—	**0.9293**	—	—	—
MBBM	NR	—	—	**0.8758**	—	—	—	—	—	—	—	0.8437	—
Sheikh	NR	0.7759	—	—	—	0.8649	—	—	0.6019	—	—	—	—
SINE	NR	—	—	—	—	—	—	—	—	—	**0.9286**	—	—
JNB	NR	—	—	0.6659	—	—	—	—	—	—	—	0.7378	—
CPBD	NR	—	—	0.7690	—	—	—	—	—	—	—	0.8653	—
NFEQM	NR	—	—	0.0158	—	—	—	—	—	—	0.8261	0.7726	—
DIIVINE	NR	0.6535	0.3528	0.5185	0.3300	0.6114	0.7023	0.6416	0.7618	0.6640	0.8530	0.8246	0.7406
BLIINDS-II	NR	0.7495	0.7705	0.5262	0.5481	0.7222	**0.8678**	0.7967	0.8382	0.8657	0.6998	0.8366	0.7995
BRISQUE	NR	0.8331	0.8020	0.8239	0.8155	0.7970	0.8690	**0.8572**	0.8561	0.8844	0.8852	0.8864	**0.8852**
NIQE	NR	**0.8507**	0.8451	0.8638	0.7915	**0.8762**	0.8378	0.8128	0.8893	0.8660	0.7972	0.8670	0.8349
QAC	NR	0.8022	0.9135	0.8405	0.7676	0.5629	0.6714	0.5189	0.7995	0.8461	0.7327	0.8382	0.7957
NFERM	NR	**0.9177**	**0.9395**	**0.9120**	**0.8871**	0.8741	0.8638	**0.8497**	**0.9106**	**0.9152**	**0.8854**	0.8785	**0.9035**

表 2.10　用 F 检验和 t 检验比较我们的 **NFERM** 算法和其他图像质量评价方法的性能

F 检验	PSNR	SSIM	MS-SSIM	DIIVINE	BLIINDS-II	BRISQUE	NIQE	QAC
TID2008	1	1	0	1	1	0	1	1
CSIQ	1	1	0	1	1	1	1	1
IVC	1	1	0	1	1	1	1	1
Toyama	1	0	−1	1	0	0	0	1
t 检验	PSNR	SSIM	MS-SSIM	DIIVINE	BLIINDS-II	BRISQUE	NIQE	QAC
TID2008	1	1	0	1	1	0	1	1
CSIQ	1	1	0	1	1	1	1	1
IVC	1	1	0	1	1	1	1	1
Toyama	1	0	−1	1	0	0	0	1

不难发现，在每一个子集中，NFERM 与全参考算法 MS-SSIM 和一些针对特定失真的无参考算法相当，而优于其他比较算法。同时，我们的算法绝对优于主流的全参考图像质量评价算法和最先进的无参考图像质量评价算法，但平均而言略低于强大的 MS-SSIM。值得一提的是，对于经常遇到的失真类型，我们的 NFERM 在使用了更少特征的条件下，比最先进的基于 SVM 的无参考算法 BRISQUE 更精确 (BRISQUE 使用了 36 个特征，而我们提出的算法仅使用了 23 个特征)。

以上的性能指标证实了该模型在广泛的图像场景中的有效性，因为 CSIQ 和 IVC 中的原始图像与我们 NFERM 训练的图像有很大的不同。在 TID2008、CSIQ、IVC 和 Toyama 数据库中，我们进一步比较了 NFERM 和最先进的无参考图像质量评价算法 (BRISQUE、NIQE 和 QAC) 的相关精度。我们在表 2.11 中报告了 SROCC 值，并在每种类型中标注了最佳的评价结果。我们的 NFERM 获得了 12 次第一名，而 BRISQUE、NIQE 和 QAC 分别获得了 5 次、7 次和 6 次。与最先进的无参考质量评价算法相比，我们提出的 NFERM 在各种失真类型上都具有较高的预测性能。

3. 算法特征成分分析

考虑到所提出的 NFERM 由三组特征组成，因此我们接下来比较每组特征的性能。第一组包括 ($f_{01} \sim f_{13}$)，第二组包括 ($f_{14} \sim f_{19}$)，最后一组包括 ($f_{20} \sim f_{23}$)。我们首先在图 2.17 中绘制所提取特征与 LIVE 数据库中每个失真类型的 DMOS 值之间的 SROCC 结果，以确定特征与人对质量的判断之间的相关程度。然后，我们计算 1000 次随机 80％训练–20％迭代的 PLCC 和 SROCC 的中值，并将结果列在表 2.12 中。

表 2.11 在 TID2008、CSIQ、IVC 和 Toyama 数据库中每种失真类型上 NFERM 和较先进的无参考评价算法 (BRISQUE、NIQE 和 QAC) 的 SROCC 值 (我们加粗每种类型中性能最好的无参考评价算法)

TID2008

SROCC	# 01	# 02	# 03	# 04	# 05	# 06	# 07	# 08	# 09	# 10	# 11	# 12	# 13	# 14	# 15	# 16	# 17
NFERM	**0.8281**	**0.8389**	0.2126	0.1446	**0.9125**	0.0541	0.6655	0.8436	**0.6589**	**0.9365**	**0.9474**	0.1174	0.1817	0.0691	0.0777	0.0524	0.2419
BRISQUE	0.8227	0.7468	0.5691	0.6227	0.6285	0.6070	0.7399	**0.8742**	0.6354	0.9101	0.9037	**0.3457**	0.3156	0.0858	0.1703	0.1111	0.0585
NIQE	0.7775	0.6853	**0.7447**	**0.7562**	0.8632	0.7133	**0.8010**	0.8249	0.6260	0.8756	0.8939	0.1618	**0.5853**	**0.1090**	0.1795	0.1376	0.0405
QAC	0.5929	0.6911	0.1162	0.7294	0.8004	**0.8603**	0.5592	0.8408	0.4533	0.8773	0.8953	0.0537	0.4612	0.0956	**0.3483**	**0.3094**	**0.2588**

SROCC	CSIQ						IVC					Toyama	
	JP2K	JPEG	AWGN	GB	APGN	CC	JP2K	JPEG	GB	JPEG_LUMICHR	LAR	JP2K	JPEG
NFERM	0.9051	**0.9223**	0.9220	0.8964	**0.6264**	**0.3774**	**0.9177**	**0.9395**	**0.9120**	0.7943	0.8855	0.8741	0.8638
BRISQUE	0.8665	0.9040	**0.9252**	**0.9025**	0.2529	0.0473	0.8331	0.8020	0.8239	0.6830	0.7539	0.8706	**0.8690**
NIQE	**0.9065**	0.8826	0.8098	0.8944	0.2993	0.2292	0.8507	0.8451	0.8638	0.5532	0.7283	**0.8762**	0.8378
QAC	0.8699	0.9016	0.8222	0.8362	0.0019	0.2446	0.8022	0.9135	0.8405	**0.8771**	**0.9266**	0.5629	0.6714

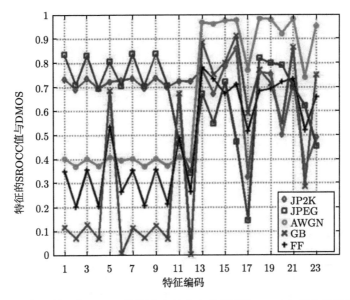

图 2.17 提取特征与 LIVE 数据库中每个失真类型的 DMOS 值之间的相关性

表 2.12 在整个 LIVE 数据库 779 幅图像和五种不同失真类别上，提出的 NFERM(1000 次训练的中值) 中每一组特征的 SROCC 和 PLCC 值 (非线性回归后)

SROCC	JP2K	JPEG	AWGN	GB	FF	全部
NFERM ($f_{01} \sim f_{13}$)	0.9034	0.9532	0.9754	0.9146	0.7746	0.8854
NFERM ($f_{14} \sim f_{19}$)	0.7715	0.8397	0.9677	0.8062	0.7923	0.8047
NFERM ($f_{20} \sim f_{23}$)	0.8294	0.8823	0.9631	0.8904	0.7954	0.8429
NFERM ($f_{01} \sim f_{23}$)	0.9415	0.9645	0.9838	0.9219	0.8627	0.9405
PLCC	JP2K	JPEG	AWGN	GB	FF	全部
NFERM ($f_{01} \sim f_{13}$)	0.9160	0.9691	0.9824	0.9137	0.8216	0.8901
NFERM ($f_{14} \sim f_{19}$)	0.7933	0.9016	0.9784	0.8417	0.8314	0.8236
NFERM ($f_{20} \sim f_{23}$)	0.8454	0.8880	0.9782	0.8961	0.8451	0.8466
NFERM ($f_{01} \sim f_{23}$)	0.9548	0.9817	0.9915	0.9371	0.8878	0.9457

从以上的结果比较中，我们有三个重要的发现。第一，第一组特征比其他两组更有效。这一发现可以解释为人类对图像质量的视觉感知主要依赖于两种策略：分解和合成。DCT 和 DWT 分解已广泛应用于现有的 IQA 模型 [15,89]。合成是最近发展起来的内部生成模型，以近似人类视觉的图像质量，这带来了显著的性能增益 [5]。第一组特征被提出来融合结构退化模型 (分解) 和关于脑理论 (合成) 的自由能特征，从而获得了相当高的性能。

第二, 三组特征中的每一组都对 FF 失真无效。为了说明这一点, 我们还验证了全参考算法 MS-SSIM、无参考算法 BRISQUE 以及我们提出的 NFERM 和其三组特征在四种失真类型上的性能, 即 JP2K(169 幅图像)、JPEG(175 幅图像)、AWGN(145 幅图像)、Blur(145 幅图像) 及其全部 634 幅图像。性能评估结果如表 2.13 所列, 它再次支持了这一发现, 并证明了 NFERM 中第一组特性的优越性能。实际上, FF 失真与我们常见的失真类型 (如 JP2K、JPEG、AWGN 和 GB) 有很大不同。由于 NFERM 提取的特征原打算用于描述自然图像, 因此该算法在理论上不能很好地解决 FF 失真问题。当然, 如果引入一些能够很好地描述 FF 失真图像的特征, 本算法仍有一些性能改进的空间。

表 2.13 MS-SSIM、BRISQUE 和我们提出的 NFERM 的 SROCC 和 PLCC 值, 以及它的三组特征 (1000 次训练的中值) 在四种常见失真类型 (JP2K、JPEG、AWGN、GB) 及其全部 634 幅图像上的性能

SROCC	类型	JP2K	JPEG	AWGN	GB	全部
NFERM ($f_{01} \sim f_{13}$)	NR	0.9430	0.9642	0.9831	0.9077	0.9535
NFERM ($f_{14} \sim f_{19}$)	NR	0.8631	0.9445	0.9538	0.4377	0.8329
NFERM ($f_{20} \sim f_{23}$)	NR	0.8061	0.9313	0.9546	0.2862	0.8064
NFERM ($f_{01} \sim f_{23}$)	NR	0.9408	0.9632	0.9838	0.9196	0.9597
BRISQUE	KR	0.9196	0.9622	0.9769	0.9569	0.9583
MS-SSIM	FR	0.9654	0.9794	0.9745	0.9587	0.9510
PLCC	类型	JP2K	JPEG	AWGN	GB	全部
NFERM ($f_{01} \sim f_{13}$)	NR	0.9533	0.9810	0.9902	0.9243	0.9576
NFERM ($f_{14} \sim f_{19}$)	NR	0.8915	0.9600	0.9601	0.5970	0.8357
NFERM ($f_{20} \sim f_{23}$)	NR	0.8240	0.9540	0.9643	0.3527	0.8205
NFERM ($f_{01} \sim f_{23}$)	NR	0.9544	0.9812	0.9918	0.9378	0.9632
BRISQUE	NR	0.9370	0.9767	0.9877	0.9639	0.9613
MS-SSIM	FR	0.9697	0.9814	0.9724	0.9530	0.9383

第三, 我们需要指出的是 NFERM 算法中的三组特征使用了不同的策略。第一组特征是由一种能够有效结合两个 RR-IQA 算法的新策略所驱动的; 第二组特征受 HVS 的启发; 第三组特征量化了失真图像中 "自然性" 的可能损失; 事实上, 从表 2.7、表 2.12 和表 2.13 的测试结果中我们可以很容易地发现每一组特性都有很好的性能, 而全部 23 个特征一起拥有更好的性能。

总而言之, 在本节中提出的 NFERM 算法具有优越的预测性能。除了领先的预测精度外, 值得强调两点: 首先, 所提出的 NFERM 只需要 23 个特征, 远远少于 BRISQUE 算法中使用的 36 个特征; 其次, 本节提出了一种设计更高性能和更少特征的无参考图像质量评价算法的新框架, 以结合有效全参考、半参考和

无参考图像质量评价算法的优点。接下来，本书将结合人类视觉系统与小波分解之间的相关性，介绍一种新的基于自由能原理的半参考图像质量评价算法。

2.4 基于自由能和多通道小波分解的半参考图像质量评价算法

根据参考图像的可用性，客观图像质量评价算法一般可分为 FR、RR 和 NR 算法。对于 FR 算法，可以利用整个参考图像。对于 RR 算法，原始图像的部分信息是可用的，而 NR 算法是在没有相应参考图像的情况下评估失真图像质量。在过去的 20 年里，FR-IQA 算法被广泛研究。均方误差 (MSE) 和峰值信噪比 (peak signal-to-noise ratio, PSNR) 是很久以前提出的两种常用方法。然而，它们与某些条件下的主观判断相关性较差[60]。为此，人们提出了 SSIM 指数[15] 及结构相似性的变体[89]。另外，近几年 NR-IQA 的发展也非常迅速，弥补了无原始参考图像的 IQA 的空白。根据测量方法，NR-IQA 指标可分为基于 NSS、基于学习和基于 HVS 的算法。在一些文献中，研究者已经提出了一些 NR 算法，例如基于 NSS 的模型，包括 DIIVINE[72]、NIQE[90]、BPRI[91,92] 和 BMPRI[93] 等。

除了 FR-IQA 和 NR-IQA，还有一种折中的解决方案：RR-IQA，它只从原始和失真的视觉刺激中提取一些特征，以创建一个预测信号质量的总体评价。RR-IQA 模型在许多应用中提供了一个实用且方便的工具，例如通过有线或无线网络进行实时视觉通信。一般而言，RR 模型是在空间域或变换域中设计的。

根据心理学家和神经学家对 HVS 的许多研究，人脑初级视皮层的视觉信号处理是与频率无关的[92]。这意味着初级视皮层的每个神经元都特别适合于特定的时空频率信号。因此，视觉信号需要通过多通道模型进行分解，并由相应的神经元进一步处理。在相关的分解算法中，小波分解与 HVS 有着优越的相关性[94]。其他分解算法，如傅里叶 (Fourier) 变换、伽博变换等，在分解局部特征时存在局部化的局限性，并且引入了误导性的高频信息。与上述变换不同的是，小波变换以其可变尺度参数避免了这些缺点，尤其适合于分析视觉信号。小波分解将视觉信号分解为水平和垂直方向的多频通道。刺激信号的低频子带反映了亮度信息，而高频子带主要包含了纹理和边缘特征。小波分解的模式符合人脑初级视皮层的反应机制。大量应用小波信息的 IQA 研究[93,95] 也证实了小波与感知质量具有良好的相关性。

本书基于此机制，提出了 MCFRM。首先，我们使用二阶离散 Haar 小波变换 (discrete Haar wavelet transform, DHWT) 将图像 (参考图像和失真图像) 分解为四个部分，这些部分在空间域中包含不同的频率分量。然后，根据自由能原理，对两幅图像的每一部分计算视觉刺激与人脑内部生成模型的差异。然后，计算每对子带参考图像和失真图像的自自由能特征和组合自由能特征。最后，利用支持向量回归 (support vector regression，SVR) 对这些特征进行回归，得到 MCFRM 的预测指标。在四个常见的图像质量数据库 (LIVE[67]、CSIQ[47,96]、TID2008[84]、TID2013[48]) 上进行的大量实验验证了我们提出的 MCFRM 算法优于主流 RR 算法的性能。值得注意的是，MCFRM 算法只需要从原始图像中提取四个标量，从而减轻了参考图像的信息传输负担。下面将具体介绍所提出的 MCFRM 算法。

2.4.1　MCFRM 算法总体介绍

MCFRM 算法的框图如图 2.18 所示。我们在对参考图像和失真图像进行分解后，从其子带图像中提取基于自由能的特征，而最终的质量是由这些特征通过支持向量机回归得到的。

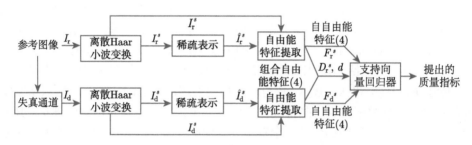

图 2.18　提出的 MCFRM 算法的框图

I^s 表示图像 I 的子带图像；$\hat{I}$ 表示通过稀疏矩阵得出的预测图像；F 和 D 分别是自由能特征和组合自由能特征；参考图像的自特征数、失真图像的自特征数和组合特征数均为 4；支持向量机回归模型共输入 12 个特征

1. 基于 DHWT 的多通道图像分解

对 HVS 的研究表明，同一视觉刺激的不同方位和频率成分会唤醒初级视皮层不同的区域神经元。因此，一个刺激或一个图像不应该作为一个整体来对待，它应该被人脑中的一个多通道模型分解，在这个模型中，整个多通道子带部分分别被内部生成模型所感知。在众多的变换中，小波变换是与 HVS 密切相关的变换之一。小波变换可以将图像分解为多频率、多方向的通道。小波有很多种，如 Haar 小波、多贝西 (Daubechies) 小波和莫雷特 (Morlet) 小波。在这些小波中，Haar 小波是 Daubechies 小波的一个特例，具有简单、快速、紧凑等优点。本书采用两级 DHWT 对视觉刺激进行多通道分解。Haar 小波可以描述为

$$\frac{1}{\sqrt{2}}\psi(t) = \sum_{n=-\infty}^{\infty}(-1)^{n-1}h[1-n]\phi(t-n)$$

$$= \frac{1}{\sqrt{2}} \left(\phi\left(t-1\right) - \phi\left(t\right) \right) \tag{2-40}$$

其中

$$\psi(t) = \begin{cases} 1, & 0 \leqslant t < \frac{1}{2} \\ -1, & \frac{1}{2} \leqslant t < 1 \\ 0, & 其他 \end{cases}$$

表示母小波函数，而

$$\phi(t) = \begin{cases} 1, & 0 \leqslant t < \frac{1}{2} \\ 0, & 其他 \end{cases}$$

表示标度函数，其滤波器 $h[n]$ 定义为

$$h[n] = \begin{cases} \dfrac{1}{\sqrt{2}}, & n = 0, 1 \\ 0, & 其他 \end{cases}$$

Haar 变换利用不同的位移和拉伸将一个函数与 Haar 小波进行交叉相乘。利用 $\boldsymbol{H}$ 表示适当尺度的 DHWT 矩阵，然后用 $I \in \mathbb{R}_+^{M \times N}$ 表示视觉刺激或输入图像，那么 I 的两级 DHWT 可以用 4 个 $\dfrac{M}{2} \times \dfrac{N}{2}$ 维子带块进行分解

$$\hat{\boldsymbol{I}} = \boldsymbol{H} I \boldsymbol{H}^{\mathrm{T}} = \begin{bmatrix} \hat{I}^{\mathrm{LL}} & \hat{I}^{\mathrm{HL}} \\ \hat{I}^{\mathrm{LH}} & \hat{I}^{\mathrm{HH}} \end{bmatrix} \tag{2-41}$$

其中，$\hat{\boldsymbol{I}}$ 表示子带图像的聚集 $\hat{I}^s$，$s \in \{\mathrm{LL, HL, LH, HH}\}$ 表示在水平或垂直方向上具有低频或高频分量的 LL、HL、LH 和 HH 子带。

2. 内部自由能模型的建立

我们将参数化的内部生成模型定义为 $\mathcal{G}$，该模型通过调整参数向量 $\boldsymbol{\theta}$ 来解释感知的场景。具体而言，给定子带图像 $\hat{I}^s$，可以通过在模型参数 $\boldsymbol{\theta}$ 的空间上将联合分布 $P(\hat{I}^s, \boldsymbol{\theta}|\mathcal{G})$ 进行积分来计算 "吃惊"：

$$-\log P(\hat{I}^s|\mathcal{G}) = -\log \int P(\hat{I}^s, \boldsymbol{\theta}|\mathcal{G}) \mathrm{d}\boldsymbol{\theta} \tag{2-42}$$

为了使这个数学表达式易于理解，我们引入一个虚拟项 $Q(\boldsymbol{\theta}|I)$，得到

$$-\log P(\hat{I}^s|\mathcal{G}) = -\log \int Q(\boldsymbol{\theta}|\hat{I}^s)\frac{P(\hat{I}^s,\boldsymbol{\theta}|\mathcal{G})}{Q(\boldsymbol{\theta}|\hat{I}^s)}\mathrm{d}\boldsymbol{\theta} \qquad (2\text{-}43)$$

$Q(\boldsymbol{\theta}|\hat{I}^s)$ 近似于模型参数 $P(\hat{I}^s,\boldsymbol{\theta}|\mathcal{G})$ 的真实后验，这是可以由大脑计算出来的。大脑通过调整参数 $\boldsymbol{\theta}$ 来更好地解释 $\hat{I}^s$，从而减小近似后验 $Q(\boldsymbol{\theta}|\hat{I}^s,\mathcal{G})$ 与真实后验 $P(\boldsymbol{\theta}|\hat{I}^s,\mathcal{G})$ 之间的差。在下面的分析中，为简单起见，我们删除了对生成模型 $\mathcal{G}$ 的依赖。利用 Jensen 不等式，从式 (2-43) 中我们得到

$$-\log P(\hat{I}^s) \leqslant -\int Q(\boldsymbol{\theta}|\hat{I}^s)\log\frac{P(\hat{I}^s,\boldsymbol{\theta})}{Q(\boldsymbol{\theta}|\hat{I}^s)}\mathrm{d}\boldsymbol{\theta} \qquad (2\text{-}44)$$

然后根据统计物理和热力学知识 [13]，式 (2-44) 的右边被定义为自由能：

$$F(\boldsymbol{\theta}) = -\int Q(\boldsymbol{\theta}|\hat{I}^s)\log\frac{P(\hat{I}^s,\boldsymbol{\theta})}{Q(\boldsymbol{\theta}|\hat{I}^s)}\mathrm{d}\boldsymbol{\theta} \qquad (2\text{-}45)$$

显然，由于对数 $-\log P(\hat{I}^s) \leqslant F(\boldsymbol{\theta})$，自由能 $F(\boldsymbol{\theta})$ 定义了图像数据 $\hat{I}^s$ 的 "吃惊" 的一个上界。

注意到 $P(\hat{I}^s,\boldsymbol{\theta}) = P(\boldsymbol{\theta}|\hat{I}^s)P(\hat{I}^s)$，式 (2-45) 可以改写为

$$F(\boldsymbol{\theta}) = \int Q(\boldsymbol{\theta}|\hat{I}^s)\log\frac{Q(\boldsymbol{\theta}|\hat{I}^s)}{P(\boldsymbol{\theta}|\hat{I}^s)P(\hat{I}^s)}\mathrm{d}\boldsymbol{\theta}$$

$$= -\log P(\hat{I}^s) + \int Q(\boldsymbol{\theta}|\hat{I}^s)\log\frac{Q(\boldsymbol{\theta}|\hat{I}^s)}{P(\boldsymbol{\theta}|\hat{I}^s)}\mathrm{d}\boldsymbol{\theta}$$

$$= -\log P(\hat{I}^s) + \mathrm{KL}\left(Q(\boldsymbol{\theta}|\hat{I}^s)\right)\|\left(P(\boldsymbol{\theta}|\hat{I}^s)\right) \qquad (2\text{-}46)$$

其中 $\mathrm{KL}(\cdot)$ 表示近似后验分布和真实后验分布之间的 Kullback-Leibler 散度。

为了得到自由能 $F(\boldsymbol{\theta})$ 的近似值 $F(\hat{\boldsymbol{\theta}})$，文献 [22] 中的作者使用线性自回归 (autoregressive，AR) 模型、文献 [38] 中的作者采用稀疏表示法。这两种方法都可以通过模拟视皮层的模式来表示图像，后者在预测图像质量方面表现得更好 [5,56,21]。因此，本书采用稀疏表示法来近似内部生成模型。具体地，子带图像 $\hat{I}^s$ 可以近似地表示为

$$\hat{I}^s \approx \boldsymbol{D}\boldsymbol{\alpha}_S \quad 即 \quad \left\|\hat{I}^s - \boldsymbol{D}\boldsymbol{\alpha}_S\right\| \leqslant \xi \qquad (2\text{-}47)$$

其中，$\boldsymbol{D}$ 是可以表示为 $[d_1, d_2, \cdots, d_K]$ 的字典，$\boldsymbol{\alpha}_S \in \mathbb{R}^K$ 是子带图像 $\hat{I}^s$ 的系数向量。此外，$\|\cdot\|_p$ 表示 l^p 范数，ξ 表示正阈值。我们的系数向量满足

$$\boldsymbol{\alpha}_S^* = \arg \min_{\boldsymbol{\alpha}_S} \|\boldsymbol{\alpha}_S\|_p \quad 使得 \hat{I}^s = \boldsymbol{D}\boldsymbol{\alpha}_S 满足 \tag{2-48}$$

该方程可转化为无约束优化问题

$$\boldsymbol{\alpha}_S^* = \arg \min_{\boldsymbol{\alpha}_S} \frac{1}{2} \left\| \hat{I}^s - \boldsymbol{D}\boldsymbol{\alpha}_S \right\|_2 + \lambda \|\boldsymbol{\alpha}_S\|_p \tag{2-49}$$

其中，λ 是一个正常数，用于平衡重建保真度约束项和稀疏惩罚项的权重。利用 $\boldsymbol{D}$ 和 $\boldsymbol{\alpha}_S$，可以得到近似的子带图像 $\hat{I}^s$。

3. 自由能特征提取及融合

由于自由能代表了图像数据与内部生成模型的最佳预测之间的差异，因此可以将其视为图像感知质量的自然表达。根据式 (2-45) 中自由能的定义和上述分析，我们首先定义每个子带的预测残差如下：

$$R^S = \left| I^s - \hat{I}^s \right| \tag{2-50}$$

其中，R^S 表示第 S 个子带图像预测残差，I^s 是视觉刺激的子带图像，$\hat{I}^s$ 是从等式 (2-49) 中得到的，也就是大脑对 I^s 的预测。$|\cdot|$ 代表了幅度运算。然后，通过测量它们的熵，分别得到参考图像 I_{r}^s 和它的失真图像 I_{d}^s 的自自由能值 $F\left(\hat{\theta}_{\mathrm{r}}^s\right)$ 和 $F\left(\hat{\theta}_{\mathrm{d}}^s\right)$ $(s \in \{\mathrm{LL}, \mathrm{HL}, \mathrm{LH}, \mathrm{HH}\})$。

$$F^S = -\sum_{i=0}^{255} p_i^s \log p_i^s \tag{2-51}$$

其中

$$\hat{\theta}_{\mathrm{r}} = \arg \min_{\boldsymbol{\theta}} F(\theta | \mathcal{G}, I_{\mathrm{r}}) \tag{2-52}$$

$$\hat{\theta}_{\mathrm{d}} = \arg \min_{\boldsymbol{\theta}} F(\theta | \mathcal{G}, I_{\mathrm{d}}) \tag{2-53}$$

且 F^S 表示 R^S 的自自由能值，p_i^s 表示 R^S 中第 i 个灰度范围的概率密度。

根据自由能原理，这些自自由能值可以描述图像质量的退化。为了直观地说明这一点，我们从 TID2013 数据库[48] 中选择了一张标准图像及其相应的失真图

像。我们应用了两种失真类型：加性高斯白噪声 (additive white Gaussian noise, AWGN) 和 JPEG 压缩，以及六种失真级别 (0 到 5)，其中 0 表示无失真，5 表示比较差的级别。然后，这些测试图像的每个子带的所有自自由能值如图 2.19 所示。

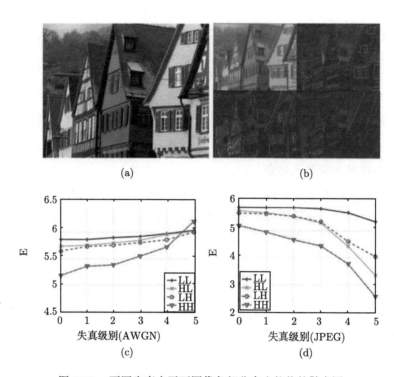

图 2.19　不同失真水平下图像各部分自由能值的散点图

(a) 展示了 TID2013 数据库中的一幅参考图像（"建筑物"）；(b) 通过 DHWT 四个子带显示 (a) 的分解图像；(c)、(d) 分别表示加性高斯白噪声和 JPEG 压缩两种不同失真类型下各子带的自由能值

　　很明显，随着失真度的增加，图像各部分的自自由能值单调变化。由于 AWGN 增加了图像的信息量和复杂度，随着 AWGN 失真度的提高，自由能值单调增加。在 JPEG 压缩图像的同时，降低了图像的信息量和复杂度，自由能值随着图像质量退化程度的增加而减小。这意味着每个子带图像的自由能值能够有效地捕捉到图像质量的下降。

　　除了参考图像的自由能特征值和失真图像外，我们还提取了它们之间的相关项，从而减少了图像内容和复杂度的影响。具体来说，我们将参考图像 I_r^s 的自由能特征值与其对应的失真图像 I_d^s 值之间的绝对差值作为组合的自由能特征：

$$D(I_r^s, I_d^s) = \left| F\left(\hat{\theta}_r^s\right) - F\left(\hat{\theta}_d^s\right) \right| \tag{2-54}$$

如前所述，我们从四个参考子带图像及其失真版本中提取了 12 个特征，包括自由能特征和基于自由能的组合特征。值得注意的是我们只需要从参考图像中获取四个标量 (四个自由能特征值)。

最后，通过 SVR[84] 将提取的特征 (包括自自由能特征和组合自由能特征) 整合，得到总体质量评价指标 MCFRM。具体来说，将所有失真图像随机分为训练组 Φ_1 和测试组 Φ_2，然后利用 SVR 对训练组 Φ_1 中提取的图像特征及其对应的 MOS 值进行训练，得到 MCFRM 模型。给定失真图像 I_i 及其提取的特征 $\mathcal{F}_i$，MCFRM 模型定义为

$$MCFRM = SVR\_TRAIN\{[\mathcal{F}_i], [q_i], I_i \in \Phi_1\} \tag{2-55}$$

其中，Φ_1 表示训练图像集，q_i 表示图像 I_i 的主观 MOS 值，$\mathcal{F}_i$ 表示图像 I_i 的提取特征集，包括从对应的参考图像 $F\left(\hat{\theta}_{ri}^s\right)$ 提取的自由能特征、从 $F\left(\hat{\theta}_{di}^s\right)$ 提取的自自由能特征以及组合自由能特征 $D\left(I_{ri}^s, I_{di}^s\right)$ ($s \in \{LL, HL, LH, HH\}$)。

然后，利用所建立的模型在 Φ_2 实验组上验证了 MCFRM 的相关性能。图像 I_j 的客观得分计算公式如下：

$$S_j = SVR\_PREDICT\{[\mathcal{F}_i], MCFRM, I_j \in \Phi_2\} \tag{2-56}$$

其中，Φ_2 为测试图像集。最后，算法的性能被计算为测试集中客观得分 $[S_j]$ 和主观 MOS 值 $[q_i]$ 之间的相关。

接下来，我们将通过与一些 IQA 算法进行性能比较、不同数据库中的交叉验证、不同类型小波以及不同层次小波的比较来验证我们算法的有效性。

2.4.2　MCFRM 算法性能测试

我们介绍实验设定，并从以下三个方面测试我们提出的方法的预测精度：① 通过在四个大型图像数据库 (LIVE、CSIQ、TID2008 和 TID2013) 上与主流的 IQA 算法进行比较来测试提出的 MCFRM 的有效性；② 通过在 CSIQ、TID2008 和 TID2013 上进行交叉验证来证明 MCFRM 在匹配和不匹配条件下的鲁棒性；③ 分析了不同的离散小波、不同的小波阶数和 MCFRM 的不同分量的有效性。

1. 参数设定及模型训练

在对图像进行分解的过程中，我们选择了两级 DHWT。在稀疏表示部分，我们将子带图像划分为 8×8 个非重叠块。预先定义的字典使用 64×128 的过完备 DCT 字典，其中每个块由 128 个原子来表征。我们利用正交匹配追踪 (orthogonal matching pursuit，OMP) 算法来解决稀疏表示的无约束优化问题[97]。另外，在

SVR 中采用了高斯径向基函数 (radial basis function，RBF) 作为核函数，并通过训练过程来调整回归模型。对于每个训练阶段，我们将数据库中的失真图像随机分成两个子集，其中训练集由 80% 的图像组成，剩余的 20% 的图像组成测试集。在这项工作中，我们遵循传统的方法，根据 80/20 规则将失真图像随机分成训练集和测试集，尽管一些例如依赖样本观察值 [98] 的局限性会存在。我们对上述训练和测试集划分过程重复了 1000 次，以确保我们提出算法的鲁棒性。最后，为了尽可能地消除性能偏差，我们选择了这 1000 次迭代的性能的中值作为最终性能结果。

2. 实验设置和性能结果

为了评估 MCFRM 的性能，我们在四个常见的图像数据库上进行了实验，它们是 LIVE[45]、CSIQ[96]、TID2008[85]、TID2013[48]。我们选择了几种主流失真类型：LIVE 数据库中的 JPEG、JP2K、AWGN、GB 和 FF 以及后三种数据库中最常见的四种失真类型 JPEG、JP2K、AWGN、GB。然后，我们应用三个常用的评价标准来评估所有参与比较的 IQA 指标的性能，即 SROCC、PLCC 和 RMSE[32,42]。

在评估 PLCC 和 RMSE 性能之前，我们需要使用回归分析来提供主观平均意见分数和现有 IQA 模型获得的客观得分之间的非线性映射。对于非线性回归，我们采用包含五个参数 $\beta_1, \beta_2, \beta_3, \beta_4, \beta_5$ 的单调逻辑斯谛函数：

$$Y(x) = \beta_1 \left(0.5 - \frac{1}{1 + e^{\beta_1(x - \beta_3)}} \right) + \beta_4 x + \beta_5 \tag{2-57}$$

其中，x 和 $Y(x)$ 表示原始客观得分和映射得分，$\beta_j (j = 1, 2, 3, 4, 5)$ 表示拟合过程中要确定的五个自由参数。

为了证明我们提出的方法的有效性，我们将 MCFRM 与一些有代表性的 IQA 算法进行了比较，包括：① 经典的 FR 算法，包括 PSNR 和 SSIM[15]；② 流行的 NR 评价算法：DIIVINE[72] 和 NQE[90]；③ 包含 FEDM[5]、FSI[60,99]、REDLOG[100]、RRED[101] 在内的 RR 算法。对于 RR 算法，我们的 MCPRM 算法需要原始图像提供四个标量作为参考数据。根据需要参考图像的标量的不同，我们选择了两种不同的 RRED 方法：一个是标准状态 (表 2.14 和表 2.15 中的 RRED)，需要 $\frac{\text{ImageSize}}{576}$ 个标量；另一种是 RRED 仅从参考图像中提取一个标量的模式 (RRED[1])。除了 RRED 模型外，FSI 和 FEDM 都只传输一个标量作为参考数据。REDLOG 算法需要六个标量作为参考数据。

表 2.14　提出的算法和其他 IQA 算法在四种数据库上的性能比较结果。特征的单位是 S(Scalers)；IS：图像大小

数据库 特征	算法	PSNR FR	SSIM FR	NIQE NR	DIIVINE NR	RRED $\frac{IS}{576}$S	RRED[1] 1S	REDLOG 6S	FEDM 1S	FSI 1S	MCFRM (Pro.) 4S
LIVE	SROCC	0.8756	**0.9479**	0.9062	0.8560	**0.9429**	0.7653	**0.9456**	0.7947	0.8950	0.9329
	PLCC	0.8723	0.8723	0.6394	0.8446	**0.9385**	0.6880	**0.9373**	0.7976	0.8858	**0.9404**
	RMSE	13.360	**8.9455**	21.0067	14.6273	**9.4315**	19.8278	9.5161	16.4786	12.1461	**5.2107**
CSIQ	SROCC	0.9219	**0.9326**	0.8717	0.8284	**0.9550**	0.6728	0.9260	0.5889	0.7812	**0.9453**
	PLCC	0.9079	0.9269	0.8886	0.8556	**0.9520**	0.6000	**0.9398**	0.8197	0.8053	**0.9530**
	RMSE	0.1185	0.1061	0.1296	0.1463	**0.0865**	0.2114	**0.0963**	0.1619	0.1567	**0.0841**
T1D2008	SROCC	0.8512	0.9008	0.7833	0.7630	**0.9346**	0.6728	**0.9011**	0.6327	0.8593	**0.9399**
	PLCC	0.8250	0.8997	0.7950	0.7563	**0.9162**	0.7381	**0.9112**	0.7147	0.8704	**0.9520**
	RMSE	0.8945	0.6910	0.9601	1.0356	**0.6344**	1.0680	**0.6520**	1.1071	0.7794	**0.4603**
TID2013	SROCC	0.9066	0.9187	0.7935	0.7813	**0.9403**	0.7217	**0.9091**	0.5697	0.8577	**0.9364**
	PLCC	0.8909	**0.9252**	0.8054	0.7855	**0.9383**	0.7665	0.9224	0.5188	0.8844	**0.9521**
	RMSE	**0.6335**	0.5294	0.8267	0.8632	**0.4823**	0.8959	0.5386	1.1925	0.6511	**0.4158**

　　表 2.14 列出了所有 IQA 算法的性能，其中我们加粗显示了性能排名在前三的算法。总体性能是在 LIVE 的所有失真类型和 CSIQ、TID2008 和 TID2013 的四种常见失真上来计算的。很明显，我们提出的方法与主观评分高度相关。具体地说，我们提出的 MCFRM 算法与 RRED 算法相似，在整体性能上优于大多数比较算法。MCFRM 在 TID2008 上优于 RRED，而在 LIVE 上低于 RRED，并且我们的算法在 CSIQ 和 TID2013 上的结果与 RRED 相似。值得注意的是 MCFRM 所需参考的特征数量远远少于 RRED 的要求 $\frac{ImageSize}{576}$。此外，虽然 RR 算法的参考图像的信息很难与 FR 模型相匹配，但 MCFRM 算法优于经典的 FR 算法 PSNR 和 SSIM。

　　此外，我们将 MCFRM 和其他 IQA 算法在不同失真类别下的 SROCC 值列在表 2.15 中，并将性能排名在前三的算法加粗。从表 2.15 中可以看出，SSIM 的性能最好，MCFRM 和 RRED 也有很好的效果。在所有的 RR 算法中，我们的方法在 CSIQ 上的性能最好，而 RRED 和 REDLOG 在 LIVE 上的性能更好。此外，与其他 RR 模型相比，我们提出的算法具有更稳定的性能。例如，RRED 模型在 LIVE 数据库的 FF 失真类型性能较差，而 REDLOG 在 TID2008 的 AWGN 失真类型上的结果并不理想。我们的 MCFRM 算法在四个数据库的这些常见失真类型上都没有明显的缺点。

表 2.15　我们提出的 MCFRM 和其他 IQA 算法在 LIVE、CSIQ、TID2008 和 TID2013 数据库上的 SROCC 性能值，我们加粗了性能排前三的模型。特征的单位是 S，标量；IS：图像大小

数据库特征	失真类型	PSNR FR	SSIM FR	NIQE NR	DIIVINE NR	RRED $\frac{IS}{576}$S	RRED[1] 1S	REDLOG 6S	FEDM 1S	FSI 1S	MCFRM (Pro.) 4S
LIVE	AWGN	**0.9854**	0.9694	0.9716	**0.9878**	**0.9763**	0.9161	0.9302	0.9153	0.9089	0.9684
	GB	0.7823	**0.9517**	0.9329	**0.9584**	0.9221	0.9517	0.9349	0.7594	0.8948	**0.9651**
	JPEG	0.8809	**0.9764**	0.8661	0.7511	**0.9725**	0.8358	**0.9500**	0.8543	0.8875	0.8942
	JP2K	0.8954	**0.9614**	0.8977	0.9025	**0.9536**	0.9234	**0.9523**	0.9025	0.9145	0.9251
	FF	0.8907	**0.9556**	0.8644	0.8592	0.7549	**0.9155**	**0.9638**	0.8230	0.8479	0.8648
CSIQ	AWGN	**0.9363**	0.8974	0.8097	0.8662	**0.9351**	0.8010	0.8752	0.8246	0.8307	**0.9116**
	GB	0.9291	0.9609	0.8945	0.8945	**0.9634**	**0.9649**	0.9346	0.8522	0.8909	**0.9613**
	JPEG	0.8879	**0.9543**	0.8832	0.7998	**0.9523**	0.8220	0.9282	0.9166	0.8886	**0.9315**
	JP2K	0.9361	**0.9605**	0.9062	0.8304	0.9630	0.9387	**0.9479**	0.8945	0.9028	**0.9392**
TID2008	AWGN	**0.9115**	0.8310	0.7797	0.8085	0.8203	0.6818	**0.8407**	0.6855	0.6552	**0.9063**
	GB	0.8682	**0.9596**	0.8165	0.8237	**0.9573**	**0.9565**	0.8775	0.7980	0.9163	0.9356
	JPEG	0.9011	**0.9270**	0.8608	0.6309	**0.9332**	0.6025	0.9117	0.7594	0.8112	**0.9088**
	JP2K	0.8300	**0.9723**	0.8964	0.8964	**0.9681**	0.9396	**0.9562**	0.8162	0.8991	0.9314
TID2013	AWGN	**0.9225**	0.8656	0.8144	0.8510	0.8461	0.7496	**0.8754**	0.7485	0.6774	**0.9165**
	GB	0.9149	**0.9668**	0.7954	0.8344	**0.9666**	**0.9672**	0.8955	0.8891	0.9454	0.9582
	JPEG	0.9189	**0.9200**	0.8423	0.6288	**0.9274**	0.6974	0.8972	0.7482	0.8431	**0.8984**
	JP2K	0.8840	**0.9468**	0.8891	0.8534	**0.9539**	0.8970	**0.9333**	0.8409	0.8904	0.9226

3. 鲁棒性测试及交叉验证

我们希望通过在不同的图像数据库上进行交叉验证来证明我们提出的方法的独立性。为了说明这一点，我们使用 LIVE 数据库中的所有图像来训练 MCFRM，然后将其应用于其他三个图像质量数据库：CSIQ、TID2008 和 TID2013。

在所有的性能评价标准中，SROCC 是一个重要的指标，它体现了主观感知和客观质量评价之间的收敛性和单调性。因此，我们在这个测试中主要使用 SROCC 来比较我们提出的算法和其他流行算法的性能。

表 2.16 显示了 MCFRM 在 CSIQ、TID2008 和 TID2013 上的交叉验证结果。为了进行直接比较，我们计算了三个数据库中四种失真类型的直接平均 SROCC(D.AVG) 和三个数据库中的加权平均 SROCC(W.AVG)，其定义如下

$$\bar{\xi} = \frac{\sum_i \xi_i \cdot \varepsilon_i}{\sum_i \varepsilon_i} \tag{2-58}$$

其中，$\bar{\xi}$ 表示加权平均值，ξ_i 表示第 i 个数据库的 SROCC，ε_i 表示第 i 个数据库或相应子集中的图像数量 (即 CSIQ 为 600、TID2008 为 384、TID2013 为 500)。这些平均结果也列于表 2.16。

表 2.16 我们的 MCFRM 和其他 IQA 指标在 CSIQ、TID2008 和 TID2013 数据库的交叉验证测试中的 SROCC 值 (我们给性能排名前两名的模型加粗。特征的单位是 S，标量)

数据库 特征	失真类型	NIQE NR	DIIVINE NR	NFERM NR	QAC NR	RRED[1] 1S	REDLOG 6S	FEDM 1S	FSI 1S	MCFRM (Pro.) 4S
CSIQ	AWGN	0.8097	0.8662	**0.9220**	0.8222	0.8010	0.8752	0.8246	0.8307	**0.8822**
	JPEG	0.8832	0.7998	**0.9222**	0.8362	0.8220	**0.9282**	0.9166	0.8886	0.8994
	JP2K	0.9062	0.8304	0.9048	0.8699	**0.9387**	**0.9479**	0.8945	0.9028	0.9161
	CB	0.8945	0.8945	0.8964	0.9016	**0.9649**	0.9346	0.8522	0.8909	**0.9490**
	D.AVG	0.8734	0.8477	0.9113	0.8574	0.8816	**0.9214**	0.8719	0.8782	**0.9116**
TID2008	AWGN	0.7797	0.8085	0.8281	0.5929	0.6818	**0.8407**	0.6855	0.6552	**0.9002**
	JPEG	0.8608	0.6309	**0.9365**	0.8773	0.6025	**0.9117**	0.7594	0.8112	0.8341
	JP2K	0.8964	0.8964	**0.9474**	0.8953	0.9396	**0.9562**	0.8162	0.8991	0.8823
	GB	0.8165	0.8237	0.8436	0.8408	**0.9565**	0.8775	0.7980	0.9163	**0.9388**
	D.AVG	0.8383	0.7898	0.8889	0.8015	0.7951	**0.8965**	0.7647	0.8204	**0.8893**
TID2013	AWGN	0.8144	0.8510	0.8582	0.4242	0.7496	**0.8754**	0.7485	0.6774	**0.9022**
	JPEG	0.8423	0.6288	0.8720	0.4008	0.6974	**0.8972**	0.7482	0.8431	**0.9192**
	JP2K	0.8891	0.8534	0.8097	0.4762	**0.8970**	**0.9333**	0.8409	0.8904	0.8570
	GB	0.7954	0.8344	0.8498	0.4563	**0.9672**	0.8955	0.8891	0.9454	**0.9548**
	D.AVG	0.8353	0.7919	0.8474	0.4393	0.8278	**0.9003**	0.8066	0.8390	**0.9083**
W·AVG	AWGN	0.8032	0.8457	**0.8756**	0.6283	0.7520	0.8660	0.7621	0.7328	**0.8937**
	JPEC	0.8635	0.6977	**0.9092**	0.7020	0.7219	**0.9134**	0.8185	0.8527	0.8886
	JP2K	0.8978	0.8556	0.8844	0.7454	**0.9250**	**0.9452**	0.8557	0.8976	0.8868
	GB	0.8406	0.8555	0.8667	0.7369	**0.9634**	0.9063	0.8500	0.9158	**0.9482**
	D.AVG	0.8512	0.8136	0.8839	0.7031	0.8405	**0.9077**	0.8215	0.8497	**0.9043**

我们将提出的算法和四种最先进的 NR 算法：NIQE、DIIVINE、NFERM、QAC 以及四个有效的 RR 算法：RRED、REDLOG、FEDM、FSI 来进行性能比较。很明显，我们的 MCFRM 在整体或者大多数单一失真类型上的性能更好。事实上，REDLOG 和我们的 MCFRM 通常是性能最好的两种模型，其中 MCFRM 只需要 4 个标量，而 REDLOG 需要的标量小于 6 个。因此，我们提出的算法具有良好的图像数据库独立性，也就是说 MCFRM 具有稳定可靠的性能。

此外，为了衡量我们提出的 MCFRM 与对比算法的性能比较的统计显著性，我们比较了不同 IQA 算法的非线性映射后的客观分数与主观评分之间的预测残差。我们发现 MCFRM 的预测残差与其他比较的 IQA 算法有显著不同。具体来说，我们通过比较 MCFRM 和每个对比 IQA 算法的预测残差来进行配对 t 检验评估[102]。我们分别在 CSIQ、TID2008 和 TID2013 上进行了一组配对 t 检验。表 2.17 列出了统计显著性结果，其中符号 "1"、"0" 和 "−1" 表示所提出的模型在统计学上 (具有 95% 的置信度) 比每列中其他比较的 IQA 指标更好、不可分辨或更差。不难看出，MCFRM 可以与 NFERM 和 REDLOG 相媲美，且在三个数据库上优于其他大多数比较方法，这表明了 MCFRM 在统计学上的优越性。

表 2.17　MCFRM 与其他对比 IQA 算法的统计显著性比较

数据库	现有的图像质量分析算法							
	NIQE	DIIVINE	NFERM	QAC	RRED	REDLOG	FEDM	FSI
CSIQ	1	1	−1	1	1	−1	1	1
TID2008	1	1	0	1	1	0	1	1
TID2013	1	1	1	1	1	0	1	1

注：我们将 MCFRM 和主观评分之间的预测残差与现有 IQA 算法和主观评分之间的预测残差进行 t 检验，比较符号 "1"、"0" 和 "−1" 表示所提出的模型在统计学上 (具有 95%的置信度) 比其他相应的 IQA 算法更好、无法区分或更差。

4. 不同类型小波测试

考虑到小波分解在我们提出的方法中的重要性以及不同的离散小波具有不同的特性和性能，我们首先研究了不同的离散小波对 MCFRM 算法的影响，以验证 Haar 小波在这一部分的有效性。

离散小波变换中的离散小波有很多种，可分为三类：经典小波、Daubechies 构造的正交小波和 Cohen 和 Daubechies 构造的双正交小波。具体来说，我们通过改变 MCFRM 中的小波变换在 LIVE 数据库上进行了实验。我们具体选取了包含这三类小波的六个常用有效的离散小波，分别是 Haar 小波 (Haar)、Symlets 小波 (Sym)、Coiflets 小波 (Coif)、Daubechies 小波 (Db)、双正交小波 (Bior) 和反向双正交小波 (Rbior)。考虑到一些小波在两个层次之间存在较大的性能差距，我们分别对两个层次和三个层次的小波结果进行了检验。此外，我们选择了前文中提到的全部特征。相关的实验性能如表 2.18 所示。

表 2.18　不同两级和三级离散小波在 LIVE 库不同失真和整个数据库上的性能

两级	JP2K	JPEG	AWGN	GB	FF	全部	三级	JP2K	JPEG	AWGN	GB	FF	全部
Bior 3/5	0.9066	0.8505	0.9562	0.9573	0.8142	0.8935	Bior 3/5	0.9152	0.8704	0.9567	0.9579	0.8598	0.9155
Rbior 3/5	0.9020	0.8399	**0.9743**	0.9573	0.8055	0.8605	Rbior 3/5	0.8956	0.8605	**0.9692**	0.9469	0.8366	0.8890
Haar	**0.9251**	**0.8942**	0.9684	**0.9651**	**0.8648**	**0.9329**	Haar	**0.9270**	**0.9014**	0.9669	**0.9685**	0.8785	**0.9361**
Db3	0.9011	0.7906	0.9685	0.9432	0.8453	0.8788	Db3	0.9053	0.8427	0.9596	0.9425	0.8688	0.9010
Coif2	0.8857	0.8234	0.9679	0.9548	0.8437	0.8550	Coif2	0.9002	0.8522	0.9648	0.9600	0.8565	0.8948
Sym2	0.9142	0.8154	0.9718	0.9487	0.8538	0.8994	Sym2	0.9189	0.8701	0.9666	0.9444	**0.8961**	0.9284

注：我们加粗了每个失真的最佳性能小波。

在表 2.18 中，小波名称后面的数字代表小波的阶数，例如，Db3 表示三阶 Db 小波，Bior3/5 表示具有三阶低通重构滤波器和五阶低通分解滤波器的 Bior 小波。我们加粗了每种失真类型上性能最好的两级和三级小波，可以观察到 Haar 小波在两级和三级分解中的综合性能最好。更细节地说，Haar 小波在 JP2K、JPEG 和 GB 中也具有最好的性能，Rbior3/5 小波比 Haar 小波具有更好的性能，但二者之间的差距较小。另外，对于 FF 失真类型，Haar 小波是二级分解中效率最高的小波，Sym2 是三级分解中效果最好的小波。基于 Haar 小波的稳定性和有效性，所以我们将 Haar 小波作为 MCFRM 分解的核心。

5. 不同层级小波测试

除了不同种类的离散小波外，小波的分解程度也是影响算法性能的重要因素。小波的分解程度会影响预测结果的性能和效率。小波分解将图像分解成不同的频率通道，低频子带主要表达轮廓信息，高频子带则反映细节信息。随着小波分解程度的提高，图像的分解更加细致，同时提取的参数和计算量也大大增加。因此，我们希望在分解级别和计算效率之间保持平衡。

具体地说，我们通过改变小波分解的层次，在 LIVE 数据库上进行了测试。我们采用 Haar 小波作为小波的核心，并考虑了前文描述的自特征和组合特征。我们将分解级别设置为从 2 级到 5 级，并列出未经分解的性能，本书称之为第 1 级。表 2.19 显示了不同分解级别的预测性能，其中预测性能利用了 SROCC 进行评估。值得注意的是，当采用多通道分解时，算法整体性能有较大提高，特别是在 AWGN 和 JP2K 失真上。此外，小波分解算法更适合于一种通用的质量评价方法，其 SROCC 值的整体性能提高超过 0.05。然而，随着分解层次的增加，各分解类型的性能和整体性能并没有得到很大的提高。这可能是由于过多的分解层带来的复杂的多频子图像，而这些子图像很难区分，无法为人眼提供特殊的刺激。

表 2.19　LIVE 上测试的分解层次对预测性能 SROCC 的影响

	1	2	3	4	5
JP2K	0.9023	0.9251	0.9270	0.9281	0.9226
JPEG	0.9623	0.8942	0.9014	0.9118	0.9074
AWGN	0.9231	0.9684	0.9669	0.9616	0.9602
GB	0.9642	0.9651	0.9685	0.9699	0.9685
FF	0.8861	0.8648	0.8785	0.9010	0.9006
全部	0.8826	0.9329	0.9361	0.9398	0.9384

我们通过比较不同的分解层次所需的运算时间，分析了不同层次的分解效率。详细地，我们从 LIVE 数据库中选择一个测试图像 (AWGN 失真类型的第一个图像)，分别获得不同分解层次的运行时间。我们的硬件配置是一台配备 i5-4590 CPU@ 3.3 GHz 和 8GB RAM 的戴尔电脑，并利用 MATLAB R2012A 对程序进行了运行。从 2 级到 5 级分解的计算时间分别为 3.030s、3.551s、3.735s 和 3.931s。此外，所需参数的数目分别为 12、24、36 和 48。图 2.20 给出了不同分解级别的总体预测性能和计算时间的比较。很明显，随着分解级别从 2 级增加到 5 级，计

算时间的增加远远大于性能的提高。因此，考虑到算法的性能和效率，我们选择了两层小波分解。

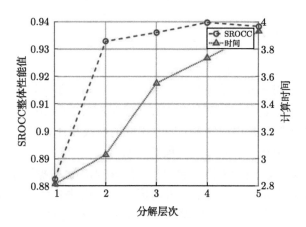

图 2.20　从 1 到 5 分解层次的总体预测性能和计算时间的比较

6. 算法特征成分分析

如前文所述，我们提出的 MCFRM 算法由三组特征组成，分别是参考图像的自特征 F_r、失真图像的自特征 F_d 和组合特征 D。我们进一步分析了每一组特征的性能和重要性。对于定量分析，我们通过 1000 次随机 80%–20% 的实验，计算出 LIVE 数据库的每种失真类型的 SROCC 和 PLCC 的中值。我们尝试了这三组特征的所有组合，并选择了两级和三级分解以保证结果的稳定性。实验结果见表 2.20 和表 2.21。

从上述性能比较中我们有三个重要的发现。第一，组合特征 D 比其他两个自特征 F_d 和 F_r 具有更好的性能。从表 2.20 和表 2.21 可以看出，自特征与主观得分没有相关性。这可以很容易地解释，因为一幅参考图像对应着大量自特征相同的失真图像。自特征 F_d 的 SROCC 和 PLCC 值相对较低，这是由于缺少原始图像的元素造成的。组合特征 D 考虑了参考图像和失真图像，从而获得了比其他两个自特征更高的性能。

第二，特征组合的性能一般高于单个特征组，且 F_d 和 F_r 的 SROCC 和 PLCC 值略低于 D 值。结果表明，预测图像质量不能简单地用参考图像和失真图像自由能的绝对差值来表示。参考图像的自特征值可以反映图像复杂度的一些信息，而失真图像的自特征值可以补充失真程度的信息。利用原始图像和失真图像的自特征可以提高预测精度。

第三，从表 2.20 和表 2.21 的实验结果可以看出，每一组特征都具有一定的预测能力，而 F_d & F_r & D 三组特征的组合具有更好的性能。这三组特征，即参考图像的自特征和失真图像以及组合特征都有各自的作用，并且在提出的算法中起着互补的作用。

表 2.20 两级分解 MCFRM 算法中三组特征组合在 LIVE 数据库上的 SROCC 和 PLCC 值 (所有图像和五种不同的失真类型)

SROCC	JP2K	JPEC	AWGN	GB	FF	全部
F_d	0.4080	0.6790	0.9323	0.7793	0.6105	0.6712
F_r	0.0805	0.0061	0.0217	0.2040	0.0705	0.0029
D	0.8563	0.8544	0.8321	0.9552	0.8865	0.8723
F_d & F_r	0.8789	0.8467	0.9009	0.9223	0.8076	0.8640
F_d & D	0.9165	0.8923	0.9297	0.9566	0.8666	0.9210
F_r & D	0.9229	0.8956	0.9433	0.9608	0.8865	0.9096
F_d & F_r & D	0.9251	0.8942	0.9684	0.9651	0.8648	0.9331
PLCC	JP2K	JPEC	AWGN	GB	FF	全部
F_d	0.4798	0.7009	0.9565	0.8446	0.8446	0.7052
F_r	0.2654	0.2578	0.2681	0.3326	0.3326	0.1340
D	0.8824	0.8980	0.8709	0.9714	0.9714	0.8786
F_d & F_r	0.8677	0.8062	0.9337	0.9474	0.9474	0.8743
F_d & D	0.9349	0.9370	0.9569	0.9693	0.9693	0.9228
F_r & D	0.9424	0.9316	0.9595	0.9755	0.9755	0.9139
F_d & F_r & D	0.9439	0.9367	0.9827	0.9773	0.9779	0.9357

表 2.21 三级分解 MCFRM 算法中三组特征组合在 LIVE 数据库上的 SROCC 和 PLCC 值 (所有图像和五种不同的失真类型)

SROCC	JP2K	JPEG	AWGN	GB	FF	全部
F_d	0.7622	0.8620	0.8879	0.8658	0.7513	0.8171
F_r	0.0418	0.0302	0.0432	0.1726	0.0313	0.0347
D	0.8739	0.8645	0.8310	0.9557	0.8710	0.8786
F_d & F_r	0.8940	0.8652	0.9139	0.9084	0.8209	0.8838
F_d & D	0.9234	0.8978	0.9412	0.9576	0.8970	0.9291
F_r & D	0.9260	0.9059	0.9426	0.9565	0.8584	0.9148
F_d & F_r & D	0.9271	0.9014	0.9669	0.9685	0.8785	0.9361
PLCC	JP2K	JPEG	AWGN	GB	FF	全部
F_d	0.7930	0.8644	0.9224	0.9195	0.9195	0.8292
F_r	0.2510	0.2573	0.2681	0.3262	0.3262	0.1321
D	0.8981	0.9051	0.8731	0.9712	0.9712	0.8864
F_d & F_r	0.8972	0.9066	0.9429	0.9084	0.9435	0.8917
F_d & D	0.9422	0.9374	0.9646	0.9744	0.9744	0.9320
F_r & D	0.9452	0.9394	0.9644	0.9711	0.9711	0.9204
F_d & F_r & D	0.9479	0.9427	0.9813	0.9685	0.9805	0.9395

本节基于多通道自由能原理，提出了 MCFRM 算法。在四个广泛使用的图像数据库上的验证结果表明，MCFRM 的预测性能优越。此外，值得注意的是，我们的度量只需要来自参考图像的四个标量，这可以减轻信息传输的负担。在下一

节中，本书将介绍一种利用稀疏表示来描述内部生成模型的半参考图像质量评价模型。

2.5 基于自由能和稀疏表示的半参考图像质量评价算法

近几十年来出现了许多复杂的客观 IQA 算法，根据对参考图像或原始图像的获取程度，一般可分为三类：FR、RR 和 NR 算法。基于定义，FR 算法在评价图像质量时假设参考图像是完全可用的。与 FR 算法相比，NR 算法更能在不参考原始图像的情况下评价图像质量。虽然 NR-IQA 不需要参考图像来进行质量评价，但它相对来说没有 FRIQA 成熟，而且是一项具有挑战性的任务。FR-IQA 和 NR-IQA 的折中解决方案是 RR-IQA，它在质量估计中使用部分信息或参考图像的一些特征。RR-IQA 的核心在于为了精确的质量评估而挑选某些特征。在文献 [5] 中，Zhai 等提出了 FEDM，通过定义自由能中参考图像与失真图像之间的感知距离来预测失真图像的心理视觉质量。

与现有的 RR-IQA 方法不同，本书提出了一种新的基于自由能原理和稀疏表示的图像质量评价 (free-energy principle and sparse representation-based index for image quality assessment，简称 FSI) 算法，它直接来源于大脑的感知机制。一方面，自由能原理将视觉场景的感知建模为一个由内部生成模型控制的主动推理过程。使用生成模型，大脑可以主动地推断场景的预测。由于没有人能够对世界上的一切都有了解，内部生成模型不可能对每个人都是通用的。因此，我们有理由假设视觉输入与其大脑预测之间存在差异，这个差异被认为与感知质量密切相关 [8,25]。另一方面，稀疏表示被证明类似于大脑初级视皮层中自然图像的表示策略，这主要表现在几个方面 [101]：第一，自然图像通常可以用少量的结构基元来描述，例如边缘、线或其他特征；第二，哺乳动物初级视皮层中简单细胞的感受区域具有空间局部化、定向性和带通特性，这与稀疏表示相似；第三，一些理论和计算研究也表明，大脑中的神经元在任何给定的时间点用少量的活动神经元来编码视觉感觉信息，这与稀疏表示的机制是一致的。在这些神经生物学原因下，我们用稀疏表示近似内部生成模型，并据此提出 FSI。具体地说，在 FSI 中，首先利用稀疏表示对参考图像和失真图像进行预测。然后将预测误差的熵之间的差值定义为表征图像质量的质量指标。在四个大型图像数据库上进行的大量实验证实了我们提出的 FSI 方法的有效性，并且其性能优于同类的 RR 算法，如 RRED 和 FEDM。需要注意的是，FSI 仅仅需要从参考图像提取一个数字作为参考信息。

2.5.1 领域内的相关工作

目前，自由能原理和稀疏表示已经被用于图像质量评价中，我们分别介绍基于自由能原理和稀疏表示的相关工作。

1. 基于自由能原理的图像质量评价模型

如前所述,基于自由能原理的质量评价第一个工作是由 Zhai 等提出的 FEDM 模型，他们首次将自由能原理应用于图像的质量评价中。他们首先利用自由能原理对人类的感知过程进行数学建模，然后采用线性 AR 模型来模拟内部生成模型，最后利用原始图像与失真图像之间的自由能差异来预测图像的质量。Wu 等利用自由能原理将图像分为预测部分与残差部分，然后分别对这两部分的质量进行度量，最后融合两部分的质量形成最终的图像质量。基于图像和大脑预测图像的差异与图像的质量具有很强的相关性，Gu 等提出了一个无参考的图像质量评价算法 NFERM，该算法对输入图像与生成模型生成图像之间的差异进行评价，提取了一系列的特征，从而预测图像的质量。

2. 基于稀疏表示的图像质量评价模型

稀疏表示符合大脑视皮层表示信息的方式，具有神经生物学意义，所以被用于对视觉感知过程建模，从而达到预测图像主观质量的目的。He 等利用稀疏表示提出了一个无参考的模型，在这个模型中，稀疏表示被用于两个方面：第一，利用稀疏表示来提取图像小波域的特征；第二，根据稀疏表示的系数来加权 DMOS 值得到最后的质量分数。Li 等提出了一个无参考的基于稀疏表示的锐度评价算法 [103]，首先利用自然图像来训练一个过完备的字典，然后利用该字典对模糊图像进行稀疏表示，利用归一化的表示系数的能量预测图像的锐度。Chang 等提出了一个全参考的基于稀疏表示的算法，在提出的算法中，首先利用独立成分分析 (independent component analysis, ICA) 在自然图像中学习出一个特征检测器，利用该检测器提取原始图像与失真图像的稀疏特征，最后通过比较稀疏特征的差异来预测图像的质量。Qi 等提出了一个半参考的 3D 图像质量评价算法，该算法利用了由稀疏表示提取的双目和单目视觉特征，并利用支持向量机训练图像质量的预测模型。

2.5.2 FSI 算法总体介绍

接下来，我们将对提出的基于自由能原理和稀疏表示的图像质量评价算法进行总体介绍。

1. 内部生成模型的近似

为了将自由能原理应用到质量评价中，首先我们需要知道大脑内部生成模型的具体形式。然而，根据我们当前对大脑的认识，内部生成模型的具体形式仍然是未知的。为了解决这一问题，研究者提出利用现有的模型来近似内部生成模型，在基于自由能原理的研究中，因其具有简洁的表示方式而且可以表示大范围的自然图像，AR 被用于近似生成模型，其具体形式如下所示

$$y_n = \mathcal{X}^k (y_n) \, \boldsymbol{a} + e_n \tag{2-59}$$

其中，y_n 是要预测的像素，$\mathcal{X}^k (y_n)$ 由 y_n 的 k 个最近邻的向量构成，$\boldsymbol{a} = (a_1, a_2, \cdots, a_k)^{\mathrm{T}}$ 是 AR 系数向量，上标 "T" 是转置操作。e_n 表示加性高斯噪声。为了获得 AR 系数向量 $\boldsymbol{a}$，我们提出了以下优化问题：

$$\boldsymbol{a}^* = \arg \min_{\boldsymbol{a}} \|\boldsymbol{y} - \boldsymbol{X}\boldsymbol{a}\|_2 \tag{2-60}$$

其中，$\boldsymbol{y} = (y_1, y_2, \cdots, y_k)^{\mathrm{T}}$ 和 $\boldsymbol{X}(i, :) = \mathcal{X}^k (y_i)$。用最小二乘法可方便地求解该方程并且解为 $\boldsymbol{a}^* = (X^{\mathrm{T}}X)^{-1}X^{\mathrm{T}}\boldsymbol{y}$。这里 $\boldsymbol{a}^*$ 实际上是内部模型参数向量。然后用 $\mathcal{X}^k (y_n)$ 来预测 y_n。通过对每个像素点的预测，最终得到整个重建图像，这与大脑对输入图像的预测是一致的。与 AR 预测相比，稀疏表示展示了观测图像的一种新的线性化策略。假设 $x \in \mathbb{R}^n$ 是一个 n 维向量，其稀疏表示可以表达为利用字典中原子的叠加来表示

$$x = D\alpha + E \tag{2-61}$$

其中，$D = [d_1, d_2, \cdots, d_K]$ 为包含 K 个原子的字典，$\alpha = \{\alpha_1, \alpha_2, \cdots, \alpha_K\}^{\mathrm{T}}$ 为表示系数，E 为误差。在这里，系数向量 α 可以作为脑模型参数向量。与 AR 预测不同，稀疏表示是基于图像块而不是像素进行的，这意味着稀疏表示比 AR 表示更有效。此外，稀疏表示中使用的字典可以在表示过程中被预先定义或训练，这表明稀疏表示在预测视觉场景方面更为灵活。最重要的一点，正如我们之前所说，稀疏表示已经被证实类似于在大脑初级视皮层中表现自然图像的策略，并且已经在 IQA 任务中取得了成功。在这些细致分析的基础上，本书用稀疏表示近似了大脑内部的生成模型。

2. 基于图像块的稀释表示

对于一幅给定的图像 I，首先提取其中一个图像块进行稀疏表示，假设为 $\mathbf{x}_k \in \mathbb{R}^{B_s}$，其大小为 $\sqrt{B_s} \times \sqrt{B_s}$，该过程可以表示为

$$\boldsymbol{x}_k = \boldsymbol{R}_k(I) \tag{2-62}$$

这里，$\boldsymbol{R}_k(\cdot)$ 为图像块提取算子，用于提取在位置 k 的图像块，$k = 1, 2, 3, \cdots, n$，n 表示图像块的总数。$\boldsymbol{R}_k(\cdot)$ 的转置 $\boldsymbol{R}_k^{\mathrm{T}}(\cdot)$ 是把图像块 $\boldsymbol{x}_k$ 放回到图像的 k 位置。

对于所有的图像块，输入图像 I 可以表示为

$$I = \sum_{k=1}^{n} \boldsymbol{R}_k^{\mathrm{T}}(\boldsymbol{x}_k)./ \sum_{k=1}^{n} \boldsymbol{R}_k^{\mathrm{T}}(\mathbf{1}_{B_s}) \tag{2-63}$$

这里，"./" 表示两个矩阵对应元素相除，$\mathbf{1}_{B_s}$ 表示所有值都为 1 的向量，其维度是 B_s。对于一个特定的块 $\boldsymbol{x}_k$，它在字典 $D \in \mathbb{R}^{B_s \times M}$ 上的稀疏表示是指求一个稀疏向量 $\boldsymbol{\alpha}_k \in \mathbb{R}^M (\boldsymbol{\alpha}_k$ 中大多数元素为 0 或者接近于 0) 满足

$$\boldsymbol{x}_k = D\boldsymbol{\alpha}_k \tag{2-64}$$

或者近似满足

$$\boldsymbol{x}_k \approx D\boldsymbol{\alpha}_k, \quad \|\boldsymbol{x}_k - D\boldsymbol{\alpha}_k\|_p \leqslant \xi \tag{2-65}$$

其中，$\|\cdot\|_p$ 表示 l^p 范数，ξ 为误差精度。所以，稀疏表示可以描述为

$$\boldsymbol{\alpha}_k^* = \arg\min_{\boldsymbol{\alpha}_k} \|\boldsymbol{\alpha}_k\|_p, \quad \boldsymbol{x}_k = D\boldsymbol{\alpha}_k \tag{2-66}$$

式 (2-66) 可以进一步转化为无约束的优化问题，如

$$\boldsymbol{\alpha}_k^* = \arg\min_{\boldsymbol{\alpha}_k} \frac{1}{2} \|\boldsymbol{x}_k - D\boldsymbol{\alpha}_k\|_2 + \lambda \|\boldsymbol{\alpha}_k\|_p \tag{2-67}$$

这里，第一项为保真度项，第二项为稀疏约束项，λ 为常数，用来平衡两项的比重，p 取值为 0 或 1，当 p 取值为 0 时，稀疏项表示系数中非 0 的个数，与我们要求的稀疏性一致，然而 0 范数的优化问题是非凸的，求解比较困难，替代的解决方案是将 p 设置为 1，这样，式 (2-67) 就变为凸优化问题的求解。通过求解式 (2-67)，我们得到图像块 $\boldsymbol{x}_k$ 的稀疏表示系数 $\boldsymbol{\alpha}_k^*$，则 $\boldsymbol{x}_k$ 可以稀疏表示为 $D\boldsymbol{\alpha}_k^*$，将其代入式 (2-63) 中，我们得到整幅图像 I 的稀疏表示，记为 I'：

$$I' = \sum_{k=1}^{n} \boldsymbol{R}_k^{\mathrm{T}}(D\boldsymbol{\alpha}_k^*)./ \sum_{k=1}^{n} \boldsymbol{R}_k^{\mathrm{T}}(\mathbf{1}_{B_s}) \tag{2-68}$$

这里，I' 用于模拟大脑内部生成模型对图像 I 的预测结果。

3. 图像质量评价模型构建

得到输入图像的大脑预测图像之后，根据自由能原理，输入图像与大脑生成模型预测图像之间的差异与图像的视觉质量紧密相关。准确地说，图像的感知质量可以通过预测差异的不确定性来量化。所以，图像质量的损失可以由预测差异

的不确定性的变化来度量。首先，我们定义输入图像与大脑预测图像之间的差异为预测残差，即

$$R = |I - I'| \tag{2-69}$$

这里，R 表示预测残差，I 为输入图像，I' 为大脑预测图像，即对 I 的稀疏表示，由式 (2-68) 进行计算。那么预测差异的不确定性可因其信息熵来度量，然而，R 的信息熵表示 R 所含的平均信息量，视觉显著性的研究表明，人类视觉系统偏向于关注图像中对人眼显著的区域，而忽视对人眼不显著的区域 [104,105]，所以直接求 R 的信息熵会导致计算结果不够准确。基于这样的考虑，我们定义了一个显著的预测残差图像 R_s，首先，我们先对 I 做显著性检测得到 I 对应的显著图 S_I，然后我们利用 S_I 做一个掩模矩阵 M，具体做法是如果 S_I 的元素属于 1% 最大元素，那么掩模矩阵对应位置的像素值设置为 1，否则设置为 0

$$M = \mathbb{F}(S_I) \tag{2-70}$$

$\mathbb{F}(\cdot)$ 是指赋值函数，如果 $S_I(i,j)$ 属于 S_I 中最大值的 1%，则将 1 赋给 $M(i,j)$，否则 $M(i,j)$ 赋为 0。那么 R_s 定义为

$$R_s = R_{\cdot} * M \tag{2-71}$$

"*" 表示两个矩阵对应位置元素的乘积。显著图 S_I 可以由显著性算法提前进行计算出来。然后，我们计算 R_s 的信息熵来表示 R_s 的不确定性并用其度量图像质量的变化，即

$$E = -\sum_{i=0}^{255} p_i \log p_i \tag{2-72}$$

E 代表 R_s 的信息熵，p_i 表示第 i 级灰度级的概率密度。根据自由能原理，E 随图像质量的变化而变化，其变化的幅度可以度量图像质量变化的幅度，图 2.21 给出了 E 随图像质量变化而改变的示例。

在图 2.21 中，横坐标表示失真程度，越大表示失真程度越高，0 表示没有失真，即是原始图像，5 代表失真程度最高，观察此图，我们可以发现三幅原始图像的显著预测残差信息熵 E 在三种失真的情况下随着失真程度的增强而单调变化，所以我们可以用 E 的变化来表示图像的失真程度，即计算失真图像的 E 与其对应原始图像的 E 之间的差异

$$\text{FSI} = |E_r - E_d| \tag{2-73}$$

其中，FSI 表示失真图像的质量，E_r 和 E_d 分别表示原始图像和失真图像的 E 值。从式 (2-73) 中，我们可以发现，FSI 值越小，图像的质量越高，而且我们的方法实际上只参考原始图像的一个数，最大限度地降低了参考原始图像的数据量。

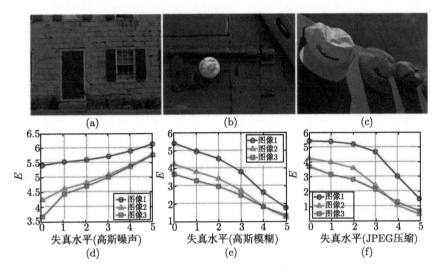

图 2.21 E 随图像质量变化而变化示意图

(a)，(b)，(c) 为原始图像；(d)，(e)，(f) 为三幅图像在不同失真情况下的改变情况，其中 (d) 为加性高斯噪声，(e) 为高斯模糊，(f) 为 JPEG 压缩

2.5.3 FSI 算法性能测试

下面我们将通过大量的实验来验证所提出的 FSI 的有效性。此外，还将讨论有关 FSI 的一些重要问题。

1. 采用的数据库以及评价准则

为了测试所提出的 FSI，我们在 LIVE[45]、TID2013[106]、CSIQ[86] 和 Toyama[88] 四个广泛采用的图像数据库上进行了实验，为了简化计算复杂度，本书只对图像的亮度通道计算了 FSI。因此，我们的测试不涉及针对图像色度的失真。

为了评价客观 IQA 模型的预测性能，我们采用了四个统计指标，分别是 KROCC、SROCC、PLCC 和 RMSE。SROCC 和 KROCC 值可以反映质量指标的预测单调性，PLCC 反映预测精度，RMSE 指出预测的一致性。因此，这四个指标从不同的方面展示了预测性能。在 SROCC、KROCC 和 PLCC 中，一个优秀的 IQA 指标需要达到接近 1 的值，而在 RMSE 中则接近于 0。

正如 VQEG[57] 所提出的，在计算 PLCC 和 RMSE 之前，需要通过非线性回归将客观结果映射到主观评分。为此，我们应用五参数逻辑斯谛函数：

$$q(z) = \beta_1 \left(0.5 - \frac{1}{1 + e^{\beta_1(z - \beta_3)}} \right) + \beta_4 z + \beta_5 \tag{2-74}$$

其中，z 和 $q(z)$ 表示原始客观得分和映射得分，$\beta_j (j = 1, 2, 3, 4, 5)$ 表示拟合过程中要确定的五个自由参数。

2. 提出方法的参数配置

在稀疏表示的过程中，我们将图像分成 8×8 不重叠的块，字典 $\boldsymbol{D}$ 为图像处理中常用的 DCT 字典 [107]，其大小为 64×144，包含 144 个原子用于稀疏表示。DCT 字典的生成方法如下：首先生成一个大小为 8×12 的 1D-DCT A_{1D}，第 k 列为 $a_k = \cos\left(\dfrac{(i-1)(k-1)\pi}{12}\right) (k = 1, 2, \cdots, 12; i = 1, 2, \cdots, 8)$，然后所有的元素除了第一个减掉它们的均值，最后字典 $\boldsymbol{D}$ 为 $A_{1D} \otimes A_{1D}$，" $\otimes$ "表示克罗内克积 (Kronecker product)。我们将字典 $\boldsymbol{D}$ 加入到程序中，这样就不用浪费传输带宽来传输字典。在式 (2-67) 中，p 设置为 0，该式我们利用正交匹配追踪算法 [97] 来求解，稀疏度设置为 6，我们采用 GBVS 模型来做显著性检测，l 设置为 30。

3. 总体预测性能评价

在表 2.22 中，我们列出了所提出方法以及比较方法的预测性能，在每一行中，我们用粗体表示预测性能前三位的方法，我们比较了几个具有代表性的质量评价方法，分别是 PSNR、SSIM、SFF、IL-NIQE、NFERM、C-DIIVINE、FEDM 和 RRED，其中，PSNR、SSIM 和 SFF 属于全参考方法，IL-NIQE、NFERM、C-DIIVINE 属于无参考方法，FEDM 和 RRED 属于半参考方法，RRED 有多种模式，由于我们的方法只需要参考图像一个数，所以我们设定 RRED 的模式也为参考一个数。在表 2.23 中，"AVG" 表示加权平均结果，其中权值根据数据库所包含的图像数量所决定，其计算如下：

$$\bar{\delta} = \frac{\sum_i \delta_i \cdot \pi_i}{\sum_i \pi_i} \tag{2-75}$$

其中，$\bar{\delta}$ 为加权均值，δ_i 表示算法在第 i 个数据库上的 SROCC、KROCC 或 PLCC 值。π_i 表示第 i 个数据库包含图像的数量，比如 LIVE 库图像数量为 779，TID2013 为 2500，CSIQ 为 716，Toyama 为 168。

需要说明的是，LIVE 数据库用于训练需要重新训练的无参考算法，即 NFERM 和 C-DIIVINE，所以 NFERM 和 C-DIIVINE 在 LIVE 数据库上没有测试。与全参考的算法比较，显然 SFF 的预测性能最高，然而，本书提出的算法 FSI 在 LIVE 库、CSIQ 库和 Toyama 库上比 PSNR 的预测性能高，在 CSIQ 库超过了 SSIM 的预测性能。与无参考的算法相比，我们可以发现，无参考的算法只在其中一个库上表现优越，而在其他库上不能取得一致的预测性能，比如 IL-NIQE 在 LIVE 库上预测性能较好，而在其他库上表现一般，NFERM 在 Toyama 库上表现优异，而在 TID2013 库上表现不佳。所以，FSI 比无参考的算法取得了更加一

表 2.22 LIVE、TID2013、CSIQ 和 Toyama 库上整体预测性能比较

数据库	标准	PSNR FR	SSIM FR	SFF FR	IL-NTQE NR	NFERM NR	C-DIIVINE NR	FEDM RR	RRED RR	FSI (Pro.) RR
LIVE (779 图像)	SROCC	0.8756	**0.9479**	**0.9649**	**0.8978**	训练	训练	0.7947	0.7653	0.8826
	KROCC	0.6865	**0.7963**	**0.8365**	**0.7128**	训练	训练	0.5964	0.5833	0.6957
	PLCC	0.8723	**0.9449**	**0.9632**	**0.9025**	训练	训练	0.7976	0.6880	0.8821
	RMSE	13.3597	**8.9455**	**7.3461**	**11.7702**	训练	训练	16.4786	19.8278	12.8720
T1D2013 (2500 图像)	SROCC	**0.6675**	0.8018	0.8637	0.5349	0.3509	0.3810	0.1221	0.5926	0.5798
	KROCC	**0.4881**	0.6056	0.6736	0.3811	0.2470	0.2663	0.0827	0.4313	0.4101
	PLCC	**0.6750**	0.8105	0.8778	0.6069	0.4882	0.5411	0.1842	0.6641	0.6111
	RMSE	**0.9270**	0.7359	0.6020	0.9986	1.0965	1.0566	1.2349	0.9394	0.9945
CSIQ (716 图像)	SROCC	0.8206	**0.8829**	**0.9656**	0.8099	0.8047	0.8187	0.8308	0.6877	**0.9175**
	KROOC	0.6229	**0.6993**	**0.8360**	0.6209	0.6330	0.6418	0.6236	0.5015	**0.7479**
	PLCC	0.8018	0.8627	**0.9670**	0.8671	0.8798	**0.8807**	0.8113	0.6477	**0.9265**
	RMSE	0.1606	0.1359	**0.0685**	0.1338	0.1277	**0.1273**	0.1571	0.2047	**0.1011**
Toyama (168 图像)	SROCC	0.6132	**0.8794**	**0.8992**	0.7114	0.8498	**0.8773**	0.7779	0.4532	0.8014
	KROCC	0.4443	**0.6939**	**0.7217**	0.5105	0.6587	**0.7095**	0.5864	0.3220	0.6033
	PLCC	0.6428	**0.8887**	**0.9030**	0.7247	0.8517	**0.8758**	0.7804	0.4972	0.8070
	RMSE	0.9587	**0.5738**	**0.5378**	0.8625	0.6558	**0.6041**	0.7826	1.0859	0.7391
Dir. AVG	SROCC	0.7442	**0.8780**	**0.9234**	0.7385	0.6685	0.6923	0.6314	0.6247	**0.7953**
	KROCC	0.5605	**0.6988**	**0.7670**	0.5563	0.5129	0.5392	0.4723	0.4595	**0.6142**
	PLCC	0.7480	**0.8767**	**0.9277**	0.7753	0.7399	0.7659	0.6434	0.6242	**0.8067**
Wei. AVG	SROCC	**0.7306**	**0.8462**	**0.9016**	0.6572	0.4717	0.4982	0.3963	0.6356	0.7035
	KROCC	**0.5466**	**0.6610**	**0.7340**	0.4896	0.3491	0.3678	0.2922	0.4674	0.5294
	PLCC	**0.7324**	**0.8478**	**0.9101**	0.7117	0.5891	0.6296	0.4309	0.6590	0.7240

致的预测性能。与同类算法 FEDM 和 RRED 比较,除了在 TID2013 库上 FSI 的预测指标低于 RRED,在其他情况下 FSI 的预测指标都远远超过其他两个的预测指标。通过以上的分析可以证明所提算法的有效性与优越性。

为了从统计分析上证明所提算法与比较算法的区分度,我们对所有算法的预测结果进行 t 检验,检验结果如表 2.23 所示,其中 1、0、−1 分别表示提出的算法在统计上优于、同等以及次于比较算法。

从表 2.23 中,我们可以得到与表 2.22 类似的结论,除了全参考的 SSIM 和 SFF,我们的方法在大多数情况下都比其他算法更加优越,从而证明了提出的算法在统计上的优越性。

表 2.23   统计显著性结果 (t 检验)

t 检验	PSNR	SSIM	SFF	IL-NIQE	NFERM	C-DIIVINE	FEDM	RRED
	FR	FR	FR	NR	NR	NR	RR	RR
LIVE	0	−1	−1	−1	−	−	1	1
TID2013	−1	−1	−1	0	1	1	1	−1
CSIQ	1	1	−1	1	1	1	1	1
Toyama	1	−1	−1	1	0	−1	0	1

注：1、0、−1 分别表示提出的方法在统计上优于、同等以及次于比较算法。

此外，我们在图 2.22 中展示了 CSIQ 上 IQA 模型给出的主观评分与客观评分的散点图，其中蓝色 "+" 表示测试图像，黑色曲线表示通过式 (2-74) 进行拟合得到的曲线。可以观察到，FSI 的点集中在拟合曲线附近，这意味着 FSI 预测的客观得分与主观得分有很好的相关性。

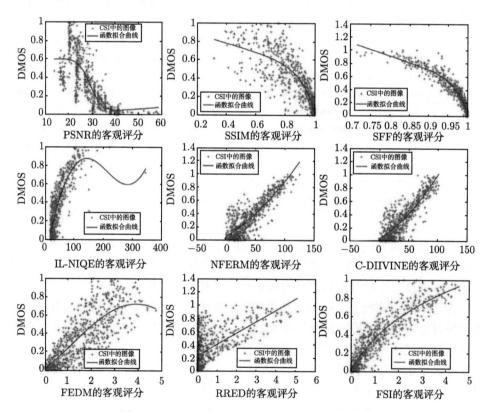

图 2.22   CSIQ 库上主观评分与客观评分分布图

4. 不同失真类型的性能比较

除了评估 IQA 算法在整个图像数据库上的总体性能外，我们还想知道它们对特定失真类型的预测能力。因此，在本实验中，我们检验了 IQA 算法在每种失真类型上的预测性能。我们在表 2.24 中报告了 SROCC 的实验结果，每个库上的

表 2.24　特定类型失真的预测性能比较 (SROCC)

数据库	失真类型	PSNR	SSIM	SFF	IL-NIQE	NFERM	C-DIIVINE	FEDM	RRED	FSI (Pro.)
		FR	FR	FR	NR	NR	NR	RR	RR	RR
LIVE	FF	0.8907	**0.9556**	0.9529	0.8328	training	training	0.8229	**0.9155**	0.8861
	GB	0.7823	0.9517	0.9752	0.9158	training	trainiag	0.7594	0.9517	**0.9642**
	JP2K	0.8954	0.9614	0.9672	0.8942	training	training	0.9200	**0.9234**	0.9023
	JPEG	0.8809	0.9764	0.9786	0.9419	training	training	0.9225	0.8358	**0.9623**
	AWGN	**0.9854**	0.9694	0.9859	0.9807	training	training	0.9152	0.9161	0.9231
	D.AVG	0.8869	0.9629	0.9719	0.9131	training	training	0.8680	0.9085	**0.9276**
TID2013	AGN	**0.9291**	0.8671	0.9066	0.8760	0.8582	0.8436	0.7485	0.7496	0.7086
	SCN	0.9200	0.8515	0.8982	**0.9231**	0.2180	0.6261	0.6920	0.7800	0.7034
	MN	0.8323	0.7767	0.8185	0.5121	0.2207	0.6620	0.7189	0.4007	0.7210
	HFN	**0.9140**	0.8634	0.8977	0.8683	0.8814	**0.8824**	0.7889	0.7772	0.7710
	IN	**0.8968**	0.7503	0.7871	0.7554	0.1728	0.7354	0.7383	0.5323	0.7040
	QN	0.8808	0.8657	0.8607	0.8726	0.7747	0.0963	0.0732	0.7308	0.2618
	GB	0.9149	0.9668	0.9675	0.8145	0.8498	0.8698	0.8896	**0.9672**	0.9501
	DEN	**0.9480**	0.9254	0.9091	0.7491	0.6389	0.8155	0.7998	**0.9159**	0.8312
	JPEG	**0.9189**	0.9200	0.9273	0.8355	0.8720	0.8841	0.7832	0.6974	0.8576
	JP2K	0.8840	0.9468	0.9571	0.8581	0.8097	0.9055	0.8396	0.8970	**0.9060**
	JGTE	**0.7685**	0.8493	0.8831	0.2821	0.1322	0.3246	0.7445	0.6304	0.3632
	J2TE	**0.8883**	0.8828	0.8708	0.5243	0.1681	0.4575	0.6094	0.7211	0.6358
	NEPN	0.6863	0.7821	0.7668	0.0803	0.0645	0.0675	0.5049	0.4173	0.4455
	Block	0.1552	0.5720	0.1786	0.1355	0.2023	0.0239	**0.5375**	0.1708	**0.5591**
	MS	0.7671	0.7752	0.6654	0.1845	0.0218	0.0320	0.5438	0.5611	0.6198
	CTC	0.4400	0.3775	0.4691	0.0133	0.2185	0.4162	**0.4958**	0.5433	0.5683
	MGN	**0.8905**	0.7803	0.8434	0.6924	0.7164	0.7363	0.7007	0.6905	0.6373
	CN	0.8411	0.8566	0.9007	0.3600	0.1433	0.0132	0.4890	0.7182	0.5287
	LCNI	**0.9145**	0.9057	0.9262	0.8287	0.6541	0.7001	0.6599	0.6272	0.3605
	SSR	0.9042	0.9461	0.9522	0.8650	0.7850	0.8844	0.8297	**0.9310**	0.8815
	D.AVG	**0.8147**	0.8231	0.8193	0.6015	0.4701	0.5488	0.6594	0.6730	0.6507
CSIQ	CC	0.8621	0.7922	0.9536	0.4996	0.3774	0.3720	**0.9550**	0.9382	**0.9550**
	JP2K	0.9361	0.9605	0.9762	0.9059	0.9048	0.8931	0.8945	**0.9387**	0.9342
	JPEG	0.8879	0.9543	0.9641	0.8993	0.9222	0.9157	0.9166	0.8220	**0.9508**
	GB	0.9291	0.9609	0.9751	0.8576	0.8964	0.9076	0.8522	**0.9649**	0.9634
	AWGN	**0.9363**	0.8974	0.9469	0.8497	0.9220	0.8966	0.8246	0.8010	0.8490
	D.AVG	0.9103	0.9131	0.9632	0.8024	0.8046	0.7970	0.8886	0.8930	**0.9305**
Toyama	JPEC	0.2868	0.8590	0.9018	0.7091	0.8642	**0.8820**	0.7574	0.6352	**0.8922**
	JP2K	0.8605	**0.9399**	0.9475	0.7383	0.8741	0.8744	**0.8979**	0.4498	0.7988
	D.AVG	0.5737	**0.8995**	0.9246	0.7237	0.8691	**0.8782**	0.8277	0.5425	0.8455

"D.AVG" 表示直接对各个失真类型的 SROCC 值取平均，我们对于每一行排在前三的算法用粗体标注。本实验共有 32 组失真图像。

在表 2.24 中，FR 方法的 SFF、SSIM 和 PSNR 是排名前三位的方法，分别被标记了 32 次、26 次和 18 次。除 FR 方法外，FSI 标记 11 次，排名第一，紧随其后的是 RRED，标记了 8 次。因此，我们得出结论，FSI 在特定的失真类型上也表现良好。

5. AR 与稀疏表示的性能比较

在前文我们分析了稀疏表示在模拟质量预测的内部生成模型时比 AR 表示更有效。为了验证这一点，我们分别用 AR 和稀疏表示对内部模型进行了仿真实验。具体来说，在 FSI 框架下，我们将预测方式从稀疏表示改为 AR 表示，而 FSI 中的其他操作都是固定的。AR 表示配置与 FEDM 相同。表 2.25 总结了四个数据库的总体性能，其中预测性能由 SROCC 衡量。"SR" 是指稀疏表示。如表 2.25 所示，在四个数据库中，SR 的整体 SROCC 值始终高于 AR 值，这表明用稀疏表示模拟内部模型比用 AR 表示更有效。

表 2.25　AR 模型与稀疏表示模型预测性能比较 (SROCC)

数据库	AR	SR
LIVE	0.7665	0.8826
TID2013	0.5084	0.5798
CSIQ	0.8220	0.9175
Toyama	0.7856	0.8014

此外，我们分别考察了 AR 和 SR 模拟的计算时间。具体来说，我们从 TID2013 数据库中选取一幅标准图像 (i01_01_1.bmp)，分别记录 AR 和 SR 的计算时间。硬件平台是 Thinkpad X220 计算机，具有 2.5GHz CPU 和 4GB RAM，软件平台为 MATLAB R2012a。AR 的运行时间为 87.70 s，SR 的运行时间仅为 5.03 s。显然，SR 的计算时间比 AR 要短得多，这证明稀疏表示比 AR 表示在质量预测方面更有效。因此，我们验证了用稀疏表示来逼近内部生成模型不仅比用 AR 表示更有效，而且更快。

6. 稀疏性对预测性能的影响

在稀疏表示中，稀疏性是指每个图像块的原子数，也表示系数向量中非零系数的个数。接下来我们研究稀疏性对质量评价的影响。具体来说，我们在 CSIQ 数据库上通过改变 FSI 的稀疏性进行了实验。实验结果如表 2.26 所示，其中综合预测性能由 SROCC 衡量。值得注意的是，随着稀疏度的增加，预测性能有所提高。当稀疏度较小时，例如 1 或 2，总体预测性能相对较低。当稀疏度大于 5

时，FSI 的性能提高到一个更高的水平。这是因为稀疏性小的稀疏表示不能很好地逼近内部生成模型，降低了预测性能。为了可视化，我们在图 2.23 中展示了具有不同稀疏度的代表图像。很明显，稀疏度为 1 的重建图像不能准确表示，导致视觉质量较差，而稀疏度为 6 的重建图像质量要好得多。如表 2.26 所示，当稀疏度大于 5 时，性能略有变化。此外，稀疏度越大，计算成本越高。为了正确地平衡预测性能和计算成本，我们在 FSI 中将稀疏度的默认值设置为 6。

表 2.26　CSIQ 库上稀疏度对预测性能的影响 (SROCC)

稀疏度	SROCC
1	0.8220
2	0.8745
3	0.8966
4	0.9084
5	0.9151
6	0.9175
7	0.9186
8	0.9185

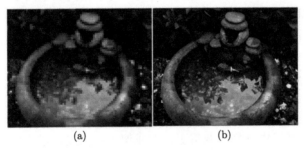

图 2.23　不同稀疏度下稀疏表示的结果
(a) 稀疏度为 1；(b) 稀疏度为 6

7. 不同显著性模型下的性能测试

考虑到 HVS 的重要特性，即视觉显著性，我们定义了由预测残差图像的 $l\%$ 最显著像素组成的显著预测残差图像。在这方面，应事先进行显著性检测。在不损失通用性的情况下，我们测试了七种用于显著性检测的代表性显著性模型，分别是 GBVS[108]、IS[109]、Covsal[110]、SWD[111]、LRK[112]、FES[113] 和 RCSS[114]。另外，我们将 l 从 10 到 100 进行设置，步长为 10，并在 CSIQ 数据库上进行了实验。表 2.27 列出了 SROCC 测量的预测性能，每个显著性模型的最佳性能加粗突出显示。100% 意味着预测残差图像中的所有像素都参与质量计算，这也相当于 FSI 没有利用显著性检测。通过观察表 2.27，我们发现所有显著性模型的最佳结果都高于 100% 的比例，这证实了考虑视觉显著性可以进一步提高 FSI 的预测能力。由于 GBVS 的 SROCC 在 30% 时达到最高值，我们采用 GBVS，并在 FSI 中将 l 设置为 30。

表 2.27　CSIQ 库不同显著性算法以及不同阈值对预测性能的影响 (SROCC)

显著性模型	10	20	30	40	50	60	70	80	90	100
GBVS	0.915	0.916	**0.918**	0.915	0.912	0.910	0.909	0.909	0.907	0.907
IS	0.905	0.908	**0.910**	0.907	0.905	0.903	0.902	0.903	0.905	0.907
Covsal	0.910	0.914	**0.916**	0.914	0.912	0.912	0.910	0.909	0.908	0.907
SWD	0.897	0.903	0.908	**0.909**	0.908	0.907	0.905	0.906	0.907	0.907
LRK	0.907	0.908	0.909	**0.910**	0.908	0.907	0.905	0.904	0.905	0.907
FES	0.904	0.909	**0.912**	0.911	0.909	0.907	0.907	0.907	0.906	0.907
RCSS	0.900	0.906	**0.911**	0.908	0.909	0.908	0.908	0.907	0.906	0.907

本节提出了一种基于自由能原理和稀疏表示的半参考图像质量评价算法 FSI。在 FSI 中，首先通过稀疏表示来预测参考图像和失真图像，然后将预测差异的熵之间的差定义为图像质量。实验结果表明，FSI 在 CSIQ 数据库上实现了与 PSNR 相当的性能，甚至优于 SSIM。更重要的是，对于相同类型的半参考方法，例如 FEDM 和 RRED，FSI 预测性能更加优越。在下一节，本书将针对比较图像质量的问题，介绍一种解决方案。

2.6　基于自由能的视觉信号比较感知质量评价算法

我们日常生活中经常需要比较两种视觉信号的相对质量，例如从摄像机、有线电视公司或电视机中选择以获得更好的成像、传输或显示质量。对视频服务提供商来说，在视频质量方面进行不同网络的对比也是一项常见的任务。例如，比较电视、卫星电视、互联网电视 (IPTV) 和有线电视信号的相对质量。值得注意的是由于这些服务提供商不一定是内容提供商，他们通常没有节目的原始副本，因此只能对失真的信号进行比较。在这些比较感知质量评估 (comparative perceptual quality assessment，C-PQA) 任务中，尽管我们通常无法获得原始图像，但人类视觉系统 (human visual system，HVS) 很容易分辨出相对质量。因此，我们提出了一个 C-PQA 算法来解决同一内容的两个视觉信号的相对质量比较问题，而这两个视觉信号会遭受不同类型和程度的失真。

显然，C-PQA 问题不属于 FR 和 RR 两类，因为没有关于原始图像的先验知识。然而，C-PQA 也与 NR-PQA 不同。现有的 NR-PQA 算法根据图像失真过程和图像形成过程的建模程度可分为两类。考虑到高失真度通常会导致较低的感知质量这一事实，NR-PQA 的大多数早期尝试都是针对特定类型的失真设计的。按照设计,这种算法只适用于特定类型的失真。因此,这类算法难以评估受到不同失真的两个图像的相对质量,例如 JPEG 压缩与 JPEG2000 压缩,或模糊与噪声注入。另一种新兴的 NR-PQA 算法基于自然场景统计模型 (natural scene statistics, NSS)[64]。其基本原理是,我们的视觉系统已经在自然环境中进化了数百万年,因此能够很好地适应自然场景。因此,从大量自然图像中提取出的先验统计模型可以捕捉图像的 "自然性"。因此,通过测量与理想 "自然性" 的偏离,我们可以预测失真图像的感知质量损失 [115]。

对于 C-PQA 问题,NR-PQA 算法的失真检测方式显然不适用,因为两个视觉信号可能会经历不同类型的失真。NSS 类型的通用 NR-PQA 算法适用于该问题,但图像对的质量是独立量化的。这与 HVS 在评估一对图像的相对质量时的工作机制相反。我们不难想象,当被要求比较两幅图像的相对质量时,人们通常会在两幅图像内或两幅图像之间交替聚焦,在得出最终结论之前做出并验证假设。事实上,正如 Barlow[56] 所指出的,联想学习在目标识别中起着重要作用。动物学习两个事件之间的关联的一个方便的方法是判断一个事件是否是另一个事件的好的预测器。将 PQA 视为一个联想学习问题,我们有理由相信 HVS 是以交互方式从两个输入图像中提取信息来构造预测问题的。

在早期的研究中,我们首先提出了在自由能最小化的框架下进行图像质量综合评价的思想 [26]。在这项工作中,我们利用自由能特征来对 HVS 如何判断一对图像之间的相对质量进行了建模:① 与 FR-PQA 算法类似,C-PQA 算法以一对图像作为输入,然后利用两幅图像的信息来预测它们的相对质量。② 如果其中一个输入是原始参考图像,然后输出两者之间的相对分数,则 C-PQA 退化为 FR-PQA。③ 与 NR-PQA 类似,C-PQA 不需要原始图像。④ 成对比较测验在心理学中有着广泛的应用。根据比较判断定律 [116],在图像集上进行的二元判别质量比较结果可以在心理上沿着感知质量偏好的维度向连续 NR-PQA 度量进行缩放。图 2.24 展示了 FR/NR-PQA 和所提出的 C-PQA 算法之间的联系。

从数学上讲,C-PQA 问题可以表述为给定另一幅图像的后验概率的估计和比较。为了调用贝叶斯定理,需要一个先验图像模型。基于 NSS 的 NR-PQA 中使用的统计模型不适用,因为这些模型需要使用一个大型数据集进行训练,该数据集通常由具有相似内容和失真的图像组成。在这项工作中,我们的目标是解决 C-PQA 问题,并且只使用两个图像本身,具体我们关注受自由能理论启发的图像结构模型。

对于 C-PQA 问题,由于两个输入图像同时可用,在大脑中进行的自由能估计过程也涉及两个图像,换句话说,当我们比较图像对的相对质量时,HVS 利用两个图像中的信息来做出决定。我们推测 C-PQA 过程实质上是大脑中 "模型估计–模型转换" 和 "模型拟合程序" 的组合。更具体地说,输入优化的内部生成模

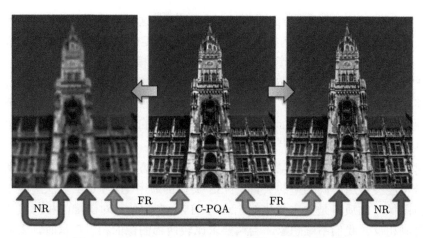

图 2.24　C-PQA 与 FR/NR-PQA 的内在区别和联系

FR-PQA 同时使用原始图像和失真图像，NR-PQA 独立处理失真图像，而提出的 C-PQA 则以失真图像作为输入，从左至右：模糊图像、原始图像、加性高斯噪声图像。很容易验证 HVS 从两幅失真图像中提取信息来量化它们的相对视觉质量。在这个例子中，如果我们将左图像定义为 I_1，右图像定义为 I_2，那么我们在文中的 C-PQA 算法预测 I_2(右) 被认为比 I_1(左) 具有更好的视觉质量，这符合我们的主观评价。而 I_1 和 I_2 的 PSNR 分别为 17.72dB 和 16.56dB，I_1 和 I_2 的平均 SSIM 分别为 0.6239 和 0.3410，而 I_1 和 I_2 的 BRISQUE 得分分别为 55.6145 和 59.1836，错误地显示了 I_1 的视觉质量优于 I_2

型被用来解释图像本身和它的对应物。我们计算并比较了一幅图像与其内部模型和过渡模型可解释部分的差异，而能够更好地解释另一个图像的图像被认为具有更高的质量，因为其底层模型具有更高的描述能力。

除了利用自由能理论对图像对进行建模外，我们还通过对测试图像对的进一步退化来引入更多的图像对，以丰富和加强本书提出的 C-PQA 方法。如文献 [2] 所述，此测试图像质量退化过程称为失真加剧，进一步退化的图像称为伪参考图像。失真加剧过程和生成的伪参考图像有助于 NR-PQA。本书将其推广到 C-PQA。具体地，我们从给定的测试图像对生成伪参考图像对，并通过上述相同的自由能理论对伪参考图像对进行建模。此外，通过考虑比较质量评价的具体观察行为，测量测试图像对与伪参考图像对之间的相似性。测试图像对的自由能特征、生成的伪参考图像对的自由能特征以及测试图像对与伪参考图像对的相似性共同构成了所提出的 C-PQA 模型的特征集，这些特征最终被整合以预测测试图像对的相对质量。

我们通过大量实验验证了所提出的 C-PQA 模型。首先，我们在一个著名的通用图像质量数据库上进行了验证。结果表明，这种基于自由能估计和比较的 C-PQA 算法在量化从 LIVE 数据库中采样的 18000 多个图像对的相对质量时，实现了优越的 94% 的预测准确率 (即与主观评价的一致性)[45]，优于一些最新的基于 NSS 的 PQA 算法。然后，我们构建了一个具体的比较图像质量数据库，研究了主观比较质量评价中的观看行为，记录的观看行为和收集的比较评分数据也验证了所提出的 C-PQA 算法的有效性。我们还使用了一个多重失真的图像数据库，对模型进行了评估。实验结果证明了该算法的有效性。

下面将给出提出算法的具体框架。

2.6.1 基于自由能最小化的比较感知质量评价算法框架

给定一对图像 (I_1, I_2)，我们将首先关注量化 I_1 的视觉质量的认知过程。贝叶斯脑理论和自由能原理表明，认知过程受大脑内部生成模型 $\mathcal{G}$ 的支配。"吃惊"是通过在参数空间上积分联合分布 $P(I_1, \boldsymbol{\theta}|\mathcal{G})$ 来定义的：

$$-\log P(I_1|\mathcal{G}) = -\log \int P(I_1, \boldsymbol{\theta}|\mathcal{G})\mathrm{d}\boldsymbol{\theta} \tag{2-76}$$

值得注意的是给定模型 $\mathcal{G}$ 的观测值 I_1 的条件熵可以计算为 $H(I_1|\mathcal{G}) = -\int P(I_1|\mathcal{G})\log P(I_1|\mathcal{G})\mathrm{d}I_1$，并用作"场景随机性"的度量。根据生理学的稳态研究，生物体在生理范围内必须有有限数量的知觉状态。从数学上讲，这意味着生物系统必须长期保持较低的知觉熵水平，生物体必须尽量减少"吃惊"来降低其知觉熵水平。这也解释了为什么作为一种生物体，HVS 或大脑更喜欢视觉愉悦的场景和图像：那些高质量的视觉刺激使视觉的整体知觉熵降低。

然而，另一方面，I_1 的"吃惊"并不能直接与式 (2-76) 相比较，因为其联合分布可能很复杂。为了克服这一困难，在集成学习[11]和变分贝叶斯估计[117]中经常使用辅助后验分布 $Q(\boldsymbol{\theta}|I_1, \mathcal{G}) = Q(I_1, \boldsymbol{\theta}|\mathcal{G})/Q(I_1, \mathcal{G})$。为了充分利用数据中的信息，还可以从 I_2 来得到 $Q(\boldsymbol{\theta}|I_2, \mathcal{G})$ 这个辅助后验分布。换言之，为了评估 I_1 的感知质量，我们也可以用 I_2 来优化内部生成模型 $\mathcal{G}$，然后转换模型来解释观察 I_1。值得注意的是给定 I_1 和 I_2 的生成模型 $\mathcal{G}$ 的优化是通过参数向量 θ 的后验分布实现的。由于模型的行为可以用参数 θ 来表征，所以为了简单起见，我们在后面的分析中去掉了潜在模型假设 $\mathcal{G}$。然而，我们应该记住，$\mathcal{G}$ 定义了底层生成模型，这对视觉感知至关重要。事实上，这种生成模型 $\mathcal{G}$ 定义了 C-PQA 和 NSS 型 NR-PQA 算法之间的本质区别：C-PQA 算法中的图像模型是结构模型，而 NR-PQA 算法的 NSS 类型图像模型是统计模型，例如 DWT 和 DCT 系数的分布。因此，C-PQA 采用"综合分析法"，而 NR-PQA 算法基于"分解分析法"。

我们把项 $Q(\boldsymbol{\theta}|I_1)$ 和分子项 $Q(\boldsymbol{\theta}|I_2)$ 都放在式 (2-76) 中

$$-\log P(I_1|\mathcal{G}) = -\log \int Q(\boldsymbol{\theta}|I_1)\frac{P(I_1, \boldsymbol{\theta}|\mathcal{G})}{Q(\boldsymbol{\theta}|I_1)}\mathrm{d}\boldsymbol{\theta} \tag{2-77}$$

$$-\log P(I_2|\mathcal{G}) = -\log \int Q(\boldsymbol{\theta}|I_2)\frac{P(I_1,\boldsymbol{\theta}|\mathcal{G})}{Q(\boldsymbol{\theta}|I_2)}\mathrm{d}\boldsymbol{\theta} \tag{2-78}$$

在贝叶斯脑理论中, $Q(\boldsymbol{\theta}|I_1)$ 和 $Q(\boldsymbol{\theta}|I_2)$ 被称为识别密度, 该项强调在认知过程中使用近似后验概率的作用。式 (2-77) 和式 (2-78) 中的过程可以解释为使用后验估计 $Q(\boldsymbol{\theta}|I_1)$ 和 $Q(\boldsymbol{\theta}|I_2)$ 来解释当前的感知输入 I_1。值得注意的是与基于自由能的 NR-PQA 算法 NFEDM[5] 相比, 所提出的 C-PQA 算法中的近似密度是从两个输入图像中估计出来的。

回想一下, 对于 C-PQA 问题, 我们想用 I_1 和 I_2 导出的模型来评估 I_1 的感知质量。C-PQA 系统的自由能项 [5] 定义为

$$F_{I_1 \to I_1}(\boldsymbol{\theta}) = -\log \int Q(\boldsymbol{\theta}|I_1)\frac{P(I_1,\boldsymbol{\theta}|\mathcal{G})}{Q(\boldsymbol{\theta}|I_1)}\mathrm{d}\boldsymbol{\theta} \tag{2-79}$$

$$F_{I_2 \to I_1}(\boldsymbol{\theta}) = -\log \int Q(\boldsymbol{\theta}|I_2)\frac{P(I_1,\boldsymbol{\theta}|\mathcal{G})}{Q(\boldsymbol{\theta}|I_2)}\mathrm{d}\boldsymbol{\theta} \tag{2-80}$$

其中, 下标 $I_1 \to I_1$ 和 $I_2 \to I_1$ 分别表示 I_1 和 I_2 用于推断 I_1 的质量。注意 $P(I_1,\boldsymbol{\theta}) = P(\boldsymbol{\theta}|I_1)P(I_1)$, 式 (2-79) 可以写成

$$F_{I_1 \to I_1}(\boldsymbol{\theta}) = -\log P(I_1) + \mathrm{KL}(Q(\boldsymbol{\theta}|I_1)||P(\boldsymbol{\theta}|I_1)) \tag{2-81}$$

类似地, 因为 $P(I_2,\boldsymbol{\theta}) = P(\boldsymbol{\theta}|I_2)P(I_2)$, 式 (2-80) 可以写成

$$F_{I_2 \to I_1}(\boldsymbol{\theta}) = -\log P(I_1) + \mathrm{KL}(Q(\boldsymbol{\theta}|I_2)||P(\boldsymbol{\theta}|I_1)) \tag{2-82}$$

由于 Kullback-Leibler(KL) 散度是非负的, 自由能是式 (2-76) 中定义的 "吃惊" 的上界。因此, 通过最小化自由能, 我们隐含地减少了系统的 "吃惊"。进一步研究式 (2-81) 和式 (2-82) 可以发现, 对于 C-PQA 问题, 可以通过减小真实后验 $P(\boldsymbol{\theta}|I_1)$ 和近似识别后验 $Q(\boldsymbol{\theta}|I_1)$、$Q(\boldsymbol{\theta}|I_2)$ 之间的 KL 散度来最小化自由能, 即使用 I_1 和 I_2 对 I_1 进行最佳猜测。当提供所有关于 I_1 的观测信息时, 自由能退化为 "吃惊"。现在, C-PQA 问题转化为比较 I_1 和 I_2 的基础模型的过程。I_1 和 I_2 优化的生成模型相似度越高, I_1 和 I_2 的感知质量越接近。换句话说, 具有相同生成模型的图像被认为具有相似的视觉质量。

式 (2-81) 和式 (2-82) 中的项 $P(I_1)$ 涉及图像先验 $P(I_1)$。正如前文中所提到的那样, 一个经验模型 (如 NSS 模型) 可以满足要求, 但是本工作的目标是设计一个只处理输入图像对的 C-PQA 算法。为了解决这个难题, 我们注意到 $P(I_1,\boldsymbol{\theta}) = P(I_1|\boldsymbol{\theta})P(\boldsymbol{\theta})$, 便有

$$F_{I_1 \to I_1}(\boldsymbol{\theta}) = \mathrm{KL}(Q(\boldsymbol{\theta}|I_1)||P(\boldsymbol{\theta})) + E_Q[\log P(I_1|\boldsymbol{\theta})] \tag{2-83}$$

同样地，

$$F_{I_2 \to I_1}(\boldsymbol{\theta}) = \mathrm{KL}(Q(\boldsymbol{\theta}|I_2)||P(\boldsymbol{\theta})) + E_Q[\log P(I_1|\boldsymbol{\theta})] \qquad (2\text{-}84)$$

其中，$\mathrm{KL}(Q(\boldsymbol{\theta}|I_1)||P(\boldsymbol{\theta}))$ 和 $\mathrm{KL}(Q(\boldsymbol{\theta}|I_2)||P(\boldsymbol{\theta}))$ 衡量模型参数的识别密度与真实先验密度之间的差别。很容易想象，随着从观测值 I_1 和 I_2 中优化的模型接近基于 I_1 真实模型时，散度 $\mathrm{KL}(Q(\boldsymbol{\theta}|I_2)||P(\boldsymbol{\theta}))$ 最小化并趋于 0，而系统的自由能降低。项 $E_Q[\log P(I_1|\boldsymbol{\theta})]$ 是在近似后验 $Q(\boldsymbol{\theta}|I_1)$ 和 $Q(\boldsymbol{\theta}|I_2)$ 上预测 I_1 的平均熵。换言之，$E_Q[\log P(I_1|\boldsymbol{\theta})]$ 衡量了真实场景 I_1 能在多大程度上被观察到的模型所解释。

值得注意的是，在式 (2-83) 和式 (2-84) 中的自由能公式中，散度项 $\mathrm{KL}(Q(\boldsymbol{\theta}|I_1)||P(\boldsymbol{\theta}))$ 和 $\mathrm{KL}(Q(\boldsymbol{\theta}|I_2)||P(\boldsymbol{\theta}))$ 评估模型相似性，这可以衡量感知后验和真实先验之间的差异，而熵项 $E_Q[\log P(I_1|\boldsymbol{\theta})]$ 衡量模型拟合误差，即观测值及其模型可解释部分之间的残差。在模型比较文献中，将式 (2-83) 和式 (2-84) 中的 $\mathrm{KL}(Q(\boldsymbol{\theta}|I_1)||P(\boldsymbol{\theta}))$ 和 $\mathrm{KL}(Q(\boldsymbol{\theta}|I_2)||P(\boldsymbol{\theta}))$ 称为复杂度，而公式 $E_Q[\log P(I_1|\boldsymbol{\theta})]$ 称为精度。复杂性也被称为贝叶斯"吃惊"，它捕捉真实先验和近似后验之间的差异。使用识别密度 $Q(\boldsymbol{\theta}|I_1)$ 和 $Q(\boldsymbol{\theta}|I_2)$ 可以准确地测量预期观察到的"吃惊"。由于模型项和数据项都被涉及并比较，上述 C-PQA 过程预计将生成输入图像对 (I_1, I_2) 之间的相对质量的精确预测。

根据以上分析，我们可以用 I_1 和 I_2 作为初始化的内部模型来描述推断 I_2 的质量的双重过程

$$F_{I_2 \to I_2}(\boldsymbol{\theta}) = \mathrm{KL}(Q(\boldsymbol{\theta}|I_2)||P(\boldsymbol{\theta})) + E_Q[\log P(I_2|\boldsymbol{\theta})] \qquad (2\text{-}85)$$

$$F_{I_1 \to I_2}(\boldsymbol{\theta}) = \mathrm{KL}(Q(\boldsymbol{\theta}|I_1)||P(\boldsymbol{\theta})) + E_Q[\log P(I_2|\boldsymbol{\theta})] \qquad (2\text{-}86)$$

自由能 $F(\boldsymbol{\theta})$ 可以表示为复杂性减去精度。在近似密度一定的情况下，使自由能最小的唯一方法是使精度最大化。这一观察结果表明，数据质量决定了自由能最小化的过程。换言之，在固定的生成模型下，感知的质量取决于数据的质量。在这一点上，考虑到模型是通过自由能的模型化来确定的，即 $\boldsymbol{\theta} = \arg\min F(\boldsymbol{\theta})$。因此，$I_1$ 和 I_2 的相对质量可以用一个模型数据拟合过程来评估，即比较自由能项 $F_{I_1 \to I_1}(\boldsymbol{\theta})$ 和 $F_{I_2 \to I_1}(\boldsymbol{\theta})$ 以及交叉自由能项 $F_{I_2 \to I_2}(\boldsymbol{\theta})$ 和 $F_{I_1 \to I_2}(\boldsymbol{\theta})$。

2.6.2 基于自由能的比较感知质量评价模型

基于自由能的比较感知质量评价模型构建过程包括对图像对的自由能的计算、特征提取以及特征整合。

1. 图像对的自由能计算

为了操作方便性，我们可以假设生成模型 $\mathcal{G}$ 是一个 2D 线性 AR 模型。AR 模型定义为

$$x_i = \boldsymbol{\mathcal{X}}^k(x_i)\boldsymbol{\alpha} + e_i \tag{2-87}$$

其中，x_i 是像素，$\boldsymbol{\mathcal{X}}^k(x_i)$ 是含有 k 个像素的向量，$\boldsymbol{\alpha} = (a_1, a_2, \cdots, a_k)^{\mathrm{T}}$ 是 AR 系数的向量。

尽管变分方法可以通过期望最大化 (expectation maximization，EM) 算法来解决模型参数估计问题，如文献 [11] 所述，但对于实际应用来说，变分方法的计算复杂性仍然很高。在这项研究中，我们选择使用分块 AR 模型直接求解，以获得一个实用的质量度量。事实上，研究表明，在大样本限制下，自由能等于图像 I 的总描述长度，因此可以通过最小化总描述长度 [67] 或贝叶斯信息准则 (Bayesian information criterion，BIC) $\widehat{\boldsymbol{\alpha}} = \arg\min\limits_{\boldsymbol{\alpha}} \left(-\log P(I|\boldsymbol{\theta}) + \dfrac{k}{2}\log N \right)$ 来估计模型，其中 N 是数据样本大小。为了进一步降低复杂度，我们选择固定的模型阶数和训练集大小，将复杂的模型估计过程转化为残差计算。

给定 k 阶分块 AR 模型，对于一个像素 x_i，我们可以在 x_i 的一个邻域内的训练集 $\mathcal{N}(x_i)$ 中写出如式 (2-87) 所示的线性方程。为了估计 $\boldsymbol{\alpha}$，线性系统可以用矩阵形式写为

$$\widehat{\boldsymbol{\alpha}} = \arg\min\limits_{\boldsymbol{\alpha}} \|\boldsymbol{x} - \boldsymbol{X}\boldsymbol{\alpha}\|_2 \tag{2-88}$$

其中，$\boldsymbol{x} = (x_1, x_2, \cdots, x_N)^{\mathrm{T}}$ 和 $\boldsymbol{X}(i,;) = \mathcal{X}^k(x_i)$。线性系统可以很容易地求解为 $\boldsymbol{\alpha} = (\boldsymbol{X}^{\mathrm{T}}\boldsymbol{X})^{-1}\boldsymbol{X}^{\mathrm{T}}\boldsymbol{x}$，然后用 $\widehat{\boldsymbol{\alpha}}$ 计算局部像素的估计误差为

$$e_i = x_i - \mathcal{X}^k(x_i)\widehat{\boldsymbol{\alpha}} \tag{2-89}$$

对于输入图像 I，可以合并逐点误差 e_i 得到误差图 $E(I)$，误差熵也可以计算为 $H(E) = \sum -P(e)\log P(e)$，其中 $P(e)$ 是误差的概率分布。然后这些熵项可以作为自由能的近似值。表 2.28 总结了图像对 (I_1, I_2) 的近似自由能估计算法。在我们的实现中，一个 8 阶 AR 模型在局部 7×7 邻域中进行了局部训练。我们可以使用高斯消元法来更有效地求解 48×8 矩阵的两个伪逆。

2. 图像对的自由能特征提取

给定一个图像对 (I_1, I_2)，我们可以按照上述过程提取出 4 个自由能项 $F_{I_1 \to I_1}(\boldsymbol{\theta})$、$F_{I_2 \to I_1}(\boldsymbol{\theta})$、$F_{I_1 \to I_2}(\boldsymbol{\theta})$ 和 $F_{I_2 \to I_1}(\boldsymbol{\theta})$，这些项可以用来估计 I_1 和 I_2 的相对质量。这 4 个特征将作为我们的第一组特征 f_{1-4}。我们没有直接集成这 4 个特征，而是引入更多基于 (I_1, I_2) 的图像对来增强模型。在我们之前的工作 [91,92] 中，我们观

察到进一步降低测试图像的质量有助于质量评价。此测试图像质量退化过程称为失真加剧，而进一步退化的图像称为伪参考图像，而伪参考最初用于 NR-PQA。在本书中我们将其推广到 C-PQA，并通过上述基于自由能的比较感知质量评价框架，利用对应的伪参考图像对来估计图像对 (I_1, I_2) 的相对质量。

表 2.28 近似自由能估计

输入: 图像对 (I_1, I_2)
输出: 自由能量项 $F_{I_1 \to I_1}(\boldsymbol{\theta}), F_{I_2 \to I_2}(\boldsymbol{\theta}), F_{I_1 \to I_2}(\boldsymbol{\theta}), F_{I_2 \to I_1}(\boldsymbol{\theta})$

1: **for** I_1 中的每个像素 x_i **do**
2:   构造 x 和 $\boldsymbol{X}$
3:   模型估计 $\hat{\boldsymbol{\alpha}}_1(x_i) = (\boldsymbol{X}^{\mathrm{T}}\boldsymbol{X})^{-1}\boldsymbol{X}^{\mathrm{T}}\boldsymbol{x}$
4:   误差估计 $\hat{e}_{I_1 \to I_1}(x_i) = x_i - \mathcal{X}^k(x_i)\hat{\boldsymbol{\alpha}}_1(x_i)$
5: **end for**
6: **for** I_2 中的每个像素 x_i **do**
7:   构造 $\boldsymbol{x}, \mathcal{X}^k$ 和 $\boldsymbol{X}$
8:   模型估计 $\hat{\boldsymbol{\alpha}}_2(x_i) = (\boldsymbol{X}^{\mathrm{T}}\boldsymbol{X})^{-1}\boldsymbol{X}^{\mathrm{T}}\boldsymbol{x}$
9:   误差估计 $\hat{e}_{I_2 \to I_2}(x_i) = x_i - \mathcal{X}^k(x_i)\hat{\boldsymbol{\alpha}}_2(x_i)$
10: 误差计算 $\hat{e}_{I_1 \to I_2}(x_i) = x_i - \mathcal{X}^k(x_i)\hat{\boldsymbol{\alpha}}_1(x_i)$
11: **end for**
12: **for** I_1 中的每个像素 x_i **do**
13: 构造 $\boldsymbol{x}, \mathcal{X}^k$ 和 $\boldsymbol{X}$
14: error calculation $\hat{e}_{I_2 \to I_1}(x_i) = x_i - \mathcal{X}^k(x_i)\hat{\boldsymbol{\alpha}}_2(x_i)$
15: **end for**
16: 池化 $\hat{e}_{I_1 \to I_1}(x_i), \hat{e}_{I_2 \to I_2}(x_i), \hat{e}_{I_1 \to I_2}(x_i), \hat{e}_{I_2 \to I_1}(x_i)$,
    作为 $E_{I_1 \to I_1}, E_{I_2 \to I_2}, E_{I_1 \to I_2}, E_{I_2 \to I_1}$
17: $F_{I_1 \to I_1}(\boldsymbol{\theta}) = H(E_{I_1 \to I_1}), F_{I_2 \to I_2}(\boldsymbol{\theta}) = H(E_{I_2 \to I_2})$,
    $F_{I_1 \to I_2}(\boldsymbol{\theta}) = H(E_{I_1 \to I_2}), F_{I_2 \to I_1}(\boldsymbol{\theta}) = H(E_{I_2 \to I_1})$

    具体地说，给定一个图像 I，我们首先通过在 I 上添加不同级别的分块、模糊、振铃和噪声失真来生成一组伪参考:

$$\boldsymbol{I}' = [I'_{v_1}, \cdots, I'_{v_5}, I'_{b_1}, \cdots, I'_{b_5}, I'_{r_1}, \cdots, I'_{r_5}, I'_{n_1}, \cdots, I'_{n_5}] \qquad (2\text{-}90)$$

其中，v,b,r,n 表示四种类型的失真，而 $1, \cdots, 5$ 表示五种失真程度。对于图像对 (I_1, I_2) 中的两幅图像，我们遵循相同的失真加剧过程，并导出伪参考集 $\boldsymbol{I}'_1$ 和 $\boldsymbol{I}'_2$。在每个集中的伪参考中 $I'_{v_5}, I'_{b_5}, I'_{r_5}, I'_{n_5}$ 包含最严重的失真加剧，可以用来估计自由能的上限，从而有助于 PQA。与图像对 (I_1, I_2) 相似，我们计算了图像对 (I'_{1v_5}, I'_{2v_5})、(I'_{1b_5}, I'_{2b_5})、(I'_{1r_5}, I'_{2r_5})、(I'_{1n_5}, I'_{2n_5}) 的自由能项和交叉自由能项，每

对计算 4 个自由能特征, 而 16 个特征的总和构成了我们的第二个特征集 f_{5-20}。

如文献 [91], [92] 所述, 测试图像与其伪参考之间的相似性有助于 NR-PQA。在本书中, 我们进一步将其推广到 C-PQA 中, 通过结合图像比较质量评价的特定观看行为, 我们提取了图像 I 的局部二进制模式 (LBP) 特征

$$\mathrm{LBP}_{C,R}(i) = \sum_{c(i)} u(x_{c(i)} - x_i) \tag{2-91}$$

其中, $c(i)$ 是围绕中心像素的邻域; C 是邻域数; R 是半径; u 是单位阶跃函数。

$$u(x) = \begin{cases} 1, & x \geqslant 0 \\ 0, & x < 0 \end{cases} \tag{2-92}$$

我们设置 $C=4$ 和 $R=1$ 并计算 LBP 特征映射:

$$L(i) = \begin{cases} 1, & \mathrm{LBP}_{C,R}(i) = r \\ 0, & \text{其他} \end{cases} \tag{2-93}$$

其中, 对于不同的失真退化, r 具有不同的值。然后利用提取的 LBP 特征图之间的相似度来衡量图像 I 与其在式 (2-90) 中的伪参考之间的相似性:

$$q = \frac{\sum_i \mathrm{L}_{I'}(i) L_I(i)}{1 + \sum_i L_{I'}(i)} \tag{2-94}$$

考虑到在 C-PQA 过程中并非所有区域都将被关注, 因此将显著性特征纳入上述相似性计算过程是合理的。我们对 C-PQA 过程中的观看行为进行了研究, 发现这种视觉聚焦行为会受到两幅图像视觉差异程度的影响, 对于质量差异较大的图像对, 我们只需转移几次注意力就可以做出最终决定, 在这种情况下, 最显著的区域, 即高层的线索将被重点关注和比较。当两幅图像具有相似的视觉质量时, 我们需要将注意力从一幅图像转移到另一幅图像上多次, 并比较图像细节的质量。在这种情况下, 将比较包括更多低层线索的显著区域。

为了考虑 C-PQA 这种特定的观看行为, 我们分别提取了低层显著性线索和高层显著性线索, 然后自适应地对它们进行整合 [118]。内部生成模型的输出与感知图像之间的差异可以描述显著性的分布 [38]。因此, 我们利用式 (2-89) 描述的自误差映射的局部熵来估计低层显著性特征:

$$S_l(i) = \sum_{o(i)} -P(e_i) \log P(e_i) \tag{2-95}$$

其中，$o(i)$ 是以像素 i 为中心的局部块。对于高层次的显著性特征，我们设计了一个深度显著性网络 (deep saliency network，DSN)，它以 Resnet[2] 为主干。我们删除 Resnet 中的全连接层，并在提取特征之后采用两个转置卷积层进行反卷积和上采样，然后使用最终的卷积层将上采样特征映射到最终结果。DSN 的详细结构如表 2.29 所示。

表 2.29   DSN 的网络结构

图层名称	输出大小	层信息
Conv1	112×112	7×7,64, 步长 2
		3 × 3 最大池化, 步长 2
Conv2_x	56 × 56	$\begin{bmatrix} 1 \times 1, & 64 \\ 3 \times 3, & 64 \\ 1 \times 1, & 256 \end{bmatrix} \times 3$
Conv3_x	28 × 28	$\begin{bmatrix} 1 \times 1, & 128 \\ 3 \times 3, & 128 \\ 1 \times 1, & 512 \end{bmatrix} \times 4$
Conv4_x	14 × 14	$\begin{bmatrix} 1 \times 1, & 256 \\ 3 \times 3, & 256 \\ 1 \times 1, & 1024 \end{bmatrix} \times 3$
Conv5_x	7 × 7	$\begin{bmatrix} 1 \times 1, & 512 \\ 3 \times 3, & 512 \\ 1 \times 1, & 2048 \end{bmatrix} \times 3$
DConv6	15 × 15	[3 × 3, 128] 步长 2
DConv7	73 × 73	[3 × 3, 8] 步长 5
Conv8	73 × 73	[11 × 11, 1] 步长 1

大规模场景理解数据库 (large-scale scene understanding，LSUN) [119] 被用于训练我们的网络，该数据库包含 15000 幅带有显著性注释的图像。LSUN 中的图像都来自 COCO 数据库 [120]，因此每个图像都有一个或多个突出的目标。大部分的显著性标注都是关于这些显著的目标的。因此，在 LSUN 数据库上训练的 DSN 具有很强的能力来突出显著性作为高层线索

$$S_{\mathrm{h}}(i) = \mathrm{DSN}_I(i) \tag{2-96}$$

我们利用图像中两幅图像的自自由能项自适应地组合低层和高层线索：

$$S(i) = \lambda S_{\mathrm{h}}(i) + (1 - \lambda)\lambda S_{\mathrm{l}}(i) \tag{2-97}$$

其中，λ 根据两幅图像的自自由能项确定：

$$\lambda = \frac{|F_{I_1 \to I_1} - F_{I_2 \to I_2}|}{F_{I_1 \to I_1} \quad F_{I_2 \to I_2}} \tag{2-98}$$

将显著性特征归一化为 $[0, 1]$ 的范围，然后使用自适应组合显著性来加权式 (2-94) 中描述的相似项，最后加权的相似性定义为

$$q = \frac{\sum_i \left(S_I(i) L_{I'}(i) L_I(i) \right)}{1 + \sum_i S_I(i) L_{I'}(i)} \tag{2-99}$$

通过计算 I_1 与集合 $\mathbf{I}'_1$ 中伪参考图像之间的相似性，以及集合 $\mathbf{I}'_2$ 中 I_2 与伪参考图像之间的相似性，我们得到第三组特征 f_{21-60}。

3. 自由能特性融合

集合上述三组特征，我们得到总共 60 个特征 f_{1-60}，然后将这些特征集合起来预测相对图像质量。我们的模型是用支持向量机 (support vector machine, SVM) 来训练的。与传统的基于 SVM 的 PQA 度量不同，我们使用图像对的二值评分作为训练标签。二值评分是从真实质量分数中得出的，它们表明两幅图像中哪个图像质量更好。在训练和验证过程中，数据集被分成 80% 图像对的训练集和 20% 图像对的测试集。这个训练测试过程重复了 1000 次，我们报告了中位数的测试结果。

2.6.3　C-PQA 算法性能测试

我们在一个通用的 PQA 数据库、一个多重失真数据库和一个专门为 C-PQA 构建的数据库上验证了该算法。首先，使用 LIVE 数据库对我们的 C-PQA 模型和其他 PQA 模型进行基准测试。LIVE 数据库是目前应用最广泛的数据库，也是本书在 C-PQA 任务下用来验证模型性能的数据库。此外，我们还建立了包含控制图像对失真级别的数据库，并进行了主观比较感知质量评价。为了模拟图像质量比较的实际情况，我们通过添加不同类型和级别的失真，从理想参考中生成图像对，构建比较图像质量数据库。受试者被要求评估两幅图像中哪一幅质量更好。在主观比较评分过程中，我们记录了被试的评分和观看行为，以便进一步分析。此外，我们还使用 LIVEMD 数据库 [121] 作为补充来衡量多重失真条件下的性能。

1. 通用数据库上的验证

1) 实验设置

我们提出的基于自由能的 C-PQA 算法首先在 LIVE 数据库 [45] 上进行性能测试，该数据库包含 29 幅原始参考图像和加入了 JPEG 压缩、JP2K、WN、GB 和 FF 五种失真的 982 幅测试图像。LIVE 数据库提供了平均意见得分差 (different mean opinion score, DMOS)，这是原始图像和失真图像之间的 MOS 差。因此，低 DMOS 意味着更高的感知质量。对于此测试，LIVE 数据库中的 183 幅原始图像 (平均意见得分差为零) 也包含在实验中。换言之，我们还比较了原始图像与失

真图像之间的相对质量。这个问题同样是 C-PQA,因为我们不知道哪个图像是原始图像。

对于来自 LIVE 数据库的一对图像,我们比较它们的 DMOS 以确定真实的二进制相对质量。图像对 i 和 j 的二进制评分是 "i 更好" 或 "j 更好"。在测试阶段,对于常见的 PQA 模型,我们首先计算图像对中两幅图像的质量分数,然后据此确定二值预测。然后将这些二进制预测与真实值进行比较,以验证预测的准确性。而我们提出的 C-PQA 模型则以图像对中的两幅图像作为输入,直接预测哪一幅图像质量更好。然后将提出的 C-PQA 与其他图像质量指标进行预测精度比较。

我们将提出的 C-PQA 模型与各种对比方法进行了比较,包括一些最近基于 NSS 的 NR-PQA 模型:BRISQUE、BLIINDS-II、DIVINE、NIQE、BPRI[91]、HOSA[122]、ILNIQE[123]、LPSI[124],以及两种基于自由能的 NR-PQA 算法:NFSDM[24] 和 NFERM[25],DIPIQ[125],以及基于深度学习的 DBCNN 模型 [126]。对于基于训练和依赖主观评价进行训练的模型,如 BRISQUE、BLIINDS-II、DIVINE、NFSDM、NFERM、BPRI、HOSA 和 DBCNN,我们在 LIVE 数据库中对它进行了再训练。而对于其他不依赖主观评价进行训练的比较方法,我们直接测试它们。按照 PQA 模型训练的一般做法,我们将图像数据库分成一个包含 80% 图像的训练集和一个包含 20% 图像的测试集。对于所有模型,我们在同一个测试集中测试它们,以便进行公平比较。我们重复上述对数据库的训练和测试过程 1000 次,并列出中值作为最终结果。对于需要再训练的 PQA 比较方法,我们对其进行再训练以预测单个图像的质量,并以真实质量分数作为训练标签。在测试过程中,利用该模型分别对两幅图像的质量进行预测,并据此确定二值比较质量预测。而对于我们的 C-PQA 模型,我们训练它直接预测二值比较质量 (图像对中哪一个质量更好),并且可以直接用于测试过程中的比较质量预测。

2) 性能评价

对整个数据库和不同失真组合子集进行比较质量评价的质量指标预测性能见表 2.30。

实验是在所有图像对都在同一参考图像约束下形成的条件下进行的。算法的总体结果在表 2.30 的 "1" 行中报告。为了分析不同失真类型之间的相互影响,我们还结合从以下 5 种失真类型中选择的两种失真类型 (包括两种相同类型的失真) 生成 15 个子集:FF、GB、JPEG 压缩、JP2K 和 AWGN。我们在这 15 个子集上进行了相同的性能评估,所有这 15 组的性能见表 2.30 的 2~16 行。从总体结果可以看出,采用显著加权的 C-PQA 算法具有最高的精度。在不同子集上的性能结果也证明了该方法的有效性。我们还发现,当我们使用显著性加权策略时,我们的模型在几乎所有的失真组合子集上都优于其他 PQA 算法。

表 2.30　在整个数据库和不同失真组合子集的比较质量评估的质量评价的预测精度

IDX	BRISQUE	BLIINDS-II	DIVINE	NIQE	NFSDM	NFERM	BPRI
1_{18383}	0.9207	0.9093	0.8563	0.6794	0.8932	0.9175	0.8983
2_{870}	0.9080	0.9080	0.8736	0.7172	0.8805	0.9126	0.9149
3_{1015}	0.9123	0.9123	0.8759	0.6581	0.8759	0.8936	0.8611
4_{1304}	0.8873	0.8888	0.8229	0.6649	0.8857	0.8919	0.8911
5_{1340}	0.8910	0.8776	0.7881	0.6440	0.8754	0.8993	0.8866
6_{1015}	0.9103	0.8946	0.8768	0.5990	0.8502	0.8946	0.8345
7_{870}	0.9931	0.9839	0.9931	0.8345	0.9885	0.9931	0.9908
8_{1304}	**0.9402**	0.9202	0.8512	0.6273	0.9218	0.9248	0.8589
9_{1340}	0.9067	0.8776	0.7933	0.5873	0.8739	0.8978	0.8687
10_{1015}	0.9074	0.8808	0.9103	0.5754	0.8749	0.9103	0.8995
11_{1498}	0.9573	0.9533	0.8745	0.6903	0.9573	0.9533	0.9613
12_{1708}	0.9110	0.8735	0.8285	0.6376	0.8864	0.9063	0.8934
13_{1304}	0.8957	0.9011	0.8321	0.5936	0.8535	0.8911	0.8390
14_{1590}	0.9170	0.8981	0.8704	0.8189	0.8792	0.9195	0.9283
15_{1340}	0.9119	**0.9261**	0.7933	0.6560	0.8679	0.9127	0.8813
16_{870}	**1.0000**	0.9954	0.9839	0.9954	0.9540	**1.0000**	**1.0000**

IDX	DIPIQ	HOSA	ILNIQE	LPSI	DBCNN	Ours	Our_S
1_{18383}	0.9039	0.9070	0.8644	0.8934	0.9099	0.9328	**0.9404**
2_{870}	0.9011	0.9011	0.8713	0.9057	0.8851	0.9103	**0.9161**
3_{1015}	0.8966	0.9281	0.8601	0.8729	0.8837	0.9143	**0.9291**
4_{1304}	0.8965	0.8942	0.8336	0.8850	0.8873	0.9210	**0.9363**
5_{1340}	0.8933	0.8799	0.8425	0.8873	0.8940	0.9097	**0.9172**
6_{1015}	0.8818	**0.9123**	0.8197	0.8345	0.8700	0.9005	0.9113
7_{870}	0.9586	0.9954	0.9586	0.9908	0.9874	0.9954	**0.9977**
8_{1304}	0.9218	0.9225	0.8758	0.9141	0.8995	0.9241	**0.9302**
9_{1340}	0.8970	0.8948	0.8642	0.9134	0.8799	0.9104	**0.9209**
10_{1015}	0.8552	0.9113	0.8571	0.8236	0.8956	0.9182	**0.9232**
11_{1498}	0.9546	0.9092	0.9212	0.9706	0.9519	0.9893	**1.0000**
12_{1708}	0.9075	0.8747	0.8589	0.9169	0.9087	0.9145	**0.9174**
13_{1304}	0.8374	0.8842	0.8083	0.8183	0.9003	0.9225	**0.9340**
14_{1590}	0.9182	0.8843	0.8440	0.9384	0.9220	0.9553	**0.9648**
15_{1340}	0.8806	0.8970	0.8231	0.8037	0.9164	0.9209	0.9209
16_{870}	0.9701	0.9954	0.9908	0.9080	0.9828	**1.0000**	**1.0000**

注: 1: (所有组合); 2: (FF, FF); 3: (FF, GB); 4: (FF, JP2K); 5: (FF, JPEG); 6: (FF, WN); 7: (GB, GB); 8: (GB, JP2K); 9: (GB, JPEG); 10: (GB, AWGN); 11: (JP2K, JP2K); 12: (JP2K, JPEG); 13: (JP2K, AWGN); 14: (JPEG, JPEG); 15: (JPEG, AWGN); 16: (AWGN, AWGN); 下标表示每组图像对的数目。所有的比较都是在两幅图像共享同一幅参考图像的情况下进行的, Ours/Ours_S 分别表示无显著加权的 C-PQA 模型。

通过对第 7 子集 (GB, GB)、第 11 子集 (JP2K、JP2K)、第 14 子集 (JPEG、JPEG) 和第 16 子集 (AWGN, AWGN) 四个子集进行分析, 我们发现该方法和其他 NR-PQA 模型的预测精度都很高。这是因为 GB、JP2K、JPEG 和 AWGN 四种失真都有明显的视觉退化。但是第 2 子集 (FF, FF) 是一个例外, 因为 FF 引起的比特误差会导致更多的颜色、频率或相位信息的随机退化, 这些都不容易被描述。在其他 10 个子集上，预测精度略有下降，这表明当对不同的失真进行比较时，不同的退化特性对模型提出了更高的要求。

3) 特征与图像分析

为了描述多元特征与图像个体之间的关系，我们使用因子分析 [127] 来在二维坐标上以图形方式进行展示。

图 2.25 显示了两个选定的最突出的维度的绘图。图 2.25(a) 给出了不同失真的分布，我们可以看出，根据它们的相角信息可以区分不同种类的退化。JPEG 失真在相位上从 JP2K 中分离出来。在 JPEG 和 JP2K 压缩之后，一些细粒度的纹理将被平滑，因此 JP2K 由于振铃效应更像 GB。但是 JPEG 压缩在高对比度区域周围会产生更多的伪纹理，所以 JPEG 和 JP2K 有很大的区别。FF 对颜色、频率或相位信息的随机退化，使得 FF 中存在着很大的不确定性，有时会减少高频信息但在其他时间会增加噪声，所以 FF 会与 AWGN、JP2K 和 GB 混合在一起。图 2.25(b) 给出了具有不同 DMOS 分数的图像的分布。我们可以看到，不同的集合可以用圆形边界近似地分开。高质量的图像占据了内圆形区域，而与中心原点的距离随着质量退化的增加而增加。

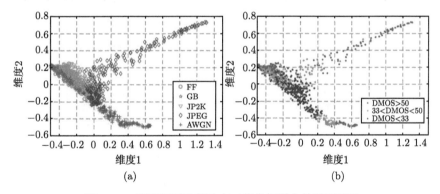

图 2.25 利用因子分析法在二维坐标系上的图形展示

其中，我们选择了两个最突出的维度进行了展示；(a) 给出了不同失真的分布，并根据其相位角信息区分了不同类型的退化；(b) 显示了不同 DMOS 分数的图像分布，并用圆形边界近似分离出不同的集合

在图 2.26 中，所有图像对的左边的图像的 DMOS 低于右边的。换句话说，来自 LIVE 数据库的主观预测通常认为左侧的视觉质量优于右侧。然而，我们的模型给出了相反的预测结果。通过对错误预测的图像对的研究，我们发现许多图像对的 DMOS 差异很小，也就是说，两幅图像中的 DMOS 非常接近。作为示例，图 2.26(f) 中所示的图像对仅具有 0.318 的 DMOS 差，而 DMOS 的全范围是 [0, 100]。当两幅 DMOS 差异较小的图像受到不同的失真时，它们具有明显的视觉差异，但图像质量相似。

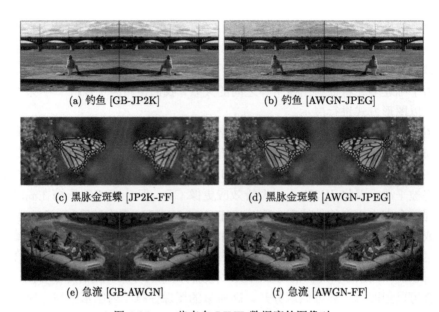

(a) 钓鱼 [GB-JP2K]   (b) 钓鱼 [AWGN-JPEG]

(c) 黑脉金斑蝶 [JP2K-FF]   (d) 黑脉金斑蝶 [AWGN-JPEG]

(e) 急流 [GB-AWGN]   (f) 急流 [AWGN-FF]

图 2.26   一些来自 LIVE 数据库的图像对

所有对图像左侧的 DMOS 都低于右侧。但是我们的模型给出了相反的预测结果。为了更好地进行比较，图像对
都以镜像方式显示

我们利用因子分析在图 2.27 中的二维坐标上以图形方式显示，我们选取两个

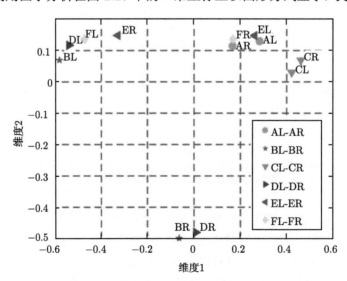

图 2.27   因子分析用于在二维坐标上图形化显示

A~F 表示图 2.26 中的 6 对图像。"L" 和 "R" 分别表示这对图像的左、右图像。我们选择了两个最突出的维度。
图像对由不同的标记和颜色表示

最显著的维度,用不同的标记和颜色表示 6 个图像对。从图 2.27 可以看出,虽然预测结果与 DMOS 确定的二进制等级不一致,但是可以很好地区分失真类型,例如 BL、DL、FL 和 ER 都被 AWGN 降级,并且可以很好地与其他失真区分开来。BR 和 DR 采用 JPEG 压缩,与其他图像相比具有较大的间隔。

4) FR-PQA 指标分析

我们还测试了全参考 PQA 算法,这些算法更注重与参考图像之间的保真度 [15]。

表 2.31 报告了图 2.26 中图像对的 PSNR、SSIM 和 IW-SSIM 的结果以及 DMOS 得分,其中 A~F 表示图 2.26 中的图像 (a)~(f),L 和 R 表示图像对中的左图像和右图像。从表 2.31 的结果可以看出算法对于 DMOS 差异较小的图像对的预测的不确定性和难度,此外从该表我们可以看出,PSNR 对图像对图 2.26(c) 给出了准确的预测,但对图像对图 2.26(a)、图 2.26(b)、图 2.26(d)、图 2.26(e) 和图 2.26(f) 的两幅图像的预测却截然不同,而所有图像对中的两幅图像实际上都有相似的 DMOS 分数。SSIM 对图像对图 2.26(a)、图 2.26(c)、图 2.26(e) 给出了准确的预测,而对图像对图 2.26(b)、图 2.26(d)、图 2.26(f) 给出了不同的预测。IW-SSIM 对图像对图 2.26(a)、图 2.26(c) 给出了准确的预测,而对图像对图 2.26(b)、图 2.26(d)、图 2.26(f) 给出了不同的预测。因此,观察结果表明,当 DMOS 差变小时,预测的不确定性和难度将会增加。为了进一步分析预测精度与 DMOS 差异之间的关系,我们建立了一个新的比较图像质量数据库,并用不同级别的 DMOS 差异图像对构成图像子集。

表 2.31 图 2.26 中图像对的 PSNR、SSIM 和 IW-SSIM 的预测结果以及 DMOS 得分

IDX	AL	AR	BL	BR	CL	CR	DL	DR	EL	ER	FL	FR
PSNR	28.1100	32.2323	16.9946	26.8871	22.1475	20.4536	18.1236	26.8180	28.7105	30.0698	21.8548	28.4543
SSIM	0.9674	0.9605	0.5782	0.9026	0.7955	0.7884	0.5292	0.9192	0.9633	0.9470	0.7596	0.9286
IW-SSIM	0.9827	0.9796	0.7840	0.9471	0.7698	0.7382	0.7285	0.9301	0.9730	0.9848	0.8792	0.9480
DMOS	33.1436	37.9735	51.2795	52.7238	53.4103	54.1780	49.0867	51.8433	30.1402	30.9868	43.0259	43.3439

注:(A~F) 参考图 2.26 中的图像 (a)~(f);L 和 R 表示图像对中的左图像和右图像。

2. 失真图像对上的验证

1) 比较图像质量数据库构建

在许多情况下,比较质量相似的图像对是一项困难的任务。为了分析预测精度与图像对的 DMOS 差异之间的关系,我们在 LIVE 数据库的基础上构建了一个新的比较图像质量数据库。我们选择图像来形成具有不同层次 DMOS 差异的图像对子集。在 LIVE 数据库中,有 29 幅原始参考图像,所有图像对都会受到上

述五种失真的影响。我们使用 LIVE 数据库中的 DMOS 来计算 DMOS 差异。所有图像对都是在具有相同参考图像的约束下形成的。具有相似 DMOS 差异的不同图像对被视为属于同一子集。根据分析最小可察觉 MOS 差异的主观研究 [128]，在两幅图像中正确选择高质量图像的概率与 DMOS 差异呈正相关。例如，在连续线性量表中，用形容词 "坏"、"差"、"一般"、"好" 和 "优秀" 分成五个相等的区域，一个被评为 "优秀" 的图像明显好于被评为 "差" 的图像。但是，如果两幅图像都在同一个形容词区间内，人们将更难检测出质量更高的图像。为了形成不同的子集，我们将 DMOS 值量化为五个级别，并使用四分位间距法去除一些异常值 [129]。

我们的数据库中有五个子集是根据图像对的 DMOS 差分形成的。表 2.32 显示了五个子集的详细信息，其最大平均值为 32.69，最小平均值为 10.71，涵盖了从易到难的可预测性。此外，该表还报告了标准差和图像对总数。

表 2.32　五个子集的图像对数目及 DMOS 差值的平均值和标准差

	G1	G2	G3	G4	G5
平均	10.71	16.38	22.27	26.30	32.69
标准差	2.91	3.33	3.11	3.28	3.84
总数	542	520	478	432	350

图 2.28 显示了五个子集的四分位间距，从图 2.28 我们可以看到每个子集的四分位区间 (中间的 50%) 之间几乎没有重叠。从常用的四分位距和标准差可以看出，各子集的离散度很小，各子集之间的 DMOS 差异显著不同。此外，我们还进行了 t 检验，结果表明 P 值很小，足以排除两组间 DMOS 无差异的无效假设。

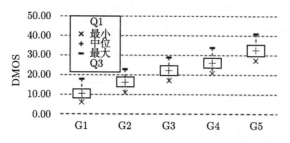

图 2.28　我们的 C-PQA 数据库中五个子集的最小、最大、中位数和四分位数范围

Q1 和 Q3 是方框图所示的第一和第三个四分位数

我们对从 G1 到 G5 的五组进行了主观比较，有 20 名受试者参加了实验，受试对象均为视力正常或矫正正常的大学生，包含男性 18 名，女性 2 名。在比较质量评估过程中，我们还记录了眼球运动，以分析观看行为，我们用 Tobii T120

眼动跟踪器记录眼球运动。为了减少主观实验中心偏移的影响，所有图像对都以镜像方式显示。图 2.29 是主观实验流程图。

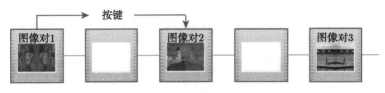

图 2.29　主观实验流程图

对于每个图像对，比较时间不受限制。在比较过程中，通过按键盘上的 "左" 和 "右" 键，来表示左或右图像在视觉上更好。按键后，将有 2s 的休息时间，然后是新的图像对。

2) 观看行为分析

在主观实验过程中，利用眼动跟踪器记录受试者进行比较时的注视情况，以分析人的观看行为。因此，我们为每一组图像对生成了一幅视觉注意力图，记录了所有受试者的眼动。

图 2.30 显示了记录的注意力图 (顶部) 和我们预测的显著性图 (下)。图 2.30(a) 和 (c) 显示了来自 G1 的图像对，图 2.30 (b) 和 (d) 显示了来自 G5 的图像对。从图中可以看出，在主观性能比较图像质量评价中，HVS 不是独立地判断质量，而是依靠两幅图像之间的交叉参考来做出精确的判断。通过比较不同组的结果，也可以看出，DMOS 的差异也会影响观看行为。当 DMOS 差异较小时，比较过程

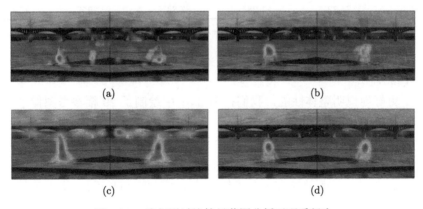

(a)　　　　　　　　　　　　　　　　(b)

(c)　　　　　　　　　　　　　　　　(d)

图 2.30　我们通过比较显著图分析了观看行为

(a), (b) 由眼球跟踪数据生成的注意力图; (c), (d) 由我们提出的方法产生的显著性预测; 第一列来自 G1, 第二列来自 G5

持续时间较长,比较的空间区域更多。当 DMOS 差异较大时,比较过程较短,大部分注意力集中在最显著的物体上。图 2.30(c) 和 (d) 是我们模型的相应预测。为了便于比较,我们还使用镜像排列对预测结果进行了放置。我们预测的显著性图可以很好地反映这种观看行为。当 DMOS 的差异很小时,需要进行较长的比较来找出差异,从而为更容易比较的低层特征分配更大的显著性权重。

我们还分析了左右图像视觉注意图的相似性。具体来说,我们使用曲线下面积 (area under the curve,AUC) 和相关系数评价视觉注意图的分布相似性。

从表 2.33 可以看出,5 组的相似性得分非常接近。它是指在比较质量评价中,两幅图像之间进行平衡的交叉参照,以做出精确的判断,即无论两幅图像的质量差异有多大,受试者一般都会检查两幅图像的相似位置来比较质量。比较时间也记录在表 2.33 中,我们可以发现,在比较过程中,当 DMOS 差变小时,比较时间增加。在比较质量评价中,有些受试者可能会给出与大多数受试者的评分相反的评分。我们通过计算与大多数受试者评分相同的受试者的比率来统计这种情况的统计,这一统计量可以解释为被试正确选择感知质量较好的图像的概率。表 2.33报告了五个组的图像对中评分和大多数人一致的比率的均值。我们可以看到,随着 DMOS 差异的增加,比率也在上升。

表 2.33　观看行为分析

	G1	G2	G3	G4	G5
AUC	0.78	0.74	0.71	0.73	0.74
相关系数	0.63	0.61	0.62	0.60	0.64
T	3.91	3.33	2.61	1.58	1.14
P	74.72%	81.28%	87.88%	93.29%	97.47%

注:前两行展示了左右图像的平衡注视;第三行报告了不同组的平均评估时间;最后一行报告了给予与多数人相同评级的受试者的比率。

3) 性能评估

为了更好地说明整体性能,我们在图 2.31 中绘制了 29 幅参考图像中每幅的所有测试算法的预测精度。

可以看出,我们的 C-PQA 算法在除 "paintedhouse"、"plane"、"sailing4" 和"stream" 之外的大多数参考图像上都达到了最高的比率。

表 2.34 总结了被测算法在 5 个子集上的预测精度,可以看出,提出的具有显著性加权的 C-PQA 算法在 5 个子集上的预测精度最高。除上述算法外,BRISQUE、BLIINDS-Ⅱ、NFERM、HOSA 和 DBCNN 也具有良好的性能。此外我们观察到当两幅图像的感知质量差异变小时,所有质量模型的性能都会下降。当两幅图像的 DMOS 差值降至 10 左右时,客观预测准确率下降到 85% 左右,主观预测准

确率下降到 75% 左右。

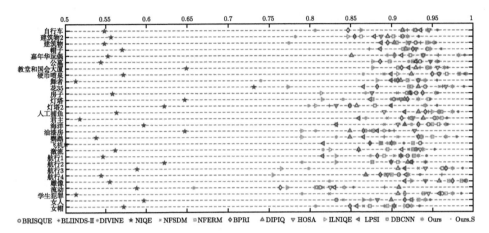

图 2.31　29 幅参考图像中所有测试算法的预测精度对比

表 2.34　对图像质量预测结果进行了初步评价

IDX	BRISQUE	BLIINDS-II	DIVINE	NIQE	NFSDM
1_{542}	0.8413	0.8404	0.7878	0.5185	0.8137
2_{520}	0.9115	0.9163	0.8000	0.5308	0.8846
3_{478}	0.9644	0.9561	0.8536	0.5502	0.9268
4_{432}	0.9792	0.9722	0.9074	0.5486	0.9653
5_{350}	0.9943	0.9914	0.9600	0.5371	0.9886
IDX	NFERM	BPRI	DIPIQ	HOSA	ILNIQE
1_{542}	0.8284	0.7638	0.8247	0.8524	0.7989
2_{520}	0.9019	0.8712	0.8692	0.8962	0.8231
3_{478}	0.9582	0.9310	0.9477	0.9414	0.8808
4_{432}	0.9838	0.9583	0.9769	0.9838	0.9282
5_{350}	0.9857	0.9886	0.9771	0.9886	0.9800
IDX	LPSI	DBCNN	Ours	Ours_S	BR
1_{542}	0.7841	0.8413	0.8506	0.8598	0.7472
2_{520}	0.8558	0.8981	0.9212	0.9308	0.8128
3_{478}	0.9372	0.9372	0.9707	0.9812	0.8788
4_{432}	0.9653	0.9815	0.9861	0.9931	0.9329
5_{350}	0.9771	0.9857	0.9914	0.9971	0.9747

注：下标表示图像对的数量，Ours/Our_S 分别表示无/有显著加权的 C-PQA 模型，BR 表示由人工评价获得的基准结果。

3. 多重失真图像上的验证

我们使用 LIVE 多重失真图像质量 (LIVE multiply distorted image quality, LIVEMD) 数据库来验证多重失真图像的性能。在 LIVEMD 数据库中，存在两种多重失真情况：第一种方案是先对图像进行模糊处理，然后用 JPEG 编码器进行压缩；另一种方案是先对图像进行模糊处理，然后再被高斯白噪声破坏。针对每种情况，该数据库总共包含使用 15 个参考图像生成的 225 个图像，其中包含 90 幅单独失真图像 (每种类型 45 个)，135 幅多重失真图像，其中包含 3 个层次的模糊、噪声和 JPEG 失真。因此，总共有 270 幅 (每种情况 135 幅) 多重失真图像，所有的图像分辨率都是 1280×720。我们用这 270 张多重失真图像进行了实验。我们使用 LIVEMD 数据库提供的 DMOS 数据作为图像质量的真值，较低的 DMOS 表示较高的感知质量。所有的比较都是在两个图像共享同一个参考图像的条件下进行的。对于来自 LIVEMD 第 1 部分和第 2 部分数据集的一对图像，我们比较它们的 DMOS 以确定真实的二进制相对质量。

表 2.35 总结了测试算法在这两个子集上的预测精度。实验结果表明，所提出的算法与多重失真图像上的领先盲图像质量分析算法相当。对于 "模糊 +JPEG" 失真类型 (LIVEMD1)，该方法给出了最好的结果。对于 "模糊 + 高斯噪声" 的失真类型 (LIVEMD2)，ILNQE 和所提出的算法获得了最好的性能。与单失真类型高达 98% 的高精度相比，多重失真类型的预测精度在 90% 左右。

表 2.35   在 LIVEMD 数据库上的 2 个子集的预测结果

子集	BRISQUE	BLIINDS-II	DIVINE	NIQE	NFSDM
LIVEMD1	0.8037	0.8093	0.7667	0.5426	0.8222
LIVEMD2	0.6481	0.5222	0.7630	0.7222	0.6778
子集	NFERM	BPRI	DIPIQ	HOSA	ILNIQE
LIVEMD1	0.8037	0.8509	0.6185	0.8074	0.8907
LIVEMD2	0.6352	0.8102	0.7907	0.7389	0.9481
子集	LPSI	DBCNN	Ours	Ours_S	—
LIVEMD1	0.9222	0.8824	0.9305	0.9352	—
LIVEMD2	0.5111	0.8593	0.8916	0.8972	—

2.7   本 章 小 结

本章首先详细阐述了自由能原理，然后介绍了几种基于自由能原理的半参考、无参考及比较图像质量评价方法，这些方法通过构建内部生成算法，模拟人脑的工作机制来预测图像的质量。本章的主要内容如下：

(1) 对近些年的基于自由能原理开发的图像质量评价方法进行了综述，并详细阐述了自由能原理及其在图像质量评价领域中的成功应用。

(2) 阐述了 FEDM 和 NFEQM 算法，其中 FEDM 用于衡量失真图像和参考图像之间的自由能差，而 NFEQM 指的是失真图像的自由能，这两种算法可分别用于半参考和无参考图像质量评价。

(3) 阐述了一种鲁棒无参考质量评价算法 NFEQM，该方法在自由能的基础上引入了一些其他受 HVS 启发的特征来提高算法的预测性能。

(4) 阐述了一种基于自由能和多通道小波分解的半参考图像质量评价算法 MCFRM，该方法通过小波变换来分解图像，然后利用自由能计算两张图像分解后的每一部分自由能差异，从而得到自自由能特征和组合自由能特征，最后融合提取到的特征来预测失真图像质量。

(5) 阐述了一种基于自由能和稀疏表示的半参考图像质量评价算法，该算法在自由能的基础上，利用稀疏表示来描述大脑初级视皮层中的自然图像，以此来模拟内部生成模型。

(6) 阐述了一种基于自由能的视觉信号比较感知质量评价算法，该算法解决了同一内容的两个视觉信号的相对质量比较的问题，而这两个视觉信号通常会遭到不同类型和程度的失真。

参 考 文 献

[1] Friston K, Kilner J, Harrison L. A free energy principle for the brain. J. Physiol. Paris, 2006, 100(1-3): 70-87.

[2] Friston K. The free-energy principle: A unified brain theory? Nature Reviews Neuroscience, 2010, 11(2): 127-138.

[3] Hubel D H, Wiesel T N. Receptive fields, binocular interaction and functional architecture in the cat's visual cortex. Journal of Physiology, 1962, 160: 106-154.

[4] Lin W, Kuo C C. Perceptual visual quality metrics: A survey. Journal of Visual Communication and Image Representation, 2011, 22(4): 297-312.

[5] Zhai G, Wu X, Yang X, et al. A psychovisual quality metric in free-energy principle. IEEE Transactions on Image Processing, 2012, 21(1): 41-52.

[6] Tomasi C, Manduchi R. Bilateral filtering for gray and color images. Sixth International Conference on Computer Vision, 1998: 839-846.

[7] Gu K, Qiao J, Min X, et al. Evaluating quality of screen content images via structural variation analysis. IEEE Transactions on Visualization and Computer Graphics, 2018, 24(10): 2689-2701.

[8]   Gu K, Zhou J, Qiao J, et al. No-reference quality assessment of screen content pictures. IEEE Transactions on Image Processing, 2017, 26(8): 4005-4018.

[9]   Jakhetiya V, Gu K, Lin W, et al. A prediction backed model for quality assessment of screen content and 3-D synthesized images. IEEE Transactions on Industrial Informatics, 2018, 14(2): 652-660.

[10] Knill D C, Pouget A. The Bayesian brain: The role of uncertainty in neural coding and computation. Trends Neurosciences, 2004, 27(12): 712-719.

[11] Mackay D J. Ensemble learning and evidence maximization. Advances in Neural Information Processing Systems, 1995.

[12] Roberts S J, Penny W D. Variational Bayes for generalized autoregressive models. IEEE Trans. Signal Process., 2002, 50(9): 2245-2257.

[13] Feynman R. Statistical Mechanics: A Set of Lectures. 2nd ed. Boulder, CO: Westview, 1998.

[14] Wu J, Lin W, Shi G, et al. Perceptual quality metric with internal generative mechanism. IEEE Transactions on Image Processing, 2013, 22(1): 43-54.

[15] Wang Z, Bovik A C, Sheikh H R, et al. Image quality assessment: From error visibility to structural similarity. IEEE Transactions on Image Processing, 2004, 13(4): 600-612.

[16] Xu L, Lin W, Ma L, et al. Free-energy principle inspired video quality metric and its use in video coding. IEEE Transactions on Multimedia, 2016, 18(4): 590-602.

[17] Di Claudio E D, Jacovitti G. A detail-based method for linear full reference image quality prediction. IEEE Transactions on Image Processing, 2018, 27(1): 179-193.

[18] Liu N, Zhai G. Free energy adjusted peak signal to noise ratio (FEA-PSNR) for image quality assessment. Sensing and Imaging, 2017, 18(1): 11.

[19] Wu J, Lin W, Shi G, et al. Reduced-reference image quality assessment with visual information fidelity. IEEE Transactions on Multimedia, 2013, 15(7): 1700-1705.

[20] Liu Y, Zhai G, Gu K, et al. Reduced-reference image quality assessment in free-energy principle and sparse representation. IEEE Transactions on Multimedia, 2018, 20(2): 379-391.

[21] Liu Y, Zhai G, Liu X, et al. Perceptual image quality assessment combining free-energy principle and sparse representation. IEEE International Symposium on Circuits and Systems, 2016: 1586-1589.

[22] Zhu W, Zhai G, Min X, et al. Multi-channel decomposition in tandem with free-energy principle for reduced-reference image quality assessment. IEEE Transactions on Multimedia and Expo, 2019, 21(9): 2334-2346.

[23] Gu K, Zhai G, Yang X, et al. Automatic contrast enhancement technology with saliency

preservation. IEEE Transactions on Circuits and Systems for Video Technology, 2015, 25(9):1480-1494.

[24] Gu K, Zhai G, Yang X, et al. No-reference image quality assessment metric by combining free energy theory and structural degradation model. Multimedia and Expo (ICME), 2013 IEEE International Conference on Multimedia and Expo, 2013.

[25] Gu K, Zhai G, Yang X, et al. Using free energy principle for blind image quality assessment. IEEE Transactions on Multimedia, 2015, 17(1): 50-63.

[26] Zhai G, Kaup A. Comparative image quality assessment using free energy minimization. IEEE International Conference on Acoustics, Speech and Signal Processing, 2013: 1884-1888.

[27] Gu K, Zhai G T, Lin W S. et al. No-reference image sharpness assessment in autoregressive parameter space. IEEE Transactions on Image Processing, 2015, 24(10): 3218-3231.

[28] Han Z, Zhai G, Liu Y, et al. A reduced-reference quality assessment scheme for blurred images. Visual Communications & Image Processing, 2017.

[29] Zhao Y, Liu Y, Jiang F, et al. Fast noisy image quality assessment based on free-energy principle. International Forum on Digital TV and Wire Less Multimedia Communications, 2018: 290-299.

[30] Zhu Y, Zhai G, Gu K, et al. Blindly evaluating stereoscopic image quality with free-energy principle. IEEE International Symposium on Circuits and Systems, 2016: 2222-2225.

[31] Zhu Y, Zhai G, Gu K, et al. Stereoscopic image quality assessment with the dual-weight model. IEEE International Symposium on Broadband Multimedia Systems and Broadcasting, 2016.

[32] Min X K, Ma K D, Gu K, et al. Unified blind quality assessment of compressed natural, graphic, and screen content images. IEEE Transactions on Image Processing, 2017, 26(11): 5462-5474.

[33] Wu J, Li H, Xia Z, et al. Screen content image quality assessment based on the most preferred structure feature. Journal of Electronic Imaging, 2018, 27(3): 1.

[34] Che Z, Zhai G, Gu K, et al. Reduced-reference quality metric for screen content image. IEEE International Conference on Image Processing, 2017: 1852-1856.

[35] Gu K, Jakhetiya V, Qiao J F, et al. Model-based referenceless quality metric of 3D synthesized images using local image description. IEEE Transactions on Image Processing, 2017: 1.

[36] Qiao J, Liu M, Li S, et al. Highly efficient quality assessment of 3D-synthesized views

based on compression technology. IEEE Access, 2018, 6: 42309-42318.

[37] Wu J, Shi G, Lin W, et al. Just noticeable difference estimation for images with free-energy principle. IEEE Transactions on Multimedia, 2013, 15(7): 1705-1710.

[38] Gu K, Zhai G, Lin W, et al. Visual saliency detection with free energy theory. IEEE Signal Processing Letters, 2015, 22(10): 1552-1555.

[39] Feng Y, Shen X, Chen H, et al. Internal generative mechanism based otsu multilevel thresholding segmentation for medical brain images. Pacific Rim Conference on Multimedia, 2015: 3-12.

[40] Otsu N. A threshold selection method from gray-level histograms. IEEE Transactions on Systems, Man, and Cybernetics, 1979, 9(1): 62-66.

[41] VQEG, Final report from the video quality experts group on the validation of objective models of video quality assessment. 2000. Available:http:// www.vqeg.org.

[42] Min X, Zhai G, Gu K, et al. Objective quality evaluation of dehazed images. IEEE Transactions on Intelligent Transportation Systems, 2018, 20(8): 2879-2892.

[43] Min X, Zhai G, Gu K, et al. Quality evaluation of image dehazing methods using synthetic hazy images. IEEE Transactions on Multimedia, 2019, 21(9): 2319-2333.

[44] Min X K, Gu K, Zhai G T, et al. Saliency-induced reduced-reference quality index for natural scene and screen content images. Signal Processing, 2018, 145: 127-136.

[45] Sheikh H R, Wang Z, Cormack L, et al. LIVE image quality assessment database release 2. 2005. Available: http://live.ece.utexas.edu/research/ quality.

[46] Larson E, Chandler D. Categorical image quality (CSIQ) database. 2010. Available: http:// vision.okstate.edu/csiq/.

[47] Ponomarenko N, Lukin V, Zelensky A, et al. TID2008-a database for evaluation of full-reference visual quality assessment metrics. Adv. Modern Radioelectron, 2009, 10(4): 30-45.

[48] Ponomarenko N, Jin L N, Ieremeiev O, et al. Image database TID2013: Peculiarities, results and perspectives. Signal Processing: Image Communication, 2015, 30: 57-77.

[49] Kang L, Ye P, Li Y, et al. Convolutional neural networks for no-reference image quality assessment. 2014 IEEE Conference on Computer Vision and Pattern Recognition, 2014.

[50] Kim J, Lee S. Fully deep blind image quality predictor. IEEE Journal of Selected Topics in Signal Processing, 2017, 11(1): 206-220.

[51] Bosse S, Maniry D, Müller K R, et al. Deep neural networks for no-reference and full-reference image quality assessment. IEEE Transactions on Image Processing, 2017, 27(1): 206-219.

[52] Ma K, Liu W, Zhang K, et al. End-to-end blind image quality assessment using deep neural networks. IEEE Transactions on Image Processing, 2018, 27(3): 1202-1213.

[53] von Helmholtz H. Treatise on Physiological Optics. 3rd ed. Chelmsford: Courier Corporation, 2013.

[54] Sternberg R. Cognitive Psychology. 3rd ed. Belmont: Thomson Wadsworth, 2003.

[55] Karl F. The free-energy principle: A unified brain theory? Nat. Rev. Neurosci., 2010, 11(2): 127-138.

[56] Barlow H. Cognitive Psychology. Cambridge: MIT Press, 1961.

[57] Linsker R. Perceptual neural organization: Some approaches based on network models and information theory. Annual Review of Neuroscience, 1990, 13: 257-281.

[58] Kauffman S. The Origins of Order: Self Organization and Selection in Evolution. New York: Oxford University Press, 1993.

[59] Dayan P, Hinton G E. The Helmholtz machine. Neural Computation, 1995, 7(5): 889-904.

[60] Wang Z, Bovik A C. Mean squared error: Love it or leave it? A new look at signal fidelity measures. IEEE Signal Processing Magazine, 2009, 26(1): 98-117.

[61] Wang Z, Simoncelli E P. Reduced-reference image quality assessment using a wavelet-domain natural image statistic model. Image Quality and System Performance, 2005, 5666: 712-719.

[62] Wang Z, Wu G, Sheikh H R, et al. Quality-aware images. IEEE Transactions on Image Processing, 2006, 15(6): 1680-1689.

[63] Sheikh H R, Bovik A C. Image information and visual quality. IEEE Transactions on Image Processing, 2006, 15(2): 430-444.

[64] Simoncelli E P, Olshausen B A. Natural image statistics and neural representation. Annual Review of Neuroscience, 2001, 24(1): 1193-1216.

[65] Wolf S, Pinson M H. Video Quality Measurement Techniques Ntia. New York: Springer, 2002.

[66] Zhai G, Zhang W, Yang X, et al. Image quality assessment metrics based on multi-scale edge presentation. IEEE Workshop on Signal Processing Systems Design and Implementation, 2005: 331-336.

[67] Rissanen J, Langdon G G. Universal modeling and coding. IEEE Transactions on Information Theory, 1981, 27(1): 12-23.

[68] Wony C, Shan Mh, Yao C. No-reference quality assessment for DCT-based compressed image . Journal of Visual Communication and Image Representation, 2015, 28: 53-59.

[69] Wang Z, Sheikh H R, Bovik A C. No-reference perceptual quality assessment of JPEG

compressed images. IEEE International Conference on Image Processing, 2002: 477-480.

[70] Sheikh H R, Bovik A C, Cormack L. No-reference quality assessment using natural scene statistics: JPEG2000. IEEE Transactions on Image Processing, 2005, 14(11): 1918-1927.

[71] Gu K, Zhai G, Liu M, et al. Details preservation inspired blind quality metric of tone mapping methods. 2014 IEEE International Symposium on Circuits and Systems (ISCAS), 2014.

[72] Moorthy A K, Bovik A C. Blind image quality assessment: From natural scene statistics to perceptual quality. IEEE Transactions on Image Processing, 2011, 20(12): 3350-3364.

[73] Saad M A, Bovik A C, Charrier C. Blind image quality assessment: A natural scene statistics approach in the DCT domain. IEEE Transactions on Image Processing, 2012, 21(8): 3339-3352.

[74] Mittal A, Moorthy A K, Bovik A C. No-reference image quality assessment in the spatial domain. IEEE Transactions on Image Processing, 2012, 21(12): 4695-4708.

[75] Gu K, Zhai G, Yang X, et al. A new reduced-reference image quality assessment using structural degradation model. 2013 IEEE International Symposium on Circuits and Systems (ISCAS), 2013.

[76] Zhang L, Zhang L, Mou X, et al. FSIM: A feature similarity index for image quality assessment. IEEE Transactions on Image Processing, 2011, 20(8): 2378-2386.

[77] Gu K, Zhai G, Yang X, et al. A new psychovisual paradigm for image quality assessment: From differentiating distortion types to discriminating quality conditions. Signal, Image and Video Processing, 2013, 7(3): 423-436.

[78] Rehman A, Wang Z. Reduced-reference image quality assessment by structural similarity estimation. IEEE Transactions on Image Processing, 2012, 21(8): 3378-3389.

[79] Martin D, Fowlkes C, Tal D, et al. A database of human segmented natural images and its application to evaluating segmentation algorithms and measuring ecological statistics. IEEE International Conference on Computer Vision, 2001, 2: 416-423.

[80] Kovesi P. Image features from phase congruency. Videre: Journal of Computer Vision Research, 1999, 1(3): 1-26.

[81] Morrone M C, Ross J, Burr D C, et al. Mach bands are phase dependen. Nature, 1986, 324: 250-253.

[82] Jöhne B, Haubecker H, Geibler P. Handbook of computer vision and applications. New York: Academic, 1999.

[83] Sharifi K, Leon-Garcia A. Estimation of shape parameter for generalized Gaussian dis-

tributions in subband decompositions of video. IEEE Transactions on Circuits and Systems for Video Technology, 1995, 5(1): 52-56.

[84] Schölkopf B, Smola A J, Williamson R C, et al. New support vector algorithms. Neural Computation, 2000, 12(5): 1207-1245.

[85] Ponomarenko N, Lukin V, Zelensky A, et al. TID2008-a database for evaluation of full-reference visual quality assessment metrics. Adv. Modern Radioelectron, 2009, 10(4): 30-45.

[86] Larson E C, Chandler D M. Categorical image quality (CSIQ) database. 2009. Available: http://vision.okstate.edu/csiq.

[87] Ninassi A, Le Callet P, Autrusseau F. Subjective quality assessment-ivc database. 2008. Available: http://www2.irccyn.ecnantes.fr/ivcdb.

[88] Horita Y, Shibata K, Kawayo ke Y, et al. MICT image quality evaluation database. 2008. Available: http://mict.eng.u-toyama.ac.jp/mict/index2.html.

[89] Wang Z, Li Q. Information content weighting for perceptual image quality assessment. IEEE Transactions on Image Processing, 2011, 20(5): 1185-1198.

[90] Mittal A, Soundararajan R, Bovik A C. Making a "completely blind" image quality analyzer. IEEE Signal Processing Letters, 2013, 20(3): 209-212.

[91] Min X, Gu K, Zhai G, et al. Blind quality assessment based on pseudo-reference image. IEEE Transactions on Multimedia, 2018, 20(8): 2049-2062.

[92] Min X, Zhai G, Gu K, et al. Blind image quality estimation via distortion aggravation. IEEE Transactions on Broadcasting, 2018, 64(2): 508-517.

[93] Soundararajan R, Bovik A C. RRED indices: Reduced reference entropic differencing for image quality assessment. IEEE Transactions on Image Processing, 2012, 21(2): 517-526.

[94] Vu P V, Chandler D M. A fast wavelet-based algorithm for global and local image sharpness estimation. IEEE Signal Processing Letters, 2012, 19(7): 423-426.

[95] Goldstein E B, Brockmole J. Sensation and Perception. Boston: Cengage Learning, 2016.

[96] Larson E, Chandler D. Most apparent distortion: Full-reference image quality assessment and the role of strategy. Journal of Electronic Imaging, 2010, 19(1): 011006.

[97] Tropp J A, Gilbert A C. Signal recovery from random measurements via orthogonal matching pursuit. IEEE Transactions on Information Theory, 2007, 53(12): 4655-4666.

[98] Narwaria M. Toward better statistical validation of machine learning-based multimedia quality estimators. IEEE Transactions on Broadcasting, 2018, 64(2): 446-460.

[99] Liu M, Gu K, Zhai G, et al. Perceptual reduced-reference visual quality assessment for contrast alteration. IEEE Transactions on Broadcasting, 2017, 63(1): 71-81.

[100] Golestaneh S A, Karam L. Reduced-reference quality assessment based on the entropy of DWT coefficients of locally weighted gradient magnitudes. IEEE Transactions on Image Processing, 2016, 25(11): 5293-5303.

[101] Olshausen B A. Principles of image representation in visual cortex. The Visual Neurosciences, 2003, 2: 1603-1615.

[102] Sheskin D J. Handbook of Parametric and Nonparametric Statistical Procedures. Boca Raton: Chapman and Hall/CRC, 2003.

[103] Li L, Wu D, Wu J, et al. Image sharpness assessment by sparse representation. IEEE Transactions on Multimedia, 2016, 18(6): 1085-1097.

[104] Bhattacharya S, Venkatesh K S, Gupta S. Visual saliency detection using spatiotemporal decomposition. IEEE Transactions on Image Processing, 2018, 27(4): 1665-1675.

[105] Ishikura K, Kurita N, Chandler D M, et al. Saliency detection based on multiscale extrema of local perceptual color differences. IEEE Transactions on Image Processing, 2018, 27(2): 703-717.

[106] Ponomarenko N, Ieremeiev O, Lukin V, et al. Color image database TID2013: Peculiarities and preliminary results. 2013 4th European Workshop on Visual Information Processing (EUVIP), 2013.

[107] Elad M. Sparse and Redundant Representations. New York: Springer, 2010.

[108] Harel J, Koch C, Perona P. Graph-based visual saliency. Conference on Advances in Neural Information Processing Systems, 2006.

[109] Hou X, Harel J, Koch C. Image signature: Highlighting sparse salient regions. IEEE Transactions on Pattern Analysis and Machine Intelligence, 2012, 34(1): 194-201.

[110] Erdem E, Erdem A. Visual saliency estimation by nonlinearly integrating features using region covariances. Journal of Vision, 2013, 13(4): 11.

[111] Duan L, Wu C, Miao J, et al. Visual saliency detection by spatially weighted dissimilarity. IEEE International Conference on Computer Vision Pattern Recognit, 2011: 473-480.

[112] Seo H J, Milanfar P. Static and space-time visual saliency detection by self-resemblance. Journal of Vision, 2009, 9: 15.

[113] Tavakoli H R, Rahtu E, Heikkilä J. Fast and efficient saliency detection using sparse sampling and kernel density estimation. Proceedings of Scandinavian Conference on Image Analysis, 2011: 666-675.

[114] Vikram T N, Tscherepanow M, Wrede B. A saliency map based on sampling an image

into random rectangular regions of interest. Pattern Recognition, 2012, 45(9): 3114-3124.

[115] Wang Z, Bovik A. Reduced-and no-reference image quality assessment. IEEE Signal Processing Magazine, 2011, 28(6): 29-40.

[116] Thurstone L L. The measurement of values. British Journal of Psychiatry, 1959, 105(441): 1127.

[117] Hinton G, van Camp D. Keeping the neural networks simple by minimizing the description length of the weights. ACM Conference on Computational Learning Theory, 1993.

[118] Min X, Zhai G, Zhou J, et al. A multimodal saliency model for videos with high audio-visual correspondence. IEEE Transactions on Image Processing, 2020, 29: 3805-3819.

[119] Large-scale scene understanding (lsun) database. 2017. Available:http://salicon.net/challenge-2017/.

[120] Lin T Y, Maire M, Belongie S, et al. Microsoft COCO: Common objects in context. European Conference on Computer Vision. Springer International Publishing, 2014.

[121] Jayaraman D, Mittal A, Moorthy A K, et al. Objective quality assessment of multiply distorted images. Asilomar Conference on Signals, Systems & Computers, 2012: 1693-1697.

[122] Xu J, Ye P, Li Q, et al. Blind image quality assessment based on high order statistics aggregation. IEEE Transactions on Image Processing, 2016, 25(9): 4444-4457.

[123] Zhang L, Zhang L, Bovik A C. A feature-enriched completely blind image quality evaluator. IEEE Transactions on Image Processing, 2015, 24(8): 2579-2591.

[124] Wu Q, Wang Z, Li H. A highly efficient method for blind image quality assessment. IEEE International Conference on Image Processing, 2015: 339-343.

[125] Ma K, Liu W, Liu T, et al. dipIQ: Blind image quality assessment by learning-to-rank discriminable image pairs. IEEE Transactions on Image Processing, 2017, 26(8): 3951-3964.

[126] Zhang W, Ma K, Yan J, et al. Blind image quality assessment using a deep bilinear convolutional neural network. IEEE Transactions on Circuits and Systems for Video Technology, 2020, 30(1): 36-47.

[127] Greenacre M J. Biplots in correspondence analysis. Journal of Applied Statistics, 1993, 20(2): 251-269.

[128] Katsigiannis S, Scovell J, Ramzan N, et al. Interpreting MOS scores, when can users see a difference? Understanding user experience differences for photo quality. Quality

and User Experience, 2018, 3(1): 6.

[129] Barbato G, Barini E M, Genta G, et al. Features and performance of some outlier detection methods. Journal of Applied Statistics, 2011, 38(10): 2133-2149.

第 3 章   基于伪参考的图像质量评价

传统的全参考图像质量评价算法通常通过测量失真图像与参考图像的质量偏差来预测失真图像的质量。而传统的盲图像质量评价算法一般直接从一幅失真图像中预测图像的质量。与传统的图像质量评价算法不同，本章引入了一种新的"参考"：伪参考图像，并提出了两种基于伪参考的盲图像质量评价算法。

3.1   基于伪参考的盲图像质量评价

各种视觉通信系统中普遍存在图像质量退化问题，因此需要有效的图像质量评价 (image quality assessment，IQA) 指标来准确地预测图像的视觉质量。在视觉通信系统中，待评价图像通常是由原始的完美质量图像 (称为参考图像) 退化而成。根据参考图像的可用性，图像质量评价算法可分为全参考 (full-reference，FR)、半参考 (reduced-reference，RR) 和无参考 (no-reference，NR) 算法。

FR-IQA 算法可以解释为描述两幅图像之间相似性的图像保真度度量，它通常通过测量目标图像与参考图像的偏差来实现 [1,2]。如果我们用一个"质量轴"来描述该问题，FR-IQA 度量了从参考图像到目标图像的"距离"。虽然有时参考图像是不可用的，但是我们仍然可以得到参考图像的一些特征，然后测量失真图像与这些特征的偏差 [3]。因此，无论参考图像是否给定，当前图像质量分析的一个共同点是：将参考图像视为这些方法的"参考点"，而失真图像的质量可以通过与该参考点的"距离"来测量。

在这样一个框架下，自然会有这样一个问题："质量轴的反方向呢？"很少有文献讨论过这个问题。如果能在质量轴的相反方向上定义一个表示最差质量的极值点，则可以将其作为质量评价的新"基点"。基于这一动机，我们在本节研究中生成一个伪参考图像 (pseudo-reference image，PRI)。图 3.1 展示了基于 PRI 的质量评价和传统 IQA 度量的比较。与传统的参考图像相反，PRI 位于质量轴的相反方向。它是从失真的图像中派生出来的，并且受到最严重的失真。在生成 PRI 后，我们可以将 PRI 作为一个新的基点，并度量失真图像与 PRI 之间的距离。本节介绍了 PRI 的概念，并系统地讨论了基于 PRI 的 IQA 框架。证明了基于 PRI 的框架是一个通用的 IQA 框架，它不仅适用于某一个特定的失真，而且适用于其他各种失真。此外，基于 PRI 的框架还可以通过集成基于 PRI 的特定失真 IQA 度量来用于通用的 IQA。

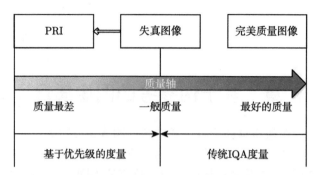

图 3.1　基于 PRI 的质量评价与传统 IQA 度量的比较

　　为了开发基于 PRI 的 IQA 度量，需要解决以下问题：①PRI 的定义；②质量距离的度量。由于每种类型的失真都会产生特定的伪影，因此我们需要定义特定失真的 PRI，以便与给定失真的特性一致。对于不同的失真类型，它还需要不同的距离度量。在这项工作中，我们将重点放在块效应、模糊和噪声失真上，因为这些是实际视觉通信系统中最常见的失真，而许多其他复杂的失真也可以是这几种失真的组合。我们开发了基于 PRI 的质量评价算法来估计块效应、清晰度和噪声。然后，通过先失真识别后质量回归的两阶段框架，将基于 PRI 的针对失真特定的度量集成到通用盲 IQA(blind IQA，BIQA) 算法中。该先失真识别后质量回归的两阶段框架之前用于 DIIVINE[4]，同样在失真识别后执行特定失真的质量评价。图 3.2 说明了所提出的基于 PRI 的通用 BIQA 度量的框架。值得一提的是，所提出的基于 PRI 的算法除了失真识别过程外，几乎不需要训练。

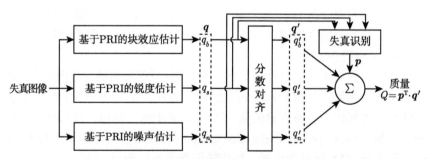

图 3.2　提出的基于 PRI 的 IQA 的框架，该框架通过失真识别后的两阶段质量回归，并且由所提出的基于 PRI 的针对特定失真的度量集成而来

　　基于块的压缩由于每个单独块的独立量化而导致块效应。块边界上的块伪影一起形成一些伪结构，我们发现这种伪结构在不同压缩级别的图像中显示出一定程度的相似性。失真图像中同时存在伪结构和真图像内容结构，而我们可以根据它们的位置区分它们。原始图像内容结构可以无处不在，而伪结构则分布在块边

界。为了获得 PRI，我们使用编码器中最高的压缩级别将失真图像压缩到最大程度。随着压缩水平的不断提高，失真图像和 PRI 的伪结构变得越来越相似。本书通过计算目标图像与相应 PRI 的伪结构相似度，提出了一种基于 PRI 的块效应度量方法：伪结构相似性 (pseudo structure similarity，PSS)。

模糊和噪声失真都会改变图像的纹理，从而显著改变图像的局部结构。例如，某些纹理图案 (如边或角) 会因模糊而变成平坦图案，而平坦图案则会因噪声而变成纹理图案。因此，衡量局部结构的变化可以有效地衡量清晰度和噪声，并且可以使用相同的框架来估计这两种失真。然而，由于局部结构对图像内容高度敏感，因此使用单一的模糊/噪声图像来测量清晰度/噪声具有一定挑战。在本书中，我们将模糊/噪声图像与 PRI 进行比较，以减少图像内容的影响。使用特定的平滑滤波器进一步模糊当前模糊图像，并在当前噪声图像中加入一定强度的噪声，从而得到 PRI。因其简单高效的特点，我们使用局部二进制模式 (local binary pattern，LBP)[5] 来描述局部结构。我们计算了模糊/噪声图像与相应的 PRI 之间特定 LBP 的相似性。我们将所提出的基于 PRI 的锐度/噪声度量称为局部结构相似性 (local structure similarity，LSS)，具体包括用于锐度估计的 LSS_s 和用于噪声估计的 LSS_n。模糊或噪声较多的图像具有较高的 LSS 分数，因为模糊或噪声会导致清晰图像中 LBP 的显著变化。

我们提出的 PSS 和 LSS 度量都遵循图 3.2 所示的基于 PRI 的 IQA 的框架。我们通过测量 "图像会变得多糟" 来解决 IQA 的问题，而不是传统的 "图像有多糟糕"。如图 3.2 所示，我们设计了一个两阶段框架，通过整合针对特定失真的基于 PRI 的 IQA 指标，开发了一个通用的基于 PRI 的 BIQA 模型，在这个框架中，我们首先识别失真，然后执行特定失真的质量评价。我们在 5 个大型 IQA 数据库 (包括 LIVE[6]、TID2013[7,8]、CSIQ[9]、SIQAD[10] 和 CCT[11]) 上将 BPRI 模型和最新的依赖主观数据 (opinion-aware，OA) 训练的和不依赖主观数据 (opinion-unaware，OU) 训练的通用 BIQA 指标进行了比较。其中，SIQAD 数据库是最近构建的屏幕内容图像 (screen content image，SCI) 质量评价 (quality assessment，QA) 数据库，CCT 数据库侧重于跨内容类型的 IQA。实验结果表明，基于 PRI 的 IQA 是有效的，而我们提出的 BPRI 模型优于或相当于最新的 OA 和 OU-BIQA 算法。

3.1.1 领域内的相关工作

1. 针对特定失真的盲图像质量度量

(1) 块效应估计：块效应是视觉通信系统中一种常见的失真类型。它通常是由于单个块的相对独立的处理引起的，这是大多数基于块的压缩方案所涉及的。直观地说，由于块内量化和高频信息的丢弃，JPEG 图像可以在空间域从块间的块效应和块内的模糊效应来进行评估。Liu 和 Heynderickx[12] 通过视觉掩蔽将局部块效应失真与其局部可视性相结合。在文献 [13] 中，作者们通过测量伪结构的规律性来评价块效应。Zhan 和 Zhang[14] 考虑了块效应和块内亮度的变化。Wang 等通过块边界的像素变化来估计块效应，并通过块内差异和差分图像的过零率来估计模糊度 [15]。

(2) 锐度估计：也是非常重要的工作，因为模糊失真在实际视觉通信系统中广泛存在。早期的锐度估计试图通过边缘分析来测量锐度。Ferzli 和 Karam[16] 引入了一个恰可察觉模糊 (just noticeable blur, JNB) 的概念，然后在 JNB 的基础上，Narvekar 和 Karam[17] 开发了一个考虑人在不同条件下对模糊的敏感性的概率模型。Li 等提出了一种基于稀疏表示的锐度评价方法，因为稀疏表示系数可以捕捉边缘的扩散 [18]。另外，由于模糊图像往往缺乏高频信息，因此从变换域估计清晰度也是一种很好的策略。

(3) 噪声估计：一直是图像处理和计算机视觉领域的一个重要而基本的问题。这个问题可以通过估计噪声强度 (通常是噪声的方差) 来解决 [19-21]。Zoran 和 Weiss[19] 基于这样一个假设来估计噪声：干净的图像应该在整个尺度上具有一个恒定的峰度值，而偏离这个值的原因是噪声的引入。Liu 等将噪声描述为单一一幅图像的亮度的函数 [20]。Tang 等通过统计分析和噪声注入来估计噪声 [21]。

2. 通用盲图像质量度量

(1) OA 度量：一些通用的 BIQA 模型是基于自然场景统计 (natural scene statistics, NSS) 的。DIIVINE[4] 首先识别失真，然后使用小波系数的 NSS 进行特定失真的 IQA。BRISQUE[22] 使用均值去除对比度归一化 (mean subtracted contrast normalized) 后的局部亮度系数的场景统计来量化 "自然度" 的可能损失。BLIINDS-II[23] 利用了 DCT 系数的 NSS。这些算法需要使用真实质量分数和支持向量回归来学习从质量特征到最终质量分数的映射。

(2) OU 度量：由于 OA 度量的泛化能力有限，研究者提出了一些无需主观意见分数进行训练的 OU 度量。NIQE[24] 利用了空间域 NSS，它使用多变量高斯模型 (multivariate Gaussian model, MVG) 来拟合 NSS 的特征，并以 MVG 之间的距离来度量质量。IL-NIQE[25] 遵循相同的框架，但使用了不同的特征。LPSI[26] 是一种无需训练的算法，它提取局部图像结构的二值模式的统计特征来计算图像质量。OU 度量具有很强的泛化性，但现在可用的度量方法还比较有限。

3.1.2　基于伪参考的特定失真度量 PSS 和 LSS

本节将具体介绍基于 PRI 的块效应评价算法 PSS，以及基于 PRI 的清晰度和噪声评价算法 LSS。

1. 基于伪参考的块效应度量 PSS

如前文所述，对于所提出的基于 PRI 的块效应度量 PSS，我们首先使用编码器中最重的压缩级别将失真图像压缩到 PRI。然后检测失真图像和相应 PRI 的伪结构，最后用两幅图像伪结构之间的相似度来衡量块效应。图 3.3 给出了 PSS 度量的框架。

(1) PRI：PRI 的质量比失真图像差，它是从失真图像中压缩出来的。给定失真图像 $\boldsymbol{A}$，我们可以得到 PRI M：

$$M = \text{JPEG}(\boldsymbol{A}, \text{QT}) \tag{3-1}$$

其中，JPEG 表示 JPEG 编码器；QT 是使用的量化表，它是固定的，表示非常低的压缩质量。虽然我们使用 PRI 作为参考，但是 PSS 仍然是 NR 模型，因为 PRI 是由失真图像导出的。

(2) 伪角点和伪结构：在本章中，我们检测角点，然后用它们来表示图像结构。在 JPEG 压缩图像中，图像结构既有真实的图像内容结构，也有由于过度压缩而产生的伪结构。我们通过分析检测到的角点的位置来区分它们。如果检测到的角点分布在 8×8 块的 4 个角上，则将角点当作伪角点。否则，如果在某些普通位置检测到它们，则它们被视为常规角点。然后我们利用检测到的伪角点来描述图像的伪结构。

给定图像 $\boldsymbol{A} = (a_{ij})_{h \times w}$，其伪结构定义为 $\boldsymbol{P} = (p_{ij})_{h \times w}$，其中 h, w 表示图像的行和列，并且

$$p_{ij} = \begin{cases} 1, & a_{ij} \in C, \quad \mod(i, N) < 2, \quad \mod(j, N) < 2 \\ 0, & \text{其他} \end{cases} \tag{3-2}$$

其中，$a_{ij} \in C$ 表示在像素 a_{ij} 处检测到一个角点；mod 计算余数；$\mod(i, N) < 2$，$\mod(j, N) < 2$ 表示位置 (i, j) 是块的角之一，块大小 $N = 8$。利用 Shi 和 Tomasi 提出的最小特征值法[27] 来进行角点检测。我们用 $\boldsymbol{P}_\text{d} = (p_{d_{ij}})_{h \times w}$ 和 $\boldsymbol{P}_\text{m} = (p_{m_{ij}})_{h \times w}$ 分别表示失真图像和 PRI 的伪结构。如图 3.3 的底部两个图像所示，红点和绿点表示伪角点 $(p_{ij} = 1)$，而所有的点一起给出了伪结构 $\boldsymbol{P}_\text{d}$ 和 $\boldsymbol{P}_\text{m}$ 的描述。

(3) 伪结构相似性：如图 3.3 所示，如果比较 $\boldsymbol{P}_\text{d}$ 和 $\boldsymbol{P}_\text{m}$，可以发现它们之间有一定程度的相似性，并且存在大量重叠的伪角点。用 $\boldsymbol{P}_\text{o} = (p_{o_{ij}})_{h \times w}$ 来表示重叠的伪结构，即 $\boldsymbol{P}_\text{d} = (p_{d_{ij}})_{h \times w}$ 和 $\boldsymbol{P}_\text{m} = (p_{m_{ij}})_{h \times w}$ 之间的重叠：

$$\boldsymbol{P}_\text{o} = (p_{o_{ij}})_{h \times w} = (p_{d_{ij}} \cdot p_{m_{ij}})_{h \times w} \tag{3-3}$$

图 3.3 和图 3.4 中的红点描述了 $\boldsymbol{P}_\text{o}$。图 3.4 给出了不同压缩程度的图像中的伪结

构。值得注意的是，当图像压缩程度上升时，其伪结构 P_d 将更类似于 PRI 的伪结构 P_m，即存在更多重叠的伪角点。

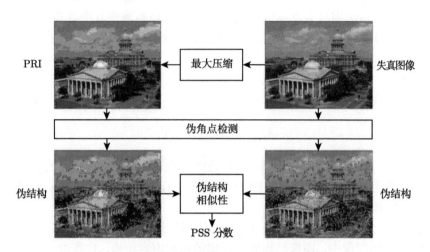

图 3.3　基于 PRI 的块效应度量 PSS 的框架

底部 2 个图像中的红点和绿点表示伪角点。具体地，红色部分表示失真图像中的伪角点与 PRI 重叠。所有伪角点一起对伪结构进行了全面的描述

图 3.4　不同压缩程度的图像中的伪结构

DMOS 是平均意见得分差异，而 PSS 是由 PSS 度量计算的质量分数。与图 3.3 类似，红点和绿点表示伪角点。在失真程度更高的图像中有更多重叠的伪角点。(a)DMOS=22，PSS=0.09；(b)DMOS=42，PSS=0.26；(c)DMOS=90，PSS=0.82

因此，引入伪结构相似性 (PSS) 来估计块效应。定义重叠伪角点的数量为 N_o，P_m 中的伪角点数量为 N_m：

$$N_o = \sum_{i,j} p_{o_{ij}}, \quad N_m = \sum_{i,j} p_{m_{ij}} \tag{3-4}$$

则

$$\mathrm{PSS} = \frac{N_o}{N_m + 1} \tag{3-5}$$

其中，常数 1 是为了稳定性的原因而加上的。PSS 评分直观地反映了 P_d 与 P_m 的重叠程度。块效应越严重，PSS 值越高。如图 3.4 所示，PSS 与块效应程度和实际质量有很好的相关性。

(4) 实验细节：值得注意的是 PSS 只涉及很少的参数，当计算 PRI 和检测角点时，我们只需要设置几个参数。在式 (3-1) 中，我们使用 MATLAB 中的 JPEG 编码器，具体来说，我们使用了 "imwrite" 函数。量化表 QT 对应于 "imwrite" 的 "quality" 参数，该参数被设置为极值点 0，它表示编码器可以提供的最严重的压缩。在式 (3-2) 中，我们使用 MATLAB 实现的最小特征值法 [27] 来检测角点，具体来说，我们使用了 "corner" 函数。检测到的角点的最大数量被设置为一个非常大的数字，这意味着我们在正常情况下不限定该数量。首先使用标准差为 0.5 的 3×3 高斯掩模对目标图像进行滤波。指定最小角点质量的 "Quality Level" 参数设置为 0.001。PSS 中的质量参数被设定为一个很小的值，这样我们就可以检测出更多的角点来描述结构。

2. 基于伪参考的清晰度和噪声度量 LSS

按照上述基于 PRI 的 IQA 框架，我们提出了基于 PRI 的方法 LSS_s 和 LSS_n 来估计锐度和噪声。图 3.5 给出了 LSS 的框架，LSS_s 和 LSS_n 都遵循这个框架，区别在于 LSS_s 和 LSS_n 具有不同的 PRI 定义，并且提取了不同的 LBP 来描述局部结构。在 LSS_s 中，我们使用特定的平滑滤波器将当前模糊图像模糊到 PRI；而在 LSS_n 中，我们在当前噪声图像中加入一定强度的噪声来获得 PRI。然后，我们提取了不同的 LBP 来描述局部结构，因为不同的 LBP 对不同的失真敏感。最后，我们将从失真图像与 PRI 中提取的 LBP 的相似度作为质量分数。

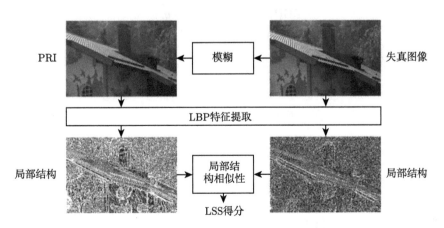

图 3.5 基于 PRI 的度量 LSS 的框架

底部两张图中的白色像素表示检测到所需的局部结构。局部结构用 LBP 描述，LSS 计算失真图像与 PRI 的特定 LBP 的相似性

(1) PRI：LSS$_s$ 中的 PRI 是由给定的失真图像 A 模糊而成的：

$$M = f \otimes A = \frac{1}{9} \begin{bmatrix} 1 & 1 & 1 \\ 1 & 1 & 1 \\ 1 & 1 & 1 \end{bmatrix} \otimes A \tag{3-6}$$

其中，M 是得到的 PRI；f 是模糊滤波器，我们将其设置为平均滤波器；$\otimes$ 是卷积算子。

LSS$_n$ 中的 PRI 是通过在给定的失真图像 A 上添加高斯噪声而产生的：

$$M = A + \mathcal{N}(0, v) \tag{3-7}$$

其中，M 是得到的 PRI；$\mathcal{N}(0, v)$ 生成具有 0 均值和 v 方差的正态分布随机值。与 PSS 类似，LSS$_s$ 和 LSS$_n$ 也是 NR 指标。图 3.5 给出 LSS$_s$ 中的 PRI 的示例。

(2) 局部二进制模式和结构：LBP[28] 是一个强大的视觉描述符，常用于许多图像处理和计算机视觉应用中。基于 LBP 的 IQA 度量的基本假设是：质量退化会改变局部图像结构，而局部图像结构可以用 LBP 来建模。例如，模糊将一些纹理图案转换为平坦图案；而平坦图案将由于噪声而变成纹理图案。因此，我们提取 LBP 并量化这些局部结构变化来度量清晰度和噪声。

LBP 通过比较中心像素 g_c 和它的圆对称邻域 g_p 的亮度值，然后使用单位阶跃函数对它们之间的差异进行二值化，并将二值化结果相加：

$$\text{LBP}_{P,R} = \sum_{p=0}^{P-1} u(g_p - g_c) \tag{3-8}$$

其中，P、R 分别表示 LBP 结构的邻域数和半径；$u(*)$ 是单位阶跃函数：

$$u(x) = \begin{cases} 1, & x \geqslant 0 \\ 0, & x < 0 \end{cases} \tag{3-9}$$

其中，式 (3-8) 中的 LBP 定义不同于文献 [8] 中的非一致定义：通过在像素 g_p 的二进制结果上附加因子 2^p 来编码二值化结果。这也与它们的统一定义略有不同，在这里为了简单起见我们不将具有许多空间转换的 LBP 编码为单独的数字。

在本书中，为了简单起见，我们设置 $P = 4$ 和 $R = 1$，这样不需要任何插值操作，而且可能的 LBP 值也相当少。我们发现一些特定的 LBP 对模糊非常敏感，而另一些 LBP 对噪声敏感。从模糊图像到对应的 PRI，LBP$_{4,1}$=2 和 LBP$_{4,1}$=3

变化最显著；而从噪声图像到相应的 PRI，$LBP_{4,1}=0$ 和 $LBP_{4,1}=1$ 变化最显著。因此，量化不同 LBP 的变化作为模糊和噪声的质量度量。在 LSS_s 中，将所需的局部结构图定义为 $\boldsymbol{L}=(l_{ij})_{h\times w}$，其中

$$l_{ij}=\begin{cases} 1, & LBP_{4,1}=2或LBP_{4,1}=3 \\ 0, & 其他 \end{cases} \tag{3-10}$$

同样，LSS_n 中的局部结构图 $\boldsymbol{L}=(l_{ij})_{h\times w}$ 为

$$l_{ij}=\begin{cases} 1, & LBP_{4,1}=0或LBP_{4,1}=1 \\ 0, & 其他 \end{cases} \tag{3-11}$$

我们对两幅图像采用相同的计算过程，将失真图像和 PRI 的局部结构图表示为 $\boldsymbol{L}_d=(l_{d_{ij}})_{h\times w}$ 和 $\boldsymbol{L}_m=(l_{m_{ij}})_{h\times w}$。图 3.5 中底部的两个图像分别表示 $\boldsymbol{L}_d$ 和 $\boldsymbol{L}_m$。

(3) 局部结构相似性：如上所述，我们测量了 $\boldsymbol{L}_d=(l_{d_{ij}})_{h\times w}$ 和 $\boldsymbol{L}_m=(l_{m_{ij}})_{h\times w}$ 之间的相似性作为质量。我们定义 $\boldsymbol{L}_d=(l_{d_{ij}})_{h\times w}$ 和 $\boldsymbol{L}_m=(l_{m_{ij}})_{h\times w}$ 之间的重叠为 $\boldsymbol{L}_o=(l_{o_{ij}})_{h\times w}$：

$$\boldsymbol{L}_o=(l_{o_{ij}})_{h\times w}=(l_{d_{ij}}\cdot l_{m_{ij}})_{h\times w} \tag{3-12}$$

图 3.6 给出了一些不同模糊度和噪声程度的图像的 L_o 示例。

DMOS=22, LSS_s=0.67	DMOS=40, LSS_s=0.79	DMOS=65, LSS_s=0.89	DMOS=29, LSS_n=0.25	DMOS=60, LSS_n=0.31	DMOS=102, LSS_n=0.44

图 3.6 不同失真程度图像的局部结构相似性

第一行：裁剪失真图像；第二行：对应的 L_o 图，即失真图像与 PRI 局部结构图之间的重叠；DMOS：平均意见得分差异；LSS_s 和 LSS_n：LSS 度量计算的质量分数。可以观察到在失真程度更高的图像中有更多的重叠

与 PSS 相似，对于失真程度更高的图像来说，失真图像和 PRI 之间的特征图有更多的重叠。我们还可以定义 $\boldsymbol{L}_d$ 和 $\boldsymbol{L}_m$ 之间的并集，即 $\boldsymbol{L}_u=(l_{u_{ij}})_{h\times w}$：

$$L_{\mathrm{u}} = (l_{\mathrm{u}_{ij}})_{h \times w} = (l_{\mathrm{d}_{ij}} | l_{\mathrm{m}_{ij}})_{h \times w} \tag{3-13}$$

然后我们提出的局部结构相似性 ($\mathrm{LSS_s}$ 和 $\mathrm{LSS_n}$) 可以定义为

$$\mathrm{LSS} = \frac{N_{\mathrm{o}}}{N_{\mathrm{m}} + 1} \tag{3-14}$$

其中，N_{o} 和 N_{m} 分别表示 L_{o} 和 L_{u} 映射中非零元素的数量：

$$N_{\mathrm{o}} = \sum_{i,j} l_{\mathrm{o}_{ij}}, \quad N_{\mathrm{m}} = \sum_{i,j} l_{\mathrm{m}_{ij}} \tag{3-15}$$

与 PSS 相似，LSS 表示 L_{d} 和 L_{m} 的重叠程度，并且更加模糊或者噪声更强的图像具有更高的 LSS 值。如图 3.6 所示，LSS 分数可以很好地预测清晰度和噪声程度。

（4）实验细节：与 PSS 相比，$\mathrm{LSS_s}$ 和 $\mathrm{LSS_n}$ 涉及的参数更少。如上所述，$\mathrm{LSS_s}$ 使用一个 3×3 平均滤波器来导出 PRI，并添加 0 均值和 0.5 方差的高斯噪声来创建 $\mathrm{LSS_n}$ 中的 PRI。在两个 LSS 度量中，$\mathrm{LBP_{4,1}}$ 被用于计算局部结构图。

3.1.3　基于伪参考的通用图像质量度量 BPRI

　　受 DIIVINE 的启发，我们通过先失真识别后质量回归的两阶段框架，将上述基于 PRI 的特定失真度量（PSS、$\mathrm{LSS_s}$ 和 $\mathrm{LSS_n}$）集成到一个通用的基于 PRI 的度量（blind PRI-based，BPRI）中。与需要学习一个回归器来整合大量特征的 DIIVINE 不同，PSS、$\mathrm{LSS_s}$ 和 $\mathrm{LSS_n}$ 计算的单个质量分数足以有效地描述由块效应、模糊和噪声引起的质量退化。因此，将 PSS、$\mathrm{LSS_s}$ 和 $\mathrm{LSS_n}$ 以一种无需主观意见分数训练的方式来集成是可行的。

　　1. 分数对齐

　　首先，我们需要对齐质量分数，因为 PSS、$\mathrm{LSS_s}$ 和 $\mathrm{LSS_n}$ 对质量变化的响应不同。我们将 PSS、$\mathrm{LSS_s}$ 和 $\mathrm{LSS_n}$ 计算得到的质量分数分别表示为 q_b、q_s 和 q_n，然后使用以下五参数逻辑斯谛函数来映射质量分数：

$$q' = \lambda_1 \left(0.5 - \frac{1}{1 + \mathrm{e}^{\lambda_1 (q - \lambda_3)}} \right) + \lambda_4 q + \lambda_5 \tag{3-16}$$

其中，q、q' 分别是原始和映射的质量分数；$\{\lambda_i | i = 1, 2, \cdots, 5\}$ 是通过曲线拟合确定的五个参数。由 q_b、q_s 和 q_n 映射的质量分数分别表示为 q'_b、q'_s 和 q'_n。

　　为了拟合这些参数，我们创建了一个与广泛使用的 IQA 数据库没有内容重叠的图像集。具体来说，我们从公共数据库中选择 100 幅高质量的自然图像 [29]，并使用 4 种最常见的失真类型生成失真图像, 即 JPEG、高斯模糊 (Gaussian blur, GB)、高斯白噪声 (white Gaussian noise, WGN) 和 JP2K。对于每种失真类型, 选择 5 个质量级别来覆盖广泛的感知质量, 因此我们共使用 2000 张失真图像来拟合参数。曲线拟合还需要目标分数, 在 IQA 模型评估中, 我们通常使用真实质量分数, 考虑到 FR-IQA 算法的成功, 我们使用 FR 算法来指导分数对齐, 即将所有特定失真的质量分数都非线性映射到 FR 算法的质量分数上。在分数对齐后, q'_b、q'_s 和 q'_n 具有可比性, 并且对质量变化做出一致的响应。

2. 失真识别与质量回归

我们训练一个分类器来识别失真。为了简单起见, 我们使用 q_b、q_s 和 q_n 作为识别特征, 并且将前文中描述的图像集用作训练集 Φ。考虑到支持向量机在分类问题上取得的成功, 我们选择支持向量机进行分类。给定特征 $q = (q_b, q_s, q_n)^{\mathrm{T}}$ 和每个图像的标记 $l \in \{b, s, n\}$ 和训练集 Φ, 我们可以训练分类器:

$$分类器 = \mathrm{SVM\_TRAIN}(q_i, l_i), \quad i \in \Phi \tag{3-17}$$

其中 i 是图像索引。然后在给定任何测试图像的质量特征 q 的基础上, 利用预先训练好的分类器来识别失真:

$$p = \mathrm{SVM\_PREDICT}(q, 分类器) \tag{3-18}$$

其中, $p = (p_b, p_s, p_n)^{\mathrm{T}}$ 是不同失真的预测概率。

我们使用了 LIBSVM[30] 中实现的径向基函数核的支持向量机。具体地, 我们遵循 OA-BIQA 度量训练中常用的支持向量机参数设置, 只将模型类型从 "epsilon SVR" 更改为 "C-SVC", 即从回归改成分类。在分数对齐和分类器训练过程中, 由于我们没有为 JP2K 设计特定的失真度量, 并且 JP2K 压缩图像的主要失真是模糊, 因此 JP2K 子集被标记为 GB。我们采用概率加权策略, BPRI 的最终质量分数描述为

$$Q = p^{\mathrm{T}} \cdot q' \tag{3-19}$$

其中, $q' = (q'_b, q'_s, q'_n)^{\mathrm{T}}$ 是对齐的分数。另外, 我们也可以采用一种硬分类策略, 即明确地对失真类型进行分类, 并使用相应的对齐分数作为质量。

3.1.4 BPRI 算法性能测试

为了验证所提出的 BPRI 质量模型, 我们首先在上述四种最常见的失真类型上测试 BPRI 和最先进的 BIQA 模型, 然后测试所有 BIQA 模型对其他失真的泛化能力。我们将 BIQA 模型应用于现实视觉通信系统中可能遇到的两种主要类

型的图像，即自然场景图像 (natural scene image，NSI) 和屏幕内容图像 (screen content image，SCI)。SCI 也是视觉通信系统中不可缺少的一部分，而 SCI 的质量评价也变得越来越重要，因为所谓的 "屏幕内容" 通常是计算机生成的，因此具有一些非同寻常的特性。

1. 实验方案

1) 数据库

我们使用五个大型 IQA 数据库作为实验数据库，包括 LIVE[6]、TID2013[8]、CSIQ[9]、SIQAD[10] 和 CCT[11]。前 3 个是经常使用的 NSI QA 数据库。SIQAD 数据库的建立是为了方便 SCI QA 的研究 [10]。CCT 是一个跨内容类型的 IQA 数据库，用于测试 IQA 模型对其他内容类型的泛化能力 [11]。它包括 1320 幅 NSI、计算机图形图像 (computer graphic image，CGI) 和 SCI，它们是通过高效视频编码 (high efficiency video coding，HEVC) 帧内编码方法，以及 HEVC 的屏幕内容压缩扩展 (screen content compression，SCC) 压缩的。HEVC 和 HEVC-SCC 引入的主要失真是模糊和块效应。目前的 IQA 研究主要集中在 NSI 上，并且有很多公开可用的 NSI QA 数据库。前四个数据库共享 JPEG、GB、WGN 和 JP2K 四种常见的失真类型，每个数据库中分别有 634 幅、500 幅、600 幅和 560 幅常见失真图像。我们将首先在常见失真图像上测试 BIQA 模型，然后在 LIVE、TID2013、CSIQ、SIQAD 和 CCT 数据库中测试其对其他非常见失真的泛化能力。

2) 比较方法

我们将提出的 BPRI 模型与 BIQA 模型进行比较，包括：

(1) OA-BIQA 模型：DIIVINE、BLIINDS-II 和 BRISQUE 分别使用小波、DCT 和空域 NSS。NFERM[31] 基于自由能原理。CORNIA[32] 和 HOSA[33] 都是基于无监督的特征学习的 BIQA 模型。

(2) OU-BIQA 模型：NIQE 和 IL-NIQE 使用空间域 NSS。QAC 进行质量感知聚类并学习码本。LPSI[26] 利用局部图像结构统计。

3) 评估标准

为了评估 IQA 模型，我们遵循通用程序 [11,34,35]，首先使用五参数逻辑斯谛函数映射预测的质量分数。然后计算映射得分与真实值的一致性来衡量 IQA 模型的性能。我们选择 SROCC、PLCC、RMSE 作为评价标准。

2. 常见失真类型上的性能测试

我们首先测试所有 BIQA 模型在常见失真类型上的性能。表 3.1 列出了性能比较结果。

表 3.1 常见失真类型上的性能比较

准则	数据库	失真	OA-BIQA 模型						OU-BIQA 模型					
			DIIVINE	BLIINDS-II	BRISQUE	NFERM	CORNIA	HOSA	NIQE	QAC	IL-NIQE	LPSI	BPRI(c)	BPRI(p)
SROCC	LIVE	JPEG	—	—	—	—	—	—	0.9410	0.9362	0.9424	**0.9677**	0.9665	**0.9699**
		GB	—	—	—	—	—	—	**0.9326**	0.9134	0.9154	0.9156	**0.9268**	0.9243
		AWGN	—	—	—	—	—	—	0.9716	0.9509	0.9809	0.9557	**0.9843**	**0.9854**
		JP2K	—	—	—	—	—	—	**0.9187**	0.8621	0.8944	**0.9300**	0.9080	0.9069
		All	—	—	—	—	—	—	0.9168	0.8857	0.9153	0.8333	**0.9288**	**0.9304**
	TID2013	JPEG	0.6288	0.8360	0.8448	0.8722	0.8958	0.8957	0.8468	0.8369	0.8340	**0.9123**	0.9067	**0.9107**
		GB	0.8344	0.8367	0.8137	0.8501	**0.9274**	0.8695	0.7986	0.8464	0.8148	0.8408	**0.8725**	0.8593
		AWGN	0.8553	0.6468	0.8520	0.8581	0.7354	0.8172	0.8187	0.7427	0.8767	0.7690	**0.9182**	**0.9181**
		JP2K	0.8534	0.8883	0.8927	0.8097	**0.9009**	**0.9013**	0.8890	0.7895	0.8583	0.8988	0.8830	0.8680
		All	0.7820	0.7673	0.8401	0.8594	0.8787	0.8681	0.7972	0.8055	0.8417	0.7046	**0.8990**	**0.8937**
	CSIQ	JPEG	0.7996	0.8986	0.9049	0.9223	—	—	0.8830	0.9016	0.8996	**0.9502**	0.9181	**0.9295**
		GB	0.8716	0.8766	0.9026	0.8964	—	—	0.8925	0.8362	0.8578	**0.9060**	**0.9036**	0.9002
		AWGN	0.8663	0.7597	0.9250	0.9220	—	—	0.8090	0.8222	0.8500	0.6664	**0.9313**	**0.9358**
		JP2K	0.8308	0.8951	0.8665	0.9050	—	—	**0.9065**	0.8699	0.9061	**0.9075**	0.8628	0.8620
		All	0.8284	0.8511	0.8993	**0.9143**	—	—	0.8710	0.8416	0.8803	0.7712	0.8957	**0.8999**
	SIQAD	JPEG	0.0818	0.4299	0.2703	0.4171	0.1843	0.3990	0.4422	0.1451	0.2919	0.7149	**0.7377**	0.7022
		GB	0.0870	0.4404	0.6318	0.7704	0.6497	0.2324	0.5266	0.6238	0.4556	0.6663	0.8350	**0.8349**
		AWGN	**0.8865**	0.6361	0.8238	0.8357	0.6768	0.6623	0.8245	0.8416	0.8143	**0.8648**	0.8453	0.8452
		JP2K	0.0928	0.2300	0.0169	0.2852	0.5721	0.4371	0.2458	0.1937	0.3837	0.4612	**0.6203**	0.5728
		All	0.3575	0.2752	0.4164	0.6844	0.4934	0.3681	0.4816	0.5631	0.5167	0.4150	**0.7802**	**0.7714**
	平均		0.6438	0.6845	0.7267	0.7868	0.6900	0.6465	0.7857	0.7604	0.7865	0.8026	**0.8762**	**0.8710**

续表

准则	数据库	失真	OA-BIQA 模型						OU-BIQA 模型					
			DIIVINE	BLIINDS-II	BRISQUE	NFERM	CORNIA	HOSA	NIQE	QAC	IL-NIQE	LPSI	BPRI(c)	BPRI(p)
PLCC	LIVE	JPEG	—	—	—	—	—	—	0.9516	0.9437	0.9589	**0.9748**	0.9740	**0.9769**
		GB	—	—	—	—	—	—	**0.9446**	0.9112	**0.9327**	0.9150	0.9256	0.9237
		AWGN	—	—	—	—	—	—	0.9763	0.9280	0.9866	0.9645	**0.9874**	**0.9882**
		JP2K	—	—	—	—	—	—	**0.9264**	0.8658	0.9051	**0.9355**	0.9110	0.8934
		All	—	—	—	—	—	—	0.9162	0.8777	0.9164	0.8440	**0.9304**	**0.9320**
	TID2013	JPEG	0.6643	0.8774	0.8997	**0.9613**	0.9338	0.9181	0.8929	0.8693	0.8997	0.9536	0.9603	**0.9626**
		GB	0.8479	0.8492	0.8476	0.8494	**0.9214**	**0.8789**	0.8190	0.8478	0.8475	0.8355	0.8744	0.8627
		AWGN	0.8590	0.6480	0.8509	0.8759	0.7366	0.8189	0.8272	0.7972	0.8837	0.7749	**0.9262**	**0.9265**
		JP2K	0.9057	**0.9203**	0.9178	0.8587	**0.9263**	0.9347	0.9066	0.8093	0.8896	0.9163	0.9013	0.8890
		All	0.7859	0.7912	0.8662	0.8764	**0.8907**	**0.8901**	0.8091	0.8051	0.8576	0.8114	0.8895	0.8812
	CSIQ	JPEG	0.8239	0.9377	0.9463	0.9678	—	—	0.9347	0.9377	0.9546	**0.9693**	**0.9706**	0.9689
		GB	0.8993	0.8930	**0.9275**	0.9218	—	—	0.9249	0.8565	0.8937	**0.9298**	0.9182	0.9161
		AWGN	0.8878	0.7743	0.9376	0.9247	—	—	0.8113	0.8781	0.8638	0.6873	**0.9445**	**0.9476**
		JP2K	0.8962	0.9148	0.8972	**0.9379**	—	—	**0.9264**	0.8951	**0.9264**	0.9183	0.8916	0.8911
		All	0.8556	0.8792	0.9240	**0.9399**	—	—	0.8880	0.8736	0.9070	0.8657	0.9175	0.9188
	SIQAD	JPEG	0.1460	0.4696	0.2856	0.4221	0.2726	0.4017	0.4473	0.3687	0.4013	0.7302	**0.7525**	0.7332
		GB	0.4632	0.4585	0.6597	0.7579	0.6834	0.4296	0.6066	0.6255	0.5505	0.6551	**0.8462**	**0.8466**
		AWGN	0.8869	0.6415	0.8478	0.8537	0.6763	0.6843	0.8339	0.8526	0.8147	0.8757	**0.8927**	**0.8933**
		JP2K	0.1438	0.3166	0.2775	0.3176	**0.5975**	0.4708	0.3752	0.2448	0.4752	0.5359	**0.6297**	0.5804
		All	0.4043	0.3340	0.4962	0.7271	0.4983	0.3887	0.4996	0.5955	0.5400	0.4766	**0.7982**	**0.7930**
	平均		0.6980	0.7137	0.7721	0.8128	0.7137	0.6816	0.8109	0.7892	0.8202	0.8285	**0.8921**	0.8863

续表

准则	数据库	失真	OA-BIQA 模型						OU-BIQA 模型					
			DIIVINE	BLIINDS-II	BRISQUE	NFERM	CORNIA	HOSA	NIQE	QAC	IL-NIQE	LPSI	BPRI(c)	BPRI(p)
RMSE	LIVE	JPEG	—	—	—	—	—	—	9.7881	10.534	9.0327	**7.1003**	7.2118	**6.8035**
		GB	—	—	—	—	—	—	**6.0625**	7.6091	**6.6621**	7.4539	6.9904	7.0758
		AWGN	—	—	—	—	—	—	6.0507	10.423	4.5715	7.3908	**4.4300**	**4.2847**
		JP2K	—	—	—	—	—	—	**9.5003**	12.624	10.729	**8.9108**	10.403	11.337
		All	—	—	—	—	—	—	10.833	12.953	10.822	14.498	**9.9065**	**9.7964**
	TID2013	JPEG	1.1256	0.7226	0.6573	**0.4151**	0.5390	0.5968	0.6780	0.7445	0.6575	0.4536	0.4199	**0.4081**
		GB	0.6616	0.6589	0.6622	0.6585	**0.4850**	**0.5952**	0.7160	0.6618	0.6623	0.6858	0.6056	0.6310
		AWGN	0.3631	0.5401	0.3725	0.3421	0.4796	0.4070	0.3985	0.4281	0.3319	0.4482	**0.2674**	**0.2669**
		JP2K	0.7218	0.6661	0.6762	0.8728	**0.6417**	**0.6054**	0.7188	1.0004	0.7777	0.6819	0.7377	0.7797
		All	0.8626	0.8530	0.6971	0.6717	**0.6340**	**0.6357**	0.8197	0.8273	0.7174	0.8153	0.6373	0.6593
	CSIQ	JPEG	0.1734	0.1063	0.0989	0.0770	—	—	0.1088	0.1063	0.0912	**0.0752**	**0.0736**	0.0757
		GB	0.1253	0.1290	**0.1071**	0.1111	—	—	0.1090	0.1479	0.1286	**0.1055**	0.1135	0.1149
		AWGN	0.0772	0.1062	0.0583	0.0639	—	—	0.0981	0.0803	0.0845	0.1219	**0.0551**	**0.0536**
		JP2K	0.1402	0.1277	0.1396	**0.1096**	—	—	**0.1190**	0.1409	**0.1190**	0.1251	0.1431	0.1434
		All	0.1463	0.1346	**0.1080**	**0.0965**	—	—	0.1300	0.1375	**0.1190**	0.1415	0.1124	0.1116
	SIQAD	JPEG	9.2958	8.2959	9.0051	8.5182	9.0406	8.6050	8.4041	8.7345	8.6065	6.4203	**6.1880**	**6.3894**
		GB	13.450	13.487	11.405	9.9010	11.079	13.704	12.065	11.841	12.669	11.467	**8.0861**	**8.0781**
		AWGN	6.8920	11.443	7.9098	7.7688	10.988	10.877	8.2320	7.7941	8.6487	7.2015	**6.7208**	**6.7047**
		JP2K	10.285	9.8587	9.9852	9.8552	**8.3342**	9.1696	9.6338	10.077	9.1446	8.7752	**8.0742**	8.4633
		All	12.815	13.207	12.165	9.6200	12.148	12.910	12.138	11.257	11.794	12.318	**8.4399**	**8.5368**
分数为最大值的次数			1/47	1/47	4/47	7/47	10/32	6/32	9/62	0/62	4/62	16/62	**34/62**	**34/62**
时间/(秒/图)			8.5404	22.951	0.7183	23.773	2.8918	0.2198	0.1072	**0.0426**	3.4352	**0.0144**	0.4959	0.5006

除了单一失真，我们还测试了在所有 4 种类型失真图像上的性能。所有 OA-BIQA 模型都是在 LIVE 上进行训练的，因此我们不在表 3.1 中列出它们在 LIVE 上的性能，以确保训练和测试完全分离。我们主要在 LIVE 数据库上比较 BPRI 和 OU-BIQA 模型。类似地，CORNIA 和 HOSA 使用 CSIQ 的图像学习码本，因此它们在 CSIQ 上的性能没有被列出。对于所提出的 BPRI 算法，我们分别用 BPRI(p) 和 BPRI(c) 使用了概率加权策略和硬分类策略的两个版本。我们根据每个标准，加粗了性能排在前两名的模型。表 3.1 还报告了所有数据库的平均 SROCC 和 PLCC 性能以及总命中数 (排名前两名的次数)。

可以看出，所提出的 BPRI 模型在大多数数据库中处于领先地位，特别是在 SIQAD 上，所提出的算法显示出显著的优越性。大多数现有的模型在处理 SCI 方面不是很好，而本书提出的方法在 SCI 上表现得很好，并且在图像内容类型上表现出良好的一致性。这是可以理解的，因为目前大多数 BIQA 模型都是隐式地为 NSI 设计的，并且依赖于 NSI 的一些统计信息，而基于 PRI 的方法所使用的质量特征并不局限于自然场景。

3. 非常见失真类型上的性能测试

我们从 3 个方面测试了所有 BIQA 模型对其他失真的泛化性：在整个 TID2013 数据库 (包含 24 种失真类型) 上测试；在 CCT 数据库 (包括 3 种内容类型和 2 种失真类型) 上测试；在 LIVE、CSIQ 和 SIQAD 数据库中的非常见失真 (包括快速衰落 (FF)、加性高斯白噪声 (AGWN)、对比度变化 (CC)、运动模糊 (MB) 和基于层分割的压缩 (LSC)) 上测试。相应的性能比较结果分别列于表 3.2 ~ 表 3.4。为了简单起见，我们只报告 SROCC 性能。

从表 3.2 可以看出，从平均性能和分数为最大值的次数来看，CORNIA、HOSA、IL-NIQE 和所提出的 BPRI 方法是 TID2013 中表现较好的模型。虽然 BPRI 算法由三个基于 PRI 的失真特定度量集成在一起，但是它们可以很好地推广到其他失真类型。在 CCT 数据库上，我们在 NSI、CGI、SCI 子集和整个数据库进行了测试。从表 3.3 可以看出，所提出的 BPRI 算法在 NSI 和 CGI 子集上接近性能最好的 BIQA 模型，但它们在 SCI 子集和整个数据库上表现最好。所提出的 BPRI 算法在 SCI 上显示了它们的优越性。从总体上看，BPRI 算法在 CCT 数据库上仍然表现最好。从表 3.4 可以看出，没有 BIQA 模型在 LIVE、CSIQ 和 SIQAD 数据库的非常见失真上显示出显著的优势。大多数 BIQA 模型在接近常见失真类型方面表现出良好的性能，但在对比度变化等特殊失真类型方面却表现不佳。

从表 3.2 和表 3.3 中，我们可以观察到，虽然 BPRI 只考虑了块效应、锐度和噪声，但是 BPRI 对各种失真都有效。这是因为块效应、模糊和噪声是 IQA 数据库和实际视觉通信系统中最常见和最主要的失真。BPRI 的机制类似于 DIIVINE，

表 3.2 TID2013 数据库上的 SROCC 性能

失真类型	DIIVINE	BLIINDS-II	BRISQUE	NFERM	CORNIA	HOSA	NIQE	QAC	IL-NIQE	LPSI	BPRI(c)	BPRI(p)
加性高斯噪声	0.8553	0.6468	0.8520	0.8581	0.7354	0.8172	0.8187	0.7427	0.8767	0.7690	0.9182	0.9181
颜色分量中的加性噪声	0.7120	0.4762	0.7089	0.7096	0.7076	0.7534	0.6701	0.7184	0.8159	0.4955	0.8600	0.8587
空间相关噪声	0.4626	0.5862	0.4916	0.2184	0.6892	0.5812	0.6659	0.1694	0.9233	0.6968	0.4718	0.5293
掩蔽噪声	0.6752	0.6183	0.5767	0.2210	0.7141	0.5565	0.7464	0.5927	0.5134	0.0462	0.7381	0.7479
高频噪声	0.8778	0.7229	0.7526	0.8813	0.7972	0.8650	0.8454	0.8628	0.8691	0.9250	0.9285	0.9263
脉冲噪声	0.8063	0.6525	0.6289	0.1728	0.7634	0.5592	0.7446	0.8003	0.7556	0.4324	0.4547	0.4585
量子化噪声	0.1650	0.7370	0.7932	0.7747	0.0922	0.6794	0.8514	0.7089	0.8721	0.8537	0.4890	0.4898
高斯模糊	0.8344	0.8367	0.8137	0.8501	0.9274	0.8695	0.7986	0.8464	0.8148	0.8408	0.8725	0.8593
图像去噪	0.7231	0.6884	0.5849	0.6369	0.8459	0.8453	0.5900	0.3381	0.7494	0.2487	0.4322	0.4210
JPEG 压缩	0.6288	0.8360	0.8448	0.8722	0.8958	0.8957	0.8468	0.8369	0.8340	0.9123	0.9067	0.9107
JPEG2000 压缩	0.8534	0.8883	0.8927	0.8097	0.9009	0.9013	0.8890	0.7895	0.8583	0.8988	0.8830	0.8680
JPEG 压缩误差	0.2387	0.1098	0.3163	0.1322	0.6991	0.6552	0.0006	0.0491	0.2819	0.0911	0.7359	0.7887
JPEG2000 压缩误差	0.0606	0.6409	0.3595	0.1684	0.6762	0.3834	0.5114	0.4065	0.5240	0.6106	0.4431	0.4883
非偏心模式噪声	0.0598	0.0997	0.1459	0.0646	0.2332	0.1764	0.0682	0.0477	0.0808	0.0520	0.0046	0.0086
局部分块失真	0.0928	0.2440	0.2233	0.2020	0.2287	0.2688	0.1218	0.2474	0.1334	0.1372	0.2367	0.2333
均值转换	0.0104	0.0963	0.1241	0.0213	0.0844	0.1276	0.1639	0.3059	0.1840	0.3409	0.0942	0.1106
对比度改变	0.4601	0.0011	0.0404	0.2178	0.1814	0.1377	0.0171	0.2067	0.0136	0.1992	0.1983	0.1846
色饱和度变化	0.0684	0.0119	0.1126	0.3067	0.0353	0.0479	0.2481	0.3683	0.1655	0.3018	0.2982	0.3786
乘性高斯噪声	0.7873	0.6193	0.7242	0.7162	0.6574	0.7314	0.6934	0.7902	0.6936	0.6959	0.8620	0.8612
舒适性噪声	0.1156	0.1663	0.0076	0.1427	0.5235	0.3658	0.1544	0.1521	0.3614	0.0181	0.0973	0.0691
噪声图像的有损压缩	0.6327	0.4552	0.6856	0.6541	0.8654	0.7266	0.8023	0.6395	0.8287	0.2356	0.5975	0.5977
抖动彩色量化	0.4362	0.7677	0.7652	0.4790	0.3919	0.8017	0.7881	0.8731	0.7504	0.8998	0.6797	0.6753
色差	0.6608	0.6445	0.6166	0.6430	0.8183	0.7209	0.5671	0.6249	0.6793	0.6953	0.7248	0.7253
稀疏采样与重构	0.8334	0.8257	0.7841	0.7847	0.8536	0.8564	0.8340	0.7856	0.8643	0.8620	0.7313	0.7873
平均	0.5021	0.5155	0.5352	0.4808	0.5966	0.5968	0.5599	0.5376	0.6018	0.5108	0.5691	0.5790
分数为最大值的次数	2	1	0	1	8	6	1	5	5	6	6	9

它也利用了失真后的两阶段质量恢复识别框架。

表 3.3   CCT 数据库上的 SROCC 性能

模型	NSI	CGI	SCI	全部	平均	分数为最大值的次数
DIIVINE	0.5383	0.5995	0.1575	0.3634	0.4147	0
BLIINDS-II	0.7216	0.6662	0.2017	0.2424	0.4580	0
BRISQUE	0.5866	0.6182	0.5241	0.1247	0.4634	0
NFERM	0.6845	0.6745	0.3512	0.2382	0.4871	0
CORNIA	0.6843	0.7573	0.2174	0.4700	0.5323	0
HOSA	**0.7692**	0.7457	0.0239	0.2895	0.4571	1
NIQE	0.6693	0.6911	0.2923	0.2505	0.4758	0
QAC	**0.7511**	**0.8226**	0.0257	0.3783	0.4944	2
IL-NIQE	0.5674	0.6463	0.3453	0.1599	0.4297	0
LPSI	0.7487	**0.7705**	0.0385	0.4474	0.5013	1
BPRI(c)	0.7453	0.7626	**0.5751**	0.4768	**0.6400**	3
BPRI(p)	0.7392	0.7618	**0.6352**	0.4815	**0.6544**	3

表 3.4   LIVE、CSIQ 和 SIQAD 数据库上非常见失真的 SROCC 性能

| 模型 | LIVE | CSIQ | | SIQAD | | | 分数为最大值 |
	FF	APGN	CC	MB	CC	LSC	的次数
DIIVINE	—	0.1766	0.3958	**0.4743**	0.1300	0.0206	1
BLIINDS-II	—	0.2011	0.0220	0.2512	0.0891	0.2077	0
BRISQUE	—	0.2516	0.0288	0.4401	0.0024	0.2470	0
NFERM	—	0.6262	0.3770	0.4238	**0.2826**	0.3008	1
CORNIA	—	—	—	0.2165	0.1893	0.2242	0
HOSA	—	—	—	0.2257	0.1530	0.2685	0
NIQE	**0.8630**	0.2973	0.2317	0.3514	0.0641	0.3483	1
QAC	0.8231	0.0019	0.2446	0.3755	0.0745	0.1866	0
IL-NIQE	0.8329	**0.8738**	0.4998	0.4480	0.0459	0.1567	1
LPSI	0.7808	0.2486	**0.5386**	0.3940	0.0676	0.5485	1
BPRI(c)	0.8207	0.3787	0.1076	0.0658	0.1720	**0.7479**	1
BPRI(p)	0.8181	0.3887	0.1563	0.0821	0.1656	0.7466	0

4. 参数灵敏度测试

所提出的基于 FRI 的度量 (PSS、LSS$_s$ 和 LSS$_n$ 和 BPRI) 只涉及很少的参数。大多数参数都是在产生 PRI 时引入的，因为我们需要控制 PRI 的失真程度。关键参数包括：

(1) PSS 中的压缩 "quality" 参数，它在生成 PRI 时指定压缩程度。

(2) LSS$_s$ 中的模糊滤波器，它指定将失真图像模糊到 PRI 时的模糊程度。

(3) LSS$_n$ 中的方差 ν，它指定在生成 PRI 时增加噪声的强度。

(4) BPRI 中 FR 度量的选择，用于指导分数对齐。

我们在 LIVE、TID2013、CSIQ 和 SIQAD 数据库的 4 种常见失真 (JPEG、GB、AWGN 和 JP2K) 上测试了 BPRI 对这些参数变化的敏感性。当测试一个参数时，其他参数将固定为默认设置。由于分类器和分数比对关系到基于 PRI 的针对特定失真的度量的所有质量分数，因此在测试参数时，我们重新训练分类器并重新拟合分数对齐模型。对于第二个参数，我们用标准偏差为 σ 的 3×3 高斯滤波器代替平均滤波器，并测试了 BPRI 对 σ 的敏感性。平均滤波器可以用一个大 σ 的高斯滤波器来近似。

图 3.7 给出了在前三个参数的变化下 BPRI(p) 的 SROCC 性能。结果表明，该算法在较宽的范围内仍保持稳定，这表明该算法具有较高的泛化能力。表 3.5 列出了 BPRI(p) 使用不同的 FR 指标来指导分数对齐的 SROCC 性能。我们测试了几个具有代表性的 FR 指标，包括：SSIM[36]、MS-SSIM[37]、VIF[38]、FSIM[39]、VSI[40]、MDSI[41]、PSIM[42] 和 GMSD[42]。研究发现，当使用不同的 FR 指标的时候算法性能相当接近，尤其是在使用 VIF、FSIM、PSIM 和 GMSD 时。

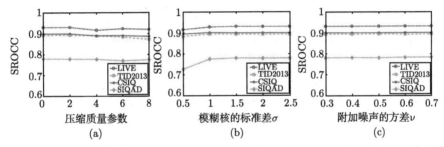

图 3.7　在 LIVE、TID2013、CSIQ 和 SIQAD 数据库上，BPRI (p) 关于以下变量的 SROCC 性能变化：(a) 压缩质量参数，(b) 模糊核的标准差 σ，(c) 附加噪声的方差 ν

表 3.5　使用不同的 FR 指标来指导分数比对的 BPRI 的 SROCC 性能

FR 指标	LIVE	TID2013	CSIQ	SIQAD	平均
SSIM	0.8900	0.8145	0.8832	0.6998	0.8219
MS-SSIM	0.9120	0.8695	0.8972	0.7229	0.8504
VIF	0.9294	0.8855	0.8884	0.7784	0.8704
FSIM	0.9158	0.8789	0.9025	0.7543	0.8629
VSI	0.9076	0.8407	0.8934	0.6720	0.8284
MDSI	0.9210	0.8542	0.8885	0.6605	0.8311
PSIM	0.9295	0.8860	0.8964	0.7378	0.8624
GMSD	0.9304	0.8937	0.8999	0.7714	0.8739

5. 计算复杂度测试

为了比较 BIQA 模型的计算复杂度，我们报告了算法在一台配置为英特尔酷睿 i7-6700K CPU @ 4.00GHz 和 32GB RAM 的计算机上，100 幅固定分辨率为

512×512 的图像的平均运行时间 (秒/图)。运行时间包括所有特征提取和质量预测时间。从表 3.1 可以看出，BPRI 是计算复杂度较低的模型之一。

6. 相关结果分析

如上所述，与现有技术相比，所提出的基于 PRI 的 BPRI 算法获得了优良的性能，我们接下来分析 PRI 如何有利于 BIQA。图 3.8 给出了不同失真类型和级别的示例图像以及相应的 PRI，其中该图展示了三种失真级别和三种失真类型 (JPEG、AWGN 和 GB)。

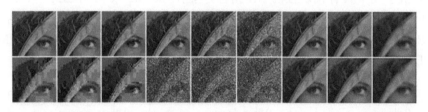

图 3.8　不同失真类型 (从左到右：JPEG、AWGN、GB) 和级别 (每种类型有三个级别) 的
示例图像以及相应的 PRI
上：失真图像；下：对应的 PRI

以 JPEG 压缩为例，我们可以观察到无论失真图像是什么样子，PRI 看起来都非常相似，尤其是在特征空间 (例如，JPEG 图像的伪结构空间) 中。这就是为什么 "伪参考" 可以用作 "参考" 的原因。随着失真程度的不断加深，失真图像变得越来越接近 PRI。与传统的 "参考" 描述了图像内容的完美质量不同，PRI 描述的是质量非常差的图像内容，PRI 在一定程度上与原始失真程度无关。传统的 BIQA 模型的一个瓶颈是，它们很难区分有时非常相似的失真和图像内容。与 PRI 算法相比，基于 PRI 的算法考虑了图像内容的影响。

同样，PRI 在噪声图像的质量评价中起着同样的作用。PRI 提供了在极端噪声条件下图像内容的描述。PRI 与图像内容相关，但在一定程度上与原始噪声水平无关。基于 PRI 的清晰度估计的原理与基于 PRI 的块度和噪声估计略有不同。我们引入一定量的模糊 (如 3×3)，并估计图像内容的变化。模糊可以在更清晰的图像中更显著地改变图像内容。因此，PRI 可以用于量化图像内容的变化。

我们提出的算法中最关键的工程设计是 PRI 的推导。由于每种类型的失真都会导致特定的伪影，所以推导 PRI 时，我们需要引入相同类型的失真来保持一致。因此，我们就确定了引入失真的方式，即 JPEG 压缩、噪声或模糊。我们只需要在推导 PRI 时控制引入失真的强度。PRI 的质量条件或者说引入失真的强度是可调的，并且在一定范围内不会对质量预测产生显著影响，而算法性能在很大范围内是稳定的。

　　本节所提出的基于伪参考的盲图像质量评价的一个优点是，它们在自然场景和屏幕内容图像上都表现得相当好。随着计算机生成的屏幕内容越来越广泛，这是一个重要而有用的特性。但是值得注意的是，尽管本研究中我们仅通过估计块度、清晰度和噪声来预测图像质量，但所提出的伪参考和基于伪参考的图像质量评价框架可以推广到其他类型的图像失真，并且所提出的盲图像质量评价算法也可以通过集成更多基于伪参考的特定失真评价算法来进一步改进。

　　得益于伪参考图像的成功应用，本书接下来介绍一种基于多重伪参考图像开发的无参考图像质量评价算法。

3.2　基于失真强化的盲图像质量评价

　　盲或 NR-IQA 源于 FR-IQA。FR-IQA 将参考图像视为基点，通过计算它与失真图像之间的保真度来测量质量[42]。研究者进一步将 FR-IQA 简化为 NR-IQA，以解决参考图像不存在或不易获取的情况。一般来说，NR-IQA 算法的有效性、稳定性和一致性较差，因为它们必须从唯一的失真图像中估计质量，而失真图像的特性对图像内容高度敏感。因此，如果参考图像可用，则首选 FR-IQA 算法。为了对上述现象有一个直观的理解，我们选择了 6 个 NR 模型，包括 DIIVINE[4]、BLIINDS-Ⅱ[23]、BRISQUE[22]、NFERM[31]、IL-NIQE[25]、BPRI[43]，以及 7 个 FR 模型，包括 SSIM[36]、MS-SSIM[37]、VIF[38]、GSI[44]、FSIM[39]、GMSD[45]、PSIM[42]。我们在从 TID2013 数据库中随机选择 10% 的常见失真 (JPEG 压缩、JPEG2000 压缩、高斯模糊和高斯白噪声失真) 图像上测试它们的性能。该过程执行 1000 次，图 3.9 说明了斯皮尔曼秩相关系数 (SROCC) 的平均性能和标准差。研究发现，与 NR 算法相比，FR 算法具有更高的性能和更低的性能不确定性 (较小的标准差)，这与上述分析相一致。值得注意的是，上述 NR 算法都经过了重新训练，如果我们使用其余图像对其进行再训练，并使用选定的图像对其进行测试，则不确定性可能会更高。

　　考虑到使用参考图像的优点，我们通过失真强化引入了多个伪参考图像 (multiple pseudo reference image, MPRI) 来设计 NR-IQA 算法。MPRI 是通过从失真图像中以几种方式进行多种程度上的质量退化得到的。PRI 与传统参考图像的不同之处在于，它是由失真图像生成的，并且假设它受到更严重的失真，而传统的参考图像被假定具有完美的质量，而本节将 PRI 扩展到 MPRI。在失真加重和 MPRI 生成之后，我们遵循 FR-IQA 框架，比较了失真图像与 MPRI 的相似性。与某一失真强化图像越相似表示与该图像的质量越接近。在 MPRI 生成过程中，我们引入了几种类型的失真强化来度量目标图像中可能存在的失真。具体地说，我们使用四种常见的失真 (包括 JPEG、JP2K、GB、AWGN) 来进一步降低失真图像的质量, 以测量块效应、振铃效应、模糊和噪声。对于每种类型的失真加重, 我们使用了五种不同程度的失真, 从而生成 20 幅多级失真强化图像来给相同图像内容在不同失真条件下的状况作参考。与 FR-IQA 类似, 我们从失真图像和 PRI 中提取特征, 并将它们之间的相似性作为特定失真 (用于生成相应 PRI 的相同失真) 质量进行测量, 最终将其融合到总体通用质量度量中。我们将该算法命名为基于 MPRI 的盲评价指标算法 (blind MPRI-based, BMPRI)。

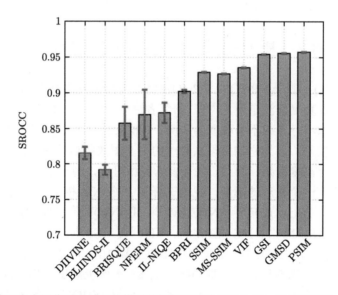

图 3.9   有无参考图像时质量评价模型的性能及不确定性比较, 误差线表示一倍标准差

3.2.1 BMPRI 算法总体介绍

如前文所述, 我们进一步对失真图像进行降级以生成 MPRI, 然后测量它们之间的相似度来预测质量。

图 3.10 给出了所提出的 BMPRI 度量的框架结构。我们在这个框架中引入了失真强化, 所以首先需要确定这种失真强化的失真类型。由于不同的失真类型会引入不同的伪影, 所以我们需要定义特定失真的 PRI, 以便与给定失真的特性一致。例如, 我们可以给失真的图像注入噪声来估计噪声失真, 同样我们可以用模糊失真图像来估计模糊失真。考虑到 JPEG、JP2K、GB 和 AWGN 是四种最常见的失真类型, 我们进一步利用这四种失真类型来降低失真图像的质量, 进而测量块效应、振铃效应、模糊和噪声。针对不同类型的失真强化, 我们提取 LBP 特征, 并利用失真图像与 MPRI 的相似性来预测最终质量。

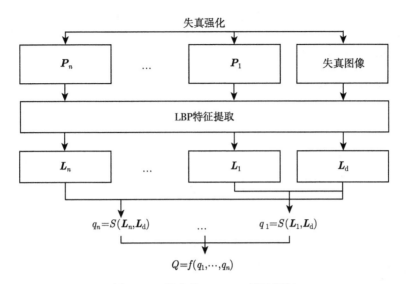

图 3.10 提出的 BMPRI 算法框架

P_1 到 P_n 是引入的多个 PRI，L_d 和 L_1 到 L_n 是提取的 LBP 特征图，q_1 到 q_n 表示失真图像与 PRI 的相似性，最终的质量 Q 由 q_1 到 q_n 融合而来

1. 失真强化

BMPRI 中引入了四种类型的失真强化，每种类型都使用了五种强化级别。为了评价块效应，我们利用 JPEG 编码器压缩失真图像 D 得到多级失真强化图像

$$P_{k_i} = \text{JPEG}(D, Q_i) \tag{3-20}$$

其中，i 表示第 i 级失真强化，JPEG 表示 JPEG 编码器，Q_i 控制了编码器的压缩质量。对于振铃效应，我们利用 JP2K 编码器压缩失真图像 D 得到多级失真强化图像

$$P_{r_i} = \text{JP2K}(D, R_i) \tag{3-21}$$

其中，JP2K 表示 JP2K 编码器，R_i 代表编码器的压缩比率。对于模糊失真，我们利用高斯滤波器来模糊失真图像 D 得到多级失真强化图像

$$P_{b_i} = g_i * D \tag{3-22}$$

其中，$*$ 表示卷积符号，g_i 是具有一定标准差的高斯核。对于噪声失真，我们往失真图像 D 注入噪声得到多级失真强化图像

$$P_{n_i} = D + \mathcal{N}(0, v_i) \tag{3-23}$$

其中，$\mathcal{N}(0, v_i)$ 产生均值为 0、方差为 v_i 的服从正态分布的随机数。在式 (3-21) ～ 式 (3-23) 中，下标 k, r, b, n 分别表示块效应、振铃效应、模糊和噪声四种失真。每种失真类型分别引入五个失真级别，即 $i = 1, 2, 3, 4, 5$。

2. LBP 特征提取

在失真强化后，我们进一步比较失真图像与 MPRI 的相似性。值得注意的是 PRI 不同于传统的完美质量参考图像，PRI 通常比失真图像质量差，它描述的是图像内容在质量较差条件下的状态。因此，传统的 FR-IQA 算法可能无法有效地描述失真图像与 MPRI 之间的相似性。本章从失真图像和 MPRI 图像中提取 LBP 特征，然后通过特征相似度来预测图像质量。图像质量下降会引起局部图像结构的变化，而 LBP 能捕捉到这种变化。

我们比较中心像素 g_c 及其圆对称邻域 g_p，然后二值化它们之间的亮度差，再将二值化结果编码成一个单一数值：

$$\mathrm{LBP}_{P,R} = \sum_{p=0}^{P-1} u(g_p - g_c) \tag{3-24}$$

其中，P, R 表示邻域像素的个数和 LBP 结构的半径，$u(*)$ 是一个单位阶跃函数：

$$u(x) = \begin{cases} 1, & x \geqslant 0 \\ 0, & x < 0 \end{cases} \tag{3-25}$$

我们的方法中使用的 LBP 不同于文献 [37] 中给出的定义，我们没有通过附加因子 2^p 来区分邻域，也不将具有许多空间转换的 LBP 编码为一个单独的数字。为了简单起见，我们设置 $P = 4$ 和 $R = 1$，因为它是最简单的，并且不涉及任何像素插值。

我们为所有像素都计算 LBP 并定义 LBP 特征图为 $\boldsymbol{L} = (l_{ij})_{h \times w}$，其元素为

$$l_{ij} = \begin{cases} 1, & \mathrm{LBP}_{4,1} = c \\ 0, & \text{其他} \end{cases} \tag{3-26}$$

其中，i、j 是像素索引，$h \times w$ 表示图像分辨率，而 $c = 0, 1, \cdots, 4$ 表示五种不同的 LBP。针对不同的失真类型，我们设定 c 为不同的值，因为不同的 LBP 对不同的失真类型敏感性不一样。对于失真图像和多级失真强化图像，我们按一样的流程提取 LBP 特征，并将特征图分别表示为 $\boldsymbol{L}_d$ 和 $\boldsymbol{L}_p$。

3. 失真图像与失真强化图像的相似性度量

然后我们通过比较 $\boldsymbol{L}_{\mathrm{d}} = (l_{\mathrm{d}ij})_{h \times w}$ 和 $\boldsymbol{L}_{\mathrm{m}} = (l_{\mathrm{m}ij})_{h \times w}$ 之间的相似性来预测质量。具体来说，我们将 $\boldsymbol{L}_{\mathrm{d}}$ 和 $\boldsymbol{L}_{\mathrm{m}}$ 之间的重叠定义为

$$\boldsymbol{L}_{\mathrm{o}} = (l_{\mathrm{o}ij})_{h \times w} = (l_{\mathrm{d}_{ij}} \cdot l_{\mathrm{m}_{ij}})_{h \times w} \tag{3-27}$$

图 3.11 示出了 $\boldsymbol{L}_{\mathrm{o}}$ 的一些示例。然后，$\boldsymbol{L}_{\mathrm{d}}$ 和 $\boldsymbol{L}_{\mathrm{m}}$ 之间的相似性可以定义为

$$q = s(\boldsymbol{L}_{\mathrm{d}}, \boldsymbol{L}_{\mathrm{m}}) = \frac{\sum_{i,j} l_{\mathrm{o}ij}}{\sum_{i,j} l_{\mathrm{m}ij} + 1} \tag{3-28}$$

其中，分子和分母分别表示 $\boldsymbol{L}_{\mathrm{o}}$ 图及 $\boldsymbol{L}_{\mathrm{m}}$ 图中的非零元素个数。高 q 值一般表示比较差的图像质量，因为多级失真强化图像描述了图像内容在较差图像质量条件下的状态。

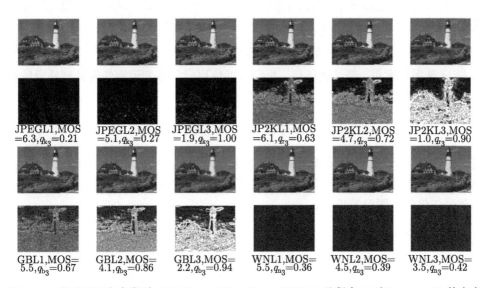

图 3.11 针对不同失真类型 (JPEG、JP2K、GB、AWGN) 及程度 (三级 L1 ~ L3) 的失真图像和多级失真强化图像的 LBP 特征图之间的交叠

第一及第三行：失真图像。第二及第四行：对应的 $\boldsymbol{L}_{\mathrm{o}}$ 图。MOS：平均意见分数。$q_{\mathrm{k}_3}, q_{\mathrm{r}_3}, q_{\mathrm{b}_3}, q_{\mathrm{n}_3}$：相似度分数。在每类失真的五幅失真强化图像中，我们在本图中选择第三幅作为例子。在更失真的图像中可以观察到更多的交叠

4. 质量预测

衡量块效应时，我们将 c 设为 0，并使用式 (3-24) ~ 式 (3-28) 计算失真图像 $\boldsymbol{D}$ 和多级失真强化图像 $\boldsymbol{P}_{\mathrm{k}_i}$ 之间的相似性，作为 q_{k_i}。我们将 c 设为 0，因为这种模式对块失真最敏感，而 q 随失真图像的块效应变化最显著。类似地，我们将

c 设置为 2 或 3 以估计振铃效应和模糊，并将它们分别表示为 q_{r_i} 和 q_{b_i}，将 c 设置为 0 或 1 以估计噪声，表示为 q_{n_i}。在图 3.11 中，我们举例说明了 LBP 特征相似性图、相应的相似性得分和平均意见得分。结果表明，LBP 相似性评分对相应的失真有很好的描述能力，并且在失真程度越高的图像中有更多的重叠。我们将所有的相似性得分连接成一个 20 维的特征向量：

$$q = (q_{k_1}, \cdots, q_{k_5}, q_{r_1}, \cdots, q_{r_5}, q_{b_1}, \cdots, q_{b_5}, q_{n_1}, \cdots, q_{n_5})^{\mathrm{T}} \tag{3-29}$$

特征向量 q 包含了描述失真图像块效应、振铃效应、模糊和噪声的特征。这四种失真是最常见的失真类型，而且许多其他类型失真可以由这四种失真组合而成。鉴于在实际应用中的失真常常是不确定的，并且这四种失真效果的比例也是未知的，我们使用训练的方式将特征向量 q 回归成一个最终的质量分数 Q。具体地，考虑到 SVR 的简便性和它在回归问题中的高效性，我们使用它进行质量回归。我们利用训练集 Φ 的训练图像的质量特征 f_i 及其对应的质量标签 Q_i 来训练回归器：

$$\text{regressor} = \text{SVR\_TRAIN}(f_i, Q_i), \quad i \in \Phi \tag{3-30}$$

其中，i 是图像索引。经过训练后，我们可以使用回归器来预测任何具有质量特征 f 的测试图像的质量：

$$Q = \text{SVR\_PREDICT}(f, \text{regressor}) \tag{3-31}$$

我们使用 LIBSVM[30] 中实现的带有径向基函数 (radial basis function，RBF) 的 SVR。我们遵循主流 IQA 测量训练中常用的 SVR 参数设置。经过训练后，它可以预测任何单个图像的质量。

5. 实施细节

当实施失真强化时，我们需要使用 JPEG、JP2K、GB 和 AWGN 失真类型对失真图像进行进一步的质量降级，其中每种类型使用五个降级级别。在公式 (3-20) 中，我们使用了 MATLAB 实现的 JPEG 编码器，其中五个质量参数设置为 0，2，4，6，8。在式 (3-21) 中，五个压缩比率分别为 150，175，200，225，250。在式 (3-22) 中，使用五个标准差分别为 0.5，1，1.5，2，2.5 的高斯核。在式 (3-23) 中，五个方差分别为 0.3，0.4，0.5，0.6，0.7。值得注意的是 20 个 PRI 描述了质量较差的图像内容，它们的质量通常比失真图像差。我们发现，只要这些 PRI 的具体质量设置处于相对较低的质量范围内，它们的具体质量设置不会显著影响整体性能。

3.2.2 BMPRI 算法性能测试

目前大多数的图像质量评价算法都是针对 NSI 设计的。由于计算机生成的屏幕内容越来越广泛, 研究者引入了 SCI 质量评估 (quality assessment, QA), 并针对 SCI 提出了一些质量评价算法 [11,34,35]。传统的 NSI 质量评价算法对 SCI 的依赖性很强, 不能很好地描述 SCI。而专门设计的 SCI 质量指标必须考虑 SCI 的特性, 不适用于 NSI。然而, 在实际的视觉通信系统中, 我们可能同时遇到 NSI 和 SCI, 而且我们通常对图像类型没有任何先验知识。在这些应用中, 迫切需要对 NSI 和 SCI 都有效的通用质量评价算法。本节所提出的算法可以满足这一需求, 我们将在主流 NSI 和 SCI QA 数据库上与最先进的 BIQA 算法进行比较。

1. 实验方案

我们使用四个大型 IQA 数据库作为测试数据库, 包括三个主流 NSI QA 数据库, 即 LIVE[6]、TID2013[8]、CSIQ[9] 和一个 SCI QA 数据库, 即 SIQAD[10]。整个 LIVE 数据库都用于测试, 而对于 TID2013、CSIQ 和 SIQAD 数据库, 我们主要考虑了与 LIVE 数据库兼容的四种失真类型, 即 JPEG、JP2K、GB 和 AWGN。表 3.6 概述了测试数据库的基本信息。除了这些常见的失真之外, 我们还将测试质量评价算法对其他非常见失真的泛化性。

表 3.6　测试数据库信息

类型	名称	参考图像数量	失真图像数量	分数类型
NSI	LIVE	29	779	DMOS
	TID2013	25	480	MOS
	CSIQ	30	600	DMOS
SCI	SIQAD	20	560	DMOS

我们对比了 10 种最先进的盲图像质量分析算法, 包括: ①基于 NSS 的算法, 即 DIIVINE[4]、BLIINDS-II [23]、BRISQUE[22]、NIQE[24] 和 ILNIQE[25]; ②基于特征学习的算法, 即 CORNIA[32] 和 HOSA[33]; ③基于人类视觉系统和其他的一些算法, 如 NFERM[31]、LPSI[26] 和 BPRI[43]。对比算法包括了经典的和最近的算法, 它们遵循了各种不同的技术思路。我们认为这些算法可以代表这一领域的最新水平。

遵循 IQA 模型评估的一般做法, 我们首先使用五参数逻辑斯谛函数对预测得分进行非线性映射:

$$Q' = \beta_1 \left(0.5 - \frac{1}{1 + e^{\beta_1(q - \beta_3)}} \right) + \beta_4 Q + \beta_5 \tag{3-32}$$

其中，Q、Q' 分别是原始和映射的质量分数；$\{\beta_i \mid i = 1, 2, \cdots, 5\}$ 是通过曲线拟合确定的五个参数。然后测量预测值与真实质量分数的一致性来评价 IQA 模型。具体来说，我们使用以下三个一致性准则：SROCC、PLCC 和 RMSE，这三个准则分别衡量了预测的单调性、线性性和准确性。

2. 整体性能测试

遵循基于训练的 IQA 模型评估 [4,23] 的常见做法，我们将图像数据库分成两个完全独立的集合：一个是包含 80% 失真图像的训练集，另一个是包含 20% 失真图像的测试集。我们将同一参考图像对应的失真图像分配到同一集合中，以保证训练和测试图像内容的完全分离。对于 DIIVINE、BLIINDS-II、BRISQUE、NFERM 和所提出的算法，我们在训练集上对其进行再训练，并在测试集上进行测试。而对于其余的算法，我们在同一个测试集中测试它们，以便进行公平比较。我们将这个训练测试过程重复 1000 次，表 3.7 列出了 SROCC、PLCC 和 RMSE 性能的中值。

表 3.6 中列出的数据库用作测试数据库，而且我们报告了这四个数据库的平均性能。由于 CORNIA 和 HOSA 是在 LIVE 数据库上训练的，而 CSIQ 数据库中的图像用于构造码本，因此表 3.7 中没有报告它们在这两个数据库上的性能。结果表明，所提出的 BMPRI 算法可以与现有的盲图像质量分析算法相媲美，并且从平均的角度来看，它具有最好的性能。另一个观察结果是，大多数 BIQA 算法在从 NSI 迁移到 SCI 时都会出现性能下降。而 BMPRI 和 BPRI 是两种性能下降最小的算法，说明该算法具有良好的内容类型泛化能力。

3. 单一失真类型上的性能测试

除了在每个库上的综合性能，我们还评估了所有盲质量评价模型在单个失真上的性能。我们执行了前文中描述的相同的训练–测试流程，其中训练集中 80% 的失真图像都用于训练模型，而属于测试集的其余 20% 的失真图像中我们只使用了目标失真类型的图像进行测试。表 3.8 列出了性能的中值。为了简单起见，只报告了 SROCC，但使用其他评估标准可以获得类似的评估结果。据观察，当对单个失真进行评估时，所提出的 BMPRI 算法也可与最先进的算法相比较。

4. 非常见失真类型上的性能测试

为了测试 BIQA 算法对其他失真的泛化性，我们在整个 TID2013 数据库的所有 24 个单一失真上进行了评估，包括 #01 加性高斯噪声、#02 颜色分量中的加性噪声、#03 空间相关噪声、#04 掩蔽噪声、#05 高频噪声、#06 脉冲噪声、#07 量化噪声、#08 高斯模糊、#09 图像去噪、#10 JPEG 压缩、#11 JPEG2000

表 3.7 SROCC、PLCC 和 RMSE 性能的中值

数据库	准则	DIIVINE	BLIINDS-II	BRISQUE	NIQE	ILNIQE	CORNIA	HOSA	NFERM	LPSI	BPRI	BMPRI
LIVE	SROCC	0.8729	0.9109	**0.9390**	0.9102	0.9046	—	—	0.9352	0.8199	0.9047	0.9310
	PLCC	0.8828	0.9250	**0.9439**	0.9088	0.9068	—	—	0.9401	0.8323	0.5059	0.9329
	RMSE	12.837	10.297	**9.0156**	11.382	11.512	—	—	9.2892	15.096	6.2055	9.8335
TID2013	SROCC	0.7498	0.8580	0.8542	0.8111	0.8777	0.8938	0.9021	0.9078	0.7156	0.8991	**0.9287**
	PLCC	0.7989	0.8957	0.8883	0.8243	0.8930	0.9067	0.9223	0.9308	0.8258	0.8917	**0.9466**
	RMSE	0.8379	0.6215	0.6430	0.7888	0.6282	0.5901	0.5409	0.5100	0.7901	0.6320	**0.4488**
CSIQ	SROCC	0.8573	0.8917	0.8699	0.8837	0.8867	—	—	**0.9140**	0.7772	0.9034	0.9085
	PLCC	0.8946	0.9221	0.8991	0.9050	0.9190	—	—	**0.9434**	0.8742	0.9251	0.9339
	RMSE	0.1258	0.1087	0.1240	0.1177	0.1082	—	—	**0.0932**	0.1354	0.1071	0.0989
SIQAD	SROCC	0.7203	0.7278	0.7071	0.4982	0.5446	0.5267	0.3852	0.7647	0.4288	**0.7825**	0.7717
	PLCC	0.7536	0.7766	0.7588	0.5433	0.6041	0.5560	0.4556	0.8049	0.5406	0.8092	**0.8129**
	RMSE	9.1101	8.8384	9.0712	11.583	11.055	11.447	12.328	8.2414	11.672	8.1668	**8.0417**
平均	SROCC	0.8001	0.8491	0.8425	0.7758	0.8034	0.7976	0.7620	0.8804	0.6854	0.8724	**0.8850**
	PLCC	0.8325	0.8798	0.8725	0.7953	0.8307	0.8118	0.7924	0.9048	0.7682	0.8830	**0.9066**
分数为最大值的次数		0	0	3	0	0	0	0	3	0	1	**7**

第 3 章　基于伪参考的图像质量评价

表 3.8　在单一失真上的 SROCC 性能中值比较

数据库	准则	DIIVINE	BLIINDS-II	BRISQUE	NIQE	ILNIQE	CORNIA	HOSA	NFERM	LPSI	BPRI	BMPRI
LIVE	JPEG	0.8854	0.9458	0.9646	0.9436	0.9461	—	—	0.9647	0.9668	**0.9677**	0.9668
	JP2K	0.8193	0.9325	0.9128	0.9265	0.9036	—	—	0.9371	0.9372	0.9195	**0.9393**
	GB	0.8714	0.9083	**0.9504**	0.9408	0.9293	—	—	0.9132	0.9266	0.9348	0.9181
	AWGN	0.9591	0.9444	0.9791	0.9711	0.9795	—	—	0.9844	0.9582	0.9835	**0.9860**
	FF	0.8053	0.8527	**0.8781**	0.8643	0.8458	—	—	0.8534	0.7820	0.8196	0.8269
TID2013	JPEG	0.6892	0.8149	0.8312	0.8723	0.8738	0.9162	0.9179	0.8877	0.9246	0.9177	**0.9262**
	JP2K	0.7860	0.9062	0.8652	0.8991	0.9108	0.9031	**0.9300**	0.9106	0.9054	0.8853	0.9262
	GB	0.8585	0.8922	0.8705	0.8199	0.8466	**0.9346**	0.9177	0.8923	0.8835	0.8712	0.9162
	AWGN	0.6633	0.6762	0.8254	0.8530	0.8923	0.7815	0.8485	0.8946	0.8208	0.9334	**0.9338**
CSIQ	JPEG	0.8825	0.9035	0.9018	0.8830	0.9039	—	—	0.9158	**0.9539**	0.9332	0.9181
	JP2K	0.8545	0.8903	0.8381	0.9240	0.9221	—	—	0.9079	**0.9226**	0.8750	0.8999
	GB	0.8751	0.9088	0.8913	0.9032	0.8688	—	—	**0.9292**	0.9168	0.9075	0.9180
	AWGN	0.8009	0.8657	0.9071	0.8325	0.8695	—	—	0.9074	0.7244	**0.9399**	0.9275
SIQAD	JPEG	0.4792	0.4028	0.5419	0.5287	0.3651	0.1823	0.4691	0.6163	0.7737	**0.7737**	0.6180
	JP2K	0.5331	0.6527	0.3591	0.2909	0.4540	0.6500	0.5260	0.5041	0.5914	0.6593	**0.6853**
	GB	0.8013	0.8177	0.8202	0.6212	0.5769	0.7334	0.2365	**0.8922**	0.7808	0.8539	0.8243
	AWGN	0.7967	0.8615	0.8196	0.8473	0.8539	0.7567	0.7455	0.8333	**0.8815**	0.8730	0.8591
平均		0.7859	0.8339	0.8327	0.8189	0.8201	0.7322	0.6989	0.8673	0.8618	**0.8835**	0.8817
分数为最大值的次数		0	0	2	0	0	1	1	2	4	3	5

压缩、#12 JPEG 传输错误、#13 JPEG2000 传输错误、#14 非偏心模式噪声、#15 局部分块失真、#16 均值偏移、#17 对比度变化、#18 颜色饱和度变化、#19 乘性高斯噪声、#20 舒适噪声、#21 噪声图像的有损压缩、#22 抖动彩色量化、#23 色差与 #24 稀疏采样和重建。

对于所有比较算法，我们都使用作者发布的原始代码。大多数基于训练的算法都是在 LIVE 数据库上训练好的，我们直接使用了训练好的模型。对于所提出的算法，我们在 LIVE 数据库上进行了训练，并在 TID2013 数据库上进行了测试。表 3.9 总结了 SROCC 的性能。从平均的角度来看，所提出的算法与最先进的评价算法是可比拟的。我们提出算法的泛化性略低于表现最好的算法，如 ILNIQE、CORNIA 和 HOSA。这可能是因为在导出 MPRI 时，我们只引入了四种类型的失真强化，即四种常见的失真类型。对于与这些失真不同的其他失真，所提出的算法可能会遇到轻微的泛化问题。但是对于这种失真，现有的算法也同样不能有效处理，例如均值偏移和对比度变化失真。

表 3.9 在 TID2013 库单一失真上的 SROCC 性能

失真	DIIVINE	BLIINDS-II	BRISQUE	NIQE	ILNIQE	CORNIA	HOSA	NFERM	LPSI	BPRI	BMPRI
#01	0.8553	0.6468	0.8520	0.8187	0.8767	0.7354	0.8653	0.8581	0.7690	0.9181	0.8477
#02	0.7120	0.4762	0.7089	0.6701	0.8159	0.7076	0.7687	0.7096	0.4955	0.8587	0.7831
#03	0.4626	0.5862	0.4916	0.6659	0.9233	0.6892	0.5804	0.2184	0.6968	0.5293	0.5516
#04	0.6752	0.6183	0.5767	0.7464	0.5134	0.7141	0.7250	0.2210	0.0462	0.7479	0.8061
#05	0.8778	0.7229	0.7526	0.8454	0.8691	0.7972	0.8642	0.8813	0.9250	0.9263	0.8520
#06	0.8063	0.6525	0.6289	0.7446	0.7556	0.7634	0.7878	0.1728	0.4324	0.4585	0.3965
#07	0.1650	0.7370	0.7932	0.8514	0.8721	0.0922	0.7991	0.7747	0.8537	0.4898	0.7247
#08	0.8344	0.8367	0.8137	0.7986	0.8148	0.9274	0.9046	0.8501	0.8408	0.8593	0.8954
#09	0.7231	0.6884	0.5849	0.5900	0.7494	0.8459	0.0690	0.6389	0.2487	0.4210	0.4359
#10	0.6288	0.8360	0.8448	0.8468	0.8340	0.8958	0.9115	0.8722	0.9123	0.9107	0.9044
#11	0.8534	0.8883	0.8927	0.8890	0.8583	0.9009	0.9194	0.8097	0.8988	0.8680	0.9022
#12	0.2387	0.1098	0.3163	0.0006	0.2819	0.6991	0.7085	0.1322	0.0911	0.7887	0.5524
#13	0.0606	0.6409	0.3163	0.5114	0.5240	0.6762	0.3689	0.1684	0.6106	0.4883	0.4688
#14	0.0598	0.0997	0.1459	0.0682	0.0808	0.2332	0.3714	0.0646	0.0520	0.0086	0.0561
#15	0.0928	0.2440	0.2233	0.1218	0.1334	0.2287	0.2912	0.2020	0.1372	0.2333	0.1759
#16	0.0104	0.0963	0.1241	0.1639	0.1840	0.0844	0.0843	0.0213	0.3409	0.1106	0.2315
#17	0.4601	0.0011	0.0404	0.0171	0.0136	0.1814	0.1447	0.2178	0.1992	0.1846	0.0095
#18	0.0684	0.0119	0.1126	0.2481	0.1655	0.0353	0.0675	0.3067	0.3018	0.3786	0.3766
#19	0.7873	0.6193	0.7242	0.6934	0.6936	0.6574	0.7882	0.7162	0.6959	0.8612	0.7843
#20	0.1156	0.1663	0.0076	0.1544	0.3614	0.5235	0.3589	0.1427	0.0181	0.0691	0.3785
#21	0.6327	0.4552	0.6856	0.8023	0.8287	0.8654	0.8513	0.6541	0.2356	0.5977	0.7435
#22	0.4362	0.7677	0.7652	0.7881	0.7504	0.3919	0.7562	0.4790	0.8998	0.6753	0.7290
#23	0.6608	0.6445	0.6166	0.5671	0.6793	0.8183	0.6998	0.6430	0.6953	0.7253	0.7495
#24	0.8334	0.8257	0.7841	0.8340	0.8643	0.8536	0.7610	0.7847	0.8620	0.7873	0.7654
平均	0.5021	0.5155	0.5352	0.5599	0.6018	0.5966	0.6020	0.4808	0.5108	0.5790	0.5884

5. 计算复杂度测试

为了分析所有 BIQA 算法的计算复杂度,我们在 100 幅分辨率为 512×512 的图像上进行了测试,并报告了平均运行时间 (秒/图)。实验在配置为英特尔酷睿 i7-7700K CPU @ 4.20GHz 和 16GB RAM 的计算机上进行。运行时间包括所有特征提取和回归时间,相关结果汇总在表 3.10 中。虽然所提出的算法的运行时间不是最短的,但它仍然具有相当低的计算复杂度。值得注意的是我们还没有优化和加速代码,算法最耗时的操作是在失真强化过程中引入的 JPEG 和 JPEG2000 压缩,而在实际应用中,有许多方法和解决方案来加速这些操作。

表 3.10　计算复杂度对比

方法	时间/(秒/图)
DIIVINE	8.0033
BLIINDS-II	16.0604
BRISQUE	0.4493
NIQE	0.0964
ILNIQE	3.5990
CORNIA	2.9422
HOSA	0.2519
NFERM	19.3261
LPSI	0.0126
BPRI	0.7894
BMPRI	1.3965

6. 算法稳定性测试

如前文所述,大多数 BIQA 模型不稳定,因为它们得从单个失真图像中估计质量,该图像的特性对图像内容高度敏感。我们通过评估算法在 TID2013 数据库中四种常见失真 (即 JPEG、JP2K、GB 和 AWGN) 上的性能来测试所有 BIQA 模型的稳定性。我们从 480 张失真图像中随机选取 10% 的图像,并测试其性能。图像选择准则类似于前文中描述的训练–测试过程中的图像选择。我们执行了这种随机选择和测试 1000 次,图 3.12 展示了 SROCC 和 PLCC 的平均性能和标准偏差。

我们有两个观察结果。首先,所提出的 BMPRI 算法显示出最佳性能,这与前文中给出的实验结果相一致。其次,就 SROCC 和 PLCC 而言,BMPRI 的标准偏差最小,这表明 BMPRI 较之现有技术更稳定。目前大多数盲图像质量模型因其无参考特性而具有很高的性能不确定性。这些算法依赖于 NSS,它们通过测量单个图像与 NSS 的偏差来预测质量。而单个图像的特征可能对图像内容非常敏感,因此这些算法对某些图像内容可能更有效,而对某些其他图像内容则效果较差。如图 3.9 所示,FR 模型受此问题影响较小,因为它们主要通过比较两个图像来预测质量，以及图像内容的影响在这种比较过程中得到弱化。我们提出的基于多级失真强化图像的算法继承了这样的优点，因为我们也利用了类似 FR 质量评价的框架，通过对比图像对来估计图像质量。

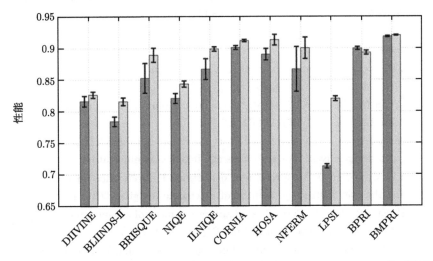

图 3.12　在 TID2013 数据库的 1000 次随机测试中获得的 SROCC 和 PLCC 的平均性能和标准偏差

3.3　本 章 小 结

本章通过对伪参考图像进行深入研究，介绍了以下两种基于伪参考的无参图像质量评价算法：

(1) 阐述了伪参考图像的定义，并通过衡量伪参考图像与失真图像之间的质量距离来预测失真图像的质量，从而得到了基于伪参考的盲图像质量评价算法 BPRI。

(2) 阐述了基于失真加剧的无参考图像质量评价算法 BMPRI，该方法使用不同类型和程度的失真加剧来获得一张失真图像对应的多张伪参考图像，然后通过计算失真图像与多张伪参考图像之间的相似性来预测失真图像质量。

参 考 文 献

[1] Lin W, Kuo C C. Perceptual visual quality metrics: A survey. Journal of Visual Communication and Image Representation, 2011, 22(4): 297-312.

[2] Wang Z, Bovik A C. Mean squared error: Love it or leave it? A new look at signal fidelity measures. IEEE Signal Processing Magazine, 2009, 26(1): 98-117.

[3] Wang Z, Bovik A. Reduced-and no-reference image quality assessment. IEEE Signal Processing Magazine, 2011, 28(6): 29-40.

[4] Moorthy A K, Bovik A C. Blind image quality assessment: From natural scene statistics to perceptual quality. IEEE Transactions on Image Processing, 2011, 20(12): 3350-3364.

[5] Crete F, Dolmière T, Ladret P, et al. The blur effect: Perception and estimation with a new no-reference perceptual blur metric. Image Quality and System Performance, 2007: 6492.

[6] Sheikh H, Wang Z, Lormack L, et al. LIVE image quality assessment database. 2004, http://live.ece.utexas.edu/research/ quality.

[7] Li C, Yuan W, Bovik A C, et al. No-reference blur index using blur comparisons. Electronics Letters, 2011, 47(17):962-963.

[8] Ponomarenko N, Jin L N, Ieremeiev O, et al. Image database TID2013: Peculiarities, results and perspectives. Signal Processing: Image Communication, 2015, 30: 57-77.

[9] Larson E, Chandler D. Most apparent distortion: Full-reference image quality assessment and the role of strategy. Journal of Electronic Imaging, 2010, 19(1): 011006.

[10] Yang H, Fang Y, Lin W. Perceptual quality assessment of screen content images. IEEE Transactions on Image Processing, 2015, 24(11): 4408-4421.

[11] Min X, Ma K, Gu K, et al. Unified blind quality assessment of compressed natural, graphic, and screen content images. IEEE Transactions on Image Processing, 2017, 26(11): 5462-5474.

[12] Liu H, Heynderickx I. A perceptually relevant no-reference blockiness metric based on local image characteristics. EURASIP Journal on Advances in Signal Processing, 2009, 2009(1): 263540.

[13] Li L, Lin W, Zhu H. Learning structural regularity for evaluating blocking artifacts in JPEG images. IEEE Signal Processing Letters, 2014, 21(8): 918-922.

[14] Zhan Y, Zhang R. No-reference JPEG image quality assessment based on blockiness and luminance change. IEEE Signal Processing Letters, 2017, 24(6): 760-764.

[15] Wang Z, Sheikh H R, Bovik A C. No-reference perceptual quality assessment of JPEG compressed images. IEEE International Conference on Image Processing, 2002.

[16] Ferzli R, Karam L J. A no-reference objective image sharpness metric based on the notion of just noticeable blur (JNB). IEEE Transactions on Image Processing, 2009, 18(4): 717-728.

[17] Narvekar N D, Karam L J. A no-reference image blur metric based on the cumulative probability of blur detection (CPBD). IEEE Transactions on Image Processing, 2011, 20(9): 2678-2683.

[18] Li L, Wu D, Wu J, et al. Image sharpness assessment by sparse representation. IEEE Transactions on Multimedia, 2016, 18(6): 1085-1097.

[19] Zoran D, Weiss Y. Scale invariance and noise in natural images. IEEE International Conference on Computer Vision, 2009.

[20] Liu C, Freeman W T, Szeliski R, et al. Noise estimation from a single image. IEEE

Computer Society Conference on Computer Vision and Pattern Recognition, 2006: 901-908.

[21] Tang C, Yang X, Zhai G. Noise estimation of natural images via statistical analysis and noise injection. IEEE Transactions on Circuits and Systems for Video Technology, 2015, 25(8): 1283-1294.

[22] Mittal A, Moorthy A K, Bovik A C. No-reference image quality assessment in the spatial domain. IEEE Transactions on Image Processing, 2012, 21(12): 4695-4708.

[23] Saad M A, Bovik A C, Charrier C. Blind image quality assessment: A natural scene statistics approach in the DCT domain. IEEE Transactions on Image Processing, 2012, 21(8): 3339-3352.

[24] Mittal A, Soundararajan R, Bovik A C. Making a "completely blind" image quality analyzer. IEEE Signal Processing Letters, 2013, 20(3): 209-212.

[25] Zhang L, Zhang L, Bovik A C. A feature-enriched completely blind image quality evaluator. IEEE Transactions on Image Processing, 2015, 24(8): 2579-2591.

[26] Wu Q, Wang Z, Li H. A highly efficient method for blind image quality assessment. IEEE International Conference on Image Processing, 2015.

[27] Shi J, Tomasi C. Good features to track. IEEE Computer Society Conference on Computer Vision and Pattern Recognition, 1994.

[28] Ojala T, Pietikainen M, Maenpaa T. Multiresolution gray-scale and rotation invariant texture classification with local binary patterns. IEEE Transactions on Pattern Analysis and Machine Intelligence, 2002, 24(7): 971-987.

[29] Ma K, Duanmu Z, Wu Q, et al. Waterloo exploration database: New challenges for image quality assessment models. IEEE Transactions on Image Processing, 2017, 26(2): 1004-1016.

[30] Chang C, Lin C. LIBSVM: A library for support vector machines. ACM Transactions on Intelligent Systems and Technology, 2011, 2(3): 1-27.

[31] Gu K, Zhai G , Yang X, et al. Using free energy principle for blind image quality assessment. IEEE Transactions on Multimedia, 2015, 17(1): 50-63.

[32] Ye P, Kumar J, Kang L, et al. Unsupervised feature learning framework for no-reference image quality assessment. IEEE Computer Society Conference on Computer Vision and Pattern Recognition, 2012.

[33] Xu J, Ye P, Li Q, et al. Blind image quality assessment based on high order statistics aggregation. IEEE Transactions on Image Processing, 2016, 25(9): 4444-4457.

[34] Min X, Gu K, Zhai G, et al. Saliency-induced reduced-reference quality index for natural scene and screen content images. Signal Processing, 2018, 145: 127-136.

[35] Gu K, Qiao J, Min X, et al. Evaluating quality of screen content images via structural variation analysis. IEEE Transactions on Visualization and Computer Graphics, 2018, 24(10): 2689-2701.

[36] Wang Z, Bovik Λ C, Sheikh H R, et al. Image quality assessment: From error visibility to structural similarity. IEEE Transactions on Image Processing, 2004, 13(4): 600-612.

[37]　Wang Z, Simoncelli E P, Bovik A C. Multiscale structural similarity for image quality assessment. Asilomar Conference on Signals, Systems & Computers, 2003: 1398-1402.

[38]　Sheikh H R, Bovik A C. Image information and visual quality. IEEE Transactions on Image Processing, 2006, 15(2): 430-444.

[39]　Zhang L, Zhang L, Mou X, et al. FSIM: A feature similarity index for image quality assessment. IEEE Transactions on Image Processing, 2011, 20(8): 2378-2386.

[40]　Zhang L, Shen Y, Li H. VSI: A visual saliency-induced index for perceptual image quality assessment. IEEE Transactions on Image Processing, 2014, 23(10): 4270-4281.

[41]　Nafchi H Z, Shahkolaei A, Hedjam R, et al. Mean deviation similarity index: Efficient and reliable full-reference image quality evaluator. IEEE Access, 2016, 4: 5579-5590.

[42]　Gu K, Li L, Lu H, et al. A fast reliable image quality predictor by fusing micro-and macro-structures. IEEE Transactions on Industrial Electronics, 2017, 64(5): 3903-3912.

[43]　Min X, Gu K, Zhai G, et al. Blind quality assessment based on pseudo-reference image. IEEE Transactions on Multimedia, 2018, 20(8): 2049-2062.

[44]　Liu A, Lin W, Narwaria M. Image quality assessment based on gradient similarity. IEEE Transactions on Image Processing, 2012, 21(4): 1500-1512.

[45]　Xue W, Zhang L, Mou X, et al. Gradient magnitude similarity deviation: A highly efficient perceptual image quality index. IEEE Transactions on Image Processing, 2014, 23(2): 684-695.

第 4 章　采集到显示全链路图像质量评价

在典型的图像通信系统中，呈现给最终用户的视觉信号可能经历采集、压缩和传输等步骤，从而导致模糊和噪声等失真的出现，进而影响图像的质量。除了在传输过程中产生的失真会对图像质量产生影响之外，图像的显示方式也会影响人们对图像的感知，因此开展从采集到显示全链路图像质量评价便显得尤为重要。本章首先介绍了一种自动推断失焦模糊图像质量的质量评价方案，然后受人类视觉模型和自由能原理的启发，提出了一种六步盲图像质量评价方法来评估单失真和多重失真图像的质量，最后本章进一步研究了观看图像的环境变化，比如视距、分辨率、环境亮度以及图像亮度等对图像质量评价的影响。

4.1　真实失焦模糊图像质量评价

在失真图像中，失焦模糊图像是常见的。因此，我们提出了一个客观的质量模型，专门用来衡量失焦模糊图像的质量。客观图像质量评价 (image quality assessment，IQA) 算法可用于图像采集过程中的图像质量监控，也可用于剔除不可接受的失焦模糊图像。一般来说，现有的图像质量评价算法可分为无参考 (no-reference，NR)、半参考 (reduced-reference，RR) 和全参考 (full-reference，FR) 三类。两个最具代表性的 FR 模型是峰值信噪比 (peak signal-to-noise ratio，PSNR) 和结构相似性 (structural similarity，SSIM) 指标 [1]。PSNR 通过衡量失真图像和参考图像之间的能量差异来衡量图像质量。而 SSIM 则通过比较结构的相似性来推断视觉质量。近年来，为了在质量评价中更好地对人类视觉系统 (human visual system，HVS) 进行建模，研究者将 HVS 的高层次特性引入到算法设计中，如视觉显著性。代表性工作如文献 [2]，[3]，其中文献 [2] 在图像质量评价中引入显著性来建立算法，而文献 [3] 则分析了在图像质量评价任务中应用显著性的几个重要问题。第二类图像质量评价算法是基于参考图像的部分信息或某些代表性特征进行质量评价的 RR-IQA 算法。在文献 [4] 中，作者提出了一种基于信息论的 RR-IQA 算法，即从小波系数的熵的角度测量参考图像和投影失真图像之间的平均偏差。在文献 [5] 中，作者根据神经科学中自由能理论的最新发现，设计了一种基于自由能的失真度量 (free energy based distortion metric，FEDM)。

然而，在大多数情况下，没有参考图像，FR 和 RR 算法都将失效。在这方面，NR-IQA 成为测量图像质量的唯一算法。常用的一类 NR-IQA 算法是通用型的，是在不知道失真类型的情况下处理图像。这些算法通常分为两步，先是特征提取，然后训练质量评估的预测模块。代表性的通用 NR-IQA 算法有 DIIVINE、BLIINDS-II、BRISQUE 和 NFERM 等。另外一类常用的 NR 算法是针对特定失真的图像，如 JPEG、模糊 [6]、噪声 [7,8] 或对比度变化 [9] 等。

本节重点研究了一类特殊的失真图像，即失焦模糊图像的质量评价问题。如前所述，这些图像在现实中经常遇到，而对这些图像的具体质量评估算法仍然欠缺。当然，失焦模糊图像可以通过通用 NR 算法进行评估，因为它们对失真图像具有通用的质量评价能力。然而，与一般的算法相比，具体的模糊度评估算法更适合处理这类图像。早期对模糊度进行评价的算法主要集中在图像边缘。例如，在文献 [6] 中，作者提出了基于垂直和水平方向上的对边缘检测器的模糊度量，作者具体通过测量图像边缘的模糊度，提出了一种新的边缘模糊检测方法。另外，图像模糊还可以通过频谱信息来描述。在一篇文献中，作者通过计算小波变换域系数的对数能量，提出了 FISH[10]。在文献 [11] 中，频域和空间锐度度量 (spectral and spatial sharpness metric，S3) 结合了幅度谱的总空间变化和斜率的度量。虽然通用的 NR 算法和模糊度评价算法都有能力评价失焦模糊图像，但由于实际失焦模糊在图像上表现出复杂和不规则性，这些算法可能会变得无效或不足。失焦模糊的复杂性和不规则性主要表现在失焦模糊位置的不可预测性和强度的空间变化性，这对现有的图像分析方法来说是一个挑战。为了解决这一问题，我们设计了一种基于梯度幅度和相位一致性与显著性的适用于失焦模糊图像的质量评价模型 (gradient magnitude and phase congruency-based and saliency-guided quality model，GPSQ)。由于图像的多域特征在质量评价中可以起到互补作用 [12-14]，我们分别从空间域和频域提取两个低层特征梯度幅值 (GM) 和相位一致性 (PC)，然后将它们结合起来，综合表征图像的模糊性。然后对失焦模糊图像进行显著性检测，得到相应的显著图。最后，我们将局部结构图与显著图加权，得到一个表示失焦模糊图像视觉质量的分数。考虑到色度信息也会影响人类对图像质量的感知，我们进一步融合图像色度分量的 GM 来将 GPSQ 扩展到 GPSQ$_c$。通过大量的实验，我们验证了 GPSQ/GPSQ$_c$ 与主观评价图像质量的一致性。

4.1.1   GPSQ 算法总体介绍

我们设计了一个图像质量评价方法来评价失焦模糊图像的质量，称为 GPSQ。在 GPSQ 中，我们提取了一对低层特征，包括 GM 和 PC，用来表征图像的局部模糊度。然后对图像进行显著性检测，生成相应的显著性图。最后，将局部结构图与显著性图加权，以估计失焦模糊图像的视觉质量。

1. 梯度幅度特征提取

HVS 通常善于从输入图像场景中提取结构信息，因为图像结构为 HVS 解释输入的视觉信号传递了许多关键信息。不幸的是，失焦模糊的引入会导致结构的退化，这阻碍了 HVS 对图像的正常解释，从而降低了图像的视觉质量。为了有效地捕捉图像的局部结构，我们从空间域中提取图像结构并计算图像的 GM。具体来说，我们首先用 Prewitt 算子将图像 I 沿两个正交方向进行卷积来计算图像梯度，如下所示

$$G_x(I) = \frac{1}{3}\begin{bmatrix} 1 & 0 & -1 \\ 1 & 0 & -1 \\ 1 & 0 & -1 \end{bmatrix} \otimes I \tag{4-1}$$

$$G_y(I) = \frac{1}{3}\begin{bmatrix} 1 & 1 & 1 \\ 0 & 0 & 0 \\ -1 & -1 & -1 \end{bmatrix} \otimes I \tag{4-2}$$

$G_x(I)$ 和 $G_y(I)$ 分别表示图像水平和竖直方向的梯度，"$\otimes$" 表示卷积操作，则图像的梯度可以计算为

$$\mathrm{GM} = \sqrt{G_x^2 + G_y^2} \tag{4-3}$$

其中，GM 表示图像 I 的梯度。

图 4.1 给出了不同模糊程度的图像以及它们的梯度强度图和梯度强度的分布情况，图 4.1(a)、图 4.1(b)、图 4.1(c) 分别表示无模糊图像、轻微模糊图像和严重模

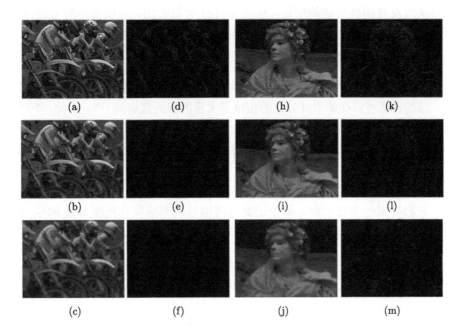

| (a) | (d) | (h) | (k) |

| (b) | (e) | (i) | (l) |

| (c) | (f) | (j) | (m) |

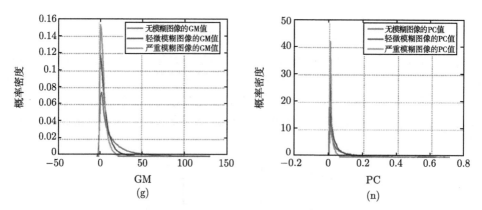

图 4.1　不同模糊程度的图像以及它们的梯度强度图和梯度强度的分布情况

(a)、(b)、(c) 分别表示无模糊图像，轻微模糊图像和严重模糊图像，它们的图像质量依次降低，右边的 (d)、(e)、(f) 分别为它们的梯度强度图，(g) 给出了梯度强度的分布情况对比，其中横坐标代表梯度强度，纵坐标表示概率密度，红线是原图的 GM 分布，蓝线是轻微模糊图像的 GM 分布，绿线是严重模糊图像的 GM 分布

糊图像，它们的图像质量依次降低，右边的图 4.1(d)、图 4.1(e)、图 4.1(f) 分别为它们的梯度强度图，图 4.1(g) 给出了梯度强度的分布情况对比，其中横坐标代表梯度强度，纵坐标表示概率密度，红线是无模糊图像的 GM 分布，蓝线是轻微模糊图像的 GM 分布，绿线是严重模糊图像的 GM 分布。分析图 4.1，我们可以得到以下的结论：第一，梯度强度 GM 可以表示图像的结构信息或者轮廓信息；第二，随着模糊程度的增强，GM 相应地减弱，说明 GM 可以反映图像模糊程度的变化，从而反映图像质量的变化，从图 4.1(g) 可以看出，轻微模糊的 GM 分布与无模糊的 GM 更加接近，即红线和蓝线更加地接近。

2. 相位一致性特征提取

除了用 GM 方法提取图像的空间结构外，我们还考虑了图像频域结构。根据 PC 理论，结构特征可以在傅里叶分量的相位最大值的点处观察到[15]。因此，PC 模型为我们提供了另一种提取图像结构的方法。此外，与 GM 相比，PC 对亮度和对比度不敏感。这里，我们采用 Kovesi[16] 提出的 PC 计算方法，具体的计算方式如下所示。

给定一个一维信号 s，我们用 M_n^e 和 M_n^o 表示尺度 n 上的偶数和奇数对称滤波器，它们构成一个正交对。每个正交对对信号的响应将在尺度 n 上的位置 j 处产生一个响应向量：$[e_n(j), o_n(j)] = [s(j) \times M_n^e s(j) \times M_n^o]$，在尺度 n 上的局部振幅为 $A_n = \sqrt{e_n(j)^2 + o_n(j)^2}$。设 $F(j) = \sum_n e_n(j)$，$H(j) = \sum_n o_n(j)$，PC 可计算为

$$PC(j) = \frac{U(j)}{\varepsilon + \sum_n A_n(j)} \tag{4-4}$$

式中, $U(j) = \sqrt{F(j)^2 + H(j)^2}$, ε 是一个小的正常数, 用于避免分母为零。在 PC 计算中, 通常要排除噪声的影响, 即

$$\mathrm{PC}(j) = \frac{(U(j) - T)^+}{\varepsilon + \sum_n A_n(j)} \tag{4-5}$$

式中, T 表示应从 $U(j)$ 中减去的总噪声影响; $(\cdot)^+$ 表示函数之间的差不允许变为负值。根据一维 PC 的定义, j 位置的二维 PC 可通过从所有方向对一维 PC 求和得出, 如下所示

$$\mathrm{PC}_{2\mathrm{D}}(j) = \frac{\sum_o (U(j) - T_o)^+}{\varepsilon + \sum_o \sum_n A_{no}(j)} \tag{4-6}$$

其中, o 表示每个不同方向的索引变量。最后, 在式 (4-6) 中引入 Sigmoid 加权函数来调整每个方向的 PC 值

$$\mathrm{PC}_{2\mathrm{D}}(j) = \frac{\sum_o (W_o(j)(U(j) - T_o)^+)}{\varepsilon + \sum_o \sum_n A_{no}(j)} \tag{4-7}$$

加权函数

$$W_o(j) = \frac{1}{1 + \mathrm{e}^{g(c - s(j))}} \tag{4-8}$$

式中, c 是滤波器响应扩展的 "截止" 值, 低于该值的 PC 值将被惩罚, g 是控制截止锐度的增益因子。扩展函数

$$s(j) = \frac{1}{N} \frac{\sum_n A_n(j)}{\varepsilon + A_{\max}(j)} \tag{4-9}$$

N 为考虑的总尺度数, $A_{\max}(j)$ 为在 j 处响应最大的滤波器对的振幅, 可以参考文献 [16] 以获得更多的 PC 计算信息。同样, 在图 4.1 我们分别给出了一个从原始图像和模糊图像中提取的 PC 图像的例子。其中, 图 4.1(h) 为无模糊的原始图像, 图 4.1(i) 和 (j) 分别为轻微模糊和重度模糊的对应图像, (k) ~ (m) 为 (h) ~ (j) 的 PC 图像。这三幅图像的 PC 值分布如图 4.1(n) 所示。从 PC 图像中观察到, PC 可以提取图像中的结构, 并且 PC 值随着模糊度的增加而下降, 证明 PC 可以用来表示图像的模糊程度。类似地, 与轻微模糊图像的 PC 值分布相比, 重模糊图像的 PC 值分布与无模糊图像的 PC 值分布更为不同。

3. 失焦图像质量评价

我们提取失焦模糊图像的 GM 和 PC, 结合 GM 和 PC 图得到局部结构图 S, 如下所示

$$S(i,j) = \max \left\{ \frac{\mathrm{GM}(i,j)}{\mathrm{GM}_{\max}}, \mathrm{PC}(i,j) \right\} \tag{4-10}$$

其中，(i, j) 表示 S、GM 和 PC 图中的每个位置。由于 PC 值在 $0 \sim 1$ 范围内，我们还将 GM 值归一化为 $0 \sim 1$，将 GM 值除以 GM_{max}，GM_{max} 表示 GM 最大值，$\mathrm{GM}_{max} = 255\sqrt{2}$，然后取 GM 和 PC 值的最大值构成 S，如果 GM 和 PC 中的任何一个在每个位置取较大的值，我们认为图像中的这个位置就是结构特征点。因此，GM 和 PC 的最大值组合保证了我们能够全面地提取图像中的结构。为了直观地说明这一点，我们计算了相同图像的 GM 和 PC，结果如图 4.2 所示。

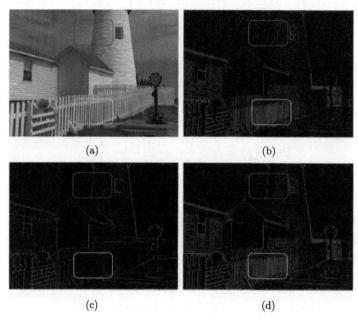

图 4.2　图像的 GM、PC 和局部结构图 S 示例
(a) 示例图像；(b) GM 图；(c) PC 图；(d) 局部结构图 S

可以观察到，在图 4.2(b) 的红色矩形区域内，无法清晰地提取塔的边缘。这是因为边缘两侧的亮度相似，即在图 4.2(a) 中，白云和白塔在亮度上很难区分。因此，GM 不能很好地刻画这条边。而 PC 能够从频域中捕捉到这种边缘。同样，在图 4.2(c) 的黄色矩形区域内，栅栏具有相似的频率特性，这使得 PC 很难提取结构。反之，用 GM 可以提取栅栏的结构，如果取 GM 和 PC 的最大值，则可以同时得到红色矩形和黄色矩形的结构，这在图 4.2(d) 中得到了验证。因此，GM 和 PC 在结构提取中可以起到互补作用，即 GM 和 PC 的最大值组合使我们能够全面地提取结构。下一步，如前所述，失焦模糊可能不规则地存在于图像上，导致模糊度评价的结果不准确，因此我们采取的策略是对失焦模糊图像进行显著性检测，以强化那些吸引更多视觉注意的区域进行质量评价。具体地说，我们通过显著性检测生成失焦模糊图像的显著图 (saliency map，SM)。SM 值越大，失焦

模糊图像中的像素对 HVS 的影响越大。然后我们用 SM 加权局部结构图 S，得到局部质量图 Q：

$$Q(ij) = \frac{\text{SM}(i,j) \cdot S(i,j)}{\sum_{(i,j) \in Q} \text{SM}(i,j)} \tag{4-11}$$

最后，我们基于百分位池化策略推导出了用于评价失焦模糊图像视觉质量的分数，该策略在 IQA 算法中被广泛采用 [11,17]。具体来说，我们取局部质量图 Q 中 $l\%$ 最大值的均方根值来定义 GPSQ 指数，如下所示

$$\text{GPSQ} = \sqrt{\frac{1}{N} \sum_{(i,j) \in \Omega} Q^2(i,j)} \tag{4-12}$$

其中，GPSQ 给出了失焦模糊图像的质量等级，Ω 包含 Q 中 $l\%$ 最大值的所有位置，N 计算 Ω 中的位置数。在我们的算法中，显著性预测采用显著性模型 Covsal[18]，假设感知质量的最小比例为 $1/5$，l 设为 20[19]。值得注意的是，GPSQ 属于 NR 算法。

4. 针对彩色图像质量评价的扩展

图像的色彩的变化对图像的质量有一定的影响，所以在提出的算法中加入色度信息的变化，以便扩展到彩色图像的质量评价。首先，将图像从 RGB 色度空间转换到 YIQ 色度空间，其中 Y 表示图像的亮度通道，I 和 Q 表示图像的色度通道，RGB 到 YIQ 的转换为

$$\begin{bmatrix} Y \\ I \\ Q \end{bmatrix} = \begin{bmatrix} 0.299 & 0.587 & 0.114 \\ 0.596 & -0.274 & -0.322 \\ 0.211 & -0.523 & 0.312 \end{bmatrix} \begin{bmatrix} R \\ G \\ B \end{bmatrix} \tag{4-13}$$

然后，我们对彩色通道 I 和 Q 分别求其梯度强度特征，然后定义新的局部结构图为

$$S_{\text{c}}(i,j) = \max \left\{ \frac{\text{GM}_{\text{I}}(i,j)}{\text{GM}_{\text{I max}}}, \frac{\text{GM}_{\text{Q}}(i,j)}{\text{GM}_{\text{Q max}}}, S(i,j) \right\} \tag{4-14}$$

式中，S 表示公式 (4-10) 中定义的亮度通道的结构图，GM_I 和 GM_Q 分别是 I 和 Q 通道的 GM 图。I 和 Q 的 GM 图也被它们的最大值归一化为 0-1。在这里，我们不计算色度通道的相位一致性特征，因为我们通过实验发现它们不能带来性能上的增益，反而使得程序的运行时间大大增加，所以只计算梯度强度特征。然后图像的局部质量图如下所示

$$Q_{\text{c}}(i,j) = \frac{\text{SM}(i,j) \cdot S_{\text{c}}(i,j)}{\sum_{(i,j) \in Q_{\text{c}}} \text{SM}(i,j)} \tag{4-15}$$

彩色图像的质量定义为

$$\mathrm{GPSQ}_c = \sqrt{\frac{1}{N}\sum\nolimits_{(i,j)\in\Omega} Q_c^2(i,j)} \tag{4-16}$$

值得注意的是，GPSQ_c 的参数与 GPSQ 的参数相同。为了直观地理解 GPSQ_c，我们在图 4.3 中清楚地展示了它的计算流程。

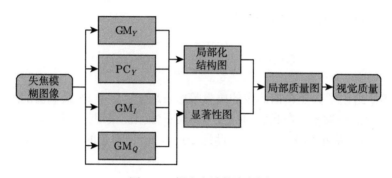

图 4.3   提出方法的流程图

可见，对于失焦模糊图像，分别计算输入图像的 GM_Y、PC_Y、GM_I 和 GM_Q。然后将这四个特征图组合起来，构造一个局部结构图。同时，对输入的失焦模糊图像进行显著性检测，得到相应的显著图，表示图像的局部视觉显著性。利用局部结构图和显著性图对结构图进行加权，得到局部质量图。最后，将局部质量图融合，得到整体失焦模糊图像的质量。

4.1.2   GPSQ 算法性能测试

接下来将在大量实验的基础上验证所提出算法的有效性。首先，我们介绍了实验细节和作为客观算法测试平台的图像数据库。然后报告客观算法的预测结果并进行必要的分析。此外，还将讨论 GPSQ 的一些重要问题。

1. 实验方案

采用的测试数据库为我们提出的真实失焦数据库和 BID 数据库中的第二种和第五种类型。为了评价目标算法的预测性能，我们分别采用了 4 个常用的统计指标：KROCC、SROCC、RMSE 和 PLCC。这 4 个指标都是在主观评分和客观评分之间计算出来的。KROCC 和 SROCC 值反映了质量指标的预测单调性，PLCC 反映了预测精度，RMSE 指出了预测的一致性。因此，这四个指标从不同方面展示了预测性能。正如 VQEG 所提出的，在计算 PLCC 和 RMSE 之前，需要通过非线性回归将客观得分映射到主观评分。为此，我们应用了五参数逻辑斯谛函数。

2. 性能对比

表 4.1 和表 4.2 列出了在两个数据库上的实验结果，性能最好的数据用粗体标记，因为真实拍摄的失焦模糊图像没有参考图像，所以我们只能比较无参考的图像质量评价算法。评价失焦模糊的图像质量可以借助于通用的无参考质量评价算法，也可以利用专门的模糊度评价算法，所以，我们将比较的算法相应地分为两类，第一类比较算法有 BIQI、BRISQUE、DESIQUE、DIIVINE、NFERM、NIQE、SISBLIM、BQMS；第二类比较算法包括 LPSI、CPBD、ARISMC、FISH、JNB、LPC 和 S3，以及 GPSQ 和 $GPSQ_c$。首先，通过观察表 4.1，可以看出通用的无参考质量评价算法的预测性能一般，而特定的模糊预测算法可以得到比通用的算法高的预测性能，这说明了特定的算法比通用的算法在评价特定的失真情况下更加有效。值得注意的是，提出的算法的预测准确性在 0.9 以上，远远超过所有的算法，证明了该算法的有效性和优越性，而且提出的彩色图像的预测算法要高于灰度图像的算法，这说明了考虑色彩信息可以进一步提升图像质量的预测能力。

表 4.1   在提出库上的预测性能比较

方法	SROCC	KROCC	PLCC	RMSE
BIQI	0.258	0.174	0.224	1.283
BRISQUE	0.736	0.536	0.726	0.904
DESIQUE	0.689	0.491	0.681	0.963
DIIVINE	0.586	0.414	0.647	1.003
NFERM	0.775	0.577	0.752	0.866
NIQE	0.090	0.077	0.469	1.162
SISBLIM	0.855	0.673	0.815	0.762
BQMS	0.045	0.019	0.416	1.197
LPSI	0.659	0.478	0.695	0.945
CPBD	0.788	0.600	0.790	0.806
ARISMC	0.535	0.375	0.693	0.948
FISH	0.854	0.666	0.825	0.742
JNB	0.736	0.550	0.730	0.898
LPC	0.856	0.662	0.844	0.704
S3	0.864	0.670	0.843	0.707
GPSQ	**0.923**	0.751	**0.934**	0.470
$GPSQ_c$	**0.923**	**0.752**	**0.934**	**0.468**

观察表 4.2，我们可以看到所有算法的预测性能都大幅度降低，主要原因可以总结为两点：第一，BID 数据库中图像的分辨率是变化的，而图像的分辨率对图像的质量也有一定的影响；第二，BID 数据库中的第五类失真是多种失真的融合，所以单纯从模糊度来评价其质量还是不够准确，BID 数据库的图像还存在别

的因素影响其质量。在提出的数据库上，影响图像质量的因素比较单一，图像的分辨率是固定的，而且图像在拍摄过程中利用三脚架固定，防止有额外的模糊失真的引入。尽管预测性能都有所降低，但是提出的算法仍然取得了最优的预测性能。综合以上两个数据库上的结果，我们验证了提出算法在预测真实失焦模糊图像质量上的有效性及优越性。

表 4.2   在 BID 库上的预测性能比较

方法	SROCC	KROCC	PLCC	RMSE
BIQI	0.447	0.307	0.530	0.910
BRISQUE	0.059	0.041	0.317	1.018
DESIQUE	0.101	0.072	0.123	1.065
DIIVINE	0.240	0.164	0.253	1.038
NFERM	0.278	0.184	0.333	1.012
NIQE	0.323	0.214	0.376	0.995
SISBLIM	0.055	0.032	0.344	1.008
BQMS	0.103	0.066	0.105	1.057
LPSI	0.222	0.149	0.311	1.020
CPBD	0.164	0.111	0.271	1.033
ARISMC	0.144	0.095	0.180	1.056
FISH	0.309	0.211	0.328	1.014
JNB	0.094	0.063	0.258	1.037
LPC	0.428	0.294	0.514	0.920
S3	0.379	0.257	0.422	0.973
GPSQ	0.497	0.343	0.556	0.892
GPSQ$_c$	**0.498**	**0.344**	**0.557**	**0.891**

3. GM 和 PC 预测性能对比

在提出的算法中，我们利用 GM 和 PC 来提取图像的结构信息，利用最大值融合 GM 和 PC 得到图像的局部结构图，根据我们前面的分析，GM 和 PC 融合得到的局部结构图的预测性能应该在 GM 和 PC 单独的预测性能之上，因为两者的结合在结构提取的过程中起到互补的作用，下面我们通过具体的实验来进行验证。具体的方法为，我们分别利用 GM、PC 和局部结构图进行模糊度检测，后续的操作保持不变，在提出的数据库上进行测试，测试结果如表 4.3 所示。其中"SE"表示结构提取，性能最优的用粗体标记。从表中我们注意到 GM 和 PC 的预测性能相当，这说明了仅仅利用 GM 和 PC 做结构提取可以得到相似的预测性能。然而，它们的结合，即利用最大值进行融合进行结构提取可以得到较高的性能提升，比 GM 和 PC 任何一个的预测性能都要高，这说明了利用最大值融合两者可以显著地提升预测性能，从而证明了融合 GM 和 PC 在质量评价中的有效性。

表 4.3 在提出的数据库上 GM、PC 以及它们融合的预测性能对比

SE	SROCC	KROCC	PLCC	RMSE
GM	0.899	0.722	0.912	0.538
PC	0.896	0.718	0.909	0.548
组合	**0.923**	**0.751**	**0.934**	**0.470**

4. 显著性检测对预测性能的影响

在前面的分析中，真实失焦模糊的复杂性主要表现在两个方面，第一个方面是模糊的位置是不可预测的；第二个方面是局部的模糊强度也不相同。这两方面的原因导致了模糊度评价的结果不够准确，我们采取的措施是对图像进行显著性检测，利用显著图区分出图像哪些位置是人眼敏感的位置，哪些位置对于人眼不敏感，敏感的位置存在失真模糊对图像质量的影响较大，不敏感的位置即使存在失焦模糊，对图像质量的影响也不大。因此，我们利用显著图来加权图像的局部结构图，从而增强了图像质量预测的准确性。我们通过实验来验证利用显著性检测的合理性。同样地，我们进行实验，实验方法为不进行显著性检测与进行显著性检测对比，为了不失一般性，我们选择了多种显著性检测的算法，有 SWD、Covsal、GBVS、Itti[20]、RCSS、RARE[21]、FES 和 IS。同时，我们还利用显著性对多种模糊度检测的图进行加权，测试的算法有 FISH、LPC 和 S3。因为这三种方法可以生成一个局部的锐度图，与我们的局部结构图相似。显著性加权的算法与最后池化得到质量分数的步骤一致，实验在提出的失焦模糊数据库上进行，其结果由表 4.4 给出。我们利用 SROCC 来衡量预测的性能，性能最好的由粗体标出，其中 None 表示不做显著性检测。从表中我们可以看到不管是哪一种模糊度评价算法，显著性检测算法 SWD、Covsal、GBVS、Itti、RCSS 的预测性能都在 None 之上。这说明利用显著性检测的算法可以有效地提高预测性能。然而，RARE、FES 和 IS 的大部分预测性能在 None 之下，这是因为这些显著性算法不能准确地预测图像的显著性。图 4.4 给出了一个显著性检测的对比示例,从图中可以看出,RARE

表 4.4 不同的显著性模型对预测性能的影响

显著性	FISH	LPC	S3	GPSQ
None	0.854	0.856	0.864	0.872
SWD	**0.903**	0.873	**0.894**	0.909
Covsal	0.899	0.871	0.887	**0.923**
GBVS	0.884	0.881	0.877	0.907
Itti	0.889	0.881	0.876	0.905
RCSS	0.874	**0.900**	0.865	0.905
RARE	0.846	0.847	0.801	0.859
FES	0.806	0.815	0.749	0.819
IS	0.860	0.748	0.814	0.776

检测的显著性过多地集中于图像背景花的位置，这与图像主观质量评价是相悖的。主观评价中，人眼更多地关注前景花的位置，即图 4.4(b) 的检测结果更加准确，所以 Covsal 的预测性能更高。这说明显著性检测不准确反而会降低算法的预测性能。观察表 4.4 最后一列，我们发现，除了利用 IS 的性能不高之外，其他的结果都比前三列的性能高，这说明了我们利用 GM 和 PC 结合来预测图像的模糊度的优越性，而 Covsal 的性能最高，所以我们采用 Covsal 作为默认的显著性预测算法。

(a)   (b)   (c)

图 4.4   显著性检测结果对比
(a) 测试图像；(b) Covsal 检测结果；(c) RARE 检测结果

实验证明本节提出的 GPSQ/GPSQ$_c$ 算法对失焦模糊图像的质量评价具有很高的有效性。接下来，将分析图像传输过程中会产生的单失真和多重失真对图像质量评价的影响，并提出针对单失真和多重失真图像的混合无参考质量评价算法。

4.2   单失真和多重失真图像的混合无参考质量评价算法

IQA 算法通常分为两类，主观评价和客观评价。对于 FR-IQA 算法，常通过改进 SSIM 指标来提出新的算法，例如多尺度 SSIM(multi-scale SSIM，MS-SSIM)[22]、自然场景统计 (natural scene statistics，NSS) 启发的信息内容加权的 SSIM(information content weighted SSIM，IW-SSIM)[23]，以及新提出的结构相似性加权的 SSIM(structural similarity weighted SSIM，SW-SSIM)[24]。RR-IQA 指标 [5,25] 和 NR-IQA 指标 [26,27] 也有很多。RR-IQA 和 NR-IQA 算法大致可分为两类。第一个是由脑科学的最新发现所启发的，比如 FEDM 和 NFEQM[5]。这些算法被设计用来模拟人脑的内部生成机制。我们通过整合一对 RR-IQA 算法 (FEDM 和 SDM[28])，提出了 NFSDM[29]。

第二类 IQA 指标通过表征 NSS 的规律性来预测图像质量。DIIVINE 在 DWT 域中提取特征并在质量评价之前进行失真识别来预测图像质量。另外，研究者还分别提出了基于 DCT 域和空 NSS 的算法 BLIIDNS-II 和 BRISQUE。NIQE[30]

不是根据训练样本的主观得分通过回归模型来评估图像质量的,而是在不使用人类评分图像的情况下开发的。此外,还存在另一类专门针对特定失真类型的无参算法[6,31]。

尽管对于图像质量分析的研究十分成功,大多数图像质量评价指标只能有效地处理单一失真类型的图像。但是实际的图像处理/通信系统的输出通常会被一个以上的失真源所污染,为了便于 IQA 的研究,Jayaraman 等最近发布了一个新的 LIVE 多重失真图像数据库 LIVEMD[32],其中包括两组双失真图像,用于两种情况:①图像存储,其中图像首先被模糊,然后由 JPEG 编码器压缩;②相机图像采集,图像首先由于散焦而变得模糊,然后被白噪声破坏以模拟传感器噪声。

在实际的图像通信系统中,图像通常要经过三个步骤:采集、压缩和传输,最后到达最终用户。这使得图像很可能与 JPEG 压缩、模糊和噪声注入等失真一起受到干扰。为了真实地模拟真实世界中的混合失真,本节介绍了一个新的多重失真图像数据库 (multiply distorted image database,MDID2013),它由 324 个同时被上述三种失真类型破坏的测试图像和从 25 个没有经验的观察者获得的相关主观评分组成。

在文献 [33] 中,早期的模型利用低通和高通滤波器以及非线性传递函数来模拟 HVS。这意味着人类可以从混杂的失真中分别感知每一种失真的程度。此外,Chandler 回顾了一些实验,并指出了几种可能的不同失真类型的联合效应[34]。为了综合考虑上述因素,本章提出了一种新的六步盲度量 (six-step blind metric,SISBLIM),将每种出现的失真类型的单次质量预测和不同失真源的联合效应相结合,对多重失真图像进行质量评估。该算法由噪声估计、图像去噪、模糊度量、JPEG 质量评价、联合效应预测和基于 HVS 的融合六部分组成。具体地说,首先测量输入图像的噪声级,然后根据加性噪声的存在进行可能的去噪操作。其次用模糊和 JPEG 方法分别对无噪或去噪图像进行评估。最后,通过 SISBLIM 预测的质量分数作为对加性噪声、模糊、JPEG 压缩和联合效应的子评分的系统集成。它将表明我们的盲度量相比于许多主流 FR-IQA 算法和最新的 NR-IQA 算法在单失真和多重失真图像质量数据库中都是更加有效的。

4.2.1　MDID2013 数据库

图像通常经历采集、压缩和传输阶段,可能会因高斯模糊、JPEG 压缩和白噪声注入而失真。我们引入 MDID2013 数据库来模拟这一过程,MDID2013 中的图像来自 12 个原始图像。图 4.5 显示了精心选择的原图像:一半来自 Kodak 数据库[35] 的 768×512 大小的图像,另一半来自 LIVEMD 数据库[32] 的 1280×720 大小的图像。它们具有广泛的场景、颜色、照明级别和前景/背景配置。我们通过使用模糊、JPEG 压缩和噪声连续破坏每个原图像,生成总共 324 个测试图像。

图 4.5   12 幅无损自然彩色图像

(a) 来自 Kodak 数据库的六张 768 × 512 标准定义图像；(b)LIVEMD 提供的六张 1280 × 720 高清晰度图像

根据 ITU-R BT.500-11[36]，我们使用单刺激 (single-stimulus, SS) 方法进行主观测试。25 名没有经验的受试者参加了这次测试，这些观察者大多是不同专业的大学生。为了方便显示测试图像和收集原始主观评分，我们设计并使用了一个类似于文献 [37] 的交互式系统。视距固定在图像高度的四倍，以匹配 LIVEMD[32]中的条件。请注意，测试图像有两种图像大小，这意味着观察者必须在两个观察距离处对它们进行评分。为了避免频繁调整距离，我们将整个测试分成两部分。第一部分处理所有 768 × 512 大小的测试图像，而第二部分包括大小为 1280 × 720的图像。为了尽可能消除记忆对平均分数的影响，我们在每一部分中随机排列图像的顺序。在观察过程中，受试者被要求提供一个从 0 到 1 的连续质量量表的整体质量感知，精确度达到 0.01%。表 4.5 总结了主观测试条件和一些关键参数。

表 4.5   主观测试条件和参数

方法	单刺激
颜色深度	24 位/像素彩色图像
图像编码器	便携式网络图形 (PNG)
图像分辨率	768 × 512，1280 × 720
测试者	25 名没有经验的受试者
评价量表	连续质量等级从 0 到 1
视距	图像高度的四倍
室内照度	黑暗

在观看测试之后，我们计算所有测试图像的 DMOS 值。这里，我们将 s_{ab} 表示为受试者 a 对测试图像 I_b 提供的分数，其中 $a = \{1, 2, \cdots, 20\}$ 和 $b = \{1, 2, \cdots, 324\}$，并将 s'_{ab} 作为每个原始图像的等级。然后使用以下步骤进行分数处理：

(1) 异常值筛选，以提高数据的保真度；

(2) 差分计算，得到两对分数之间的差值 $d_{ab} = s_{ab} - s'_{ab}$；

(3) 取平均值，计算图像 I_b 的 DMOS 值 $\dfrac{1}{N_A} \sum\limits_x d_{ab}$，其中 N_A 是观察者的数量。

图 4.6 显示了两个单独部分和整个数据的 DMOS 分数分布。注意，图 4.6 中两个部分的分布形状非常相似，这说明多重失真的视觉质量几乎不受图像大小变化的影响。

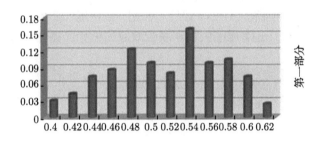

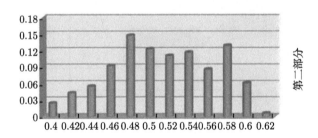

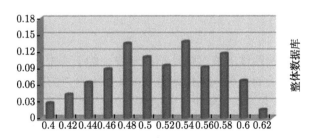

图 4.6 各部分和整个数据库中 DMOS 的柱状图

4.2.2　SISBLIM 算法总体介绍

早期的人类视觉模型由低通滤波器、对数亮度映射和高通滤波器三部分构成[33]。受此模型的启发，我们假设人类在观看多重失真图像时，可以立即感知噪声水平并使用低通滤波器对图像进行降噪处理。因此，基于高通滤波器，人们可以很容易地估计模糊程度和 JPEG 压缩程度。换言之，每种失真源引起的图像退化可以分别被感知。

因此，我们所提出的无训练 SISBLIM 算法致力于结合每一种失真类型的单一质量分数和混合失真的联合效果。图 4.7 显示了 SISBLIM 的主要步骤，包括噪声估计、图像去噪、模糊度量、JPEG 质量评估器、联合效应预测和基于 HVS 的融合模型。我们使用 SISBLIM 中的构造块来模拟 HVS 对多重失真图像的上述感知过程。对于输入图像信号，我们首先预测噪声方差。基于估计的噪声水平，我们将方法块匹配和三维滤波 (BM3D)[38] 应用于图像去噪[39]。然后分别对无噪或去噪后的图像进行模糊和 JPEG 评价，并用"自由能"来衡量联合效果。最后，通过对噪声、模糊、JPEG 压缩失真和联合效应的估计，得到图像质量。

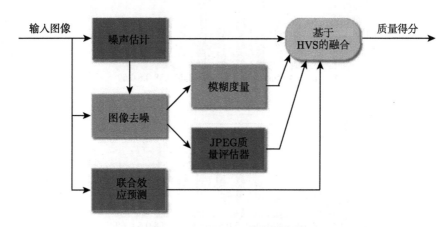

图 4.7　SISBLIM 的主要步骤

1. 噪声估计

文献 [7] 发现自然图像的峰度值在不同尺度上趋于不变，这种尺度不变性会因噪声的增加而破坏。对于输入图像信号 x，其加入噪声的图像信号 y 的峰度可以表示为 x 的峰度和方差以及噪声方差的函数

$$k_y = \frac{k_x(\alpha) - 3}{\left(1 + \frac{\sigma_h^2}{\sigma_x^2}\right)^2} \tag{4-17}$$

其中，k_x 和 k_y 分别是 x 和 y 的峰度值，σ_x^2 和 σ_n^2 分别是 x 和附加噪声 n 的方差。所以 y 的噪声水平为

$$\widehat{\sigma}_n^2 = \arg\min_{k_x,\sigma_n^2} \sum_{i=2}^{N^2} \left| \frac{k_x - 3}{\left(1 + \dfrac{\sigma_n^2}{\sigma_{y_i}^2 - \sigma_n^2}\right)^2} + 3 - k_{y_i} \right| \tag{4-18}$$

其中，$\sigma_{y_i}^2$ 和 k_{y_i} 是由以 $N \times N$ 的 DCT 为基础的 y 的滤波器响应计算的。

2. 图像去噪

如果多重失真图像有噪声，人脑往往会立刻去噪。我们选择高性能 BM3D 方法 [38] 进行图像去噪。主要步骤如下：

(1) 获得基本估计

* 分块估计

* 聚合

(2) 利用基本估计，进一步改进分组，进行协同维纳滤波，得到最终估计。

* 分块估计

* 聚合

(3) 分块估计：对于基本估计中的每个块，使用块匹配来搜索与当前处理的块相似的块的位置，从而形成一对 3D 阵列 (组)。一种是从噪声图像中提取，另一种是从基本估计中提取。接下来，对这对 3D 阵列进行 3D 变换，并利用基本估计的能量谱进行 3D 维纳滤波。最后，反转 3D 变换以生成所有分组块的估计值。

(4) 聚合：通过获得的分块估计值的加权平均值来计算最终估计值。

3. 模糊度量

我们用 MBBM 方法对无噪/去噪图像的模糊度进行了测量。边缘检测首先用于在输入的视觉信号中找到垂直/水平的边缘。接下来，扫描图像的每一行/每一列，对于属于边缘位置的像素，边缘的起始位置和结束位置定义为最接近边缘的局部极值位置。边缘宽度定义为结束位置和开始位置之间的差，并将其标识为该边缘位置的局部模糊度量。最后，通过计算所有边缘位置上局部模糊值的平均值，得到整个图像的全局模糊值。

4. JPEG 压缩质量评估

在 JPEG 压缩中，由于图像块的粗量化和独立处理，导致模糊和分块同时发生。模糊效应主要来自于高频 DCT 系数的删除，而块边界的不连续性导致了

块效应的产生。在此基础上，WNJE 分四步进行：首先，块效应记为块边界的平均差

$$B_h = \frac{1}{H\left(\left\lfloor \frac{W}{8} \right\rfloor - 1\right)} \sum_{i=1}^{H} \sum_{j=1}^{\left\lfloor \frac{W}{8} \right\rfloor - 1} |D_h(i, 8j)| \tag{4-19}$$

其中，$D_h(m,n) = X(m,n+1) - X(m,n)$，$n \in [1, W-1]$，$H$ 和 W 分别表示图像的高度和宽度。其次，块内图像样本之间的平均绝对差计算如下

$$A_h = \frac{1}{7}\left[\frac{1}{H(W-1)} \sum_{i=1}^{H} \sum_{j=1}^{W-1} |D_h(i,j)| - B_h\right] \tag{4-20}$$

再次，水平过零率由下式得出

$$Z_h = \frac{1}{H(W-2)} \sum_{i=1}^{H} \sum_{j=1}^{W-2} |D_h(i,j)| \tag{4-21}$$

最后，JPEG 压缩效应的度量分数定义为

$$Q_J = \phi_1 + \phi_2 (B_J)^{\theta_1} (A_J)^{\theta_2} (Z_J)^{\theta_3} \tag{4-22}$$

其中

$$B_J = \frac{B_h + B_v}{2}, \quad A_J = \frac{B_h + A_v}{2}, \quad Z_J = \frac{B_h + Z_v}{2} \tag{4-23}$$

B_v，A_v 和 Z_v 是垂直特征，使用的方法类似于 B_h，A_h 和 Z_h。$\{\phi_1, \phi_2, \theta_1, \theta_2, \theta_3\}$ 为待确定的模型参数。

5. 联合效应预测

混合失真的联合作用对多重失真图像的质量有着重要的影响。这种联合效应明显受到不同失真类型的相互作用的影响。由于掩蔽效应的存在，这种效应在很大程度上也取决于图像内容。因此，当估计联合效应时应考虑上述两个因素。值得注意的是，一方面，更多掩蔽的图像通常很难描述。另一方面，我们注意到，当噪声被添加到更模糊的图像中时，感受到的噪声强度将增加[34]。这种现象可以解释为这样一个事实，即增加的模糊量减少了输入图像中的噪声掩蔽，从而使得噪声更加明显，并且图像更难被描述。在这些启发下，我们在这一部分借助图像描述的复杂性来衡量联合效应。然而，图像描述的复杂性是一个抽象的概念。特别地，这里使用自由能，因为它可以很好地模拟 HVS 的过程。

6. 基于 HVS 的融合模型

提出的 SISBLIM 被定义为噪声、模糊和 JPEG 压缩的加权质量分数的线性组合，以及上述联合效应

$$\text{SISBLIM} = \sum_{i=\{N,B,J,F\}} (\xi_i \lambda_i) Q_i \tag{4-24}$$

其中，$\lambda_N = \lambda_F = 1$，$\lambda_J = 1 - \lambda_B$，且 $\xi_N, \xi_B, \xi_J, \xi_F$ 和 λ_B 是模型参数，Q_F 表示用自由能测量的联合效应。

LIVEMD 数据库包含两组多重失真的图像，即模糊和 JPEG 压缩图像 (225 个图像被模糊破坏，然后是 JPEG)、模糊和噪声图像 (225 个图像被模糊和噪声污染)。我们已经提到 HVS 可以有效地将噪声从失真图像中分离出来。噪声估计几乎独立于其他失真度量。事实上，SINE 的精度在很大程度上不受模糊和 JPEG 压缩的影响。在图 4.8 所示的示例中，LIVEMD 中具有四种不同噪声水平的所有图像都由红、绿、蓝和黑散点图表示，这表明用于噪声估计的 SINE 性能很少受其他两种失真类型的影响。因此，我们首先估计出失真图像的噪声级，然后将估计结果应用于图像去噪。

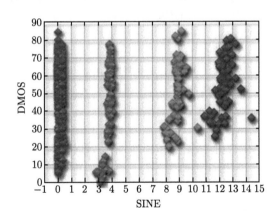

图 4.8　LIVEMD 上 DMOS 和 SINE 的散点图
红、绿、蓝、黑四种颜色表示四种不同程度的噪声

虽然 HVS 可以很容易地分离模糊和块效应失真，但这对计算机来说并不是一件容易的事。在这项工作中，我们发现 B_h 与 A_J 的比值可以有效地将 JPEG 压缩图像 (包括仅被块效应破坏的图像、被模糊和 JPEG 一起破坏的图像) 与其他图像分开。更具体地说，B_J 实际上是在计算位于所有块体边缘的 $|D_h|$ 和 $|D_v|$ 值的平均值，而 A_J 是针对 6×6 内部部分计算的。不难推测，对于非块状图像，B_J 几乎等于 A_J，而对于 JPEG 压缩图像，B_J 大于 A_J。图 4.9 显示了 LIVEMD

中所有图像的 B_J 和 A_J 之间的关系。红色、绿色、蓝色和黑色散点图分别表示四种不同程度的 JPEG 压缩。

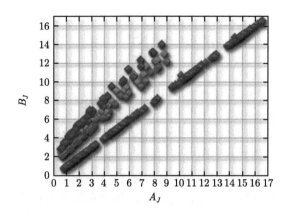

图 4.9   LIVEMD 库上的块边界均值和块内均值散点图

我们仅采用带有 $\{\phi_1, \phi_2, \theta_1, \theta_2, \theta_3\}$ 的 Q_J 来预测 JPEG 压缩图像的质量,利用 A_J 和 Z_J 测量模糊度的功能来预测 JPEG 压缩图像的质量,并将 Q_B 用于其他类型的失真图像。因此,在本书中,我们将控制参数 λ_B 调整为有选择地使用 Q_J 或 Q_B 来计算 SISBLIM,

$$\lambda_B = \begin{cases} 0, & \dfrac{B_J}{A_J} > \Omega_{\lambda_B} \\ 1, & \text{其他} \end{cases} \tag{4-25}$$

其中,Ω_{λ_B} 是区分 JPEG 压缩图像和其他图像 (即图 4.9 中的黑色散点图和其他散点图) 的阈值。Ω_{λ_B} 的值应该略大于 1,在本书中我们设置 $\Omega_{\lambda_B} = 15$。

对于多个失真类型,我们仍然需要考虑噪声注入对块效应估计的影响。图 4.10 给出了 MDID2013 中的一对 "帽子" 图像用于比较:图 4.10(a) 为被最低级别的模糊和噪声破坏的图像, 以及最高级别的 JPEG 压缩的图像;图 4.10(b) 是来自图 4.10(a) 使用具有真实噪声方差的 BM3D 的去噪图像;图 4.10(c) 是以最低模糊级别损坏的失真图像, 以及最高水平的噪声和 JPEG 压缩;图 4.10(d) 是 BM3D 的图 4.10(c) 去噪后的图像;我们可以很容易地发现图 4.10(a) 和图 4.10(c) 受到相同的最高级别 JPEG 压缩的降质,但是图 4.10(c) 中的块效应比 4.10(a) 中的要严重得多,这是由于高水平噪声造成的掩蔽效应。同样,在图像去噪后,图 4.10(b) 在天空区域表现出明显的块状,而图 4.10(d) 几乎没有。很明显,这个决定了 λ_B 值。因此,当存在明显噪声时 (例如,估计的噪声方差大于 1.5),我们通

过在阈值 Ω_{λ_B} 上添加一个小常数 (我们选择 0.5) 来表征噪声对 JPEG 压缩失真的掩蔽效应。

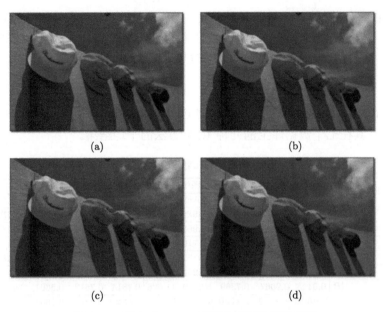

图 4.10 噪声对 JPEG 压缩的掩蔽效应示意图

(a) 为低模糊、低噪声、强 JPEG 压缩图；(b) 为 (a) 的去噪图；(c) 为低模糊、强噪声、强 JPEG 压缩图；(d) 为 (c) 的去噪图

最后，我们结合每种失真类型的单一质量预测和混合失真的联合效应来推导所提出的 SISBLIM 的质量预测算法。SISBLIM 中的所有模型参数都是在 LIVEMD 数据库上获得的。

4.2.3 SISBLIM 算法性能测试

接下来，我们将在大量实验的基础上验证 SISBLIM 算法的有效性。首先，我们介绍了实验细节和测试数据库。然后报告客观方法的预测结果，并进行必要的分析。

1. 实验方案

我们将 SISBLIM 与 8 个 IQA 指标进行了比较：PSNR、SSIM、MS-SSIM、DIIVINE、BLIINDS-II、BRISQUE、BRISQUE-II 和 NIQE。六个图像质量数据库 (LIVE、TID2008、CSIQ、IVC、Toyama、LIVEMD) 和我们的 MDID2013 用于本研究。利用这些 IQA 数据库，我们首先计算每个质量指标的客观预测得分，并使用非线性回归将得分映射到基于四参数逻辑斯谛函数的主观评分

$$Q(\varepsilon) = \frac{\xi_1 - \xi_2}{1 + \exp\left(-\dfrac{\varepsilon - \xi_3}{\xi_4}\right)} + \xi_2 \tag{4-26}$$

其中，ε 和 $Q(\varepsilon)$ 是输入分数和映射分数，$\xi_i(i = 1, 2, 3, 4)$ 是曲线拟合过程中要确定的自由参数。然后，我们使用 VQEG 提出的五种常用性能度量来评估和比较所提出的算法与比较的 IQA 度量：PLCC、SROCC、KROCC、AAE、RMS。

2. 性能对比及结果分析

表 4.6 说明了 PLCC、SROCC、KROCC、AAE 和 RMS(非线性回归后) 的性能评估及其在七个数据库上的九种 IQA 方法的平均结果。

表 4.6　SISBLIM 和比较 IQA 指标的性能评估

图像质量评价方法	类型	LIVE 数据库 (465 幅图像)					TID2008 数据库 (300 幅图像)				
		PLCC	SROCC	KROCC	AAE	RMS	PLCC	SROCC	KROCC	AAE	RMS
SISBLIM	NR	**0.9505**	0.9450	0.7981	**6.6585**	**8.5136**	0.8419	0.8202	0.6203	0.5670	0.7098
PSNR	FR	0.8584	0.8712	0.6859	10.958	14.056	0.8338	**0.8641**	**0.6792**	0.5380	0.7261
SSIM	FR	0.8762	0.8948	0.7109	10.716	13.205	0.7164	0.7386	0.5322	0.7443	0.9177
MS-SSIM	FR	0.9297	**0.9481**	**0.8007**	8.0852	10.094	**0.8640**	**0.8641**	**0.6672**	**0.5289**	**0.6623**
DIIVINE	NR	0.8217	0.8304	0.6856	11.200	15.614	0.6343	0.6756	0.5067	0.7405	1.0169
BLIINDS-II	NR	0.9143	0.9067	0.7369	8.6329	11.096	0.7814	0.7513	0.5601	0.6296	0.8208
BRISQUE	NR	**0.9606**	**0.9572**	**0.8230**	**5.8660**	**7.4961**	**0.8522**	0.8325	0.6634	**0.4966**	**0.6881**
BRISQUE-II	NR	0.7603	0.7493	0.5444	13.614	17.799	0.5435	0.4562	0.3149	0.9146	1.1040
NIQE	NR	0.9162	0.9236	0.7546	8.7883	10.982	0.7301	0.7360	0.5298	0.7381	0.8987
图像质量评价方法	类型	CSIQ 数据库 (450 幅图像)					IVC 数据库 (70 幅图像)				
		PLCC	SROCC	KROCC	AAE	RMS	PLCC	SROCC	KROCC	AAE	RMS
SISBLIM	NR	**0.9347**	0.8957	0.7263	**0.0727**	**0.0954**	**0.8677**	**0.8590**	**0.6732**	**0.4548**	**0.5822**
PSNR	FR	0.8923	**0.9173**	0.7462	0.0844	0.1211	0.7515	0.6953	0.5153	0.6106	0.7726
SSIM	FR	0.8325	0.8666	0.6673	0.1087	0.1486	0.8543	0.8163	0.6350	0.4442	0.6087
MS-SSIM	FR	0.9227	**0.9327**	**0.7690**	0.0785	0.1034	**0.9322**	**0.9077**	**0.7521**	**0.2949**	**0.4239**
DIIVINE	NR	0.8392	0.8320	0.6425	0.1038	0.1459	0.2949	0.2986	0.2463	1.0029	1.1189
BLIINDS-II	NR	0.8735	0.8498	0.6536	0.1012	0.1306	0.4891	0.4485	0.3401	0.8796	1.0214
BRISQUE	NR	**0.9361**	0.9138	**0.7519**	**0.0690**	**0.0943**	0.8308	0.8119	0.6225	0.5071	0.6517
BRISQUE-II	NR	0.8129	0.7737	0.5890	0.1204	0.1562	0.6162	0.5126	0.3599	0.7811	0.9222
NIQE	NR	0.8704	0.8568	0.6637	0.1029	0.1321	0.8554	0.8505	0.6591	0.4663	0.6066
图像质量评价方法	类型	Toyama 数据库 (84 幅图像)					LIVEMD 数据库 (450 幅图像)				
		PLCC	SROCC	KROCC	AAE	RMS	PLCC	SROCC	KROCC	AAE	RMS
SISBLIM	NR	0.8249	0.7878	0.5792	0.5582	0.6991	**0.8949**	**0.8781**	**0.6925**	**6.6153**	**8.4386**
PSNR	FR	0.3778	0.2868	0.2002	0.9836	1.1449	0.7398	0.6771	0.5003	10.281	12.724
SSIM	FR	0.6542	0.6263	0.4423	0.7811	0.9352	0.7333	0.6459	0.4633	10.513	12.859
MS-SSIM	FR	0.8414	0.8360	0.6434	0.5458	0.6681	0.8749	0.8392	0.6474	7.4595	9.1596
DIIVINE	NR	0.7087	0.7023	0.5324	0.6606	0.8724	0.7183	0.6563	0.4778	10.235	13.157
BLIINDS-II	NR	**0.8848**	**0.8678**	**0.6960**	0.4473	0.5761	0.3574	0.2464	0.1859	14.356	17.663
BRISQUE	NR	0.8735	0.8690	0.6856	0.4642	0.6021	0.5485	0.5017	0.3644	12.809	15.813
BRISQUE-II	NR	0.5381	0.4847	0.3579	0.8423	1.0422	**0.9349**	**0.9111**	**0.7554**	**4.6607**	**6.1865**
NIQE	NR	0.8455	0.8378	0.6503	0.4835	0.6603	0.8389	0.7750	0.5820	8.1305	10.294

图像质量评价方法	类型	MDID2013 数据库 (324 幅图像)					平均 (2143 幅图像)				
		PLCC	SROCC	KROCC	AAE	RMS	PLCC	SROCC	KROCC	AAE	RMS
SISBLIM	NR	**0.8140**	**0.8079**	**0.6146**	**0.0229**	**0.0295**	**0.8920**	**0.8734**	**0.6955**	2.9688	3.7896
PSNR	FR	0.5607	0.5604	0.3935	0.0345	0.0421	0.7698	0.7635	0.5899	4.6934	5.9254
SSIM	FR	0.4570	0.4494	0.3143	0.0377	0.0452	0.7419	0.7343	0.5518	4.7106	5.7884
MS-SSIM	FR	**0.7435**	**0.7401**	**0.5418**	**0.0276**	**0.0340**	**0.8760**	**0.8731**	**0.6963**	**3.4465**	**4.2732**
DIIVINE	NR	0.4471	0.4463	0.3644	0.0372	0.0455	0.6978	0.6899	0.5363	4.7695	6.4020
BLIINDS-II	NR	0.2244	0.1796	0.1200	0.0416	0.0495	0.6508	0.6079	0.4711	5.0498	6.3223
BRISQUE	NR	0.4133	0.2210	0.1617	0.0382	0.0463	0.7634	0.7155	0.5775	4.0870	5.1152
BRISQUE-II	NR	0.5741	0.5545	0.3814	0.0345	0.0416	0.7361	0.6998	0.5279	4.1498	5.4258
NIQE	NR	0.5635	0.5450	0.3787	0.0349	0.0420	0.8062	0.7891	0.6038	3.7786	4.7502

数据库大小加权平均值定义为 $\hat{\delta} = \dfrac{\sum_i \delta_i \omega_i}{\sum_i \omega_i}$，其中 $\delta_i (i = 1, 2, \cdots, 7)$ 表示每个数据库的相关性度量，ω_i 是每个数据库中的图像数，即 LIVE 为 465、TID2008 为 300，CSIQ 为 450，IVC 为 70、Toyama 为 84、LIVEMD 为 450、MDID2013 为 324。表 4.7 报告了不同 SISBLIM 类型算法的预测精度，这些算法具有不同的组成部分以验证所提出方法的鲁棒性。

表 4.7   不同 SISBLIM 型方法的性能评价

图像质量评价方法	类型	LIVE 数据库 (465 幅图像)					TID2008 数据库 (300 幅图像)				
		PLCC	SROCC	KROCC	AAE	RMS	PLCC	SROCC	KROCC	AAE	RMS
SISBLIM$_{sm}$	NR	**0.9505**	**0.9450**	**0.7981**	**6.6585**	**8.5136**	0.8419	0.8202	0.6203	0.5670	0.7098
SISBLIM$_{sfb}$	NR	0.9262	0.9149	0.7494	8.3028	10.329	0.8466	0.7811	0.5847	0.5801	0.7000
SISBLIM$_{wm}$	NR	0.9454	0.9422	0.7894	7.1571	8.9259	**0.8509**	**0.8285**	**0.6337**	**0.5467**	**0.6909**
SISBLIM$_{wfb}$	NR	0.9251	0.9136	0.7486	8.3555	10.407	0.8464	0.7848	0.5884	0.5803	0.7005
图像质量评价方法	类型	CSIQ 数据库 (450 幅图像)					IVC 数据库 (70 幅图像)				
		PLCC	SROCC	KROCC	AAE	RMS	PLCC	SROCC	KROCC	AAE	RMS
SISBLIM$_{sm}$	NR	**0.9347**	**0.8957**	**0.7263**	**0.0727**	**0.0954**	0.8677	0.8590	0.6732	0.4548	0.5822
SISBLIM$_{sfb}$	NR	0.8855	0.8475	0.6574	0.0983	0.1246	0.8755	0.8676	0.6773	0.4443	0.5658
SISBLIM$_{wm}$	NR	0.9278	0.8874	0.7142	0.0780	0.1001	0.8521	0.8542	0.6632	0.4700	0.6129
SISBLIM$_{wfb}$	NR	0.8814	0.8452	0.6539	0.1001	0.1267	0.8836	0.8786	0.6915	0.4239	0.5484
图像质量评价方法	类型	Toyama 数据库 (84 幅图像)					LIVEMD 数据库 (450 幅图像)				
		PLCC	SROCC	KROCC	AAE	RMS	PLCC	SROCC	KROCC	AAE	RMS
SISBLIM$_{sm}$	NR	0.8249	0.7878	0.5792	0.5582	0.6991	**0.8949**	**0.8781**	**0.6925**	6.6153	8.4386
SISBLIM$_{sfb}$	NR	**0.8882**	**0.8591**	**0.6659**	**0.4602**	**0.5682**	0.8638	0.8572	0.6606	7.8311	9.5282
SISBLIM$_{wm}$	NR	0.8371	0.8005	0.5862	0.5494	0.6765	0.8936	0.8766	0.6896	6.6208	8.4904
SISBLIM$_{wfb}$	NR	0.8871	0.8577	0.6642	0.4615	0.5707	0.8663	0.8613	0.6645	7.7138	9.4469
图像质量评价方法	类型	MDID2013 数据库 (324 幅图像)					平均 (2143 幅图像)				
		PLCC	SROCC	KROCC	AAE	RMS	PLCC	SROCC	KROCC	AAE	RMS
SISBLIM$_{sm}$	NR	**0.8140**	**0.8079**	**0.6146**	**0.0229**	**0.0295**	**0.8920**	**0.8734**	**0.6955**	2.9688	3.7896
SISBLIM$_{sfb}$	NR	0.7114	0.6899	0.4931	0.0289	0.0357	0.8888	0.8706	0.6903	3.0767	4.8885
SISBLIM$_{wm}$	NR	0.7062	0.6944	0.4957	0.0294	0.0360	0.8566	0.8337	0.6452	3.5715	4.4122
SISBLIM$_{wfb}$	NR	0.7709	0.7637	0.5615	0.0282	0.0348	0.8662	0.8440	0.6548	3.5739	4.4153

此外，表 4.8 在多重失真图像数据库 (LIVEMD 和 MDID2013) 上验证了盲 SISBLIM 算法，其中对比算法采用了 FR-FSIM[12]、GSIM[39]、IGM[40] 和 GMSD[41]。

表 4.8   SISBLIM 和 FR-FSIM、GSIM、IGM 和 GMSD 在 LIVEMD 和 MDID2013 上的性能评价

图像质量评价方法	类型	LIVEMD 数据库 (450 幅图像)					MDID2013 数据库 (324 幅图像)				
		PLCC	SROCC	KROCC	AAE	RMS	PLCC	SROCC	KROCC	AAE	RMS
SISBLIM	NR	0.8949	0.8781	0.6925	6.6153	8.4386	0.8140	0.8079	0.6146	0.0229	0.0295
FR-FSIM	FR	0.8932	0.8637	0.6729	6.8751	8.5048	0.6431	0.6500	0.5314	0.0319	0.0389
GSIM	FR	0.8806	0.8454	0.6550	7.1803	8.9613	0.6646	0.6637	0.4600	0.0308	0.0380
IGM	FR	0.8841	0.8500	0.6573	7.1725	8.8375	0.8207	0.8232	0.6237	0.0231	0.0290
GMSD	FR	0.8803	0.8448	0.6548	7.1199	8.9733	0.8294	0.8283	0.6240	0.0228	0.0284

根据表 4.6 ~ 表 4.8，我们有以下观察结果：

第一，我们认为，与最先进的 NR-IQA 算法和经典的 FR-IQA 算法相比，我们的算法取得了非常令人鼓舞的结果。具体而言，SISBLIM 比功能强大的 FR-MS-SSIM 和性能优越的 NR-BRISQUE 获得了更好的结果 (平均值)，后者使用整个 LIVE 数据库进行训练，并且明显优于基准 FR-PSNR 和 FR-SSIM 以及其他最近提出的 NR-IQA 指标。另外，值得注意的是，该算法略低于 BRISQUE-Ⅱ，后者是在 LIVEMD 数据库上训练的，并且高度依赖于该数据库，但在其他单一和多重失真图像数据库上，它明显优于 BRISQUE-Ⅱ。综上所述，所提出的 SISBLIM 平均性能优于所有测试 IQA 算法。

第二，我们可以发现，所提出的算法对于多重失真的图像质量分析是非常有效的。SISBLIM 尽管是一个盲度量，但在评价多重失真图像质量方面优于最近开发的 FR-IQA 算法 (包括 FSIM、GSIM、IGM 和 GMSD)，如表 4.8 所示。

第三，所提出的 SISBLIM 是一个通用模型，因为我们的框架中的算法可以被其他更有效的特定盲评价算法所代替，从而提高 SISBLIM 的预测精度。如表 4.7 所示，在某些数据库中，具有使用其他特定失真盲度量的组件的 SISBLIM 比原始的具有更高的性能。

第四，我们的盲算法不是基于训练的，而是为了模拟人类视觉系统的感知过程。这使得 SISBLIM 适合处理具有复杂失真的图像。表 4.6 和表 4.8 报告了我们的 SISBLIM 在不同图像质量数据库上的高相关性性能。

另外，在本章中，我们也使用了 F 检验来评估客观评分和主观评分之间的预测残差来评价该模型的统计显著性。首先假设 F 表示两个残差方差的比值，F_c (由残差个数和置信度决定) 是判断阈值。当 $F > F_c$ 时，这两个指标的预测精度差异显著。我们的算法与其他 IQA 算法的统计显著性在表 4.9 中列出，其中符号 "1"、"0" 或 "−1" 分别表示所提出的度量在统计上 (具有 95% 的置信度) 优于、无法区分或差于相应的算法。很容易发现，尽管我们的 SISBLIM 无需训练，但在统计上优于基准 FR-PSNR 和 FR-SSIM 以及大多数最先进的 NR-IQA 指标，并且与强大的 FR-MS-SSIM 高度一致。

表 4.9　用 F 检验比较 SISBLIM 与其他方法的性能 (统计显著性)

数据库	PSNR	SSIM	MS-SSIM	DIIVINE	BLIINDS-II	BRISQUE	BRISQUE-II	NIQE
LIVE	1	1	1	1	1	0	1	1
TID2008	1	1	0	1	1	0	1	1
CSIQ	1	1	0	1	1	0	1	1
IVC	1	1	−1	1	1	1	1	1
Toyama	1	1	0	1	−1	−1	1	−1
LIVEMD	1	1	1	1	1	1	−1	1
MDID2013	1	1	1	1	1	1	1	1

最后，图 4.11 给出了经典和最近提出的 FR-IQA 算法的散点图，以及在多重失真图像数据库上提出的 SISBLIM。这些算法包括 PSNR、SSIM、MS-SSIM、FSIM、GSIM、IGM 和 GMSD。显然，我们模型的收敛性和单调性优于最先进的 FR-IQA 算法。

在实际应用中，图像往往同时受到各种失真类型的破坏。本小节对人类视觉感知过程进行建模，设计了一种新的无参考六步盲图像质量评价算法，该算法无需训练，适用于单失真和多重失真类型。除了受失真影响，人们观察到的图像质量还与观察距离和图像分辨率有关，这一研究将在下一节中详细介绍。

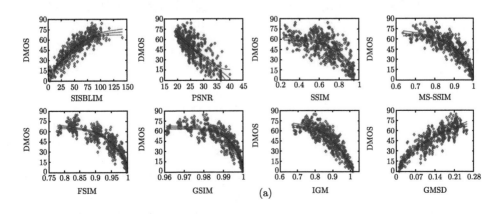
(a)

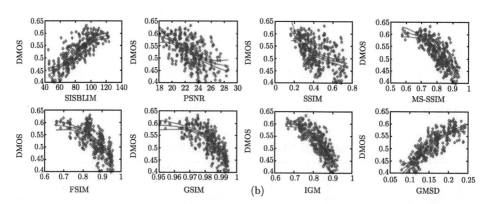

图 4.11   经典算法 PSNR、SSIM、MS-SSIM、FSIM、GSIM、IGM、GMSD 和我们的
SISBLIM 在 LIVEMD 和 MDID2013 上的散点图 (红色) 线为逻辑斯谛函数拟合曲线，(黑
色) 虚线为 95% 置信区间
(a) LIVEMD 数据库；(b)MDID2013 数据库

4.3   考虑视距和分辨率的图像质量评价

实际上，大多数现有的高精度 IQA 算法都是针对 FR 场景 [1,42] 开发的。此
后，Wang 等进一步提出了多尺度 SSIM(multi-scale SSIM，MS-SSIM)[22]，通过
估计多个尺度水平的质量并加权融合，此外还通过将多尺度模型与自然场景统计
启发的视觉信息保真度 (visual information fidelity，VIF)[43] 相融合，提出了信
息内容加权的 PSNR/SSIM(IW-PSNR/SSIM)[23]。最近，多尺度模型也被广泛使
用，例如内部生成机制 (internal generative mechanism，IGM)[40]。然而，在关于
IQA 的研究中，有人认为常见的主观图像质量数据库在主观测试中分别使用了不
同的模式来查看图像差异和图像分辨率，尽管已经针对电视画面 [44]、多媒体 [45]、
3D 电视 [46]、平板显示器 [47] 和移动设备 [48] 给出了一些关于监视器分辨率的视
距的建议。事实上，除了这些建议，视距在很大程度上也受其他因素的影响，如
房子的大小和家具的位置。给定一个固定的监视器尺寸，当视距变远时，可以进
行更高级别的压缩，以便在不损失体验质量 (quality of experience，QoE) 的情况
下节省带宽，因此也应对现有的 IQA 算法进行一些修改。显然，固定水平恒定权
重的多尺度模型在不同的视距和图像分辨率下往往无法有效地工作。

具体地说，QoE 一方面受到图像/视频分辨率的严重影响，另一方面，它也
受到视距的影响。图 4.12 揭示了对于相同帧分辨率和相同环境但在不同视距下
的不同感知质量。左侧视频流采用 8Mbit/s 比特率、25f/s 帧速率和 1920 × 1080
的分辨率进行编码，另一个视频流采用相同的参数，但采用 2Mbit/s 比特率进行

比较。这两张照片是用一台配置成尽可能模拟人眼行为的数码相机拍摄的。我们在每个视频屏幕上用红色矩形突出显示了三个代表性区域。左边的子图是在视频高度四倍的距离处拍摄的，我们可以很容易地观察到两个视频帧之间的差异。右边的子图显示的是距离视频高度 6 倍的图像，但这次几乎没有发现差异。这种现象可以解释为对图像细节的感知主要依赖于 HVS 的有效分辨率。随着观察距离的增加，观察角度缩小，图像细节会减少。因此，我们认为有必要在图像/视频的 IQA 设计中考虑视距和图像分辨率。

图 4.12 以图像高度的 4 倍和 6 倍的可视距离显示的视频
在每个视频屏幕上用红色矩形突出显示三个有代表性的区域，以便进行比较

为了全面测试和比较我们的技术与现有的相关模型，我们首先提出了一个新的专用视距变化图像数据库 (VDID2014)。该数据库包含从两个典型纵横比 (高/宽) 的八个原始版本生成的 160 幅图像，以及从 20 个无经验观察者在两种典型观看距离处搜集的 320 个平均意见得分差 (difference mean opinion score，DMOS)，即观看距离是图像高度的 4 倍和 6 倍。

传统上，大多数客观或主观评价的研究是分开进行的，如图 4.13(a) 所示。前者先计算局部失真图，然后采用有效的池化方法，而后者则利用相关方法 (如单一刺激) 收集人类对图像质量的评价，然后对原始数据进行处理以去除偏差分数。如上所述，客观指标不考虑观看距离是不合理的。因此，本节致力于研究视距和图像分辨率对图像质量分析的影响，从而使质量指标更好、更实用。注意到 HVS 的许多机制，例如掩蔽效应，对视觉质量有严重的影响，但它们已经被广泛地应用到现有的 IQA 任务中。因此，我们抛开这些机制，在本研究中重点探讨视距和图像分辨率的影响。

本节设计了一个简单的自适应尺度变换 (self-adaptive scale transform，SAST) 模型来模拟 HVS 的空间滤波机理。它的基本思想是在调整输入图像大小之前，从原始图像分辨率和给定的视距中估计出合适的缩放参数，以提高性能。与使用空间域不同，最近的另一项工作 [49] 专注于通过离散小波变换 (discrete wavelet transform，DWT) 域中的自适应高频限幅 (adaptive high-frequency clipping，AHC) 来丢弃部分图像细节，然后将 AHC 模型过滤的子带系数合成为原始分辨率的图像，以供 IQA 算法使用。

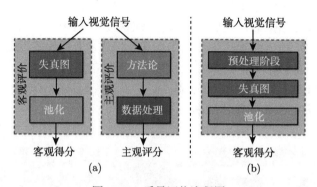

图 4.13　质量评价流程图

(a) 传统的客观和主观评价；(b) 考虑视距和图像分辨率的客观评价 (增加额外的预处理阶段)

　　将这两种模型结合起来，可以得到一种更有效的预处理方法，从而更好地去除由于视距和图像分辨率的不同而在不同但互补的区域所造成的不可分辨的细节。我们还发现，对于相同高度和视距但宽度不同的测试图像，实际视场并不相同。人眼的生理结构表明，在这种情况下，可以通过使晶体透镜变平或变厚来调整感知图像的分辨率 [50]。为此，本书提出了一种新的空间域和离散小波变换域的最优尺度选择 (optimal scale selection，OSS) 模型，将 AHC 模型滤波后的图像调整到考虑人眼生理机制的改进 SAST 模型估计的最优尺度。

4.3.1　VDID2014 数据库

　　为了深入了解观看条件的影响，我们构建了一个新的专用 VDID2014 数据库，其中包括经典图像数据库中使用的两类典型视距和图像分辨率。上文已经提到，以上两个因素都会显著影响人类对图像/视频质量的感知。但现有的大多数图像数据库，即使是那些有清晰的观察条件记录的数据库，都没有考虑视距和图像分辨率对感知 IQA 研究的影响。

　　VDID2014 数据库包括分辨率分别为 768×512 和 512×512 的 8 个原始图像，如图 4.14 所示。通过添加四种常见的失真类型：高斯模糊、白噪声、JPEG2000 和 JPEG 压缩，总共生成了 160 幅图像。

　　(1) 高斯模糊：我们使用高斯核 (标准差 $\sigma_G = 0.25, 0.5, 1, 1.75, 2.5$) 和一个 11×11 的窗口和 MATLAB 命令 fspecial 和 imfilter。R、G、B 三个图像平面被同一核函数模糊。

　　(2) 白噪声：使用 MATLAB 中的 imnoise 函数将方差 $\sigma_N^2 (= 0.0003, 0.001, 0.003, 0.01, 0.03)$ 的标准正态分布函数所产生的噪声添加到三个通道 R、G 和 B 中。

　　(3)JPEG2000：我们使用 MATLAB 的 imwrite 命令，通过设置 Q 参数为

15、30、60、120、240 来创建 JPEG2000 压缩图像。

(4)JPEG:MATLAB 的 imwrite 命令被用于生成五个质量级别 ($Q = 75, 45, 25, 10, 5$) 的 JPEG 压缩图像。

图 4.14 在 VDID2014 数据库中分辨率分别为 768×512(左面四幅) 和 512×512(右面四幅) 的 8 个原始图像

根据 ITU-R BT.500-13[44]，我们使用单一刺激方法进行实验。我们设计了一个交互式系统，用 MATLAB 中的图形用户界面自动显示测试图像并采集主观质量分数，与文献 [51] 中的方法类似。20 名受试者参与了这项研究。整个测试分为两个连续的阶段，观察距离是图像高度的 4 倍和 6 倍。每次实验，每个受试者观看并对 160 幅图像评分。为了减少记忆对意见评分的影响，图像的展示顺序是随机的。在给每张图片评分的过程中，受试者被要求在一个从 0 到 1 的连续质量量表上提供他们的整体质量感觉。表 4.10 总结了实验条件和参数的主要信息。

表 4.10 主观实验条件和参数

方法	单刺激
评价量表	连续质量等级从 0 到 1
颜色深度	24 位/像素彩色图像
图像编码器	便携式网络图形 (PNG)
失真类型	JPEG2000，JPEG，模糊，噪声
客观	20 名没有经验的观众
图像分辨率	768×512；512×512
视距	图像高度的 4 倍/6 倍
室内照度	黑暗

接下来，为所有测试图像计算收集的 320 个主观 DMOS 值。首先，我们用 z_{abc} 描述受试者 a 在观察距离 b 乘以图像高度时对失真图像 I_c 的评分，其中 $a = \{1, 2, \cdots, 20\}$，$b = \{1, 2, \cdots, 160\}$，$c = \{4, 6\}$。$z'_{abc}$ 表示原始图像的分数，其定义与 z_{abc} 相似。具体来说，我们对数据进行了如下处理。

(1) 分数计算：从分配给参考图像的原始评分中减去分配给测试图像的原始评分，形成 DMOS 值 $d_{abc} = z_{abc} - z'_{abc}$。

(2) 异常值筛选：主观评分容易被某些受试者给出的异常值所污染。为了避免这种情况，我们使用文献 [52] 中的方法筛选出所有观察者的异常值。特别是，我们采用了一种简单的异常值检测方法：如果原始的 DMOS 值超出了关于该图像平均得分的标准偏差宽度的区间，则将其视为异常值。

(3) 平均分：图像 I_b 的最终 DMOS 定义为 $\dfrac{1}{N_A}\sum_a d_{abc}$，其中 N_A 是受试者的数量。

为了说明建立不同视距和图像分辨率的 VDID2014 数据库的价值，我们计算并绘制了图 4.15 中测试所收集的质量分数分布图：左图总体数据库代表所有意见得分的直方图，中间图和右侧图分别表示在 4 倍和 6 倍图像高度的视距下获得的 DMOS 值的直方图。在后两个图中，我们可以很容易地发现，对于相同的图像，第二部分的平均得分 (图像高度的 6 倍) 明显小于第一部分的平均得分 (图像高度的 4 倍)，这种差异主要是由不同的观看距离所造成的。

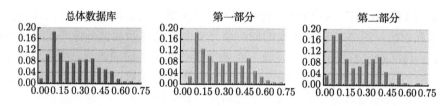

图 4.15　VDID2014 数据库主观观察测试中收集的 DMOS 直方图

4.3.2　模型总体介绍

目前，最流行的 FR-IQA 算法是 PSNR 和 SSIM，因为它们在各种图像处理系统中被广泛采用。PSNR 由均方误差 (MSE) 计算，MSE 量化了参考图像和失真图像之间的能量差。SSIM 的基本思想是将参考图像和失真图像之间的局部亮度、对比度和结构相似性结合起来 [1]。

1. 下采样模型

人们已经认识到，在观看过程中考虑外部因素，例如视距和图像分辨率，对 IQA 性能有很大影响。在文献 [53] 中描述了在使用 SSIM 之前对图像进行预处理的简单且经验丰富的下采样策略

$$Z_{\mathrm{d}} = \max(1, \mathrm{round}(H_i/256)) \tag{4-27}$$

H_i 是图像高度。

2. 自适应尺度变换模型

随着视距的增加，视角逐渐缩小。因此，只有有限尺度参数的下采样模型并不是一个理想的解决方案。例如，在相同距离下，分辨率为 651×651 和 630×630 的图像的 $Z_d = 3$ 和 $Z_d = 2$，因此它们的下采样图像具有 217×217 和 315×315 的分辨率。这表明在某些情况下，较大的图像会缩小到更小的分辨率，这违反了我们的常识。为此，我们在之前的工作中引入了 SAST[54]。

首先，我们对于一个观察距离 D 定义了人眼的视觉范围

$$S_v = H_v + W_v \tag{4-28}$$

其中，H_v 和 W_v 是视觉高度和宽度，如图 4.16 所示，这两个变量可以记为

$$H_v = 2\tan\left(\frac{\theta_H}{2}\right) \cdot D \tag{4-29}$$

$$W_v = 2\tan\left(\frac{\theta_W}{2}\right) \cdot D \tag{4-30}$$

式中，θ_H 和 θ_W 分别表示水平和垂直视觉角度。θ_H 和 θ_W 通常被分配为 120° 和 150°[55]。考虑到真实视角 (当一个人专注于一幅图像的细节并给它打分时，通常会缩小到普通值的三分之一左右)。因此，本章选择 θ_H 和 θ_W 分别为 40° 和 50°。

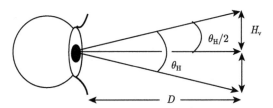

图 4.16　水平方向上的人视角示意图

其次，随着视距的增加，辨别视觉信号中的细微差别将更加困难。在此基础上，适当的变换尺度可以在空间域中由图像分辨率与聚焦视觉范围之比的平方根来近似

$$Z_{sast} = \sqrt{\frac{H_i \cdot W_i}{H_v \cdot W_v}} = \sqrt{\frac{1}{4\tan\left(\dfrac{\theta_H}{2}\right)\tan\left(\dfrac{\theta_W}{2}\right)} \cdot \left(\frac{H_i}{D}\right)^2 \cdot \frac{1}{\gamma}} \tag{4-31}$$

其中，$\dfrac{H_i}{D}$ 是由每个图像数据库提供的一个预先设置的环境参数，将显示在表 4.11 中。γ 表示定义的图像高度与图像宽度的纵横比，

$$\gamma = \frac{H_i}{W_i} \tag{4-32}$$

W_i 是图像宽度。

表 4.11　LIVE、IVC、Toyama 和 VDID2014 规格

数据库名称	图像分辨率 ($W_i \times H_i$)		D/H_i	数量
LIVE	768×512 640×512 634×505 610×488	480×720 632×505 618×453 627×482	$3 \sim 3.75$	779
	634×438			
VDID2014	768×512	512×512	4 & 6	320
IVC	512×512		4	185
Toyama	768×512		6	168

3. 自适应高频限幅模型

图像分辨率缩放实质上是放弃部分高分辨率信息。具体而言，当图像高度与观看距离的比值 $\dfrac{H_i}{D}$ 较小时，很难找到图像细节。因此 AHC 模型可以去除小波子带中的部分图像细节，从而成为 IQA 的预处理步骤。

将 Haar 小波分解应用于 AHC，其简单母小波定义为

$$\psi(t) = \begin{cases} 1, & 0 \leqslant t \leqslant \dfrac{1}{2} \\ -1, & \dfrac{1}{2} \leqslant t \leqslant 1 \\ 0, & \text{其他} \end{cases} \tag{4-33}$$

缩放函数为

$$\phi(t) = \begin{cases} 1, & 0 \leqslant t \leqslant 2 \\ 0, & \text{其他} \end{cases} \tag{4-34}$$

另外，Haar 小波具有良好的性能，在许多研究领域有着广泛的应用。接下来，我们引入了一个加权函数来在 LH、HL 和 HH 子带中分配不同的权重

$$\omega = \rho \cdot \phi^{(kv_1 + v_2)} \tag{4-35}$$

式中，$v_1 = l - L$，l 和 L 是当前处理的层和分解层的数量。$v_2 = D/D_0$，D_0 为虚拟基线距离。ϕ 是一个固定的底部数字，k 用于调整 v_1 和 v_2 的相对重要性。在文献 [12]，作者在对 V1 细胞的初步研究基础上，对水平和垂直方向应用了三种梯度算子。因此，本节使用系数 ρ 来更好地保留 LH 和 HL 子带，而不是同级别的 HH 子带：

$$\rho = \begin{cases} 1/2, & \text{LH 或 HL} \\ 1, & \text{HH} \end{cases} \tag{4-36}$$

将每个计算出的权重与一个阈值 (在本研究中阈值为 1) 进行比较。如果权重大于阈值，则关联的子带将被剪裁。

实际上，式 (4-35) 表明我们倾向于在较小的层 (对于 v_1 项) 和在更远的视距 (对于 v_2 项) 切断子带。然后，小波重构被用于得到最终图像。请注意，尽管多分辨率分析是在 AHC 模型内进行的，但终端输出是一个单一尺度的图像，其中部分高频细节被适当地删除。

4. 提出的最优尺度选择模型

对人眼的生理学研究表明，当眼睛适当聚焦时，来自眼睛外部物体的光会被成像到视网膜上，而视网膜上的光线则位于整个后壁的内侧 [50]。尽管晶状体和视网膜 (成像区域) 之间的距离是固定的，但可以通过改变晶状体的形状来获得适当聚焦的焦距。睫状体中的纤维可以通过扁平或加厚远近物体的晶体来完成这项任务。这个过程被称为 "适应"(accommodation)。对于长距离运动，负调节作用 (negative accommodation) 是通过放松睫状肌来调节眼睛，而积极调节作用 (positive accommodation) 是通过短距离收缩睫状肌来实现的。

事实上，在我们的主观观看测试中发现，自适应图像分辨率缩放也受纵横比的影响。当人们看到任何偏离最佳纵横比的图像/视频信号时，视野中并没有完全充满整个图像/视频图像，这使得人眼倾向于减弱晶状体以放大有意义的部分。因此，我们将变换系数 Z_{sast} 修改如下

$$Z'_{\text{sast}} = Z_{\text{sast}}^{1-\frac{|\gamma-\gamma_0|^\beta}{\alpha}} \tag{4-37}$$

其中，α 和 β 均选为 2，以控制不同长径比引起的适应过程的速度。γ_0 是人眼的最佳长宽比。考虑到 $(H:W)$9:16 的宽高比已经成为电视机和计算机显示器最常见的纵横比，也是数字电视和模拟宽屏电视的国际标准格式，因此，我们有理由假设最佳的宽高比是人眼最适合的，并将 γ_0 定义为 9:16in(1in=0.0254m)。也就是说，这个函数意味着当长宽比 $(H:W)$ 不是最佳的宽高比时，人眼将进一步调整变换系数。其次，我们考虑到自适应分辨率缩放和自适应高频小波的模型在不同的和互补的领域中有效地工作，因此使用上述两种方法 (AHC 模型和改进的 SAST 模型) 级联来推导所提出的 OSS 模型。

需要强调的是，我们重点研究视距和图像分辨率对图像质量评价的影响。针对传统的直接利用输入图像计算客观分数的框架，本章在使用图像质量预测模型 (如 PSNR 和 SSIM) 之前，通过考虑视距和图像分辨率对输入的视觉信号进行预处理。

4.3.3 模型性能测试

在这一节中，我们将测试并对比所提出的模型及相关模型的有效性。

1. 实验方案

我们将验证和比较所提出的模型与 26 个经典和最先进的 IQA 算法的性能：PSNR、SSIM、D-PSNR/SSIM、SAST-PSNR/SSIM、AHC-PSNR/SSIM、OSS-PSNR/SSIM、MS-PSNR/SSIM、IW-PSNR/SSIM、FSIM、GSIM、IGM、GMSD 和 X-FSIM/GSIM ($X = \{$D、SAST、AHC、OSS$\}$)。

为了测量上述 IQA 指标，需要将受试者评分的图像质量数据库作为实验数据。除了我们新的 VDID2014，在这项工作中选择了三个相关的数据库 (LIVE、IVC 和 Toyama)。表 4.11 总结了有关所用图像质量数据库的一些相关信息。

根据视频质量专家组 (VQEG) 的建议，我们首先使用四参数逻辑斯谛函数对上述各 IQA 算法的主观评分与预测得分进行非线性回归。然后我们使用五个典型的性能指标来验证和比较所提出的算法与所对比的 IQA 指标。这五个指标包括 PLCC、SROCC、KROCC、AAE 和 RMS。请注意，PLCC、SROCC、KROCC 的值越接近 1，而 AAE、RMS 越接近 0，则意味着与人类主观评分的相关性更高。

2. 性能对比及结果分析

表 4.12 显示了在四个相关数据库上测试 18 个 IQA 指标的性能结果。为了比较这些 IQA 算法的所有性能指标，我们进一步在表 4.12 中提供了 PLCC、SROCC、KROCC、AAE 和 RMS(非线性回归后) 的平均值。在本研究中，我们报告了两种平均结果：①每个质量指标的相关得分之间的直接平均值；②取决于每个数据库中的图像数量的数据库大小加权平均值。

表 4.12　在 LIVE、IVC、Toyama 和 VDID2014 数据库上比较 IQA 方法的性能评估和两种平均值

IQA 方法	LIVE 数据库 (779 幅图像)					TVC 数据库 (185 幅图像)				
	PLCC	SROCC	KROCC	AAE	RMS	PLCC	SROCC	KROCC	AAE	RMS
PSNR	0.8701	0.8756	0.6865	10.539	13.469	0.7192	0.6886	0.5220	0.6689	0.8465
D-PSNR	0.8995	0.9031	0.7227	9.4220	11.940	0.8791	0.8721	0.6922	0.4266	05808
SAST-PSNR	0.9134	0.9160	0.7450	8.5101	11.121	0.8953	0.8889	0.6992	0.4328	0.5428
AHC-PSNR	0.9295	0.9314	0.7731	7.6244	10.077	**0.9107**	**0.9019**	**0.7188**	**0.3995**	**0.5032**
OSS-PSNR (Pro.)	**0.9304**	**0.9328**	**0.7768**	**7.4987**	**10.012**	**0.9123**	**0.9041**	**0.7226**	**0.3968**	**0.4990**
MS-PSNR	0.9071	0.9110	0.7366	8.9532	11.503	0.8388	0.8340	0.6479	0.4934	0.6634
IW-PSNR	**0.9329**	**0.9328**	**0.7800**	**7.3262**	**9.8394**	0.9055	0.8999	0.7168	0.4100	0.5170
SSIM	0.9014	0.9104	0.7311	9.3341	11.832	0.7924	0.7788	0.5939	0.5547	0.7431
D-SSIM	0.9300	0.9391	0.7768	8.2062	10.044	0.9117	0.9017	0.7221	0.3772	0.5007
SAST-SSIM	0.9305	0.9448	0.7914	8.1933	10.011	0.9042	0.8905	0.7062	0.4109	0.5203
AHC-SSIM	0.9321	0.9477	0.7987	8.1506	9.8967	0.9066	0.8957	0.7170	0.4047	0.5142
OSS-SSIM (Pro.)	0.9316	**0.9499**	**0.8078**	8.1000	9.9310	**0.9144**	**0.9035**	**0.7291**	**0.3846**	**0.4933**
MS-SSIM	**0.9338**	0.9448	0.7927	**7.7605**	**9.7788**	0.8931	0.8846	0.7006	0.4122	0.5480
IW-SSIMQ	**0.9425**	**0.9567**	**0.8175**	**7.4405**	**9.1317**	**0.9228**	**0.9125**	**0.7339**	**0.3698**	**0.4693**
FSIM	0.9540	0.9634	0.8335	6.4647	8.1907	0.9378	0.9263	0.7566	0.3380	0.4228
GSIM	0.9443	0.9561	0.8150	7.1888	8.9883	0.9390	0.9292	0.7619	0.3279	0.4190

续表

IQA 方法	LIVE 数据库 (779 幅图像)					TVC 数据库 (185 幅图像)				
	PLCC	SROCC	KROCC	AAE	RMS	PLCC	SROCC	KROCC	AAE	RMS
IGM	0.9565	0.9581	0.8250	6.0742	7.9686	0.9128	0.9025	0.7283	0.3783	0.4976
GMSD	0.9568	0.9603	0.8268	6.1990	7.9447	0.9234	0.9148	0.7373	0.3743	0.4678

IQA 方法	Toyama 数据库 (168 幅图像)					VDID2014 数据库 (320 幅图像)				
	PLCC	SROCC	KROCC	AAE	RMS	PLCC	SROCC	KROCC	AAE	RMS
PSNR	0.6355	0.6132	0.4443	0.7832	0.9662	0.8494	0.8678	0.6779	0.0696	0.0915
D-PSNR	0.7654	0.7583	0.5605	0.6453	0.8053	0.9061	0.9163	0.7414	0.0562	0.0734
SAST-PSNR	0.8343	0.8272	0.6269	0.5524	0.6898	0.9423	0.9463	0.7968	0.0437	0.0581
AHC-PSNR	**0.8649**	**0.8619**	0.6711	**0.4988**	**0.6282**	0.9567	0.9569	0.8155	0.0390	0.0505
OSS-PSNR (Pro.)	0.8623	**0.8621**	**0.6724**	0.5014	0.6338	**0.9611**	**0.9590**	**0.8219**	**0.0370**	**0.0479**
MS-PSNR	0.7522	0.7411	0.5493	0.6557	0.8246	0.9045	0.9147	0.7401	0.0564	0.0740
IW-PSNR	0.8501	0.8475	0.6508	0.5219	0.6590	0.9398	0.9327	0.7723	0.0458	0.0593
SSIM	0.7978	0.7870	0.5922	0.5891	0.7545	0.8261	0.8422	0.6416	0.0744	0.0978
D-SSIM	0.8877	0.8794	0.6939	0.4451	0.5762	0.8872	0.8958	0.7076	0.0620	0.0800
SAST-SSIM	0.9072	0.9048	0.7289	0.4215	0.5265	0.9144	0.9181	0.7473	0.0531	0.0702
AHC-SSIM	0.9142	0.9117	0.7387	0.3944	0.5071	**0.9188**	**0.9349**	**0.7728**	0.0533	**0.0685**
OSS-SSIM (Pro.)	**0.9373**	**0.9371**	**0.7814**	**0.3318**	**0.4363**	**0.9280**	**0.9352**	**0.7787**	**0.0491**	**0.0646**
MS-SSIM	0.8926	0.8870	0.7049	0.4328	0.5641	0.8910	0.8995	0.7131	0.0614	0.0787
IW-SSIM	**0.9243**	**0.9202**	**0.7537**	**0.3696**	**0.4775**	0.9129	0.9179	0.7442	**0.0550**	0.0708
FSIM	0.9064	0.9050	0.7280	0.4053	0.5287	0.9208	0.9247	0.7568	0.0517	0.1677
GSIM	0.9279	0.9232	0.7535	0.3630	0.4666	0.9170	0.9192	0.7439	0.0544	0.0692
IGM	0.8708	0.8654	0.6735	0.4871	0.6152	0.9322	0.9293	0.7657	0.0479	0.0628
GMSD	0.8579	0.8528	0.6588	0.5014	0.6430	0.9213	0.9274	0.7595	0.0530	0.0675

IQA 方法	直接平均					数据库大小加权平均				
	PLCC	SROCC	KROCC	AAE	RMS	PLCC	SROCC	KROCC	AAE	RMS
PSNR	0.7686	0.7613	0.5827	3.0151	3.8432	0.8192	0.8197	0.6356	5.8453	7.4657
D-PSNR	0.8625	0.8624	0.6792	2.6375	3.3498	0.8828	0.8853	0.7041	5.1963	6.5891
SAST-PSNR	0.8963	0.8946	0.7170	2.3848	3.1029	0.9083	0.9090	0.7369	4.6944	6.1281
AHC-PSNR	**0.9155**	**0.9131**	0.7446	2.1404	2.8147	0.9256	0.9253	0.7637	4.2077	5.5542
OSS-PSNR (Pro.)	**0.9165**	**0.9145**	**0.7484**	2.1085	**2.7981**	**0.9270**	**0.9267**	**0.7678**	4.1398	5.5189
MS-PSNR	0.8506	0.8502	0.6685	2.5397	3.2663	0.8799	0.8823	0.7044	4.9546	6.3677
IW-PSNR	0.9071	0.9032	0.7300	**2.0760**	**2.7687**	0.9214	0.9187	0.7553	**4.0533**	**5.4341**
SSIM	0.8294	0.8296	0.6397	2.6381	3.3569	0.8589	0.8643	0.6778	5.1630	6.5516
D-SSIM	0.9041	0.9040	0.7251	2.2726	2.8002	0.9133	0.9179	0.7450	4.5159	5.5367
SAST-SSIM	0.9141	0.9146	0.7434	2.2697	2.7820	0.9209	0.9274	0.7636	4.5085	5.5137
AHC-SSIM	0.9179	0.9225	0.7568	2.2508	2.7466	0.9239	0.9341	0.7756	4.4817	5.4489
OSS-SSIM (Pro.)	**0.9276**	**0.9313**	**0.7742**	2.2144	**2.7323**	**0.9292**	**0.9392**	**0.7884**	4.4401	5.4569
MS-SSIM	0.9026	0.9039	0.7279	**2.1667**	2.7424	0.9144	0.9204	0.7533	**4.2796**	**5.3988**
IW-SSIM	**0.9256**	**0.9268**	0.7623	**2.0587**	**2.5373**	**0.9314**	**0.9383**	**0.7833**	4.0938	5.0298
FSIM	0.9298	0.9298	0.7687	1.8149	2.3025	0.9391	0.9434	0.7946	3.5697	4.5243
GSIM	0.9321	0.9319	0.7686	1.9835	2.4858	0.9357	0.9407	0.7854	3.9526	4.9449
IGM	0.9181	0.9138	0.7481	1.7469	2.2861	0.9357	0.9339	0.7821	3.3739	4.4236
GMSD	0.9148	0.9138	0.7456	1.7819	2.2807	0.9333	0.9348	0.7812	3.4432	4.4112

注: PSNR 和 SSIM 类型中最好的两个评价方法加粗突出显示。

　　此外，我们还将 VDID2014 数据库上的 FSIM、GSIM、FSIM 类型、GSIM 类型的算法 (X-FSIM 和 X-GSIM，其中 X={D, SAST, AHC, OSS}) 的相关性能列在表 4.13 中，因为该数据库由常用的失真类型、不同的视距和图像分辨率组成。为了方便比较不同 IQA 算法，我们用粗体突出显示性能良好的前两个型号。从结果中可以发现：

表 4.13　VDID2014 数据库中 FSIM、GSIM 类型方法以及最先进的 IGM 和 GMSD 的性能测量

模型	PLCC	SROCC	KROCC	AAE	RMS	模型	PLCC	SROCC	KROCC	AAE	RMS
FSIM	0.9208	0.9247	0.7568	0.0517	0.0677	GSIM	0.9170	0.9192	0.7439	0.0544	0.0692
D-FSIM	0.9208	0.9247	0.7568	0.0517	0.0677	D-GSIM	0.9170	0.9192	0.7439	0.0544	0.0692
SAST-FSIM	0.9359	0.9402	0.7879	0.0465	0.0611	SAST-GSIM	0.9330	0.9270	0.7675	0.0477	0.0624
AHC-FSIM	0.9416	0.9491	0.8037	0.0449	0.0584	AHC-GSIM	0.9354	0.9329	0.7749	0.0481	0.0613
OSS-FSIM	**0.9438**	**0.9528**	**0.8107**	**0.0438**	**0.0573**	OSS-GSIM	**0.9393**	**0.9388**	**0.7842**	**0.0465**	**0.0595**
IGM	0.9322	0.9293	0.7657	0.0479	0.0628	GMSD	0.9213	0.9274	0.7595	0.0530	0.0675

注：我们加粗 FSIM、GSIM 类型算法中性能最好的指标。

　　(1) 基于 OSS 模型的 PSNR 和 SSIM 相对于原始版本的性能提升分别在 LIVE 上超过 6.5% 和 4.3%，在 IVC 上超过 31% 和 16%，在 Toyama 上超过 40% 和 19%，在 VDID2014 上超过 10% 和 11%，在直接平均上超过 20% 和 12%，在数据库大小加权平均上超过 13% 和 8.6%。很明显，所提出的 OSS 方法可以使改进的 PSNR 和 SSIM 的性能得到一致和可观的改进。此外，表 4.12 显示，对于相关性能的平均结果，我们的 OSS 模型的性能优于 MS-PSNR/SSIM 和 IW-PSNR，并与 IW-SSIM 和最近的 FSIM、GSIM、IGM 和 GMSD 进行了比较。

　　(2) 尽管性能很高，但所提出的算法计算成本较低。实际上，我们的 OSS 模型是在 DWT 域中执行基于自适应高频剪裁的预滤波，然后利用改进的自适应图像分辨率缩放将滤波后的图像调整到估计的最佳尺度。

　　(3) 值得注意的是，与基于多尺度和信息加权的 PSNR 和 SSIM 算法以及最近提出的 FSIM、GSIM、IGM、GMSD 指标相比，我们的模型在 Toyama 和 VDID2014 数据库上更有效。这种现象不仅仅是一种巧合，而且可以用以下事实来解释：①基于心理物理测试的 MS 和 IW 模型是在图像高度的 3~4 倍的一般视距下设计的，这使得它们在 LIVE 和 IVC 上的性能非常好；②在 Toyama 和 VDID2014 数据库里的部分或者全部主观质量分数是在 6 倍图像高度的较远视距获得的。

　　(4) 我们的技术不仅在不同的数据库里，而且在不同的单尺度 IQA 算法里也是鲁棒的。我们展示了基于 PSNR 和 SSIM 的 OSS 模型在每个数据库上的性能提升。此外,我们还验证了所提出的 OSS 模型在 VDID2014 上改善 FSIM、GSIM 和 GMSD 的有效性,优于最先进的 FSIM、GSIM、IGM 和 GMSD。我们可以发现使用 OSS 模型的 PSNR 相比 SSIM、FSIM、GSIM 和 GMSD 有显著的性能提高。这种现象可能是因为与简单的 PSNR 相比,SSIM、FSIM、GSIM 和 GMSD 都采用了低通滤波器模块,很可能与本章提出的 OSS 模型相冲突。

另外,本章通过 F 检验进行评估提出的 OSS 模型的统计意义,该检验计算转换后的客观得分 (非线性映射后) 与主观评分之间的预测残差。设 F 是两个残差方差之间的比率,F_{critical}(由残差数和置信度确定) 是判断阈值。如果 $F > F_{\text{critical}}$,那么这两个指标之间的性能差异是显著的。表 4.14 列出了我们的技术与其他 IQA 算法之间的统计显著性,其中符号 "+1"、"0" 或 "−1" 分别表示提出的指标在统计学上 (置信度为 95%) 优于、无法区分或差于相应的度量。

表 4.14 在 F 检验下 PSNR/SSIM 类型方法的性能比较 (统计显著性)

OSS-PSNR	PSNR	D-PSNR	MS-PSNR	IW-PSNR	OSS-SSIM	SSIM	D-SSIM	MS-SSIM	IW-SSIM
LIVE	+1	+1	+1	0	LIVE	+1	0	0	−1
IVC	+1	+1	+1	0	IVC	+1	0	+1	0
Toyama	+1	+1	+1	0	Toyama	+1	+1	+1	0
VDID2014	+1	+1	+1	+1	VDID2014	+1	+1	+1	0

我们的算法在大多数情况下都优于经典的多尺度模型,并且可以与当前的最优信息加权模型相比较,这证明了该方案的有效性。此外,需要注意的是,与使用多尺度策略和信息内容分析大脑视觉信号的信息加权模型相比,我们的 OSS 算法工作在 HVS 的另一个阶段,用于模拟投射在视网膜上的图像。因此,未来的一些工作可能会尝试系统地结合 OSS 和信息加权方案来构建一个更高性能的模型。综合表 4.12 的结果,我们还发现基于 OSS 的 PSNR 和 SSIM 在 LIVE 和 IVC 上仅略低于最先进的 FSIM、GSIM、IGM 和 GSMD,而在 Toyama 和 VDID2014 上等于或高于这四种 IQA 算法,这也证实了我们模型的有效性。

我们在图 4.17 中的 VDID2014 数据库上显示了使用不同模型的 PSNR、SSIM-FSIM、GSIM 类型方法的散点图。从上到下,第一行到第五行是:原始 IQA 算法、下采样模型、SAST 模型、AHC 模型和提出的 OSS 模型。MS-PSNR/SSIM 和最先进的 IGM 和 GMSD 的散点图也在第六行进行了展示。

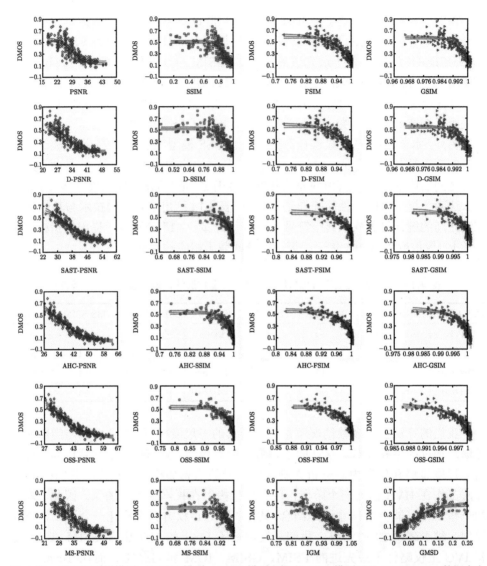

图 4.17　基于下采样模型、SAST 模型、AHC 模型和提出 OSS 模型以及 VDID2014 数据库上 MS-PSNR/SSIM、最新 IGM 和 GMSD 的 PSNR、SSIM、FSIM 和 GSIM 类型方法的散点图
红色线为逻辑斯谛函数拟合曲线，黑色虚线为 95% 置信区间

　　在本章中，我们将提出的 OSS 模型中使用的参数设置如下：$\phi = 10, k = 2, \psi = 2, D_0 = 512, \alpha = 2$ 和 $\beta = 2$。由于使用了许多参数，我们想进一步讨论它们的灵敏度。我们在固定其他五个参数的同时，围绕指定值以适当的间隔枚举四个数字。这里采用 SROCC 是因为它是最流行的性能指标之一，并被广泛用于在许多 IQA 指标中找到合适的参数。我们在表 4.15 中报告了 VDID2014 数据库参数敏感性的结

果。我们的 OSS 模型中所使用的值被加粗。显然，当所用参数发生变化时，该模型性能比较稳定，因此它具有鲁棒性并且对参数变化具有一定的容忍度。

表 4.15 根据 VDID2014 数据库上的 SROCC 值，使用不同参数进行灵敏度测试

ϕ	9	9.5	**10**	10.5	11	k	1.5	1.75	**2**	2.25	2.5
OSS-PSNR	0.9590	0.9590	**0.9590**	0.9590	0.9590	OSS-PSNR	0.9590	0.9590	**0.9590**	0.9590	0.9590
OSS-SSIM	0.9352	0.9352	**0.9352**	0.9352	0.9352	OSS-SSIM	0.9352	0.9352	**0.9352**	0.9352	0.9352
ψ	1.5	1.75	**2**	2.25	2.5	D_0	496	504	**512**	520	528
OSS-PSNR	0.9483	0.9472	**0.9590**	0.9590	0.9590	OSS-PSNR	0.9583	0.9583	**0.9590**	0.9590	0.9590
OSS-SSIM	0.9213	0.9203	**0.9352**	0.9352	0.9352	OSS-SSIM	0.9339	0.9339	**0.9352**	0.9352	0.9352
α	1	1.5	**2**	2.5	3	β	1	1.5	**2**	2.5	3
OSS-PSNR	0.9592	0.9593	**0.9590**	0.9592	0.9588	OSS-PSNR	0.9583	0.9591	**0.9590**	0.9584	0.9586
OSS-SSIM	0.9382	0.9365	**0.9352**	0.9342	0.9334	OSS-SSIM	0.9381	0.9366	**0.9352**	0.9338	0.9323

另外，我们比较了两个其他版本算法的性能。第一个版本只使用修改后的 SAST 模型 (称为 MOD-SAST-PSNR 和 MOD-SAST-SSIM) 对输入图像信号进行预处理，第二个版本由原始 SAST 模型和 AHC 模型 (SAST-AHC-PSNR 和 SAST-AHC-SSIM) 组成。我们在表 4.16 中列出了上述两个版本以及原始 PSNR/SSIM、SAST-PNSR/SSIM、AHC-PSNR/SSIM 和 OSS-PSNR/SSIM 在 LIVE、IVC、Toyama 和 VDID2014 数据库上的五个性能评价。可以得出两个重要结论：①测试的两个版本都在一定程度上提高了所提出的 OSS 在特定数据库上的性能；②上述第二个版本极大地提高了 Toyama 数据库上 SSIM 的性能。

表 4.16 OSS 模型中不同成分组合的性能比较

图像质量评价方法	LIVE	Toyama	IVC	VDID2014	图像质量评价方法	LIVE	Toyama	IVC	VDID2014
PSNR	0.8756	0.6132	0.6886	0.8678	SSIM	0.9104	0.7870	0.7788	0.8422
SAST-PSNR	0.9160	0.8272	0.8889	0.9463	SAST-SSIM	0.9448	0.9048	0.8905	0.9181
AHC-PSNR	**0.9314**	**0.8619**	0.9019	0.9569	AHC-SSIM	**0.9477**	0.9117	0.8957	**0.9349**
MOD-SAST-PSNR	0.9073	0.8231	0.8819	0.9497	MOD-SAST-SSIM	0.9058	0.9010	**0.8981**	0.9326
SAST-AHC-PSNR	0.9298	0.8616	**0.9053**	**0.9574**	SAST-AHC-SSIM	0.9475	**0.9372**	0.8968	0.9278
OSS-PSNR	**0.9328**	**0.8621**	0.9041	**0.9590**	OSS-SSIM	**0.9499**	**0.9371**	**0.9031**	**0.9352**

另外，我们还使用大规模 TID2008 数据库进行了交叉验证实验，该数据库由 1700 幅图像组成，通过在 4 种失真水平下的 17 种失真类型来失真 25 幅参考图像 [34]。在这项工作中，我们只验证了前 13 类结构失真上的 IQA 算法性能，并添加了一个新的感知保真度的 MSE[39] 进行比较。由于 TID2008 数据库没有明确的视距，我们假设它的距离值是常用的图像高度的 3 倍。表 4.17 列出

了原始 PSNR/SSIM、D-PSNR/SSIM、SAST-PSNR/SSIM、AHC-PSNR/SSIM、OSS-PSNR/SSIM、MS-PSNR/SSIM、IW-PSNR/SSIM 和 SMSE、PAMSE 的性能指标。结果表明，该模型具有较高的精度。特别是，我们的技术在很大程度上提高了 PSNR 的性能，优于经典的多尺度和最近设计的信息加权、SMSE 和 PAMSE 模型。

表 4.17　在 TID2008 数据库上测试 IQA 方法的性能指标

模型	PLCC	SROCC	KROCC	AAE	RMS	模型	PLCC	SROCC	KROCC	AAE	RMS
PSNR	0.7617	0.7718	0.5686	0.6708	0.8566	SSIM	0.7097	0.7270	0.5270	0.7226	0.9314
D-PSNR	0.8934	0.9097	0.7465	0.4209	0.5940	D-SSIM	0.8525	0.8742	0.6763	0.5409	0.6911
SAST-PSNR	0.8978	0.9111	0.7480	0.4130	0.5823	SAST-SSIM	0.8659	0.8836	0.6883	0.5212	0.6613
AHC-PSNR	**0.8988**	**0.9137**	**0.7533**	**0.4067**	**0.5795**	AHC-SSIM	0.8613	0.8872	0.6931	0.5158	0.6717
OSS-PSNR	**0.9033**	**0.9174**	**0.7558**	**0.4039**	**0.5672**	OSS-SSIM	**0.8753**	**0.8967**	**0.7064**	**0.5021**	**0.6393**
MS-PSNR	0.8855	0.9017	0.7308	0.4485	0.6143	MS-SSIM	0.8617	0.8792	0.6842	0.5323	0.6708
IW-PSNR	0.8799	0.8937	0.7079	0.4974	0.6281	IW-SSIM	**0.9101**	**0.9044**	**0.7369**	**0.4086**	**0.5478**
PAMSE	0.8891	0.9162	0.7566	0.4485	0.6050	SMSE	0.8457	0.8659	0.6764	0.5337	0.7054

　　本节提出了一个新的最优规模选择模型来处理视距和图像分辨率对图像质量的影响问题。为了有效地去除由视距和图像分辨率变化引起的不可分辨细节，该模型在 DWT 域采用自适应高频限幅，在空间域采用自适应分辨率缩放。与本节不同的是，在下一节中我们选择高质量的图像来显示，并改变观看条件来进行环境评估，设计了一个算法来评估观看环境的舒适度。

4.4　考虑观看环境的视觉质量评价

　　生活在信息时代，人们对显示图像的质量要求越来越高。观看环境对图片质量有直接而重要的影响，这些环境因素可能会提高或妨碍观看舒适性。美国电影与电视工程师协会 (society of motion picture and television engineers，SMPTE) 负责制定电影和相关行业的标准和实践，该组织的推荐实践文件 "SMPTE RP 166—1995" 非常具体地论述了观看室的条件以及观众与监视器的交互作用以及它们的使用环境。

　　为了彻底了解观看环境的影响，我们建立了一个全新的观看环境变化的图像质量评价数据库。研究者对于电视画面[56]、多媒体[45]、3DTV[46]、平板显示器[47]和移动设备[48]给出了一些关于观看环境的建议。一些数据库[57,58]在主观测试中采纳了这些建议。然而，我们评估环境的做法有所不同。数据库[59]改变了主观测试中的视距，并考虑了视距和图像分辨率对观看体验的影响。我们在这里选择高质量的图像来显示,并改变观看条件来进行环境评估。我们建立了一个原型系统来捕捉图像内容。观察者在不同的观看条件下进行主观评价。

IQA 的目标是设计一种与人的主观评价相一致的客观质量评价算法。最多数量的客观图像质量评估指标是全参考算法[1,39],它们假设原始图像信号是完全已知的。NR-IQA 算法适用于许多更实际的场景,并且在图像数据库上表现出很高的性能。在这里我们设计了一个专门的算法来评估观看环境。在主观测试中,我们使用数码相机尽可能地模拟人眼的行为,采集测试者看到的画面。然后,我们提出了客观环境评估算法来模拟大脑在特定环境下观看的舒适度。

4.4.1 数据库构建

为了便于研究不同环境因素对图像质量的影响,我们建立了观看环境变化的图像数据库。我们精心装饰摄影棚,设计不同的环境,以涵盖日常生活中常见的实际观看情况。我们建立了一个原型系统,使研究具有可重复性,整个系统由滑轨、机械臂和数码相机组成。数码相机用于在不同的观看条件下捕捉显示器上的图像,相机设置为自动模式以尽可能模拟人眼的行为。机械臂固定摄影机并控制水平和垂直方向的旋转,滑轨支撑机械臂并控制水平方向的移动。系统的使用如图 4.18 所示,系统和场景的照片如图 4.19 所示。该原型系统用于在不同的观看条件下捕捉显示器上的图像。我们精心准备了不同的观看环境,并考虑了一些环境因素。

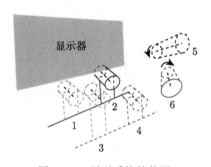

图 4.18　原型系统的使用

相机的位置可以根据需要改变。我们可以控制滑轨将相机移动到图片中的位置 1、2、3、4。同时,机械臂可以在垂直方向和水平方向旋转,如 5 和 6 所示

(1) 视距:观察者离屏幕的距离将对图像质量产生显著影响。在理想的条件下,观察者可以获得清晰平滑的图像,没有可见的像素或图像失真。然而,不同的视距通常发生在相同的实验中。在这里,我们设置了三个不同的观察者离屏幕的位置,在每个位置,我们使用图 4.19 所示的系统捕捉屏幕上的图像。

(2) 视角:用户相对于屏幕的位置也很重要。座椅与屏幕中心线在水平轴上的不同视角和水平面以下的垂直视角将在不同程度上影响观看舒适性。

(3) 房间照明：我们必须控制房间照明，以避免屏幕反射。反射、雾霭和漫射眩光会干扰显示器发出的光，这将直接影响图像质量。在我们的数据库中，我们设置了不同的亮度级别，并让相机捕捉这些不同照明环境下的显示器。

(4) 偏光照明：在典型的电影或电视节目中，出现在屏幕上的图像亮度范围很广，从非常暗的场景到非常明亮的场景。这一范围的图片亮度导致我们眼睛的虹膜在黑暗的场景中张开，然后在最亮的图像中关闭。随着时间的推移，这会导致我们的眼睛和相关的肌肉群疲劳，造成短期的不适，也可能是长期的疲劳。在典型的观看环境中正确地实施偏光照明，可以最大限度地减少虹膜运动的极端现象，并带来更舒适的观看效果。此外，偏光的色温也与之有关，不同色温的灯光会对体验产生不同的影响。在我们的数据库中，我们设置了不同颜色和亮度等级的偏光。

图 4.19　原型系统：机械臂照片、数码相机、滑轨、180in 投影屏幕、4K 投影仪和 TN LCD

为了发现环境因素的影响，我们尝试在拍摄前消除其他因素对图像质量的不利影响。我们使用 180in 的投影屏幕和配套的 4K 投影仪来显示图像，并展示出出色的整体画质。高质量的图像被放置在纯色背景上，用来模拟偏光。捕获后，我们选择包含图像的 1000×600 大小的区域进行显示，并将 1000×600 大小的区域剪切为一个数据库图像。

利用上述方法，我们构建了新的专用观看环境变化图像数据库 (viewing environment change IQA database，VEID)。该数据库由 140 幅不同观看条件下拍摄的图像和 10 幅原始图像组成。VEID 有五种照明模式、七种偏光照明、三种距离和五种不同的视角,设计的环境总数是 25。另外,由于扭曲向列型液晶显示器 (TN-LCD) 的普及性、视角范围小、色彩再现能力强等特点,我们从不同角度对其进行了 15 次捕捉。图 4.20 所示的 TN-LCD 的 15 幅图像可以反映这一问题。图 4.21 显示了数据库中的其他一些图像。表 4.18 给出了数据库创建过程中的一些重要信息。

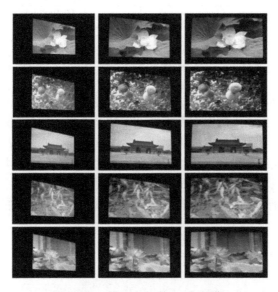

图 4.20 TN-LCD 的 15 幅图像

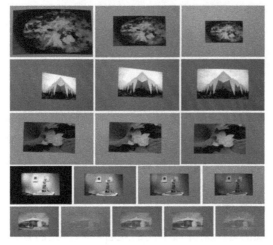

图 4.21 第一排的距离不同;第二排是不同角度的;第三排是不同偏倚色温;第四排是不同偏倚亮度;第五排是不同的房间照明

表 4.18　　实验条件和数据库建设中使用的一些重要设备

视距	图像高度的 2 倍/4 倍/6 倍
视角	水平 0°/水平 30°/水平 45° 垂直 10°/垂直 20°
观察照明	房间周围座椅荧光灯后面的屏幕荧光灯 上方没有额外的照明荧光灯
查看偏光照明	四个灰度级别 (0 ~ 255 的 0、100、150、200) 三色温度 (2462K，6676K，11415K)
数码相机	HERO3+ Black Edition 分辨率为 1200 万像素，带有远程无线控制的自动点测
TN 液晶显示器	DELL P2815Q
4K 投影仪	SONY VPL-VW1100

在主观测试中，更有效的方法是为观察者提供与捕获相同的观看环境。换言之，观察者被要求坐在不同的观看条件下评估显示器上的内容。我们只在不同的观察条件下用观察者代替摄像机进行评价。图 4.22 给出了在 25 个设计观看条件下的平均得分。我们可以得出结论，落在屏幕上的强光照会破坏体验，而不恰当的偏光也会影响观看的舒适性。虽然数据库几乎是用专用投影仪建立的，但反映观看环境对观看舒适性的影响的图像对其他显示技术也有足够的参考价值。

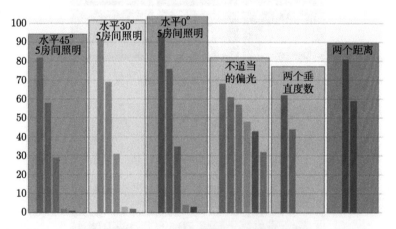

图 4.22　　每个条形图表示一个观看条件下图像的主观得分的平均值

横轴代表 25 种不同的观看环境。它们又分为六组，每组关注不同的因素。在一组中，从左到右是从好到坏的观察条件

4.4.2　客观评价模型构建

我们设计了客观的方法来评估不同的观看环境。我们首先要预测人类的大脑感知。给定一个图像信号 I，自由能原理认为认知过程受大脑内部生成模型 $\mathcal{G}$ 控制。为了便于操作，我们可以假设生成模型 $\mathcal{G}$ 是一个二维线性自回归 (autoregressive,

AR) 模型，因为它对自然图像具有很高的描述能力。AR 模型定义为

$$x_n = \mathcal{X}^k(x_n)\boldsymbol{\alpha} + \varepsilon_n \tag{4-38}$$

其中，x_n 是像素，$\mathcal{X}^k(x_n)$ 是含有 k 个像素的向量，$\boldsymbol{\alpha} = (\alpha_1, \alpha_2, \cdots, \alpha_k)^{\mathrm{T}}$ 是 AR 系数的向量，ε_n 是误差项。

在大样本条件下，自由能等于图像 I 的总描述长度，因此我们通过最小化描述长度来估计 AR 系数

$$\widehat{\boldsymbol{\alpha}} = \arg\min_{\alpha}\left(-\log P\left(\frac{I}{\boldsymbol{\alpha}}\right) + \frac{1}{2}\log N\right) \tag{4-39}$$

其中，N 是数据样本大小。我们确定了模型的顺序和训练集大小，从而将比较过程转化为残差最小化

$$\widehat{\boldsymbol{\alpha}} = \arg\min_{\alpha}\|x - \boldsymbol{X}\boldsymbol{\alpha}\|_2 \tag{4-40}$$

式中，$x = (x_1, x_2, \cdots, x_N)^{\mathrm{T}}$ 和 $\boldsymbol{X}(n,:) = \mathcal{X}^k(x_n)$，参数可解为 $\widehat{\boldsymbol{\alpha}} = (\boldsymbol{X}^{\mathrm{T}}\boldsymbol{X})^{-1}\boldsymbol{X}^{\mathrm{T}}x$。在这种情况下，模型中的参数 θ 可以被 $\widehat{\boldsymbol{\alpha}}$ 很好地描述，然后通过该模型可以得到对大脑感知图像的预测。

采集的图像不适合直接计算，因为它们也被背景区域包围。数据库中的图像大小为 1000 像素 $\times$600 像素，但有效区域仅为记录屏幕上显示的图像的区域。这些照片是在不同的观看条件下拍摄的，因此记录的照片质量能够反映环境的影响。我们要做的是将背景区域和有效区域分开。设计了一种自适应分类算法。具体操作见表 4.19。

表 4.19　考虑颜色信息的自适应分类

图像分类 (输入图像 D，阈值 T，输出分割图 M，要求类的聚类数 N，聚类中心位置 C 以及最终分割的二值图 W)

1. 令 $N = 2$ 作为初始的聚类数。
2. 令 D 为 k 均值函数的输入。k 均值将 $H \times 3$ 数据矩阵划分为 N 个聚类，其中 H 表示像素数目，3 表示 RGB 颜色信息。每个聚类包含有相似颜色信息的像素。计算最小聚类的比例 P。
3. 将聚类数 N 加 1。
4. 在步骤 2 和 3 之间循环，直到 $P < T$。
5. 返回 M，N，C。
6. 在 M 的四个角上选择多个采样点。
7. 将与采样点属于相同聚类的所有像素分类为背景区域。将其他像素分类为有效区域。
8. 估计有效区域。如果不是四边形，则返回步骤 2 并应用之字形变化 T；否则输出结果 W。

图 4.23(b) 是图 4.23(a) 考虑颜色的分类结果。根据主颜色信息将输入图像分成 10 个簇,如分割图 4.23(b) 所示。然后在图 4.23(b) 角点采样后,对背景和有效区域进行进一步的分离,如图 4.23(c) 所示。为了更精确地消除边缘的影响,我们进一步应用了腐蚀和膨胀操作。我们首先用正数做膨胀来填充黑洞。然后进行腐蚀,缩小有效区域,消除边缘效应。

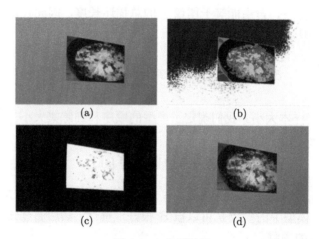

(a)　　　　　　　　　　　　(b)

(c)　　　　　　　　　　　　(d)

图 4.23　分割结果

(a) 输入图像;(b) 根据主颜色信息的划分图;(c) 分离的二进制图,白色区域是有效区域;(d) 显示提取的特征点

当观察者在不同的条件下观看显示相同内容的屏幕时,观察者会发现屏幕上的内容是不变的,但会受到一系列变化的影响,包括缩放、仿射拉伸、亮度和对比度的变化。因为大脑感知到的一些不变的特征将有助于观察者识别图像。Mikolajczyk 在 2002 年发现 $\sigma^2 \nabla^2 G$ 的最大值和最小值与一系列其他可能的图像函数 (如梯度、Hessian 或 Harris 角点函数) 相比能产生最稳定的图像特征 [60]。根据研究 [61],在变换后的图像中,大约 80% 的关键点具有稳定的特征,可以在匹配的位置和尺度上检测到。换言之,所提取的特征点几乎具有良好的特性。因此,这类关键点的个数可以作为评价的依据。此外,计算也很方便。$\sigma^2 \nabla^2 G$ 可由高斯差分计算

$$G(x,y,k\sigma) - G(x,y,\sigma) \approx (k-1)\sigma^2 \nabla^2 G \tag{4-41}$$

关键点定义为尺度空间极值。将每个采样点与当前图像中的 8 个邻居和上下图像中的 18 个邻居进行比较。我们通过对采样点的阈值化来考虑不同光照条件的影响。图 4.23(d) 给出了关键点的提取。

因此,在对脑功能进行模拟,得到大脑感知图像的预测后,对有效区域的关键点进行评估。我们计算了一组记录相同图像但受不同环境因素影响的关键点数量。关键点的数量只受环境因素的影响,可以用来评价环境质量。

4.4.3 模型性能测试

将我们的客观方法应用于 VEID 中的五个数据集 (在不同的观看条件下拍摄的一幅图像被归类为一个数据集), 以验证其评价观看环境的有效性。同一数据集中的图像记录相同的图片, 但在 25 种不同的观看条件下拍摄。我们提出的方法适用于对相同记录内容的图像进行评估, 但不适用于不同环境下不同内容的图像评估, 同时记录不同的内容。因此, 环境因素的评价是在五个数据集之间进行的。我们在图 4.24 的五个数据集中显示了 MOS 与预测 MOS 的散点图。从图中可以看出, 客观评价与不同环境的主观评价是一致的。

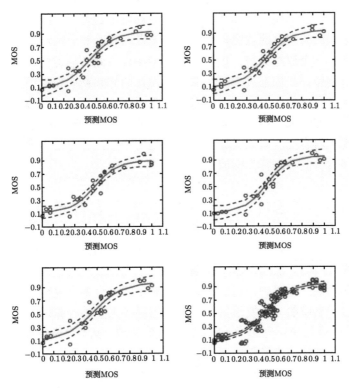

图 4.24 五个数据集上 MOS 与预测 MOS 的散点图
红色线为逻辑斯谛函数拟合曲线; 黑色虚线为 95%置信区间; 最后是整体图

我们利用 PLCC 和 SROCC 对该方法的性能进行了评估, 表 4.20 给出了五个数据集的 SROCC 和 PLCC 结果。从表中可以看出, 用我们的客观方法对环境的评价与主观评价是一致的。考虑到数据库中记录的图像几乎都处于缩放和仿射拉伸的变换之下, 因此普通的客观图像质量评价方法不适合对这些图像进行评价。由于时间和空间的限制, 在这里我们不研究这些方法的修改以使它们适用于 VEID。

表 4.20　五个数据库的实验结果

VEID 数据库	PLCC	SROCC
数据库 1	0.948	0.912
数据库 2	0.959	0.923
数据库 3	0.949	0.921
数据库 4	0.949	0.903
数据库 5	0.943	0.924

　　我们进一步探讨了环境因素。通过对结果的观察，可以得出一些结论。偏离水平轴或垂直轴上的中心线的小观看视角对观看体验影响较小。强烈的灯光落在屏幕区域或从显示器到观众的路径上，将妨碍观看舒适性。仅限于显示器后面区域的偏光照亮了面向观众的墙壁，有利于显著提高观看舒适性，减少眼睛紧张。

　　本节建立了一个原型系统，模拟不同环境条件下眼睛捕捉光信号的功能，使研究具有可重复性。我们通过专门的系统、图片研究和精心设计的观看环境构建了一个观看环境变化的图像数据库，以研究观看环境因素对观看体验的影响，并提出一个客观的方法来评估观看条件，证明了其有效性。接下来将研究环境亮度、背光亮度和视频内容亮度对人类感知视频质量的影响，并提出了一种适用于各种环境条件的移动节能动态背光缩放策略。

4.5　考虑环境亮度的液晶屏动态背光调节

　　随着近年来移动设备和无线网络的迅猛发展，人们几乎可以随时随地通过移动设备观看视频内容。然而，由于移动设备尺寸和重量的限制，移动设备的方便性受到电池容量的严重限制，这意味着节能对于移动设备来说至关重要。我们通过对视频播放子系统的分析发现，这些设备消耗了大量的计算能力。在所有这些子系统中，显示器是最耗电的子系统，只要视频播放，就不可避免地消耗电力。因此，显示器功耗是移动节能需要考虑的关键问题。

　　与在电视上或在家里看视频不同，在移动设备上观看视频时，用户的视觉感知会受到周围环境 (如显示器尺寸、观看距离和环境光) 的显著影响。在这些因素中，环境光是最重要的，因为它随着环境的变化而变化。这里，我们将环境光定义为移动设备屏幕未提供的任何光源。通常，它指的是已经存在的自然光源，如太阳光、月光或人工光源。现实生活中，室内昏暗照明的亮度范围为 $0 \sim 100$ lx，住宅室内照明的亮度范围为 $100 \sim 1000$ lx。在室外环境下，室外的阴影可以达到 $1000 \sim 10000$ lx，而室外的直射阳光可以超过 10000 lx。在不同的环境亮度下，需要调整移动设备的背光水平以满足用户的体验质量 (quality of experience, QoE)[62]。请注意，显示器的功耗与背光亮度密切相关 [63]。然而，目前对移动显示节能的研究很少考虑环境亮度的影响。其结果是，现有的移动节能策略在不同的光照环境下效果不佳，甚至无法满足用户在极端明亮或黑暗条件下观看视频时的 QoE。

作为移动设备中耗电量最大的子系统，在背光亮度最大的情况下，显示系统可占总功耗的 68%[63]。因此，许多移动节能方法被提出，这些方法在不影响用户QoE 的前提下，通过调暗显示屏背光来降低功耗，这类技术被称为动态背光缩放(dynamic backlight scaling, DBS) 技术。当显示屏背光变暗时，图像或视频的感知质量将降低[64]。因此，研究者开发了许多图像补偿或增强方法[65,66]，以在降低背光强度时改善图像质量。例如，Cheng 等提出了一种亮度和对比度同时缩放的方法，以减小背光亮度，同时通过保持图像对比度来保持图像保真度[65]。Cho和 Kwon 设计了像素补偿功能，消除了由于背光调光算法而产生的剪裁失真和不必要的亮度降低[66]。Iranli 等提出使用直方图均衡化技术来维持预先设定的图像失真水平，同时最大化背光调光[67]。这些基于单图像的方法证明了背光缩放的有效性，也为研究移动视频的 DBS 策略提供了基础。

最近，为了节省视频播放的功耗，研究者提出了几种思路。特别是 Bartolini等采用结构相似性 (structural similarity, SSIM) 指标作为 DBS 技术的服务质量 (quality of service, QoS) 指标，提出了一种基于人眼视觉系统 (human visual system, HVS) 的在线 DBS 算法，该算法能够在给定的 QoS 条件下找到最佳背光水平[68]。Lin 等将背光动态缩放问题建模为一个具有多个缩放约束的基本优化问题，采用动态规划算法求解[69]。此外，现有的 DBS 策略大多采用客观 IQA 作为评价标准。虽然已经提出了许多 IQA 模型来预测失真图像的质量，但它们与用户在各种环境亮度条件下的实际感知缺乏直接联系。

人们喜欢随时随地观看移动视频，这就造成观看环境的亮度变化很大。一般来说，人眼可以感知范围很广的亮度，其中最亮和最暗的亮度相差 109 倍[70]。然而，在任何给定的时刻，眼睛能感觉到的对比度是恒定的 1000[70]。这一特性是通过眼睛适应来实现的，眼睛根据周围的亮度调整其对黑色的定义。例如，当眼睛适应黑暗环境时，大脑会降低对明亮的定义。因此，在不同的环境亮度下，同一背光水平下的用户感知亮度是不同的。具体来说，环境光照对 DBS 策略主要有两个影响。首先，在各种环境亮度条件下，从 DBS 方案获得的背光强度可能不满足用户的 QoE。其次，在低环境亮度下，由于最佳背光强度将显著降低，所以在 DBS 策略中考虑环境照明可以进一步降低功耗。因此，必须考虑环境亮度的因素。

虽然目前的 DBS 策略很少考虑环境光照的影响，但是一些研究者研究了环境光对移动图像的影响，提出了许多图像增强方法来补偿环境光照的影响。Nur等利用环境光照、比特率和视频内容相关的上下文等因素对视频的感知质量进行建模，并开发了一种码率自适应决策技术，在不同的环境光照条件下可以节省大量的比特率[71]。在文献 [72] 中，使用色调映射算子来提高明亮环境下的图像质量，以获得最大的人类视觉响应。Kobiki 和 Baba 利用人类视觉系统的特点，提出了一种在多种光照环境下保持显示图像亮度外观的图像校正技术[73]。Song 和 Cosman 提出了两种色调映射方法来增强图像/视频的细节和对比度，其中一种方法与内容无关，另一种方法使用视频内容的统计信息[74]。然而，这些工作主要集中在改善不同环境光照下的图像对比度和细节，以满足用户的 QoE。所提出的图像增强方法往往比较复杂，在实际应用中很难实现。此外，这些研究并没有研究环境光照如何影响播放移动视频时的功耗。

在本章中，我们提出一种可在不同环境亮度条件下使用的 DBS 策略，以进一步降低移动设备在播放视频时的功耗。为了满足用户在不同环境亮度条件下的 QoE，我们首先通过一组主观质量评价实验，研究 QoE 与环境亮度、视频内容亮度和背光强度之间的关系。然后，我们建立了观看移动视频的 QoE 模型，在给定的 QoE 和环境亮度下得到最佳的背光水平。在推导出的 QoE 模型的基础上，我们提出了一种 DBS 策略，并对其在不同环境亮度下的功率性能进行了分析。我们提出的 DBS 策略在低环境亮度下最大可节省 40% 以上功耗，即使在高环境亮度下也可节省 10% 的功耗。我们还证明了该策略可以很容易地适应不同的用户偏好和不同的设备，并且便于将所提出的 DBS 策略集成到实际应用中。

我们的方法有两个优点。首先，我们不使用任何色调映射算子或图像补偿方法，这些方法通常需要改变图像内容，并且计算复杂度高。我们只需根据给定的环境亮度调整移动设备的背光水平，以满足用户的 QoE。其次，我们在一组主观实验的基础上验证了所提出的策略。与其他常用的客观质量评价算法相比，它更符合人类视觉系统的感知。

4.5.1　亮度及体验质量分析

提出的 DBS 模型是基于 QoE 与环境亮度、背光亮度和视频内容亮度之间的关系。因此，我们将讨论这三种亮度对人类感知视频质量的影响。

1. 显示模型

根据文献 [72]，液晶显示器的显示模型可以用以下公式进行建模

$$L_{\mathrm{d}}(Y) = \left(\frac{Y}{255}\right)^{\gamma} (L_{\max} - L_{\mathrm{black}}) + L_{\mathrm{black}} + L_{\mathrm{refl}} \tag{4-42}$$

其中，L_{d} 是从显示表面测量的显示亮度，Y 是像素的亮度 (luma) 值 $(0 \sim 255)$，γ 是显示器的 gamma 值，$L_{\max}$ 是给定背光强度下白色 (最亮) 的屏幕亮度，单位为 $\mathrm{cd/m^2}$，L_{black} 是与 L_{white} 相同背光量的黑色屏幕亮度，L_{white} 是白色屏幕

亮度，L_{refl} 是显示表面的环境亮度，单位为 lx，注意，lx 用于测量光通量在给定面积上的传播程度，并用于指定空间的照明强度。cd/m^2 是一种测量光发射面积的单位，常用于指定显示设备的亮度。lx 与 cd/m^2 的关系可归纳为

$$1\text{lx} = 1\text{cd/m}^2 \cdot \text{sr} \tag{4-43}$$

其中，sr 是立体角的单位。

假设显示器为无光泽屏幕，则环境光的反射亮度可近似建模为

$$L_{\text{refl}} = \frac{k}{\pi} E_{\text{amb}} \tag{4-44}$$

式中，E_{amb} 是环境照度，单位为 cd/m^2，k 是显示的反射率。

对于每一个移动设备，我们通常会调整背光强度以获得不同光亮度的 L_{max} 和 L_{black}。这里，我们使用背光比例因子 φ 来表示背光强度，L_{max} 和 L_{black} 可以通过以下公式表示

$$L_{\text{max}} = \varphi L'_{\text{max}} \tag{4-45}$$

$$L_{\text{black}} = \varphi L'_{\text{black}} \tag{4-46}$$

其中，$\varphi \in [0,1]$，L'_{max} 和 L'_{black} 分别是 $\varphi = 1$ 时白色和黑色的屏幕亮度。

然后，来自显示表面的总亮度可以重写为

$$L_{\text{d}}(Y, \varphi, E_{\text{amb}}) = \varphi \left(\frac{Y}{255}\right)^{\gamma} (L'_{\text{max}} - L'_{\text{black}}) + \varphi L_{\text{black}} + \frac{k}{\pi} E_{\text{amb}} \tag{4-47}$$

根据文献 [75]，码字对比度，即每两个连续码字之间的对比度，可以计算为

$$C_{\text{codeword}} = 2\frac{L_{\text{d}}(Y+1, \varphi, E_{\text{amb}}) - L_{\text{d}}(Y, \varphi, E_{\text{amb}})}{L_{\text{d}}(Y+1, \varphi, E_{\text{amb}}) + L_{\text{d}}(Y, \varphi, E_{\text{amb}})} \tag{4-48}$$

2. 受环境影响的感知和显示对比度

人类所能检测到的最小对比度是由对比敏感度决定的，这种对比敏感度被称为对比敏感度函数 (contrast sensitivity function，CSF)。在文献 [75] 中，亮度相关的最小可检测对比度可从 Barten's CSF[76] 中获得，其模型如下

$$S(L, u) = \frac{\mathrm{e}^{-2\pi^2\sigma^2\mu^2/\kappa}}{\sqrt{\frac{2}{T}\left(\frac{1}{X_0^2} + \frac{\mu^2}{X_{\max}^2} + \frac{1}{N_{\max}^2}\right)\left(\frac{1}{\eta pE} + \frac{\Phi_0}{1-\mathrm{e}^{-(\mu/\mu_0)^2}}\right)}} \tag{4-49}$$

其中，

$$\sigma = \sqrt{\sigma_0^2 + (C_{ab}d)^2} \ (\text{arcmin}) \tag{4-50}$$

$$d = 5 - 3\tanh(0.4\log(LX_0/40^2))(\text{mm}) \tag{4-51}$$

$$E = \frac{\pi d^2}{4}L\left(1 - \left(\frac{d}{9.7}\right)^2 + \left(\frac{d}{9.7}\right)^4\right)(\text{Td}) \tag{4-52}$$

式中，$\sigma_0 = 0.5\text{arcmin}$，$\mu_0 = 7\text{cycles}/(°)$，$\kappa = 3$，$C_{ab} = 0.08\text{arcmin}/\text{mm}$，$T=0.1\text{s}$，$N_{\max}=15\text{cycles}$，$\eta = 0.03$，$\Phi_0 = 3\times 10^{-8}\text{s}\cdot(°)^2$，$p = 1.2\times 10^6\text{photons}/(\text{s}^2\cdot(°)^2\cdot\text{Td})$。$X_0$ 一般设为 $40°$。频率上的最高灵敏度计算为 [77]

$$S_{\max}(L) = \max_\mu S(l,\mu) \tag{4-53}$$

然后，我们可以计算亮度水平为 L 的最小可检测对比度 $C_t(L)$，如下所示

$$C_t(L) = \frac{1}{S_{\max}(L)} \times \frac{2}{1.27} \tag{4-54}$$

其中，系数 2 用于将调制转换为对比度，系数 $1/1.27$ 用于将正弦波转换为矩形波 [77]。根据文献 [76]，当人眼适应更高亮度 L 时，CSF 模型将修改为

$$\widetilde{S}(L,\mu,L_s) = S(L,\mu)e^{-\frac{\ln^2\left(\frac{L_s}{L}\left(1+\frac{144}{X_0^2}\right)^{0.25}\right)-\ln^2\left(\left(1+\frac{144}{X_0^2}\right)^{0.25}\right)}{2\ln^2(32)}} \tag{4-55}$$

当眼睛适应 L_s 时，我们按照同样的方法构造最小可检测对比度 $\widetilde{S}_{\max}(L,L_s)$。对比敏感度峰值可以表示为

$$\widetilde{S}_{\max}(L,L_s) = \max_u \widetilde{S}(L,u,L_s) \tag{4-56}$$

因此，经调整的最小可检测对比度 $\tilde{C}_t(L,L_s)$ 计算为

$$\tilde{C}_t(L,L_s) = \frac{1}{\widetilde{S}_{\max}(L,L_s)} \times \frac{2}{1.27} \tag{4-57}$$

基于以上对码字对比度和自适应最小可检测对比度的分析，当环境亮度变得更亮时，自适应的最小可检测对比度随后增大，而码字对比度减小。因此，码字对比度逐渐降低到自适应最小可检测对比度以下。如果码字对比度低于调整后的最小可检测对比度，则表明人眼无法感知码字和下一码字之间的差异。这将导致在明亮的环境光下对细节的感知能力降低或丧失。暗色码字的对比度下降得更明显，导致更多的知觉丧失。这将导致用户体验质量的显著下降。图 4.25 给出在具有相同背光水平的黑暗和明亮环境亮度下显示的图像。很明显，在黑暗环境下的

图像显示可以看到更多的细节。因此，关键问题是如何调整背光比例因子 φ，在码字对比度和最小可检测对比度之间保持适当的平衡，以获得最佳的用户体验质量，同时最大限度地节省移动功耗。

(a)

(b)

图 4.25　在不同环境中显示的具有相同背光水平的图像
(a) 在黑暗环境中；(b) 在明亮的环境中

在这里，我们将观看移动视频的 QoE 模型定义为码字对比度系数 C_{codeword} 和自适应最小可检测对比度 $\widetilde{C}_t$ 的函数

$$\text{QoE} = F_{\text{QoE}}(C_{\text{codeword}}, \widetilde{C}_t) \tag{4-58}$$

由于 C_{codeword}、$\widetilde{C}_t$ 是由视频内容亮度 Y、背光比例因子 φ 和环境亮度 E_{amb} 确定的，因此式 (4-58) 可以重写为

$$\text{QoE} = F'_{\text{QoE}}(Y, \varphi, E_{\text{amb}}) \tag{4-59}$$

在文献 [67] 中，LCD 显示器的功耗可以建模为

$$P_{\text{display}} = P_{\text{penel}} + P_{\text{backlight}}(\varphi) = P_{\text{penel}} + a\varphi^b \tag{4-60}$$

其中，P_{penel} 是 LCD 面板的功耗，$a > 0, b > 0$ 是设备相关常数。

因此，在本章中，我们将 DBS 问题表述为

$$\min P_{\text{display}}, \text{使 QoE} \geqslant \theta \tag{4-61}$$

其中，θ 为满足用户观看移动视频体验的 QoE 阈值。

4.5.2　手机视频观看的体验质量模型

前面我们详细分析了环境亮度、视频内容亮度和背光亮度对观看移动视频时 QoE 的影响。然而，QoE 是用户的主观感受，难以通过客观分析建立 QoE 模型。因此，我们进行了一系列的主观实验，建立了一个介于 QoE 和三种亮度之间的端到端模型。在这一部分，我们首先讨论如何测量内容亮度和选择合适的测试视频片段；然后进行主观实验，探讨 QoE 与环境亮度、视频内容亮度、背光亮度的关系；最后，通过主观实验结果建立模型。

1. 视频内容亮度度量

视频内容亮度影响来自显示表面的最终感知亮度，并且表示为像素的 luma 值。通常将图像中像素的平均 luma 值计算为图像的内容亮度，将属于视频图像的所有内容亮度的平均值计算为视频内容亮度，其可以表示为

$$L_{\text{image}} = \sum_{i=1, j=1}^{i=W, j=H} Y_{i,j} \tag{4-62}$$

$$L_{\text{video}} = \sum_{i=1}^{i=N} L_{\text{image}}^{i} \tag{4-63}$$

其中，W 和 H 是图像的分辨率，N 是视频的帧数。但是，该度量仅表示图像的总体亮度信息。它既不能反映每个像素之间亮度的相互作用，也不能有效地捕捉帧上亮度的不连续性。

在这里，我们建议使用推土机距离 (earth mover's distance，EMD)[35,36] 度量作为亮度特征。EMD 常用于基于内容的图像检索中，EMD 被定义为将一个直方图转换为另一个直方图所需的最小代价。具体而言，EMD 的公式如下

$$\text{EMD}(P, Q) = \min_{f_{i,j}} \sum_{i,j} f_{i,j} d_{i,j} / \sum_{i,j} f_{i,j} \tag{4-64}$$

$$\text{s.t.} f_{i,j} \geqslant 0, \sum_{j} f_{i,j} \leqslant P_i, \sum_{j} f_{i,j} \leqslant Q_i, \sum_{i,j} f_{i,j} = \min\left(\sum_{i} P_i, \sum_{i} Q_i\right)$$

其中，$f_{i,j}$ 是从第 i 组到第 j 组的转换，$d_{i,j}$ 是组 i 和 j 之间的实际距离。

然后在图像 H_{image} 的直方图和黑色图像 H_{black} 的直方图之间计算图像内容亮度特征，表示为 $\text{EMD}(H_{\text{image}}, H_{\text{black}})$。使用 EMD 度量作为内容度量的优点是 EMD 度量同时考虑了两个图像直方图的组高度和组间间距，这意味着它考虑了图像中所有像素的相互作用。因此，它更符合人类视觉系统的感知亮度。为了计算视频的 EMD 值，我们首先得到视频中所有帧的直方图。然后我们使用中值直方图来描述一组帧的整体直方图，因为它可以有效地消除视频中的异常帧[78]。从所有帧直方图的中值组计算中值直方图的每个组。最后，我们计算了视频 MH_{video} 的中值直方图与黑色图像 H_{black} 的直方图之间的 EMD 距离，并将其定义为视频内容亮度特征 $\text{EMD}(MH_{\text{video}}, H_{\text{black}})$。

2. 测试视频单元选择

在 DBS 算法中，背光调节单元的确定是非常重要的。视频调整单元的持续时间等于 DBS 算法的调整频率。如果视频调整单元的持续时间过长，则会导致 DBS 频率低，并且不会节省太多的功率。如果缩放单元的持续时间太短，频繁调整背光强度会让用户感到头晕和不舒服。此外，调节单元的内容亮度也类似。如果调整视频的内容亮度变化很大，根据前面的分析，对于具有不同内容亮度的帧，最佳背光强度是不同的。因此，很难既保持用户对调节单元的 QoE 的满意程度，又最大限度地节能。

以往 DBS 研究中使用的频率可用三种方法进行分类。第一种方法使用恒定频率，其中调整单元包含恒定的帧数。第二种方法根据属于一个片段的帧的平均亮度的变化是否小于阈值将视频分割成一系列片段[79]。第三种方法是使用视频镜头作为调整段[80]，其中镜头被定义为来自一个摄像机的连续帧序列。与前两个频率相比，采用视频镜头作为测试单元有两个优点。第一，一个镜头通常包含相似的内容亮度帧，研究内容亮度对 QoE 的影响是有帮助的。第二，当镜头切换时，通常会出现内容的突然转换。因此，它有助于减少 DBS 的影响。采用这三种频率的主观分析参见文献 [80]，结果表明，用户更愿意采用第三种方法作为 DBS 频率。因此，本章在 DBS 策略中采用视频镜头作为背光调节单元。

视频镜头检测算法已经被广泛研究了很多年[81]。视频镜头检测算法通常包括计算连续帧的不连续值和根据不连续性确定镜头边界两个步骤。我们采用了文献 [80] 中提出的镜头检测算法，所采用的算法以帧间的 EMD 作为不连续值。由于本章还将 EMD 作为亮度特征，它有助于检测连续帧之间的亮度不一致，对 DBS 算法更为有利。镜头边界受全局阈值不连续性和局部阈值不连续性的限制。为了避免频繁调整，我们将镜头的最小长度设置为 $D_{\min}$。具体地说，该算法首先分别计算帧 k 与其前一帧 $k-1$、下一帧 $k+1$ 之间的 EMD。如果 $\text{EMD}(k, k+1)$ 大于全局阈值 η，也大于局部阈值 $\alpha\text{EMD}(k-1, k)$，并且当前镜头持续时间比 $D_{\min}$ 长，则可以从第

$k + 1$ 帧开始确定新的视频镜头。

3. 主观实验方案

接下来，我们将介绍主观实验的一般方法和结构，以研究 QoE 与环境亮度、背光强度和内容亮度之间的关系。

(1) 测试视频单元：我们选择了七个视频来源，包括电影、动画和纪录片。值得注意的是，QoE 会受到许多其他因素的影响，如图像分辨率、视频编码技术等。为了公平评估，所有视频都以 1280×720 分辨率、24 帧/秒 (fps)、H.264/AVC 基准模型进行高质量编码。虽然已经被广泛地证明，音频和视频将共同影响用户感知的 QoE，但是我们消除了所有视频的音频轨迹，并将重点放在视频上。然后利用镜头检测算法将视频分割成一系列镜头，供后续章节的研究使用。我们计算所有视频源的 EMD_{shot}，得到 749 个 EMD_{shot} 值。这些值的范围从 28 到 172，较大的 EMD 值表示内容更亮。对于主观研究，我们以 29 个 EMD 值为步长，将 EMD_{shot} 分为 5 个亮度等级，分别用 EMD1(28 ∼ 56)、EMD2(57 ∼ 85)、EMD3(86 ∼ 114)、EMD4(115 ∼ 143) 和 EMD5(144 ∼ 172) 表示。最后，我们从 5 个类别中选择 7 个镜头作为测试视频。

(2) 方法：ITU 对视频质量的主观评价方法进行了分类，包括单刺激 (single-stimulus，SS)、双刺激损伤量表 (double-stimulus impairment scale，DSIS) 和成对比较。因为我们想研究在特定环境下观看视频的 QoE，SS 法更适合于这一主观实验。

(3) 测试设备：我们用 Mi 3 作为测试设备。Mi 3 的屏幕尺寸、分辨率、像素密度分别为 5.0in、1920×1080、441 PPI(pixels per inch)。白色图像的最大屏幕亮度为 461.65 cd/m^2，黑色图像的最大屏幕亮度为 5 cd/m^2。

(4) 参与者：我们招募了 17 名大学生参加实验，他们的年龄从 21 岁到 25 岁不等，有 14 位男生和 3 位女生，所有参与者的色觉正常。

(5) 背光强度：通过改变背光比例因子 φ 来调整背光强度。我们将 φ 分为 10 个级别，从 0.05 到 0.95，每级 0.1。比例因子可以从 0(最暗) 到 1(最亮)。

(6) 环境光：考虑到实际使用手机的习惯，在 4 种不同的环境光照条件下进行主观测试，分别对应于昏暗光线 (0 lx)、住宅室内照明 (100 lx)、明亮室内照明 (1000 lx) 和不受阳光直射的全天光 (10000 lx)。前三个条件是在房间里测试的，我们调整灯光的亮度来改变测试条件，最后一种情况是在室外测试的，我们使用照度计来确保环境亮度符合要求。

(7) 质量等级：根据 ITU-R BT500-11[36]，从最低到最高的感知质量分为 5 个等级。值越高，质量越好。

在开始实验之前，我们会向每个受试者介绍这一主观测试的目标。整个实验分为初步实验和正式实验两个阶段。在初步实验中，受试者在不同的环境亮度下预览不同背光强度的示例视频，以便了解当观看移动视频时如何提供 QoE 分数，这些示例视频不会出现在正式实验中。在正式实验中，使用文献 [82] 中采用的方法，从最高亮度到最低亮度，使用 10 种不同的背光级别播放测试视频，在四种环境亮度条件下进行了相同的实验。

4. 实验结果分析

总的来说，我们收集了 23800 个测试数据 (17 个参与者 × 35 个镜头 × 10 个背光水平 × 4 个环境光水平)。图 4.26 给出了在不同 EMD 水平和环境亮度条件下的 MOS 与背光水平之间的关系。如图所示，有两种不同的 MOS 变化情况。一种是在低环境亮度下 (0 lx，100 lx)，MOS 随背光强度的增加先增大到最大值，然后减小。另一种是在高环境光下 (1000 lx，10000 lx)，MOS 随背光强度单调增加。很容易理解在两种环境光照下的不同趋势，当环境亮度很低时，如果背光水平很高，我们会感到眩目。另一个有趣的现象是，与低 EMD 值的镜头相比，具有高 EMD 值的镜头需要更低的背光水平来实现相同的 MOS。

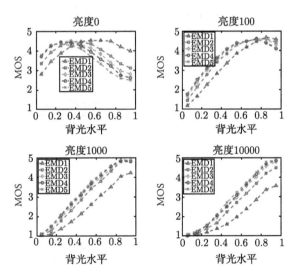

图 4.26 不同环境亮度下不同 EMD 类别镜头的 MOS
背光等级为 0.05 至 0.95，EMD1 ~ EMD5 是五类不同的内容亮度

5. 体验质量模型

这里，我们将使用得到的主观实验结果来拟合由式 (4-61) 建立的 QoE 模型。为了更好地理解特定条件下的用户 QoE，我们使用可接受性作为 QoE 的度量[82]。我们定义，如果用户的得分大于或等于 4 级，用户愿意观看。因此，我们将 MOS

数据转换为可接受数据。然后，将可接受性定义为 $N_{\mathrm{acc}}/N_{\mathrm{tot}}$，然后 QoE 可以通过以下方式来描述

$$A(Y, \varphi, E_{\mathrm{amb}}) = N_{\mathrm{acc}}/N_{\mathrm{tot}} \tag{4-65}$$

$$\mathrm{QoE}(Y, \varphi, E_{\mathrm{amb}}) = A(Y, \varphi, E_{\mathrm{amb}}) \tag{4-66}$$

其中，$A(Y, \varphi, E_{\mathrm{amb}})$ 是在环境亮度 E_{amb} 和背光比例因子 φ 下观看的视频的可接受性。视频内容亮度为 Y，由 EMD 值测量。$\mathrm{QoE}(Y, \varphi, E_{\mathrm{amb}})$ 是从主观实验中获得的同一视频的体验质量。N_{acc} 是可接受的决定数，N_{tot} 是总投票数。

我们在图 4.27 中说明了在不同 EMD 水平和环境亮度条件下 QoE 和背光水平之间的关系。很明显，在低环境光照下，曲线呈先增大后减小的趋势，这与二次函数的变化趋势是一致的。

因此，我们使用二元二次函数来拟合低环境光照下的曲线。我们将其表述为

$$\mathrm{QoE}(Y, \varphi, E_{\mathrm{amb}})$$

$$= p_{00} + p_{10}\mathrm{EMD} + p_{01}\varphi + p_{20}\mathrm{EMD}^2 + p_{11}\mathrm{EMD}\varphi + p_{02}\varphi^2 \tag{4-67}$$

其中，$E_{\mathrm{amb}} \in \{0\,\mathrm{lx}, 100\,\mathrm{lx}\}$、$p_{00}$、$p_{10}$、$p_{01}$、$p_{20}$、$p_{11}$、$p_{02}$ 是模型参数。我们使用线性最小二乘法来确定系数，拟合结果见表 4.21。

表 4.21　二次函数模型的系数

环境光	p_{00}	p_{10}	p_{01}
0 lx	0.05245	0.005771	2.790
100 lx	-0.6580	0.004393	3.712

环境光	p_{20}	p_{11}	p_{02}
0 lx	-7.254×10^{-6}	-0.01252	-1.981
100 lx	-6.018×10^{-6}	-0.004834	-2.173

在高环境光照下，我们从图 4.27 中观察到一条 S 形曲线。逻辑斯谛回归是对二元反应数据的统计分析，其概率是一条 S 形曲线，它完全符合我们的数据，拟合函数可以表示为

$$\mathrm{QoE}(\mathrm{EMD}, \varphi, E_{\mathrm{amb}}) = \frac{1}{1 + \exp(-(\alpha + \beta\mathrm{EMD} + \gamma\varphi))} \tag{4-68}$$

$E_{\mathrm{amb}} \in \{1000\,\mathrm{lx}, 10000\,\mathrm{lx}\}$，$\alpha, \beta, \gamma$ 为模型参数。我们使用最大似然估计来估计系数，结果如表 4.22 所示。

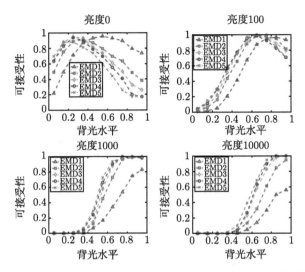

图 4.27 不同 EMD 类别的镜头在不同环境亮度下的可接受性

表 4.22 逻辑斯谛回归模型的系数

环境光	α	β	γ
1000 lx	-10.322	-0.0255	13.804
10000 lx	-11.56	0.0269	13.338

为了评价模型拟合的效果，我们计算了由式 (4-67) 和式 (4-68) 计算的可接受性与用 MOS 计算的可接受性之间的相关性。使用了三种常用的相关度量，即 RMSE、PLCC 和 SROCC。由于我们没有发现其他用于评估考虑环境亮度的 QoE 算法，所以我们没有将我们的模型与其他算法进行比较。

如表 4.23 所示，所有模型的 RMSE 值都很小，其他两个度量值接近值 1，这意味着所提出的模型是准确和合理的。

表 4.23 模型拟合的效果评价

环境光	RMSE	PLCC	SROCC
0 lx	0.1198	0.8853	0.8883
100 lx	0.1181	0.9504	0.9323
1000 lx	0.0891	0.9780	0.9406
10000 lx	0.0908	0.9737	0.9217

到目前为止，我们已经得到了在不同环境亮度条件下观看不同背光强度手机视频的 QoE 模型。我们的目标是在给定的特定环境亮度下获得最佳背光强度，以达到用户的满意度，同时将功耗降至最低。为了减少功耗，我们应该降低背光强

度。为了满足用户体验，我们应该在大多数情况下增加背光强度。在这里，当给定特定视频和环境亮度、QoE 水平时，我们可以得到背光比例因子 φ。因此，当我们设定特定的 QoE 等级时，我们可以计算出最低背光强度，以在满足 QoE 要求的同时降低功耗。

4.5.3 动态背光调节实现

在这一部分中，我们在 4.5.2 节获得的 QoE 模型的基础上，提出了一种新的基于移动视频的 DBS 策略。首先，我们有必要研究使用所提出的背光强度缩放方法进行镜头连续播放是否会引起闪烁效应。其次，我们将提出新的 DBS 策略，并详细介绍 DBS 策略的实现。再次，我们将介绍如何将所提出的 DBS 策略集成到视频观看系统中。然后，我们将分析该策略的计算复杂度。最后，我们将比较使用和不使用 DBS 策略的视频播放的功耗性能。

1. 平滑动态背光调节中的不一致

移动视频的动态背光缩放不当会使用户感到头晕和不舒服，而调整频率和连续两个缩放段的背光亮度差是造成这种现象的两个原因。在接下来的部分中，研究使用我们提出的 QoE 模型连续播放两个背光缩放视频是否会引起闪烁效应。

我们采用两个连续播放的镜头作为最小缩放单位，研究在指定的内容亮度和指定的环境亮度下，背光调节的幅度差有多大会引起不舒服的感觉。因此，我们设置两个连续镜头的一系列测试剪辑，其中内容亮度特征 EMD_{shot} 设置如下：首先，我们用 0.8 的可接受性将第一个镜头 φ_{fst} 的缩放幅度因子固定在从式 (4-69)

$$\varphi(\text{EMD}, \text{QoE}, E_{\text{amb}})$$

$$= \begin{cases} \dfrac{-(p_{01}+p_{11}\text{EMD}) \pm \sqrt{(p_{01}+p_{11}\text{EMD})^2 - 4p_{02}(p_{10}\text{EMD}+p_{00}-\text{QoE})}}{2p_{02}}, \\ \qquad E_{\text{amb}} \in \{0\,\text{lx}, 100\,\text{lx}\} \\ \ln\dfrac{1-\text{QoE}}{\text{QoE}} - \alpha - \beta\text{EMD}, \quad E_{\text{amb}} \in \{1000\,\text{lx}, 10000\,\text{lx}\} \end{cases}$$

$$(4\text{-}69)$$

中获得的最佳值 $\varphi_{\text{fst,opt}}$(我们将可接受性为 0.8 的背光强度定义为同时考虑 QoE 和节能的最佳值)。它确保当用户在观看第一个镜头时感到舒适。然后，我们从 $\varphi_{\text{fst,opt}}$ 以步长 0.1 减小 φ_{sec}，直到达到计算出的第二个镜头的最佳幅度 $\varphi_{\text{sec,opt}}$。我们在这里考虑了两个原则：一个原则是我们不考虑 φ_{sec} 缩放到小于 $\varphi_{\text{sec,opt}}$ 的情况，因为它不能满足我们在前文中研究的可接受条件；另一个原则是我们没有从最大背光强度减少 φ_{sec}，因为这不符合节能的原则。因此，只有一个版本适用于那些按比例放大的镜头 ($\varphi_{\text{sec}} = \varphi_{\text{sec,opt}}$)。

值得注意的是，当我们缩放两个连续镜头的背光强度时，有两种情况，即放大和缩小。内容亮度分为 5 个亮度级别，EMD1、EMD2、EMD3、EMD4、EMD5。对于放大的情况，第一个镜头的内容亮度级别高于第二个镜头；对于缩小的情况，第一个镜头的内容亮度级别低于第二个镜头。我们不考虑两个镜头的内容亮度水平相等的情况，因为两个镜头的最佳背光亮度是相同的。因此，我们总共准备了 20 个视频片段。在这些视频片段中，片段的第一个镜头内容亮度级别在 EMD1 到 EMD5 之间，而片段的第二个镜头内容亮度级别属于除第一个镜头内容级别之外的其他四个亮度级别。然后，我们在四种不同的环境亮度条件下，用上述不同的背光强度测试这些视频片段。参与者根据自己的经验决定是否接受视频，10 名参与者参加了本实验。另一个实验设置与前文相同。通过 10 个参与者的决策，我们收集了 1720 个数据。可接受性用式 (4-65) 和式 (4-66) 计算。我们在图 4.28 中说明了结果。

从结果中我们可以得出两个结论。首先，放大的可接受性明显高于缩小的可接受性，因为人们通常愿意观看更明亮的视频。其次，在黑暗环境中，具有较大内容亮度，向下缩放片段的可接受性相对较低。例如，在亮度为 0 lx 的情况下，缩放幅度为 0.1 的片段 (EMD1→ EMD5) 和缩放幅度为 0.3 的相同片段的可接受性显著低于明亮环境下的其他片段。这种现象可以用临界闪变频率 (critical flicker frequency) 理论来解释 [83]。由式 (4-42) ~ 式 (4-46)，我们可以推导出两帧之间的对比度为

$$C = 2\frac{L_d(Y', \varphi', E_{amb}) - L_d(Y, \varphi, E_{amb})}{L_d(Y', \varphi', E_{amb}) + L_d(Y, \varphi, E_{amb})} \tag{4-70}$$

其中，Y 和 Y' 分别是两帧的亮度值，φ' 和 φ 分别是两帧的背光比例因子，E_{amb} 是以 lx 为单位的环境亮度。当改变背光强度时，帧之间的绝对对比度值增加。此外，当改变相同的背光强度时，在具有较大内容亮度差异的较低环境亮度条件下，绝对对比度值增加更多。根据 CFF 理论 [83]，如果绝对对比度值增加，临界闪烁频率以及最小显示帧速率也会增加。然而，视频的显示速率是恒定的，并且由于 CFF 的增加，很可能出现闪烁现象。由于对比度在具有较大内容亮度差异的低环境亮度条件下增加最多，相应的 CFF 也增加得最多。因此，在低环境亮度条件下，闪烁现象更容易发生。

总的来说，我们可以看到，所有片段的可接受性 (除了亮度为 0 lx 的一个片段) 达到 0.7，在不同环境亮度和不同缩放背光强度下测试的 87% 片段的可接受性从图 4.28 中得出为 0.8。实验结果表明，当使用所提出的背光幅度缩放方法连续播放背光缩放镜头时，很少会产生闪烁效果使使用者感到不适。

因此，我们采用两种缩放方法来平滑 DBS 的不一致。对于放大条件，我们将直接使用由式 (4-69) 计算的背光比例因子。对于缩小条件，我们设置了可接受的

阈值 $A_{\text{threshold}}$，以避免闪烁效应。根据图 4.28 中的结果，当两个连续镜头的可接受性低于 $A_{\text{threshold}}$ 时，我们将第二个镜头的背光比例因子设置为与第一个镜头相同。

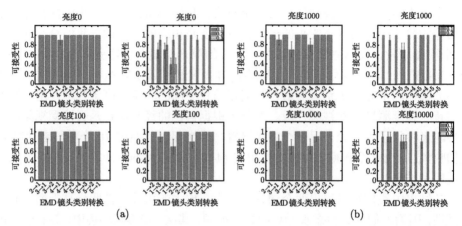

图 4.28　在 0 lx、100 lx(a) 和 1000 lx、10000 lx(b) 下连续两次镜头的可接受性
在图 (a) 和 (b) 中，左边两个子图是亮度放大的片段，右边两个子图是亮度缩小的片段。横坐标的标签 "2→1" 表示片段的第一个镜头的 EMD 类别为 1，第二个镜头的 EMD 类别为 2。绿色、海蓝色和黄色代表第二个镜头的背光水平分别比第一个低 0.1、0.2、0.3

2. 提出的动态背光调节方法

本章提出了一种新的兼顾背光亮度和环境亮度的视频观看策略。到目前为止，我们已经研究了基于环境亮度、视频内容亮度、背光强度与 QoE 之间关系的 QoE 模型，并研究了连续镜头的背光缩放是否会引起闪烁效应。在此基础上，我们提出了新的 DBS 策略，并介绍了 DBS 策略的实现。

首先，当将视频镜头作为 DBS 策略的最小缩放单元时，可以将目标函数方程 (4-61) 重写为

$$\min_{\varphi} P_{\text{display}} = \min_{\phi} \sum_{i=1}^{N} a\varphi_i^b$$

$$\text{s.t. QoE}(\text{EMD}, \varphi_i, E_{\text{amb}}) \geqslant \theta, A(\varphi_{\text{pre}}, \varphi_i) \geqslant A_{\text{threshold}}, 0 < \varphi_i \leqslant 1 \quad (4\text{-}71)$$

其中，N 是视频帧的数目，φ_{pre} 是包含第 i 帧的镜头的上一个镜头的背光强度因子，ϕ 是 N 帧的背光强度因子，可以表示为 $\phi = \{\varphi_1, \varphi_2, \cdots, \varphi_N\}$。

然后，在我们建立的 QoE 模型的基础上，用以下步骤求解式 (4-71) 中的目标函数。

(1) 确定缩放边界：对于给定的视频，我们使用前文介绍的镜头检测算法将输入视频分割成一系列镜头，每个镜头都是一个背光缩放单位。

(2) 确定最佳背光级别：基于 QoE 模型，我们可以在给定的环境亮度和 QoE
水平下，使用式 (4-69) 计算每个镜头的最佳缩放因子。

(3) 平滑背光缩放不一致性：为了解决大背光亮度差异引起的闪变效应，我们利
用上述最佳背光量，计算了两个连续镜头缩放的可接受性。如果背光亮度降低条件下
的可接受性低于阈值，则将第二个镜头的背光强度设置为与第一个镜头相同。

表 4.24 中算法总结了 DBS 系统的具体实现过程，注意 η 和 α 是镜头检测
的全局阈值和局部阈值，$D_{\min}$ 是一个镜头的最小长度。步骤 7 中的 $\varphi(\mathrm{EMD}_{\mathrm{shot}},$
$\mathrm{QoE}_{\mathrm{threshold}}, E_{\mathrm{amb}})$ 由式 (4-69) 计算，步骤 8 中 $A(\varphi_{\mathrm{pre}}, \varphi_{\mathrm{cur}})$ 与 $A_{\mathrm{threshold}}$ 之间的
关系由前文的研究得出。

表 4.24　移动节能最佳背光强度计算框架

输入:
　视频 N 帧，$F = \{F_1, F_2, \cdots, F_N\}$；
　环境亮度，E_{amb}；
　QoE 的阈值，$\mathrm{QoE}_{\mathrm{threshold}}$；
　可接受的阈值，$A_{\mathrm{threshold}}$
输出:
　N 帧的背光强度因子，$\phi_{\mathrm{opt}} =$
　$\{\varphi_{1,\mathrm{opt}}, \varphi_{2,\mathrm{opt}}, \ldots, \varphi_{N,\mathrm{opt}}\}$；
1:$\mathrm{EMD}_{\mathrm{pre}} \leftarrow \mathrm{EMD}(F_1, F_2), S_{\mathrm{pre}} \leftarrow 1, \varphi_{\mathrm{pre}} \leftarrow 0$
2:**for** $k \leftarrow 2; k <= N; k \leftarrow k+1$ **do**
3:　**if** $\mathrm{EMD}(F_k, F_{k+1}) > \eta \& \dfrac{\mathrm{EMD}(F_k, F_{k+1})}{\mathrm{EMD}_{\mathrm{pre}}} > \alpha$ **then**
4:　　**if** $k+1-S_{\mathrm{pre}} \geqslant D_{\min}$ **then**
5:　　　$\mathrm{MH}_{\mathrm{shot}} \leftarrow$ 从 $F_{S_{\mathrm{pre}}}$ 到 F_{k+1} 的镜头的中位数直方图
6:　　　$\mathrm{EMD}_{\mathrm{shot}} \leftarrow \mathrm{EMD}(\mathrm{MH}_{\mathrm{shot}}, H_{\mathrm{black}})$
7:　　　$\varphi_{\mathrm{cur}} \leftarrow \varphi(\mathrm{EMD}_{\mathrm{shot}}, \mathrm{QoE}_{\mathrm{threshold}}, E_{\mathrm{amb}})$
8:　　　**if** $A(\varphi_{\mathrm{pre}}, \varphi_{\mathrm{cur}}) < A_{\mathrm{threshold}}$ **then**
9:　　　　$\varphi_{\mathrm{cur}} = \varphi_{\mathrm{pre}}$
10:　　　**end if**
11:　　　**for** $i \leftarrow S_{\mathrm{pre}}; i <= k; i \leftarrow i+1$ **do**
12:　　　　$\varphi_{i,\mathrm{opt}} = \varphi_{\mathrm{cur}}$
13:　　　**end for**
14:　　　$S_{\mathrm{pre}} \leftarrow k+1$
15:　　　$\varphi_{\mathrm{pre}} \leftarrow \varphi_{\mathrm{cur}}$
16:　　　$\mathrm{EMD}_{\mathrm{pre}} \leftarrow \mathrm{EMD}_{\mathrm{shot}}$
17:　　**end if**
18:　**end if**
19:**end for**
20:**return** ϕ_{opt}；

定理 4.1　表 4.24 中算法是 DBS 问题的最优解。

证明　我们用反例来证明定理 4.1。首先，步骤 7 保证 φ_i 是帧 F_i 可接受的最小缩放幅度。第 8 步和第 9 步保证前一个镜头和当前镜头的可接受性高于 $A_{\text{threshold}}$，这使得所有连续镜头都符合 DBS 一致性要求。因此，φ_{opt} 是 DBS 问题的一个可行的解。其次，假设存在一个满足 $\sum_{n=1}^{N} a\varphi_i'^b < \sum_{n=1}^{N} a\varphi_{i,\text{opt}}^b$ 的可行解 φ'，则可以推断至少有一个镜头满足 $a\varphi'^b < a\varphi_{\text{opt}}^b$，并且与该镜头相关的帧都满足该条件。我们将满足 $a\varphi'^b < a\varphi_{\text{opt}}^b$ 的帧表示为 F_i，即 $\varphi_i' < \varphi_{i,\text{opt}}$，根据表 4.24 中算法，有两种可能的情况，讨论如下。

(1) 如果 $A(\varphi_{\text{pre}}, \varphi_i') \geqslant A_{\text{threshold}}$，这意味着 φ_i' 满足 DBS 一致性要求。根据表 4.24 中算法，我们有 $\varphi_{i,\text{opt}} = \varphi(\text{EMD}_{\text{shot}}, \text{QoE}_{\text{threshold}}, E_{\text{amb}})$。因为 $\varphi_i' < \varphi_{i,\text{opt}}$，便有 $\varphi_i' < \varphi(\text{EMD}_{\text{shot}}, \text{QoE}_{\text{threshold}}, E_{\text{amb}})$。这与式 (4-68) 定义的 QOE 要求相矛盾。

(2) 如果 $A(\varphi_{\text{pre}}, \varphi_i') < A_{\text{threshold}}$，这意味着 φ 不满足 DBS 一致性要求。根据表 4.24 中算法，我们有 $\varphi_i' < \varphi_{\text{pre}}$。我们知道 $\varphi_{\text{pre}} < \varphi_{i,\text{opt}}$ 始终满足 DBS 一致性要求。因此，它与 $A(\varphi_{\text{pre}}, \varphi) < A_{\text{threshold}}$ 的条件相矛盾。

总之，ϕ' 不是两种情况下的可行解决方案。因此，我们可以证明表 4.24 中算法是 DBS 问题的最优解。

3. 视频播放系统中的应用

我们介绍两种将 DBS 策略集成到视频观看系统中的方法，即在线视频流和离线视频观看。对于在线视频流，DBS 计算在云服务器上完成。强大的云服务器将首先计算视频的缩放 (镜头) 边界和每个镜头的内容亮度。当用户选择视频进行流式传输时，客户端 (移动设备) 将光传感器测量的环境亮度信息发送给服务器。服务器将环境亮度进一步划分为四个环境亮度类别，并通过提出的 DBS 策略计算出最佳背光水平。然后，为视频生成 DBS 配置文件。在客户端下载视频的相关 DBS 配置文件，除非该配置文件已经缓存在本地存储器中。然后，客户端将开始通过 HTTP GET 加载视频文件。在视频播放期间，将根据 DBS 配置文件执行动态亮度缩放并与播放进度同步。由于客户端不需要进行任何 DBS 计算，因此所提出的 DBS 可以实时地集成到在线视频流中。

对于离线视频观看，视频客户端将执行与云服务器在线模式下相同的 DBS 计算，并为该视频生成 DBS 概要文件。根据客户端的计算资源和视频帧的数量，DBS 计算时间可能会影响一些用户的观看体验。在实践中，一个可能的解决方案是通过用户选项限制初始等待时间，并在没有 DBS 服务的情况下快速开始播放视频。一旦 DBS 计算完成，客户端将根据生成的 DBS 配置文件继续使用 DBS 服务播放视频。

4. 计算复杂度分析

提出的 DBS 模型的计算复杂度可分为两部分：计算视频所有镜头的亮度和计算视频的最佳背光水平。为了计算镜头的内容亮度，我们需要计算视频每帧的 EMD 距离。假设视频中有 N 帧，每帧直方图的分格数为 M，则时间复杂度为 $O(N) \times O(M^3 \log M)$[84]。为了计算视频的最佳背光水平，我们需要通过等式 (4-69) 计算每个视频镜头的最佳背光水平。假设视频中有 P 个镜头，则时间复杂度为 $O(P)$。因此，整个计算复杂度为 $O(N) \times O(M^3 \log M) + O(P)$。通常，$P$ 远小于 N，与 $O(N) \times O(M^3 \log M)$ 相比，$O(P)$ 可以忽略不计。因此，所提出的 DBS 的运行时间主要取决于两个参数：视频帧数 N 和每帧的直方图单元数 M。

在主观实验中，M 设为 256，在一台配置为英特尔酷睿 i7-6700K CPU @ 4.00GHz 的计算机上计算一帧的 EMD 值需要 0.02s。考虑到移动设备的计算能力不如计算机强，在将所提出的 DBS 策略应用于移动设备时，可以降低 M 值。不同 M 值的运行时间见表 4.25。从表 4.25 可以看出，随着 M 的减小，运行时间迅速下降，而 EMD 值的结果几乎相同。因此，当将所提出的 DBS 策略应用于移动设备时，我们可以选择较小的 M 值，并且运行时间对于移动设备来说是完全可以接受的。此外，最近的研究 [85] 已经将 EMD 算法的计算复杂度降低到线性复杂度。如果采用 EMD 算法的快速实现版本，可以大大减少运行时间。

表 4.25 演示视频中 EMD 算法的运行时间 (时间：秒/帧)

	M			
	256	128	64	32
时间	0.0202	0.0027	3.845×10^{-4}	5.397×10^{-5}
EMD 值	42.1188	42.1135	42.1158	41.8792

前文中，我们介绍了视频观看系统中的两个应用。对于在线视频流，所有的计算都在云视频服务器上完成，不影响视频流加载的响应速度。此外，对于云视频服务器，它们只需要计算每个视频一次，结果可以提供给许多客户端使用。对于离线视频观看，如果视频帧数非常大，则可能需要一些时间来实现 DBS 算法。如果 DBS 计算在初始等待时间内没有完成，我们可以设置一个初始等待时间，并在没有 DBS 服务的情况下开始播放视频。

5. 功耗分析

我们在以上研究中，是通过背光量的调整最大限度地降低功耗，而不会对用户的体验产生负面影响。我们证明，使用我们提出的 DBS 策略不会降低用户的 QoE，并表明所提出的 DBS 策略可以很容易地集成到实际应用中。接下来，我们展示了在考虑环境亮度的情况下，使用 DBS 时可以节省多少功率。我们准备了四个包含不同内容亮度镜头的完整视频。然后，在不同环境亮度下对四个视频实施 DBS 策略，并利用软件 Trepn Profiler [86] 对手机的功耗进行了测量。$QoE_{threshold}$ 和 $A_{threshold}$ 都设置为 0.8。我们将其性能与全背光水平的视频功耗进行了比较。结果如图 4.29 所示，节能效果显著。我们发现，在 0 lx 下，它可以最大限度地节省 40% 以上，即使在 10000 lx 以下，也至少可以节省 10% 的功率。实验表明，DBS 策略对移动节能是有效的。

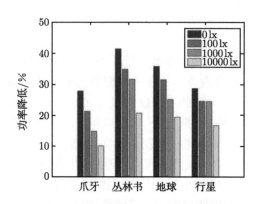

图 4.29　不同环境亮度下 DBS 视频的节电率

本章的适用于各种环境条件的移动节能 DBS 策略在环境亮度较低的情况下可最大节电 40% 以上，在环境亮度较高的情况下也可节电 10%。此外，所提出的 DBS 模型可以很容易地适应不同的用户和不同的设备，并且可以方便地集成到实际应用中。我们相信所提出的 DBS 模型对于节省移动设备的功耗，提高观看移动视频的体验质量具有重要意义。

4.6　本 章 小 结

本章关注从图像采集到显示的全链路图像质量评价，并详细阐述了以下几种图像质量评价算法：

(1) 针对采集过程中的真实失焦模糊图像，阐述了一种基于梯度幅度和相位一致性，以及显著性的质量评价算法 GPSQ。大量实验证明了该算法与主观评价图像质量具有较强的一致性。

(2) 针对经过采集、压缩以及传输后具有多重失真的图像，阐述了一种单失真和多重失真的图像的混合图像质量评价算法 SISBLIM。该算法可以很好地模拟 HVS 对多重失真图像的感知过程。

(3) 阐述了显示阶段不同视距以及不同分辨率对图像质量评价的影响，介绍了一种最优尺度选择模型，该模型可以将图像调整到适应人眼生理机制的最优尺度。

(4) 阐述了显示阶段不同观看环境对图像质量评价时的影响，提出了一种客观方法来评估环境的舒适度。

(5) 针对视频显示中不同亮度对人类感知视频质量的影响，阐述了一种适用于各种环境条件的移动节能动态背光缩放策略。

参 考 文 献

[1] Wang Z, Bovik A C, Sheikh H R , et al. Image quality assessment: From error visibility to structural similarity. IEEE Transactions on Image Processing, 2004, 13(4): 600-612.

[2] Zhang L, Shen Y, Li H. VSI: A visual saliency-induced index for perceptual image quality assessment. IEEE Transactions on Image Processing, 2014, 23(10): 4270-4281.

[3] Zhang W, Borji A, Wang Z, et al. The application of visual saliency models in objective image quality assessment: A statistical evaluation. IEEE Transactions on Neural Networks and Learning Systems, 2016, 27(6): 1266-1278.

[4] Soundararajan R, Bovik A C. RRED indices: Reduced reference entropic differencing for image quality assessment. IEEE Transactions on Image Processing, 2012, 21(2): 517-526.

[5] Zhai G, Wu X, Yang X, et al. A psychovisual quality metric in free-energy principle. IEEE Transactions on Image Processing, 2012, 21(1): 41-52.

[6] Marziliano P, Dufaux F, Winkler S, et al. A no-reference perceptual blur metric. International Conference on Image Processing, 2002, 3: 57-60.

[7] Zoran D, Weiss Y. Scale invariance and noise in natural images. IEEE International Conference on Computer Vision, 2009: 2209-2216.

[8] Zhai G, Wu X. Noise estimation using statistics of natural images. IEEE International Conference on Image Processing, 2011: 1857-1860.

[9] Gu K, Zhai G, Yang X , et al. Automatic contrast enhancement technology with saliency preservation. IEEE Transactions on Circuits and Systems for Video Technology, 2015, 25(9): 1480-1494.

[10] Vu P V, Chandler D M. A fast wavelet-based algorithm for global and local image sharpness estimation. IEEE Signal Processing Letters, 2012, 19(7): 423-426.

[11] Vu C T, Phan T D, Chandler D M. S3: A spectral and spatial measure of local perceived sharpness in natural images. IEEE Transactions on Image Processing, 2012, 21(3): 934-945.

[12] Zhang L, Zhang L, Mou X, et al. FSIM: A feature similarity index for image quality assessment. IEEE Transactions on Image Processing, 2011, 20(8): 2378-2386.

[13] Wu Q, Li H, Meng F, et al. No reference image quality assessment metric via multi-domain structural information and piecewise regression. Journal of Visual Communication and Image Representation, 2015, 32: 205-216.

[14] Wu Q, Li H, Meng F, et al. Blind image quality assessment based on multichannel feature fusion and label transfer. IEEE Transactions on Circuits and Systems for Video Technology, 2016, 26(3): 425-440.

[15]　Morrone M C, Ross J, Burr D C, et al. Mach bands are phase dependent. Nature, 1986, 324: 250-253.

[16]　Kovesi P. Image features from phase congruency. Videre: Journal of Computer. Vision Research, 1999, 1(3): 1-26.

[17]　Gu K, Zhai G, Lin W, et al. No-reference image sharpness assessment in autoregressive parameter space. IEEE Transactions on Image Processing, 2015, 24(10): 3218-3231.

[18]　Erdem E, Erdem A. Visual saliency estimation by nonlinearly integrating features using region covariances. Journal of Vision, 2013, 13(4): 11.

[19]　Gu K, Lin W, Zhai G, et al. No-reference quality metric of contrast-distorted images based on information maximization. IEEE Transactions on Cybernetics, 2017, 47(12): 4559-4565.

[20]　Itti L, Koch C, Niebur E. A model of saliency-based visual attention for rapid scene analysis. IEEE Transactions on Pattern Analysis and Machine Intelligence, 1998, 20(11): 1254-1259.

[21]　Riche N, Mancas M, Gosselin B, et al. Rare: A new bottom-up saliency model. IEEE International Conference on Image Processing, 2012.

[22]　Wang Z, Simoncelli E P, Bovik A C. Multiscale structural similarity for image quality assessment. Asilomar Conference on Signals, Systems & Computers, 2003, 2: 1398-1402.

[23]　Wang Z, Li Q. Information content weighting for perceptual image quality assessment. IEEE Transactions on Image Processing, 2011, 20(5): 1185-1198.

[24]　Gu K, Zhai G, Yang X, et al. Structural similarity weighting for image quality assessment. IEEE International Conference on Multimedia and Expo Workshops, 2013.

[25]　Rehman A, Wang Z. Reduced-reference image quality assessment by structural similarity estimation. IEEE Transactions on Image Processing, 2012, 21(8): 3378-3389.

[26]　Moorthy A K, Bovik A C. Blind image quality assessment: From natural scene statistics to perceptual quality. IEEE Transactions on Image Processing, 2011, 20(12): 3350-3364.

[27]　Saad M A, Bovik A C, Charrier C. Blind image quality assessment: A natural scene statistics approach in the DCT domain. IEEE Transactions on Image Processing, 2012, 21(8): 3339-3352.

[28]　Gu K, Zhai G, Yang X, et al. A new reduced-reference image quality assessment using structural degradation model. IEEE International Symposium on Circuits and Systems, 2013.

[29]　Gu K, Zhai G , Yang X, et al. No-reference image quality assessment metric by combining free energy theory and structural degradation model. IEEE International Conference on Multimedia and Expo, 2013.

[30]　Mittal A, Soundararajan R, Bovik A C. Making a "completely blind" image quality analyzer. IEEE Signal Processing Letters, 2013, 20(3): 209-212.

[31]　Wang Z, Sheikh H R, Bovik A C. No-reference perceptual quality assessment of JPEG compressed images. IEEE International Conference on Image Processing, 2002.

[32]　Jayaraman D, Mittal A, Moorthy A K, et al. Objective quality assessment of multiply

distorted images. Asilomar Conference on Signals, Systems & Computers, 2012.

[33] Granrath D J. The role of human visual models in image processing. Proceedings of IEEE International Conference on Computer Vision, 1981, 69(5): 552-561.

[34] Chandler D M. Seven challenges in image quality assessment: Past, present, and future research. International Scholarly Research Notices, 2013(8): 905685.

[35] Kodak Lossless True Color Image Suite. 1999. Available: http://r0k.us/graphics/kodak/.

[36] Union I T. Methodology for the Subjective Assessment of the Quality of Television Pictures. Recommendation ITU-R BT.500-11 ITU, 2002.

[37] Gu K, Zhai G, Yang X, et al. Subjective and objective quality assessment for images with contrast change. IEEE International Conference on Image Processing, 2013.

[38] Dabov K, Foi A, Katkovnik V, et al. Image denoising by sparse 3-D transform-domain collaborative filtering. IEEE Transactions on Image Processing, 2007, 16(8): 2080-2095.

[39] Liu A, Lin W, Narwaria M. Image quality assessment based on gradient similarity. IEEE Transactions on Image Processing, 2012, 21(4): 1500-1512.

[40] Wu J, Lin W, Shi G, et al. Perceptual quality metric with internal generative mechanism. IEEE Transactions on Image Processing, 2013, 22(1): 43-54.

[41] Xue W, Zhang L, Mou X, et al. Gradient magnitude similarity deviation: A highly efficient perceptual image quality index. IEEE Transactions on Image Processing, 2014, 23(2): 684-695.

[42] Lai Y, Kuo C C. A Haar wavelet approach to compressed image quality measurement. Journal of Visual Communication and Image Representation, 2000, 11(1): 17-40.

[43] Sheikh H R, Bovik A C. Image information and visual quality. IEEE Transactions on Image Processing, 2006, 15(2): 430-444.

[44] Union I T. Methodology for the subjective assessment of the quality of television pictures. Document ITU-R BT.500-13, Int. Telecommun. Union Recomm., 2012.

[45] Union I T. Methodology for the subjective assessment of video quality in multimedia applications. Document ITU-R BT.1788, Int. Telecommun. Union Recomm., 2007.

[46] Union I T. Subjective methods for the assessment of stereoscopic 3DTV systems. Document ITU-R BT.2021, Int. Telecommun. Union Recomm., 2012.

[47] Union I T. General viewing conditions for subjective assessment of quality of SDTV and HDTV television pictures on flat panel displays. Document ITU-R BT.2022, Int. Telecommun. Union Recomm., 2012.

[48] Moorthy A K, Choi L K, Bovik A, et al. Video quality assessment on mobile devices: Subjective, behavioral and objective studies. IEEE Journal of Selected Topics in Signal Processing, 2012, 6(6): 652-671.

[49] Gu K, Zhai G, Liu M, et al. Adaptive high-frequency clipping for improved image quality assessment. Visual Communications and Image Processing, 2013.

[50] Press T S. Dorland's Medical Dictionary. Holt, Rinehart & Winston: Saunders Press, 1980.

[51] Gu K, Zhai G, Lin W, et al. The analysis of image contrast: From quality assessment to automatic enhancement. IEEE Transactions on Cybernetics, 2016, 46(1): 284-297.

[52] Sheikh H R, Sabir M F, Bovik A C. A statistical evaluation of recent full reference image quality assessment algorithms. IEEE Transactions on Image Processing, 2006, 15(11): 3440-3451.

[53] Lin W, Kuo C C. Perceptual visual quality metrics: A survey. Journal of Visual Communication and Image Representation, 2011, 22(4): 297-312.

[54] Gu K, Zhai G, Yang X, et al. Self-adaptive scale transform for IQA metric. IEEE International Symposium on Circuits and Systems, 2013.

[55] Goldstein E B. Sensation and Perception Belmont. CA: Thomson Wadsworth, 1979.

[56] Assembly I R. Methodology for the subjective assessment of the quality of television pictures. International Telecommunication Union, 2003.

[57] Sheikh H, Wang Z, Cormack L, et al. LIVE image quality assessment database. 2004. http://live.ece.utexas.edu/research/ quality.

[58] Ma L, Lin W, Deng C, et al. Image retargeting quality assessment: A study of subjective scores and objective metrics. IEEE Journal of Selected Topics in Signal Processing, 2012, 6(6): 626-639.

[59] Gu K, Liu M, Zhai G, et al. Quality assessment considering viewing distance and image resolution. IEEE Transactions on Broadcasting, 2015, 61(3): 520-531.

[60] Mikolajczyk K, Schmid C. An affine invariant interest point detector. European Conference on Computer Vision, 2002, 2350: 128-142.

[61] Lowe D G. Distinctive image features from scale-invariant keypoints. International Journal of Computer Vision, 2004, 60(2): 91-110.

[62] Mok R K P, Chan E W W, Chang R K C. Measuring the quality of experience of HTTP video streaming. IFIP/IEEE International Symposium on Integrated Network Management and Workshops, 2011.

[63] Carroll A, Heiser G. An analysis of power consumption in a smartphone. USENIX Annual Technical Conference, 2010.

[64] Bartolini A, Ruggiero M, Benini L. Visual quality analysis for dynamic backlight scaling in LCD systems. Proceedings of the Conference on Design Automation and Test in Europe. European Design and Automation Association, 2009.

[65] Cheng W C, Pedram M. Power minimization in a backlit TFT-LCD display by concurrent brightness and contrast scaling. IEEE Transactions on Consumer Electronics, 2004, 50(1): 25-32.

[66] Cho H, Kwon O K. A backlight dimming algorithm for low power and high image quality LCD applications. IEEE Transactions on Consumer Electronics, 2009, 55(2): 839-844.

[67] Iranli A, Fatemi H, Pedram M. HEBS: Histogram equalization for backlight scaling. Design, Automation and Test in Europe, IEEE, 2005.

[68] Bartolini A, Ruggiero M, Benini L. HVS-DBS: Human visual system-aware dynamic luminance backlight scaling for video streaming applications. Proceedings of ACM

international conference on Embedded software, ACM, 2009.

[69] Lin C, Hsiu P, Hsieh C. Dynamic backlight scaling optimization: A cloud-based energy-saving service for mobile streaming applications. IEEE Transactions on Computers, 2014, 63(2): 335-348.

[70] Britannica E. Sensory reception: Human vision: Structure and function of the human eye. Encyclopedia Brittanica, 1987, 27: 179.

[71] Nur G, Arachchi H K, Dogan S, et al. Ambient illumination as a context for video bit rate adaptation decision taking. IEEE Transactions on Circuits and Systems for Video Technology, 2010, 20(12): 1887-1891.

[72] Mantiuk R, Daly S, Kerofsky L. Display adaptive tone mapping. ACM Transactions on Graphics 2008, 27(3): 68.

[73] Kobiki H, Baba M. Preserving perceived brightness of displayed image over different illumination conditions. IEEE International Conference on Image Processing, 2010.

[74] Song Q, Cosman P C. Luminance enhancement and detail preservation of images and videos adapted to ambient illumination. IEEE Transactions on Image Processing, 2018, 27(10): 4901-4915.

[75] Union I T. The present state of ultra-high definition television. Document ITU-R BT.2246, 2011.

[76] Barten P G. Formula for the contrast sensitivity of the human eye. Image Quality and System Performance, 2003: 231-239.

[77] Miller S, Nezamabadi M, Daly S. Perceptual signal coding for more efficient usage of bit codes. SMPTE Motion Imaging Journal, 2013, 122(4): 52-59.

[78] Ferman A M, Tekalp A M, Mehrotra R. Robust color histogram descriptors for video segment retrieval and identification. IEEE Transactions on Image Processing, 2002, 11(5): 497-508.

[79] Pasricha S, Luthra M, Mohapatra S, et al. Dynamic backlight adaptation for low-power handheld devices. IEEE Design & Test of Computers, 2004, 21(5): 398-405.

[80] Yan Z, Liu Q, Zhang T, et al. Exploring QoE for power efficiency: A field study on mobile videos with LCD displays. Proceedings of ACM international conference on Multimedia, 2015.

[81] Hanjalic A. Shot-boundary detection: Unraveled and resolved? IEEE Transactions on Circuits and Systems for Video Technology, 2002, 12(2): 90-105.

[82] Song W, Tjondronegoro D W. Acceptability-based QoE models for mobile video. IEEE Transactions on Multimedia, 2014, 16(3): 738-750.

[83] Watson A B. High frame rates and human vision: A view through the window of visibility. SMPTE Motion Imaging Journal, 2013, 122(2): 18-32.

[84] Rubner Y, Tomasi C, Guibas L J. The earth mover's distance as a metric for image retrieval. International Journal of Computer Vision, 2000, 40(2): 99-121.

[85] Atasu K, Mittelholzer T. Low-complexity data-parallel earth mover's distance approximations. International Conference on Machine Learning, 2019.

[86] Qualcomm, Devices that report accurate battery power. Available: https:// www.cisco. com/c/en/us/solutions/collateral/service-provider/visual-networking-index- vni/white-paper-c11-738429.html.

第 5 章　图像增强质量评价

随着成像和显示技术的发展，图像的应用场景愈加丰富，对图像质量的要求也日益增加。一方面，遥感卫星、交通系统、自动驾驶汽车等拍摄的图像容易遭受云、雾等大气粒子，以及弱光等不良成像条件的影响，实际应用中需要对这些场景下捕获的图像进行增强，因此对增强后图像质量的评价也显得尤为重要。另一方面，图像和视频通常是提供给人类消费者的，随着用户对高质量图像和视频的需求和期望越来越高，对用户体验质量的评价也愈发重要，例如评价对比度改变、色调映射等对用户感知质量的影响。本章围绕图像增强质量评价，介绍以下几种特定应用下的图像质量评价：去雾图像的质量评价 [1-3]、弱光增强图像的质量评价 [4]、对比度改变图像的质量评价 [5,6]，以及色调映射图像的质量评价 [7]。

5.1　基于合成雾图像的去雾质量评价

使用可见光成像设备从室外场景中拍摄的图像可能会由于雾和云等大气粒子造成的大气散射而导致能见度降低 [8,9]。这一问题在航空成像中尤为严重，因为大气条件是不可控的，在这种情况下经常拍摄到雾或云。为了在有雾的大气条件下获得清晰和视觉感知良好的图像，以便于进一步的图像分析，许多图像去雾算法 (dehazing algorithm, DHA) 被提出 [10-18]。针对遥感卫星拍摄的航拍图像，也有一些用于检测和去除雾或云的算法被提出 [19-21]。在已经有许多可用的图像去雾算法的情况下，如何评价去雾的感知质量，选择最佳的 DHA 是一个待解决问题。此外，DHA 还没有在航拍图像上进行系统的测试，而航空成像是去雾的一个重要应用领域。相比于广泛的 DHA 研究，DHA 的评价相对滞后，对于航拍图像 DHA 评价的研究更是少之又少。DHA 的评价一般采用两种策略：使用真实的雾图像和使用合成的雾图像，这两种策略的比较如图 5.1 所示。

使用真实的雾图像来评价 DHA 很简单，这可以描述为一个 NR-IQA 问题。如图 5.1 所示，我们可以通过评价去雾图像的感知质量来评价 DHA。最直观的方法是让受试者对去雾图像进行定性评价。这种方法是可靠的，但昂贵且耗时，并且不能嵌入到任何优化框架和实际系统中。一个更好的方法是引入一些量化的评价指标，但这比较困难，因为图像去雾是一个复杂的过程，不同的 DHA 有不同的效果。由于去雾的主要目的是去除雾气和增强对比度，可以通过考虑对比度增强质量评价来评价去雾效果[22]，但这些评价方法与整体感知质量的相关性较低[23]，因为 DHA 不仅去除了雾气，还引入了各种其他效果。对于整体质量评价，还应考虑对比度增强、图像结构恢复、颜色再现、过度增强等因素。研究者还提出了一些其他的方法来评价增强图像的质量[24,25]，但这些方法是被设计用来评价一般的图像增强算法的，它们对于 DHA 的评价并不合适和可靠。

由于使用真实的雾图像进行定量 DHA 评价比较困难，有研究者建议使用无雾图像合成的雾图像，再使用已知的无雾图像进行定量评价[8,9,15-18,26]。这些方法遵循图 5.1 左侧所示的框架，一般由几个关键步骤组成：

(1) 利用无雾图像及其深度合成雾图像；

(2) 使用目标 DHA 进行去雾；

(3) 用无雾图像作为真值 (ground-truth) 来评价去雾图像的质量。

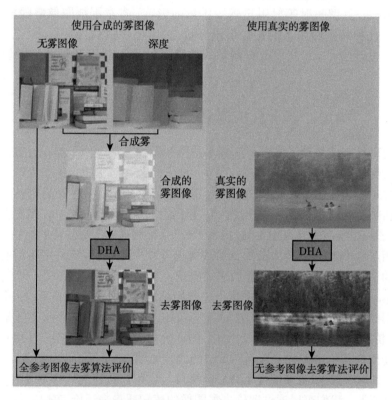

图 5.1　使用合成的和真实的雾图像的 DHA 评价的对比

在这种策略下，可以通过无雾图像和去雾图像之间的 FR-IQA 来进行 DHA 的评价。许多论文采用了这种策略[8,15-18,26]，并利用峰值信噪比 (PSNR) 和结构相似性 (SSIM) 指标[27] 等基本 FR-IQA 指标进行评价。由于无雾图像真值是可获得的, 定量评价和比较也变得很容易, 因此这种策略越来越被广泛接受。除了 DHA 评价, 一些基于学习的 DHA 也遵循了这个策略, 因为真值是可以得到的。

与常规图像中的 DHA 评价相比, 有关航拍图像中 DHA 评价的研究更是少之又少。与常规图像中的情况类似, 航拍图像 DHA 的评价也可以使用真实或合成的雾图像 [19-21]。当使用真实雾图像时, 可以采用直接定性比较 [19], 也可以采用针对常规图像设计的一些定量算法。当使用合成雾图像时, 可以使用 PSNR 等简单的质量评价指标 [21]。总的来说, 航拍图像 DHA 的评价继承了常规图像评价的策略和方法。目前还没有人对航拍图像的 DHA 进行全面的评价, 也没有针对航拍图像设计的具体 DHA 评价方法。

我们在本节系统地研究了使用合成雾图像来评价常规图像和航拍图像中的 DHA。下面我们从感知质量的角度来探讨 DHA 的评价, 换句话说, 人类是去雾图像的最终接受者, 因此目标是评价人类感知到的去雾质量。首先, 我们构建一个合成雾去雾质量 (synthetic haze removing quality, SHRQ) 数据集, 该数据集包括一个常规图像子集和一个航拍图像子集。两个子集都包含使用 8 个有代表性的 DHA 从合成的雾图像得到的去雾图像。我们利用了广泛应用的雾模型, 从无雾图像和相应的深度图像合成雾图像。然后对 SHRQ 数据集的两个子集进行主观质量评价研究。结果表明, 最先进的 FR-IQA 算法对于 DHA 的评价问题无效。我们观察到, 使用无雾图像作为真值, 并将 DHA 评价作为一个 FR-IQA 过程可能会有问题。FR-DHA 评价与传统的 FR-IQA 略有不同。去雾是一种图像增强过程, 其理想的增强程度难以控制。如果原始的参考无雾图像不够锐利, 那么去雾图像可能比参考图像有更好的感知质量, 因为人类通常喜欢清晰和锐利的图像。如图 5.2 所示, 从图像保真度的角度来看, 有时去雾图像与参考图像可能不那么接近, 但它仍然具有较高的感知质量。而在 FR-IQA 中, 越接近参考图像, 意味着越好的感知质量。

为了解决 FR-DHA 评价与现有 FR-IQA 算法相关性低的问题, 我们提出了一种由三部分组成的质量度量方法: 图像结构恢复、颜色再现和低对比度区域的过度增强。我们以无雾图像作为原始图像内容的参考, 推导出了一个相似项来衡量去雾过程中图像结构恢复的程度。为了解决前文所描述的问题, 我们在计算相似度之前修改了结构特征。除了图像结构, 我们还考虑了另外两个因素, 包括颜色再现和过度增强, 因为一些 DHA 可能会导致我们不希望看到的副作用, 如颜色偏移和低对比度区域的过度增强。该方法既适用于常规图像, 也适用于航拍图像, 但我们还结合航拍图像的特点对其进行了进一步改进, 在 SHRQ 数据集上验证了所提算法的有效性。考虑到利用合成雾图像进行 DHA 评价的应用越来越广泛, 在这种评价策略下, 我们所提出的方法具有很大的价值。

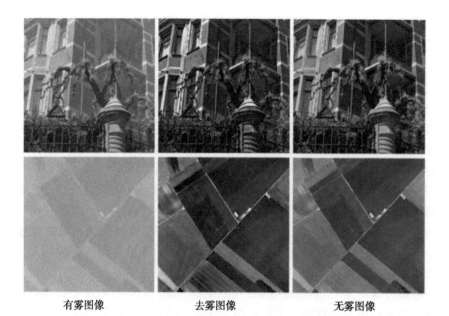

有雾图像   去雾图像   无雾图像

图 5.2   去雾图像和无雾图像对比图

5.1.1   使用合成雾图像的去雾质量主观评价

直观地讲，当前最新的 FR-IQA 算法对于 FR-DHA 的评价还不够有效。为了验证这一点和促进 FR-DHA 评价算法的设计，我们构建了 SHRQ 数据集，并在该数据集上进行了主观实验。

1. SHRQ 数据集构建

SHRQ 数据集包括两个子集：常规图像和航拍图像。常规图像即我们日常生活中捕获的室内或室外图像，而航拍图像是由遥感卫星捕获的可见光图像。

(1) 常规图像集：我们从文献 [28] 和 Middlebury Stereo 数据集 [29,30] 中收集了 45 个高质量的无雾常规图像及其对应的深度。图像分辨率从 610×555 到 1024×680 不等。我们利用大气散射模型来合成雾图像：

$$I(x) = J(x)t(x) + A[1 - t(x)] \tag{5-1}$$

其中，I 是观察到的雾图像，J 是真实场景的辐射度，t 是透射率，A 是总体大气光，x 表示像素索引。在均匀大气中，传输 t 可以表示为

$$t(x) = e^{-\beta d(x)} \tag{5-2}$$

其中，β 是大气的散射系数，d 表示从场景到相机的距离。衰减项 $J(x)t(x)$ 描述了当从一个场景点穿越到相机时场景的亮度是如何衰减的，而大气光项 $A(1 - t(x))$

描述了大气如何将环境光照反射到相机上。这种大气散射模型是许多 DHA 的基础。

真实场景的辐射度 J 和距离 d 是可以获得的。按照文献 [18, 26] 中的工作,大气的散射系数 β 默认设置为 1,表示雾浓度中等且均匀,总体大气光 A 设置为 1。然后我们可以通过式 (5-1) 和式 (5-2) 合成雾图像。然后,通过 8 个最新的 DHA 对合成的雾图像进行处理,包括 Fattal08[10]、Tarel09[12]、He09[11]、Xiao12[13]、Meng13[14]、Lai15[16]、Berman16[17] 和 Cai16[18],总共生成 360 张常规去雾图像。

(2) 航拍图像集:我们从 AID 数据集中收集了 30 张高质量的航拍图像 [31],所有图像的分辨率均为 600×600。考虑到航拍图像都是从很高的高度捕获的并且大多数场景点有着相似的深度,我们忽略深度的影响,并通过式 (5-1) 直接合成雾图像。透射率 t 被设置为范围 $[0.1, 0.7]$ 中随机选取的常数,总体大气光 A 被设置为范围 $[0.7, 1]$ 中的随机值。类似的雾合成方法已在许多去雾研究中使用 [9,15]。我们使用了上述相同的 8 个 DHA 生成 240 张航拍去雾图像。

去雾图像、合成的雾图像和参考无雾图像共同构成了 SHRQ 数据集。参考示例和相应的合成雾图像如图 5.3 所示。

| 常规参考图像 | 常规雾图像 | 航拍参考图像 | 航拍雾图像 |

图 5.3　SHRQ 数据集中的参考示例和相应的合成雾图像

2. 主观质量评价

我们在 SHRQ 数据集上进行主观质量评价实验。人类受试者需要使用五级连续质量量表对去雾图像的质量进行评分。除了已去雾的图像外，还显示了雾图像和参考的无雾图像，要求受试者给出同时考虑去雾效果和图像内容保留效果的总体评分。这意味着好的 DHA 不仅能去雾，还应保留原始图像内容。所有的测试图像均通过 MATLAB 图形用户界面 (graphical user interface, GUI) 以随机顺序显示在 LED 显示器上，并根据 ITU-R BT.500-13[32] 的建议进行了校准。客观打分GUI 的屏幕截图如图 5.4 所示，所有图像均以原始分辨率显示。共有 38 名受试者参加了主观实验。在具有正常室内照度水平的实验室环境中，受试者被安置在3 倍图像高度的观察距离处。完整测试分为 3 个阶段，每个阶段持续不到 30min。17 名有效受试者参加了常规图像子集的两个阶段，18 名有效受试者参加了航拍图像子集的另一个阶段。表 5.1 简要列出了测试方法和测试条件。

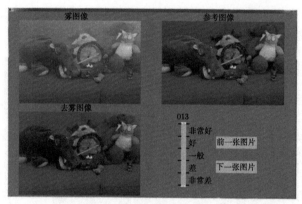

图 5.4　客观打分的 GUI

展示给用户的有雾图像、参考图像和去雾图像

表 5.1　主观实验设置

类别	项目	细节
显示器	模型	EIZO RX440 / LED / 29.8 in
	分辨率	2560×1600
测试方法	方法	三激励
	质量等级	5 个连续等级
	展示顺序	随机
测试条件	阶段数	3
	受试者数目	35 有效 / 3 离群
		24 男性 / 14 女性
	观看距离	3 倍图像高度
	环境	实验室

3. 数据处理及分析

我们遵循文献 [32] 中给出的建议来排除离群值和拒绝受试者。如果图像的评分偏离在该图像平均评分的 2 倍 (如果服从高斯分布) 或 $\sqrt{20}$ 倍 (如果不服从高斯分布) 该图像评分的标准差之外，则认为该评分为离群值。离群值多于 5% 的受试者会被拒绝，我们的实验拒绝了四个受试者。然后对每个去雾图像计算平均意见分数 (MOS)。首先将每个受试者的评分归一化 $z_{ij} = \dfrac{r_{ij} - r_i}{\sigma_i}$，其中 r_i 是第 i 个受试者的平均打分，σ_i 是标准差。然后对每张图片的得分进行平均 $z_j = \dfrac{1}{N_j} \sum_{i=1}^{N_j} z_{ij}$，其中 N_j 是对第 j 张图片有效打分的个数 (在去除离群值之后)。最后通过一个线性尺度变换得到最终的 MOS 值 $\text{MOS}_j = \dfrac{100(z_j + 3)}{6}$。

为了比较各种 DHA，我们在图 5.5 中说明了在 SHRQ 数据集中常规和航拍子集里，通过每个 DHA 得到的去雾图像的主观评分的均值和标准差，其中常规图像子集和航拍图像子集的主观评分被分开展示。在常规图像和航拍图像中，所有纳入比较的 DHA 的总体性能排名均相似。He09、Xiao12 和 Berman16 表现最好，而 Fattal08、Lai15 和 Tarel09 的平均评分较低，其余介于两者之间。需要注意的是，在常规图像和航拍图像中，具体的相对排名有很大不同。这表明某些 DHA 在常规图像上的效果更好，而其他 DHA 在航拍图像上的效果更好。所有 DHA 的标准差都很大，这意味着图像内容会影响 DHA 的有效性。

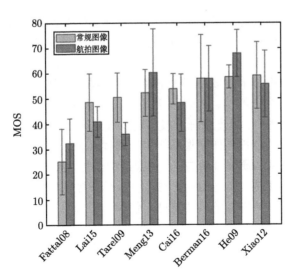

图 5.5 SHRQ 数据集中常规和航拍子集下所有比较的 DHA 的主观评分的均值和标准差

4. 现有全参考质量评价算法的性能

近年来，人们提出了一些基于人眼视觉系统结构化计算模型的质量评价算法[33-36]。如前所述，在使用合成雾图像进行 DHA 评价的策略下，通过图像质量评价算法计算出的去雾图像与参考无雾图像之间的相似性被用作定量评估准则[8,15-18,26]。我们测试了最新的 FR-IQA 算法是否能足够准确地进行 FR-DHA 评估。我们选取 10 种公认的 FR-IQA 算法，包括 PSNR、SSIM[27]、MS-SSIM[37]、VIF[38]、MAD[39]、IW-SSIM[40]、GSI[41]、FSIM[42]、IFC[43] 和 PSIM[44]，并在我们构建的 SHRQ 数据集上测试其性能。表 5.2 列出了相应的性能。此处仅列出 SROCC，5.1.4 节中给出了使用其他标准的更多评价结果。可以看出，FR-IQA 算法在航拍图像中相对更有效。但是，所有已有算法均不够有效，因此需要更有效的评价算法来评估 DHA。

表 5.2 SHRQ 数据集上 FR-IQA 算法的 SROCC 性能

子集	PSNR	SSIM	MS-SSIM	VIF	MAD
常规图像子集	0.5972	0.5627	0.5836	0.6287	0.5780
航拍图像子集	0.8246	0.8207	0.7895	0.7048	0.6308
子集	IW-SSIM	GSI	FSIM	IFC	PSIM
常规图像子集	0.5657	0.6029	0.6256	0.5549	0.6238
航拍图像子集	0.7949	0.7832	0.7424	0.5630	0.7593

5.1.2 所提出的客观去雾质量评价算法

要开发一种新的去雾质量评价算法，首先需要对典型的失真进行分析。图 5.6 给出了几种典型的图像去雾失真，包括去雾效果差、结构破坏、颜色偏移、低对比度区域的过度增强等。一些 DHA 在去雾期间采取了温和的策略来避免副作用，但它可能会在图像中留下太多没有去干净的雾。结构破坏是图像失真的另一个来源，即在去雾过程中图像内容被破坏。当雾较浓时去雾通常会导致颜色偏移，使原始颜色的推断变得困难。过度增强一般出现在低对比度区域，在低对比度区域，一些难以察觉的图像细节被当作图像结构进行增强。为了解决这些失真，我们引入了一种综合三个因素的质量评价方法：图像结构恢复、色彩还原和过度增强。本节提出的质量评价方法是一个通用的方法，它适用于常规图像和航拍图像。在 5.1.3 节中，我们将结合航拍图像的具体特征，使质量评价算法更有效地应用于航拍图像。质量评价算法的细节如下。

1. 图像结构恢复

我们通过一个统一的结构恢复图来描述去雾效果差和结构破坏的问题，因为这两种失真都会导致图像结构丢失。图像结构可以有效地捕获图像质量的下降，因此在许多 IQA 算法中得到了广泛应用[27,37,40-42,44,45]。我们提取了对雾敏感的结构特征，并对其进行了修改，以考虑 FR-DHA 评价和 FR-IQA 的差异，然后将结构相似性用作核心特征。当提取结构特征时，我们仅考虑亮度信息。

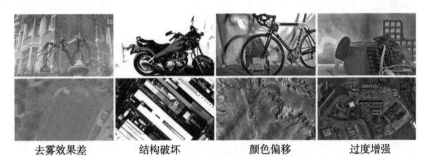

去雾效果差　　　　　结构破坏　　　　　颜色偏移　　　　　过度增强

图 5.6　图像去雾失真的几种典型情况

8 张去雾图像的感知质量都较低。第一行：常规图像；第二行：航拍图像

(1) 雾敏感结构特征：雾敏感结构特征的提取是在传统结构特征的基础上进行的。对于图像 $\boldsymbol{I}$，首先计算局部均值和方差[27,46-48]

$$\boldsymbol{\mu}(i,j) = \sum_{k,l} \boldsymbol{w}(k,l)\boldsymbol{I}(i+k,j+l) \tag{5-3}$$

$$\boldsymbol{\sigma}(i,j) = \sqrt{\sum_{k,l} \boldsymbol{w}(k,l)[\boldsymbol{I}(i+k,j+l) - \boldsymbol{\mu}(i,j)]^2} \tag{5-4}$$

其中，i、j 是像素索引，$\boldsymbol{\mu}$ 是局部均值，$\boldsymbol{w}$ 是局部高斯加权窗。$\boldsymbol{\sigma}$ 是一个良好的对雾敏感的结构特征，因为雾带来了对比度降低，但是局部方差 $\boldsymbol{\sigma}$ 对局部均值 $\boldsymbol{\mu}$ 敏感。因此我们导出归一化局部方差

$$\boldsymbol{\eta} = \frac{\boldsymbol{\sigma}}{\boldsymbol{\mu} + \epsilon_1} \tag{5-5}$$

其中，ϵ_1 是一个用于避免不稳定的正常数，$\boldsymbol{\eta}$ 是期望的雾感知结构特征。这个特征早前在文献 [49] 中被用于估计雾密度，它已经被证明是雾和图像结构的良好描述。根据式 (5-3)~ 式 (5-5)，我们可以推导出对于参考无雾图像 $\boldsymbol{I}_r$ 和去雾后图像 $\boldsymbol{I}_d$ 的局部均值，方差，以及归一化方差：$\boldsymbol{\mu}_r$、$\boldsymbol{\mu}_d$、$\boldsymbol{\sigma}_r$、$\boldsymbol{\sigma}_d$、$\boldsymbol{\eta}_r$、$\boldsymbol{\eta}_d$。

(2) 结构特征修正：在 FR-IQA 中，结构相似性是一种常用的策略。但如表 5.2 所示，传统的利用结构相似性的方法对于 FR-DHA 的评价并不有效。这有可能是两方面原因导致的：一是传统的结构特征不是专门为去雾设计的，对雾不够敏感；二是他们没有考虑到如图 5.2 所示的问题，即 FR-DHA 评价与传统

FR-IQA 存在一些差异。本方法中，我们首先提取了雾敏感结构特征，然后对其进行修正，以解决这些问题。

　　图 5.7 给出了与图 5.2 具有相同问题的另一个例子，并给出了相关的特征图。从图像保真度的角度来看，I_d 与 I_r 不太接近，但仍具有较高的感知质量。我们观察到，这种情况通常发生在 I_d 比 I_r 对比度更强的时候。在这种情况下，通常有 $\mu_r > \mu_d$ 和 $\sigma_r < \sigma_d$，因为有些 DHA 试图通过降低亮度和增强对比度来增强图像。这种现象很容易在图 5.7 中观察到。如果我们像传统 FR-IQA 算法那样直接比较 I_d 和 I_r，相似性会很低。因此，我们通过修正 μ_d、σ_d 和 η_d 来解决这个问题。

　　传统的 FR-IQA 措施将惩罚以下情况：与 I_r 相比，I_d 具有更低的 μ 和更高的 σ。我们认为对比度增强通常会减小 μ 并增加 σ，并且对感知质量没有太大的损害。因此，我们试图削弱这种惩罚。具体来说，通过下式修正 μ_d：

$$\mu_d' = f_\mu\left(\mu_d, \mu_r\right) = \begin{cases} \mu_r + k \cdot (\mu_d - \mu_r), & \mu_d < \mu_r \\ \mu_d, & \text{其他} \end{cases} \tag{5-6}$$

然后通过下式修正 σ_d：

$$\sigma_d' = f_\sigma\left(\sigma_d, \sigma_r\right) = \begin{cases} \sigma_r + k \cdot (\sigma_d - \sigma_r), & \sigma_d < \sigma_r \\ \sigma_d, & \text{其他} \end{cases} \tag{5-7}$$

其中，μ_d' 和 σ_d' 是修正后的去雾图像的局部均值和方差，k 是一个通过经验设定的小于 1 的线性比例因子。我们将在 5.1.4 节中测试所提出方法对于 k 的敏感性。当 $\mu_d < \mu_r, \sigma_d > \sigma_r$ 时，f_μ 和 f_σ 增加了 I_d 和 I_r 之间的计算相似性。修正后，我们可以推导出去雾后图像的修正归一化局部方差

$$\eta_d' = \frac{\sigma_d'}{\mu_d' + \epsilon_1} \tag{5-8}$$

　　(3) 结构恢复：然后我们利用 IQA 中广泛使用的相似度函数计算雾感知的结构恢复图 [27,37,40-42,44]

$$\eta_d' = \frac{\sigma_d'}{\mu_d' + \epsilon_2} \tag{5-9}$$

其中，ϵ_2 是一个和 ϵ_1 有着相同稳定作用的正常数。图 5.7 展示了原始特征图、修正后特征图及最终的结构恢复图。与传统的图像保真度度量方法相比，在 s 下 I_r 和 I_d 间有着更好的相似性。

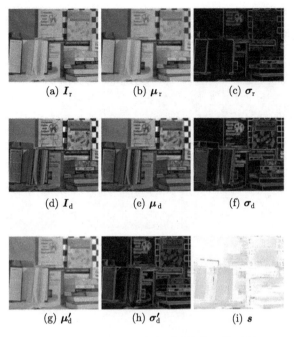

(a) $\boldsymbol{I}_\mathrm{r}$ (b) $\boldsymbol{\mu}_\mathrm{r}$ (c) $\boldsymbol{\sigma}_\mathrm{r}$

(d) $\boldsymbol{I}_\mathrm{d}$ (e) $\boldsymbol{\mu}_\mathrm{d}$ (f) $\boldsymbol{\sigma}_\mathrm{d}$

(g) $\boldsymbol{\mu}_\mathrm{d}'$ (h) $\boldsymbol{\sigma}_\mathrm{d}'$ (i) $\boldsymbol{s}$

图 5.7 $\boldsymbol{I}_\mathrm{d}$ 比 $\boldsymbol{I}_\mathrm{r}$ 对比度更强的情况的示例

该图同时展示了相关的特征图 (线性缩放以更好地可视化)

2. 色彩还原

除了结构信息外，颜色信息也是质量评价的重要线索[37,39]。去雾会导致如图 5.8 所示的颜色偏移，因此我们将色彩还原信息纳入到所提出的方法中。具体地，我们将给定的图像变换到广泛使用的 YIQ 色彩空间

$$\begin{cases} y = 0.299r + 0.587g + 0.114b \\ i = 0.596r - 0.274g - 0.322b \\ q = 0.211r + 0.523g + 0.312b \end{cases} \tag{5-10}$$

其中，r、g、b 是输入图像的 RGB 分量；y 是转换后的亮度信息；i、q 是色度信息。

由于我们已经在结构恢复部分中考虑了亮度信息，因此在这里我们仅考虑色度信息。对 $\boldsymbol{I}_\mathrm{r}$ 和 $\boldsymbol{I}_\mathrm{d}$，应用相同的变换，导出色度为 i_r、i_d 和 q_r、q_d，然后计算色彩还原

$$c = c_i \cdot c_q = \frac{2i_\mathrm{r} \cdot i_\mathrm{d} + \epsilon_3}{i_\mathrm{r}^2 + i_\mathrm{d}^2 + \epsilon_3} \cdot \frac{2q_\mathrm{r} \cdot q_\mathrm{d} + \epsilon_3}{q_\mathrm{r}^2 + q_\mathrm{d}^2 + \epsilon_3} \tag{5-11}$$

其中，ϵ_3 是稳定常数。图 5.8 给出了计算颜色偏移图的一个例子，可以看到 c 能很好地描述颜色偏移。

参考图像I_r　　　　　　失真图像I_d　　　　　　颜色偏移图c

图 5.8　颜色偏移和计算的颜色偏移图
第一行：常规图像；第二行：航拍图像

3. 过度增强

如图 5.9 所示，低对比度区域中的过度增强是另一个主要失真。一些难以观察到的图像细节被作为图像结构进行增强。理想情况下，这种过度增强应该能够由类似结构的描述符捕获，因为它会引入较大的局部方差变化。由图 5.9(c) 可见，引入的结构恢复图 s 确实捕获了这种过度增强。但是，其描述能力与它对整体感知质量的危害相比较弱。其原因有两个：一方面，低对比度区域的过度增强可能比纹理区域的过度增强造成的损害大得多；另一方面，低对比度区域通常是背景区域，仅占场景的一小部分。因此，我们专门针对此类失真引入了过度增强项。

我们引入方差相似图 v 来更好地描述低对比度区域的过度增强

$$v = \frac{2\boldsymbol{\sigma}_\mathrm{r} \cdot \boldsymbol{\sigma}_\mathrm{d} + \epsilon_4}{\boldsymbol{\sigma}_\mathrm{r}^2 + \boldsymbol{\sigma}_\mathrm{d}^2 + \epsilon_4} \tag{5-12}$$

如图 5.9(c) 和 (d) 所示，s 更好地描述了纹理前景区域的感知质量，而 v 更好地捕捉了平滑背景区域的过度增强。考虑到基于内容或基于视觉注意力的池化在 IQA 中的成功 [45-51]，我们引入了基于内容的权重图

$$\boldsymbol{\omega} = \frac{1}{\boldsymbol{\sigma}_\mathrm{r} + \epsilon_5} \tag{5-13}$$

图 5.9 给出了 $\boldsymbol{\omega}$ 的一个例子。传统的基于内容的加权图突出内容丰富的区域，与之相反，$\boldsymbol{\omega}$ 突出了经常出现过度增强的低对比度背景区域，而这就是我们

想要的。整体过度增强可以描述为

$$o = \frac{\sum_{i,j} \boldsymbol{v}(i,j) \cdot \boldsymbol{\omega}(i,j)}{\sum_{i,j} \boldsymbol{\omega}(i,j)} \tag{5-14}$$

其中，i、j 是像素索引。

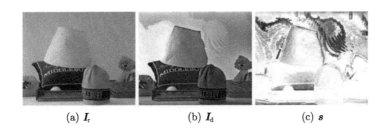

(a) $\boldsymbol{I}_{\mathrm{r}}$ 　　　(b) $\boldsymbol{I}_{\mathrm{d}}$ 　　　(c) $\boldsymbol{s}$

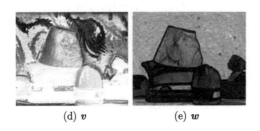

(d) $\boldsymbol{v}$ 　　　(e) $\boldsymbol{w}$

图 5.9　低对比度区域的过度增强及一些相关的特征图

4. 整体质量评价

最后，从图像结构恢复图 $\boldsymbol{s}$、色彩还原图 $\boldsymbol{c}$ 和过度增强图 $\boldsymbol{o}$ 三个方面对图像质量 Q 进行估计

$$Q = \frac{1}{Z} \sum_{i,j} \boldsymbol{s}(i,j) \cdot [\boldsymbol{c}(i,j)]^{\lambda} \cdot \boldsymbol{o} \tag{5-15}$$

其中，Z 是归一化因数，表示像素总数；i、j 是像素索引。类似 $\mathrm{FSIM_c}$[42]，我们引入参数 λ 来调整颜色信息的重要性。λ 通过经验设置，我们将在 5.1.4 节中测试所提出算法对它的敏感度。

5.1.3　针对航拍图像的改进质量评价算法

上述算法是一种适用于各种类型图像的通用去雾质量评价方法，没有考虑航拍图像的特点。在本节中，首先分析了常规图像去雾与航拍图像去雾的区别，然后针对航拍图像对上述方法进行了改进。

1. 常规图像和航拍图像的差异

我们已经观察到常规图像和航拍图像去雾间的两个主要差别，这涉及上述方法利用的两个主要特征，即色彩还原和低对比度区域的过度增强。色彩还原特征用于合并 DHA 引入的颜色偏移。我们从式 (5-15) 中挑出色彩还原特征，将其描述为

$$q_{\mathrm{c}} = \frac{1}{Z} \sum_{i,j} [c(i,j)]^{\lambda} \tag{5-16}$$

然后分别在 SHRQ 数据集的常规图像和航拍图像子集中计算 q_{c}。q_{c} 的直方图如图 5.10 所示。可以看到，直方图一般遵循 β 分布，其概率密度函数 (probability density function，PDF) 为

$$f(q_{\mathrm{c}}; \alpha, \beta) = \frac{q_{\mathrm{c}}^{\alpha-1}(1-q_{\mathrm{c}})^{\beta-1}}{B(\alpha, \beta)} \tag{5-17}$$

其中，$\alpha, \beta > 0$ 是两个形状参数，$B(\cdot)$ 是 β 函数。拟合曲线如图 5.10 所示，从直方图和拟合图像中可以看出，航拍图像的 q_{c} 在 1 附近更密集，越常规的图像 q_{c} 值越低，说明 q_{c} 在航拍图像中的质量描述能力较差。

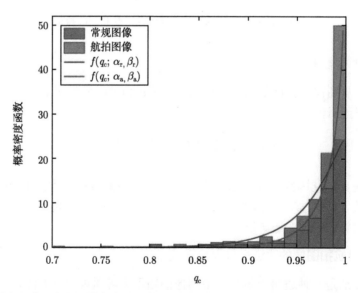

图 5.10　常规图像和航拍图像颜色再现特征的直方图 q_{c}，β 分布拟合航拍图像的 q_{c} 在 1 附近更密集，说明质量描述能力较弱

过度增强特征用于考虑 DHA 在低对比度区域引入的过度增强。过度增强效果的例子如图 5.6 所示，从该图可以观察到常规图像和航拍图像中过度增强的区别。通常在常规图像的低对比度区域中观察到过度增强，在这些区域中一些难以观察到的图像细节被作为图像结构增强，而这种过度增强对感知质量产生了很大的损害。虽然航拍图像的过度增强在整个图像上广泛分布，但是这种过度增强很容易被图像细节所覆盖，因此对感知质量的损害较小。这种差异背后的原因是，航拍图像的内容是从高空捕获的大规模地表信息，并且这些图像通常具有丰富的图像细节，而常规图像的内容通常少得多，并且包含大面积低对比度的平滑区域。为了更好地理解这一点，计算了 SHRQ 数据集中所有参考常规图像和航拍图像的平均局部方差

$$v = \frac{1}{Z} \sum_{i,j} \sigma_{\mathrm{r}} \tag{5-18}$$

然后在图 5.11 中给出了它们的直方图。可以看到，它们一般服从正态分布，其 PDF 为

$$f(v; \mu, \sigma) = \frac{1}{\sqrt{2\pi\sigma^2}} \exp\left(-\frac{(v-\mu)^2}{2\sigma^2}\right) \tag{5-19}$$

其中，μ、σ 分别是均值和方差参数。拟合曲线如图 5.11 所示。从直方图和拟合图像中可以看到，航拍图像比常规图像具有更大的局部方差，因此具有更丰富的图像细节。

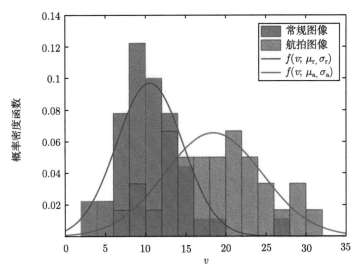

图 5.11　常规图像和航拍图像平均局部方差 v 的直方图，正态分布拟合航拍图像比常规图像具有更大的局部方差

　　由式 (5-14) 描述的过度增强特征计算了低对比度区域的方差相似度。这样的低对比度区域具有两个特征：低方差相似度和低局部方差。我们收集了一些常规图像和航拍图像在这些区域中所占比例的统计信息。更具体地说，我们确定了同时具有最低 30%方差相似度和最低 30%局部方差的图像区域，并计算了这些区域在图像中的比例。SHRQ 数据集的常规图像和航拍图像中该比例的直方图如图 5.12 所示，可以看到，超过 90%的航拍图像的此类区域不超过 1%，这表明在航拍图像的低对比度区域很少观察到过度增强。

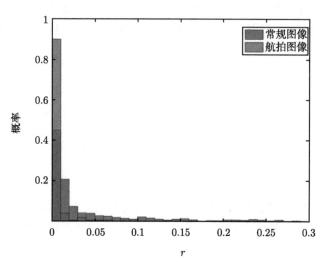

图 5.12　常规图像和航拍图像中具有低方差相似度和低局部方差的图像区域比例的直方图

2. 针对航拍图像的改进方法

　　为了考虑上述常规图像和航拍图像去雾之间的差异，我们针对航拍图像改进了式 (5-15) 所描述的质量评价算法。首先，考虑到 q_c 在航拍图像中的质量描述能力较弱，增加了航拍图像颜色信息的重要性，即参数 λ。通过增加 λ，将 q_c 扩展到较低的值，从而具有更强的质量描述能力。然后，考虑到在航拍图像的低对比度区域中很少观察到过度增强，而一般的过度增强效果可以通过图像结构恢复特征很好地描述，所以从式 (5-15) 中删除了过度增强项。最后，针对航拍图像的改进质量评价方法可以描述为

$$Q = \frac{1}{Z} \sum_{i,j} s(i,j) \cdot [c(i,j)]^{\lambda'} \tag{5-20}$$

其中，参数 λ' 是专门为航拍图像设置的，比 λ 大。λ' 同样是根据经验设置的，我们将在 5.1.4 节中测试所提出算法对它的敏感度。

5.1.4 算法性能测试

接下来对所提出的去雾质量评价算法进行全面测试，具体地，将在所构建的 SHRQ 数据集上对所提出的算法和其他对比算法进行测试和对比。

1. 实验设置

在构建的 SHRQ 数据集的两个子集上测试了所提出的 DHA 质量评价算法。由于所提出的算法遵循 FR-IQA 框架，将其与 10 个最先进的 FR-IQA 算法进行比较，包括 PSNR、SSIM[27]、MS-SSIM[37]、VIF[38]、MAD[39]、IW-SSIM[40]、GSI[41]、FSIM[42]、IFC[43] 和 PSIM[44]。我们使用所有对比算法的官方代码。

遵循文献 [44, 48, 50-52]，首先使用五参数逻辑斯谛函数非线性地映射预测分数

$$q\left(s\right) = \beta_1 \left(\frac{1}{2} - \frac{1}{1 + \mathrm{e}^{\beta_2(s-\beta_3)}}\right) + \beta_4 s + \beta_5 \tag{5-21}$$

其中，$\{\beta_i \,|\, i = 1, 2, \cdots, 5\}$ 是通过曲线拟合确定的参数，s 和 $q(s)$ 分别是预测和映射的质量得分。在映射了预测分数之后，使用以下三个标准评估 IQA 方法：SROCC、PLCC 和 RMSE，度量预测的单调性、线性和准确性。越高的 SROCC、PLCC 和越低的 RMSE 表示性能越好。

2. 与全参考质量评价算法的性能比较

表 5.3 总结了性能比较结果。在两个子集上测试原始度量方法，并在航拍图像子集上测试特别改进的度量方法。可以看到，所提出的方法在两个子集上均表现出最佳性能，并且领先较多。传统的 FR-IQA 算法具有一定的预测能力，但是不够准确。这一结果证实了先前的分析，即 FR-DHA 评估不是确切的 FR-IQA 问题。无雾图像可以作为参考，但是将其用作 DHA 评估的真值可能并不准确。我们提出的方法考虑了这些差异，并提取了一些与去雾相关的特征，从而获得了更好的性能。对于航拍图像，原始度量方法也是有效的，并且在很大程度上优于传统的 FR-IQA 算法，而改进的度量方法则明显优于原始度量方法。

表 5.3　在 SHRQ 数据集上与 FR-IQA 方法的性能比较　　　(时间：秒/图)

子集	度量方法	A PSNR	B SSIM	C MS-SSIM	D VIF	E MAD	F IW-SSIM	G GSI	H FSIM	I IFC	J PSIM	K Pro.	L Pro.+
常规图像	SROCC	0.5972	0.5627	0.5836	0.6287	0.5780	0.5657	0.6029	0.6256	0.5549	0.6238	**0.8292**	—
	PLCC	0.6591	0.6225	0.6276	0.7609	0.6950	0.6172	0.6946	0.7419	0.7354	0.7580	**0.8675**	—
	RMSE	10.417	10.841	10.784	8.9885	9.9602	10.900	9.9650	9.2882	9.3873	9.0350	**6.8912**	—
航拍图像	SROCC	0.8246	0.8207	0.7895	0.7048	0.6308	0.7949	0.7832	0.7424	0.5630	0.7593	0.8615	**0.9028**
	PLCC	0.8040	0.8166	0.7815	0.7651	0.6382	0.7841	0.7719	0.7348	0.6061	0.7338	0.8583	**0.9017**
	RMSE	9.6080	9.3252	10.081	10.404	12.438	10.028	10.272	10.958	12.852	10.976	8.2912	**6.9855**
	时间	**0.0017**	0.0109	0.0256	0.5985	0.8369	0.2353	0.1105	0.0123	0.5890	0.0394	0.0302	0.0286

图 5.13 展示了在 SHRQ 数据集的两个子集上，所提出方法和典型 FR-IQA 算法的散点图。可以看到，所提出方法的散点在两个子集的拟合曲线附近更加聚集。

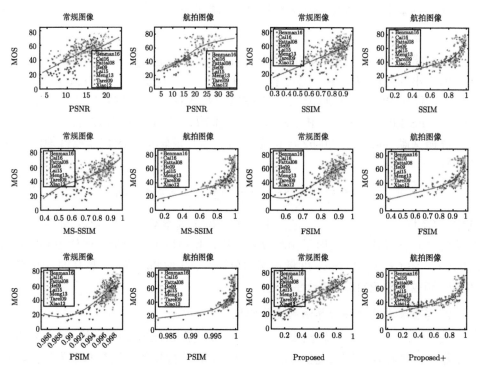

图 5.13   在 SHRQ 数据集的常规子集和航空子集上，所提出的算法和有代表性的 FR-IQA 算法的散点图。黑色线为五参数逻辑斯谛函数拟合的曲线；不同颜色和形状的散点代表不同的 DHA

进行统计显著性检验，以验证任何两个模型之间的性能是否在 SHRQ 数据集的两个子集上具有统计意义上的不同。类似于文献 [53]，通过比较主观评分和非线性映射得分之间残差的方差来测试性能，较高/较低的方差表示性能较差/较好。所用的 F 统计量基于两个模型的残差方差的比率。零假设是两个质量模型的残差来自相同的分布，并且在统计上难以区分，且置信度为 95%。比较每种可能的模型对，并在图 5.14 中展示了显著性测试结果。所提出算法的显著优势是显而易见的，而许多对比方法在统计学上却彼此无法区分。

3. 与无参考质量评价算法的性能比较

如图 5.1 所示，可以使用 FR 类型的合成雾图像或 NR 类型的真实雾图像来评估 DHA。如果有一些准确可靠的质量评价算法，那么使用真实的雾图像进行 NR 评价将是较为直接和理想的算法。但一些主观质量评价研究 [23] 表明，目前的盲

常规图像

航拍图像

图 5.14 SHRQ 数据集两个子集的统计显著性检验结果。黑/白块表示行模型在统计上比列模型好/差；灰色块表示行和列模型在统计上是不可区分的；A~L 为表 5.3 所示的模型索引

IQA 模型并不适合 NR-DHA 的评价。为了进一步证实这一点，还测试了一些相关的盲质量评价算法，包括：

(1) 针对去雾或对比度增强图像的 BIQA 算法，包括 FADE[22,49] 中引入的三个评价指标 e、r 和 NS 以及 BIQME[25]，Fang15[54]，NIQMC[6] 和 DHQI[1]。

(2) 通用的 BIQA 算法，例如 BRISQUE[55]、NFERM[36]、dipIQ[56]、MEON[57]、BPRI[58] 和 BMPRI[59]，假定它们能够处理一般的 IQA 问题。

在 SHRQ 数据集的两个子集上测试了这些度量方法，并在表 5.4 中展示了它们的性能。可以发现，没有一种度量方法对去雾图像质量的预测是有效的，这与文献 [23] 中的研究结果是一致的。

4. 消融实验

所提出的方法由几个关键部分组成。通过一系列消融实验来测试每个部分的贡献。在以下情况下测试式 (5-15) 和式 (5-20) 所示方法的性能。

情况 1：完整算法；

情况 2：去掉结构恢复项 s；

情况 3：去掉色彩还原项 c；

情况 4：去掉/增加过度增强项 o；

情况 5：去掉特征修正，也就是 $k = 1$。

分别在 SHRQ 数据集的常规子集和航拍子集上对式 (5-15) 和式 (5-20) 所示的方法进行了测试，被去掉或增加的是所提出方法的 4 个核心部分。在情况 4 中，通过在式 (5-15) 中去掉 o 项或式 (5-20) 中增加 o 项来验证方法的有效性。

表 5.5 列出了消融实验的结果。其余 4 种情况的性能均比情况 1 差，说明所提出方法中的每一项都对整体方法有一定的贡献。情况 2 性能最差，说明结构恢

表 5.4 在 SHRQ 数据集下与 NR-IQA 算法的性能比较

子集	度量方法	FADE	e	r	NS	BIQME	Fang 15	NIQMC	DHQI	BRISQUE	NFERM	dipIQ	MEON	BPRI	BMPRI	Pro.(+)
常规图像	SROCC	0.2958	0.2344	.0200	0.0144	0.2751	0.4539	0.4025	0.4241	0.4196	0.1913	0.0417	0.2220	0.0144	0.2206	**0.8292**
	PLCC	0.2722	0.3026	0.1807	0.4324	0.2505	0.5728	0.5551	0.6621	0.5767	0.4574	0.1699	0.3151	0.1664	0.3721	**0.8675**
	RMSE	13.329	13.203	13.624	12.490	13.411	11.355	11.522	10.380	11.317	12.318	13.651	13.147	13.659	12.857	**6.8912**
航拍图像	SROCC	0.6569	0.0980	0.1340	0.4024	0.7018	0.3820	0.6119	0.5675	0.1527	0.3992	0.0707	0.0339	0.2382	0.0895	**0.9028**
	PLCC	0.6743	0.1957	0.2311	0.2283	0.7062	0.6046	0.6325	0.6172	0.3261	0.4782	0.1231	0.2319	0.3709	0.3151	**0.9017**
	RMSE	11.931	15.845	15.720	15.730	11.440	12.870	12.515	12.713	15.274	14.190	16.034	15.717	15.005	15.334	**6.9855**

复项 s 对方法的贡献最大。此外，修正结构特征带来了相当大的提升，这证实了先前有关 FR-IQA 和 FR-DHA 评价之间差异的分析。色彩还原项 c 对常规图像子集的贡献很小，这是因为其中颜色信息相差很大的去雾图像只占数据集的一小部分。在航拍图像子集上，色彩还原项的贡献更大，因为考虑到常规和航拍图像去雾之间的差异，我们增加了颜色信息的重要性。过度增强项 o 在常规图像中对整体方法有贡献，而在航拍图像中没有贡献，这也验证了前面对于常规图像和航拍图像去雾差异的分析。

表 5.5　消融实验性能结果

子集	度量方法	情况 1	情况 2	情况 3	情况 4	情况 5
常规图像	SROCC	0.8292	0.6832	0.8211	0.7545	0.7526
	PLCC	0.8675	0.7839	0.8617	0.8169	0.8337
	RMSE	6.8912	8.6001	7.0295	7.9903	7.6500
航拍图像	SROCC	0.9028	0.5462	0.8514	0.8666	0.8391
	PLCC	0.9017	0.5368	0.8650	0.8562	0.8229
	RMSE	6.9855	13.632	8.1075	8.3463	9.1798

5. 参数敏感性测试

所提出的方法涉及的参数很少。最重要的参数是式 (5-6) 和式 (5-7) 中的线性比例因子 k 和式 (5-15) 或式 (5-20) 中的颜色重要性参数 λ 或 λ'。k 是两种方法中都有的参数，λ 和 λ' 分别是原始方法和改进方法中的参数。根据经验将它们设置为 0.2、0.1 和 0.35。分别从 0.1 到 0.3 以 0.05 为步长，从 0 到 0.2 以 0.05 为步长，从 0.25 到 0.45 以 0.05 为步长，对参数 k、λ、λ' 进行敏感性测试。这两个参数可以同时变化。对原始方法和改进方法分别在常规图像子集和航拍图像子集上进行了测试。表 5.6 列出了所有设置下的 SROCC 性能，可以看到，性能在很大范围内保持稳定。

6. 计算复杂度测试

我们测试了所有对比算法的计算复杂度，并在表 5.3 中展示了 100 对固定分辨率为 512×512 的图像的平均运行时间 (秒/图)。在配置为英特尔酷睿 i7-7700K CPU @3.60 GHz 和 32GB RAM 的计算机上，用 MATLAB R2017a 对算法进行了测试，其中运行时间包括所有特征提取的时间和质量预测的时间。对于所有对比算法，使用作者提供的原始实现方法。可以看到，所提出的方法具有相当低的计算复杂度。改进后方法的执行速度比原始方法稍快，因为去掉了过度增强特征。

7. 相关讨论

考虑到使用真实雾图像定量评价 DHA 的困难，用合成雾图像进行 FR-DHA

表 5.6　参数敏感性实验的 SROCC 性能结果。上表：常规子集的一般度量；下表：在航拍子集上的改进度量

λ	k				
	0.1	0.15	0.2	0.25	0.3
0	0.8210	0.8216	0.8211	0.8204	0.8187
0.05	0.8279	0.8277	0.8273	0.8256	0.8243
0.1	0.8309	0.8304	0.8292	0.8268	0.8252
0.15	0.8301	0.8295	0.8282	0.8262	0.8242
0.2	0.8277	0.8274	0.8260	0.8235	0.8213
λ'	k				
	0.1	0.15	0.2	0.25	0.3
0.25	0.9049	0.9051	0.9045	0.9021	0.8995
0.3	0.9067	0.9060	0.9052	0.9025	0.8992
0.35	0.9051	0.9043	0.9028	0.9007	0.8983
0.4	0.9038	0.9025	0.9007	0.8988	0.8966
0.45	0.9018	0.9009	0.8991	0.8978	0.8950

评价似乎更有前景。它便于定量评价和比较，因此越来越被广泛接受。最近的许多研究都使用这一策略对 DHA 进行评价 [8,15-18,26]，我们也采用了这种 FR-DHA 评价策略，发现使用这些 FR 度量作为标准是存疑的，它们与主观评价的相关性较低。在此基础上，我们提出了在常规图像和航拍图像中能够更好地评价 DHA 的有效方法。

5.2　基于真实雾图像的去雾质量评价

基于视觉的自动驾驶和其他驾驶辅助系统可能会在恶劣的天气条件下遭遇低能见度的问题，例如雾霾、降雨和灰尘。与人类视觉系统相比，车道、车辆、行人检测等驾驶辅助系统所需的相关技术更容易出现能见度问题。为了不要求完美的天气条件，研究者提出了许多特定的技术，以提高在各种极端天气条件下的能见度 [60-64]。其中，由于雾霾天气越来越频繁，去雾得到了广泛的研究，研究者提出了多种单幅 DHA [8,10-18,65]。在实际的图像捕捉系统中，特别是在户外应用的系统中，DHA 可以用于增强图像的可见性和恢复图像细节。

雾天拍摄的图像可以用以下模型 [66] 来描述，这是许多图像去雾研究的基础：

$$\boldsymbol{I}(x,y) = \boldsymbol{J}(x,y)\,\mathrm{e}^{-\beta\boldsymbol{d}(i,j)} + \boldsymbol{A}(1 - \mathrm{e}^{-\beta\boldsymbol{d}(i,j)}) \tag{5-22}$$

其中，$\boldsymbol{I}$ 是捕获到的雾图像，$\boldsymbol{J}$ 是真实场景图像，$\boldsymbol{A}$ 是整体大气光，$t(i,j) = \mathrm{e}^{-\beta\boldsymbol{d}(i,j)}$ 是传输媒介，β 是大气的散射系数，$\boldsymbol{d}$ 表示场景深度，i、j 是像素索引。第一项 $\boldsymbol{J}(x,y)\,\mathrm{e}^{-\beta\boldsymbol{d}(i,j)}$ 是衰减项，描述了场景的辐射和其在大气中的衰减；而第二项

$A(1 - e^{-\beta d(i,j)})$ 是空气光, 描述了环境照度。去雾的目的是根据 I 估计 J、t 和 A。

文献 [8] 中给出了单幅图像 DHA 的最新综述。在此简要回顾几个具有代表性的 DHA。Fattal[10] 将图像去雾问题作为一个非线性逆问题来解决。文献 [11] 中引入了用于去雾的暗通道先验, 该先验是基于至少一个颜色通道在某些像素处具有非常低的强度值这一现象提出的。Tarel 和 Hautière[12] 将去雾作为一个特殊的过滤问题来解决。文献 [13] 中引入了另一种基于联合双边滤波的方法。Meng 等 [14] 提出了一种正则化去雾的方法。Lai 等推导了场景先验下的最优传输图。Berman 等 [17] 引入了一种非局部场景先验, 描述了 RGB 空间中的颜色簇是沿直线分布的。还有一些方法学习了从合成的雾图像到无雾图像的映射, 例如在文献 [15] 中使用了基于随机森林的方法, 在文献 [18] 中引入了基于神经网络的端到端系统。读者可以参考文献 [8] 了解更多的 DHA。

除了 DHA 自身, DHA 的评价也是非常重要的。当提出 DHA 时, 需要对其进行评估, 并将其与最先进的技术进行比较, 或者当应用 DHA 时, 需要选择最佳的算法。此外, 一个有效的、综合的评价标准可以促进图像去雾研究朝着正确的方向发展。在目前的文献中, 对 DHA 的评价多从两个方面进行: 人类受试者的定性评价和客观度量方法的定量评价。定性评价是直接和准确的, 因为人类往往是去雾图像的最终接收者。这是最被认可的评价策略, 大多数 DHA 在提出时都是被定性评价的 [8,10-18,23,65]。但是定性评价有几个严重的缺点。首先, 它是耗时和昂贵的, 这使得大规模评估十分困难。这样, 定性的评价就变得 "可控" 了, 因为没有被广泛使用的大规模评价集, 所选取的有限数量的雾图像只占据了实际的一小部分。此外, 主观评价难以应用和嵌入到实际系统中, 对系统的实时优化也变得困难。

针对定性评价存在的不足, 引入了利用客观质量度量进行定量评价的方法。一般可以采用两种定量评价策略: 使用真实的雾图像和使用合成的雾图像。表 5.7 总结并比较了这两种策略。使用真实的雾图像更加直接, 可以利用一些方法直接对真实雾图像 [12] 生成的去雾图像的质量进行评价。这是一个 NR-IQA 问题, 因为真实的无雾图像是无法获取的。由于去雾的复杂性, 直接使用上述质量评价方法比较困难。近年来, 研究者针对这一目标提出了一些质量评价方法 [6,22,24,25,54]。在文献 [22] 中, 作者通过比较去雾前后图像可见边缘的梯度, 提出了三种描述符。但这些描述符只是衡量去雾效果, 而无法衡量整体的去雾质量。由于去雾是一种图像增强过程, 因此研究者针对增强后图像的质量评估也提出了一些方法 [6,22,24,25,54]。但这些方法并不是专门为去雾而设计的, 对 DHA 的质量评价也不够有效。

表 5.7　两种定量 DHA 评价策略

策略 1 使用合成雾图像
输入：无雾图像 J, 相应的深度 d, 目标图像去雾算法
输出：去雾算法的评价 q
1: 通过公式 (5-22) 合成的雾图像 I_h
2: 使用目标去雾算法从 I_h 生成的去雾图像 I_d
3: 使用全参考质量评价算法 $q=\mathrm{FR}(J, I_d)$ 计算质量
策略 2 使用真实雾图像
输入：真实雾图像 I_h, 目标图像去雾算法
输出：去雾算法的评价 q
1: 使用目标去雾算法从 I_h 生成的去雾图像 I_d
2: 使用无参考质量评价算法 $q=\mathrm{NR}(I_d)$ 计算质量

　　另一种定量评价策略是使用合成雾图像 [2,8,15,16,18,65]。文献 [2] 中对该策略进行了全面的讨论，并提出了一种有效的质量评价算法。这些算法利用广泛应用的雾模型将无雾图像和相应的深度合成为雾图像，然后以无雾图像作为去雾的真值，并采用 FR-IQA 算法作为评价标准。采用这种策略，可以很容易地进行定量评价，但这种策略的主要缺点是真实雾与合成雾可能不同。如图 5.15 所示，合成雾和真实雾看起来非常不同。理想的雾模型可能不能很好地模拟实际的雾，合成雾通常被认为是均匀的，而真实雾往往比这要复杂得多。此外，合成雾和许多 DHA 都是基于理想雾模型提出的，这可能会降低去雾的难度。良好的合成雾去除效果并不一定能保证良好的实际雾去除效果。因此，该策略可以从一个方面对 DHA 进行评价，但仍需要对真实雾图像进行定量评价。

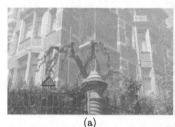

(a)　　　　　　　　　　　　　　　　　　(b)

图 5.15　合成雾与真实雾的比较

(a) 合成雾；(b) 真实雾

　　在本节中，研究了利用真实雾图像的去雾质量评价。为了便于研究，首先构建了一个大型去雾质量 (dehazing quality, DHQ) 数据集，其中包括 1750 张去雾图像，这些图像是使用 7 个具有代表性的 DHA 从 250 张雾图像生成的。我们从文献 [49] 中选取了 250 张不同雾密度的雾图像，然后选取了 7 种具有代表性的 DHA 进行质量评价。对 DHQ 数据集进行了主观质量评价研究，然后分析了所有

7 种 DHA 的表现，并收集了所有去雾图像的 MOS，以便用于接下来的 DHA 评估研究。据我们所知，DHQ 数据集是目前为止最大的去雾质量数据集，它包含了人工标记的去雾图像的质量分数真值。

为了评价真实雾图像的去雾质量，针对去雾图像提出了去雾质量指标 (DHQI)。良好的 DHA 应该能够尽可能地去除雾，同时保护图像结构免受损害，并避免过度增强等副作用。因此，我们提取了 3 组特征，即①去雾特征，②结构保持特征，③过度增强特征，来描述上述 3 个去雾的关键目标。将提取的特征通过一个回归模块集成到整体 DHQI 算法中，并利用收集的主观评价数据对回归模块进行训练。在 DHQ 数据集和其他 3 个合成雾数据集上验证了 DHQI 的有效性。DHQI 可用于评价 DHA 或优化实际的去雾系统。

去雾质量度量的一个主要用途是评价 DHA。因此，我们对目前 DHA 的质量评价算法进行了概述，并讨论了它们的优缺点。利用本研究收集的主观质量评价数据和另一个数据集比较了两种典型的定量 DHA 评价策略，并在此基础上提出了全面、系统的 DHA 质量评价建议。

5.2.1 使用真实雾图像的去雾质量主观评价

为了进一步进行客观去雾质量评价的研究，构建了包含 1750 张去雾图像的 DHQ 数据集，并对 DHQ 数据集进行了主观质量评价研究。据我们所知，DHQ 数据集是最大的去雾质量数据集，它包括人工标注的去雾图像的真实质量得分。

1. DHQ 数据集构建

我们从文献 [49] 中使用的 500 张雾图像中选取了 250 张。这些图像都被标注了人工评价的雾密度，然后从中选取了不同雾密度的 250 张图像用于测试 DHA 在不同雾情况下的有效性。选取 Fattal08[10]、Tarel09[12]、He09[11]、Xiao12[13]、Meng13[14]、Tang14[15]、Lai15[16] 等 7 个具有代表性的 DHA 来处理雾图像，总共生成了 1750 张去雾图像。所有去雾图像和相应的雾图像构成了 DHQ 数据集。

2. 主观质量评价

我们在 DHQ 数据集上进行了主观质量评价研究。具体采用了双重刺激策略，将雾图像和去雾图像并排显示。要求受试者使用五级评分量表对整体除雾质量进行评分，并且建议受试者主要从两个方面进行总体质量评级：DHA 是否完全消除了雾，以及 DHA 是否引入了失真。每对图像显示 2 s，中间显示 1 s 的灰色图像。所有的 1750 张图像被随机均匀地分为 5 部分。共有 54 位受试者参加了测试，其中大多数人参加了 3 部分，少数受试者只参加了 1 部分。每部分测试之间有 5 min 的休息时间，以避免疲劳。每个图像由 30 个受试者进行评分。所有测试图像均随机显示在 LED 显示器上，并根据 ITU-R BT.500-13[32] 的建议进行了校准。在正常室内照明条件下的实验室环境中，受试者坐在约 3 倍屏幕高度的观察距离处。实验设置概要如表 5.8 所示。

表 5.8　主观实验设置

类别	项目	细节
显示器	模型	SONY KD-85X8500D
	分辨率	3840 × 2160
方法	方法	双激励
	质量等级	5 个连续等级
	展示顺序	随机
测试设置	阶段数	5
	受试者数目	51 有效 / 3 离群
		32 男性 / 22 女性
	观看距离	3 倍屏幕高度
	环境	实验室

3. 数据处理及分析

我们按照文献 [2,48] 中的做法对原始主观评分进行处理。如果图像的原始质量评分与平均值相差甚远 (在高斯或非高斯情况下分别为 2 或 $\sqrt{20}$ 个标准差)，则将其认定为是离群值，将离群值多于 5% 的受试者认定为异常受试者。在后续过程中排除了异常评分和异常受试者，然后对每个受试者的评分进行归一化，并对所有受试者针对某一图像的归一化评分进行平均得出 MOS。MOS 被视为去雾的真实质量，并被包含在 DHQ 数据集中。图 5.16 给出了 DHQ 数据集的 MOS 直方图。可以看到，感知质量分布在整个质量范围内。

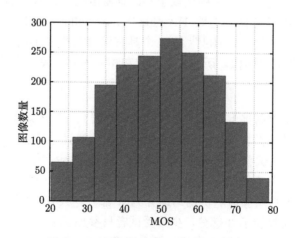

图 5.16　DHQ 数据集的 MOS 直方图

5.2.2 所提出的客观去雾质量评价算法

为了定量评价 DHA，针对去雾图像提出了 DHQI。从以下三方面评价了去雾质量：去雾、结构保持和过度增强。提取了 3 组特征来衡量这 3 个方面的质量，并将这些特征整合到整体去雾质量度量中。

1. 预处理

对提取的 3 组特征有一些共同的处理，在这里称为预处理。对于图像 I，首先计算局部均值和方差 [27,37,48] 分别为

$$\boldsymbol{\mu}(i,j) = \sum_{k,l} \boldsymbol{w}(k,l)\boldsymbol{I}(i+k,j+l) \tag{5-23}$$

$$\boldsymbol{\sigma}(i,j) = \left[\sum_{k,l} \boldsymbol{w}(k,l)[\boldsymbol{I}(i+k,j+l) - \boldsymbol{\mu}(i,j)]^2 \right]^{\frac{1}{2}} \tag{5-24}$$

其中，i、j 是像素索引，$\boldsymbol{\mu}$ 是局部均值，$\boldsymbol{w}$ 是局部高斯加权窗。然后对图像进行归一化

$$\widehat{\boldsymbol{I}}(i,j) = \frac{\boldsymbol{I}(i,j) - \boldsymbol{\mu}(i,j)}{\boldsymbol{\sigma}(i,j) + 1} \tag{5-25}$$

对于去雾图像 I_{d} 和雾图像 I_{h}，遵循相同的流程计算它们的局部均值、方差和归一化图像，并记作 $\boldsymbol{\mu}_{\mathrm{d}}$、$\boldsymbol{\mu}_{\mathrm{h}}$，$\boldsymbol{\sigma}_{\mathrm{d}}$、$\boldsymbol{\sigma}_{\mathrm{h}}$，$\hat{I}_{\mathrm{d}}$、$\hat{I}_{\mathrm{h}}$，其中下标 d 和 h 分别表示去雾和雾图像。当度量图像结构保持和过度增强时，只使用雾图像，因此，如果没有下标，一般表示去雾图像。同样，在度量去雾时只使用了颜色信息，因此，如果没有具体的解释，处理的是转换后的灰度图像。

2. 雾去除

雾主要引入了可见度问题，例如，对比度下降和图像细节丢失，而去雾则试图恢复这些丢失的对比度和图像细节。使用几个雾感知描述符来检测去雾图像中残留的雾度，以评估去雾效果。剩下的雾越多，通常表示去雾质量越差。

文献 [11] 中发现了暗通道先验 (DCP)，它说明至少有一个颜色通道在无雾图像中的强度非常低。雾的存在将打破这种先验，而雾越重，通常导致越亮的暗通道。使用逐像素的 DCP 来测量去雾图像中残留的雾浓度

$$\boldsymbol{I}_{\mathrm{dark}}(i,j) = \min_{c \in \{R,G,B\}} \boldsymbol{I}_c(i,j) \tag{5-26}$$

其中，$c \in \{R,G,B\}$ 表示去雾图像的 RGB 通道。

雾越小的图像通常包含越多的图像细节，我们使用图像熵来度量去雾后图像的细节

$$H = -\sum_i p_i \log(p_i) \tag{5-27}$$

其中，$\boldsymbol{p} = (p_1, \cdots, p_{256})$ 表示去雾图像亮度的直方图概率。

去雾的另一个主要目的是恢复对比度，利用 3 个描述符来度量去雾图像的对比度。首先，使用式 (5-24) 计算的局部方差。考虑到局部方差 σ 一般随局部均值 μ 的变化而变化，推导出归一化局部方差作为第二个对比度特征

$$\eta = \frac{\sigma}{\mu + 1} \tag{5-28}$$

这个特征以前在文献 [2,49] 中被用作对雾敏感的特征。提取对比度能量 (CE)[67] 作为第三个对比度特征，用于估计感知图像的局部对比度。CE 早前已被文献 [49] 用于雾密度预测，它被证明是一种有效的雾感知对比度特征。具体来说，CE 可由下式计算

$$CE = \frac{\rho \cdot Z(\boldsymbol{I})}{Z(\boldsymbol{I}) + \rho \cdot \kappa} - \tau \tag{5-29}$$

其中，$Z(\boldsymbol{I}) = \sqrt{(\boldsymbol{I} \otimes \boldsymbol{g}_x)^2 + (\boldsymbol{I} \otimes \boldsymbol{g}_y)^2}$，$\otimes$ 表示卷积操作，$\boldsymbol{g}_x$ 和 $\boldsymbol{g}_y$ 分别是高斯函数在水平和竖直方向上的二阶导，ρ 是 $Z(\boldsymbol{I})$ 的最大值，κ 是控制对比度增益，τ 是用来限制噪声的阈值。有关 CE 的具体内容请参阅文献 [49,67]。图 5.17 举例说明了所提出算法使用的相关去雾特征图。

图 5.17   去雾特征图，从左到右：$\boldsymbol{I}, \boldsymbol{I}_{\mathrm{dark}}, \sigma, \eta, \mathrm{CE}$

3. 结构保持

许多 IQA 算法使用了结构特征，因为它能有效捕获图像退化 [27,37,45,68]。图像结构也是去雾质量预测的一个重要线索，因为 DHA 有时会引入结构失真。图 5.18 展示了两种典型的由去雾引入的结构失真。一个典型的失真是，一些 DHA 使用激进的策略试图完全去除雾，但它们可能会损害内在的图像结构。另一个典型的失真是过度增强，这经常在低对比度区域观察到，一些不易察觉的图像细节

被作为图像结构进行增强。分别提取结构保持特征和过度增强特征来描述这种结构损伤和过度增强。

图 5.18 DHA 引入的两种典型的结构失真：固有结构损伤 (上) 和过度增强 (下)，及相关的图像结构特征图，包括 $\boldsymbol{I}_h, \boldsymbol{I}_d, \boldsymbol{s}_\sigma, \boldsymbol{s}_\eta, \boldsymbol{s}_{\hat{I}}$(从左到右)

在 FR-IQA 中，通过比较参考图像和失真图像的结构很容易捕获结构损伤。但是，当在真实的雾图像上评价 DHA 时，没有完美质量的参考图像。考虑到只利用结构特征来描述对图像结构有显著影响的结构损伤，因此以雾图像作为参考，并度量雾图像和去雾图像之间的结构相似性。为了度量在富含纹理的区域或非常平坦的区域中发生的结构损伤，雾图像的结构可以提供近似的参考。

具体来说，我们通过计算 3 种结构特征来计算 $\boldsymbol{I}_d$ 和 $\boldsymbol{I}_h$ 间的结构相似性，从而度量结构损伤。首先，导出方差相似性

$$\boldsymbol{s}_\sigma = \frac{2\boldsymbol{\sigma}_d \cdot \boldsymbol{\sigma}_h + \epsilon_1}{\boldsymbol{\sigma}_d^2 + \boldsymbol{\sigma}_h^2 + \epsilon_1} \tag{5-30}$$

其中，ϵ_1 是用于避免不稳定的常数。然后导出归一化方差相似性

$$\boldsymbol{s}_\eta = \frac{2\boldsymbol{\eta}_d \cdot \boldsymbol{\eta}_h + \epsilon_2}{\boldsymbol{\eta}_d^2 + \boldsymbol{\eta}_h^2 + \epsilon_2} \tag{5-31}$$

其中，ϵ_2 的功能和 ϵ_1 相同，$\boldsymbol{\eta}_d$ 和 $\boldsymbol{\eta}_h$ 是去雾图像和雾图像通过式 (5-28) 计算的归一化方差。最后是归一化图像相似性

$$\boldsymbol{s}_{\hat{I}} = \frac{2\hat{\boldsymbol{I}}_d' \cdot \hat{\boldsymbol{I}}_h'}{\hat{\boldsymbol{I}}_d'^2 + \hat{\boldsymbol{I}}_h'^2} \tag{5-32}$$

其中，$\hat{\boldsymbol{I}}_d' = \hat{\boldsymbol{I}}_d + 3$ 和 $\hat{\boldsymbol{I}}_h' = \hat{\boldsymbol{I}}_h + 3$ 分别是归一化去雾图像和雾图像。添加一个常数 3 来将归一化图像缩放到一个正的范围。

4. 过度增强

如 5.2.2 节所述和图 5.18 所示, 过度增强是另一种典型的结构失真。这是去雾引入的一种副作用, 一些难以观察到的图像细节被作为图像结构进行增强。如文献 [2] 中所述, 这种在没有明显图像结构的低对比度区域中的过度增强对感知质量极为有害。仍然利用结构特征来描述过度增强。具体来说, 即通过在低对比度区域中合并结构相似图来描述过度增强

$$o_\phi = \frac{1}{N} \sum_{(i,j) \in \Theta} s_\phi(i,j) \tag{5-33}$$

其中, 下标 $\phi \in \{\sigma, \eta, \hat{I}\}$ 表示上述结构特征, N 表示集合 Θ 中像素个数的归一化因子, Θ 表示低对比度区域, 具体可以定义为

$$\Theta = \{(i,j) \mid \sigma_h(i,j) < E(\sigma_h), \sigma_d(i,j) - \sigma_h(i,j) > E(\sigma_d - \sigma_h)\} \tag{5-34}$$

其中, $E(\cdot)$ 表示计算矩阵中所有值的均值, Θ 表示所有方差小于平均且方差增强大于平均的像素。

在去雾之前, 一些雾图像会经过一些压缩。对压缩程度进行适当控制, 则在雾图像中几乎观察不到压缩失真, 但是它们可被视为图像结构并在去雾期间被增强。考虑到 JPEG 是最广泛应用的图像压缩方法, 并且在去雾过程中也容易增强块状效应, 因此将块状效应评价为一种过度增强。检测去雾图像中的拐角和边缘, 并计算其规则性作为块效应

$$b = \frac{\sum_{i,j} c'(i,j)}{\sum_{i,j} c(i,j)} \cdot \frac{\sum_{i,j} e'(i,j)}{\sum_{i,j} e(i,j)} \tag{5-35}$$

其中, c 是角点图, $c(i,j) = 1$ 或 0 表示一个角点在 (i,j) 处是否被检测到, c' 和 c 类似, 但是只有 8×8 块边界中的角点被检测到, e 和 e' 是类似于 c 和 c' 的边缘图。在文献 [45,48] 中, 这个特征已经被证明可以有效地预测基于块的压缩图像和视频的质量。

5. 特征池化和回归

如图 5.19 所示, DHQI 主要由两个模块组成: 上述特征提取和本节中描述的特征回归。提取的 3 组特征描述了去雾的不同方面, 包括去雾、结构保持和过度增强。这些特征包括单个特征值 (如图像熵、过度增强) 和 2D 特征图 (如 DCP、(归一化) 局部方差、对比度能量、结构相似性)。为了从提取的特征中预测单个质量得分, 首先对 2D 特征图进行特征池化。尽管在 IQA 中已证明了基于内容或基

于视觉注意的池化是有效的 [33-35]，但是为了简单起见，我们的算法中采用了均值池化。所有特征被池化为单个值，然后连接成一个特征向量 $\boldsymbol{f} = (f_1, f_2, \cdots, f_{12})$。所提取特征的概览如表 5.9 所示。

表 5.9　去雾质量特征概述

类别	特征序号	特征描述	符号	计算过程
去雾	f_1	像素级的 DCP	$\boldsymbol{I}_{\mathrm{dark}}$	式 (5-26)
	f_2	图像熵	H	式 (5-27)
	f_3	局部方差	σ	式 (5-24)
	f_4	归一化局部方差	η	式 (5-28)
	f_5	对比能量	CE	式 (5-29)
结构保持	f_6	方差相似性	$\mathbf{s}_\sigma$	式 (5-30)
	f_7	归一化方差相似性	$\mathbf{s}_\eta$	式 (5-31)
	f_8	归一化图像相似性	$\mathbf{s}_{\hat{f}}$	式 (5-32)
过度增强	$f_9 \sim f_{11}$	低对比度区域的过度增强	$o_\sigma, o_\eta, o_{\hat{f}}$	式 (5-33,5-34)
	f_{12}	块效应	b	式 (5-35)

最后一步是特征回归。鉴于支持向量回归 (support vector regression，SVR) 和随机森林 (random forest，RF) 的成功，选择 SVR 和 RF 进行回归。如图 5.19 所示，模型训练和测试使用相同的框架。使用带标记的去雾图像对来训练回归模型，然后可以用来预测任何去雾图像对的质量。已知特征 $\boldsymbol{f_i} = (f_1, f_2, \cdots, f_{12})$，相应的质量标签 q_i(MOS) 和训练图像集 Ψ，可以使用 SVR 或 RF 训练 regressor

$$\text{regressor} = \text{TRAIN}\,(f_i, q_i), \quad i \in \Psi \tag{5-36}$$

其中，i 是图像索引。然后给出任意测试图像的质量特征 $\boldsymbol{f} = (f_1, f_2, \cdots, f_{12})$，可以使用预训练的 regressor 预测质量

$$q = \text{PREDICT}(\boldsymbol{f}, \text{regressor}) \tag{5-37}$$

主要使用 SVR 作为回归器，但在实验中也会对 RF 回归进行测试。使用 LIBSVM[69] 实现径向基函数 (RBF) 核的 SVR。遵循主流 IQA 算法中常用的 SVR 参数设置。另外，使用了 MATLAB 实现的 RF[70]，并使用了默认参数。DHQI 需要带标记的数据进行训练，但训练后可以使用任意一对去雾图像预测去雾质量。

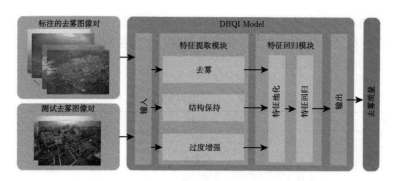

图 5.19   所提出的 DHQI 方法的框架

5.2.3   算法性能测试

接下来对所提出的去雾质量评价算法进行全面测试，具体地，将在所构建的 DHQ 数据集、SHRQ 数据集及其他相关的公开数据集上对所提出的算法和其他对比算法进行测试和对比。

1. 实验设置

(1) 测试数据集：在以下两类数据集上验证所提出的 DHQI。

① 真实雾数据集，即我们构建的 DHQ 数据集，包括使用 7 个具有代表性的 DHA 从不同雾密度的 250 张真实雾图像生成的 1750 张去雾图像及相应的主观评分数据。主要在该数据集上进行验证。

② 合成雾数据集，包括 SHRQ[2] 数据集，以及再处理的 D-HAZY[38] 和 FRIDA[39] 数据集。虽然 DHQI 主要用于真实雾图像的去雾质量评价，但作为补充，对由合成雾图像生成的去雾图像进行了 DHQI 测试。SHRQ 数据集 (常规图像子集) 包含由 45 张参考无雾图像合成的 45 张雾图像生成的 360 张去雾图像，以及相应的主观评分数据。评估的 DHA 包括 Fattal08[10]、Tarel09[12]、He09[11]、Xiao12[13]、Meng13[14]、Lai15[16]、Berman16[17]、Cai16[18]。在 D-HAZY 和 FRIDA 数据集中，只有合成的雾图像和参考无雾图像。对它们进行再处理，并用与 SHRQ 数据集中所用的同样的 8 个 DHA 由合成的雾图像生成去雾图像。在再处理的 D-HAZY 和 FRIDA 数据集中，分别有 184 张、576 张由 23 张、72 张合成雾图像生成的去雾图像可用。需要注意的是，我们只使用了原始 D-HAZY 数据集的 Middelbury 子集，以便减少计算量。由于在再处理的 D-HAZY 和 FRIDA 数据集中没有主观评分，因此使用由专门设计的 FR 去雾质量度量 Min18[2] 计算的质量得分作为真实的质量得分。

所有上述数据集 (包括 DHQ、SHRQ、再处理的 D-HAZY 和 FRIDA 数据集) 都将公开，以推进进一步的研究。

(2) 对比算法：除了 DHQI，还测试了一些可能对去雾质量评价有效的质量评价算法。具体来说，我们测试了以下两类质量评价算法。

① 与去雾和对比度增强相关的盲质量评价算法，包括对比度增强图像的质量评价算法，如 BIQME[25]、Fang15[54]、NIQMC[6,22] 中引入的三个评价指标 e、r 和 NS，以及雾密度估计器 FADE[49]。

② BIQA 算法，包括 BRISQUE[55]、CORNIA[71]、IL-NIQE[72]、BPRI[58] 和 BMPRI[59]，它们被假定能够处理一般的 IQA 问题。

我们认为上述两类算法包括可能对去雾质量评价有效的质量度量方法。对于所有的对比算法，使用作者发布的原始实现。

(3) 评估标准：使用 IQA 模型评价中经常使用的以下五参数逻辑斯谛函数来映射预测的质量得分 [48,58,59]

$$q' = \lambda_1 \left(\frac{1}{2} - \frac{1}{1 + e^{\lambda_2(q-\lambda_3)}} \right) + \lambda_4 q + \lambda_5 \tag{5-38}$$

其中，q，q' 分别是原始的和映射的质量得分，$\{\lambda_i \,|\, i = 1, 2, \cdots, 5\}$ 是使用 q 和 MOS 进行曲线拟合确定的 5 个参数。然后度量 q' 和 MOS 间的一致性作为 IQA 模型的性能，具体选择了以下 3 个常用的一致性评价标准。

① SROCC：度量了 IQA 模型的单调性。

② PLCC：度量了 IQA 模型预测的线性度。

③ RMSE：作为一种预测精度的度量。

2. 真实雾图像上的性能评估

由于 DHQI 是用于对真实雾图像的去雾质量进行评价，因此主要在我们构建的 DHQ 数据集上对 DHQI 进行测试。

(1) 性能对比：DHQI 包括需要训练的回归模块。我们遵循依赖主观分数训练的 IQA 模型训练的常见做法 [36,48,55,73]，将整个 DHQ 数据集分为训练集和测试集，而且它们是完全分开的。训练集包括随机选择的占比为 r 的去雾图像，剩余 $1-r$ 的去雾图像留给测试集。对应于相同雾图像的去雾图像被划分为相同的集合来确保对训练和测试数据的完整划分。将这一训练测试过程重复进行了 1000 次，并给出 SROCC、PLCC 和 RMSE 的中位数。对于免训练方法，我们进行相同的拆分，仅在测试集上测试性能以进行公平比较。通常，IQA 文献采用 80%训练和 20%测试的划分。我们也采用了这种划分策略，但又添加了两种策略：50%训练和 50%测试及 20%训练和 80%测试，以测试模型对训练数据量的依赖性。

性能如表 5.10 所示，经观察可得以下结果。首先，DHQI 在所有模型中表现最好，这证明了该方法的有效性。其次，一些通用的 BIQA 度量在重新训练后

表 5.10　使用真实雾的去雾质量评估算法测试（在 DHQ 数据集上）

比例	评判标准	A BIQME	B Fang15	C NIQMC	D e	E r	F NS	G FADE	H BRISQUE	I CORNIA	J IL-NIQE	K BPRI	L BMPRI	M DHQI
80%	SROCC	0.2596	0.4340	0.2773	0.1400	0.1461	0.4114	0.2517	0.6829	0.2467	0.5950	0.2486	0.7054	**0.8622**
	PLCC	0.3301	0.5265	0.4028	0.2617	0.5315	0.5080	0.2680	0.7229	0.3189	0.6595	0.3602	0.7437	**0.8737**
	RMSE	12.353	11.126	11.982	12.582	11.071	11.268	12.588	9.0227	12.367	9.8177	12.168	8.7325	**6.3744**
50%	SROCC	0.2617	0.4261	0.2778	0.1425	0.1463	0.4139	0.2517	0.6568	0.2461	0.5961	0.2520	0.6957	**0.8558**
	PLCC	0.3156	0.5106	0.3907	0.2701	0.5276	0.5037	0.2552	0.6927	0.3035	0.6557	0.3397	0.7299	**0.8647**
	RMSE	12.439	11.274	12.072	12.644	11.141	11.350	12.676	9.4421	12.499	9.9138	12.329	8.9743	**6.5966**
20%	SROCC	0.2601	0.3999	0.2770	0.1418	0.1453	0.4147	0.2526	0.5897	0.2489	0.5964	0.2521	0.6680	**0.8380**
	PLCC	0.3096	0.4814	0.3871	0.2737	0.5261	0.5024	0.2554	0.6264	0.3009	0.6551	0.3334	0.7023	**0.8457**
	RMSE	12.488	11.507	12.109	12.639	11.174	11.357	12.701	10.234	12.525	9.9261	12.375	9.3420	**7.0082**
时间		1.0550	**0.0291**	1.3412	5.1335	5.1335	5.1335	0.6052	0.4271	2.6430	3.2436	0.6022	1.0646	0.5401

具有一定的预测去雾图像质量的能力。这是因为许多方法都是基于自然场景统计 (natural scene statistics，NSS) 的，而去雾的失真 (例如雾的存在和结构损坏) 可能会因违反 NSS 被这些模型描述。但是这些方法没有考虑去雾的特性，并且对于去雾质量评估还不够有效。再次，需要 MOS 训练的模型性能更好，这并不奇怪，因为这些模型可以适应去雾失真。最后，尽管某些方法是针对对比增强质量评估设计的，例如 BIQME、Fang15 和 NIQMC，但它们的表现并不令人满意。这主要是因为去雾质量比对比度增强质量更为复杂。即使只有 20% 的数据用于训练，DHQI 也表现出相当高的性能 (SROCC 为 0.8380)。此外，与其他基于训练的度量方法相比，当减少训练数据时，DHQI 的性能下降最少，这表明模型具有较好的通用性。

(2) 统计显著性检验：通过统计检验来验证模型之间的性能差异是否显著。具体地说，就是对 1000 个从 80% 训练和 20% 测试划分中获得的 SROCC 值进行 t 检验 [74]。比较每对模型，并在表 5.11 中列出结果。1/0/—符号表示行模型在统计上优于/差于/与列模型不可区分 (置信度为 95%)。使用其他的划分策略和性能评估标准也可以得到类似的结果。DHQI 的显著优势是显而易见的，并且前一段所描述的大多数观察结果也被证明是有统计意义的。

表 5.11 在 DHQ 数据集上的统计显著性检验结果 (符号 1/0/—分别表示行模型在统计上比列模型优于/差于/与列模型不可区分 (95% 置信度); A∼ M 是表 5.10 给出模型的索引)

	A	B	C	D	E	F	G	H	I	J	K	L	M
A	—	0	1	1	1	0	1	0	1	0	1	0	0
B	1	—	1	1	1	1	1	0	1	0	1	0	0
C	0	0	—	1	1	0	1	0	1	0	1	0	0
D	0	0	0	—	0	0	0	0	0	0	0	0	0
E	0	0	0	0	—	0	0	0	0	0	0	0	0
F	1	0	1	1	1	—	1	0	1	0	1	0	0
G	0	0	0	1	1	0	—	0	—	0	0	0	0
H	1	1	1	1	1	1	1	—	1	1	1	0	0
I	0	0	0	1	1	0	—	0	—	0	0	0	0
J	1	1	1	1	1	1	1	0	1	—	1	0	0
K	0	0	0	1	1	0	1	0	1	0	—	0	0
L	1	1	1	1	1	1	1	1	1	1	1	—	0
M	1	1	1	1	1	1	1	1	1	1	1	1	—

(3) 特征分析：为了对 DHQI 特征和人类评分的去雾质量的关系有直观的理解，在图 5.20 中说明了单个特征与 MOS 的关系。这里没有使用任何训练，直接在整个 DHQ 数据集上测试每个特征的 SROCC 和 PLCC 性能。可以看到，一些单一特征显示出相当有竞争力的性能，即使它们是在这个数据集上训练的，也可以与当前性能最好的算法相媲美。另一个发现是，几个性能最好的单一特性是与

结构相关的特征。这表明避免结构失真是影响去雾质量的最重要因素。我们在消融实验中给出了更详细的验证。

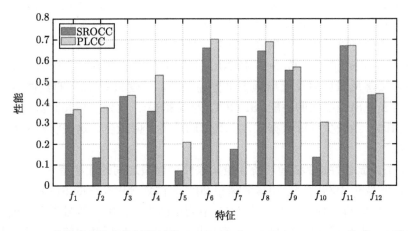

图 5.20　DHQ 数据集上单个特征的性能 (SROCC 和 PLCC)，$f_1 \sim f_{12}$ 为表 5.9 给出的特征 ID

(4) 不同组成部分的贡献：通过消融实验验证了 DHQI 中不同特征组成部分的贡献。具体来说，将表 5.9 中列出的特征按类别进行分组，并测试不同特征组的贡献。具体地，我们测试了以下特征组的性能：

G1：只有去雾特征；

G2：只有结构保持特征；

G3：只有过度增强特征；

G4：结构保持和过度增强特征；

G5：去雾和过度增强特征；

G6：去雾和结构保持特征。

我们实施了和 (1) 中描述的相同的训练测试过程，结果如表 5.12 所示。

与 (3) 中给出的分析一致，可以看到结构保持特征对 DHQI 的贡献最大。除此之外，只使用结构保持或过度增强特征可以达到相当好的性能 (当使用 80％的数据用于训练时，SROCC 为 0.7893 或 0.7353)，这表明正如 5.2.2 节中 3. 和 4. 中所述避免结构失真从感知质量的角度来看对去雾非常重要。去雾特征也会影响 DHQI，这并不奇怪，因为去除雾气是去雾的首要目标，去雾图像中残留的雾越多，意味着去雾质量越差。

表 5.12 不同特征组成部分的性能

比例	评判标准	G1	G2	G3	G4	G5	G6
80%	SROCC	0.6234	0.7893	0.7353	0.8346	0.8054	0.8408
	PLCC	0.6865	0.8080	0.7460	0.8489	0.8263	0.8570
	RMSE	9.4947	7.7011	8.6955	6.9043	7.3700	6.7412
50%	SROCC	0.6213	0.7883	0.7370	0.8301	0.8003	0.8374
	PLCC	0.6783	0.8040	0.7432	0.8420	0.8173	0.8503
	RMSE	9.6401	7.8031	8.7666	7.0830	7.5575	6.9073
20%	SROCC	0.6092	0.7839	0.7310	0.8177	0.7850	0.8251
	PLCC	0.6652	0.7991	0.7342	0.8293	0.8001	0.8382
	RMSE	9.7930	7.8882	8.9084	7.3463	7.8816	7.1669

(5) 使用不同回归器的性能：如 5.2.2 节 5. 所述，可以利用不同的回归器来预测最终的质量。使用不同的回归器 (SVR 和 RF) 来测试 DHQI 的性能，进行了与 5.2.3 节中描述的相同的训练测试过程，性能如图 5.21 所示。可以看到，当使用 SVR 或 RF 时，DHQI 均取得了相当好的性能，这说明对 DHQI 贡献最大的是特征提取，而不是特征回归。

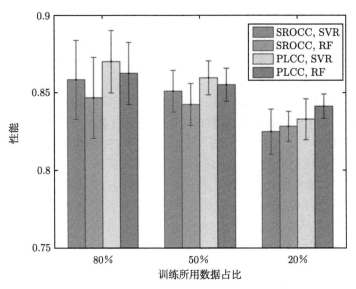

图 5.21 使用不同回归器的 DHQI 的性能

(6) 计算复杂度：对于算法而言，在实际使用中具有较低的计算复杂度很重要。通过比较平均运行成本 (秒/图) 来分析所有对比算法的计算复杂性。实验是在配置为英特尔酷睿 i7-6700K CPU @ 4.00 GHz 和 32 GB RAM 的计算机上的 MATLAB R2016a 中进行的。选取 100 张固定分辨率为 512×512 的图像作为测试集，结果如表 5.10 所示。对于所有对比算法，我们使用作者发布的原始实现。

可以看到, DHQI 的计算复杂度很低, 它是快速方法中的一个。

3. 合成雾图像上的性能评估

如前面所述, 当前文献中的 DHA 可以通过两种策略进行评估: 使用合成雾图像和使用真实雾图像。文献 [2] 中对使用合成雾图像的策略进行了全面讨论。在这种策略下, 可以使用无雾图像, 并将其作为参考。在这种情况下, FR-IQA 算法通常效果更好, 开发和使用盲质量评价算法的意义不大。我们所提出的 DHQI 遵循另一种策略, 它被设计用于使用真实的雾图像进行去雾质量评价。由于这里没有可用的参考, DHQI 必须以 NR 的方式进行质量评价。尽管 DHQI 是专为真实雾设计的, 但仍可以将其用于合成雾, 以测试其通用性。

(1) 在 SHRQ 数据集上评估 (有主观数据): SHRQ 数据集是在文献 [24] 中构建的, 并且所有已去雾图像的主观质量评价数据也是可用的。5.2.3 节 1.(1) 中简要介绍了 SHRQ 数据集, 读者也可以参考文献 [2] 以获得更多详细信息。我们在此数据集的常规图像子集上测试了 DHQI 和对比算法。具体来说, 遵循与 5.2.3 节 2.(1) 中所述相同的评估方法, 并将 DHQI 与 SHRQ 数据集中相同的对比算法进行比较。实验结果如表 5.13 所示。尽管 DHQI 没有像评价真实去雾图像时那么有效, 但它仍然显示出可观的性能, 并且在所有对比算法中表现最好。这表明 DHQI 对于合成雾去雾质量评价也有效, 尽管在这种情况下 FR 算法通常是更好的选择。

对于合成雾图像, 除了可以采用 NR 算法外, 还可以采用 FR-IQA 算法。根据在 SHRQ 数据集上的性能, 选择了 5 个性能最好的 FR 度量算法, 包括 VIF[38]、FSIM[42]、GMSD[75]、PSIM[44], 以及专门设计的 FR 去雾质量度量 Min18[2], 并与 DHQI 进行比较。由于 DHQI 需要训练, 所以采用了与之前实验相同的 80% 训练和 20% 测试的数据划分。图 5.22 给出了从 1000 个训练和测试划分中得到的 SROCC 值的均值和方差。特别设计的 FR 去雾质量度量算法 Min18[2], 其性能最好。除了 Min18[2] 之外, DHQI 的性能最好, 尽管它没有使用无雾图像作为参考, 而其他方法都是 FR 度量方法。

(2) 在再处理的 D-HAZY 和 FRIDA 数据集上评估 (没有主观数据): 除了包含主观评分数据的 SHRQ 数据集外, 还有一些没有主观数据的数据集, 例如 D-HAZY[26] 和 FRIDA[76] 数据集。这些数据集由合成雾图像和相应的参考无雾图像构成。通过使用 8 个代表性的 DHA 从合成雾图像生成去雾图像并使用经过专门设计的 FR 去雾质量度量方法 Min18[24] 标记去雾图像来重新处理 D-HAZY 和 FRIDA 数据集。5.2.3 节 1.(1) 中简要介绍了经过重新处理的 D-HAZY 和 FRIDA 数据集。遵循 5.2.3 节 3.(1) 和 5.2.3 节 2.(1) 中描述的相同评估方法。唯一的区别是, 我们使用 Min18[2] 标记的客观评分来代替主观评分。性能比较结果如表 5.14

表 5.13　使用合成雾的性能评价 (在 SHRQ 数据集上)

比例	评判标准	BIQME	Fang 15	NIQMC	e	r	NS	FADE	BRISQUE	CORNIA	IL-NIQE	BPRI	BMPRI	DHQI
80%	SROCC	0.2862	0.4812	0.4145	0.2580	0.0071	0.0112	0.2977	0.4844	0.1137	0.3437	0.0130	0.5063	**0.6794**
	PLCC	0.3397	0.6775	0.6119	0.4496	0.4853	0.2618	0.3238	0.7194	0.3290	0.6380	0.2952	0.7142	**0.8124**
	RMSE	12.842	9.9933	10.808	12.044	11.904	13.095	12.867	9.4756	12.802	10.534	12.963	9.5439	**7.9382**
50%	SROCC	0.2761	0.4589	0.4048	0.2384	0.0164	0.0225	0.2950	0.4219	0.1189	0.3437	0.0092	0.4749	**0.6556**
	PLCC	0.2813	0.6370	0.5731	0.3442	0.4486	0.2088	0.2792	0.6245	0.2161	0.5955	0.2209	0.6625	**0.7825**
	RMSE	13.248	10.670	11.304	12.807	12.356	13.509	13.277	10.773	13.437	11.089	13.463	10.377	**8.6042**
20%	SROCC	0.2736	0.4272	0.4003	0.2311	0.0162	0.0198	0.2942	0.2765	0.1229	0.3358	0.0138	0.3930	**0.5999**
	PLCC	0.2710	0.5760	0.5567	0.3004	0.4358	0.1861	0.2705	0.4559	0.1725	0.5882	0.1933	0.5692	**0.7291**
	RMSE	13.336	11.320	11.482	13.148	12.470	13.605	13.343	12.335	13.629	11.178	13.587	11.358	**9.4674**

表 5.14　使用合成雾的 SROCC 性能评价 (在再处理的 D-HAZY 和 FRIDA 数据集上)

数据集	比例	BIQME	Fang 15	NIQMC	e	r	NS	FADE	BRISQUE	CORNIA	IL-NIQE	BPRI	BMPRI	DHQI
D-HAZY	80%	0.4669	0.4106	0.4782	0.3337	0.1040	0.0697	0.2376	0.6098	0.0846	0.3406	0.0761	0.4734	**0.6493**
	50%	0.4522	0.3900	0.4844	0.3142	0.0868	0.0816	0.2318	0.5743	0.0480	0.3291	0.0531	0.4986	**0.6196**
	20%	0.4495	0.2935	0.4803	0.3176	0.0840	0.0707	0.2365	0.5800	0.0477	0.3236	0.0486	0.5635	**0.6186**
FRIDA	80%	0.0059	0.8690	0.2290	0.0700	0.0485	0.1445	0.2633	0.9043	0.0723	0.2324	0.1330	0.8605	**0.9165**
	50%	0.0059	0.8610	0.2346	0.0707	0.0475	0.1398	0.2662	0.8881	0.0647	0.2208	0.1341	0.8274	**0.9128**
	20%	0.0055	0.8311	0.2347	0.0696	0.0478	0.1389	0.2661	0.8609	0.0633	0.2210	0.1370	0.7350	**0.9024**

所示。为了简单起见，仅列出了 SROCC，但使用其他评价标准也可以得到类似的结果。可以观察到，DHQI 在所有竞争对手中表现出最好的性能，这与之前在 DHQ 和 SHRQ 数据集上的验证是一致的。

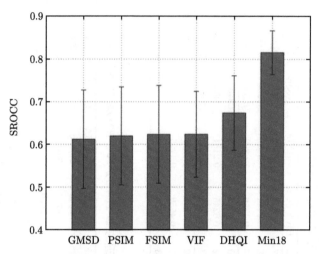

图 5.22　在 SHRQ 数据集上对最佳 FR-IQA 方法进行 1000 次训练和测试实验得到的
SROCC 值的均值和标准误差条

5.3　端到端的雾浓度预测网络

基于视觉的智能驾驶辅助系统和智能交通系统，在遇到雾、雪、雹、雨等恶劣天气条件时会出现故障[77]，这主要是由于恶劣天气条件下拍摄的图像能见度下降[62]。由于恶劣天气条件可能会导致不良的表现，因此针对恶劣天气条件提出了许多具体的方法，例如，夜间能见度估计[61]、恶劣天气预报系统[78]和交通监控[79]。此外，与智能交通系统相关的能见度增强方法也得到了广泛的研究[63,64]。

在这些系统和应用中，由于雾霾天气在驾驶图像中经常出现，单一图像去雾[11,62,80,81]、雾浓度预测[49,82,83]、去雾算法[1,2]的质量评价得到了广泛研究。例如，在文献 [84, 85] 中研究者提出了基于车载摄像机的驾驶辅助系统雾检测方法。雾浓度量化了在有雾条件下拍摄的图像的可见度，并为理解机器对环境的感知提供了重要的线索。例如，雾浓度的测量可以作为自动驾驶车辆的预警信号，从而根据雾浓度的预测调整自动系统的策略。图像的可用性与能见度高度相关，因此也可以通过雾浓度来衡量。此外，图像采集等视觉任务可以根据雾浓度调整其参数达到最佳。在本章节中我们不区分霾和雾，因为霾和雾造成的能见度下降是相似的。

雾浓度的预测是一项具有挑战性的任务,因为雾浓度与不确定的图像深度高度相关。此外,许多与雾外观相似的图像场景内容很容易被视为雾。以对应的无雾图像为参考,可以使雾浓度预测变得简单而准确。然而,在实际应用中,几乎不可能得到完全相同场景对应的无雾图像。与 NR-IQA)[58,59,86] 类似,可能可以从单独的雾图像中测量雾浓度。但是,雾感知不同于传统的数字图像失真感知。

近年来已有一些雾浓度预测方法被提出。Huang 等 [87] 提出了一种雾浓度估计模块来恢复单幅图像的能见度。但他们提出的模块仅用于改进传输图,并且仅限于沙尘暴天气情况。Hautiére 等使用车载摄像机检测雾并估计能见度距离。然而,他们的方法依赖于车载摄像机获得的额外距离信息,因此只能在一定条件下工作,并不是预测雾浓度的一般方法。Choi 等 [88] 提出了第一个雾浓度预测模型,并在文献 [49] 中命名为雾感知密度评价器 (FADE)。用该模型可以预测一般雾天气条件下的雾浓度,并且不需要相应的无雾图像,也不需要其他额外的距离信息。但是,该模型包含了许多复杂的手工特征,这些特征可能不能很好地推广,而且他们预测的雾浓度图具有块效应,不够平滑。

虽然雾浓度预测对于机器来说是一个困难的视觉任务,但是人类在没有太多先验知识的情况下,一眼就能感觉到雾。随着基于学习的图像去雾模型 [18,89-91] 的成功,自然有必要提出基于深度学习的雾浓度预测模型。在这些图像去雾方法中,一个关键的步骤是从一个雾图像重建传输和预测整体大气光。传输图是由场景深度决定的,它可以在一定程度上反映雾浓度。但是,用传输图来描述雾浓度图还不够精确。我们在 5.3.4 节 2. 详细讨论了传输图和雾浓度图的区别。因此,尽管这些模型在图像去雾方面表现良好,但这些方法的输出可能不能直接用于雾浓度的预测。图像去雾和雾浓度预测是两项不同的任务。据我们所知,目前还没有基于深度学习的雾浓度预测方法。

数据短缺在一定程度上是阻碍基于数据驱动的方法发展和应用的一个重要问题。基于深度学习的雾浓度预测也是如此。利用人工标记的雾浓度图建立大比例尺的雾浓度数据集是一项困难的工作。虽然有一些方法通过数据增强 [92,93] 和小样本学习 [94] 来克服数据不足的问题,还有一些方法是使用少量的训练样本 [95,96] 提出的,但这些任务不同于雾浓度预测任务。

我们首次提出了一种基于卷积神经网络 (convolution neural network,CNN) 的新型 HazDesNet 雾浓度预测方法,克服了现有方法中存在的上述缺点。该模型以端到端的方式预测雾图像的雾浓度。系统包括一个训练过程和一个推理过程,如图 5.23 所示。为了解决数据不足的问题,提出利用合成的雾图像进行训练。具体来说,雾图像是使用被广泛接受的雾模型 [97] 根据无雾图像合成的。在 5.3.2 节

3. 中，使用 FR-IQA 指标来衡量从无雾图像到合成雾图像的可见性退化。我们发现结构相似性 (SSIM) 度量可以很好地描述雾浓度。因此，提出使用 FR-IQA 算法计算的分数作为合成雾图像的雾浓度训练标签。HazDesNet 利用这些合成的雾图像块和相应的 SSIM 标记的雾浓度分数进行训练。

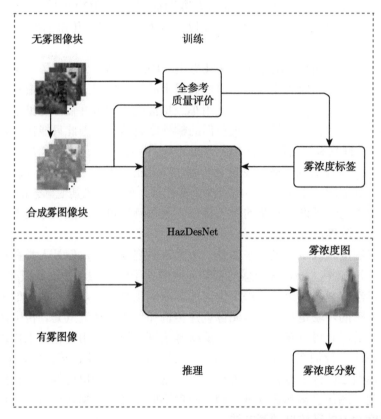

图 5.23　系统框图，展示了我们提出的 HazDesNet 的训练和推理模块

　　在推理过程中，HazDesNet 是固定的。与输入合成雾图像的训练过程不同，任何真实世界的雾图像都可以作为推理过程的输入。我们发现，用合成雾图像训练的 HazDesNet 能很好地推广到真实的雾图像。网络的输入可以是任意大小的 RGB 图像，输出的雾浓度图大小约为输入图像的一半。全局雾浓度得分是经过细化的密度图的平均值。与基准方法 FADE[49] 相比，所提出的方法在定性结果和定量结果上都有很大的进步。具体来说，我们的模型预测的高分辨率像素级雾浓度图是连续的，没有块效应。此外，我们的方法不依赖于额外的距离信息、相应的无雾图像或复杂的手工特征。

　　深度神经网络的可解释性和可视化与理论同样重要 [98]。一些研究人员已经提出了一些方法，使深度神经网络对人类是可解释的[99,100]。对于我们提出的 HazDesNet，探索中间层的输出特征并与传统的雾相关特征建立联系也是非常有趣的。在实验中，发现我们提出的模型的某一层输出类似于暗通道[11]。这种相似性可以用数学来解释。

首先在包含 100 幅雾图像的 LIVE DEFOGGING 数据集[49] 上对所提出的模型进行了测试，该数据集给出了所有图像相应的人类感知评分。但是，作为一个雾浓度基准，这个数据集有点小。为此，进行了主观雾感知实验，构建了人类感知雾浓度 (human perceptual haze density，HPHD) 数据集。HPHD 数据集包含两部分：一部分包括 500 幅真实世界的雾图像，另一部分包括 100 幅合成的雾图像。所有 600 幅雾图像都用人类给出的雾浓度评分进行标记。定量结果表明，在 PLCC 和 SROCC 方面，我们的 HazDesNet 在两个数据集上都优于现有方法。所提出的 HazDesNet 的另一个优点在于，它还可以预测像素级的雾浓度图，这是现有方法所没有的。HPHD 数据集和 HazDesNet 的代码将公开，以促进对该领域的进一步研究。

5.3.1 背景知识

在本节中，介绍一些先验知识，包括大气散射模型、结构相似性和暗通道先验。

1. 大气散射模型

大气散射模型由 McCartney[101] 提出，被 Narasimhan 等[97] 简化。在我们所提出的方法中，利用该模型可以根据无雾图像生成合成的雾图像。微粒的反射光在大气中散射，扩散地进入相机。模型的数学描述[30] 为

$$I\left(x\right) = J\left(x\right)t\left(x\right) + A[1 - t\left(x\right)] \tag{5-39}$$

其中，$I\left(x\right)$ 是雾图像，$J\left(x\right)$ 是无雾图像，$t\left(x\right) \in [0,1]$ 是每个像素点 x 处的媒介传输，A 是全局大气光。

媒介传输 $t(x)$ 表示不散射光的程度，定义为

$$t\left(x\right) = \mathrm{e}^{-\beta d(x)} \tag{5-40}$$

其中，$d(x)$ 是场景的深度，β 是大气介质衰减系数。

2. 结构相似性

Wang 等提出了 SSIM 指标[27]，来度量两幅图像之间的相似性。该模型根据人眼视觉系统的特性预测图像的退化。与传统的图像质量评价不同，基于感知的 SSIM 更多地考虑了图像结构的感知变化。

采用 SSIM 指标来衡量合成的雾图像块与相应的无雾图像块之间的退化。如图 5.23 所示，我们的框架中最重要的步骤之一是使用 FR-IQA 度量合成的雾图像的雾浓度。我们发现，SSIM 可以很好地表示雾浓度，因此使用 SSIM 度量计算出的得分作为 HazDesNet 的训练标签，使用合成的雾图像块作为训练输入。SSIM 与人类感知雾浓度的相关性如 5.3.2 节 3. 所示。

3. 暗通道先验

暗通道先验是一个图像属性，它说明无雾图像块中至少有一个通道具有某些低密度像素 [11]。暗通道是用于去雾 [102,103] 的一个重要的雾特征。在实验中，我们发现基于 CNN 的雾浓度预测模型的中间结果与暗通道有关。

5.3.2　所提出的雾浓度预测网络

为了预测雾图像的雾浓度，提出了端到端的可训练网络。在本节中，展示了 HazDesNet 的结构并讨论了网络设计原因。此外，还探讨了结构相似性与人为标定的雾浓度之间的相关性。我们提出的模型的训练方法也在本节给出。最后，对提取的特征进行可视化，并建立了模型特定层输出和暗通道之间的联系。

1. 网络结构

我们提出的模型包括特征提取、特征映射、局部最大和平均计算、最大和平均混合，以及 Sigmoid 激活模块。这些模块由卷积层和池化层实现。模型设计如图 5.24 所示。下面我们将详细解释每个模块。

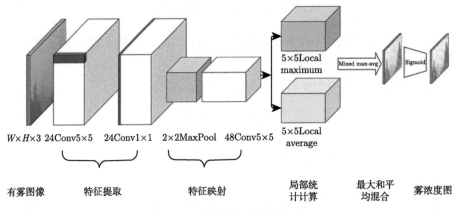

图 5.24　我们提出模型的架构

输入为任意大小的雾图像，输出为大小约为原始图像一半的雾浓度图。该过程包括特征提取、特征映射、局部统计计算、最大和平均混合，以及 Sigmoid 激活

(1) 特征提取：在许多数字图像处理算法中，第一步也是重要的一步是特征提取。CNN 已被成功用于提取特征并且无须人工干预。为了避免 Maxout 单元的重复层 [104]，我们提出了特征提取模块，以通过跨通道融合有效地提取与雾浓度相关的特征。该模块由两个卷积层组成：第一卷积层包括大小为 5×5 的 24 个滤波器，第二层包括大小为 1×1 的 24 个滤波器。1×1 卷积核首次在文献 [41] 中被引入，用于增强模型的可分辨性，并在 GoogleNet[105] 和 ResNet[106] 中用于增加模型的非线性。使用 1×1 卷积在特征提取模块中实现跨通道融合。这两层的输出维度都是 24。需要注意的是，我们没有在边界周围补零，因此该模块的输出大小将减少 4。

(2) 特征映射：最大池化层是在空间维度上的下采样操作。最大池化被广泛应用于 CNN 的空间尺寸缩减，使参数和计算量逐步缩减。使用一个大小为 2×2、步幅为 2 的最大池化层对特征进行下采样。输出大小是前一层大小的一半。通过将卷积层连接到最大池化层来进行特征映射。

(3) 局部统计计算：在特征映射后，计算特征图的局部极大值和局部均值。假设媒介传输是局部恒定的。换句话说，一个小图像块 (如 16×16, 32×32) 中的传输值是趋于相似的，因为小块中的像素有相似的深度。这一假设广泛应用于去雾方法中，其中考虑了局部最大 [15,18] 和局部最小 [11,81]。同样，雾浓度也是恒定和连续的 [88]。然而，如果特征不是很稀疏，局部最大计算 [107] 会减少很多局部细节。因此，同时计算局部平均值和局部极大值，以保持特征细节和密度连续性。

(4) 最大和平均混合以及激活：局部极大值和局部平均有其自身的弱点。一方面局部极大值只考虑极值，忽略了局部区域的快速变化。另一方面，局部平均考虑了所有特征的大小，但降低了特征图的对比度。因此，许多混合方法被提出 [108-110]。这些方法直接用加权法 (权值为 λ) 将平均值和极大值相加。权值 λ 通常被随机初始化，然后使用一个新的可训练层学习。在我们的最大值–平均值 (max-avg) 混合模块中，使用了两个可训练的卷积层来混合最大值和平均值，定义为

$$F = \omega_1 * F_{\text{avg}} + \omega_2 * F_{\text{max}} + b \tag{5-41}$$

其中，F_{max} 和 F_{avg} 分别是局部最大值和局部均值，$\omega_1, \omega_2 \in \mathbb{R}^{6\times6\times48}$ 和 $b \in \mathbb{R}$ 分别是滤波器核和偏置。

利用激活函数增加深度神经网络的非线性。常用的激活函数包括修正线性单元 (rectified linear unit，ReLU)、Sigmoid、TanH 等。ReLU 被成功地应用于图像分类，克服了梯度消失的问题，但 ReLU 的输出没有上限。我们模型的期望回归目标在 0 和 1 之间，因此，ReLU 并不适用于我们的回归任务。同样，TanH 也不适用于我们的模型。综上，我们模型中期望的激活函数性质包括非

线性, 范围在 0 到 1 之间, 以及连续性。因此, 选择 Sigmoid 作为激活函数。虽然 Sigmoid 可能会出现梯度消失的问题, 但是通过批归一化 [111] 可以缓解这个问题, 因此, 将批归一化层嵌入到特征映射模块中。我们模型的配置如表 5.15 所示。

表 5.15　模型配置

层	滤波器	数目	步幅	输出形状
Input	—	—	—	$32\times32\times3$
Conv2	$5\times5\times3$	24	1	$28\times28\times24$
Conv2	$1\times1\times24$	24	1	$28\times28\times24$
MaxPool2	2×2	24	2	$14\times14\times24$
Batch Normalization	—	—	—	$14\times14\times24$
Conv2	$5\times5\times24$	48	1	$10\times10\times48$
MaxPool/AvgPool	5×5	48×2	1	$6\times6\times48\times2$
Max-Avg Mix	$6\times6\times48\times2$	1	1	$1\times1\times1$
Activation	Sigmoid			

以上模块构成了我们的端到端可训练模型 HazDesNet。滤波器的核和偏置是需要学习的参数。基于介质传输是局部恒定的这一假设, 我们可以对预测的雾浓度图进行后处理。为了获得稳定和连续的结果, 可以通过平滑操作来细化雾浓度图。一些简单明了的滤波器 (例如平均滤波器和高斯滤波器) 可以使雾浓度图平滑, 但不能保留边缘。因此, 我们采用导引滤波器 [112](一种保留边缘的平滑技术) 来细化预测的雾浓度图。然后, 计算精确雾浓度图的平均值作为全局雾浓度得分。

2. 训练方法

收集相同场景的大量雾图像和相应的无雾图像是不现实的。因此, 缺乏训练图像及其对应的雾浓度得分是一个具有挑战性的问题。幸运的是, 利用式 (5-39) 中的大气散射模型, 可以利用无雾图像合成雾图像。此外, 我们发现合成雾图像和无雾图像间的 SSIM 分数可以较好地表示雾浓度。因此, 提出使用合成图像及其相应的 SSIM 分数进行训练。鉴于以全尺寸的合成雾图像作为输入, 其 SSIM 图作为目标来训练模型比较困难, 所以使用雾图像块和相应的 SSIM 标签训练 HazDesNet, 如图 5.23 所示。可以引入一个假设, 即图像内容与传输无关, 这个假设是基于相同的图像块 (图像内容) 可能有不同的场景深度提出的。在此假设下, 可以将一个无雾图像块合成为不同传输量的雾图像块。因此, 对无雾图像块进行随机裁剪, 然后通过多种传输合成雾图像块。合成雾图像块和相应的原始图像块间的 SSIM 分数是回归目标。训练数据集包括合成雾图像块和相应的 SSIM 标签。

综上，模型可以用 $\mathcal{F}$ 表示，训练参数用 Θ 表示。损失函数定义为

$$L(\Theta) = \frac{1}{N} \sum_{i=1}^{N} \left\| \mathcal{F}\left(\Theta, I_i^P\right) - \text{SSIM}_i^P \right\|^2 \tag{5-42}$$

其中，I^P 是雾图像块，SSIM^P 是 I^P 的 SSIM 指标，$\|\cdot\|$ 是 L2 范数，i 是图像块及其相应 SSIM 标签的索引。

3. SSIM 和雾浓度之间的关系

雾图像通常具有低对比度、亮度偏移及颜色淡 [88] 的特点，因此设计客观算法来精确度量雾图像的雾浓度是可行的。但是当设计和评估客观雾浓度预测算法时，需要相应的真实雾浓度数据。考虑到人们能很好地辨别出有雾区域，并且人类是视觉信号的最终接收者 [48,49,86,88,113]，我们相信人类能感知雾并且准确判断单张雾图像的雾浓度，因此在评价时使用人工标注的雾浓度分数作为真值，这与文献 [88] 相同。MSE、PSNR 和 SSIM 是 FR-IQA 的三个常用度量指标。SSIM 指标比 MSE 和 PSNR[27] 更符合人的感知。为此，在训练过程中，使用合成雾图像和无雾图像之间的 SSIM 得分作为训练标签。使用 SSIM 评分是因为我们观察到，与 MSE 和 PSNR 评分相比，SSIM 评分更适合描述合成雾图像的雾浓度。为了验证这一点，我们在主观雾浓度研究中包括了 100 张合成的雾图像，该研究将在 5.3.3 节中介绍。在我们的主观研究中，MOS 代表雾浓度得分的真值。我们分析了三个 FR-IQA 得分与雾浓度得分真值的相关性。

我们计算了 Spearman 和 Pearson 相关系数，结果如表 5.16 所示。定量来看，SSIM 得分和 MOS 之间的 SROCC 和 PLCC 分别为 0.8947 和 0.9095，比其和 PSNR 以及 MSE 之间的相关性好。显然，与 PSNR 和 MSE 相比，SSIM 是描述雾浓度更好的指标。图 5.25 展示了 SSIM 分数 (使用第 5.3.4 节 3. 介绍的对数非线性函数映射) 和人标记的雾浓度分数真值之间的散点图。可以看到，SSIM 和雾浓度得分真值高度相关。

表 5.16　FR-IQA 度量和合成雾图像的 MOS 之间的 PLCC 和 SROCC

衡量标准	SSIM	PSNR	MSE
PLCC	**0.9095**	0.8060	0.6842
SROCC	**0.8947**	0.7817	0.7817

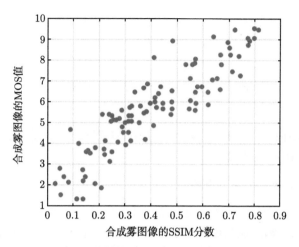

图 5.25   合成雾图像的 SSIM 分数和 MOS 值

4. 网络特征和暗通道间的关联

深度神经网络需要对人类可解释[98]，特征可视化对于理解神经网络，了解某一层的功能有着重要的作用。我们发现 HazDesNet 中某一层的输出特征与图像的暗信道有关，它可以用模型架构来解释。暗通道的计算过程包括两个步骤，也就是一个 $r \times r$ 滑动窗和一个 RGB 跨通道选择。这个过程类似于我们的特征提取模块，包含一个 5×5 卷积算子和一个跨通道融合层。

提取雾图像的暗通道并在图 5.26(a) 和 (b) 中展示这些图像。图 5.26(c) 中还展示了特征提取模块第 14 层的输出特征。这些输出特征被线性映射到 0 到 1

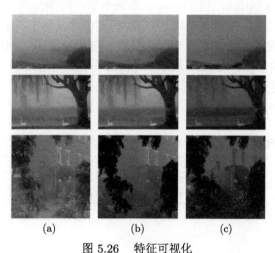

图 5.26   特征可视化

(a) 原始图像；(b) 具有 22 个滑动窗口的暗通道；(c) 特征提取模块第 14 层的输出特征

之间的范围内，以实现更好的可视化。可以很明显地看到暗通道特征和我们提取的特征看起来非常相似。

5.3.3 雾浓度的主观感知评价

为了评估图像雾浓度预测算法，需要雾图像的雾浓度分数真值。由于收集现实世界中的雾图像和相应的无雾图像不可行，Choi 等 [49] 使用 100 张图像进行了一项主观的人类研究来构建 LIVE 图像去雾数据集来评估 FADE。在他们的人类研究中，要求受试者对每个雾图像给出雾浓度的感知等级，并将每个图像评级的统计平均值计算为雾浓度的真值，该数据集可以在文献 [114] 中找到。但是，该数据集很小，无法进行全面评估。因此，我们建立了另一个名为"人类感知雾浓度"(HPHD) 的数据集，其中包含一个真实世界的雾图像 (real-world hazy image, RHI) 子集和一个合成雾图像 (synthetic hazy image, SHI) 子集。前者包括 500 个现实世界的雾图像，后者包括 100 个合成的雾图像，我们在此数据集上进行类似的主观研究。HPHD 数据集总共包含 600 个雾图像及其 MOS 值，这些分数代表了雾浓度的真值。在 5.3.4 节中使用 HPHD 和 LIVE 数据集评估 HazDesNet 的性能。

1. HPHD 数据集构建

在 RHI 子集中，我们收集来自 Flickr 的 500 张有雾图片。Flickr 是一个图片托管平台，所有图片都可以在 Creative Commons 许可下共享。这些图像是通过 haze、fog、mist 等关键词检索的。这些图像内容多样，包括广场、山脉、森林、道路等，并且没有天气限制。因为文献 [49] 中的数据集包含了一些众所周知的有雾测试图像，所以我们没有重复这些图像。这些图像的分辨率从 368×650 到 2048×1751 不等。图 5.27 展示了收集到的 500 张图像中的部分示例。这些样本的 MOS 结果也被列出，以便对我们的课题研究有更直观的理解。

(a) MOS=0   (b) MOS=1.67   (c) MOS=3.80

(d) MOS=5.60   (e) MOS=7.67   (f) MOS=9.33

图 5.27   HPHD 数据集中的一些样本及其相应的 MOS

在 SHI 子集中，我们从不同的雾图像数据集中收集合成雾图像，包括 I-HAZE[115]、D-hazy[26]、HazeRD[116]。这三个合成雾图像数据集包括多种场景和多种雾浓度。这些图像的分辨率不同，我们在保持图像横纵比的条件下将图像的长边调整到 800。最后，从这些合成雾图像数据集中选择 100 张图像来构成 SHI 子集。SHI 子集中只有 100 张图像，比 RHI 子集中的图像少，因为 SHI 子集的主要目的是验证 SSIM 度量可以很好地描述雾浓度这一假设。此外，合成雾图像不如真实世界的雾图像真实，因此我们倾向于在 RHI 子集中包含更多的图像。

2. 主观评价

我们邀请了 15 名志愿者作为主观研究的受试者，所有受试者的视力都被矫正到正常。实验开始前，请所有受试者对所展示图像的雾浓度进行评估。在正式评估之前会增加一个训练过程，在训练过程中，受试者可以对整个数据集的雾浓度范围有一个感觉，也可以学习如何对雾浓度进行评分。

我们使用 MATLAB 在 Windows 系统的个人计算机中开发了一个用户界面用于本研究。该用户界面显示一张雾图像，受试者可以给出相应的雾浓度等级。屏幕分辨率为 1920×1080，刷新率为 60Hz。用户界面位于 24in 显示器的中央，显示器的型号为 Dell U2417H。

我们使用单刺激连续质量评估 (single-stimulus continuous quality evaluation, SSCQE)[117] 策略。主观研究是在安静的实验室环境中进行的，在研究过程中没有任何外部事件干扰受试者，要求受试者评估所显示图像的雾度。评分栏中有 11 个整数评分标签，范围从 0 到 10。这些评分标签指示雾的程度，得分 0 表示图像中几乎没有雾，得分 10 表示图像雾浓度很高。完成对图像的评级后，用户界面会立即自动显示下一张图像，我们为每个受试者随机设置测试图像的显示顺序。对每张图像进行评级时没有时间限制，一个受试者的整个测试过程持续 30~45min。表 5.17 给出了主观实验设置概述。

表 5.17   主观实验设置

类别	项目	细节
显示器	模型	Dell U2417H
	分辨率	1920×1080
测试方法	方法	单激励
	质量等级	11 个绝对等级
	展示顺序	随机
测试条件	受试者数目	15
	观看距离	3 倍屏幕高度
	环境	实验室

3. 数据处理及分析

我们遵循文献 [117] 中的方法来排除离群值和拒绝受试者。如果雾图像的原始雾浓度等级远离平均值 (在高斯情况下为 2 个标准偏差或在非高斯情况下为 $\sqrt{20}$ 个标准偏差), 则删除该图像。此外, 一个有超过 5% 的离群值评分的受试者被作为异常受试者拒绝。后续过程中都将异常评分和异常受试者排除在外。由于我们的主观研究的评分范围为 0~10, 所以没有使用评分映射对原始评分进行预处理。最终计算出的 MOS 值作为每张图像雾浓度的真值。两组 MOS 的直方图如图 5.28 所示。很明显, MOS 在 0~10 范围内广泛分布。

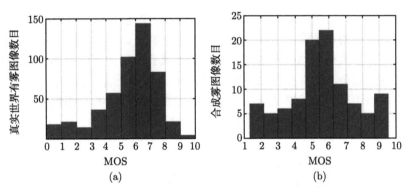

图 5.28 两组 HPHD 数据集的 MOS 直方图
(a) RHI 子集的 MOS 的直方图, (b) SHI 子集的 MOS 的直方图

5.3.4 算法性能测试

在本节中, 我们将通过各种实验和研究验证 HazDesNet。首先介绍包括训练数据、训练参数等在内的实验设置; 然后说明我们的模型体系结构的性能, 在不同数据集上对比我们的模型和 FADE[49] 的定量结果; 最后, 展示真实世界图像的定性结果, 它们证明了我们的模型相比于之前方法性能的提升。

1. 网络训练细节

为了训练我们的模型,我们从互联网上收集了一些无雾图像来生成训练集,然后从这些图像中随机裁剪出总共 4000 个大小为 32×32 的无雾图像块。对每个图像块, 均匀采样 $t \in (0,1)$ 来生成 10 个合成有雾图像块, 并计算有雾和无雾图像块间的 SSIM 得分。因此, 使用了 40000 个雾图像块和相应的 SSIM 标签来训练我们的模型。这些图像块被随机分成两部分: 75% 的图像块作为训练集, 25% 的图像块作为验证集。

使用 Keras 包实现我们的模型, 模型配置如图 5.24 所示, 并在表 5.15 中进行了总结。使用 RMSprop 优化我们的模型, 学习率设置为 0.001, 默认 rho 为 0.9。

每个 epoch 的学习率衰减率为 10^{-3}，将批处理大小 (batch size) 设置为 512，并将模型训练 1000 次。不使用任何数据增强技术来扩展训练集，因为很容易生成更多的训练数据，并且当前数据足以进行网络训练。基于这些配置，在装有 Nvidia GeForce GTX 1080 GPU 的服务器上对 HazDesNet 进行了训练。

　2. 传输图和雾浓度图的比较

　　毫无疑问，传输图和雾浓度图都能反映图像中雾的程度，但两者之间仍然存在显著差异。在本节中，将讨论传输图和雾浓度图之间的区别。根据大气散射模型，$t(x) = \mathrm{e}^{-\beta d(x)}$ 是所谓的传输，其中 $-\beta d(x)$ 是光学厚度。因此，如果 β 是常数，传输图由一个场景的深度决定。相同深度的像素具有相同的透射率。但是，具有相同透射率的这些像素可能具有不同的视觉特征，例如边缘、纹理、颜色等。因此，即使像素具有相同的透射率，它们仍然具有不同的雾浓度感知，并且这些像素的传输图也会与其雾浓度图不同。图 5.29 展示了无雾图像、合成雾图像，以及相应的传输图和预测的雾浓度图，其中传输图被反转以与雾浓度图正相关。显然，墙的纹理变化没有反映在传输图中，但反映在雾浓度图中。另一个明显的例子

(a) 无雾图像　　　　　　　　　(b) 合成雾图像

(c) 传输图　　　　　　　　　(d) 雾浓度图

图 5.29　传输图和雾浓度图的比较

是白色窗户的区域,该区域具有相似的透射率,但雾浓度比周围环境低。在雾浓度图上很容易观察到白色窗户与其周围环境之间的差异,而传输图无法反映这种差异。

3. 性能评价指标

计算雾浓度得分 D 和 MOS 之间的 PLCC 和 SROCC 来评价性能。在计算 PLCC 和 SROCC 之前,利用逻辑斯谛非线性函数[53,86,118] 对预测的雾浓度得分 D 进行映射。

4. 不同结构的 HazDesNet 的性能

在我们提出的 HazDesNet 中,有两个组件是专门为特定目的设计和选择的。最大值和平均值 (Max-Avg) 混合模块旨在以自动学习的方式实现局部最大值和局部平均值融合。选择 Sigmoid 激活函数是由于其合理的非线性、范围和连续性。在本节中,说明了 Max-Avg 融合模块和 Sigmoid 激活函数的有效性。此外,特征映射模块中的滤波器数量是很重要的超参数,我们探索了参数数量与性能之间的权衡。

(1) 最大值–平均值融合 (Max-Avg 融合) 的有效性:为了评估 Max-Avg 融合的有效性,删除了 Max-Avg 融合模块,并用局部最大层或局部平均层代替,然后在相同的设置下训练这些修改后的模型。

Max-Avg 融合模块的性能和 Max-Avg 融合的有效性如图 5.30 所示。图 5.30 展示了采用 Max-Avg 融合模块或单独最大层或单独平均层的 HazDesNet 的训练过程。Max-Avg 融合模块的收敛速度最快,收敛效果也最好。此外,也比较了雾估计准确性来验证 Max-Avg 融合的有效性,结果如表 5.18 所示。

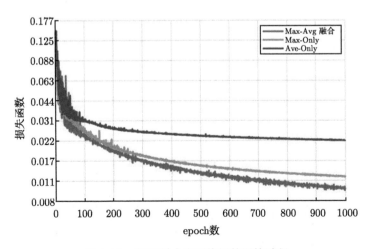

图 5.30 不同最大和平均层的训练过程

表 5.18　不同融合层的 HazDesNet 的雾估计精度

融合层	Max-Only	Avg-Only	Max-Avg 融合
LIVE 去雾数据集			
PLCC	0.8819	0.8451	**0.9156**
SROCC	0.8708	0.8326	**0.9056**
HPHD 数据集的 RHI 子集			
PLCC	0.7784	0.7210	**0.8184**
SROCC	0.7938	0.7381	**0.8392**
HPHD 数据集的 SHI 子集			
PLCC	0.8891	0.8634	**0.9082**
SROCC	0.8712	0.8418	**0.8822**

(2) 激活函数对比：将 Sigmoid 激活函数与 Tanh、线性和 BReLU 激活函数的性能进行了比较。BReLU[18] 是可调有界整流器的特殊情况 [119]。BReLU 对图像修复很有用，其定义为 $f(x) = \min(0, \max(1, x))$。

图 5.31 展示了训练过程中不同激活的对比，其中 Sigmoid 的收敛损失最小，线性和 Tanh 激活函数的损失在前 300 轮中振动强烈。线性和 Tanh 的最终稳定收敛大于 BReLU 和 Sigmoid，因为 BReLU 和 Sigmoid 的范围在 0 到 1 之间，与 SSIM 指标一致。BReLU 在文献 [18] 中有很好的性能，因为他们的模型比 HazDesNet 使用了更多的非线性映射层。显然，Sigmoid 的非线性提高了收敛精度，此外，Sigmoid 还提高了雾估计的准确性。在表 5.19 中，Sigmoid 的 PLCC 和 SROCC 性能相比于其他激活函数是最好的。

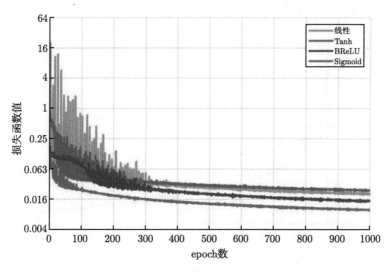

图 5.31　使用不同激活函数的训练过程

表 5.19　不同激活方式下 HazDesNet 的雾估计精度

激活函数	线性	Tanh	BReLU	Sigmoid
LIVE 去雾数据集				
PLCC	0.8564	0.8560	0.8767	**0.9156**
SROCC	0.8455	0.8437	0.8621	**0.9056**
HPHD 数据集的 RHI 子集				
PLCC	0.7409	0.7342	0.7589	**0.8184**
SROCC	0.7510	0.7493	0.7797	**0.8392**
HPHD 数据集的 SHI 子集				
PLCC	0.8708	0.8698	0.8944	**0.9082**
SROCC	0.8491	0.8428	0.8751	**0.8822**

(3) 特征映射的滤波器数目：在 HazDesNet 的特征映射模块，滤波器的数量对模型的性能有很大的影响。一般来说，滤波器数量越多，收敛越精确。然而，随着滤波器数量的增加，模型参数也会增加。因此，需要研究滤波器数量和性能之间的权衡。在特征映射模块中，我们使用 24、48 和 96 作为滤波器的数量来对 HazDesNet 进行微调。

表 5.20 中列出了使用不同数量滤波器的训练结果，包括训练集/验证集的 MSE 和参数量。由表 5.20 可以看出，24 滤波器层的参数最少，但是训练性能最差。此外，96 滤波器层的 MSE 几乎等于 48 滤波器层的 MSE，但是如果达到了预期的目标，应首选较小的网络。这就是我们在模型的特征映射模块中使用了一个 48 滤波器层的原因。

表 5.20　使用不同数量滤波器的训练结果

滤波器数目	训练集 MSE	验证集 MSE	参数量
24	0.0121	0.0196	14424
48	0.0098	0.0180	28848
96	0.0093	0.0178	57696

5. 定量评价

在本节中，我们定量评估了所提出的 HazDesNet，并将其与最先进的方法进行比较。HazDesNet 以一个雾图像作为输入，并预测其雾浓度图，然后使用引导滤波器对雾浓度图进行细化，最后计算细化后的雾浓度图的均值作为全局雾浓度 D。我们在 7 张有代表性的监控图像、LIVE DEFOGGING 数据集和我们构建的 HPHD 数据集上评估 HazDesNet 的性能。

(1) 比较方法：以往的雾浓度预测研究局限于特定条件，例如车载摄像机、地理信息、沙尘暴环境等。我们的 HazDesNet 不受这些限制，因此与这些方法相比没有局限性。相反，我们的 HazDesNet 与以下方法进行了比较：一个雾浓度预测模型和基于几种广泛认可的网络架构创建的三个基准 (baseline) 模型。

FADE：它可以只用一张雾图像预测雾浓度，是被广泛认可的雾浓度预测模型。

ResNet50：去掉预训练模型末端的全连接层，加入一个 1×1 卷积滤波器，用最终特征图的均值来表示雾浓度。

GoogleNet：使用 GoogleNet 的前七个 inception 模块提取特征图。我们还添加了一个 1×1 卷积滤波器，并计算最终特征图的均值作为雾浓度。

NASNet-Mobile：设置输入大小为 32×32×3，输出大小正好是 1×1×1，表示输入图像块的雾浓度。

使用与训练 HazDesNet 相同的方法训练这些模型。这三个模型最后几层的激活函数均为 Sigmoid。对于三种网络，除了传统的 FADE 方法外，我们都使用了迁移学习，对在 ImageNet 上预训练的模型进行了微调。

(2) 代表性监控图像的定量结果：评估雾预测算法和去雾算法很困难，因为雾图像对应的无雾图像无法获得。幸运的是，目前仍然有一小部分用于雾预测评价的监控图像。首先，如图 5.32 所示，使用 7 个有代表性的监控图像来评估我们的方法。这 7 个监控图像是在同一场景、相同位置和不同时间捕获的。随着天气的变化，监视摄像机会捕获到不同雾浓度的雾图像。这些随时间变化的真实世界的图像适用于测试雾预测方法的性能。图 5.32 展示了来自 LIVE DEFOGGING 数据集的这 7 个监控雾图像。使用 HazDesNet 计算每个雾浓度图像的雾浓度得分 D，并观察这些预测得分与人类标记的 MOS 之间的一致性。PLCC 和 SROCC 如表 5.21 所示。

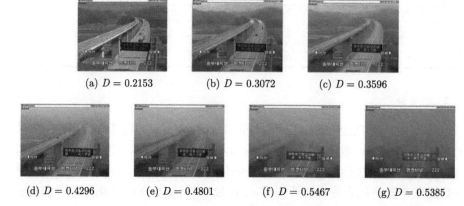

(a) $D = 0.2153$　　　　(b) $D = 0.3072$　　　　(c) $D = 0.3596$

(d) $D = 0.4296$　　(e) $D = 0.4801$　　(f) $D = 0.5467$　　(g) $D = 0.5385$

图 5.32　同一场景不同雾浓度的 7 幅具有代表性的雾监测图像及其预测雾浓度得分 D

从表 5.21 中，可以看到 PLCC 和 SROCC 分别为 0.9960 和 0.9643。可以得出结论：HazDesNet 的预测雾浓度得分与人类对这些监控图像打出的 MOS 高度相关。此外，也证明了我们的方法可用于在监控系统和自动驾驶车辆中监测雾的情况。

表 5.21　7 个代表性监测图像的预测密度分数 D 和 MOS 之间的 PLCC 和 SROCC

图像索引	a	b	c	d	e	f	g
雾浓度得分 D	0.2153	0.3072	0.3596	0.4296	0.4801	0.5467	0.5385
MOS	8.10	16.45	30.85	43.90	59.95	77.05	81.90
PLCC	0.9960						
SROCC	0.9643						

图 5.32(f) 和 (g) 中的预测雾浓度与 MOS 不一致，即图 5.32(f) 的预测雾浓度较大，而其 MOS 较小，可能是由于以下原因导致的。图 5.32(g) 的亮度比图 5.32(f) 更暗，因此人可感知到的图 5.32(g) 的雾浓度更大。但是，在我们的训练过程中，为简化起见，将式 (5-39) 中的整体大气光设置为 $A = 1$。如果原始图像 $J(x) \neq 1$ 且 $t(x) \neq 1$，则这种简化会导致亮度增加。因此，在这种监控情况下，我们的 HazDesNet 对图 5.32(g) 的预测雾浓度比对图 5.32(f) 的预测浓度高。这也表明需要进一步改进该方法对全局亮度变化的鲁棒性。

(3) 在 LIVE DEFOGGING 数据集上的定量结果：除了少量的监控图像外，我们还在 LIVE DEFOGGING 数据集上评估了所提出的 HazDesNet 模型 [114]。这里将 HazDesNet 的定量结果与 FADE[49] 及其他三种基于深度学习的方法进行了比较。LIVE DEFOGGING 数据集包含了 100 张真实世界的雾图像和相应的 MOS。我们还利用预测雾浓度得分和 MOS 之间的 PLCC 和 SROCC 验证了我们方法的性能。

这些方法的性能如表 5.22[49] 所示。FADE 需要先将雾图像分割成小块，然后估计整个图像的雾浓度。因此，实践时 FADE 需要选择一个最好的批处理大小 (batch size)。除了输入为 32×32×3 的 NASNet 外，其他基于深度学习的方法都可以对任意大小的雾图像预测其雾浓度图。表 5.22 列出了 FADE 在不同块大小 (范围从 4×4 到 32×32) 下的性能。FADE 的最佳 PLCC 和 SROCC 分别为 0.8934 和 0.8756，但它们是在不同块大小下计算得到的。我们 HazDesNet 的 PLCC 和 SROCC 分别为 0.9156 和 0.9056，优于 FADE。此外，HazDesNet 还有一个优势，它不需要任何额外的参数，比如块大小。同时，我们的 HazDesNet 优于其他基于深度学习的方法，这主要是因为这些模型最初是为其他目的设计的，并且模型的体系结构并不适合此任务。

图 5.33 为 HazDesNet 和 FADE 在 LIVE DEFOGGING 数据集上的散点图。这些图展示了在 LIVE DEFOGGING 数据集上，预测的雾浓度分数与人类受试者给出的 MOS 之间的关系。雾浓度分数越高,表示图像中的能感知到的雾越重。

表 5.22　在 LIVE DEFOGGING 数据集中，预测的雾浓度分数与雾图像的 MOS 之间的 PLCC 和 SROCC

方法	HazDesNet	FADE					ResNet50	GoogleNet	NASNet-Mobile
图像块大小	/	4×4	8×8	10×10	16×16	32×32	/	/	32×32
PLCC	**0.9156**	0.8896	0.8899	0.8922	0.8934	0.8835	0.8752	0.8643	0.8514
SROCC	**0.9056**	0.8720	0.8756	0.8742	0.8723	0.8647	0.8641	0.8589	0.8464

从图 5.33(a) 可以看出，HazDesNet 的预测雾浓度分数与人的感知高度相关。对比图 5.33 中的两幅图，可以看到 HazDesNet 的散点更加收敛，说明 HazDesNet 具有更好的预测能力。更重要的是，也可以观察到 HazDesNet 的预测比 FADE 具有更好的线性度。

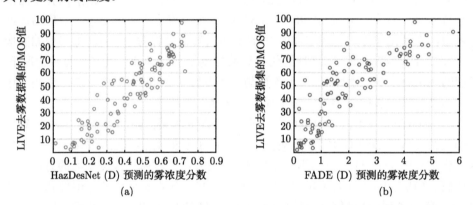

图 5.33　HazDesNet (a) 和 FADE (b) 在 LIVE DEFOGGING 数据集上的散点图

　　(4) 在 HPHD 数据集上的定量结果：虽然 LIVE DEFOGGING 数据集包含了不同内容和不同雾浓度的雾图像，但是该数据集中只有 100 张图像，是比较少的。因此，我们构建了 HPHD 数据集，该数据集包括一个 RHI 子集和一个 SHI 子集，并在 5.3.3 节中进行了主观人类研究。HPHD 数据集还包含了不同内容的雾图像及相应的人类判断的使用 MOS 描述的雾浓度。

　　在本部分中，我们在 HPHD 数据集的 RHI 子集和 SHI 子集上对 HazDesNet 进行了评估，并将其与 FADE 和其他三种基于神经网络微调的方法进行了比较。与前面类似，我们计算 PLCC 和 SROCC 来验证 HazDesNet 的性能，在计算之前通过非线性函数映射预测的雾浓度得分。表 5.23 给出了 HazDesNet 和 FADE 等其他方法的性能。从表 5.23 中可以清楚地看到，HazDesNet 的性能是最好的。经过非线性映射后，HazDesNet 的预测密度得分 D 与 RHI 子集的 MOS 之间的 PLCC 和 SROCC 分别为 0.8184 和 0.8392。就 FADE 而言，RHI 子集上最佳的 PLCC 和 SROCC 分别为 0.7156 和 0.7608，分别在使用 32×32 和 16×16 的图像块时取到。在 SHI 子集上，HazDesNet 的 PLCC 和 SROCC 也优于 FADE。说明 HazDesNet 比 FADE 更好。在 RHI 子集和 SHI 子集上，HazDesNet 的性能也都优于其他的微调模型。另外，在 LIVE DEFOGGING 数据集上比较这些方法的性能，在 HPHD 数据集上的性能下降了许多。这是因为 HPHD 数据集包含了更多、更有挑战的雾图像。

表 5.23 在 HPHD 数据集中，预测的雾浓度得分与雾图像的 MOS 之间的 PLCC 和 SROCC

方法	HazDesNet	FADE					ResNet50	GoogleNet	NASNet-Mobile
图像块大小	/	4×4	8×8	10×10	16×16	32×32	/	/	32×32
RHI 子集									
PLCC	**0.8184**	0.6973	0.7066	0.7127	0.7154	0.7156	0.7744	0.7588	0.7489
SROCC	**0.8392**	0.7454	0.7550	0.7593	0.7608	0.7592	0.7613	0.7381	0.7334
SHI 子集									
PLCC	**0.9082**	0.8754	0.8949	0.8993	0.9064	0.9062	0.8996	0.8967	0.8755
SROCC	**0.8822**	0.7914	0.8335	0.8419	0.8600	0.8733	0.8704	0.8581	0.8421

图 5.34(a) 是在 HPHD 数据集的 RHI 子集上，HazDesNet 和 MOS 的预测雾浓度得分之间的散点图。图 5.34(a) 中点的分布说明 HazDesNet 预测的雾浓度得分在一定程度上与雾浓度具有很好的相关性。然而，图 5.34(a) 左下角的点较为分散，说明在该区域 HazDesNet 还可以进一步改进。这种不完美的分布可能是由于网络将图像中一些白色或灰色的物体视为雾，导致预测雾浓度得分较低。同时，在 HPHD 数据集的 RHI 子集上，FADE 和 MOS 预测的雾浓度得分之间的散点图如图 5.34(b) 所示。从 FADE 的散点图中，我们可以看到 86.8% 的预测雾浓度分数小于 3，只有 8 个密度分数大于 7，这意味着 FADE 的预测是不均匀且高度非线性的。图 5.35(a) 是在 HPHD 数据集的 SHI 子集上，HazDesNet

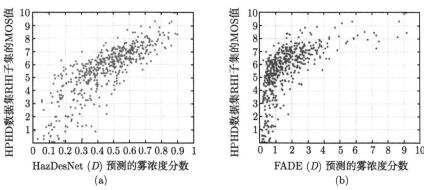

图 5.34 HazDesNet (a) 和 FADE (b) 在 RHI 子集上的散点图

这两个图显示了 RHI 子集上的预测雾浓度分数和 MOS 值

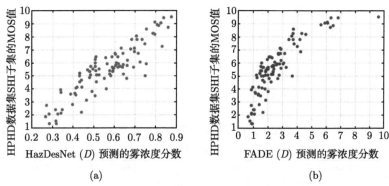

(a)　　　　　　　　　　　　　　　　(b)

图 5.35　HazDesNet (a) 和 FADE (b) 在 SHI 子集上的散点图

这两个图都显示了 SHI 子集上的预测雾浓度分数和 MOS 值

和 MOS 的预测雾浓度得分之间的散点图；图 5.35(b) 是在 HPHD 数据集的 SHI 子集上，FADE 和 MOS 的预测雾浓度得分之间的散点图。综上所述，HazDesNet 预测雾浓度的能力比 FADE 强。

6. 定性结果

图 5.36 展示了由 FADE 和 HazDesNet 预测的雾浓度图。这些真实世界的雾图像是 HPHD 数据集的 RHI 子集中的样本，如图 5.36(a) 所示。图 5.36(b)，(c)，(d) 分别展示了使用 4×4，16×16 和 32×32 图像块时 FADE 的预测结果。图 5.36(e) 展示了 HazDesNet 的预测结果。

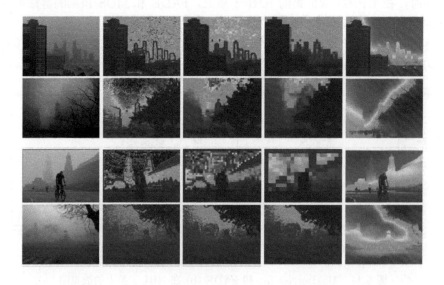

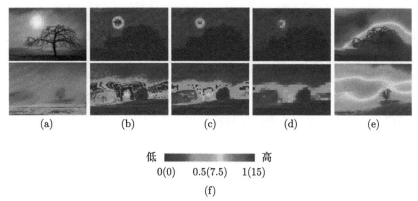

低 ▬▬▬▬ 高
0(0)   0.5(7.5)   1(15)
(f)

图 5.36   原始雾图像和预测的雾浓度图

(a) 是原始雾图像；(b)，(c)，(d) 分别是使用 4×4、16×16、32×32 图像块时 FADE 预测的雾浓度图；(e) 是 HazDesNet 预测的雾浓度图；(f) 是显示颜色尺度的颜色条，0~15 是 (b)~(d) 的指示，0~1 是 (e) 的指示

对整张雾图像预测其雾浓度图是极具挑战性的。FADE 使用图像块预测局部雾浓度，然后使用这些局部密度构建雾度图。为了获得高分辨率的密度图，FADE 使用的块大小必须尽可能小。但是，如图 5.36(b) 所示，即使使用 4×4 等小的图像块尺寸，FADE 的预测雾浓度图也不是连续的。为了获得稳定的雾浓度图，FADE 需要使用较大的图像块，例如 16×16 和 32×32。然而，如图 5.36(c) 和 (d) 所示，这些大的图像块尺寸会导致块状效应。相反，HazDesNet 能够预测连续、稳定和高分辨率的密度图，如图 5.36(e) 所示，预测的雾浓度图的分辨率约为输入雾图像分辨率的一半。

根据预测精度，HazDesNet 的预测雾浓度图有很高的质量和鲁棒性。图 5.36 的第四行和第五行表明，在不同的场景中，HazDesNet 比 FADE 更可靠。

5.4   弱光图像增强的感知质量评价

可见光相机捕获的图像可能会在低能见度、低对比度和强噪声的低光或背光环境下退化。这种退化图像会让人感到不满意，也会影响许多计算机视觉算法 (如图像分类、图像分割、目标跟踪等) 的性能，这些算法通常都是针对高能见度的图像设计的。虽然我们可以通过使用专业的设备和软件在一定程度上缓解这种退化，但它要求用户具有专业的摄影技能，不能用于需要实时处理的应用程序。因此，一些单幅弱光图像增强算法 (low-light image enhancement algorithm，LIEA)[120-129] 被提出以实现弱光图像的自动调亮。

弱光图像增强算法：近年来，人们提出了许多 LIEA。一般来说，LIEA 可以分为基于直方图均衡的方法、基于 Retinex 理论的方法和基于学习的方法。这里简要介绍每类中几种具有代表性的 LIEA。

基于直方图均衡的方法将弱光图像的动态范围拉伸到全像素范围，并在一些相对明亮的区域避免饱和。直方图均衡直接根据输入灰度的概率分布映射弱光图像的灰度等级。Ibrahim 和 Kong[120] 引入了亮度保持动态直方图均衡来增强图像对比度。Celik 和 Tjahjadi 通过考虑像素间的上下文信息，提出了一种上下文和变分对比度 (contextual and variational contrast，CVC) 增强方法 [130]。Lee 等开发了一种基于二维直方图分层差分表示的对比度增强算法 [131]。然而，基于直方图的方法主要是为了增强图像的对比度。这些方法更多地关注图像的全局信息而忽略了局部结构，导致图像增强过度或不足。

Retinex 理论也被广泛应用于弱光图像增强。Retinex 理论假设彩色图像可以分解为反射分量和照射分量，具体可以表示为

$$I = RLq' = \lambda_1 \left(\frac{1}{2} - \frac{1}{1 + e^{\lambda_2(q-\lambda_3)}} \right) + \lambda_4 q + \lambda_5 \tag{5-43}$$

其中，I 为捕获到的图像，R 和 L 分别为图像的反射分量和照射分量。操作表示逐元素乘法。早期的研究 (如单尺度 Retinex[132] 和多尺度 Retinex[133]) 直接将 R 作为增强结果，这往往会导致增强图像由于缺乏亮度分量而显得不自然。为了在增强细节的同时保持自然性，Wang 等 [122] 首先将观察到的图像分解为反射分量和照射分量，然后使用双对数变换在保持自然性的同时增加照度。Fu 等 [125] 提出了一种加权变分模型，通过在正则化项中加入先验表示来同时估计反射和照度，这可以弥补对数变换带来的缺陷。Fu 等 [123] 在线性域中进一步估计了反射和照度分量，并且说明了线性域比对数域更能代表先验信息。Guo 等 [126] 提出了一种基于结构感知的平滑模型来估计光照分量，该模型可以缩小求解空间，从而降低计算代价。Li 等 [129] 开发了一个鲁棒的 Retinex 模型，通过考虑强噪声项来估计分段平滑照度和显示结构的反射率。Ying 等 [128] 首先开发了一个精确的相机响应模型，并利用该模型根据估计的曝光率图调整输入图像的像素，使其达到完美曝光。图像融合技术也被应用于弱光图像的增强。例如，Fu 等 [124] 将估计照度的多个导数融合，将它们的优点融合到单个输出中。Ying 等 [128] 利用相机响应模型合成曝光良好的图像，然后根据照度权重矩阵将曝光良好的图像与原始图像融合。

近年来，深度卷积神经网络 (CNN) 在图像增强方面表现出良好的性能。Lore 等 [134] 提出了一种深度自编码器方法，同时进行对比度增强和去噪。Shen 等 [135] 表明，多尺度 Retinex(multi-scale Retinex, MSR) 相当于一个有不同高斯卷积核的前馈 CNN，然后提出了包含多尺度对数变换、卷积差和颜色恢复函数的 MSR-net 来学习一个端到端的从暗图像到亮图像的映射。Lv 等 [136] 利用多个子网络从

不同层次提取特征，然后通过多分支融合将不同层次的特征图合并到增强后的图像中。Cai 等 [137] 设计了一种基于深度学习的图像对比度增强器，从低频亮度分量和高频细节分量对弱光图像进行增强，然后将其合并为最终的增强结果。Wang 等 [138] 提出了一种网络，首先估计了一个图像到照度的映射来建模变光照环境，然后将照度映射与原始图像融合，以增强曝光不足的图像。

弱光增强的质量评价：IQA 对于弱光增强方法的发展具有重要意义。一方面，当我们提出一个新的 LIEA 时，需要将它与其他最先进的方法进行比较。另一方面，在应用 LIEA 时，需要选择最优算法。一般来说，图像质量的评价可以使用两种策略：主观和客观。在文献中，主观 [138] 和客观 [124,126,128] 质量评价都被用于评估弱光增强图像的质量。主观质量评价是基于受试者感知质量评级的。因为人类通常是图像最终的接收者，所以主观质量评估更加直接和准确。然而，主观质量评价非常耗时和昂贵，因此它不能用于大规模增强图像的评估，也不能嵌入实时处理系统中。考虑到这些缺点，有必要引入客观质量评价来自动预测感知质量。

一般而言，根据是否需要参考图像，可以将客观 IQA 算法 [86] 分为 FR、RR 和 NR。FR-IQA 和 RR-IQA 分别需要完整和部分参考图像信息，而 NR-IQA 仅将失真图像作为输入。在本节，我们关注 FR 质量评估。大多数 FR-IQA 模型被提出来评估由于某些常见失真类型 (例如 JPEG 压缩、高斯噪声、模糊等) 导致失真的图像。例如，PSNR 和 SSIM 指数 [27] 是两种广泛使用的 FR-IQA 算法。PSNR 计算失真图像和参考图像之间的像素间差异，SSIM 计算两个图像之间的亮度、对比度和结构相似性。最明显失真 (most apparent distortion，MAD)[39] 指标首先使用对比敏感度、局部亮度和对比度掩模来度量高质量图像，然后使用两个图像之间的局部统计量变化来度量低质量图像，最后结合了两种措施。内部生成机制 (IGM)[139] 指标首先使用自回归预测算法将图像分解为预测部分和无序部分，并将两个部分的质量合并得到整体质量得分。特征相似性 (FSIM)[42] 指数利用相位一致性 (PC) 和图像梯度幅度确定局部图像质量，然后再使用 PC 来合并局部质量。梯度幅度相似性偏差 (GMSD)[75] 指标计算像素级梯度幅度相似度 (gradient magnitude similarity，GMS) 来确定局部图像质量，然后将其与 GMS 的标准偏差合并。Zhang 等 [140] 指出使用预训练的深度神经网络 (deep neural network，DNN) 的深度特征作为感知指标，可以与人类视觉系统更加一致。

这些算法已被证明在传统 IQA 数据集，如 LIVE[27]、CSIQ[39]、TID2008[141] 和 TID2013[142] 上能够有效评价图像质量，这些数据集包括模拟的失真类型，如 JPEG 压缩、高斯噪声和模糊等。然而，由弱光增强引入的失真比这些模拟失真要复杂得多。在弱光图像增强过程中，可能会引入结构损伤、颜色偏移、噪声、过度增强等多种失真类型。更重要的是，弱光增强图像可能包含一种或多种失真，这使得它们和常用的 IQA 数据集中的失真图像更加不同，也更加复杂。因此，目前最先进的 FR-IQA 算法并不适用于弱光图像增强质量评价，这将在后面得到验证。

除了传统的 IQA 算法外，还有一些专门为增强图像设计的 IQA 算法，如针对超分辨率图像 [143]、去雾图像 [2]、色调映射图像 [144,145] 等的 IQA 算法。其中，与我们的研究最相似的是色调映射 IQA 算法。色调映射操作 (tone-mapping operator，TMO)[146-148] 用于将高动态范围 (high dynamic range，HDR) 图像映射到低动态范围图像 (low dynamic range，LDR)，同时尽可能保留图像细节和外观颜色，从而使 HDR 图像可以呈现在标准 LDR 显示器上。但 TMO 由于强烈的对比度降低，可能会引入曝光不足、曝光过度、颜色偏移、光晕、过度增强 ("卡通" 外观) 等失真，这些失真与 LIEA 内容的失真有一定的重叠。为了评估不同 TMO 生成的色调映射图像的视觉质量，许多质量评价指标被提出 [144,145]。例如，TMQI[144] 通过结合从 SSIM 改进的多尺度信号保真度度量和自然度度量来评估色调映射图像的质量。FSITM[145] 是一种用于色调映射图像的特征相似性指标，它比较了 HDR 和 LDR 图像的局部加权平均相位角图。Kundu 等 [149] 利用空间域 NSS 特征和基于 HDR 的梯度特征设计了 NR 色调映射 IQA。BLIQUE-TMI[150] 从视觉信息、局部结构和自然度三个方面评估了色调映射图像的质量。Mahmoudpour 和 Schelkens [151] 开发了一种基于多属性特征，如光谱和空间熵、视觉信息的检测概率、图像曝光率等的色调映射图像的 NR-IQA 模型。

在以往的弱光图像增强研究中，一些 FR-IQA 算法 (如 PSNR、SSIM、GMSD 和 FSIM) 或一些 NR-IQA 算法 (如 NIQE[55] 和 NFERM[36]) 常被用来评价增强效果。但在这里，我们将说明这些传统的 IQA 算法与主观感知质量的相关性较低。文献 [122] 提出了一种亮度顺序误差 (lightness order error，LOE) 方法来客观地测量增强结果的亮度失真。一些研究者通过计算颜色失真 [128]、对比度增益 [123]、离散熵 [122]，从颜色偏移、对比度增强和随机性等方面评价增强后图像的质量。但这些描述符只是从一个特定的、有限的方面来衡量质量，而不是整体增强质量。它们不足以评估弱光增强的质量。

我们从主观和客观两方面对弱光图像增强质量评价进行了综合研究。主观研究可以为最先进的 LIEA 提供基准，而开发的客观质量评估方法可以作为弱光增强的质量评价器。为了便于研究，我们首先建立了一个大型的弱光图像增强质量 (low-light image enhancement quality，LIEQ) 数据集，该数据集包含了由 100 张弱光图像通过 10 种弱光图像增强方法得到的 1000 张增强图像。弱光图像是从多曝光图像数据集中选取的 [137]，该数据集由多曝光图像序列和相应的高曝光参考序列组成，参考序列由一组多曝光融合 (multi-exposure fusion，MEF) 算法和堆叠式高动态范围 (stack-based HDR) 算法生成。我们选择不同曝光水平的弱光图像，使数据集更加全面和多样化，然后在 LIEQ 数据集上进行了主观质量评价研究。MOS 被收集作为光增强图像的质量真值。

我们提出了一种弱光图像增强质量评价 (low-light image enhancement quality assessment，LIEQA) 方法，该弱光图像增强质量评价的框架如图 5.37 所示。考虑到评价弱光增强图像的质量比较困难，我们提出使用多曝光融合图像和堆叠式高动态范围图像作为参考，并采用 FR-IQA 框架来评价弱光增强的质量。在目前的许多工作中，这些参考都被作为弱光增强的真值。通常我们可以从四个方面评价弱光增强质量：亮度增强、颜色再现、噪声评价和结构保持。

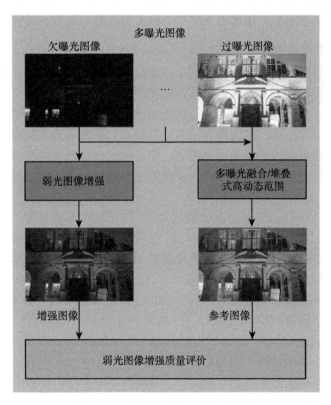

图 5.37 弱光图像增强质量评价框架

具体来说，亮度增强被度量为参考图像和光增强图像之间的推土机距离 (EMD)[152]。进一步对其进行归一化，将参考图像和黑色图像之间的 EMD 相除来消除原始图像内容亮度的影响。使用色调和饱和度相似图的乘积来评估颜色再现。此外，局部二进制模式 (LBP)[153] 被用来度量被 LIEA 放大的固有噪声。然后从结构损伤和过度增强两个方面评价结构保持，分别使用结构的局部方差相似度和边缘相似度来衡量。最后，我们整合这四个部分作为光增强图像的整体质量。我们在 LIEQ 数据集上验证了该方法的性能。结果表明，该方法明显优于目前最先进的 FR-IQA 和其他在 LIEA 研究中经常使用的质量描述符。据我们所知，LIEQ 数据集和 LIEQA 指标都是史无前例的。LIEQ 数据集是迄今为止最大的弱光图像增强质量数据集，而 LIEQA 指标是第一个全面的弱光增强质量评估工具。LIEQ 数据集和 LIEQA 代码都将公开，以便于进一步的研究。

5.4.1　弱光图像增强的主观质量评价

在本节中，我们首先建立了一个大型的 LIEQ 数据集。随后进行了主观质量评价研究，以获取增强图像的真实质量。这项主观研究不仅可以为最先进的 LIEA 提供大规模的主观基准，还可以推进接下来的客观弱光增强质量评估研究。

1. LIEQ 数据集构建

为了构建弱光图像增强质量数据集，最好同时拥有弱光图像和相应的良好光照下的图像。在实践中，难以同时获得弱光图像及对应的良好曝光图像。一些研究提出了从良好曝光图像得到合成的弱光图像，或使用专业软件将弱光图像色调映射为良好图像。但是，这两种方法都有其缺点。研究者通常使用伽马校正或直方图规范化方法来模拟合成的弱光图像，但这种方式难以模拟在黑暗环境中捕获的不平衡照度和固有噪声。另外，色调映射也无法恢复真正的弱光图像所没有的图像结构。

在本节中，我们从多曝光图像数据集[137] 中选取测试图像，该数据集采用 MEF 和堆叠式 HDR 技术来解决此问题。多曝光融合旨在将具有多个曝光的同一场景合并为单个曝光良好的图像，而堆叠式 HDR 则旨在将多个曝光图像合并为 HDR 辐照度图，然后通过色调映射操作将 HDR 图像转化为 LDR 图像。为了获得高质量的参考图像，文献 [137] 首先使用 13 种最新的 MEF 和堆叠式 HDR 算法生成候选参考图像，具体来说有 8 种 MEF 方法 (Mertens09[154]、Raman09[155]、Shen11[156]、Zhang12[157]、Li13[158]、Shen14[159]、Ma17[160]、Kou17[161]) 和 5 种堆叠式 HDR 方法 (Sen12[162]、Hu13[163]、Bruce14[164]、Oh15[165]、Photomatix[166])。然后，有 18 名志愿者参加了主观实验，即从候选图像中选取每个场景的最佳参考图像。每个志愿者会在 12 对比较之后选择场景的最佳结果，然后由所有志愿者通过投票的方式选出每个场景的最佳参考图像。此外，对于那些包含未对齐内容的具有挑战性的多重曝光图像，即使最佳的 MEF/HDR 也无法获得令人满意的结果，这些不令人满意的图像也会从数据集中删除。因此，数据集中的所有参考图像都是高质量的。

我们选取了 100 张曝光条件不佳的图像，这些图像具有不同的光照条件，也包含了来自上述多曝光图片数据集的参考图像。10 种代表性的弱光图像增强算法，包括直方图均衡 (histogram equalization，HE)、BPDHE[120]、NPEA[122]、Dong[121]、

PLE[123]、SIRE[125]、FEM[124]、LIME[126]、CRM[128] 和 EFF[127] 被用于增强弱光图像，从而总共生成了 1000 张增强图像。所有增强后的图像及其相应的弱光、良好曝光的图像共同构成了 LIEQ 数据集。图 5.38 展示了该数据集中的一些示例图像。

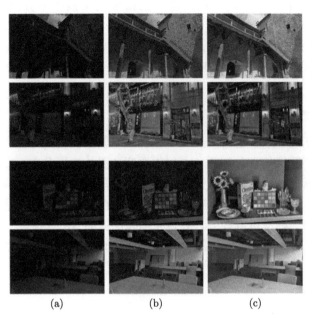

图 5.38　LIEQ 数据集的示例图像

(a)、(b)、(c) 分别为弱光图像、增强图像和参考图像

2. 主观质量评价

我们在 LIEQ 数据集上进行了主观质量评价研究。下面给出了主观测试的基本信息和设定。

参与者：我们从大学中招募了 21 名受试者参与实验，参与者的年龄从 20 岁到 29 岁不等，他们都有正常或经矫正到正常的视力。

方法：在分辨率为 1980×1200 的液晶显示器上使用 MATLAB 图形用户界面，以随机顺序显示所有测试图像，该液晶显示器已根据 ITU-R BT.500-13 [BT 2002] 的建议进行了校准，并在显示器上显示弱光图像和参考图像，以帮助受试者感知和评价增强图像的质量。所有图像以原始分辨率显示。为避免疲劳，整个测试分为 3 节，每节不超过 30min。

测试条件：实验在照度正常、无噪声的室内空房间进行。受试者坐在观看距离约为图像高度 3 倍的位置处。

质量评分：要求受试者对整体增强质量进行评分，采用五级连续评分量表，值越高，质量越好。要求受试者从三个方面给出整体的质量评分：增强后的图像要有足够的亮度，要保留图像内容，不要引入新的失真。

在正式实验前，对每个受试者都有明确的说明。然后，受试者要参加一个训练过程，在这个过程中，他们观看一些在正式实验中不会出现的示例图像，并给出适当的评分。通过培训，受试者可以熟悉图像的内容、失真、GUI 等，并对图像质量进行感知评分有一定的概念。在正式实验中，受试者观看显示器上显示的图像并给出感知评分。在主观实验结束后，收集感知评分并进行下一步分析。

3. 数据处理和分析

采用 ITU-R BT.500 建议书 [BT 2002] 中推荐的方法来处理原始的主观评分。首先，如果一个图像的评分远离 2 倍 (如果评分服从高斯分布) 或 $\sqrt{20}$ 倍 (如果评分不服从高斯分布) 图像平均评分的标准差，则被认为是一个离群值，因此有超过 5% 的离群评分的受试者将被拒绝。在我们的实验中有一个受试者被拒绝了，然后我们根据剩下的受试者评分计算每张增强图像的 MOS 值。

用 s_{ij} 表示第 i 个受试者对第 j 张图像未经过处理的打分，然后将打分转化为 Z 分数

$$Z_{ij} = \frac{s_{ij} - \mu_i}{\sigma_i} \tag{5-44}$$

$$\mu_i = \frac{1}{N_i} \sum_{j=1}^{N_i} s_{ij}, \quad \sigma_i = \sqrt{\frac{1}{M_i - 1} \sum_{j=1}^{M_i} (s_{ij} - \mu_i)} \tag{5-45}$$

其中，N_i 表示受试者 i 观看的图像数目。然后将 Z 分数 Z_{ij} 线性伸缩到 $[1, 100]$ 范围内，然后计算 M_j 个受试者给图像 j 打出的 Z 分数，得到图像 j 的 MOS。

$$Z'_{ij} = \frac{100 (Z_{ij} + 3)}{6} \tag{5-46}$$

$$\text{MOS}_j = \frac{1}{M_j} \sum_{i=1}^{M_j} Z'_{ij} \tag{5-47}$$

画出 LIEQ 数据集中 MOS 的直方图来观察 MOS 的分布情况，如图 5.39(a) 所示，来观察 MOS 的分布情况。从图中可以看出，感知质量分布在整个质量范围内。大多数图像的 MOS 值在 40~60，说明受试者对增强后的弱光图像的质量不满意。为了比较 LIEA 的增强效果，在图 5.39(b) 中给出了测试图像 MOS 的均值和标准差。我们观察到 CRM 和 EFF 在所有方法中表现最好，而 HE 和 BPDHE

的平均得分较低。发现所有 LEA 的标准差都很大，说明 LEA 的有效性受到图像内容的影响。

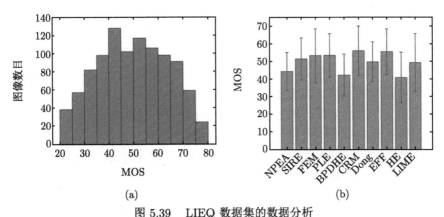

(a)   (b)

图 5.39   LIEQ 数据集的数据分析

(a) LIEQ 数据集中 MOS 的直方图；(b) LIEQ 数据集中所有 LIEA 主观评分的均值和标准差

5.4.2 所提出的弱光图像增强客观感知质量评价算法

在本节中，客观地研究了弱光图像增强质量，并研发了一种新的 LIEQA 模型。首先观察在光增强中引入的失真，增强图像的一些典型失真，如图 5.40 所示。我们发现，在光增强图像中，弱光效应、颜色偏移、噪声、结构损坏、过度增强等是常见的失真。一个增强不佳的图像可能会有一个或多个这样的失真。由于结构损坏和过度增强等失真会破坏图像结构，因此我们从亮度增强、颜色再现、噪声评估和结构保持四个方面来评价增强质量。对于每一个方面，提出一个度量指标来评估相应的增强效果。最后，将它们整合到最终的 LIEQA 方法中。

(a)   (b)   (c)   (d)

图 5.40   LIEQA 数据集中的一些典型失真类型

(a) 弱光，(b) 噪声，(c) 颜色偏移，(d) 结构损坏和过度增强

1. 亮度增强

LIEA 的主要目标是对弱光图像进行调亮，恢复隐藏在黑暗区域的图像内容。因此，亮度增强是 LIEA 的一个非常重要的方面，它直接决定了我们在增强后的图像中可以看到多少内容。值得注意的是，当一张图像是在极低光环境或极低的曝光水平下拍摄时，LIEA 很难甚至不可能恢复图像内容和增加图像亮度。因此，当评价光增强质量时，有必要对亮度增强效果进行评价。

图像的照度图反映了该图像拍摄时的环境光条件,照度图估计也是许多 LIEA 的一项重要工作。许多算法利用基于 Retinex 模型的优化方法来估计照度图，如交替方向最小化技术 [123,135,126]，但这些方法通常是复杂和费时的。这里，不需要估计准确的照度图，因为我们只需要计算全局亮度增强效果。因此，一张图像的粗略照度图是通过计算它的三个颜色通道的最大值来估计的，这在早前的研究中也经常被用到 [125,126]

$$L(i,j) = \max_{c \in \{r,g,b\}} I^c(i,j) \tag{5-48}$$

其中，i 和 j 是图像的空间索引，L 是照度图。

由于在许多图像处理应用中，局部对比度归一化经常用于模拟视觉感知的非线性掩蔽 [167]，我们应用和文献 [55] 中类似的模型来处理照度图

$$\tilde{L}(i,j) = \frac{L(i,j) - \mu}{\sigma + c} \tag{5-49}$$

$$\mu(i,j) = \sum_{k,l} \omega_{k,l} I(i+k,j+l) \tag{5-50}$$

$$\sigma(i,j) = \sqrt{\sum_{k,l} \omega_{k,l} [I(i+k,j+l) - \mu(i,j)]^2} \tag{5-51}$$

其中，μ 是局部均值，ω 是局部高斯加权窗。通过式 (5-48)～ 式 (5-51)，得到了增强图像及其相应参考图像处理后的照度图，分别用 $\tilde{L}_e$ 和 $\tilde{L}_r$ 表示。

良好的亮度增强效果应该使增强图像的照度图尽可能接近参考图像的照度图。如果亮度过度增加，增强后的图像会过度曝光，失去局部细节。如果增强不足，则增强图像仍然太暗而无法感知图像内容。一些相似性度量标准，例如 MSE 难以反映图像中每个像素点之间的亮度相互作用。这里,我们提出使用 EMD 度量 [152] 作为亮度特征，它在许多主观实验中已经被证明是一个很好的亮度指标 [168,169]。EMD 定义为将一种直方图转换为另一种直方图所付出的最小代价。

直方图 P 和 Q 之间的 EMD 可以表示为

$$\mathrm{EMD}(P,Q) = \min_{f_{i,j}} \frac{\sum_{i,j} f_{i,j} d_{i,j}}{\sum_{i,j} f_{i,j}} \tag{5-52}$$

$$\text{s.t.} \quad f_{i,j} \geqslant 0, \quad \sum_{j} f_{i,j} \leqslant P_i, \quad \sum_{j} f_{i,j} \leqslant Q_j \tag{5-53}$$

$$\sum_{i,j} f_{i,j} = \min \left(\sum_{i} P_i, \sum_{j} Q_j \right) \tag{5-54}$$

其中，$f_{i,j}$ 是从第 i 个区间传输到第 j 个区间的流量，$d_{i,j}$ 是区间 i 和 j 之间的特征距离。

然后按下式定义了亮度特征

$$l = \frac{\mathrm{EMD}\left(\tilde{L}_{\mathrm{r}}, \tilde{L}_{\mathrm{e}}\right)}{\mathrm{EMD}\left(\tilde{L}_{\mathrm{r}}, \tilde{L}_{\mathrm{black}}\right)} \tag{5-55}$$

其中，$\tilde{L}_{\mathrm{r}}$、$\tilde{L}_{\mathrm{e}}$ 和 $\tilde{L}_{\mathrm{black}}$ 分别是参考图像、增强图像和黑色图像的照度图的直方图。用 $\mathrm{EMD}(\tilde{L}_{\mathrm{r}}, \tilde{L}_{\mathrm{e}})$ 去除 $\mathrm{EMD}(\tilde{L}_{\mathrm{r}}, \tilde{L}_{\mathrm{black}})$ 是为了消除图像内容的影响，因此可以公平地比较不同内容图像的亮度增强效果。

根据对比敏感度函数 (CSF)[170,171]，用户可以感知到的亮度变化与亮度值的指数成比例。因此，亮度增强的质量分数定义为

$$q_1 = \mathrm{e}^{-\alpha l} \tag{5-56}$$

其中，α 是控制亮度增强重要性的参数。

2. 颜色再现

颜色失真也是影响图像质量的关键因素之一。从图 5.40 可以看出，LIEA 在恢复原始颜色信息时可能会引入颜色偏移。因此，我们提出了一种度量光增强图像颜色失真的方法。

RGB 颜色空间对人们感知颜色信息不是很直观，所以将图像 I 从 RGB 颜色空间转换为 HSV 颜色空间，这更符合人类的视觉系统。转换公式如下

$$H(i,j) = \begin{cases} 0°, & I_{\max}(i,j){=}I_{\min}(i,j) \\ 60°{\times}\dfrac{I^g(i,j)-I^b(i,j)}{I_{\max}(i,j)-I_{\min}(i,j)}+0°, & I_{\max}(i,j){=}I^r(i,j)\,\text{and}\,I^g(i,j){\geqslant}I^b(i,j) \\ 60°{\times}\dfrac{I^g(i,j)-I^b(i,j)}{I_{\max}(i,j)-I_{\min}(i,j)}+360°, & I_{\max}(i,j){=}I^r(i,j)\,\text{and}\,I^g(i,j){<}I^b(i,j) \\ 60°{\times}\dfrac{I^b(i,j)-I^r(i,j)}{I_{\max}(i,j)-I_{\min}(i,j)}+120°, & I_{\max}(i,j){=}I^g(i,j) \\ 60°{\times}\dfrac{I^r(i,j)-I^g(i,j)}{I_{\max}(i,j)-I_{\min}(i,j)}+240°, & I_{\max}(i,j){=}I^b(i,j) \end{cases}$$

$$\tag{5-57}$$

$$S(i,j) = \begin{cases} 0, & I_{\max} = 0 \\ \dfrac{I_{\max}(i,j) - I_{\min}(i,j)}{I_{\max}(i,j)} = 1 - \dfrac{I_{\min}(i,j)}{I_{\max}(i,j)}, & \text{其他} \end{cases} \tag{5-58}$$

$$V(i,j) = I_{\max}(i,j) \tag{5-59}$$

其中，$I_{\max}$ 是 RGB 通道的最大值，$I_{\min}$ 是 RGB 通道的最小值；I^r、I^g 和 I^b 分别表示 R、G、B 通道的值；H、S 和 V 分别是色度、饱和度和明度。

由于色度和饱和度代表颜色信息，在 5.4.2 节 1. 中已经讨论了亮度信息，所以我们只计算参考图像和增强图像之间的色度和饱和度的相似性

$$C_H(i,j) = \frac{2H_{\text{r}}(i,j)H_{\text{e}}(i,j) + \epsilon_1}{H_{\text{r}}(i,j)^2 + H_{\text{e}}(i,j)^2 + \epsilon_1} \tag{5-60}$$

$$C_S(i,j) = \frac{2S_{\text{r}}(i,j)S_{\text{e}}(i,j) + \epsilon_2}{S_{\text{r}}(i,j)^2 + S_{\text{e}}(i,j)^2 + \epsilon_2} \tag{5-61}$$

其中，ϵ_1 和 ϵ_2 是用于避免数值不稳定的小常数，后面的 ϵ 作用和这里相同。

从图 5.41 中，我们注意到颜色偏移更容易发生在色度和饱和度值较低的区域。因此，引入一种加权图来突出显示频繁发生颜色偏移的区域，其中加权图定义为

$$\omega_{\text{c}}(i,j) = \frac{1}{H_{\text{r}}(i,j)S_{\text{r}}(i,j)} \tag{5-62}$$

因此，颜色偏移的质量得分定义为

$$q_2 = \frac{\sum_{i,j} \omega_c(i,j)C_H(i,j)C_S(i,j)}{\sum_{i,j} \omega_{\text{c}}(i,j)} \tag{5-63}$$

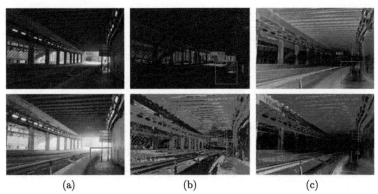

(a)   (b)   (c)

图 5.41   在色调和饱和度图中有颜色偏移的图像

使用红色矩形来约束一些颜色偏移区域, (a)、(b)、(c) 分别为 RBG 图像、色调图、饱和度图, 上部: 参考图像; 下部: 增强图像

3. 噪声评估

在光线不足的情况下, 由于光敏传感器的输出被摄像系统固有的噪声所掩盖, 在弱光图像中产生噪声是不可避免的。LIEA 在增强亮度成分的同时, 也增强了暗区噪声的隐蔽性。尽管使用去噪算法 (如 BM3D[172]) 对增强图像进行后处理或直接在弱光增强模型中考虑一个噪声项 [129] 能够降低噪声等级, 但噪声仍然是光增强图像的主要退化类型。这里, 我们提出使用 LBP[153] 来评估增强图像的噪声程度。

LBP 是一种非常简单有效的视觉描述符, 在许多图像处理和计算机视觉应用中经常用到。在文献 [58], [173], [174] 中, LBP 也被用于评估图像质量。例如, Wu 等 [173] 通过选择从 LBP 中提取的局部图像结构的统计特征, 提出了一种有效的 BIQA 度量方法。Li 等 [174] 将 LBP 的直方图作为整体质量的特征之一。Min 等 [58] 利用 LBP 对图像的清晰度和噪声进行建模。这些研究表明, 噪声等图像退化可以改变由 LBP 建模的局部结构。

LBP 将中间像素 g_c 及其圆形对称邻域 g_p 值之间的差异二值化了, 然后将二值化结果添加到一个数值中。这里, 使用文献 [58] 中定义的 LBP

$$\mathrm{LBP}_{P,R} = \sum_{p=0}^{P-1} u\left(g_p - g_c\right) \tag{5-64}$$

其中, P、R 分别是 LBP 结构的邻接数目和半径; $u(*)$ 表示单位阶跃函数

$$u(x) = \begin{cases} 1, & x \geqslant 0 \\ 0, & x < 0 \end{cases} \tag{5-65}$$

在这里 P 和 R 分别设置为 8 和 1，表示最简单的 LBP 结构。依据经验发现 LBP 的一些值对噪声很敏感。特别地，$\text{LBP}_{8,1} \leqslant 6$ 变化最显著。因此，按下式将 LBP 二值化

$$\Gamma_{ij} = \begin{cases} 1, & \text{LBP}_{8,1} \leqslant 6 \\ 0, & \text{其他} \end{cases} \tag{5-66}$$

利用式 (5-66) 计算参考图像和增强图像的 LBP 图，并分别表示为 $\Gamma_{\text{r}} = (\gamma_{rij})_{h \times w}$ 和 $\Gamma_{\text{e}} = (\gamma_{eij})_{h \times w}$。如图 5.42 所示，LBP 图可以高效地描述由于噪声导致的结构改变。然后度量 Γ_{r} 和 Γ_{e} 之间的相似性作为质量。首先将它们之间的重叠和联合定义为

$$\Gamma_{\text{o}} = (\gamma_{oij})_{h \times w} = (\gamma_{dij} \cdot \gamma_{mij})_{h \times w} \tag{5-67}$$

$$\Gamma_{\text{u}} = (\gamma_{uij})_{h \times w} = (\gamma_{dij} | \gamma_{mij})_{h \times w} \tag{5-68}$$

(a)   (b)

图 5.42　局部二进制模式图的光增强图像和参考图像

(a) 和 (b) 分别为 RGB 图像和 LBP 图像，上部：光增强图像；下部：参考图像

噪声的质量得分可以定义为

$$q_3 = \frac{N_{\text{o}}}{N_{\text{u}} + 1} \tag{5-69}$$

其中，N_{o} 和 N_{u} 分别是 L_{o} 和 L_{u} 图的非零元素个数，可以按下式计算

$$N_{\text{o}} = \sum_{i,j} \gamma_{oij}, \quad N_{\text{u}} = \sum_{i,j} \gamma_{uij} \tag{5-70}$$

4. 结构保持

结构信息可以有效地描述图像的退化，因此对图像质量评价非常重要。值得注意的是，一些弱光图像包含的图像内容信息很少，这使得 LIEA 很难恢复整个结构信息。因此，增强图像将失去结构信息。有些 LIEA 无法保持图像的自然性，导致图像过度增强。上述两种情况都会造成结构失真。在图 5.43 和图 5.44 中展示了典型的结构失真。图 5.43(d) 展示了结构损伤，很多区域的结构信息丢失。

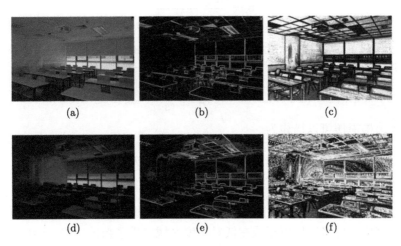

图 5.43 结构损坏的图像

(a) 参考图像；(b) 参考图像的方差图；(c) 加权图；(d) 增强图像；(e) 增强图像的方差图；(f) 方差相似度图

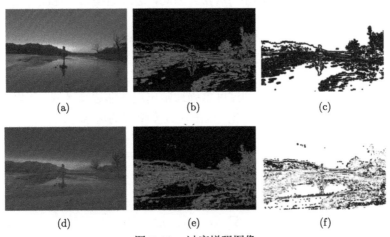

图 5.44 过度增强图像

(a) 参考图像；(b) 参考图像的边缘方差图；(c) 加权图；(d) 增强图像；(e) 增强图像的边缘方差图；(f) 边缘结构相似度图

图 5.44(d) 展示了过度增强，其中一些难以观察到的图像细节被作为图像结构增强。接下来，我们提出了两个结构度量来评估这两种结构失真。

(1) 方差相似性：在许多 IQA 算法中被广泛用于测量图像结构相似性 [27,37]，因为它对结构变化敏感。这里，使用方差结构相似性来描述结构损伤。通过式 (5-50) 和式 (5-51)，可以推导出参考图像和增强图像的方差图：$\sigma_{\mathrm{r}}, \sigma_{\mathrm{e}}$。然后，方差结构相似性图 v 可以描述为

$$v = \frac{2\sigma_{\mathrm{r}} \cdot \sigma_{\mathrm{e}} + \epsilon_2}{\sigma_{\mathrm{r}}^2 + \sigma_{\mathrm{e}}^2 + \epsilon_2} \tag{5-71}$$

从图 5.43 可以看出，光滑区域更容易受到结构损伤，因此采用基于内容的加权图来突出光滑区域

$$w_v = \frac{1}{\sigma_{\mathrm{r}} + \epsilon_3} \tag{5-72}$$

整体加权结构损伤可以描述为

$$q_{\mathrm{s}} = \frac{\sum_{i,j} v(i,j) \cdot w_v(i,j)}{\sum_{i,j} w_v(i,j)} \tag{5-73}$$

(2) 边缘结构相似性：如图 5.44(d) 所示，一些低对比度或边缘区域被过度增强了，这使得边缘区域更粗或在低对比度区域产生了新的边缘。因此，我们提出使用边缘结构相似性来描述过度增强失真。在 I_{r} 和 I_{e} 上应用 Log 边缘检测器 [175] 生成二元边缘图 ζ_{r} 和 ζ_{e}。然后通过式 (5-50) 和式 (5-51)，可以推导出参考图像和增强图像的边缘方差图：$\rho_{\mathrm{r}}, \rho_{\mathrm{e}}$。因此，边缘结构相似性图可以按下式计算

$$e = \frac{2\rho_{\mathrm{r}} \cdot \rho_{\mathrm{e}} + \epsilon_4}{\rho_{\mathrm{r}}^2 + \rho_{\mathrm{e}}^2 + \epsilon_4} \tag{5-74}$$

类似地，由图 5.44 可以看到过度增强通常出现在非边缘区域，所以引入边缘图的方差的倒数作为加权图来突出频繁出现过度增强的区域

$$w_{\mathrm{e}} = \frac{1}{\rho_{\mathrm{r}} + \epsilon_5} \tag{5-75}$$

整体过度增强可以按下式计算

$$q_{\mathrm{o}} = \frac{\sum_{i,j} e(i,j) \cdot w_{\mathrm{e}}(i,j)}{\sum_{i,j} w_{\mathrm{e}}(i,j)} \tag{5-76}$$

合并方差相似性和边缘结构相似性得到最终的结构保持得分

$$q_4 = q_{\mathrm{s}} \cdot q_{\mathrm{o}}^{\beta} \tag{5-77}$$

其中，β 控制结构损伤和过度增强的相对重要性。

5. 综合质量评价

最后，将亮度增强、颜色再现、噪声评估和结构保持的分数相乘，来评估光增强图像的整体质量

$$q = q_1 \cdot q_2 \cdot q_3 \cdot q_4 \tag{5-78}$$

除了上述整体质量项外，四个分量还可以分别从特定的方面来评价光增强质量。

5.4.3 算法性能测试

接下来将在所构建的 LIEQ 数据集上对所提出的弱光图像增强评价算法进行全面测试。

1. 实验设置

在建立的 LIEQ 数据集上验证该方法的有效性。为了展示所提出的 LIEQA 指标的有效性，将其与最先进的 FR-IQA 模型进行了比较，包括 PSNR、SSIM[27]、MS-SSIM[37]、FSIM[42]。GSI[41]、VSI[176]、MAD[39]、TMQI[144]、FSITM[145]、DEHAZEfr[2]，其中 TMQI 和 FSITM 被设计用于色调映射图像的质量评价，DEHAZEfr 被提出用于去雾图像的质量评价，其他的是通用的 FR-IQA 算法。此外，也在 LIEQ 数据集上测试了 LIEA 研究中经常使用的评价指标，其中包括 LOE[122]、色彩恒常性[135]、对比度增益[123]、离散熵[135]、BTMQI[7]、BRISQUE[55]、NIQMC[7]、NIQE[55]、NRERM[36]。由于色调映射图像的失真类型与光增强图像的失真类型在一定程度上有所重叠，因此我们还在 LIEQ 数据集上测试了一种的流行的 NR 色调映射 IQA 算法 HRGRADE[149]。

在评估 IQA 模型的性能之前，遵循文献 [53] 中的常用流程，使用五参数逻辑斯谛函数对 IQA 模型预测的分数进行映射，具体可以表述为

$$q(s) = \tau_1 \left(\frac{1}{2} - \frac{1}{1 + \mathrm{e}^{\tau_2(s-\tau_3)}} \right) + \tau_4 s + \tau_5 \tag{5-79}$$

其中，$\{\tau_i \,|\, i = 1, 2, \cdots, 5\}$ 是需要拟合的参数，s 和 $q(s)$ 分别表示预测分数和映射分数。

然后用四种一致性评价标准比较映射后的分数和 MOS 间的相关性。四种一致性评价标准即 SROCC、KROCC、PLCC 和 RMSE。这四个统计指标描述了用于评价 IQA 模型性能的不同方面。具体来说，SROCC 和 KROCC 体现了预测的单调性，PLCC 和 RMSE 分别反映了预测的线性度和预测准确性。一个优秀的模型应该使 SROCC、KROCC 和 PLCC 的值接近 1，RMSE 的值接近 0。

2. 与全参考质量评价模型的性能对比

表 5.24 列出了 LIEQA 和 11 个最新的 FR-IQA 模型的性能。从表 5.24 中,可以得到几个有用的结果。首先,LIEQA 在所有对比模型中性能最好,且遥遥领先,证明了该算法在弱光图像增强质量评价中的有效性。然后,我们观察到,最先进的传统 FR-IQA 模型没有足够的能力预测光增强图像的质量。早前的一些 LIEA 研究[124,135,138] 使用目前流行的 FR-IQA 算法 (如 PSNR 和 SSIM 来) 评价增强效果,但结果并不准确。这是因为大部分的 FR-IQA 模型都是在传统的 IQA 数据集上开发和验证的,在传统的 IQA 数据集中,每张图像的失真类型都是单一的、人工引入的和模拟的。相比之下,光增强图像通常包含多种类型的失真,并且没有针对每种失真类型的特定规律。我们提出的算法考虑了这一现象,并从不同角度对光增强图像进行评价,从而显著提高了评价性能。最后,我们比较了专门为增强图像设计的 FR-IQA 算法的性能。TMQI 和 FSITM 的性能与传统的 FR-IQA 模型相似,但均低于所提出的 LIEQA 指标。其原因是现有的色调映射 IQA 算法强调图像的结构和自然性。然而,失真类型 (如噪声和颜色偏移) 对光增强图像的视觉质量有重要影响。因此,色调映射 IQA 算法可以从图像结构等方面评价弱光增强图像的质量,但仍不能很好地评价整体质量。DEHAZEfr 在 LIEQ 数据集上取得了较好的结果,这是因为去雾算法和弱光增强算法都试图恢复被雾或黑暗隐藏的图像内容。因此,去雾图像和光增强图像都存在一些常见的失真,如结构损伤、过度增强等。但是去雾图像中没有显著的亮度变化和噪声,因此用于去雾图像的 IQA 度量方法也不足以评价光增强图像。图 5.45 给出了在 LIEQ 数据集上所提出方法的散点图,以及与之对比的 FR-IQA 模型的散点图。我们可以看到,LIEQA 的散点更集中在拟合曲线上,直观地显示了该方法的良好预测能力。

表 5.24　11 个最新的 FR-IQA 模型和所提出的算法在 LIEQ 数据集上的性能 (在每一行中突出显示了表现最好的模型)

评价标准	度量											
	A	B	C	D	E	F	G	H	I	J	K	L
	PSNR	SSIM	MS-SSIM	FSIM	GMSD	GSI	VSI	MAD	TMQI	FSITM	DEHAZEfr	Proposed
SROCC	0.3355	0.5826	0.6398	0.6669	0.6479	0.5585	0.6700	0.7068	0.5373	0.6137	0.7378	**0.8411**
KROCC	0.2283	0.4038	0.4524	0.4762	0.4591	0.3862	0.4771	0.5080	0.3861	0.4378	0.5382	**0.6407**
PLCC	0.3423	0.5880	0.6505	0.6786	0.6677	0.5681	0.6799	0.7061	0.5510	0.6247	0.7400	**0.8390**
RMSE	13.2933	11.4435	10.7452	10.392	10.5327	11.6430	10.3745	10.0181	11.8070	11.0474	9.5154	**7.6981**

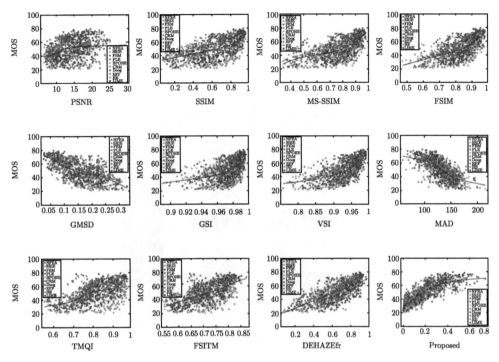

图 5.45 LIEQ 数据集下所有对比方法的散点图

黑线为五参数逻辑斯谛函数拟合曲线

我们进一步进行了统计显著性检验，以验证所提出模型的性能是否在统计学上优于其他方法，所进行的统计检验与文献 [53] 中引入的检验相似。比较了非线性映射分数和主观评分之间的残差方差。注意，方差越大，性能越差，反之亦然。所用的 F 统计量基于两个模型的残差方差的比值。原假设被设为两个质量指标的残差，它们来自相同的分布，并且在统计学上以 95% 的置信度不可区分。对所有可能的模型对进行检验，显著性检验结果如图 5.46 所示。可以看到，所提出的模型明显优于其他模型。

3. 与无参考质量评价模型及相关质量描述子的性能对比

除了 FR-IQA 模型外，早前的 LIEA 研究也使用了一些 NR-IQA 算法或描述符来定量评价图像增强效果。在本节中，在 LIEQ 数据集上测试了这些算法，以验证其有效性，并与所提出的算法进行比较。通常，可以将这些算法分为两类。

NR-IQA 算法：BTMQI[7]、NIQMC[6]、NIQE[55]、NRERM[36]、BRISQUE[55]、HRGRADE[149]。BTMQI 和 NIQMC 是用于对比度增强图像的 NR-IQA 算法，HRGRADE 是用于色调映射图像的 NR-IQA 算法，NIQE、NRERM、BRISQUE 是通用的 NR-IQA 算法。

用于光增强的质量描述符：LOE[122]，颜色恒常性 [135]，对比度增益 [123]，离散熵 [135]。它们每个都反映了光增强质量的一个方面，如亮度、颜色和对比度等。这些描述符已在早前的研究中被用于弱光增强质量评估。

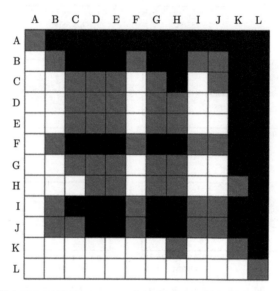

图 5.46　所提方法和对比的 FR-IQA 方法在 LIEQ 数据集上的显著性检验结果

在表 5.25 中列出了这些算法的性能。由表 5.25，首先观察到这些算法都不能有效地评价弱光增强的质量。这些结果很容易理解，因为我们已经指出，光增强图像包含比传统 IQA 研究中考虑的失真更复杂的失真。因此，在传统 IQA 数据集上开发和验证的通用 NR-IQA 算法不能很好地评价光增强图像的质量。对比度增强图像的 NR-IQA 算法和用于光增强的描述符只考虑了图像失真的一个方面，不能综合评价图像的整体质量。然后，我们发现专为色调映射图像设计的 HIGRADE 方法，在所有 NR-IQA 算法和描述符中性能最好，并且与 FR 色调映射 IQA 算法有着可比的性能，这表明为 NR 色调映射 IQA 算法提取的特征可能对弱光图像增强的 NR-IQA 算法也有效。最后，对比表 5.24 和表 5.25，可以看到 FR-IQA 模型通常比 NR-IQA 模型更有效，这并不奇怪。这也是我们将曝光良好的图像作为参考，并提出遵循 FR-IQA 框架的弱光增强质量评价方法的原因。

4. 特征成分分析

如 5.4.2 节所述，所提出的算法由几个关键部分组成，包括亮度增强、颜色再现、噪声评估和结构保持。在本节中，我们进行了一系列消融实验来分析每个部分的作用。具体来说，测试了如下条件下所提出方法的性能：

情况 1：完整算法；

情况 2：去掉亮度增强项；

情况 3：去掉颜色偏移项；

情况 4：去掉噪声评估项；

情况 5：去掉结构保持项；

情况 6：去掉方差相似性项；

情况 7：去掉边缘结构相似性项。

表 5.25 NR-IQA 模型和描述符的性能比较

评价标准	度量										
	LOE	Color Con-stancy	Contrast Gain	Discrete Entropy	BTMQI	NIQMC	BRISQUE	NIQE	NRERM	HIGRADE	Proposed
SROCC	0.1372	0.5004	0.1321	0.4680	0.4351	0.3046	0.4906	0.2480	0.1725	0.6067	**0.8411**
KROCC	0.0913	0.3486	0.1449	0.3210	0.2917	0.2228	0.3403	0.1775	0.2614	0.4318	**0.6407**
PLCC	0.1662	0.5136	0.2430	0.4913	0.4323	0.3556	0.5553	0.3207	0.4055	0.6326	**0.8390**
RMSE	13.9514	12.1392	13.7241	12.3229	12.7575	13.2233	11.7668	13.4009	12.9330	10.9574	**7.6981**

消融实验结果如表 5.26 所示。可以观察到情况 2 到情况 7 的性能都不如完整算法，说明所有的组成部分都对整个算法有贡献。此外，我们发现情况 5 的性能最差，这意味着在光增强图像的质量评估中，图像结构是最重要的。通过比较情况 6 和情况 7 的性能，可以得出，对于结构保持，边缘结构相似性比方差相似性的贡献更大。与传统图像不同的是，方差相似性在度量结构相似性方面是非常有效的。除了结构保持外，颜色再现对评价弱光增强图像的质量也有很大的贡献。与其他组分相比，亮度增强项和噪声评估项对整体评估的贡献相对较少，这表明在数据集中拥有这两种失真类型的图像占比较小。

表 5.26 消融实验的性能结果

评价标准	情况 1	情况 2	情况 3	情况 4	情况 5	情况 6	情况 7
SROCC	0.8411	0.8383	0.8169	0.8219	0.7770	0.8305	0.8044
KLRCC	0.6407	0.6371	0.6153	0.6203	0.5696	0.6285	0.5996
PLCC	0.8390	0.8374	0.8152	0.8210	0.7803	0.8292	0.8058
RMSE	7.6981	7.7325	8.1946	8.0769	8.8475	7.9072	8.3779

5. 使用各种边缘检测器的性能对比

所提出的方法使用了对数边缘检测器来生成边缘图。为了比较，我们还测试了其他一些常用的边缘检测器的性能，包括 Roberts[177]、Sobel[178]、Prewitt[179] 和 Canny[180]。使用各种边缘检测器的性能如表 5.27 所示，可以看出对数边缘检测器的性能最好。这可能使得对数边缘检测器对噪声更有鲁棒性，更有可能检测出真正的弱边缘。使用任何边缘检测器的性能都优于不考虑边缘结构相似性项的方法，这也说明了边缘相似性对整体弱光增强图像质量评价的重要性。

表 5.27   不同边缘检测器的性能结果

评价标准	Soblel	Prewitt	Roberts	Canny	Log (Pro.)
SROCC	0.8229	0.8227	0.8168	0.8352	0.8411
KROCC	0.6227	0.6224	0.6148	0.6334	0.6407
PLCC	0.8236	0.8234	0.8175	0.8322	0.8390
RMSE	8.0235	8.0276	8.1479	7.8446	7.6981

6. 参数灵敏度测试

所提出的方法包括两个主要参数：式 (5-56) 中的 α 和式 (5-77) 中的 β，分别用于确定亮度增强和过度增强的重要性，本算法中根据经验将 α 和 β 分别设置为 2.2 和 3.5。这里，改变 α 和 β 的值来测试模型对参数的稳定性。具体来说，参数 β 取值从 2.5 到 4.5，步长为 0.5，参数 α 从 2.0 到 2.5，步长为 0.1。同时改变两个参数，基于 SROCC 的性能如表 5.28 所示，可以看到在一个很大的测试参数变化范围内，所提出算法的性能仍相当稳定。

表 5.28   参数灵敏度实验的 SROCC 性能结果

β	α					
	2.0	2.1	2.2	2.3	2.4	2.5
2.5	0.8394	0.8394	0.8394	0.8394	0.8394	0.8393
3.0	0.8407	0.8406	0.8407	0.8407	0.8407	0.8406
3.5	0.8409	0.8410	0.8411	0.8410	0.8410	0.8410
4.0	0.8405	0.8405	0.8405	0.8405	0.8405	0.8405
4.5	0.8393	0.8394	0.8394	0.8394	0.8394	0.8394

7. 相关讨论

如 5.4.3 节所述，FR 质量评价算法通常比 NR 质量评价算法更有效。考虑到这一点，我们引入了多曝光图像，并以融合良好的图像作为参考。通过这样做，在很大程度上降低了评价弱光增强图像质量的难度。所提出的算法可以用于评价各种弱光增强算法和系统。在算法或系统测试中，总能找到一些多曝光图像和相应的融合良好的图像。而在一些输入不确定或不可用的其他应用中，所提出的算法是不适用的。在这些情况下需要使用 NR 质量评价算法，我们将在今后的工作中对此问题进行研究。

5.5 对比度变化的半参考感知质量评价

近年来，无处不在的视觉媒体的重要性日益凸显。图像和视频在大多数情况下都是提供给消费者的。随着用户对高质量图像/视频的需求和期望越来越高，迫切需要一个可靠的评估、控制和提高用户体验质量 (quality of experience，QoE) 的系统，例如压缩 [46,47]、增强 [181]、色调映射 [7] 等技术。这就要求有一个有效的图像质量评价指标来预测符合人眼感知的图像质量。

IQA 可以分为主观评价和客观评价。第一种是人类对视觉质量的评分，即 MOS。但它存在耗时、昂贵、不实用的缺点，这就引入了客观评价的研究，即利用数学模型估计主观评分来评价图像质量。

根据计算时是否需要比较的原始视觉信息，客观 IQA 算法可以进一步分为三种类型：① FR-IQA；② RR-IQA；③ NR-IQA。本节主要讨论前两者。FR 算法峰值信噪比 (peak signal-to-noise ratio, PSNR) 由于其计算简单和物理意义明确，已经流行了多年。然而，它们并不总是与人类对质量的判断紧密相关 [182]。因此，在过去的几年里，出现了许多 FR-IQA 算法 [27,37,39,41,42,176,183-186]。最著名的是结构相似性 (SSIM) 指标 [27]，它比较了原始图像和退化图像的亮度、对比度和结构相似性。此后，人们设计了许多改进的 SSIM 型度量标准，如多尺度 SSIM(MS-SSIM)[37]、基于最优尺度选择的 SSIM(OSS-SSIM)[187]、基于失真分布分析的 SSIM(ADD-SSIM)[185]。

近十年来，研究者还提出了基于其他策略的大量 FR-IQA 算法。例如，最明显失真 (MAD) 算法 [39] 利用基于检测和外观的模型来评估视觉质量。特征相似性 (FSIM) 指标 [42] 和梯度相似性 (GSIM) 指标 [41] 考虑到人类视觉系统 (human visual system，HVS) 对图像的感知主要依赖于经典的低级特征。

假设使用部分原始图像或提取的部分特征作为辅助信息，那么 RR-IQA 适用于更广泛的实际场景 [50,188-191]。有研究者参考自由能理论 [192] 的最新发现，通过模拟大脑生成模型来表征输入图像信号，探索基于自由能的失真度量 (FEDM)[50]。一些算法，例如，结构退化模型 (structural degradation model，SDM)[189]，则设法改进 FR-SSIM 为有效的 RR 技术。

然而，研究者在对比度改变的 IQA 领域投入的努力非常有限 [193,194]。文献 [194] 提出了一种新的基于图像块的 FR-IQA 算法用于对比度质量评价。此外，现有的 IQA 算法在这一领域的应用并不理想。实际上，对比度是一个重要研究课题 [195]，它在图像/视频系统如对比度增强技术 [196-198] 中有实际的应用。这促使我们设计了一个新的专门的对比度变化图像数据集 (CID2013)[199]，其中包括通过均值平移和传输映射得到的 400 张对比度改变图像，以及它的高级版本

(CCID2014)[200]。

本节进一步探讨了对比度变化 IQA 问题，提出了一种自底向上和自顶向下相结合的 RR-IQA 模型。相对于常见的失真类型，如 JPEG/JPEG2000 压缩，人类对于图像对比度 (主要包括亮度和对比度变化) 的视觉感知偏向于视觉和心理领域的度量。最近揭示的自由能原理表明，HVS 试图通过减少不确定性来理解视觉信号，并度量心理视觉质量作为输入图像与其内在生成模型导出的解释的一致性。在此基础上，我们结合非参数自回归 (autoregressive，AR) 模型构造生成模型，以自底向上的方式对对比度变化图像的视觉质量进行评价。

另一方面，如现有的几种对比度增强方法 [196,198] 所述，直方图修正会导致对比度的调整，在很大程度上影响用户体验。我们还采用了一种自顶向下的策略，具体是比较直方图之间的两个距离：一个是对比度调整后的图像与原始图像之间的距离，另一个是对比度调整后的图像与直方图均衡化后的原始图像之间的距离。Kullback-Leibler(K-L) 散度 [201] 是比较两种概率分布的最流行的信息理论 "距离" 之一，自然被考虑在内。但 K-L 散度是非对称的，会导致计算不稳定。因此我们使用对称平滑的 Jensen-Shannon(JS) 散度 [202] 来计算上述两个距离。最后，我们将自底向上和自顶向下两种策略相结合，提出了半参考对比度变化图像的质量度量算法，并验证了该算法相对于现有的视觉质量评价算法的优越性。

5.5.1　对比度相关图像数据集

现代视觉质量评价的探索始于 21 世纪初，但他们主要关注的是常见的压缩、高斯模糊和白噪声，直到 TID2008 数据集的发布。在该数据集中，对比度相关的图像子集 (均值偏移和对比度变化) 和相应的 MOS 值首次向公众开放。为了直观和清晰地理解，我们在图 5.47 中展示了一组经典的均值偏移和对比度变化的图像。这些图像与上述四种失真类型有明显的区别。在 TID2008 出现后不久，由对比度改变的图像组成的 CSIQ 数据集也被公布，如图 5.48 所示。CSIQ 没有使用来自 Kodak 数据集 [203] 的 TID2008 中的经典自然图像，而是应用了 30 个新的源图像，这些图像涵盖了更广泛的内容和场景。

在实践中，可以使用对比度变化的 IQA 算法指导和优化对比度增强方案，这些方案在很多情况下增加图像对比度，从而提高图像质量，甚至优于原始版本，具有极其重要的意义。然而，现有的 IQA 模型都没有获得令人满意的性能，这在后面的实验结果中得到验证。此外，TID2008、CSIQ 和 TID2013 中的对比度相关图像也不够多。为此，我们最近引入了一个特别的、具有挑战性的 CID2013 数

(a) TID2008数据集中的均值偏移图像

(b) TID2008数据集中的对比度改变图像

图 5.47 TID2008 数据集 [141] 中的样本图像

(a) 均值偏移；(b) 对比度改变

图 5.48 CSIQ 数据集中的典型对比变化图像 [39]

据集 [199]，它由 Kodak 数据集中的 15 张自然图像和 400 张对比度改变的图像以及相应的来自不同专业的没有经验的观察者的主观意见评分组成。这些图像可以分为两类。第一类是通过将原始图像 I_0 的均值移动一个正数或负数 ($+\Delta I$ 或 $-\Delta I$) 得到的。偏移量 ΔI 有 6 个程度 $\{20,40,60,80,100,120\}$。第二类对比度改变图像是通过转换映射得到的，包括凹弧、凸弧、三次函数和逻辑斯谛函数。我们在图 5.49 中给出了转移曲线，并在图 5.50 中给出了几个例子。随后，还将 CID2013 扩展到更大规模的 CCID2014 数据集，其中包含 655 张对比度改变后的图像 [200]。

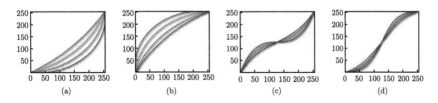

图 5.49 CID2013 数据集 [199] 中的传输曲线

(a) 凹弧；(b) 凸弧；(c) 三次函数；(d) 逻辑斯谛函数

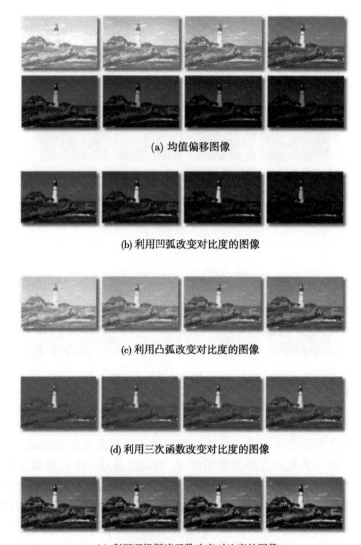

(a) 均值偏移图像

(b) 利用凹弧改变对比度的图像

(c) 利用凸弧改变对比度的图像

(d) 利用三次函数改变对比度的图像

(e) 利用逻辑斯谛函数改变对比度的图像

图 5.50　CID2013 数据集 [199] 中的示例图像

5.5.2　RCIQM 算法总体介绍

首先在表 5.29 中列出了重要的符号和缩写，以便读者方便地跟随后面的上下文。

1. 自底向上策略

普遍认为人们更喜欢拥有平衡照度和适当对比度的视觉信号。与典型的失真

类型 (如图像/视频编码) 相比,HVS 对图像对比度的感知受亮度和对比度变化的影响,应该与视觉和心理测量高度相关。首先基于自由能原理建立了自底向上的模型,对心理视觉质量 [50] 进行了近似估计。

表 5.29   重要的符号和缩写

x	像素索引
y	像素值
α	AR 模型参数
β	双边滤波参数
$\mathcal{Y}^k(y_i)$	y_i 的 k 元素邻域向量
$\varepsilon_i, \varepsilon_i'$	误差项
μ	局部均值
σ	局部方差
h_x	空间欧几里得距离
h_y	光度距离
l	亮度信息
c	对比信息
s	结构信息
w, s, t	加权参数
H	误差熵
p_0, p_1	概率密度
$\mathcal{D}_{\text{K-L}}$	K-L 散度
$\mathcal{D}_{\text{J-S}}$	J-S 散度
Q_{bu}	自底向上策略的质量度量
Q_{td}	自顶向下策略的质量度量

具体来说,Friston 近期揭示了自由能可以解释和整合物理和生物科学中有关学习、动作和感知的一些已有的大脑原理。它背后的主要假设是:感知过程是由大脑内部生成模型管理的,类似于基于贝叶斯理论的大脑假设 [204]。利用该模型,大脑能够构建一种从输入图像信号中主动推断有价值信息的方式,减少不确定残差。这种方法可以看作是一个概率模型,我们可以将其分解为一个似然项和一个先验项。颠倒第一项,HVS 可以推导出给定图像的后验概率。由于非通用的内部生成模型,真实的外部场景与大脑的估计之间自然存在差距。我们合理地假设外部给定图像与其输出生成模型可解释部分的差异与心理视觉质量高度相关,甚至可以用于评估对比度变化的图像。

值得注意的是自由能是输入图像和其由大脑生成模型估计的最优解释的误差图。在这个误差图中,高值像素代表难以解释的区域,低值像素代表生成模型容易描述的区域。通过最小化自由能得到误差图。根据文献 [205] 的分析,自由能最小化与预测编码有很强的联系。所以可以将它近似为输入视觉信号和其重构结果的残差熵。

内部生成模型被定义为一种新的混合参数和非参数 (HPNP) 模型,它融合了线性 AR 模型和双边滤波。第一个 AR 模型很简单，通过改变其参数可以模拟大范围的自然场景 [206,207]。特别地，AR 模型可以表示为

$$y_i = \gamma^k (y_i) \boldsymbol{\alpha} + \varepsilon_i \tag{5-80}$$

其中，y_i 表示 x_i 处的像素值，$\gamma^k (y_i)$ 是 y_i 的 k 个邻域的向量。$\boldsymbol{\alpha} = (\alpha_1, \alpha_2, \cdots, \alpha_k)^{\mathrm{T}}$ 表示 AR 系数向量，ε_i 表示真值和估计值间的差异。为了确定 $\boldsymbol{\alpha}$，该线性系统可以用矩阵形式表示为

$$\widehat{\boldsymbol{\alpha}} = \arg\min_{\boldsymbol{\alpha}} \|\boldsymbol{y} - \boldsymbol{Y}\boldsymbol{\alpha}\|_2 \tag{5-81}$$

其中，$\boldsymbol{y} = (y_1, y_2, \cdots, y_k)^{\mathrm{T}}$；$\boldsymbol{Y}(i,:) = \gamma^k(y_i)$。用最小二乘法求出了该线性方程组的近似解 $\widehat{\boldsymbol{\alpha}} = (\boldsymbol{Y}^{\mathrm{T}}\boldsymbol{Y})^{-1}\boldsymbol{Y}^{\mathrm{T}}\boldsymbol{y}$。

为了直观地说明 AR 模型的可视化效果，我们在图 5.51 中给出了一个例子。可以看到，AR 模型在纹理区域 (用蓝色矩形表示) 表现良好，但可能会导致边缘不稳定 (用红色矩形表示)。因此进一步利用双向滤波 [208]，它是一种保留边缘能力良好且计算简单的非线性滤波 [209]。此外，双向滤波只有两个变量 (h_x, h_y)，便于控制。我们定义这个滤波为

$$y_i = \gamma^k (y_i) \boldsymbol{\beta} + \varepsilon_i' \tag{5-82}$$

其中，$\boldsymbol{\beta} = (\beta_1, \beta_2, \cdots, \beta_k)^{\mathrm{T}}$ 表示双边滤波的系数向量，ε_i' 为误差项。$\boldsymbol{\beta}$ 由 x_i 和 x_j 之间的空间欧氏距离以及 y_i 和 y_j 之间的光度距离控制，可以由下式估计

$$\beta_j = \exp\left(\frac{-\|x_i - x_j\|^2}{2h_x^2}\right) \exp\left(\frac{-(y_i - y_j)^2}{2h_y^2}\right) \tag{5-83}$$

其中，h_x 和 h_y 被赋值为 3 和 0.1(默认值) 在每个局部 3×3 区域，以改变欧几里得距离和光度距离的相对重要性。如图 5.51(b)~(c) 所示，在图像边缘，双边滤波通常比 AR 模型表现得更好。

下面，HPNP 模型结合了参数 AR 模型和非参数双边滤波的优点，得到了 $\bar{y}_i$ 的估计为

$$\bar{y}_i = \gamma \cdot Y^k (y_i) \widehat{\boldsymbol{\alpha}} + (1 - \gamma) \cdot Y^k (y_i) \boldsymbol{\beta} \tag{5-84}$$

其中，γ 用于调整 AR 模型和双边滤波的相对贡献。γ 的值是依据使纹理和边缘区域尽可能保留的标准确定的，这里 γ 的值取 0.3，如图 5.51(d) 所示。

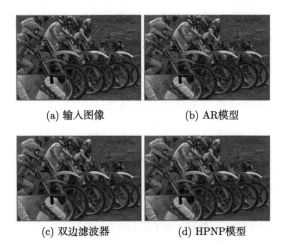

(a) 输入图像   (b) AR模型

(c) 双边滤波器   (d) HPNP模型

图 5.51 利用 AR 模型、双边滤波器和 HPNP 模型对样本图像"摩托车越野赛"进行滤波处理

一般来说，显著区域会吸引更多的注意力，因此对视觉质量有很大的影响。可以采用一些技术来检测视觉显著性，如显著性检测模型 [210]，相位一致性 [211,212]。但对于存在均值偏移或对比度变化的图像，亮度和对比度信息应该是更重要的决定因素。除了这两个，也考虑了结构信息，因为它可能破坏对象的完整性，从而严重影响 HVS 对给定场景的感知质量。因此，通过加权结合亮度、对比度和结构信息来解决这一问题。具体来说，对于位于 x_i 处的值为 y_i 的像素点，按下式度量亮度、对比度和结构信息

$$l\left(y_i, \bar{y}_i\right) = \frac{2\mu\bar{\mu} + c_1}{\mu^2 + \bar{\mu}^2 + c_1} \tag{5-85}$$

$$c\left(y_i, \bar{y}_i\right) = \frac{2\sigma\bar{\sigma} + c_2}{\sigma^2 + \bar{\sigma}^2 + c_2} \tag{5-86}$$

$$s\left(y_i, \bar{y}_i\right) = \frac{\tilde{\sigma} + c_3}{\sigma\tilde{\sigma} + c_3} \tag{5-87}$$

其中，c_1，c_2 和 c_3 是当分母接近零时，用于减轻不稳定性的低值固定数字。我们使用了一个 11×11 的循环对称的高斯加权函数 $v = \{v_i \,|\, i = 1, 2, \cdots, N\}$，其标准差为 1.5，并且加权函数归一化到单位和 $(\sum_{i=1}^{N} v_i = 1)$。统计量 μ，$\bar{\mu}$，σ^2，$\bar{\sigma}^2$ 和 $\tilde{\sigma}$ 使用文献 [27] 中类似的方法估计。所以权重定义为

$$w_i = l\left(y_i, \bar{y}_i\right) \cdot c\left(y_i, \bar{y}_i\right) \cdot s\left(y_i, \bar{y}_i\right) \tag{5-88}$$

真实场景和大脑对局部像素在 x_i 处的估计之间差异的估计误差可以通过下式计算

$$\bar{e}_i = w_i\left(y_i - \bar{y}_i\right) \tag{5-89}$$

　　我们也尝试过使用显著性和感兴趣区域作为权重，例如，一些最先进的模型 [213-215]。结果表明，这些模型对性能的贡献并不比上述加权模型大，而且总会引入更多的计算量。

　　对于原始图像 I_0，可以通过公式 (5-80)~(5-89) 计算逐点误差 $\bar{e}_i$，从而得到误差图 E_0。该误差图的自由能可以用熵来度量

$$H(E_0) = -\sum p_i(E_0) \log p_i(E_0) \tag{5-90}$$

其中，$p_i(E_0)$ 是误差图 E_0 中灰度级 i 的概率密度。以同样的方式计算对比度改变后图像 I_c 的熵 $H(E_c)$。自底向上策略下，I_c 相较于 I_0 的心理视觉质量最终被定义为二者的差异

$$Q_{\mathrm{bu}} = H(E_0) - H(E_c) \tag{5-91}$$

　　在实践中，自底向上策略的核心在于 HPNP 模型，用于逼近人脑内部生成模型。具有高对比度和视觉质量的图像通常具有大量有价值的细节。我们的 HPNP 模型在低复杂度和高复杂度的视觉信号之间具有不同的描述能力。对于自由能为 $H(E_0)$ 的固定输入图像，正向的对比度变化将通过显示难以区分的细节来提高视觉质量。这使得所设计的 HPNP 模型无法有效表征对比度改变后的图像，因此导致其自由能 $H(E_c)$ 大于 $H(E_0)$，Q_{bu} 小于零。相反，负向的对比度变化将通过隐藏细节而降低视觉质量，从而导致关联的自由能 $H(E_c)$ 小于 $H(E_0)$，Q_{bu} 大于零。

2. 自顶向下策略

　　与对比度改变有关的重要应用之一是对比度增强技术，对比度增强可以被看作是正向的对比度变化，可以有效地提高对比度和输入图像的视觉质量。从广义上讲，对比度增强的目标是得到信息量更多或视觉效果更好的图像，或同时满足这两者。观察者通常将增强后图像视为去除了图片上的雾气 [196]，例如，如图 5.50(e) 所示，通过逻辑转移处理的四个图像似乎使相应原始图像上的雾变稀薄了，并且视觉质量得到了一定程度的改善。

　　在过去的几年里，为了克服其缺点，一些 HE 的改进方法被提出 [196,198]。在文献 [196] 中，作者提出增强后的图像不应与原始图像相差太远，并且提出了一种折衷方案。他们没有直接将均匀分布的直方图 h_{u} 作为目标直方图，而是寻找一个修正后的直方图 $\tilde{h}$，既接近所期望的 h_{u}，又不会和原始图像的直方图 h_0 相差太远。这是一个双准则优化问题，可以表示为两个目标的加权和

$$\tilde{h} = \arg\min_h \|h - h_0\| + \phi \|h - h_{\mathrm{u}}\| \tag{5-92}$$

其中，$\tilde{h}, h, h_0, h_{\mathrm{u}} \in R^{256 \times 1}$；$\phi$ 是控制参数，取值范围为 $[0, \infty)$。

受公式 (5-92) 的启发,在自顶向下的策略中专注于测量两个距离:一个是对比度变化后图像的直方图 h_c 与 h_0 之间的距离,另一个是 h_c 与 h_u 之间的距离。尽管如此,自顶向下模型的构建并不简单。首先,我们发现 h_u 并不是一个好的选择,因为在 HE 之后,由于图像内容或场景的多样性,大多数图像的直方图不能均匀地分布。相反,我们采用由 h_0 使用 HE 生成的均衡直方图 h_e。其次,需要注意的是,自底向上策略中的自由能是由熵衡量的,因此当采用自底向上和自顶向下两种模型组合时,最好对上述两种距离在相同维度上进行评价,以预测对比度调整后图像的视觉质量得分。K-L 散度[201] 可能是在概率论和信息论中比较两个概率分布间区别时最常用的 "距离",是期望的维度。给定两个概率密度 p_0 和 p_1,K-L 散度可以定义为

$$\mathcal{D}_{\text{K-L}}\left(p_1 \| p_0\right) = \int p_1(x) \log \frac{p_1(x)}{p_0(x)} \mathrm{d}x \tag{5-93}$$

然而,这种 K-L 散度是不对称的并且容易给实际应用带来麻烦。简单的示例说明,K-L 散度中参数的顺序可能会产生完全不同的结果。因此,我们采取对称的 K-L 散度。在文献 [202] 中,作者总结了许多对称形式的 K-L 散度,例如代数平均和几何平均。这里我们考虑使用对称且平滑的 Jensen-Shannon(J-S) 散度,如下所示

$$\mathcal{D}_{\text{J-S}}\left(p_0, p_1\right) = \frac{1}{2}\mathcal{D}_{\text{K-L}}\left(p_0 \| \bar{p}\right) + \frac{1}{2}\mathcal{D}_{\text{K-L}}\left(p_1 \| \bar{p}\right) \tag{5-94}$$

其中

$$\bar{p} = \frac{1}{2}\left(p_0 + p_1\right) \tag{5-95}$$

除 J-S 散度外,常用的方法还有推土机距离[216]、直方图相交[217,218]、L 范数 $(L = 1, 2, \infty)$ 等。通过性能比较发现,在该应用场景中,J-S 散度表现最好,推土机距离和直方图相交表现较好,三个典型 L 范数表现较差。因此,最终决定使用 J-S 散度。

给出原图,其 HE 和对比度改变后结果的三个概率密度 p_0,p_e 和 p_c,在自顶向下策略下,I_c 相较于 I_0 的质量由下式决定

$$Q_{\text{td}} = D_{\text{J-S}}\left(p_c, p_0\right) + sD_{\text{J-S}}\left(p_c, p_e\right) \tag{5-96}$$

其中,s 是一个固定的权重参数,用于改变上述两个距离之间的相对重要性,s 的值根据经验赋值为 2,关于其敏感性的更多讨论将在 5.5.3 节中给出。通过对直方图修正方法的分析,可以看到对比度合适的图像应该是原始图像直方图和均匀分布图像直方图之间的良好折中。自顶向下模型就是为这个目标设计的,所以可以判断对比度变化图像的质量水平。

3. 组合阶段

流行的对比度增强技术主要用于突出不可识别的细节 [197] 或重新分布图像的直方图 [196,198]。对于一幅图像,前一种自底向上模型的目的是估计包含了多少详细信息,后一种自顶向下模型的目的是衡量直方图是否分布合理。从有效性的角度来看,这两种模式发挥着互补的作用。因此,我们融合了自底向上和自顶向下策略来近似 HVS 对对比度改变图像的感知质量。由于在我们的研究中,基于这两个模型的质量度量是同维的 (即熵),因此可以直接合成。半参考对比度改变图像质量度量 (RCIQM) 最终被定义为一个简单的线性函数,结合了自底向上和自顶向下两部分的质量预测

$$\text{RCIQM} = Q_{\text{bu}} + tQ_{\text{td}} \tag{5-97}$$

其中,t 是一个不变的权重,用于控制自底向上和自顶向下策略之间的相对重要性,t 的值根据经验赋值为 0.3,我们将在 5.5.3 节中分析它的敏感性。利用 CCID2014 数据集使 RCIQM 度量与人对质量的判断具有最优相关性,从而确定参数 s 和 t。RCIQM 模型中使用的所有参数都有固定的值。图 5.52 中展示了流程图,以便读者理解 RCIQM 度量方法是如何工作的。

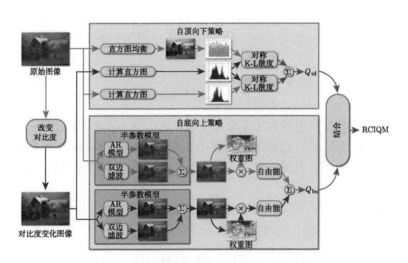

图 5.52　提出的 RCIQM 算法的流程图

此外,我们想讨论为什么所提出的 RCIQM 是一个 RR-IQA 度量方法。在自底向上模型中,RR 特征只包含自由能 $H(E_0)$ 的单个数字,在自顶向下部分需要将两个直方图 h_0 和 h_e 作为辅助信息进行传输。事实上,h_e 是均衡后 h_0 的输出。所以 RCIQM 中使用的 RR 信息仅包括 $H(E_0)$ 和 h_0(共 257 个数字),远小于原

始图像的大小。此外，需要说明的是，根据约定，我们使用了不同的符号 (如 p_0 和 h_0, p_e 和 h_e)，但含义相同。

5.5.3 RCIQM 算法性能测试

接下来将在相关的对比度变化图像质量数据集上对所提出的 RCIQM 算法进行测试。

1. 实验设置

(1) 测试指标和数据集：在本节中，我们验证了所提出的 RCIQM 算法并将之与大量的经典的和最先进的 IQA 算法进行了对比：①经典 FR-IQA 算法：PSNR、SSIM[27] 和 MS-SSIM[37]，这些算法主要用于评价经常遇到的 JPEG/JPEG2000 压缩、高斯模糊和白噪声；②先进的 FR-IQA 算法：FSIM[42]、GSI[41]、LTG[184] 和 VSI[176]，这些是最近设计的旨在应对广泛的失真类型的算法，除了上述典型的类型，还包括量化噪声、非偏心模式噪声等；③最近设计的 RR-IQA 算法：FEDM[50]、SDM[189] 和 RIQMC[200]，它们假设可以将部分原始参考作为辅助信息来帮助预测失真图像的质量。

目前，已经向公众发布的主观图像质量数据集主要涉及压缩、模糊和噪声失真。据我们所知，只有 5 个与对比度相关的图像数据集/子集 (CID2013、CCID2014、TID2008、TID2013 和 CSIQ)，本研究选择这 5 个数据集/子集作为实验平台。CID2013 数据集[199] 总共有 400 张图像，由 15 张参考图像经过均值偏移和四种转换映射生成，每张图像的 MOS 是已知的，范围从 1.4 到 4.2。CCID2014 数据集[200] 向 CID2013 数据集补充了三种新的失真类型，该数据集包含 655 张对比度改变的图像，其 MOS 值的范围从 1.4 到 4.4。

TID2008 数据集[141] 中包括从 25 张 4 个失真级别的参考图像 (24 张自然图像和 1 张人工图像) 中提取的 200 张均值偏移和对比度调整图像，每张图像的 MOS 值在 3.4 到 7.7 之间。TID2013 数据集[142] 将 TID2008 中原来的 4 个失真级别扩展到 5 个，总共生成了 250 个均值偏移和对比度变化的版本，每张图像的 MOS 值在 2.6 到 7.2 之间。CSIQ 数据集[39] 包含 116 张对比度变化图像，这些图像是由 30 张源图像在 3 到 4 个退化级别上创建的，每个图像的主观分数是可获得的，范围从 0 到 0.7。

(2) 评价方案：使用上述 5 个图像数据集/子集，在利用五参数逻辑斯谛回归函数[219] 将质量分数映射到人类评分后，对每个对比的 IQA 模型进行非线性回归，计算其客观预测估计。五参数逻辑斯谛回归函数为

$$q(\varepsilon) = \phi_1 \left(\frac{1}{2} - \frac{1}{1 + e^{\phi_2(\varepsilon - \phi_3)}} \right) + \phi_4 \varepsilon + \phi_5 \tag{5-98}$$

其中，ε 和 $q(\varepsilon)$ 分别表示原始分数和映射分数，$\phi_i(i = 1, \cdots, 5)$ 是待确定的自由参数。根据视频质量专家组 (VQEG)[219] 给出的建议，用 5 个典型性能指标对 RCIQM 模型与本研究测试的对比 IQA 模型进行评价和比较。在通过公式 (5-98) 进行非线性回归后，度量 MOS 评分与客观评价之间的第一个指标 PLCC，以衡量预测线性度。第二项和第三项指标，即 SROCC 和 KROCC 是通过忽略数据之间的相对距离来计算单调性，不受主观和客观质量分数之间任何单调非线性映射的影响。最后两个指标是平均绝对预测误差 (average absolute prediction error, AAE) 和均方根误差 (root mean square error，RMSE)，被用于量化主观质量评分和经公式 (5-98) 非线性映射后的客观 IQA 预测分数之间的差异。在这些评价中，PLCC、SROCC 和 KROCC 的值越接近 1，AAE 和 RMS 的值越接近 0，表示与主观意见的相关性越好。

2. 性能对比

表 5.30 给出了所提出的 RCIQM 和其他 10 种 IQA 算法在 CID2013、CCID2014、TID2008、TID2013 和 CSIQ 数据集上的性能指标。为了进行综合比较，进一步计算了在上述五个数据集上的平均结果，其定义为

$$\bar{\delta} = \frac{\sum_i \delta_i \cdot \pi_i}{\sum_i \pi_i} \tag{5-99}$$

其中，$\delta_i(i = 1,2,3,4,5)$ 代表每个数据集的相关性度量。对于数据集大小加权平均值，π_i 被设置为每个数据集中图像的数量，也就是对于 CID2013 设置为 400，对于 CCID2014 设置为 655，对于 TID2008 设置为 200，对于 TID2013 设置为 250，对于 CSIQ 设置为 116。表 5.30 还给出了数据集大小加权平均的结果。

参考我们所提出的算法的性质和图 5.30 中列出的结果，得出了三个结论。首先，很明显，我们的算法在每个数据集和加权平均上都取得了很好的结果。我们注意到只有所提出的 RCIQM 技术在 CID2013 数据集上获得了大于 0.92 的 SROCC 值，并在大规模的 CCID2014、TID2008 和 TID2013 数据集上获得了大于 0.85 的结果。虽然一些 IQA 模型 (例如 FEDM 和对比度失真的无参考图像质量度量 (RIQMC)) 在 CSIQ 数据集上效果良好，但我们的 RCIQM 性能最好，甚至在线性 (Pearson) 和单调度量 (Spearman) 上高于 0.95。

其次，与这里测试的 FR-IQA 和 RR-IQA 算法相比，可以很容易地看到，RCIQM 的平均性能是最优的，明显优于第二名的 RIQMC 和第三名的 LTG 算法。实际上，几乎所有的 FR-IQA 和 RR-IQA 算法都假设参考图像是完美的。但也有一些正向的对比度变化后的图像质量优于原图像，这导致 FR-IQA 和 RR-IQA 技术在评价对比度改变后的图像时性能严重下降。

表 5.30 TID2008、CSIQ、TID2013 和 CID2013 的性能指标

度量	类型	CID2013 数据集 (400 幅图像)					CCID2014 数据集 (655 幅图像)				
		PLCC	SROCC	KROCC	AAE	RMS	PLCC	SROCC	KROCC	AAE	RMS
PSNR	FR	0.6503	0.6649	0.4847	0.3787	0.4734	0.6832	0.6743	0.4834	0.3610	0.4775
SSIM	FR	0.8119	0.8132	0.6140	0.2743	0.3638	0.8256	0.8136	0.6063	0.2900	0.3689
MS-SSIM	FR	0.8543	0.8554	0.6593	0.2462	0.3239	**0.8458**	**0.8271**	**0.6236**	**0.2757**	**0.3488**
FSIM	FR	0.8574	0.8486	0.6663	0.2460	0.3207	0.8183	0.7654	0.5705	0.3023	0.3758
GSI	FR	0.8353	0.8372	0.6371	0.2677	0.3426	0.8073	0.7768	0.5711	0.3093	0.3859
LTG	FR	**0.8656**	**0.8605**	**0.6723**	**0.2432**	**0.3120**	0.8384	0.7901	0.5938	0.2893	0.3564
VSI	FR	0.8571	0.8501	0.6567	0.2518	0.3210	0.8209	0.7734	0.5735	0.3013	0.3734
FEDM	RR	0.7533	0.7271	0.5604	0.3100	0.4098	0.6717	0.5729	0.4073	0.3973	0.4844
SDM	RR	0.7158	0.6145	0.4363	0.3584	0.4352	0.7360	0.6733	0.4862	0.3643	0.4426
RIQMC	RR	**0.8995**	**0.9005**	**0.7162**	**0.2211**	**0.2723**	**0.8726**	**0.8465**	**0.6507**	**0.2610**	**0.3194**
RCIQM (Pro.)	RR	**0.9187**	**0.9203**	**0.7543**	**0.1949**	**0.2461**	**0.8845**	**0.8565**	**0.6695**	**0.2455**	**0.3051**

度量	类型	TID2008 数据集 (200 幅图像)					TID2013 数据集 (250 幅图像)				
		PLCC	SROCC	KROCC	AAE	RMS	PLCC	SROCC	KROCC	AAE	RMS
PSNR	FR	0.5131	0.5207	0.3640	0.6637	0.8258	0.5071	0.5425	0.3630	0.6710	0.8454
SSIM	FR	0.5057	0.4877	0.3402	0.6704	0.8300	0.5658	0.4905	0.3432	0.6387	0.8087
MS-SSIM	FR	0.6654	0.5877	0.4303	0.5842	0.7182	0.6476	**0.5450**	0.4012	0.5899	0.7474
FSIM	FR	0.6458	0.4388	0.3331	0.5989	0.7346	0.6578	0.4398	0.3572	0.5649	0.7388
GSI	FR	0.6739	0.5126	0.3946	0.5804	0.7108	0.6665	0.4985	**0.4024**	**0.5630**	0.7312
LTG	FR	0.6795	0.4655	0.3285	0.5759	0.7059	0.6749	0.4639	0.3458	0.5769	0.7237
VSI	FR	0.6312	0.4571	0.3450	0.6066	0.7462	**0.6785**	0.4643	0.3705	0.5734	**0.7205**
FEDM	RR	0.6594	0.3228	0.2057	0.5899	0.7233	0.6504	0.3217	0.2373	0.5954	0.7451
SDM	RR	**0.7817**	**0.7378**	**0.5456**	**0.4761**	**0.6001**	0.5831	0.3482	0.2389	0.6331	0.7968
RIQMC	RR	**0.8585**	**0.8095**	**0.6224**	**0.3807**	**0.4933**	**0.8651**	**0.8044**	**0.6178**	**0.3746**	**0.4920**
RCIQM (Pro.)	RR	**0.8807**	**0.8578**	**0.6705**	**0.3617**	**0.4556**	**0.8866**	**0.8541**	**0.6675**	**0.3560**	**0.4537**

度量	类型	CSIQ 数据集 (116 幅图像)					数据集大小加权平均				
		PLCC	SROCC	KROCC	AAE	RMS	PLCC	SROCC	KROCC	AAE	RMS
PSNR	FR	0.9002	0.8621	0.6449	0.0548	0.0733	0.6425	0.6462	0.4620	0.4286	0.5473
SSIM	FR	0.7450	0.7397	0.5323	0.0855	0.1124	0.7369	0.7182	0.5295	0.3722	0.4740
MS-SSIM	FR	0.8959	0.8833	0.6899	0.0592	0.0748	0.7987	**0.7651**	**0.5790**	**0.3395**	0.4301
FSIM	FR	0.9435	0.9421	0.7889	0.0434	0.0558	0.7909	0.7081	0.5476	0.3470	0.4395
GSI	FR	0.9325	0.9354	0.7721	0.0462	0.0608	0.7850	0.7275	0.5540	0.3528	0.4453
LTG	FR	0.9560	0.9414	0.7880	0.0392	0.0494	**0.8087**	0.7279	0.5561	0.3397	**0.4232**
VSI	FR	0.9533	0.9504	0.8096	0.0398	0.0509	0.7939	0.7183	0.5514	0.3500	0.4369
FEDM	RR	**0.9617**	**0.9550**	**0.8189**	**0.0359**	**0.0462**	0.7078	0.5687	0.4234	0.4042	0.5043
SDM	RR	0.9175	0.9141	0.7445	0.0521	0.0670	0.7261	0.6338	0.4616	0.3958	0.4880
RIQMC	RR	**0.9652**	**0.9579**	**0.8279**	**0.0343**	**0.0441**	**0.8829**	**0.8567**	**0.6710**	**0.2672**	**0.3362**
RCIQM (Pro.)	RR	**0.9645**	**0.9569**	**0.8198**	**0.0353**	**0.0445**	**0.8985**	**0.8792**	**0.7010**	**0.2494**	**0.3134**

注：我们将各个指标下性能最好的两个算法加粗。

最后，我们的算法有很多优于现有文献的优点。例如，我们的 RCIQM 对几乎不影响图像质量或语义的小的平移和旋转不敏感。这主要是因为我们的算法的分量，包括全局图像直方图和自由能熵，在小的平移和旋转过程中几乎没有变化。相反，大多数现有的 IQA 算法预测在这些情况下会出现严重的视觉质量下降，因

为它们以点或基于块的方式比较原始图像和失真图像。

3. 直观比较

此外, 我们在图 5.53 中展示了在 CID2013、CCDI2014、TID2008、TID2013
和 CSIQ 数据集上, 经典 FR 算法 SSIM、最新 FR 算法 LTG 和 RR 算法 SDM,
以及我们的 RCIQM 模型的散点图。很容易发现, 我们的算法获得了很好的线性
和单调性, 这也证实了我们的算法在对比度变化图像的视觉质量评价上具有相当
高的性能。

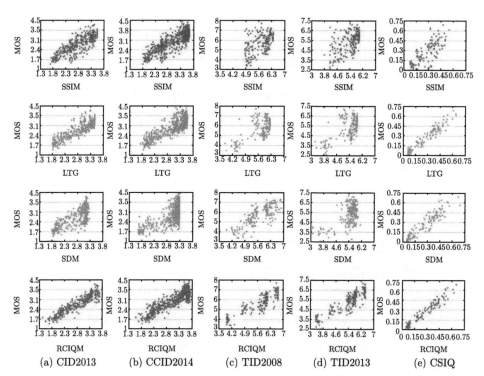

图 5.53　经典的 FR 算法 SSIM、最新的 FR 算法 LTG、RR 算法 SDM 和我们的 RR 算法
RCIQM 模型在五个数据集上 MOS 值的散点图

4. 统计显著性检验

另外, 我们采用 F 检验来计算本算法的统计显著性, F 检验衡量转换后的
客观质量分数 (经过五参数逻辑斯谛函数非线性回归) 和主观 MOS/DMOS 值的
预测残差。假设 F 为两个残差方差之比, F_c(由残差数和置信度决定) 为判断阈
值, 在 $F > F_c$ 的情况下, 两个被测 IQA 指标的性能差异是明显的。我们在表
5.31 中给出了所提出的 RCIQM 和其他被测 IQA 算法的统计显著性, 其中符号

"+1"、"0" 或 "−1" 表示我们的模型在统计上优于、不可区分或低于相关算法。显然，我们的 RCIQM 运作得很好，在四个大型 CID2013、CCID2014、TID2008 和 TID2013 数据集上，所提出的模型几乎优于所有对比的 IQA 算法。该算法优于大多数 IQA 模型，但在 CSIQ 数据集上仅与 FEDM 和 RIQMC 相当。总的来说，我们的技术是目前在对比度调整的 IQA 中表现最好的。

表 5.31   基于 F 检验的统计显著性比较

	PSNR	SSIM	MS-SSIM	FSIM	GSI
CID2013	+1	+1	+1	+1	+1
CCID2014	+1	+1	+1	+1	+1
TID2008	+1	+1	+1	+1	+1
CSIQ	+1	+1	+1	+1	+1
TID2013	+1	+1	+1	+1	+1
	LTG	VSI	FEDM	SDM	RIQMC
CID2013	+1	+1	+1	+1	+1
CCID2014	+1	+1	+1	+1	+1
TID2008	+1	+1	+1	+1	+1
CSIQ	+1	+1	0	+1	0
TID2013	+1	+1	+1	+1	+1

5. 参考信息量分析

对于 RR-IQA 算法，除了相关性能之外，一个重要的指标是所使用的 RR 信息量。RCIQM 技术中的 RR 信息由单个自由能熵和从原始图像中提取的 256 个区间的全局直方图组成。减少 RR 信息的一个简单而有效的方法是将全局直方图中相邻的区间组合在一起。这里我们将 n 个相邻的区间融合为一个，其中 n 被分别赋值为 1、2、4、8、16、32 和 64。我们将这些算法称为 RCIQM1、RCIQM2、RCIQM4、RCIQM8、RCIQM16、RCIQM32 和 RCIQM64，它们都采用了和 RCIQM 中相同的参数。

RCIQM1 本身就是我们最初提出的 RCIQM 算法以 257(=256+1) 个数为 RR 特征，其余 6 个算法依次需要 129(=128+1)、65(=64+1)、33(=32+1)、17(=16+1)、9(=8+1) 和 5(=4+1) 个数。我们在 5 个测试图像数据集上给出了上述 7 种方法和有效的 LTG 模型的性能评价，并在表 5.32 中给出了加权平均，其中还提供了每个质量算法所使用的信息量，以供比较。可以很容易地发现，当 RR 特征的数量减少时，我们的算法的性能在大多数情况下都会下降，但下降得很少。例如，只有 5 个数字作为 RR 信息的 RCIQM64 的平均预测精度也优于最新的 LTG 算法 (FR-IQA 算法中最好的算法)。也就是说，除了一种有效的 RR-IQA 算法外，我们还在相关性能和 RR 信息量之间提供了更多的选择。

表 5.32　不同数量 RR 信息的性能比较

度量	信息量	CID2013 数据集 (400 幅图像)					CCID2014 数据集 (655 幅图像)				
		PLCC	SROCC	KROCC	AAE	RMS	PLCC	SROCC	KROCC	AAE	RMS
LTG	全部	0.8656	0.8605	0.6723	0.2432	0.3120	0.8384	0.7901	0.5938	0.2893	0.3564
$RCIQM_1$	257	**0.9187**	**0.9203**	**0.7543**	**0.1949**	**0.2461**	**0.8845**	**0.8565**	**0.6695**	**0.2455**	**0.3051**
$RCIQM_2$	129	**0.9181**	**0.9195**	**0.7533**	**0.1951**	**0.2470**	**0.8839**	**0.8562**	**0.6690**	**0.2458**	**0.3058**
$RCIQM_4$	65	0.9157	0.9163	0.7477	0.1977	0.2505	0.8825	0.8552	0.6675	0.2478	0.3076
$RCIQM_8$	33	0.9173	0.9183	0.7511	0.1965	0.2482	0.8828	0.8556	0.6683	0.2470	0.3072
$RCIQM_{16}$	17	0.9172	0.9186	0.7519	0.1964	0.2483	0.8829	0.8557	0.6686	0.2468	0.3070
$RCIQM_{32}$	9	0.9165	0.9177	0.7504	0.1975	0.2493	0.8823	0.8548	0.6672	0.2476	0.3078
$RCIQM_{64}$	5	0.9162	0.9180	0.7505	0.1978	0.2497	0.8813	0.8543	0.6666	0.2487	0.3090

度量	信息量	TID2008 数据集 (200 幅图像)					TID2013 数据集 (250 幅图像)				
		PLCC	SROCC	KROCC	AAE	RMS	PLCC	SROCC	KROCC	AAE	RMS
LTG	全部	0.6795	0.4655	0.3285	0.5759	0.7059	0.6749	0.4639	0.3458	0.5769	0.7237
$RCIQM_1$	257	0.8807	**0.8578**	**0.6705**	0.3617	0.4556	**0.8866**	**0.8541**	**0.6675**	**0.3560**	**0.4537**
$RCIQM_2$	129	**0.8811**	0.8450	0.6651	**0.3501**	**0.4549**	**0.8873**	0.8509	0.6619	**0.3586**	**0.4524**
$RCIQM_4$	65	**0.8828**	**0.8629**	**0.6759**	**0.3612**	**0.4519**	0.8864	**0.8520**	**0.6633**	0.3624	0.4540
$RCIQM_8$	33	0.8795	0.8497	0.6586	0.3667	0.4579	0.8839	0.8431	0.6540	0.3641	0.4586
$RCIQM_{16}$	17	0.8739	0.8366	0.6550	0.3620	0.4677	0.8852	0.8450	0.6551	0.3589	0.4563
$RCIQM_{32}$	9	0.8700	0.8268	0.6423	0.3691	0.4744	0.8791	0.8324	0.6428	0.3682	0.4675
$RCIQM_{64}$	5	0.8629	0.8179	0.6283	0.3867	0.4862	0.8699	0.8215	0.6317	0.3814	0.4837

度量	信息量	CSIQ 数据集 (116 幅图像)					数据集大小加权平均				
		PLCC	SROCC	KROCC	AAE	RMS	PLCC	SROCC	KROCC	AAE	RMS
LTG	全部	0.9560	0.9414	0.7880	0.0392	0.0494	0.8130	0.7390	0.5684	0.3325	0.4163
$RCIQM_1$	257	**0.9645**	**0.9569**	**0.8198**	**0.0353**	**0.0445**	**0.8985**	**0.8792**	**0.7010**	**0.2494**	**0.3134**
$RCIQM_2$	129	0.9614	0.9508	0.8039	0.0373	0.0463	**0.8981**	0.8764	**0.6979**	**0.2486**	**0.3137**
$RCIQM_4$	65	0.9558	0.9458	0.7928	0.0399	0.0495	0.8966	**0.8772**	0.6967	0.2522	0.3154
$RCIQM_8$	33	0.9590	0.9487	0.8003	0.0386	0.0477	0.8965	0.8751	0.6948	0.2524	0.3160
$RCIQM_{16}$	17	0.9611	0.9493	0.8039	0.0377	0.0465	0.8962	0.8739	0.6951	0.2509	0.3167
$RCIQM_{32}$	9	0.9624	0.9485	0.8027	0.0367	0.0458	0.8944	0.8701	0.6906	0.2538	0.3198
$RCIQM_{64}$	5	**0.9639**	**0.9549**	**0.8165**	**0.0360**	**0.0448**	0.8918	0.8677	0.6879	0.2584	0.3243

注：将各个指标下性能最好的两个算法加粗。

5.6　基于信息最大化的对比度失真无参考质量评价

目前，图像在我们日常生活中的信息记录、思想交流和情感表达中扮演着越来越重要的角色。面对每时每刻被创建、存储、传输和消耗的海量可视化数据，不可能靠人力对其进行持续监控。在这种情况下，迫切需要一种能够对视觉数据进行精确评估和控制的实时系统。这促进了客观 IQA 指标的发展,它使用数学模型来模拟主观意见评分 [182] 从而预测视觉质量。

通常有三种类型的客观 IQA 算法。第一种类型是所谓的全参考 FR-IQA。在文献中,大多数 FR-IQA 模型背后的主要原理是人类视觉系统 (human visual system,HVS) 对图像结构 [42,46,139,176,184,186,220,221] 的退化非常敏感。第二类 IQA 是 RR-IQA,假设从原始图像中提取的部分信息或少量特征是可用的 [222,223]。第三类客观 IQA 算法是目前流行的盲/NR-IQA 模型。大多数这类方法依赖于统计规则 (见文献 [7],[36],[55],[72])。

近年来,对比度失真的 IQA 得到了广泛的关注 [35,194,198-200],因为它可以用于图像对比度增强 [181,224]。尽管如此,绝大多数现有的 IQA 模型与人类对对比度改变的图像 [200] 的质量的感知没有很好的相关性。针对这一任务,我们基于直方图的相位一致性和信息统计,设计了 RIQMC,取得了优于现有模型的性能,有效地增强了原始自然图像 [200]。

尽管 RIQMC 在对比度失真的质量评价和对比度增强方面取得了成功,它不可避免地需要一个单一的数字,即基于原始图像的相位一致性熵作为 RR 信息,这就极大地限制了对原始自然图像的对比度增强。很明显,如果 IQA 算法能够对更大范围的输入图像 (如曝光不足或曝光过度的图像) 进行盲评估,那么它将更加可取。为了实现这一目标,我们将基于信息最大化的概念开发一种新的 NIQMC 算法。

特别地,所提出的 NIQMC 度量包含了局部和全局的度量。给定一个视觉信号,首先关注它的局部细节。一般来说,高对比度的图像传达了很多信息。图像信号中含有大量具有重要价值的不可预测信息,因此首先从图像中去除可预测的成分,留下不可预测的残差。这样,残差的熵相对于输入图像整体像素的熵可以更好地表示有效信息的量。也可以从基于自由能的大脑原理的角度解释这一观点,如 5.2 节所讨论的。考虑到信息量较大的区域对人眼的吸引力较大,利用视觉显著性检测技术寻找信息量最大的最优区域,并计算所选区域的熵作为局部质量测度。

对给定图像的第二个考虑是从全局角度出发的。同样,在信息最大化方面,假设高质量图像具有均匀分布的直方图也是合理的。在本研究中,比较了输入图像直方图和均匀分布的直方图之间的对称 Kullback-Leibler(K-L) 散度作为全局质量度量。最后,我们计算上述两种度量的线性加权平均值,得到输入对比度失真图像的总体质量分数。

5.6.1   NIQMC 算法总体介绍

在大多数情况下,人类可以通过特定的机制来提高获取信息的效率,例如视觉显著性,这已经被证明与灵长类视皮层[225]的神经回路有着密切的联系。以人类获取尽可能多的信息的基本行为为基础,设计了基于信息最大化的盲 NIQMC 度量标准。换句话说,我们的 NR-IQA 模型背后的主要原则在于,有价值信息越多的图像质量就越好。假设 HVS 结合局部和全局策略来感知视觉信号,判断其质量得分和显著区域。基于此,我们的盲 NIQMC 模型试图预测对比度改变后图像的视觉质量。

1. 局部质量度量

我们的算法首先要考虑的是局部细节的度量。在我们的常识中,对比度大的图像展示了很多有意义的信息。然而,在绝大多数图像中都包含有大量的残留信息,比如背景中大面积的蓝天或绿地,这些信息通常提供的信息量很小。为此,我们首先从图像中丢弃可预测的部分,这些部分是通过基于 AR 模型和双边滤波的半参数模型估计的。

通过调整 AR 模型的参数[206],可以简单有效地模拟大范围的自然场景。这里,我们遵循文献 [36] 中的策略应用 AR 模型,然而,AR 模型往往在图像边缘不稳定。举一个例子来说明这个问题:从图 5.54(a) 和 (b) 可以看出,文字区域已经被 AR 模型严重破坏,导致了振铃效应,类似的结果在建筑物的边缘也可以看到。因此我们进一步利用双边滤波[208],它是一种具有良好的边缘保持能力并且易于建立和计算的非线性滤波。

图 5.54   (a) 样本图像"建筑物"和利用 (b) AR 模型,(c) 双边滤波,(d) 半参数模型得到的相关滤波图像

如图 5.54 所示,与输入图像相比,双边滤波比 AR 模型能够更好地保护边缘,并且没有引入任何的振铃效应。图 5.55 所示的另一个例子表明,双边滤波在处理纹理区域时会导致大量的空间频率降低。相反,AR 模型适用于纹理合成,可以很好地保留纹理部分。这两种模型都擅长处理平滑区域。因此,将 AR 模型的优点与双边滤波相结合,即可在边缘、纹理和光滑区域上获得较好的效果。基于

此, 通过线性融合提出了半参数模型, 推导出可预测数据的估计 (y_i^p)

$$y_i^p = \frac{\gamma^k(y_i)\hat{a} + w\gamma^k(y_i)b}{1+w} \tag{5-100}$$

其中, $\hat{a}$ 和 b 分别是通过利用 AR 模型和双边滤波估计的参数; $\gamma^k(y_i)$ 定义了一个由 y_i 的 k 个邻域组成的向量; w 被赋值为 4 以突出双边滤波的边缘保护效果。图 5.54(d) 和图 5.55(d) 展示了基于半参数模型的结果。需要指出的是, 自适应加权方案应该是更好的, 但可能会造成很大的计算代价。这里在公式 (5-100) 中采用固定权值, 未来的工作将致力于探索自适应加权策略。

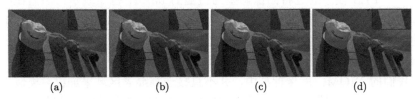

(a)   (b)   (c)   (d)

图 5.55   (a) 样本图像 "五顶帽子" 和利用 (b)AR 模型, (c) 双边滤波, (d) 半参数模型得到的相关滤波图像

滤波后的图像可以看作可预测信息的近似, 这可以从自由能原理 [192] 的角度来解释。具体来说, 最近揭示的基于自由能的大脑理论结合了生物和物理科学中关于人类行为、感知、思维和学习的一些现有的大脑理论。其基本前提是假设认知过程受人脑内部生成模式的支配。有了这个模型, 人脑就可以把输入图像分成有序 (预测的) 和无序 (未预测的) 两部分。根据文献 [36] 的分析, Gu 等证实内部生成模型可以近似于 AR 模型。通过引入双边滤波, 我们建立了一种更可靠的半参数模型, 该模型在边缘、纹理和光滑区域均有良好的性能。可以应用参数向量 $\hat{a}$ 和 b 控制内部生成模型。因此, 有价值的 (未预测) 部分 (y^u) 可以通过去除输入图像中的可预测部分得到

$$y_i^u = y_i - y_i^p \tag{5-101}$$

感兴趣的读者可以直接到文献 [191] 获取更多相关信息。然后我们按下式计算 y^u 误差图的熵

$$E(p) = -\int p(t)\log p(t)\mathrm{d}t \tag{5-102}$$

其中, $p(t)$ 表示灰度 t 的概率密度。

此外, 还存在一个重要的问题, 即选择合适的区域。这是一个普通的问题。如果你看过著名的肖像画《蒙娜丽莎》, 你还记得前景是什么吗? 对于绝大多数人来

说，他们的脑海中会浮现出一个带着神秘微笑的优雅女士。但如果你问背景是什么，大多数人可能什么都不记得。也就是说，虽然我们有足够的时间去看整幅图像，但是人类会关注一些"重要的"区域。

在信息最大化的基础上，假设人类希望选择最大的信息区域进行感知。为了保持语义信息，将选择的区域限制在不小于图像大小的五分之一。利用视觉显著性进行最优区域选择，一方面显著区域通常是我们容易记忆的区域，另一方面上述半参数模型也可以检测出视觉显著性。需要注意的是，视觉显著性是一个不同的概念，它只是提供了几个可能具有最大信息量的候选区域。

更具体地说，我们考虑了最近发展起来的自由能启发的显著性检测技术 (FES)[215]。FES 模型通过将图像调整为粗糙的 63×47 像素表示，然后在小尺度上执行相关操作。基于类似于公式 (5-100) 的半参数模型，FES 算法对每个颜色通道的误差图进行估计并计算其局部熵图，然后将三个不同颜色通道的经过滤波和归一化的局部熵图进行组合，得到最终的显著性图。

在我们的 NIQMC 度量标准中，并不直接选择显著区域来加权，类似于许多 IQA 算法[42,176,226-228] 所采用的策略，因为上面已经提到需要的是最大信息区域，显著性图仅用于辅助。考虑到如果一幅图像包含明显的前景和背景，它将会有相对集中的显著区域 (例如，前景) 来传达有价值的 (预测) 信息，否则显著区域可能会散乱分布，因此需要用几乎整个图像来代表有价值的 (预测) 信息。

这样一来，在获取显著图之后，依据显著图表征的重要性对 y^u 中所有的像素排序，得到向量 y^s。然后计算 y^s 中前 $\{l_1, l_2, \cdots, l_n\}(\%)$ 的熵值，记作 $\{E_{l1}, E_{l2}, \cdots, E_{ln}\}$。为了在性能和效率之间找到一个好的平衡点，将 $\{l_1, l_2, \cdots, l_n\}$ 设为 $\{20, 40, 60, 80, 100\}$。我们在图 5.56 中说明了如何进行最优区域选择。可以看到，5 顶帽子图像具有明确的前景 (即 5 顶帽子) 和背景，在这种情况下，一般认为最显著的 20% 像素是最大信息区域。而建筑图像不能清晰地划分前景和背景，即其前景 (即六座建筑) 几乎占据了整个图像，因此我们认为 80% 显著像素的绝大部分是信息量最大的区域。最后，定义了局部质量的度量标准

$$Q_{\mathrm{L}} = \max \{E_{l1}, E_{l2}, \cdots, E_{l5}\} \tag{5-103}$$

2. 全局质量度量

本算法的第二点考虑源于对全局信息的度量。与图像对比度相关的一个主要概念是熵，它忽略了像素位置的影响，只考虑像素值的分布。更准确地说，熵假设均匀分布的直方图 u 所对应的信息量最大，因此直方图 h 与 u 相似的图像具有较多的全局信息。也就是说，$E(u)$ 和 $E(h)$ 的差值越小，即 $\Delta E = E(u) - E(h) = \int u(t) \log u(t) - h(t) \log h(t) \, \mathrm{d}t \geqslant 0$，图像的对比度越高。然而，我们注意到这个

度量忽略了 $\boldsymbol{u}$ 和 $\boldsymbol{h}$ 之间的相互作用。因此利用信息论中比较两个概率分布最典型的距离之一的高级 K-L 散度。给定两个概率密度 $\boldsymbol{h_0}$ 和 $\boldsymbol{h_1}$，K-L 散度定义为

$$
\begin{aligned}
D_{\text{K-L}}\left(\boldsymbol{h_1}\|\boldsymbol{h_0}\right) &= -\int h_1(t)\log h_0(t)\mathrm{d}t + \int h_1(t)\log h_1(t)\mathrm{d}t \\
&= H\left(\boldsymbol{h_1},\boldsymbol{h_0}\right) - E\left(\boldsymbol{h_1}\right)
\end{aligned}
\tag{5-104}
$$

其中，$H\left(\boldsymbol{h_1},\boldsymbol{h_0}\right)$ 是 $\boldsymbol{h_1}$ 和 $\boldsymbol{h_0}$ 的交叉熵。通过使用 K-L 散度，我们考虑了 $\boldsymbol{h_1}$ 和 $\boldsymbol{h_0}$ 相互作用。

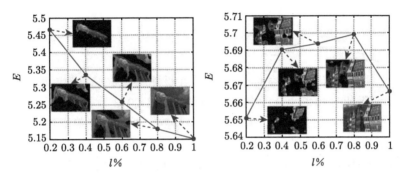

图 5.56　图 5.54 和图 5.55 所示两种不同类型图像的不同百分比 ($l\%$) 熵值 (E) 的变化趋势

然而，K-L 距离是非对称的，容易引起实际应用中的一些问题。Johnson 和 Sinanovic[202] 给出了简单的例子来说明 K-L 散度中参数的顺序可能会产生完全不同的结果。因此使用对称 K-L 散度，到目前为止，已有许多对称形式，例如算术平均数、几何平均数和调和平均数。除了上述的三个函数，还存在一种对称平滑的形式，称为 Jensen-Shannon(J-S) 散度

$$
D_{\text{J-S}}\left(\boldsymbol{h_0},\boldsymbol{h_1}\right) = \frac{D_{\text{K-L}}\left(\boldsymbol{h_0}\|\boldsymbol{h_\Delta}\right) + D_{\text{K-L}}\left(\boldsymbol{h_1}\|\boldsymbol{h_\Delta}\right)}{2}
\tag{5-105}
$$

其中，$\boldsymbol{h_\Delta} = (\boldsymbol{h_0} + \boldsymbol{h_1})/2$。

通过测试可以看到，与基于算术、几何和调和平均数的对称形式相反，使用 J-S 散度和 128 区间的直方图可以获得大约 2% 的性能增益。因此，给定像素值的直方图 $\boldsymbol{h}$ 和 $\boldsymbol{u}$，我们定义全局质量测度

$$
Q_{\text{G}} = D_{\text{J-S}}(\boldsymbol{h},\boldsymbol{u})
\tag{5-106}
$$

需要注意的是，局部和全局质量测度有着相反的含义，也就是说局部质量测度 Q_{L} 越大 (或全局质量测度 Q_{G} 越小) 表明图像的对比度和质量越好。

3. 联合质量度量

根据信息最大化的概念，我们提出了两个质量度量方法。前者通过可预测的数据去除和最优区域的选择，从局部细节方面量化了有价值的信息。受 HE 技术的启发，我们的盲 NIQMC 度量方法的后一部分使用对称和平滑的 J-S 散度来衡量输入直方图与均匀分布相比是否分布得比较合适。从有效性的角度来看，以上两部分起到了互补的作用。因此，它们被整合起来用于近似 HVS 感知和对比度改变图像的视觉质量。由于这两个测度是同一维度上的测度 (即熵)，可以直接将它们结合在一起。因此，NIQMC 被定义为两个质量测度的简单线性融合

$$\mathrm{NIQMC} = \frac{Q_{\mathrm{L}} + \gamma Q_{\mathrm{G}}}{1 + \gamma} \tag{5-107}$$

其中，γ 是用于控制局部和全局策略相对重要性的固定权重。这里，设置 γ 为 -2.2 从而使得所提出的 NIQMC 度量方法在 TID2013 数据集上具有最佳的相关性。同时，由于采用像素级 AR 模型，半参数模型的工作效率很低。因此，采用采样方法来减少运行时间 [35]，即在水平方向和垂直方向上，每 m 个像素计算一次半参数模型。这里令 $m = 7$，因为通过测试发现，这种选择在很大程度上降低了所提出 NIQMC 度量方法的计算复杂度，并且只在很小的程度上降低了性能。

最后，所提出的盲 NIQMC 度量方法的基本框架如图 5.57 所示。给出一个图像信号，首先利用对称平滑的 J-S 散度计算其全局质量测度。然后利用半参数模型分别对原始图像和小尺度图像进行处理，通过最优区域选择来预测局部质量测度。最后结合全局估计和局部估计得到 NIQMC 分数。

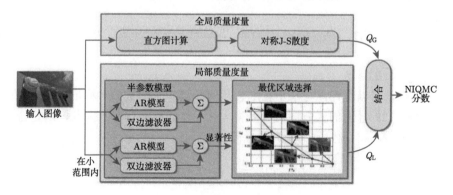

图 5.57　我们的 NIQMC 度量方法的基本框架

5.6.2 NIQMC 算法性能测试

接下来我们将在相关的对比度变化图像质量数据集上对所提出的 NIQMC 算法进行测试。

1. 实验设置

在本节中,验证了我们的非训练盲 NIQMC 模型,并与大量经典的和最先进的 IQA 算法进行了比较。FR-IQA 算法包括最先进的 FSIM[42]、IGM[139]、LTG[184] 和 VSI[176]。NR-IQA 算法由流行的 BRISQUE[55]、NFERM[36] 以及 IL-NIQE[72] 组成。据我们所知,目前有 5 个关于图像对比度的数据集 (CID2013、CCID2014、CSIQ、TID2008、TID2013),这里选择这 5 个数据集作为实验平台。

IQA 算法的性能通常从预测能力的两个方面[219],即预测精度和预测单调性进行评估。相关性能的计算通常需要一个五参数回归程序,以消除预测分数的非线性。然后计算三个性能指标[219],分别为评价预测单调性的 SROCC 和 KROCC,以及评价预测精度的 PLCC。值得注意的是,PLCC、SROCC 和 KROCC 的值越接近于 1 表示与人类主观评分越一致。

2. 性能对比及结果分析

如表 5.33 所示,列出了我们的盲 NIQMC 技术和 7 种 IQA 算法的性能结果。尽管最先进的 FR-IQA 算法可以借助整个原始图像[200],图像对比度失真仍然很难评估。尽管如此,在最近构建的致力于对比度变化失真类型的 CID2013 和 CCID2014 数据集下,NIQMC 已经取得了令人鼓舞的结果,其中依据 SROCC 超出了 0.8。与其他算法相比,可以看到,我们的算法明显优于所有的盲算法和大多数使用了整个原始图像的 FR-IQA 模型,此外,它甚至可以与最近设计的 FR LTG 算法相媲美。

对于 CSIQ 数据集,可以很容易地发现,盲 NIQMC 模型优于本节所提到的所有 NR-IQA 算法,但与最先进的 FR 质量算法相比有一定的差距。从在 TID2008 和 TID2013 数据集上的相关性能结果来看,我们的 NIQMC 算法比提到的 FR-IQA 和 NR-IQA 模型表现更好。

进一步通过参考每个数据集中图像数量的加权平均,对每个对比的质量算法进行综合比较,并将相关的结果也列到了表 5.33 中。显然,NIQMC 取得了最优的预测单调性 (使用 SROCC 和 KROCC) 和预测精度 (使用 PLCC),在重要指标 SROCC 上比排名第二的 LTG 算法高出了约 9%。

表 5.33　对比度相关数据集上的性能指标和平均结果

质量度量	类型	CID2013 (400 幅图像)			CCID2014 (655 幅图像)			CSIQ (116 幅图像)		
		PLCC	SROCC	KROCC	PLCC	SROCC	KROCC	PLCC	SROCC	KROCC
FSIM	FR	0.8574	0.8486	0.6663	0.8201	0.7658	0.5707	0.9378	0.9420	0.7883
IGM	FR	0.8467	0.8246	0.6470	0.7992	0.7246	0.5356	0.9492	**0.9547**	**0.8174**
LTG	FR	**0.8656**	**0.8605**	**0.6723**	**0.8384**	**0.7901**	**0.5938**	**0.9560**	0.9414	0.7880
VSI	FR	0.8571	0.8506	0.6579	0.8209	0.7734	0.5736	**0.9532**	**0.9504**	**0.8096**
BRISQUE	NR	0.3351	0.2552	0.1745	0.3575	0.2123	0.1445	0.1471	0.0473	0.0365
NFERM	NR	0.4074	0.3497	0.2385	0.4181	0.3616	0.2470	0.4831	0.3742	0.2667
IL-NIQE	NR	0.5682	0.5273	0.3708	0.5764	0.5121	0.3590	0.5468	0.5005	0.3510
NIQMC (Pro.)	NR	**0.8691**	**0.8668**	**0.6690**	**0.8438**	**0.8113**	**0.6052**	0.8747	0.8533	0.6689
质量度量	类型	TID2008 (200 幅图像)			TID2013 (250 幅图像)			平均 (1621 幅图像)		
		PLCC	SROCC	KROCC	PLCC	SROCC	KROCC	PLCC	SROCC	KROCC
FSIM	FR	0.6880	0.4403	0.3348	0.6819	0.4413	0.3588	0.8001	0.7086	0.5481
IGM	FR	**0.6950**	0.3630	0.2690	**0.6891**	0.3717	0.2935	0.7918	0.6667	0.5130
LTG	FR	0.6795	**0.4655**	0.3285	0.6749	0.4639	0.3458	**0.8087**	**0.7279**	**0.5561**
VSI	FR	0.6819	0.4571	**0.3450**	0.6785	**0.4643**	**0.3705**	0.8002	0.7184	0.5518
BRISQUE	NR	0.0786	0.1181	0.0787	0.1429	0.0551	0.0359	0.2694	0.1752	0.1193
NFERM	NR	0.2705	0.2162	0.1472	0.2423	0.1956	0.1320	0.3748	0.3160	0.2163
IL-NIQE	NR	0.2244	0.1833	0.1223	0.2275	0.1517	0.1030	0.4750	0.4189	0.2927
NIQMC (Pro.)	NR	**0.7767**	**0.7324**	**0.5419**	**0.7225**	**0.6458**	**0.4687**	**0.8253**	**0.7927**	**0.5967**

注：把性能最好的两个分数加粗。

一个好的 IQA 算法应该同时兼顾效率和效能。因此，计算了 655 张大小为 512×768 的对比度调整图像的平均执行时间。工作平台使用的是英特尔 i7-2600 CPU @ 3.40 GHz，4GB 内存的计算机上的 MATLAB 2010a。表 5.34 列出了每个测试质量算法的平均计算成本，可以看出所设计的 NR NIQMC 模型对 512×768 的彩色图像进行评估只需要不到 3s 的时间。考虑到局部和全局质量度量是相互独立的，在 AR 模型或双边滤波中对每个图像像素的计算也是独立的，在实际应用中很可能会进行并行计算，从而在很大程度上减少运行时间。

表 5.34　CCID2014 数据集上的平均计算时间

度量	FSIM	IGM	LTG	VSI
时间/(秒/图)	0.6746	18.326	0.0452	0.2106
度量	BRISQUE	NFERM	IL-NIQE	NIQMC
时间/(秒/图)	0.2760	41.832	3.0638	2.9001

IQA 算法的一个重要作用是判断两张图像的优劣，特别是一张失真图像和其原始图像。因此，我们在 CCID2014 数据集上进行了相关实验。在这个数据集中，

总共有 14032 个图像对, 每个图像对都关联到同一个源图像。对于每个算法, 我们将与主观 MOS 值顺序相同的图像对的数量 (以及比例) 列成表, 如表 5.35 的组 1 所示。可以看到, 所提出的盲 NIQMC 度量已经达到了最优结果, 远超过了最先进的 NRIQA 算法。此外, 还对失真图像与其原始图像的对比进行了相似的实验。在这种情况下, 包含了 640 个图像对。从表 5.35 的组 2, 可以得出同样的结论, 验证了我们的盲 NIQMC 算法的优越性。

表 5.35 每一种 IQA 算法中根据主观人类评分的图像对的数量和比率

质量度量	组 1		组 2	
	图像对数	比率	图像对数	比率
FSIM	11232	80.05%	563	87.97%
IGM	10946	78.01%	564	88.12%
LTG	**11382**	**81.11%**	**570**	**89.06%**
VSI	11319	80.67%	561	87.66%
BRISQUE	6075	43.29%	165	25.78%
NFERM	8198	58.42%	499	77.97%
IL-NIQE	3843	27.39%	71	11.09%
NIQMC (Pro.)	**11670**	**83.17%**	**578**	**90.31%**

注: 加粗了两个表现最好的算法。

同时, 我们测试了公式 (5-107) 中参数 γ 的灵敏度。如表 5.36 所示, 在所选值的周围列举了一个小范围的值, 并在 5 个测试图像数据集上计算了相应的性能指标。可以看到, 参数 γ 对值的变化具有良好的免疫性和鲁棒性。

表 5.36 公式 (5-107) 中参数 γ 的灵敏度测试 (SROCC)

数据集	γ				
	-2	-2.1	**-2.2**	-2.3	-2.4
CID2013	0.8662	0.8667	**0.8668**	0.8672	0.8673
CCID2014	0.8106	0.8110	**0.8113**	0.8117	0.8118
CSIQ	0.8520	0.8519	**0.8533**	0.8525	0.8510
TID2008	0.7328	0.7325	**0.7325**	0.7309	0.7305
TID2013	0.6453	0.6453	**0.6458**	0.6443	0.6443

除了预测对比度改变后的图像的视觉质量, 所提出的 NIQMC 算法也适用于另一个重要应用, 提高了通用 NR-IQA 算法的性能。这里选择提高先进的 NFERM 算法 [36] 与 NIQMC 模型的性能, 因为一方面这个算法与其他盲质量评价算法相比具有较高的性能和很少的特征, 另一方面这个算法和 NIQMC 有几个共同的组分, 例如, 通过 AR 模型对失真图像进行预处理, 我们可能仅通过几个组分将它们精巧地结合在一起。

通过引入 NIQMC 分数作为一个新特征, 改进了 NFERM 算法, 生成了具有 24 个特性的 NFERM-Ⅱ。流行的和最先进的 BRISQUE 和 NFERM 也被列入对比。在 TID2013 数据集中，将 3000 张图像随机分为两组：第一组 2400 张图像，占总图像的 80%；第二组 600 张图像，占总图像的 20%。为了确保 IQA 算法在图像内容上是鲁棒的，并且不会因特定的训练–测试集划分产生偏差，这个随机的 80%训练–20%测试过程将重复 1000 次。表 5.37 中给出了 1000 个性能指标的中值结果。可以很容易地看到，引入新特征对原始 NFERM 算法带来了显著的改进，而且在三者中它的性能是最优的。

表 5.37　TID2013 上的性能和 LIVE、CSIQ 和 LIVEMD 数据集上的交叉验证

质量度量	特征数目	TID2013 (3000 张图像)		
		PLCC	SROCC	KROCC
BRISQUE	36	0.5481	0.5287	0.3741
NFERM	23	0.6808	0.6233	0.4516
NFERM-Ⅱ (Pro.)	24	**0.6915**	**0.6298**	**0.4578**
质量度量	特征数目	SROCC		
		LIVE	CSIQ	LIVEMD
BRISQUE	36	0.5567	0.4083	0.1930
NFERM	23	0.7960	0.5643	0.1885
NFERM-Ⅱ (Pro.)	24	**0.8062**	**0.6279**	**0.1947**

注：加粗了表现最好的一个。

进一步进行交叉验证，使用 TID2013 数据集进行训练，使用流行的 LIVE[229]、CSIQ[39] 和 LIVEMD[230] 数据集进行测试。根据这些结果，可以得出两个主要结论。首先，再次证明了新特征 (即 NIQMC 指标) 的有效性，在只引入一个特征的情况下能够很好地改进 NFERM 算法。其次，尽管性能有所提高，但 LIVE 和 LIVEMD 数据集上的变化非常小，这可能是因为这两个数据集中没有包含与对比相关的失真。此外，也可以看到，相关算法的性能不高，尤其是在 LIVEMD 数据集上。我们认为这个问题可能是由训练样本不足造成的。也就是说，在 TID2013 数据集中仅使用 24 个图像场景进行学习，很容易拟合不足，从而导致结果对其他图像场景产生偏差。为了弥补这一缺陷，我们认为收集 1000 多个不同场景将减少这种偏差并提供一个良好的拟合。

5.7　基于信息、自然性和结构的色调映射图像的盲质量评价

在过去的十年中，展示在标准 8 比特显示设备上的低动态范围图像一直主宰着我们的生活。由于只能展示 256 个亮度级，低动态范围无法完全显示所有细节内容，所以其无法有效应用于医学和军事领域。随着成像和数据处理技术的快速发展，近些年人们开始更多关注具有更大亮度范围的高动态范围图像，从而

更好地展示亮度的变化，如从直射的阳光到昏暗的星空，以便保护更多的细节内容[231]。而且，跟高动态范围相关的研究领域也越来越多[232-235]。

现实应用中的一个共性问题是如何在标准 8 比特显示设备上展示高动态范围图像。为了处理这个问题，越来越多的用于将高动态范围图像转变为低动态范围图像的色阶映射算子被提出[147,236,237]。由于缩小了动态范围，色阶映射算子无疑会导致信息丢失。因此生成的低动态范围图像需要人眼辅助从用不同色阶映射算法生成的结果中挑选出最优图像。虽然迄今为止有许多色阶映射算法被提出，但是它们都无法同时适用于具有各种亮度、对比度、结构、颜色和场景的高动态范围图像。所以，一个可信的能够准确衡量和比较由不同色阶映射算子生成的低动态范围图像质量的系统非常重要。图像质量评价问题，由于其具有高度近似人类视觉系统的能力，适用于解决此问题。

第一个研究此问题的是 Yeganeh 和 Wang，他们基于多尺度结构相似性和自然统计特性提出了全参考的色阶映射图像质量评价算法[144]。然而很多时候，尤其是在后处理环节，原始图像是无法获得的，所以无参考的盲图像质量评价算法更为重要。为了解决此问题，本节对色阶映射后的低动态范围图像的信息、自然性和结构进行分析，提出了盲色阶映射图像质量评价算法。

本节的主要贡献如下：第一，本小节提出的是第一个色阶映射图像的盲质量评价算法。第二，本小节提出了两类新特征，第一类特征是低动态范围图像亮化或者暗化后图像的信息熵，用于衡量其信息量，第二类特征是低动态图像的主要结构，用于衡量其结构保护能力。第三，本小节提出了公开的用于衡量色阶映射图像的质量评价库，与现有的 TMID 数据集相比[144]，我们的数据集使用不同的主观测试方式、测试者以及多达 16 种色阶映射算子 (TMID 库中只使用了 8 种色阶映射算子)。

5.7.1 BTMQI 算法总体介绍

为了能更好地分辨高动态范围和低动态范围图像之间的差异，我们选取了高动态范围数据集[238]中的一组具有代表性的例子，如图 5.58 所示，图 5.58(a)表示在高动态范围显示器上放映、然后使用截屏工具得到的高动态范围图像，图 5.58(b) 表示在低动态范围显示器上放映、然后使用截屏工具得到的低动态范围图像。虽然我们不能很容易地找出图 5.58(a) 和图 5.58(b) 之间的区别，但是它们经过变暗处理和变亮处理后的图像能够明显体现出差异。图 5.58(c) 和图 5.58(d) 表示将图 5.58(a) 和图 5.58(b) 的亮度降为原有亮度的 1/64 之后的图像，图 5.58(e) 和图 5.58(f) 表示将图 5.58(a) 和图 5.58(b) 的亮度放大到原有亮度的 32 倍后的图像。用黑色矩形框在图 5.58(c) 和图 5.58(d) 中标出了显著的差异区域，同样使用白色矩形框在图 5.58(e) 和图 5.58(f) 中标出了显著的差异区域。我们发现，由于动态范围的限制，经过色阶映射处理后的图像不能保留原有高动态范围图像的所有信息。我们认为一幅好的经过色阶映射的低动态范围图像包含大量细节信息。基于此，一个很直观的用于评价色阶映射之后图像质量的想法就是估计图像本身和经过亮化和暗化的中间图像的信息量。首先生成一些中间图像

$$I_i = \min\left(\max\left(M_i I, 0\right), 255\right) \tag{5-108}$$

其中，I 表示输入的经过色阶映射的图像，M_i 表示第 i 阶的倍乘系数，max 和 min 用于获得最大值和最小值，从而把中间图像约束在 0~255 的范围内。

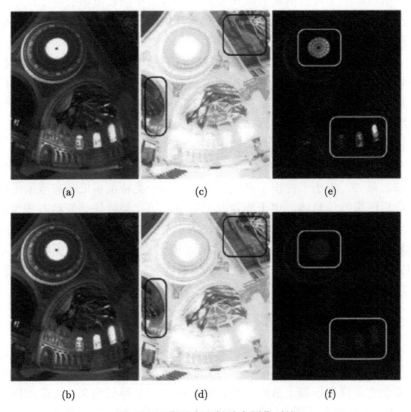

图 5.58   高动态和低动态图像对比

(a) 和 (b) 表示一幅高动态和其对应的低动态图像；(c) 和 (d) 表示将 (a) 和 (b) 的亮度降为原有亮度的 1/64 之后的图像；(e) 和 (f) 表示将 (a) 和 (b) 的亮度放大到原有亮度的 32 倍后的图像。我们使用不同颜色的矩形框在每幅图中圈出了两处具有明显差异的位置

然后我们需要寻找估计信息量的方法。信息熵作为统计学中的很重要的概念是一个合适的选择。熵通过计算一个随机信号的平均不确定性来表征无序度。给定一个概率密度函数 p，我们定义它的熵为

$$E(p) = -\int p(x)\log p(x)\mathrm{d}x \tag{5-109}$$

事实上，熵的概念已经被成功地应用到了一些许多现有质量评价算法中[58]。为了比较两个概率分布的差异,我们经常利用其他重要指标,例如 Kullback-Leibler (K-L) 散度及其改进的对称形式。然而通过实验发现，与熵相比，使用 K-L 散度或者它的对称形式并没有带来明显的性能增益，反而增加了算法的计算复杂度，所以本节仍然使用信息熵来衡量信息的容量。

一幅高质量的色阶映射之后的图像在大多数情况下拥有较大的信息熵。首先，在图 5.59(a) 和 (b) 中展示了一组色阶映射后的图像。图 5.59(a) 是一幅相对而言高质量的映射后的图像，图 5.59(b) 展示了一幅过亮的低质量的低动态范围图像。接着使用不同的倍乘系数 M 建立了一组中间图像，并且计算相应的熵值。图 5.59(c) 展示了信息熵 E 是如何随着乘性因子 M 的变化而改变的。上方的红色曲线和下方的蓝色曲线分别对应着图 5.59(a) 和图 5.59(b)，随着亮度的小幅度的降低或者增加，图 5.59(b) 的熵迅速下降到一个比较低的等级，也就意味着包含的信息量变少了。相比较之下图 5.59(a) 表现出更好的抵抗熵值快速衰退的性质。根据

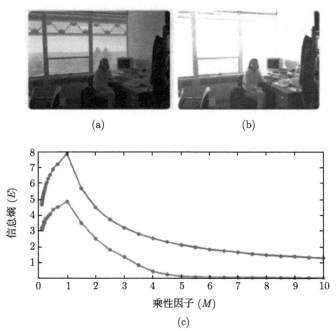

(a)   (b)

(c)

图 5.59　用于说明信息熵如何随着乘性因子 M 变化的图示

(a) 表示一幅高质量的低动态范围图像；(b) 表示一幅低质量的低动态范围图像；(c) 表示乘性算子 M 和相应的 (a) 和 (b) 图熵的相互关系。上面的红色曲线对应图 (a)，下面的蓝色曲线对应图 (b)

其主观评价结果，图 5.59(a) 比图 5.59(b) 确实有更高的主观质量分数。为了在效率和性能之间找到更好的平衡，在工作中仅仅使用了 9 个熵值作为特征，而这些熵值是通过各个乘性因子 M 计算来得到的。

注意到上文提到的 9 个值是全局计算的熵值。广义来说，人类大脑对视觉信号的感知更加倾向于局部和全局相结合的方式。因此也重新定义了之前提到的 9 幅图像的熵的表达式

$$E_{\mathrm{t}}(I_i) = wE_{\mathrm{g}}(I_i) + (1-w)E_{\mathrm{l}}(I_i) \tag{5-110}$$

其中，$E_{\mathrm{g}}(I_i)$ 和 $E_{\mathrm{l}}(I_i)$ 分别表示了全局和局部的熵值，w 是一个常值正数，用来区分式 (5-114) 中两个量的相对重要性。局部熵值用基于块的熵值的平均值近似得到

$$E_{\mathrm{l}}(I_i) = \frac{1}{L}\sum_{j=1}^{L} E(B_{i,j}) \tag{5-111}$$

其中，$B_{i,j}$ 对应在第 i 个中间图像中的第 j 个块，L 表示图像中的块总数。

除了包含大部分信息之外，我们有理由来假设一幅好的色阶映射之后的低动态范围图像看上去应该也很自然。在过去的几年之中，有很大一部分文献旨在阐述自然图像的统计特性来促进图像/视频处理以及生物视觉方面的研究。这些模型的基本想法都是：对自然图像来说，经过局部均值去除和分开归一化之后的参数将符合高斯分布，然而不同种类或者不同等级的失真将改变这一分布。

但是我们注意到之前描述的统计模型并不适合于预测色阶映射之后图像的视觉质量，因此需要提出另外一种基于 NSS 的模型。在文献 [239] 中，一份最近对色阶映射之后图像的统计特性的研究指出，在图像的特性和自然性之间存在着高度的相关性，尤其是亮度和对比度。受此启发，我们的 BTMQI 模型考虑使用一个基于这两个特性的自然特性统计模型 [144]。这个模型大体上提供了在复杂度和捕获自然特性的重要组成部分的能力之间的一个理想的平衡，并且已经被证明在对色阶映射后图像的评价上是十分有效的。

更加具体来说，基于自然统计特性，这个模型使用大约 3000 张包含各种自然场景的低动态范围自然图像训练得到。图 5.60 中展示了这些图像的均值和标准差的直方图，定义如下

$$m = \frac{1}{H}\sum_{h=1}^{H} M_P(h) \tag{5-112}$$

$$d = \frac{1}{H}\sum_{h=1}^{H} N_P(h) \tag{5-113}$$

其中，M_P 和 N_P 分别表示一个 11×11 块的均值和标准差值，H 表示图像中的块的总数。一般而言，这两个衡量能够反映总的图像强度值和对比度值。不难看出两个直方图能够很好地使用高斯和贝塔概率密度函数拟合

$$P_m(m) = \frac{1}{\sqrt{2\pi}\sigma_m} \exp\left[-\frac{m - \mu_m}{2\sigma_m^2}\right]$$ (5-114)

$$P_d(d) = \frac{(1-d)^{\beta_d - 1} d^{\alpha_d - 1}}{B\left(\alpha_d, \beta_d\right)}$$ (5-115)

其中，$B(\cdot)$ 是贝塔函数。图 5.60 显示了相应的拟合曲线。最近的一些研究指出，在自然图像中亮度和对比度是不相关的 [240]。因此能够使用乘法来表示它们的联合概率密度函数

$$N = \frac{1}{K} P_m P_d$$ (5-116)

其中，K 是随着 P_m 和 P_d 改变而改变的归一化因子。在本章使用 K 来约束自然统计特性的衡量值，使其在 0 到 1 之间。

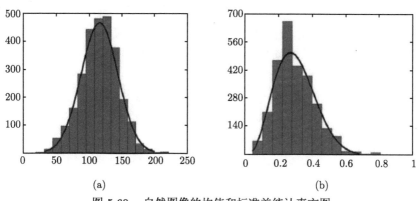

图 5.60   自然图像的均值和标准差统计直方图
(a) 对应使用高斯分布拟合的均值分布；(b) 对应使用贝塔分布拟合的标准差分布

人类视觉系统对图像的结构高度敏感，那么高质量的低动态范围图像应该含有更丰富的重要结构，因此本章考虑使用带有门限的梯度算子来寻找基础的结构信息。最著名的梯度算子应该是 Sobel 算子，它定义为

$$G = \sqrt{G_x^2 + G_y^2}$$ (5-117)

其中，

$$G_x = S_x * I = \begin{bmatrix} +1 & 0 & -1 \\ +2 & 0 & -2 \\ +1 & 0 & -1 \end{bmatrix} * I \tag{5-118}$$

$$G_y = S_y * I = \begin{bmatrix} -1 & -2 & -1 \\ 0 & 0 & 0 \\ +1 & +2 & +1 \end{bmatrix} * I \tag{5-119}$$

此处，S_x 和 S_y 分别代表了 Sobel 在水平和垂直方向上的卷积掩模，符号 $*$ 表示卷积运算。因为我们认为主要的结构信息与图像内容的识别相关，对质量评价的影响巨大，所以小的阈值参数 T 被进一步用来去除零碎结构

$$X(n) = \begin{cases} 1, & G(n) \geqslant T \\ 0, & \text{其他} \end{cases} \tag{5-120}$$

其中，n 表示图像的像素索引。如图 5.61 所示，(a)～(c) 表示对应同一幅高动态图像经过色阶映射而来的低动态图像，(d)～(f) 表示对结构进行提取的结果图。通过使用 Sobel 算子，可以看到在 (d)～(f) 中已经检测出主要结构。图 5.61 中的 (e) 比 (f) 有更多的结构信息但比 (d) 要少；例如在墙上的壁画和右上角的通风口。这就意味着 (e) 比 (f) 有更好的结构保留能力但比 (d) 差。这些实验结果同主观评价结果一致：即 (b) 比 (c) 的质量分数高但是比 (a) 的质量分数低。因此，我们计算 X(标记为 S) 的均值来衡量色阶映射之后图像的结构保护程度。

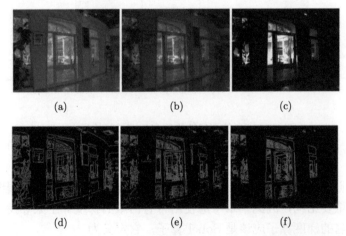

图 5.61　结构保护能力比较：(a)～(c) 表示三幅对同一幅高动态图像使用色阶映射得到的低动态图像；(d)～(f) 表示从 (a)～(c) 探测得到的主要结构图

至此,我们已经从色阶映射之后的低动态图像中提取了 11 个特征,包括 $\{E_t(I_i), N, S \mid i = 1, 2, \cdots, 9\}$。接下来需要使用回归模型来求解从特征空间到主观测评等级之间的映射,并且来估计映射之后图像的质量。考虑到支持向量机回归器的广泛应用,我们使用 LIBSVM 工具包 [70] 来实现带径向基函数核的 SVR,更多关于训练和测试方面的内容将在 5.7.2 节介绍。

5.7.2 BTMQI 算法性能测试

接下来将在相关的色阶映射图像质量数据集上对所提出的 BTMQI 算法进行测试。

1. 实验设置

考虑使用最近提出的专用于色阶映射图像质量评价问题的 TMID 数据集 [144] 来测试和验证我们提出的盲评价算法。TMID 图像库是由加拿大滑铁卢大学在 2013 年提出的。整个库使用了 15 幅原始的高动态范围图像,并使用 8 个不同的色阶映射算子生成了 120 个低动态范围图像。在整个测试过程中,20 名没有经验的观察者应邀参加,对从每幅图像中生成的 8 个低动态范围图像从高到低进行质量排序,分别计分为 1 到 8。然后对每个人的排序分数进行平均,得到每幅图像的最终质量评分。

使用三个常用的性能指标,即衡量预测单调性的 SROCC、衡量预测准确性的 PLCC 和衡量预测单调性的 KROCC。上述三个指标越高代表该算法性能越好。首先在 TMID 图像库 [144] 上测试了 BTMQI 算法的性能。由于是基于机器学习提出的,为了公平检验 BTMQI 算法的性能,随机将原始图像分为两组,第一组包括其中 80% 图像,第二组包括另外 20% 图像。用第一组原始图像对应的 96 幅失真图像作为样本数据来训练 BTMQI 中的回归模型,用剩下的 24 幅图像作为测试数据来估计 BTMQI 的性能。为了避免由于某个特定随机分类导致的性能偏差,我们将上述 80% 训练-20% 测试模式重复 1000 次,取 1000 次的相关性结果的中值作为 BTMQI 算法的最终性能分数。

2. 性能对比及结果分析

性能结果如表 5.38 所示,不难发现我们的算法取得了很不错的性能。我们对比了新近提出的 DIIVINE[73]、BLIINDS-II[241]、BRISQUE[55]、NFERM、NIQE[242] 和 QAC[243] 算法。表 5.38 给出了所有用于测试的评价算法的性能结果。很显然我们的算法优于新近提出的无参考算法。由于没有参考图像,盲评价算法难以和全参考算法匹敌,但是我们提出的 BTMQI 模型仍然优于全参考的 TMQI 模型 [144]。

表 5.38   八个评价算法在 TMID 数据库上的性能指标

模型	类型	TMID 数据库		
		PLCC	SROCC	KROCC
TMQI	全参考	0.7715	0.7407	0.5585
DIIVINE	无参考	0.2300	0.2155	0.1435
BLIINDS-II	无参考	0.5019	0.4429	0.3072
BRISQUE	无参考	0.5481	0.4810	0.3351
NFERM	无参考	0.3249	0.2427	0.1693
NIQE	无参考	0.5652	0.4968	0.3495
QAC	无参考	0.7148	0.5186	0.3597
BTMQI	无参考	0.8498	0.8302	0.6570

我们进一步在 TMID 数据集 [144] 上进行不同条件下性能的测试和比较。为了公平比较，使用 93% 的数据进行训练，使用另外 7% 的数据进行测试。具体来说，在这次性能对比中，选 14 幅高动态范围图像对应的 112 幅低动态范围图像用来训练，然后对其余 8 幅低动态范围图像进行性能测试。表 5.39 和表 5.40 展示了相应的 SROCC 和 KROCC 结果。可以看到与无参考算法相比，提出的 BTMQI 获得了优秀结果。通过实验，又发现在第 3 个、第 12 个和第 14 个数据组上与无参考算法相比 BTMQI 的结果不是很好。通过同其他组的图像进行比较，发现这三幅图像的共同点是都具有比较亮的背景，因此可以考虑基于此优化我们的算法。表 5.39 和表 5.40 中进一步列举了另外七个质量评价算法的性能。通过全面的比

表 5.39   八个评价算法在 TMID 库的子集上的 SROCC 性能指标

模型	TMQI	DIIVINE	BLIINDS-II	BRISQUE	NFERM	NIQE	QAC	BTMQI
类型	全参考	无参考	无参考	无参考	无参考	无参考	无参考	无参考
1	0.9048	0.6429	0.6108	0.6667	0.0714	0.6905	0.5952	0.9286
2	0.7857	0.8333	0.4072	0.9762	0.6190	0.9762	0.7857	0.9048
3	0.8095	0.0952	0.4286	0.3095	0.5952	0.7143	0.0952	0.6190
4	0.8571	0.5238	0.6347	0.5952	0.0714	0.6429	0.5238	0.8571
5	0.7381	0.4286	0.3333	0.2381	0.0952	0.0476	0.3095	0.8810
6	0.9048	0.5476	0.2515	0.7857	0.1429	0.4048	0.6905	1.0000
7	0.6905	0.1190	0.8862	0.6667	0.1190	0.5476	0.7857	0.9048
8	0.6905	0.1667	0.4524	0.4762	0.2857	0.5000	0.4762	0.7381
9	0.7619	0.5476	0.7619	0.7619	0.8810	0.6667	0.5714	0.8810
10	0.9048	0.8571	0.3172	0.7381	0.7143	0.5476	0.6905	1.0000
11	0.8810	0.7381	0.5868	0.6905	0.1190	0.7857	0.7143	0.9524
12	0.7143	0.3810	0.5476	0.5952	0.4524	0.7381	0.5952	0.6190
13	0.6587	0.6467	0.5783	0.5509	0.2515	0.5150	0.7425	0.8024
14	0.7381	0.6905	0.2395	0.5714	0.8571	0.1667	0.2857	0.6667
15	0.9048	0.3571	0.4551	0.3571	0.8095	0.8333	0.4762	0.8810
平均	0.7963	0.5050	0.4994	0.5986	0.4057	0.5851	0.5559	0.8424

较, 我们发现在表 5.39 和表 5.40 中 BTMQI 获得了 10 次最优, 超过仅有三次最佳的 TMQI 模型。更进一步, 对 15 组的 SROCC 和 KROCC 的结果进行取平均, 同第二名的 TMQI 相比, BTMQI 模型获得了大约 5% 以及 10% 的性能增益。

表 5.40　八个评价算法在 TMID 库的子集上的 KROCC 性能指标

模型类型	TMQI 全参考	DIIVINE 无参考	BLIINDS-II 无参考	BRISQUE 无参考	NFERM 无参考	NIQE 无参考	QAC 无参考	BTMQI 无参考
			TMID 数据库					
1	0.7857	0.5000	0.4001	0.5000	0.0714	0.5714	0.4286	0.8571
2	0.6429	0.6429	0.3273	0.9286	0.5000	0.9286	0.6429	0.7857
3	0.6429	0.0714	0.4286	0.2143	0.5000	0.5714	0.0000	0.5000
4	0.7143	0.3571	0.4001	0.4286	0.0714	0.4286	0.2857	0.7143
5	0.6429	0.4286	0.2857	0.1429	0.0714	0.0000	0.1429	0.7857
6	0.7857	0.4286	0.1091	0.6429	0.2143	0.2857	0.5714	1.0000
7	0.5714	0.1429	0.7638	0.5000	0.1429	0.4286	0.6429	0.7857
8	0.5714	0.1429	0.3571	0.3571	0.2143	0.3571	0.3571	0.5714
9	0.5714	0.3571	0.6429	0.5714	0.7143	0.5000	0.5000	0.7857
10	0.8571	0.7143	0.2646	0.6429	0.5714	0.4286	0.5714	1.0000
11	0.7143	0.5714	0.4001	0.5714	0.0000	0.6429	0.5714	0.8571
12	0.5714	0.2857	0.3571	0.4286	0.2857	0.6429	0.4286	0.5000
13	0.5455	0.4728	0.3704	0.3273	0.1091	0.2546	0.6910	0.6910
14	0.6429	0.4286	0.1818	0.5000	0.7143	0.1429	0.2143	0.5000
15	0.7857	0.2857	0.3273	0.2857	0.7143	0.7143	0.3571	0.7143
平均	0.6649	0.3887	0.3744	0.4694	0.3263	0.4598	0.4270	0.7318

我们的质量评价标准模型包括三组特征 (即信息熵、自然统计特性和结构保护能力)。进一步对每组特征的贡献进行性能比较。除了 80%-20% 的训练测试比, 还比较了另外五个训练-测试方案, 即 60%-40%、67%-33%、73%-27%、87%-13% 和 93%-7%, 并且将这些都应用于特征组的不同组合情况。如表 5.41 所示, BTMQI9、BTMQI10 和 BTMQI11 分别对应基于第一组的 9 个特征, 第一组和第二组的 10 个特征, 以及所有三组的 11 个特征。我们不难发现当仅使用信息熵的 9 个特征时已经获得了较好的性能, 尽管只是依靠 60% 的数据用于训练, BTMQI9 在统计上仍然不亚于全参的 TMQI 的结果。通过添加其他两个特征, 可以使 BTMQI 算法的性能得到进一步提升。

除了使用以上三个性能指标 (SROCC、KROCC 和 PLCC) 进行比较外, 我们又使用 t 检验衡量基于 1000 次训练-测试实验计算 SROCC 结果的统计意义。"1" 表示 BTMQI 在统计上优于对比的其他算法, " − 1" 表示 BTMQI 在统计上差于对比的其他算法, "0" 表示 BTMQI 在统计上和对比的其他算法相当。表 5.42 列举了 BTMQI 和其他评价算法的统计显著性结果。可以得到这样的结论: 我们提出的 BTMQI 模型在统计上优于测试的无参考算法和全参考的 TMQI 算法。值得一提的是, 除了优越的性能, 我们的 BTMQI 仅提出了 11 个特征, 远少于其他无参考质量评价算法使用的特征数量。

表 5.41　BTMQI 算法中不同类型特征的性能比较

模型	数量	训练-测试	SROCC	KROCC
TMID 数据库				
BTMQI 9		60 %-40 %	0.7415	0.5550
BTMQI 9		67 %-33 %	0.7512	0.5629
BTMQI 9		73 %-27 %	0.7587	0.5719
BTMQI 9	9	80 %-20 %	0.7757	0.5938
BTMQI 9		87 %-13 %	0.7918	0.6167
BTMQI 9		93 %-7 %	0.8383	0.7143
BTMQI 10		60 %-40 %	0.7744	0.5872
BTMQI 10		67 %-33 %	0.7816	0.5954
BTMQI 10		73 %-27 %	0.7872	0.6040
BTMQI 10	10	80 %-20 %	0.8006	0.6255
BTMQI 10		87 %-13 %	0.8224	0.6667
BTMQI 10		93 %-7 %	0.8571	0.7143
BTMQI 11		60 %-40 %	0.7936	0.6056
BTMQI 11		67 %-33 %	0.8044	0.6170
BTMQI 11		73 %-27 %	0.8174	0.6355
BTMQI 11	11	80 %-20 %	0.8302	0.6570
BTMQI 11		87 %-13 %	0.8443	0.6891
BTMQI 11		93 %-7 %	0.9048	0.7857

表 5.42　BTMQI 模型和其他七个算法在 TMID 库上的统计显著性比较

t 检验类型	TMQI 全参考	DIIVINE 无参考	BLIINDS-II 无参考	BRISQUE 无参考	NFERM 无参考	NIQE 无参考	QAC 无参考	BTMQI 无参考
TMID 数据库								
BTMQI	1	1	1	1	1	1	1	0

　　一个好的质量评价算法应该同时具备高效力和高效率。因此我们计算了每个评价模型在所有 TMID 图像中的 120 幅低动态范围图像上运行的时间。这项测试是在 3.4GHz CPU、4GB RAM 的电脑上使用 MATLAB 软件进行测试得到的。表 5.43 展示了每个算法的平均运行时间。结果表明我们的 BTMQI 算法仅使用了 0.2425s 的时间来评价一幅图像。由于 BTMQI 中的特征在计算时都是互相独立的,还可以考虑引入并行计算来进一步降低算法的运行时间。

表 5.43　八个评价算法在 TMID 库的平均计算速度

模型类型	TMQI 全参考	DIIVINE 无参考	BLIINDS-II 无参考	BRISQUE 无参考	NFERM 无参考	NIQE 无参考	QAC 无参考	BTMQI 无参考
TMID 数据库								
时间/s	0.2588	17.772	54.805	0.2768	36.417	0.3229	0.1028	0.2425

至此,我们已经在 TMID 数据集上证明了 BTMQI 算法的优越性以及对图像内容改变的鲁棒性。需要提出的是除了以上两点,一个好的色阶映射图像质量评价算法应该对不同的色阶映射算子和不同的观察者具有鲁棒性。因此,我们 (上海交通大学图像传输与信息通信研究所) 提出了一个新的更完整的色阶映射之后的图像集 (TMID2015)。这个数据集包含三个图像子集,以及由 16 个不同的色阶映射算子生成的 48 个低动态范围图像。由于显示器的限制,我们在图 5.62(a)～(c) 中展示了三幅例图。邀请了 20 名观察者进行测试,包括 13 名男性和 7 名女性。为了获得正确的主观质量评价分数,使用成对比较的方法来给每对图像进行打分。精心设计的界面使得评分者能够只使用两个键来进行评分,避免了冗繁的鼠标操作,这使得评分过程更快、直接和真实。鉴于使用了 16 个不同的色阶映射算子和图像对比较的方法,我们的 TMID2015 是对 TMID 的一个很好补充。

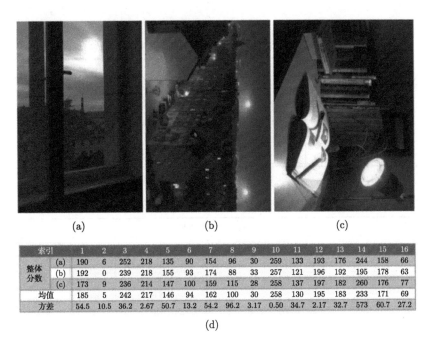

(a)   (b)   (c)

索引		1	2	3	4	5	6	7	8	9	10	11	12	13	14	15	16
整体分数	(a)	190	6	252	218	135	90	154	96	30	259	133	193	176	244	158	66
	(b)	192	0	239	218	155	93	174	88	33	257	121	196	192	195	178	63
	(c)	173	9	236	214	147	100	159	115	28	258	137	197	182	260	176	77
均值		185	5	242	217	146	94	162	100	30	258	130	195	183	233	171	69
方差		54.5	10.5	36.2	2.67	50.7	13.2	54.2	96.2	3.17	0.50	34.7	2.17	32.7	573	60.7	27.2

(d)

图 5.62 TMID2015 图像库的介绍说明

(a)～(c) 表示三幅低动态图像例图;(d) 表示所有低动态图像的主观分数

图 5.62(d) 中展示了每幅图像的整体评分。从结果中能得到两个重要的结论。第一点,由相同色阶映射算子生成的不同图像得到的评分是类似的,这也说明了我们实验中主观评测过程的正确性;第二点,每个 TMO 的有效性和稳定性能通过这些评分的均值和方差来体现。例如,图 5.62(d) 中展示的,第 10 个色阶映射

算子和第 3 个色阶映射算子具有相似的均值，但是前者具有更小的方差，这表明了第 10 个色阶映射算子有更好的稳定性；第 4 个色阶映射算子和第 9 个色阶映射算子具有相似的方差，但是前者具有更高的均值，这表明第 4 个色阶映射算子更有效。总的来说，好的色阶映射算子应该有高的有效性和稳定性。更进一步，色阶映射算子的性能能够通过和主观评价分高度一致的优秀的客观算法来自动并且准确地进行评价。

　　使用 TMID2015 数据库，我们测试并且比较了 BTMQI 和其他的 7 个评价算法。表 5.44 和表 5.45 展示了性能结果。考虑到交叉检测时通过在 TMID 上进行训练并且在 TMID2015 上进行测试，我们使用了 t 检验测试 BTMQI 和其他算法之间的统计显著性，如表 5.46 所示。如我们预期的一样，BTMQI 算法获得了不错的结果，显著优于其他的算法。这也就意味着我们的 BTMQI 在不同的图像内容、不同的色阶映射算子、不同的主观评测方法以及不同的观测者之上都有效。

表 5.44　八个评价算法在 TMID2015 数据库的性能指标

模型类型	TMQI 全参考	DIIVINE 无参考	BLIINDS-II 无参考	BRISQUE 无参考	NFERM 无参考	NIQE 无参考	QAC 无参考	BTMQI 无参考
PLCC	0.6643	0.2050	0.2893	0.2545	0.3616	0.3410	0.4052	0.8262
SROCC	0.5543	0.2437	0.2369	0.2349	0.3146	0.3513	0.2747	0.8471
KROCC	0.3915	0.1429	0.1957	0.1940	0.2526	0.2281	0.1954	0.6542

表 5.45　八个评价算法在 TMID2015 数据库的子集上性能指标

模型	类型	SROCC (a) 组	(b) 组	(c) 组	平均	KROCC (a) 组	(b) 组	(c) 组	平均
TMQI	全参考	0.6176	0.7859	0.8029	0.7355	0.5000	0.6109	0.6333	0.5814
DIIVINE	无参考	0.2000	0.4857	0.2559	0.3138	0.2000	0.2762	0.1500	0.2087
BLIINDS-II	无参考	0.3767	0.0487	0.1064	0.1772	0.2809	0.0169	0.0255	0.1078
BRISQUE	无参考	0.1471	0.4341	0.1294	0.2369	0.0833	0.2762	0.0833	0.1476
NFERM	无参考	0.0824	0.4783	0.0324	0.1977	0.0667	0.3431	0.0000	0.1366
NIQE	无参考	0.3618	0.7535	0.2294	0.4482	0.2667	0.5607	0.1667	0.3313
QAC	无参考	0.5059	0.2693	0.6265	0.4672	0.3333	0.3096	0.4167	0.3532
BTMQI	无参考	0.8000	0.8212	0.8794	0.8335	0.6167	0.6611	0.7000	0.6593

表 5.46 BTMQI 模型和其他七个算法在 TMID2015 数据库上的统计显著性比较

t 检验类型	TMQI 全参考	DIIVINE 无参考	BLIINDS-Ⅱ 无参考	BRISQUE 无参考	NFERM 无参考	NIQE 无参考	QAC 无参考	BTMQI 无参考
TMID2015 数据库
BTMQI	1	1	1	1	1	1	1	0

最后，图 5.63 展示了 TMQI、NIQE 和 BTMQI 在 TMID 以及 TMID2015 数据库上的散点图。我们的模型给出了合理的质量分数，样本点比其他的质量评价算法要更接近于黑色对角直线。从图中可以看出 BTMQI 的收敛性和单调性都比其他的算法要好。

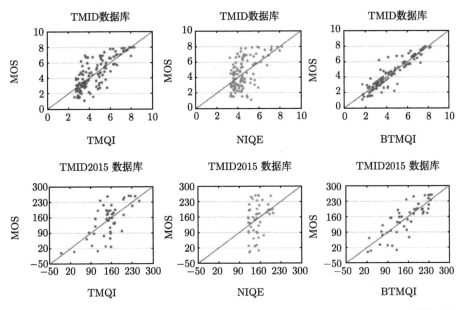

图 5.63 在 TMID 和 TMID2015 数据库上 TMQI、NIQE 和 BTMQI 算法的散点图

除了质量评价用途外，质量评价模型能在很多其他的系统和应用中得到使用。通过之前的性能测量和比较，我们提出的盲估计算法 BTMQI 展现出了高的准确度，优于现有的无参考评价算法和全参考的 TMQI 算法，并且只需要低的计算时耗。这意味着当原始的高动态范围图像不存在时，可以使用 BTMQI 算法从一堆由色阶映射生成的低动态范围图像中挑选出最佳图像。

5.8 本章小结

评价去雾、弱光增强、对比度改变、色调映射等图像增强操作后的图像对实际应用尤为重要，本章介绍了几种特定图像增强应用场景下的图像质量评价。

(1) 去雾图像的质量评价：5.1 节 ~5.3 节分别介绍了基于合成雾图像的去雾质量评价、基于真实雾图像的去雾质量评价，以及端到端的雾浓度预测方法。基于合成雾图像的去雾质量评价方法构建了一个包含常规图像和航拍图像的 SHRQ 数据集，并综合考虑图像结构恢复、色彩还原和低对比度区域过度增强三方面因素对去雾图像进行客观质量评价。基于真实雾图像的去雾质量评价方法首先构建了一个 DHQ 数据集，然后提出了基于去雾特征、结构保持特征和过度增强特征的 DHQI 来评价去雾图像的质量。端到端的雾浓度预测方法通过在合成雾图像数据集上训练 HazDesNet 网络来预测像素级别的雾浓度图，并通过实验验证了该网络在真实雾图像上的良好泛化性。

(2) 弱光图像增强的感知质量评价：5.4 节首先介绍了弱光图像增强质量评价数据集 LIEQ，该数据集包含利用 10 种弱光图像增强算法增强 100 张弱光图像得到的 1000 张增强图像，以及利用多曝光融合和堆叠式高动态范围方法得到的参考图像；然后介绍了弱光增强图像质量评价模型 LIEQA，考虑亮度增强、颜色再现、噪声评估和结构保持四方面，分别用直方图的地球移动距离、色调相似度、LBP 相似度、方差和边缘结构相似度来衡量图像质量。

(3) 对比度改变图像的质量评价：5.5 节和 5.6 节分别介绍了用于评价对比度变化图像的半参考感知质量评价方法和无参考感知质量评价方法。其中，对比度变化的半参考感知质量评价结合了自底向上和自顶向下的策略，在自底向上的策略中应用了 HPNP 模型，采用亮度、对比度和结构信息进行加权；在自顶向下的策略中使用对称 K-L 散度将对比变化图像的直方图与原始图像和直方图均衡结果的直方图进行比较。用于评估对比度失真图像的无参考质量评价方法则结合全局估计和局部估计，并通过信息最大化度量图像质量。

(4) 色调映射图像的质量评价：5.7 节介绍了色调映射图像数据集 TMID2015，该数据集包含多达 16 种色调映射算子；并阐述了一种基于信息、自然性和结构的色调映射图像的盲质量评价算法，利用低动态范围图像亮化或暗化后图像的信息熵衡量图像的信息量，利用低动态图像的主要结构的数量衡量其结构保护能力。

参 考 文 献

[1] Min X, Zhai G, Gu K, et al. Objective quality evaluation of dehazed images. IEEE Transactions on Intelligent Transportation Systems, 2019, 20(8): 2879-2892.

[2] Min X, Zhai G, Gu K, et al. Quality evaluation of image dehazing methods using synthetic hazy images. IEEE Transactions on Multimedia, 2019, 21(9): 2319-2333.

[3] Zhang J, Min X, Zhu Y, et al. HazDesNet: An end-to-end network for haze density prediction. IEEE Transactions on Intelligent Transportation Systems, 2022, 23(4):

3087-3102.

[4] Zhai G, Sun W, Min X, et al. Perceptual quality assessment of low-light image enhancement. ACM Transactions on Multimedia Computing Communications and Applications, 2021, 17(4): 1-24.

[5] Liu M, Zhai G, Callet P L, et al. Perceptual reduced-reference visual quality assessment for contrast alteration. IEEE Transactions on Broadcasting, 2017, 63(1): 71-81.

[6] Gu K, Lin W, Zhai G, et al. No-reference quality metric of contrast-distorted images based on information maximization. IEEE Transactions on Cybernetics, 2017, 47(12): 4559-4565.

[7] Gu K, Wang S, Zhai G, et al. Blind quality assessment of tone-mapped images via analysis of information, naturalness, and structure. IEEE Transactions on Multimedia, 2016, 18(3): 432-443.

[8] Li Y, You S, Brown M S, et al. Haze visibility enhancement: A survey and quantitative benchmarking. Computer Vision and Image Understanding, 2017, 165: 1-16.

[9] Li B, Ren W, Fu D, et al. Benchmarking single-image dehazing and beyond. IEEE Transactions on Image Processing, 2019, 28(1): 492-505.

[10] Fattal R. Single image dehazing. ACM Transactions on Graphics, 2008, 27(3): 1-9.

[11] He K M, Sun J, Tang X. Single image haze removal using dark channel prior. IEEE Conference on Computer Vision and Pattern Recognition, 2011, 33(12): 2341-2353.

[12] Tarel J P, Hautière N. Fast visibility restoration from a single color or gray level image. IEEE International Conference on Computer Vision, 2009: 2201-2208.

[13] Xiao C, Gan J. Fast image dehazing using guided joint bilateral filter. Visual Computer, 2012, 28(6-8): 713-721.

[14] Meng G, Wang Y, Duan J, et al. Efficient image dehazing with boundary constraint and contextual regularization. Proceedings of the 2013 IEEE International Conference on Computer Vision, 2013.

[15] Tang K, Yang J, Wang J. Investigating haze-relevant features in a learning framework for image dehazing. Computer Vision & Pattern Recognition, IEEE, 2014.

[16] Lai Y H, Chen Y L, Chiou C J, et al. Single-image dehazing via optimal transmission map under scene priors. IEEE Transactions on Circuits and Systems for Video Technology, 2015, 25(1): 1-14.

[17] Berman D, Treibitz T, Avidan S. Non-local image dehazing. IEEE Conference on Computer Vision and Pattern Recognition, 2016.

[18] Cai B, Xu X, Jia K, et al. DehazeNet: An end-to-end system for single image haze removal. IEEE Transactions on Image Processing, 2016, 25(11): 5187-5198.

[19] Long J, Zhang C, Tang W, et al. Single remote sensing image dehazing. IEEE Geoscience and Remote Sensing Letters, 2014, 11(1): 59-63.

[20] Pan X, Xie F, Jiang Z, et al. Haze removal for a single remote sensing image based on deformed haze imaging model. IEEE Signal Processing Letters, 2015, 22(10): 1806-1810.

[21] Xu M, Jia X P, Pickering M, et al. Cloud removal based on sparse representation via multitemporal dictionary learning. IEEE Transactions on Geoscience and Remote Sensing, 2016, 54(5): 2998-3006.

[22] Hautière N, Tarel J P, Aubert D, et al. Blind contrast enhancement assessment by gradient ratioing at visible edges. Image Analysis & Stereology, 2011, 27(2): 87-95.

[23] Ma K, Liu W, Wang Z. Perceptual evaluation of single image dehazing algorithms. IEEE International Conference on Image Processing, 2015.

[24] Chen Z, Jiang T, Tian Y. Quality assessment for comparing image enhancement algorithms. IEEE Conference on Computer Vision and Pattern Recognition, 2014.

[25] Gu K, Tao D, Qiao J, et al. Learning a no-reference quality assessment model of enhanced images with big data. IEEE Transactions on Neural Networks and Learning Systems, 2018, 29(4): 1301-1313.

[26] Ancuti C, Ancuti C O, Vleeschouwer C D. D-HAZY: A dataset to evaluate quantitatively dehazing algorithms. IEEE International Conference on Image Processing, 2016.

[27] Wang Z, Bovik A C, Sheikh H R, et al. Image quality assessment: From error visibility to structural similarity. IEEE Transactions on Image Processing, 2004, 13(4): 600-612.

[28] Fattal R. Dehazing using color-lines. ACM Transactions on Graphics, 2014, 34(1): 1-14.

[29] Hirschmuller H, Scharstein D. Evaluation of cost functions for stereo matching. IEEE Conference on Computer Vision and Pattern Recognition, 2007.

[30] Scharstein D, Pal C. Learning conditional random fields for stereo. IEEE Conference on Computer Vision and Pattern Recognition, 2007.

[31] Xia G S, Hu J, Hu F, et al. AID: A benchmark data set for performance evaluation of aerial scene classification. IEEE Transactions on Geoscience and Remote Sensing, 2017, 55(7): 3965-3981.

[32] Chakravarty S. Methodology for the Subjective Assessment of the Quality of Television Pictures, document Rec. ITU-R BT.500-13, 2012.

[33] Yang X K, Ling W S, Lu Z K, et al. Just noticeable distortion model and its applications in video coding. Signal Processing: Image Communication, 2005, 20(7): 662-680.

[34] Zhai G, Zhang W, Yang X, et al. Efficient image deblocking based on postfiltering in shifted windows. IEEE Transactions on Circuits and Systems for Video Technology, 2008, 18(1): 122-126.

[35] Gu K, Zhai G T, Lin W S, et al. No-reference image sharpness assessment in autoregressive parameter space. IEEE Transactions on Image Processing, 2015, 24(10): 3218-3231.

[36] Gu K, Zhai G, Yang X, et al. Using free energy principle for blind image quality assessment. IEEE Transactions on Multimedia, 2015, 17(1): 50-63.

[37] Wang Z, Simoncelli E P, Bovik A C. Multiscale structural similarity for image quality assessment. Conference Record of Asilomar Conference on Signals, Systems & Computers, 2003.

[38] Sheikh H R, Bovik A C. Image information and visual quality. IEEE Transactions on

Image Processing, 2006, 15(2): 430-444.

[39] Larson E C, Chandler D M. Most apparent distortion: Full-reference image quality assessment and the role of strategy. Journal of Electronic Imaging, 2010, 19(1): 011006.

[40] Wang Z, Li Q. Information content weighting for perceptual image quality assessment. IEEE Transactions on Image Processing, 2011, 20(5): 1185-1198.

[41] Liu A, Lin W, Narwaria M. Image quality assessment based on gradient similarity. IEEE Transactions on Image Processing, 2012, 21(4): 1500-1512.

[42] Zhang L, Zhang L, Mou X, et al. FSIM: A feature similarity Index for image quality assessment. IEEE Transactions on Image Processing, 2011, 20(8): 2378-2386.

[43] Sheikh H R, Bovik A C, Veciana G D. An information fidelity criterion for image quality assessment using natural scene statistics. IEEE Transactions on Image Processing, 2005, 14(12): 2117-2128.

[44] Gu K, Li L, Lu H, et al. A fast reliable image quality predictor by fusing micro- and macro-structures. IEEE Transactions on Industrial Electronics, 2017, 64(5): 3903-3912.

[45] Min X, Zhai G, Gu K, et al. Blind quality assessment of compressed images via pseudo structural similarity. IEEE International Conference on Multimedia & Expo, 2016.

[46] Wang S, Rehman A, Wang Z, et al. SSIM-motivated rate-distortion optimization for video coding. IEEE Transactions on Circuits and Systems for Video Technology, 2012, 22(4): 516-529.

[47] Wang S, Rehman A, Wang Z, et al. Perceptual video coding based on SSIM-inspired divisive normalization. IEEE Transactions on Image Processing, 2013, 22(4): 1418-1429.

[48] Min X, Ma K, Gu K, et al. Unified blind quality assessment of compressed natural, graphic, and screen content images. IEEE Transactions on Image Processing, 2017 26(11): 5462-5474.

[49] Choi L K, You J, Bovik A C. Referenceless prediction of perceptual fog density and perceptual image defogging. IEEE Transactions on Image Processing, 2015, 24(11): 3888-3901.

[50] Zhai G, Wu X, Yang X, et al. A psychovisual quality metric in free-energy principle. IEEE Transactions on Image Processing, 2012, 21(1): 41-52.

[51] Li L, Zhou Y, Gu K, et al. Quality assessment of DIBR-synthesized images by measuring local geometric distortions and global sharpness. IEEE Transactions on Multimedia, 2018, 20(4): 914-926.

[52] Zhou Y, Li L, Wu J, et al. Blind quality index for multiply distorted images using biorder structure degradation and nonlocal statistics. IEEE Transactions on Multimedia, 2018, 20(11): 3019-3032.

[53] Sheikh H R, Sabir M F, Bovik A C. A statistical evaluation of recent full reference image quality assessment algorithms. IEEE Transactions on Image Processing, 2006, 15(11): 3440-3451.

[54] Fang Y, Ma K, Wang Z, et al. No-reference quality assessment of contrast-distorted

images based on natural scene statistics. IEEE Signal Processing Letters, 2015, 22(7): 838-842.

[55] Mittal A, Moorthy A K, Bovik A C. No-reference image quality assessment in the spatial domain. IEEE Transactions on Image Processing, 2012, 21(12): 4695-4708.

[56] Ma K, Liu W, Liu T, et al. dipIQ: Blind image quality assessment by learning-to-rank discriminable image pairs. IEEE Transactions on Image Processing, 2017, 26(8): 3951-3964.

[57] Ma K, Liu W, Zhang K, et al. End-to-end blind image quality assessment using deep neural networks. IEEE Transactions on Image Processing, 2018, 27(3): 1202-1213.

[58] Min X, Gu K, Zhai G, et al. Blind quality assessment based on pseudo-reference image. IEEE Transactions on Multimedia, 2018, 20(8): 2049-2062.

[59] Min X, Zhai G, Gu K, et al. Blind image quality estimation via distortion aggravation. IEEE Transactions on Broadcasting, 2018, 64(2): 508-517.

[60] Tarel J P, Hautière N, Caraffa L, et al. Vision enhancement in homogeneous and heterogeneous fog. IEEE Intelligent Transportation Systems Magazine, 2012, 4(2): 6-20.

[61] Gallen R, Cord A, Hautière N, et al. Nighttime visibility analysis and estimation method in the presence of dense fog. IEEE Transactions on Intelligent Transportation Systems, 2015, 16(1): 310-320.

[62] Negru M, Nedevschi S, Peter R I. Exponential contrast restoration in fog conditions for driving assistance. IEEE Transactions on Intelligent Transportation Systems, 2015, 16(4): 2257-2268.

[63] Rezaei M, Terauchi M, Klette R. Robust vehicle detection and distance estimation under challenging lighting conditions. IEEE Transactions on Intelligent Transportation Systems, 2015, 16(5): 2723-2743.

[64] Kuang H, Zhang X, Li Y J, et al. Nighttime vehicle detection based on bio-inspired image enhancement and weighted score-level feature fusion. IEEE Transactions on Intelligent Transportation Systems, 2017, 18(4): 927-936.

[65] Li B, Ren W, Fu D, et al. Reside: A benchmark for single image dehazing. arXiv 2017. arXiv preprint arXiv:1712.04143.

[66] Narasimhan S G, Nayar S K. Contrast restoration of weather degraded images. IEEE Transactions on Pattern Analysis and Machine Intelligence, 2003, 25(6): 713-724.

[67] Groen I I A, Ghebreab S, Prins H, et al. From image statistics to scene gist: Evoked neural activity reveals transition from low-level natural image structure to scene category. The Journal of Neuroscience, 2013, 33(48): 18814-18824.

[68] Gu K, Qiao J, Min X, et al. Evaluating quality of screen content images via structural variation analysis. IEEE Transactions on Visualization and Computer Graphics, 2018, 24(10): 2689-2701.

[69] Chang C C, Lin C J. LIBSVM: A library for support vector machines. ACM Transactions on Intelligent Systems and Technology, 2011, 2(3): 1-27.

[70] Jaiantilal A. Random Forest Implementation for MATLAB. 2018. Available from: https: code.google.com/archive/p/randomforest-matlab/.

[71] Ye P, Kumar J, Kang L, et al. Unsupervised feature learning framework for no-reference image quality assessment. IEEE Conference on Computer Vision and Pattern Recognition, 2012.

[72] Zhang L, Zhang L, Bovik A C. A feature-enriched completely blind image quality evaluator. IEEE Transactions on Image Processing, 2015, 24(8): 2579-2591.

[73] Moorthy A K, Bovik A C. Blind image quality assessment: From natural scene statistics to perceptual quality. IEEE Transactions on Image Processing, 2011, 20(12): 3350-3364.

[74] Sheskin D J. Handbook of Parametric and Nonparametric Statistical Procedures. Boca Raton: CRC Press, 2003.

[75] Xue W, Zhang L, Mou X, et al. Gradient magnitude similarity deviation: A highly efficient perceptual image quality index. IEEE Transactions on Image Processing, 2014, 23(2): 684-695.

[76] Tarel J P, Hautière N, Cord A, et al. Improved visibility of road scene images under heterogeneous fog. IEEE Intelligent Vehicles Symposium, 2010.

[77] Dey K C, Mishra A, Chowdhury M. Potential of intelligent transportation systems in mitigating adverse weather impacts on road mobility: A review. IEEE Transactions on Intelligent Transportation Systems, 2015, 16(3): 1107-1119.

[78] Tomás V R, Pla-Castells M, Martínez J J, et al. Forecasting adverse weather situations in the road network. IEEE Transactions on Intelligent Transportation Systems, 2016, 17(8): 2334-2343.

[79] Bahnsen C H, Moeslund T B. Rain removal in traffic surveillance: Does it matter? IEEE Transactions on Intelligent Transportation Systems, 2019, 20(8): 2802-2819.

[80] Huang S C, Chen B H, Cheng Y J. An efficient visibility enhancement algorithm for road scenes captured by intelligent transportation systems. IEEE Transactions on Intelligent Transportation Systems, 2014, 15(5): 2321-2332.

[81] Zhu Q S, Mai J M, Shao L. A fast single image haze removal algorithm using color attenuation prior. IEEE Transactions on Image Processing, 2015, 24(11): 3522-3533.

[82] Hautière N, Tarel J P, Lavenant J, et al. Automatic fog detection and estimation of visibility distance through use of an onboard camera. Machine Vision and Applications, 2006, 17(1): 8-20.

[83] Pavlić M, Belzner H, Rigoll G, et al. Image based fog detection in vehicles. IEEE Intelligent Vehicles Symposium, 2012: 1132-1137.

[84] Negru M, Nedevschi S. Image based fog detection and visibility estimation for driving assistance systems. IEEE International Conference on Intelligent Computer Communication and Processing, 2013.

[85] Spinneker R, Koch C, Park S B, et al. Fast fog detection for camera based advanced driver assistance systems. IEEE International Conference on Intelligent Transportation Systems, 2014.

[86] Zhai G, Min X. Perceptual image quality assessment: A survey. Science China Information Sciences, 2020, 63(11): 211301.

[87] Huang S C, Ye J H, Chen B H. An advanced single-image visibility restoration algorithm for real-world hazy scenes. IEEE Transactions on Industrial Electronics, 2015, 62(5): 2962-2972.

[88] Choi L K, You J, Bovik A C. Referenceless perceptual fog density prediction model. Human Vision and Electronic Imaging XiX, 2014: 9014.

[89] Li B, Peng X, Wang Z, et al. AOD-net: All-in-one dehazing network. Proceedings of the IEEE International Conference on Computer Vision, 2017.

[90] Ren W Q, Ma L, Zhang J, et al. Gated fusion network for single image dehazing. IEEE Conference on Computer Vision and Pattern Recognition, 2018.

[91] Zhang H, Patel V M. Densely connected pyramid dehazing network. IEEE Conference on Computer Vision and Pattern Recognition, 2018.

[92] Carlson A, Skinner K A, Vasudevan K, et al. Modeling camera effects to improve visual learning from synthetic data. Proceedings of the European Conference on Computer Vision Workshops, 2019.

[93] Afifi M, Brown M S. What else can fool deep learning? Addressing color constancy errors on deep neural network performance. Proceedings of the IEEE International Conference on Computer Vision, 2019.

[94] Bucher M, Vu T H, Cord M, et al. Zero-shot semantic segmentation. Advances in Neural Information Processing Systems, 2019.

[95] Dong Z, Wu Y, Pei M, et al. Vehicle type classification using a semisupervised convolutional neural network. IEEE Transactions on Intelligent Transportation Systems, 2015, 16(4): 2247-2256.

[96] Hussain K F, Afifi M, Moussa G. A comprehensive study of the effect of spatial resolution and color of digital images on vehicle classification. IEEE Transactions on Intelligent Transportation Systems, 2019, 20(3): 1181-1190.

[97] Narasimhan S G, Nayar S K. Chromatic framework for vision in bad weather. Proceedings of the IEEE Conference on Computer Vision and Pattern Recognition, 2000.

[98] Zhang Q S, Zhu S C. Visual interpretability for deep learning: A survey. Frontiers of Information Technology & Electronic Engineering, 2018, 19(1): 27-39.

[99] Zhang Q S, Wu Y N, Zhu S C. Interpretable convolutional neural networks. IEEE Conference on Computer Vision and Pattern Recognition, 2018.

[100] Kuo C C J, Zhang M, Li S, et al. Interpretable convolutional neural networks via feedforward design. Journal of Visual Communication and Image Representation, 2019, 60: 346-359.

[101] McCartney E J. Optics of the atmosphere: Scattering by molecules and particles. Physics Today, 1977, 30(5): 76-77.

[102] Pei S C, Lee T Y. Nighttime haze removal using color transfer pre-processing and Dark Channel Prior. IEEE International Conference on Image Processing, 2012.

[103] Wang J B, He N, Zhang L L, et al. Single image dehazing with a physical model and dark channel prior. Neurocomputing, 2015, 149: 718-728.

[104] Goodfellow I, Warde-Farley D, Mirza M, et al. Maxout Networks. Proceedings of the International Conference on Machine Learning, 2013.

[105] Szegedy C, Liu W, Jia Y, et al. Going deeper with convolutions. IEEE Conference on Computer Vision and Pattern Recognition, 2015.

[106] He K M, Zhang X, Ren S, et al. Deep residual learning for image recognition. IEEE Conference on Computer Vision and Pattern Recognition, 2016.

[107] Boureau Y L, Ponce J, LeCun Y. A theoretical analysis of feature pooling in visual recognition. Proceedings of the International Conference on Machine Learning, 2010.

[108] Yu D J, Wang H, Chen P, et al. Mixed pooling for convolutional neural networks. Rough Sets and Knowledge Technology, 2014, 8818: 364-375.

[109] Fourure D, Emonet R, Fromont E, et al. Mixed pooling neural networks for color constancy. IEEE International Conference on Image Processing, 2016.

[110] Lee C Y, Gallagher P W, Tu Z W. Generalizing pooling functions in convolutional neural networks: Mixed, gated, and tree. Artificial Intelligence and Statistics, 2016, 51: 464-472.

[111] Ioffe S, Szegedy C. Batch normalization: Accelerating deep network training by reducing internal covariate shift. International Conference on Machine Learning. PMLR, 2015: 448-456.

[112] He K, Sun J, Tang X. Guided image filtering. IEEE Transactions on Pattern Analysis and Machine Intelligence, 2013, 35(6): 1397-1409.

[113] Min X K, Zhou J, Zhai G, et al. A metric for light field reconstruction, compression, and display quality evaluation. IEEE Transactions on Image Processing, 2020, 29: 3790-3804.

[114] Choi L K, You J, Bovik A C. Live image defogging database. 2015. Available from: http://live.ece.utexas.edu/research/fog/fade_defade.html.

[115] Ancuti C O, Ancuti C, Timofte R, et al. I-HAZE: A dehazing benchmark with real hazy and haze-free indoor images. Advanced Concepts for Intelligent Vision Systems, 2018, 11182: 620-631.

[116] Zhang Y F, Ding L, Sharma G. HazeRD: An outdoor scene dataset and benchmark for single image dehazing. IEEE International Conference on Image Processing, 2017: 3205-3209.

[117] Chakravarty S. Methodology for the subjective assessment of the quality of television pictures. International Telecommunication Union, 1995.

[118] Min X K, Zhai G, Zhou J, et al. Study of subjective and objective quality assessment of audio-visual signals. IEEE Transactions on Image Processing, 2020, 29: 6054-6068.

[119] Wu Z, Lin D, Tang X. Adjustable bounded rectifiers: Towards deep binary representations. Computer Science, 2015.

[120] Ibrahim H, Kong N S P. Brightness preserving dynamic histogram equalization for image

contrast enhancement. IEEE Transactions on Consumer Electronics, 2007, 53(4): 1752-1758.

[121] Dong X, Pang Y, Wen J, et al. Fast efficient algorithm for enhancement of low lighting video. in ACM SIGGRAPH 2010 Posters, 2011.

[122] Wang S H, Zhang J, Hu H, et al. Naturalness preserved enhancement algorithm for non-uniform illumination images. IEEE Transactions on Image Processing, 2013, 22(9): 3538-3548.

[123] Fu X, Liao Y, Zeng D, et al. A probabilistic method for image enhancement with simultaneous illumination and reflectance estimation. IEEE Transactions on Image Processing, 2015, 24(12): 4965-4977.

[124] Fu X, Zeng D, Huang Y, et al. A fusion-based enhancing method for weakly illuminated images. Signal Processing, 2016, 129: 82-96.

[125] Fu X, Zeng D, Huang Y, et al. A weighted variational model for simultaneous reflectance and illumination estimation. IEEE Conference on Computer Vision and Pattern Recognition, 2016.

[126] Guo X, Li Y, Ling H. LIME: Low-light image enhancement via illumination map estimation. IEEE Transactions on Image Processing, 2017, 26(2): 982-993.

[127] Ying Z Q, Li G, Ren Y, et al. A new image contrast enhancement algorithm using exposure fusion framework. Computer Analysis of Images and Patterns, 2017, 10425: 36-46.

[128] Ying Z Q, Li G, Ren Y, et al. A new low-light image enhancement algorithm using camera response model. IEEE International Conference on Computer Vision Workshops, 2017.

[129] Li M D, Liu J, Yang W, et al. Structure-revealing low-light image enhancement via robust retinex model. IEEE Transactions on Image Processing, 2018, 27(6): 2828-2841.

[130] Celik T, Tjahjadi T. Contextual and variational contrast enhancement. IEEE Transactions on Image Processing, 2011, 20(12): 3431-3441.

[131] Lee C, Lee C, Kim C S. Contrast enhancement based on layered difference representation of 2D histograms. IEEE Transactions on Image Processing, 2013, 22(12): 5372-5384.

[132] Jobson D J, Rahman Z U, Woodell G A. Properties and performance of a center/surround retinex. IEEE Transactions on Image Processing, 1997, 6(3): 451-462.

[133] Jobson D J, Rahman Z U, Woodell G A. A multiscale retinex for bridging the gap between color images and the human observation of scenes. IEEE Transactions on Image Processing, 1997, 6(7): 965-976.

[134] Lore K G, Akintayo A, Sarkar S. LLNet: A deep autoencoder approach to natural low-light image enhancement. Pattern Recognition, 2017, 61: 650-662.

[135] Shen L, Yue Z, Feng F, et al. MSR-net: Low-light image enhancement using deep convolutional network. arXiv preprint arXiv:1711.02488, 2017.

[136] Lv F, Lu F, Wu J H, et al. MBLLEN: Low-light image/video enhancement using CNNs. BMVC, 2018, 220(1): 4

[137] Cai J, Gu S, Zhang L. Learning a deep single image contrast enhancer from multi-exposure images. IEEE Transactions on Image Processing, 2018, 27(4): 2049-2062.

[138] Wang R X, Zhang Q, Fu C W, et al. Underexposed photo enhancement using deep illumination estimation. Proceedings of the IEEE Conference on Computer Vision and Pattern Recognition, 2019.

[139] Wu J J, Lin W, Shi G, et al. Perceptual quality metric with internal generative mechanism. IEEE Transactions on Image Processing, 2013, 22(1): 43-54.

[140] Zhang R, Isola P, Efros A A, et al. The unreasonable effectiveness of deep features as a perceptual metric. Proceedings of the IEEE Conference on Computer Vision and Pattern Recognition, 2018.

[141] Ponomarenko N, Lukin V, Zelensky A, et al. TID2008-a database for evaluation of full-reference visual quality assessment metrics. Advances of Modern Radioelectronics, 2009, 10(4): 30-45.

[142] Ponomarenko N, Jin L, Ieremeiev O, et al. Image database TID2013: Peculiarities, results and perspectives. Signal Processing-Image Communication, 2015, 30: 57-77.

[143] Yan B, Bare B, Ma C, et al. Deep objective quality assessment driven single image super-resolution. IEEE Transactions on Multimedia, 2019, 21(11): 2957-2971.

[144] Yeganeh H, Wang Z. Objective quality assessment of tone-mapped images. IEEE Transactions on Image Processing, 2013, 22(2): 657-667.

[145] Nafchi H Z, Shahkolaei A, Moghaddam F, et al. FSITM: A feature similarity index for tone-mapped images. IEEE Signal Processing Letters, 2015, 22(8): 1026-1029.

[146] Reinhard E, Stark M, Shirley P, et al. Photographic tone reproduction for digital images. ACM Transactions on Graphics, 2002, 21(3): 267-276.

[147] Drago F, Myszkowski K, Annen T, et al. Adaptive logarithmic mapping for displaying high contrast scenes. Computer Graphics Forum, 2003, 22(3): 419-426.

[148] Mantiuk R, Myszkowski K, Seidel H P. A perceptual framework for contrast processing of high dynamic range images. ACM Transactions on Applied Perception, 2006, 3(3): 286-308.

[149] Kundu D, Ghadiyaram D, Bovik A, et al. No-reference quality assessment of tone-mapped HDR pictures. IEEE Transactions on Image Processing, 2017, 26(6): 2957-2971.

[150] Jiang Q P, Shao F, Lin W, et al. BLIQUE-TMI: Blind quality evaluator for tone-mapped images based on local and global feature analyses. IEEE Transactions on Circuits and Systems for Video Technology, 2019, 29(2): 323-335.

[151] Mahmoudpour S, Schelkens P. A multi-attribute blind quality evaluator for tone-mapped images. IEEE Transactions on Multimedia, 2019,PP(99):1.

[152] Rubner Y, Tomasi C, Guibas L J. The earth mover's distance as a metric for image retrieval. International Journal of Computer Vision, 2000, 40(2): 99-121.

[153] Ojala T, Pietikainen M, Maenpaa T. Multiresolution gray-scale and rotation invariant texture classification with local binary patterns. IEEE Transactions on Pattern Analysis

and Machine Intelligence, 2002, 24(7): 971-987.

[154] Mertens T, Kautz J, Reeth F V. Exposure fusion: A simple and practical alternative to high dynamic range photography. Computer Graphics Forum, 2009, 28(1): 161-171.

[155] Raman S, Chaudhuri S. Bilateral filter based compositing for variable exposure photography. Eurographics, 2009.

[156] Shen R, Cheng I, Shi J, et al. Generalized random walks for fusion of multi-exposure images. IEEE Transactions on Image Processing, 2011, 20(12): 3634-3646.

[157] Zhang W, Cham W K. Gradient-directed multiexposure composition. IEEE Transactions on Image Processing, 2012, 21(4): 2318-2323.

[158] Li S, Kang X, Hu J. Image fusion with guided filtering. IEEE Transactions on Image Processing, 2013, 22(7): 2864-2875.

[159] Shen J B, Zhao Y, Yan S, et al. Exposure fusion using boosting Laplacian pyramid. IEEE Transactions on Cybernetics, 2014, 44(9): 1579-1590.

[160] Ma K D, Li H, Yong H, et al. Robust multi-exposure image fusion: A structural patch decomposition approach. IEEE Transactions on Image Processing, 2017, 26(5): 2519-2532.

[161] Kou F, Li Z, Wen C, et al. Multi-scale exposure fusion via gradient domain guided image filtering. IEEE International Conference on Multimedia and Expo, 2017.

[162] Sen P, Kalantari N K, Yaesoubi M, et al. Robust patch-based HDR reconstruction of dynamic scenes. ACM Transactions on Graphics, 2012, 31(6CD):1-11.

[163] Hu J, Gallo O, Pulli K, et al. HDR deghosting: How to deal with saturation? Proceedings of the IEEE Conference on Computer Vision and Pattern Recognition, 2013.

[164] Bruce N D B. ExpoBlend: Information preserving exposure blending based on normalized log-domain entropy. Computers & Graphics, 2014, 39: 12-23.

[165] Oh T H, Lee J Y, Tai Y W, et al. Robust high dynamic range imaging by rank minimization. IEEE Transactions on Pattern Analysis and Machine Intelligence, 2015, 37(6): 1219-1232.

[166] Photomatrix. Commercially-Available HDR Processing Software. 2020. Available from: http://www.hdrsoft.com/.

[167] Lyu S W, Simoncelli E P. Nonlinear image representation using divisive normalization. IEEE Conference on Computer Vision and Pattern Recognition, 2008.

[168] Sun W, Zhai G , Min X, et al. Dynamic backlight scaling considering ambient luminance for mobile energy saving. IEEE International Conference on Multimedia and Expo, 2017.

[169] Yan Z S, Liu Q, Zhang T, et al. CrowdDBS: A crowdsourced brightness scaling optimization for display energy reduction in mobile video. IEEE Transactions on Mobile Computing, 2018, 17(11): 2536-2549.

[170] Barten P G J. Formula for the contrast sensitivity of the human eye. Image Quality and System Performance, 2004, 5294: 231-238.

[171] Song Q, Cosman P C. Luminance enhancement and detail preservation of images and

videos adapted to ambient illumination. IEEE Transactions on Image Processing, 2018, 27(10): 4901-4915.

[172] Dabov K, Foi A , Egiazarian K. Image denoising by sparse 3-D transform-domain collaborative filtering. IEEE Transactions on Image Processing, 2007, 16(8): 2080-2095.

[173] Wu J J, Lin W, Shi G, et al. Visual orientation selectivity based structure description. IEEE Transactions on Image Processing, 2015, 24(11): 4602-4613.

[174] Li Q H, Lin W, Xu J, et al. Blind image quality assessment using statistical structural and luminance features. IEEE Transactions on Multimedia, 2016, 18(12): 2457-2469.

[175] Muthukrishnan R, Radha M. Edge detection techniques for image segmentation. International Journal of Computer Science & Information Technology, 2011, 3(6): 259.

[176] Zhang L, Shen Y, Li H. VSI: A visual saliency-induced index for perceptual image quality assessment. IEEE Transactions on Image Processing, 2014, 23(10): 4270-4281.

[177] Roberts L G. Machine perception of three-dimensional solids. Massachusetts Institute of Technology, 1963.

[178] Jain R, Kasturi R, Schunck B G. Machine Vision. New York: McGraw-Hill , 1995: 99-121.

[179] Chien Y. Pattern classification and scene analysis. IEEE Transactions on Automatic Control, 1974, 19(4): 462-463.

[180] Canny J. A computational approach to edge detection. IEEE Transactions on Pattern Analysis and Machine Intelligence, 1986, 8(6): 679-698.

[181] Wang S, Gu K, Ma S, et al. Guided image contrast enhancement based on retrieved images in cloud. IEEE Transactions on Multimedia, 2016, 18(2): 219-232.

[182] Lin W, Kuo C C J. Perceptual visual quality metrics: A survey. Journal of Visual Communication and Image Representation, 2011, 22(4): 297-312.

[183] Chandler D M, Hemami S S. VSNR: A wavelet-based visual signal-to-noise ratio for natural images. IEEE Transactions on Image Processing, 2007, 16(9): 2284-2298.

[184] Gu K, Zhai G, Yang X, et al. An efficient color image quality metric with local-tuned-global model. IEEE International Conference on Image Processing, 2014.

[185] Gu K, Wang S, Zhai G, et al. Analysis of distortion distribution for pooling in image quality prediction. IEEE Transactions on Broadcasting, 2016, 62(2): 446-456.

[186] Li L, Xia W, Fang Y, et al. Color image quality assessment based on sparse representation and reconstruction residual. Journal of Visual Communication and Image Representation, 2016, 38: 550-560.

[187] Gu K, Liu M, Zhai G, et al. Quality assessment considering viewing distance and image resolution. IEEE Transactions on Broadcasting, 2015, 61(3): 520-531.

[188] Ma L, Li S, Zhang F, et al. Reduced-reference image quality assessment using reorganized DCT-based image representation. IEEE Transactions on Multimedia, 2011, 13(4): 824-829.

[189] Gu K, Zhai G, Yang X, et al. A new reduced-reference image quality assessment using structural degradation model. IEEE International Symposium on Circuits and Systems,

2013.

[190] Ma L, Li S, Ngan K N. Reduced-reference image quality assessment in reorganized DCT domain. Signal Processing-Image Communication, 2013, 28(8): 884-902.

[191] Liu M, Zhai G, Zhang Z, et al. Using image signature for effective and efficient reduced-reference image quality assessment. IEEE International Conference on Multimedia and Expo Workshops, 2014.

[192] Karl F. The free-energy principle: A unified brain theory? Nature Reviews Neuro-science, 2010, 11(2): 127-138.

[193] Lin W S, Dong L, Xue P. Visual distortion gauge based on discrimination of noticeable contrast changes. IEEE Transactions on Circuits and Systems for Video Technology, 2005, 15(7): 900-909.

[194] Wang S, Ma K, Yeganeh H, et al. A patch-structure representation method for quality assessment of contrast changed images. IEEE Signal Processing Letters, 2015, 22(12): 2387-2390.

[195] Peli E. Contrast in complex images. Journal of the Optical Society of America, 1990, 7(10): 2032-2040.

[196] Arici T, Dikbas S, Altunbasak Y. A histogram modification framework and its applica-tion for image contrast enhancement. IEEE Transactions on Image Processing, 2009, 18(9): 1921-1935.

[197] Wu X. A linear programming approach for optimal contrast-tone mapping. IEEE Trans-actions on Image Processing, 2011, 20(5): 1262-1272.

[198] Gu K, Zhai G, Yang X, et al. Automatic contrast enhancement technology with saliency preservation. IEEE Transactions on Circuits and Systems for Video Technology, 2015, 25(9): 1480-1494.

[199] Gu K, Zhai G, Yang X, et al. Subjective and objective quality assessment for images with contrast change. IEEE International Conference on Image Processing, 2013.

[200] Gu K, Zhai G, Lin W, et al. The analysis of image contrast: from quality assessment to automatic enhancement. IEEE Transactions on Cybernetics, 2016, 46(1): 284-297.

[201] Kullback S, Leibler R A. On information and sufficiency. The Annals of Mathematical Statistics, 1951, 22(1): 79-86.

[202] Johnson D, Sinanović S. Symmetrizing the kullback-leibler distance. IEEE Transactions on Information Theory, 2001.

[203] Kodak Lossless True Color Image Suite. 2006. Available from: http://r0k.us/graphics/ kodak/.

[204] Knill D C, Pouget A. The Bayesian brain: The role of uncertainty in neural coding and computation. Trends in Neurosciences, 2004, 27(12): 712-719.

[205] Attias H. A variational Bayesian framework for graphical models. Advances in Neural Information Processing Systems, 2000, 12: 209-215.

[206] Wu X, Zhai G, Yang X, et al. Adaptive sequential prediction of multidimensional signals with applications to lossless image coding. IEEE Transactions on Image Processing,

2011, 20(1): 36-42.

[207] Gu K, Zhai G, Yang X, et al. Hybrid no-reference quality metric for singly and multiply distorted images. IEEE Transactions on Broadcasting, 2014, 60(3): 555-567.

[208] Tomasi C, Manduchi R. Bilateral filtering for gray and color images. International Conference on Computer Vision, 1998.

[209] Milanfar P. A tour of modern image filtering. IEEE Signal Processing Magazine, 2013, 30(1): 106-128.

[210] Itti L, Koch C, Niebur E. A model of saliency-based visual attention for rapid scene analysis. IEEE Transactions on Pattern Analysis and Machine Intelligence, 1998, 20(11): 1254-1259.

[211] Morrone M C, Ross J, Burr D C, et al. Mach bands are phase dependent. Nature, 1986, 324(6094): 250-253.

[212] Kovesi P. Image features from phase congruency. Videre: Journal of Computer Vision Research, 1999, 1(3): 1-26.

[213] Fang Y, Lin W, Lee B S, et al. Bottom-up saliency detection model based on human visual sensitivity and amplitude spectrum. IEEE Transactions on Multimedia, 2012, 14(1): 187-198.

[214] Min X, Zhai G, Gao Z, et al. Visual attention data for image quality assessment databases. IEEE International Symposium on Circuits and Systems, 2014.

[215] Gu K, Zhai G, Lin W, et al. Visual saliency detection with free energy theory. IEEE Signal Processing Letters, 2015, 22(10): 1552-1555.

[216] Pele O, Werman M. Fast and robust earth mover's distances. IEEE International Conference on Computer Vision, 2009.

[217] Schauerte B, Fink G A. Web-based learning of naturalized color models for human-machine interaction. Proceedings of the International Conference on Digital Image Computing: Techniques and Applications, 2010.

[218] Schauerte B, Stiefelhagen R. Learning robust color name models from web images. International Conference on Pattern Recognition, 2012.

[219] Antkowiak J, Jamal Baina T D F, Baroncini F V, et al. Final report from the video quality experts group on the validation of objective models of video quality assessment march 2000, 2000.

[220] Wang S, Rehman A, Wang Z, et al. SSIM-inspired divisive normalization for perceptual video coding. Proceedings of the IEEE International Conference on Image Processing, IEEE, 2011.

[221] Fang Y, Zeng K, Wang Z, et al. Objective quality assessment for image retargeting based on structural similarity. IEEE Journal on Emerging and Selected Topics in Circuits and Systems, 2014, 4(1): 95-105.

[222] Gao X, Lu W, Tao D, et al. Image quality assessment based on multiscale geometric analysis. IEEE Transactions on Image Processing, 2009, 18(7): 1409-1423.

[223] Tao D, Li X, Lu W, et al. Reduced-reference IQA in contourlet domain. IEEE Transactions on Systems Man and Cybernetics Part B-Cybernetics, 2009, 39(6): 1623-1627.

[224] Panetta K, Agaian S, Zhou Y, et al. Parameterized logarithmic framework for image enhancement. IEEE Transactions on Systems Man and Cybernetics Part B-Cybernetics, 2011, 41(2): 460-473.

[225] Bruce N, Tsotsos J. Saliency based on information maximization. Proceedings of the Advances in Neural Information Processing Systems, 2006.

[226] Gu K, Wang S, Yang H, et al. Saliency-guided quality assessment of screen content images. IEEE Transactions on Multimedia, 2016, 18(6): 1098-1110.

[227] Li L, Lin W, Wang X, et al. No-reference image blur assessment based on discrete orthogonal moments. IEEE Transactions on Cybernetics, 2016, 46(1): 39-50.

[228] Li L, Zhou Y, Lin W, et al. No-reference quality assessment of deblocked images. Neurocomputing, 2016, 177: 572-584.

[229] Sheikh H R, Wang Z, Cormack L, et al. LIVE Image Quality Assessment Database Release 2. 2006, Available from: http://live.ece.utexas.edu/research/quality.

[230] Jayaraman D, Mittal A, Moorthy A K, et al. Objective quality assessment of multiply distorted images. Conference Record of Asilomar Conference on Signals, Systems and Computers, 2012.

[231] Reinhard E, Ward G, Pattanaik S N, et al. High Dynamic Range Imaging: Acquisition, Display, and Image-based Lighting. San Francisco: Morgan Kaufmann, 2010.

[232] Aggarwal M, Ahuja N. Split aperture imaging for high dynamic range. International Journal of Computer Vision, 2004, 58(1): 7-17.

[233] Mantiuk R, Efremov A, Myszkowski K, et al. Backward compatible high dynamic range MPEG video compression. ACM Transactions on Graphics, 2006, 25(3): 713-723.

[234] Guerrini F, Okuda M, Adami N, et al. High dynamic range image watermarking robust against tone-mapping operators. IEEE Transactions on Information Forensics and Security, 2011, 6(2): 283-295.

[235] Mai Z C, Mansour H, Mantiuk R, et al. Optimizing a tone curve for backward-compatible high dynamic range image and video compression. IEEE Transactions on Image Processing, 2011, 20(6): 1558-1571.

[236] Larson G W, Rushmeier H, Piatko C. A visibility matching tone reproduction operator for high dynamic range scenes. IEEE Transactions on Visualization and Computer Graphics, 1997, 3(4): 291-306.

[237] Durand F, Dorsey J. Fast bilateral filtering for the display of high-dynamic-range images. Proceedings of the Annual Conference on Computer Graphics and Interactive Techniques, 2002.

[238] HDR shop. Available from: http://www.hdrshop.com/.

[239] Cadfk M, Slavík P. The naturalness of reproduced high dynamic range images. Proceedings of the International Conference on Information Visualisation, 2005.

[240] Mante V, Frazor R A, Bonin V, et al. Independence of luminance and contrast in natural scenes and in the early visual system. Nature Neuroscience, 2005, 8(12): 1690-1697.

[241] Saad M A, Bovik A C, Charrier C. Blind image quality assessment: A natural scene statistics approach in the DCT domain. IEEE Transactions on Image Processing, 2012, 21(8): 3339-3352.

[242] Mittal A, Soundararajan R, Bovik A C. Making a "completely blind" image quality analyzer. IEEE Signal Processing Letters, 2013, 20(3): 209-212.

[243] Xue W F, Zhang L, Mou X Q. Learning without human scores for blind image quality assessment. 2013 IEEE Conference on Computer Vision and Pattern Recognition (Cvpr), 2013.

第 6 章　图像质量增强

高质量地记录自然场景是现代数码摄像的基本目标，也是数字图像处理和计算机视觉的基础。然而，受限于成像条件和成像设备，直接拍摄的图像、视频的对比度、清晰度等往往不够理想，因此需要对其进行增强。本章探讨图像质量增强，具体首先介绍两种图像对比度增强方法：基于显著性保护的对比度增强方法 [1,2] 和基于广义均衡模型的对比度增强方法 [3]；然后介绍一种用于视频增强的模糊视频插帧方法 [4]。

6.1　基于显著性保护的对比度增强

优秀的对比度增强算法应当能够在增强图像细节的同时，抑制新生成的视觉噪声。通过实验，我们发现图像显著性对噪声敏感，而对对比度变化不敏感。因此我们很自然地考虑使用显著性保护技术作为准则来确保对图像进行适当增强，并基于此提出了鲁棒图像对比度增强 (robust image contrast enhancement，RICE) 算法。

本节的主要贡献如下。第一，通过引入一个逻辑变换函数，完善了现有的直方图均衡框架；第二，基于熵增和显著性不变原则，提出了一个高效准确的对比度变化图像质量评价算法，并将其用于优化直方图均衡框架，得到最优增强图像；第三，通过优化和加速，将上述方法扩展到视频对比度增强。

6.1.1　对比度增强的理想直方图

在 RICE 算法设计中，首先定义了理想的最优增强图像直方图：①其应该接近均匀分布的直方图，从而尽可能增强图像信息量；②其应该接近原始图像的直方图，从而降低可能引入的视觉噪声；③其应该具有正偏度统计量，从而提高图像表面质量。基于上述三条准则，我们对均匀分布的直方图、原始图像的直方图和具有正偏度统计的直方图进行加权。然后提出基于显著性保护的对比度的质量度量 (quality metric of contrast，QMC)，通过优化 QMC 来求解最佳权重，得到最优直方图，并生成最适度的对比度增强图像。图 6.1 展示了整个算法的基本流程。

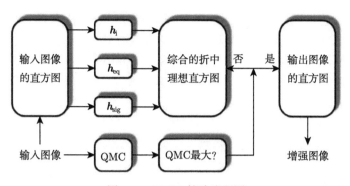

图 6.1 RICE 算法流程图

早期研究表明对比度增强能够通过充分利用可用的动态范围来实现。经典的直方图均衡 (histogram equalization，HE) 方法通过计算累积直方图作为映射函数，可以生成比较均匀的直方图。HE 能够增加图像的信息量，有时候会产生不错的对比度增强效果。可是 HE 非常容易造成过增强，引入视觉噪声，所以受到了广泛诟病。而且许多改进的 HE 算法仍然不能保证总是得到令人满意的增强效果。

这里，定义了一个新的直方图修正化框架。对于图像 I_i，定义其直方图为 h_i，均匀分布直方图为 h_u。我们认为理想的目标直方图 $\tilde{h}$ 应该同时保持与 h_i 和 h_u 都不要相距太远。在实际应用中，我们发现图像内容千变万化，HE 算法不可能使图像直方图完全均匀分布，故 h_u 并不适用。因此，本章考虑使用均衡化直方图 h_{eq} 替换 h_u。基于此，设计了一个优化问题

$$\tilde{h} = \arg \min_{h} \|h - h_i\| + \phi \|h - h_{eq}\| \tag{6-1}$$

其中，$\tilde{h}, h, h_i, h_{eq} \in \mathbb{R}^{256 \times 1}$，$\phi$ 是一个非负的控制变量。注意到式 (6-1) 是在原始图像直方图和均衡化直方图中寻找折中解。当 ϕ 逼近正无穷时，式 (6-1) 的解趋近于 HE 算法，而当 ϕ 逼近零时，其解趋近于原始图像。

不难发现式 (6-1) 并不包括感知质量相关项，因此我们首先定义了一组简单的 S 形变换映射，并且通过实验证明其变换能够显著提高图像的视觉质量。具体来说，我们使用四参数逻辑斯谛函数定义 S 形变换映射 $T_{sig}(\cdot)$，并且用其生成增强图像

$$I_{sig} = T_{sig}(I_i, \boldsymbol{\pi}) = \frac{\pi_1 - \pi_2}{1 + \exp\left(-\dfrac{I_i - \pi_3}{\pi_4}\right)} + \pi_2 \tag{6-2}$$

其中，$\boldsymbol{\pi} = \{\pi_1, \pi_2, \pi_3, \pi_4\}$ 是待定的自由参数。我们假设变换曲线通过四个点 (β_i, α_i)，$i = \{1, 2, 3, 4\}$。Motoyoshi 等在《自然》发表的关于“表面质量”的文章中

指出 [5]，具有直方图正向长拖尾的图像 (即正偏度统计量) 倾向于显得更黑和更光泽，而且比相似的低峰度图像具有更高的表面质量。他们还给出了一种相应的人脑神经机制，其主要包括 "位于中心" 和 "偏离中心" 细胞，以及用于计算子带偏度的加速非线性机制。上述发现启示我们使用 S 形映射来增强图像表面质量。我们固定四个点中的 7 个参数，即 $(\beta_1, \alpha_1) = (0, 0)$，$(\beta_2, \alpha_2) = (255, 255)$，$(\beta_3, \alpha_3) = (x, y)$，其中 $x = y = \lceil \mathrm{mean}(I_i)/32 \rceil \times 32$，$\beta_4 = 25$，$\alpha_4$ 是唯一可变的自由参数。然后，我们求解优化函数

$$\boldsymbol{\pi}_{\mathrm{opt}} = \arg\min_{\boldsymbol{\pi}} \sum_{i=1}^{4} |\alpha_i - T_{\mathrm{sig}}(\beta_i, \boldsymbol{\pi})| \tag{6-3}$$

获得最优的控制参数 $\boldsymbol{\pi}_{\mathrm{opt}}$，进而生成增强图像

$$I_{\mathrm{sig}} = \max\left(\min\left(T_{\mathrm{sig}}(I_{\mathrm{i}}, \boldsymbol{\pi}_{\mathrm{opt}}), 255\right), 0\right) \tag{6-4}$$

其中，max 和 min 算子用于将增强图像 I_{sig} 中的像素值约束在 0~255。α_4 是调整变换曲线的唯一控制变量。本章为了简便，设置 $\alpha_4 = 12$。图 6.2 展示了四条曲线，分别对应参数为 $(\beta_3, \alpha_3) = (128, 128)$ 和 $\alpha_4 = 12, 9, 6, 3$。

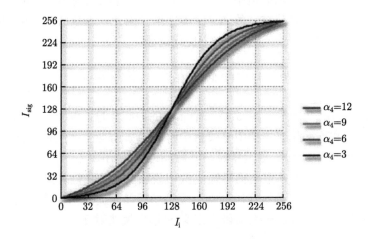

图 6.2 S 形变换曲线示意图

另外使用上述 S 形变换映射处理 "马太" 雕塑图像，如图 6.3 所示。不难发现，与原始图像图 6.3(a) 相比，增强图像图 6.3(b) 的表面质量得到明显提高。我们另外展示了一个经典自然图像 "红门"，以及它的 HE 增强图和基于 S 形曲线变换的增强图，如图 6.4(a)~(c)。不难发现基于 S 形曲线变换的增强图 6.4(c) 比

原始图 6.4(a) 和 HE 增强图 6.4(b) 具有更好的主观质量。所以本书很自然在方程 (6-1) 中增添 S 形曲线变换的直方图 h_{sig}，从而得到一个更加完整的优化函数

$$\tilde{h} = \arg\min_{h} \|h - h_i\| + \phi\|h - h_{\text{eq}}\| + \psi\|h - h_{\text{sig}}\| \tag{6-5}$$

其中，$h_{\text{sig}} \in \mathbb{R}^{256\times1}$。$\psi$ 是和 ϕ 相似的第二个控制参数。通过选择不同的 $\{\phi, \psi\}$ 解，式 (6-5) 能生成原始图像、HE 增强图像和基于 S 形曲线变换的增强图像。赋予 $\{\phi, \psi\}$ 合适的值，我们期望得到最好的折中，产生最优的增强图像。

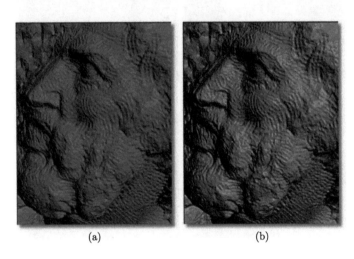

图 6.3　"马太"雕塑图像

(a) 为增强前图像；(b) 为增强后图像

本节使用欧氏范数的平方和化简式 (6-5)，得到如下解析解

$$\tilde{h} = \arg\min_{h} \|h - h_i\|_2^2 + \phi\|h - h_{\text{eq}}\|_2^2 + \psi\|h - h_{\text{sig}}\|_2^2 \tag{6-6}$$

进而得到二次优化问题

$$\tilde{h} = \arg\min_{h}[(h - h_i)^{\text{T}}(h - h_i) + \phi(h - h_{\text{eq}})^{\text{T}}(h - h_{\text{eq}}) \\ + \psi(h - h_{\text{sig}})^{\text{T}}(h - h_{\text{sig}})] \tag{6-7}$$

通过推导，我们可以得出式 (6-7) 的解为

$$\tilde{h} = \frac{h_i + \phi h_{\text{eq}} + \psi h_{\text{sig}}}{1 + \phi + \psi} \tag{6-8}$$

给定 $\tilde{h}$，我们可使用直方图匹配方法生成

$$\tilde{I} = T_{\text{hm}}\left(I_i, \tilde{h}(\phi, \psi)\right) \tag{6-9}$$

本章选择了三组代表性的 $\{\phi, \psi\}$, 分别为 $\{1e-4, 0.02\}$, $\{1e-4, 0.2\}$ 和 $\{1e-3, 0.2\}$, 并在图 6.4(g)~(i) 展示了对应的增强图像。和我们预期一致, 通过在最小化感知损伤、最大化视觉信息和感知舒适度三者之中寻找最佳折中解, 可以对图像进行增强, 显著提高其视觉质量。

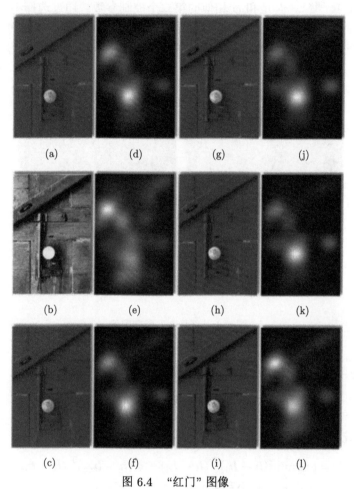

图 6.4   "红门" 图像

(a) 为增强前图像；(b) 为 HE 增强图像；(c) 为基于式 (6-4) 增强图像；(d)~(f) 为 (a)~(c) 的显著性图；
(g)~(i) 为基于式 (6-9) 增强图像；(j)~(l) 为 (g)~(i) 的显著性图

6.1.2   理想直方图的自动实现

现在大多数对比度增强技术的主要缺点是容易造成图像过增强或欠增强, 产生不舒适噪声, 降低用户体验质量。通常情况下, 通过手动调参可以获得合适的增强效果。然而这需要付出大量劳动力和时间, 导致实时操作困难, 从而大幅降低增强算法的实用性。我们认为优秀算法应该能够增强原来不可察觉的图像细节，同时又不会引入可见的视觉噪声。IQA 算法是用于自动优化最佳增强图像的不错选择，可是现在大多数 IQA 算法 [6-9] 难以区分新增强的图像细节和新引入的视觉噪声，因此并不适用于此问题。

我们发现合适的对比度增强通常能够突出图像细节并且保留图像显著性。相反，不合适的对比度增强会产生噪声进而改变视觉显著性，如图 6.4(e)。此现象可以解释为：①由对比度增强引入的噪声和周围非常不一致，因此会改变显著性分布；②由对比度增强突出的原始图像中存在的微小细节，不会改变显著性分布。基于上述分析，我们认为显著性保护可以用于优化对比度增强算法的性能。

Oppenheim 和 Lim 指出更多的高频信息存储于残差中 [10,11]。Hou 和 Zhang 根据此想法发现傅里叶幅度谱的残差，即原始图像的傅里叶幅度谱和它平滑后的傅里叶幅度谱的差异，能够用于描述图像的显著性 [12]。通过进一步深度发掘，Hou 等考虑丢弃所有幅度信息，只保留 DCT 分量的符号，提出了图像签名 (image signature, IS) 模型 [13]。在每个 DCT 分量上，IS 模型只需要一个比特，所以它具有高度紧凑的特性。具体来说，IS 模型定义为

$$IS(I_i) = sign(DCT2(I_i)) \tag{6-10}$$

其中，$sign(\cdot)$ 用于获取符号。然后对图像进行重建

$$\bar{I} = IDCT2(IS(I_i)) \tag{6-11}$$

其中，DCT2 和 IDCT2 分别表示对于二维信号做余弦和反余弦变换。最后，我们得到显著图

$$Smap = g * (\bar{I} \circ \bar{I}) \tag{6-12}$$

其中，g 表示高斯卷积；"$\circ$" 和 "$*$" 分别表示点乘运算和卷积运算。图 6.4(d) 展示了 IS 模型具有准确的显著性探测能力。基于 IS 模型，我们定义了一个新度量，使用 ℓ_0 范数比较原始图像 I_i 和其对比度变化图像 I_c 的 IS 显著图的距离，作为新提出的 QMC 质量评价算法的第一项

$$\Delta D = \left\| sign\left(DCT2\left(\dot{I}_i\right)\right), sign\left(DCT2\left(\dot{I}_c\right)\right) \right\|_0 \tag{6-13}$$

其中，$\dot{I}_i$ 和 $\dot{I}_c$ 是 I_i 和 I_c 的 1/4 降采样图。此项表明 I_i 和 I_c 的显著性差异越小，对比度增强图 I_c 的视觉质量越高。QMC 算法中的第二项源于以下两方面考虑：首先，信息熵是一个非常重要的统计学概念 [14]，通过计算一个随机信号的平均不确定性，可以度量该信号的信息量；其次，通常情况下，高对比度图像具有

大的信息熵。我们因此定义 QMC 的第二项为

$$\Delta E = E(I_i) - E(I_c) \tag{6-14}$$

当然，其他度量，如 K-L(Kullback-Leibler) 距离和 J-S(Jensen-Shannon) 距离 [15]，也是一时之选。但它们并不具备更好的评价性能，相反增加了计算复杂度。通过线性结合显著性保护和信息熵增益，定义 QMC 算法为

$$\text{QMC}(I_i, I_c) = \Delta D + \gamma \Delta E \tag{6-15}$$

其中，γ 是一个固定常数，用于调整式 (6-15) 两项中的相对重要性。我们发现显著性保护比信息熵增益具有更重要的作用，故本章中设置 γ 为 0.2 来强调此作用。值得一提的是，我们只需要一个单位 "$E(I_i)$" 和一个 1/16 原始分辨率的小尺度二值图 "$\text{sign}(\text{DCT2}(\dot{I}_i))$"，故 QMC 模型可以归为 RR-IQA 算法。

注意到对比度增强图像的 QMC 值越小，其视觉质量越高。因此，通过最小化 QMC 值，优化对比度增强算法中的参数 $\{\phi, \psi\}$

$$\begin{aligned}
\{\phi_{\text{opt}}, \psi_{\text{opt}}\} &= \arg\min_{\{\phi,\psi\}} \text{QMC}\left(I_i, \tilde{I}\right) \\
&= \arg\min_{\{\phi,\psi\}} \text{QMC}\left(I_i, T_{\text{hm}}\left(I_i, \frac{h_i + \phi h_{\text{eq}} + \psi h_{\text{sig}}}{1 + \phi + \psi}\right)\right)
\end{aligned} \tag{6-16}$$

最后，基于最佳参数 $\{\phi, \psi\}$，使用直方图匹配产生最优增强图像 I_{opt}。

我们在 CID2013 数据集上，测试了 QMC 算法的性能，并和 7 个评价算法进行了性能比较。CID2013 库中包括源于 Kodak 库 [16] 的 15 幅分辨率为 768×512 的原始无失真图像，以及 400 幅对比度变化图像和对应的 22 个非专业观察者的主观 MOS 值。我们实验中的观察者是来自不同专业的学生，包括 15 名男生和 7 名女生。所有测试图像被分为两组，其中第一组图像是通过对自然图像进行亮度平移生成的。具体来说，我们使用 13 个亮度级 (包括 $\{0, \pm 20, \pm 40, \pm 60, \pm 80, \pm 100, \pm 120\}$) 平移每一幅原始图像。第二组图像是使用四类变换映射曲线创造的，包括凹弧、凸弧、立方函数和逻辑斯谛函数。凹弧和凸弧函数很像伽马变换函数，它们是处处可微而且微分值相等的劣弧。立方函数和逻辑斯谛函数分别对应三阶多项式函数和四参数逻辑斯谛方程。对于原始图像 $\boldsymbol{x}$，立方函数定义为

$$\boldsymbol{y} = F_c(\boldsymbol{x}, \boldsymbol{a}) = a_1 \cdot \boldsymbol{x}^3 + a_2 \cdot \boldsymbol{x}^2 + a_3 \cdot \boldsymbol{x} + a_4 \tag{6-17}$$

而逻辑斯谛方程定义为

$$\boldsymbol{y} = F_l(\boldsymbol{x}, \boldsymbol{b}) = \frac{b_1 - b_2}{1 + \exp\left(-\dfrac{\boldsymbol{x} - b_3}{b_4}\right)} + b_2 \tag{6-18}$$

其中，$a = \{a_1, \cdots, a_4\}$ 和 $b = \{b_1, \cdots, b_4\}$ 是待定参数。

七个评价算法分别是全参考 FSIM[9]，GSI[7]，IGM[8] 和 SW-SSIM[6] 算法，以及半参考 FEDM[9]，SDM 和 RIQMC 模型。RIQMC 算法是根据原始和对比度变化图像的熵差与对比度变化图像的直方图统计特性提出的。本章使用 SROCC 指标来测试和比较上述 IQA 模型的性能。表 6.1 列出了相关 SROCC 指标分数。很明显，与七个对比 IQA 算法相比，我们的 QMC 算法取得了很高的性能，具有很好的对比度变化图像质量的预测能力。表 6.1 还列出了在整个数据集上的平均计算时间。我们的 QMC 算法同样需要最少的运行时间，表明其具有最低的计算复杂度。另外，本章比较了所有测试算法在 CID2013 图像库中每类图像 (即每个原始图像和其对应的对比度变化图像) 上的 SROCC 性能。如表 6.2 所示，QMC 算法获得了很高而且稳定的性能，所有 SROCC 值都不低于 0.927。最后图 6.5 展示了 QMC 算法在 CID2013 库上的散点图，直观表现了 QMC 的良好单调性和集中性。

表 6.1　八个评价算法在 CID2013 库上的性能指标

FR-IQA 算法	SROCC	计算时间/s	RR-IQA 算法	SROCC	计算时间 /s
FSIM	0.8486	0.6799	FEDM	0.7271	85.698
GSI	0.8372	0.0469	SDM	0.6145	0.6419
IGM	0.8244	18.884	RIQMC	0.9133	0.1030
SW-SSIM	0.8344	18.342	QMC	0.9335	0.0184

表 6.2　七个评价算法在 CID2013 库子集上的性能指标

编号	FSIM	GSI	IGM	FEDM	SDM	RIQMC	QMC
01	0.797	0.841	(0.750)	0.652	0.666	0.956	0.968
02	0.894	0.870	0.871	0.826	0.733	0.900	(0.927)
03	0.879	0.858	0.841	(0.591)	0.373	0.905	0.944
04	0.833	0.847	0.809	0.706	0.719	0.890	0.929
05	0.799	0.866	0.764	0.594	0.632	0.931	0.942
06	0.943	0.910	0.908	0.836	(0.273)	0.890	(0.927)
07	0.830	0.843	0.798	0.710	0.603	(0.868)	0.930
08	0.910	0.890	0.908	0.840	0.385	0.945	0.975
09	0.922	0.938	0.905	0.816	0.592	0.926	0.952
10	0.935	0.900	0.945	0.983	0.769	0.918	(0.927)
11	0.915	0.878	0.902	0.803	0.768	0.898	0.934
12	0.924	0.932	0.864	0.778	0.647	0.906	0.938
13	(0.796)	0.797	0.751	0.647	0.764	0.949	0.964
14	0.822	(0.772)	0.813	0.743	0.799	0.933	0.952
15	0.833	0.845	0.795	0.721	0.592	0.940	0.958

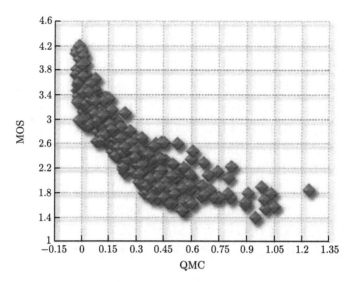

图 6.5   CID2013 库上的 QMC 算法与主观 MOS 值的散点图

6.1.3 关于图像对比度增强的效果对比

我们从三方面验证本章的对比度增强算法性能：①主观质量；②显著性保护；③计算复杂度。使用 Kodak 库 [16] 中的 24 幅图像，包括人和动物，室内和户外等多类型场景。我们比较了六个对比度增强算法，包括经典的 HE[17]、DSIHE[18]、RSIHE[19]、WTHE[20]，以及新近的 HMF、OCTM。

在主观比较中，如图 6.6(h)，图 6.7(h)，图 6.8(h)，图 6.9(h)，图 6.10(h) 和图 6.11(h) 所示，我们发现 RICE 算法增强的图像具有更合适的亮度和色彩，并且没有引入噪声或失真。而且，RICE 算法看起来像是剥掉了原始图像上的薄雾，使得增强后的图像显得更生动和清晰。HE 和它的改进版本 DSIHE 和 RSIHE 经常会产生过亮或者过暗区域，如图 6.7(b)~(d)，图 6.9(b)~(d) 和图 6.10(b)~(d) 所示。它们有时还会造成额外的噪声，如图 6.6(b)~(d) 所示。通过加权和门限操作，WTHE 一定程度减弱了 HE 的副作用。但其仍然会造成过亮问题，如图 6.10(e)，或者过暗问题，如图 6.9(e)，而且甚至会引入显著噪声，如图 6.6(e)。新近提出的 HMF 算法在原始图像和 HE 增强图像中进行折中，大幅减轻了 HE 的副作用。然而，如图 6.6 (f) 所示，HMF 并不能总是保证增强图像具有好的视觉质量和噪声抑制效果。另一个新近的 OCTM 算法虽然能解决过增强或者欠增强的问题，如图 6.6(g)，图 6.7(g)，图 6.8(g)，图 6.9(g)，图 6.10(g) 和图 6.11(g) 所示，但其增强图像看起来比较苍白，不太自然。

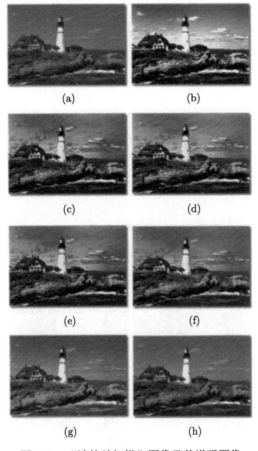

图 6.6 "波特兰灯塔"图像及其增强图像

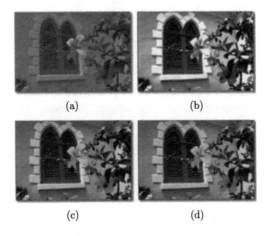

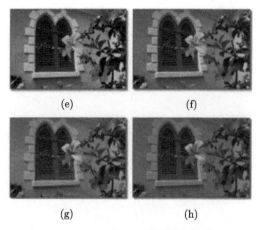

图 6.7 "百叶窗"图像及其增强图像

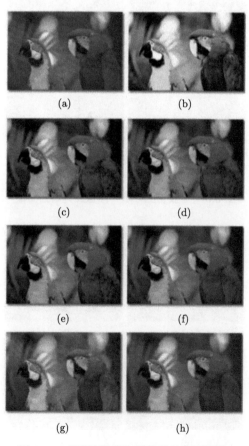

图 6.8 "两只鹦鹉"图像及其增强图像

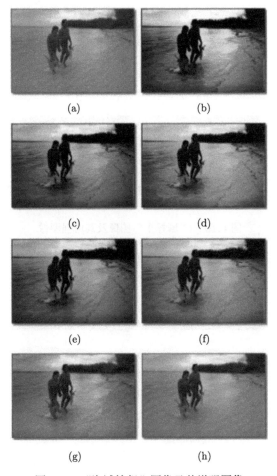

图 6.9 "海滩情侣"图像及其增强图像

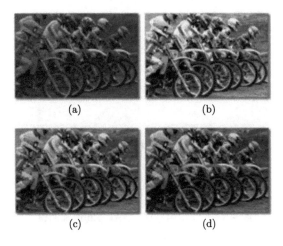

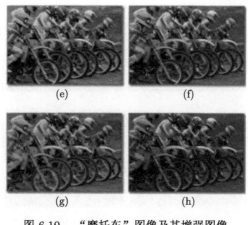

图 6.10　"摩托车"图像及其增强图像

图 6.11　"山中小屋"图像及其增强图像

　　另外, 本章还进行主观实验定量比较不同增强算法的性能。我们在实验中邀请 20 名观察者对所有增强图像进行评分。观察者包括 15 名男性和 5 名女性。为了保证主观评价更真实可信, 我们采用流行的 "图对比较" 的方法评价 192 幅图像的主观质量, 包括 24 幅自然图像和由七个对比度增强算法生成的 168 幅图像。表 6.3 中列举了每个增强算法获得的总分数, 以及在 24 幅图像上的平均分数。分数越高表示该对比度增强算法性能越好。不难发现, 我们 RICE 模型比其他算法获得更高的分数。对于每个图像序列, 新近的 RICE 模型在 17 个图像序列上具有最优的主观性能, 远高于次优的 WTHE 和 OCTM 算法, 它们只在三个测试图像序列上获得最高分数。

表 6.3　对比度增强算法的主观分数统计

编号	ORG	HE	DSIHE	RSIHE	WTHE	HMF	OCTM	RICE
01	72	48	34	50	75	90	96	95
02	82	48	17	22	78	86	112	115
03	61	48	39	35	70	93	105	109
04	56	42	47	58	97	88	71	101
05	63	50	28	37	75	72	111	124
06	59	43	20	48	82	85	100	123
07	79	69	50	35	93	89	62	83
08	72	45	28	20	71	86	113	125
09	66	57	16	45	48	92	106	130
10	76	50	34	35	86	86	84	109
11	87	54	60	57	91	94	66	51
12	85	54	53	59	107	94	39	69
13	56	49	48	55	79	93	84	96
14	98	56	22	40	71	94	59	120
15	86	64	34	38	41	69	96	132
16	75	47	24	33	82	86	91	122
17	52	38	48	63	100	94	70	95
18	58	34	34	46	81	95	106	106
19	75	53	19	35	53	84	114	127
20	60	48	76	80	72	80	78	66
21	76	48	19	31	77	89	96	124
22	76	54	32	32	55	72	112	127
23	84	66	32	36	26	80	122	114
24	71	49	21	23	70	91	109	126
均值	72	51	35	42	74	87	92	108

　　在显著性保护比较中, 本章采用一种新的快速相似性度量[21]。我们定义 SM_i 和 SM_e 分别为原始图像和增强图像的归一化显著图。显著图的计算使用新近提

出的 IS 模型。这个相似性定义为

$$\text{Similarity} = \sum_{l=1}^{L} \min\left(\text{SM}_{\text{i}}(l), \text{SM}_{\text{e}}(l)\right) \tag{6-19}$$

其中

$$\sum_{l=1}^{L} \text{SM}_{\text{i}}(l) = \sum_{l=1}^{L} \text{SM}_{\text{e}}(l) = 1 \tag{6-20}$$

L 表示图像中的像素总数。相似性度量为 1 表示测试的两个显著性图绝对一致，相似性度量为 0 表示它们完全相反，即分数越高表示性能越好。

　　表 6.4 中列举了对比度增强算法在 24 幅图像上的相似性度量。我们的 RICE 算法在 16 幅图像上具有最好的显著性保护效果，占据所有测试图像的 67% 左右。在平均性能上，我们的 RICE 算法取得了最高的相似性分数，远高于其他测试算

表 6.4　图像增强算法客观显著性的相似性度量

编号	HE	DSIHE	RSIHE	WTHE	HMF	OCTM	RICE
01	0.934	0.917	0.911	0.919	0.934	0.977	0.967
02	0.869	(0.848)	(0.862)	(0.847)	0.908	(0.930)	(0.932)
03	0.867	0.893	0.902	0.891	0.928	0.954	0.962
04	0.939	0.958	0.961	0.958	0.968	0.975	0.974
05	0.916	0.932	0.932	0.930	0.946	0.958	0.970
06	0.932	0.937	0.936	0.936	0.941	0.980	0.980
07	0.951	0.961	0.961	0.961	0.968	0.964	0.965
08	0.952	0.958	0.956	0.959	0.961	0.971	0.970
09	0.935	0.891	0.892	0.891	0.914	0.969	0.977
10	0.900	0.928	0.941	0.926	0.945	0.964	0.971
11	0.948	0.971	0.975	0.970	0.981	0.976	0.981
12	0.926	0.963	0.974	0.957	0.970	0.954	0.973
13	(0.824)	0.912	0.923	0.911	0.934	0.952	0.948
14	0.946	0.919	0.931	0.917	0.944	0.967	0.981
15	0.932	0.959	0.958	0.959	0.962	0.974	0.973
16	0.877	0.906	0.907	0.905	0.933	0.962	0.958
17	0.914	0.932	0.934	0.933	0.947	0.964	0.978
18	0.896	0.919	0.926	0.915	0.944	0.949	0.958
19	0.919	0.912	0.919	0.912	0.940	0.958	0.973
20	0.917	0.936	0.948	0.933	0.958	0.951	0.960
21	0.872	0.888	0.891	0.886	0.920	0.944	0.942
22	0.892	0.931	0.935	0.933	0.943	0.970	0.972
23	0.889	0.904	0.904	0.903	0.920	0.944	0.963
24	0.888	0.875	0.879	0.880	(0.903)	0.950	0.964
均值	0.910	0.923	0.927	0.922	0.942	0.961	0.966

法。从主观测试上看，我们大体可以得出如下性能排序：HE <DSIHE≤ RSHIE ≤ WTHE <HMF <OCTM <RICE。这个结果和平均客观相似性分数排序基本一致。而且，我们需要强调 RICE 算法在不同场景上都具有稳定性能，RICE 的所有相似性分数都不低于 0.932。相比之下，其他对比度增强算法却具有较低的分数，HE: 0.824，DSIHE: 0.848，RSIHE: 0.862，WTHE: 0.847，HMF:0.903 和 OCTM: 0.930，如表 6.4 中用括号标记的。

本章又进行人眼注视点跟踪实验测试显著性保护效果。我们使用 TobiiT120 眼动仪，它是集成在一个 17in (1in=2.54cm) 分辨率为 1280×1024 的 TFT 监控器，具有高达 120Hz 的采样频率。整个测试过程中，每个观察者自由观看所有 192 幅图像，获得注视点数据。然后，我们使用一个二维高斯掩模产生显著图

$$\mathrm{SM}(k,l) = \sum_{i=1}^{T} \exp\left[-\frac{(x_i - k)^2 + (y_i - l)^2}{\sigma^2}\right] \tag{6-21}$$

其中，SM(k,l) 表示视觉刺激的显著图，$k \in [1,M]$ 和 $l \in [1,N]$，M 和 N 分别表示图像高度和宽度；(x_i,y_i) 表示第 i 个关注点 $(i = 1, 2, \cdots, T)$，其中 T 表示所有观察者的注视点总数；σ 是高斯核的标准方差。我们把得到的显著图归一化到 $[0,1]$。图 6.12(a)~(h) 展示了原始图像和由 HE、DSIHE、RSIHE、WTHE、HMF、OCTM、RICE 算法增强图像的显著图。不难看出，与其他对比度增强算法相比，我们 RICE 模型的显著图和原始图像的显著图高度相似。

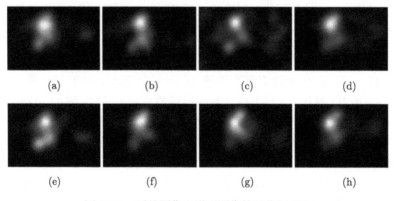

图 6.12   原始图像和增强图像的显著图对比

进一步测量和比较基于主观注视点生成的原始图像和不同增强图像的显著图的相似性分数，如表 6.5 所示。本章提出的 RICE 模型在所有对比度增强算法中具有最高的平均性能。具体分析，我们算法赢得了 19 次最高分数，占据所有测试图像的 80% 左右。我们算法在所有图像序列上的相似度分数都高于 0.7，在 20

个图像序列上高于 0.8。由此可见，RICE 算法具有优秀的显著性保护能力。

表 6.5   图像增强算法主观显著性的相似性度量

编号	HE	DSIHE	RSIHE	WTHE	HMF	OCTM	RICE
01	0.732	0.762	0.822	0.751	0.752	0.826	0.795
02	(0.592)	(0.691)	0.662	0.662	(0.427)	0.687	(0.713)
03	0.770	0.746	0.725	0.724	0.805	0.804	0.820
04	0.829	0.765	0.802	0.750	0.806	0.746	0.773
05	0.704	0.805	0.791	0.805	0.779	0.812	0.827
06	0.793	0.756	0.805	0.790	0.784	0.797	0.774
07	0.699	0.764	0.741	0.770	0.698	0.732	0.841
08	0.833	0.807	0.833	0.828	0.843	0.819	0.867
09	0.812	0.730	0.819	0.778	0.852	0.826	0.855
10	0.813	0.781	0.781	0.790	0.800	0.754	0.824
11	0.740	0.765	0.811	0.767	0.800	0.730	0.852
12	0.759	0.790	0.782	0.757	0.707	0.778	0.829
13	0.769	0.760	0.789	0.822	0.735	0.804	0.821
14	0.755	0.779	0.859	0.734	0.713	0.853	0.866
15	0.815	0.813	0.739	(0.649)	0.765	0.829	0.831
16	0.775	0.739	0.755	0.769	0.784	0.798	0.805
17	0.802	0.817	0.826	0.831	0.759	0.823	0.839
18	0.805	0.770	0.796	0.776	0.787	0.796	0.816
19	0.779	0.766	0.790	0.740	0.739	0.805	0.829
20	0.804	0.786	0.822	0.794	0.816	0.800	0.827
21	0.823	0.785	0.790	0.846	0.759	0.653)	0.833
22	0.809	0.756	0.813	0.775	0.809	0.803	0.826
23	0.695	0.808	(0.625)	0.758	0.832	0.830	0.850
24	0.731	0.763	0.698	0.755	0.734	0.815	0.821
均值	0.768	0.771	0.778	0.767	0.762	0.788	0.822

在计算复杂度的比较中，本章对比了 RICE 算法和其他对比度增强算法在一个分辨率 $W \times H$ 和 B 个像素级的图像上的计算复杂度。对于 HE 算法，计算直方图需要 $\mathcal{O}(WH)$ 时间，从直方图计算映射函数需要 $\mathcal{O}\left(2^B\right)$ 时间，最后从映射函数获得增强图像需要 $\mathcal{O}(WH)$ 时间，所以 HE 总的计算代价是 $\mathcal{O}\left(2WH + 2^B\right)$。对于 DSIHE、RSIHE、WTHE 和 HMF 算法，计算直方图需要 $\mathcal{O}(WH)$ 时间，修正直方图需要 $\mathcal{O}\left(2^B\right)$ 时间，从直方图计算映射函数需要 $\mathcal{O}\left(2^B\right)$ 时间，最后从映射函数获得增强图像需要 $\mathcal{O}(WH)$ 时间，故 DSIHE、RSIHE、WTHE 和 HMF 算法总的计算代价是 $\mathcal{O}\left(2WH + 2^{B+1}\right)$。对于 OCTM 算法，由于需要使用线性规划求解复杂的优化函数，所以它需要大量的运算时间。作为一个公平比较，本章在估计 RICE 计算复杂度的时候不考虑自动优化步骤。求解 $\left\lceil \dfrac{\text{mean}(I_i)}{32} \right\rceil \times 32$ 是有限的，所以我们可以求解式 (6-3)，得到对应的 S 形变换映射，预先存储在一个查找表中，有效加速 RICE 算法的执行速度。所以，我们 RICE 模型的总时间

计算复杂度也是 $\mathcal{O}\left(2WH + 2^{B+1}\right)$。

为了进一步降低计算复杂度，我们从 Berkeley 图像库 [22] 随机挑选 200 幅图像，获得它们最优的 $\{\phi,\psi\}$ 值，如图 6.13 所示。我们发现最优的 ϕ 和 ψ 值之间存在近似的线性关系，并使用线性回归模型进行拟合

$$\psi = s \cdot \phi + t \tag{6-22}$$

其中，s 和 t 基于最小二乘法获得，分别为 -1982 和 3.012。基于此方法，能够显著降低 RICE 算法的计算代价。又考虑用 K 均值聚类 [23] 得到三个聚点，如图 6.13 中所标记。这可以通过遍历三个备选找出最佳 $\{\phi,\psi\}$ 值进一步节省 RICE 算法的计算时间。所以本章提出的 RICE 模型具有低计算复杂度，并且可以在降低运算时间和获得高增强效果之间进行灵活选择。

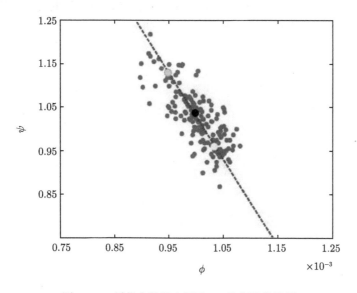

图 6.13　最优参数散点图及 K 均值聚类结果

6.1.4　视频增强及性能对比

除了用于图像对比度增强外，本章把 RICE 算法延拓到视频对比度增强。与图像增强相比，亮度保护在视频增强中具有更重要的作用，因为亮度偏移通常会产生时域闪烁噪声。此问题在 HE 和基于 HE 方法的增强视频序列中极为常见。我们考虑引入亮度中值保护改进 RICE 算法，将其推广到视频增强应用中。亮度中值保护具有简单和熵最大化等优点 [18]。故本章改写式 (6-8)，用基于 DSIHE 的直方图 h_{dsihe} 替换基于 HE 的 h_{eq}

$$\tilde{h} = \frac{h_{\mathrm{i}} + \phi h_{\mathrm{dsihe}} + \psi h_{\mathrm{sig}}}{1 + \phi + \psi}$$

因为 h_{i}、h_{dsihe} 和 h_{sig} 几乎具有相同的中值亮度,所以它们的加权组合 $\tilde{h}$ 也具有与原始图像一致的中值亮度。在视频技术中,效率也是一个非常重要的因素。为解决此问题,我们采用了一个加速模型。具体来说,在增强视频的开始阶段,我们使用 RICE 算法生成第一帧的映射曲线,并且将其存储。对于随后需要处理的视频帧,我们用熵比较加速模型比较连续两帧的信息内容差异

$$H = -\sum_{i=0}^{255} p_i \log(p_i)$$

其中,p_i 表示灰度值为 i 的像素的概率密度。如果前一帧和当前帧的绝对熵差超过门限 T,我们才重新使用 RICE 算法计算和存储新的映射曲线。否则,我们直接使用存储的 (前一帧的) 映射曲线对当前帧进行增强。

我们在图 6.14 中展示了用六种算法增强的四个代表性的增强帧序列。为了

图 6.14   VQEG 库中四个代表性视频帧及其增强结果

从上到下,每一排依次对应原始图像、HE、DSIHE、RSIHE、WTHE、HMF 和 RICE 增强图

方便比较，我们用带颜色的方框对重要区域作了标记。经典的 HE 和其相关的改进算法 DSIHE、RSIHE、WTHE 仍会造成增强图像过亮或者过暗，或者会引入噪声和时域闪烁噪声。尽管 HMF 算法取得了相当不错的性能，但是它仍然会引入噪声，或者使得生成的图像显得不太自然。经过我们 RICE 算法增强的视频帧，不仅能够适度地突出原先不可识别的细节，对主要内容进行了有效保护，并有效地杜绝了噪声的引入。

我们又用 VQEG 视频库测量和比较了对比度增强算法的显著性保护能力。如表 6.6 所示，我们 RICE 算法在 95%的视频序列上取得了最优性能，远优于其他对比度增强算法。RICE 算法同时具有稳定的性能，即所有的相似性分数都不小于 0.9622。相比之下，如表 6.6 中用括号标记出来的，其他算法都具有相对较低的相似性分数，HE: 0.8311、DSIHE: 0.8737、RSIHE: 0.8756、WTHE:0.9125、HMF: 0.8256。

表 6.6 视频增强算法客观显著性的相似性度量

编号	HE	DSIHE	RSIHE	WTHE	HMF	RICE
01	0.9488	0.9529	0.9528	0.9640	0.9634	(0.9622)
02	0.9375	0.9490	0.9593	0.9633	0.9322	0.9831
03	0.9122	0.9424	0.9513	0.9609	0.9558	0.9785
04	0.9035	0.9137	0.9279	0.9471	(0.8256)	0.9795
05	0.8895	0.9287	0.9405	0.9525	0.9127	0.9770
06	0.9269	0.9435	0.9504	0.9607	0.9456	0.9793
07	0.9365	0.9543	0.9554	0.9696	0.9455	0.9771
08	0.9242	0.9305	0.9423	0.9489	0.9681	0.9716
09	0.9089	0.9482	0.9490	0.9646	0.9713	0.9796
10	0.9772	0.9561	0.9773	0.9746	0.9834	0.9837
11	0.9461	0.9441	0.9597	0.9656	0.8293	0.9782
12	0.9055	0.8989	0.9583	0.9423	0.9431	0.9744
13	0.9758	0.9458	0.9696	0.9665	0.9327	0.9826
14	0.9246	0.9375	0.9483	0.9576	0.9332	0.9752
15	0.8749	0.9318	0.9601	0.9532	0.8278	0.9804
16	0.9248	0.9374	0.9377	0.9616	0.9456	0.9825
17	0.9036	0.9205	0.9210	0.9452	0.9586	0.9807
18	0.9699	0.9778	0.9753	0.9830	0.9168	0.9768
19	(0.8311)	(0.8737)	(0.8756)	(0.9125)	0.9417	0.9742
20	0.9388	0.9486	0.9660	0.9672	0.9034	0.9734
均值	0.9230	0.9368	0.9489	0.9580	0.9268	0.9775

视频对比度增强需要亮度保护，因为小规模的亮点浮动会导致强度闪烁噪声，因此严重影响视频感知质量。另外，视频序列包含各类型场景，如明媚的海滩和昏暗的海底。但是，大多数现存的对比度增强算法会使海滩变得昏暗，使海底变得明亮。这种违反常识的结果会造成更大程度的视频质量退化。然而我们 RICE

算法能很好地保护图像亮度，并且抑制时域噪声的产生。表 6.7 中列举了用所有测试算法增强视频的中值亮度，并且加粗强调了具有和原始图像最相近中值亮度的结果。显而易见，本章提出的 RICE 算法取得了优秀结果，在 85% 的视频序列上具有最好效果。

表 6.7 视频增强算法的亮度中值比较

编号	初始	HE	DSIHE	RSIHE	WTHE	HMF	RICE
01	86	119	89	83	87	107	**86**
02	113	131	59	79	84	124	**112**
03	78	139	67	76	75	110	**78**
04	72	120	**72**	58	74	252	76
05	97	124	101	92	98	115	**97**
06	121	128	103	110	115	136	**121**
07	94	129	109	93	100	88	**94**
08	175	134	106	153	153	154	**173**
09	102	122	101	95	**102**	83	101
10	106	128	72	93	88	84	**106**
11	126	131	89	110	108	237	**126**
12	62	125	102	65	80	74	**62**
13	124	133	72	102	95	236	**124**
14	82	119	77	74	80	102	**82**
15	41	130	90	44	62	142	**41**
16	91	113	72	72	83	35	**87**
17	107	117	84	85	99	96	**106**
18	130	128	111	133	118	238	**129**
19	109	129	109	106	109	94	**109**
20	65	124	76	**65**	70	181	67

6.2 基于广义均衡模型的对比度增强

由于光源不理想、设备故障等原因，图像的对比度和色调经常不能令人满意。因此，常常都需要使用图像增强算法对图像进行处理。事实上，图像增强算法已经被广泛地应用在成像设备中。例如，在数码相机中，CCD 或 CMOS 阵列通过镜头接收光子并将其转换为电信号。然后这些电信号被转化为 RAW 格式的原始图像。一般 RAW 格式的图像位长度过大而不能通过屏幕正常显示。因此，需要采用色调映射技术，如伽马校正等，将图像调整到一个合适的动态范围。近年来，除了伽马校正，许多更复杂的算法被陆续提出 [24-30]，得到了很好的效果。

一般来说，色调映射算法可以根据用途分为如下两类：

(1) 白平衡：由于不良光照或廉价成像设备的限制，我们拍摄的图像可能携带明显的色彩偏差。为了校正图像的色彩偏差，我们需要对图像中的光源值，即照度，进行估计，这个问题被称为色感一致性问题 [31-35]。不同的算法 [31-35] 使用各自的物理成像模型得到照度的估计值，然后通过线性变换将原始图像映射成理想照度下的图像。

(2) 对比度增强：顾名思义，对比度增强算法被广泛地用于恢复退化图像的对比度。除了最常用的全局直方图均衡算法，其他算法还包括局部直方图均衡化[18]和采用空间滤波的方法[36-40]。例如，在文献 [39] 中，一种分数滤波器被用于增强图像的纹理。在文献 [41] 中，针对老照片或影片修复，一种基于纹理合成的增强算法被提出。基于小波变换的方法[42]在对比度增强中也有应用。

尽管已经有许多图像增强算法被提出，目前仍然有两个具有挑战性的图像增强问题没有得到解决。第一个问题就是如何在实现对比度增强的同时保持良好的色调。图像的对比度和色调之间存在相互影响。由于彼此之间复杂的相互作用，上述算法只是旨在实现对比度增强或白平衡，而不能保证提供最佳的视觉效果。事实上，当前图像增强系统将白平衡和对比度增强分成两个独立的模块，如图 6.15(a)所示。这个策略有一个明显的缺点——虽然在白平衡阶段原始图像中色彩的畸变得到校正，但是到了对比度增强阶段，图像的色调有可能再次发生偏移。这种现象在对三通道分别进行对比度增强的情况下尤为常见。例如，去雾算法[43-45]可以通过增加图像的饱和度实现对比增强，但由于需要对三通道同时操作，往往导致图像的色调失真。相反，如果可以结合白平衡和对比度增强模块，如图 6.15(b)所示，则有可能可以避免上述情况的发生。

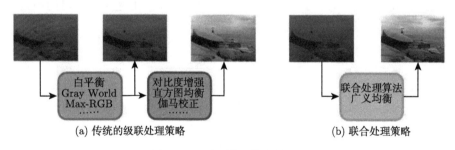

(a) 传统的级联处理策略　　　　　(b) 联合处理策略

图 6.15　不同增强策略的对比

第二个问题在于如何从理论上统一不同类型的增强算法。虽然对比度增强算法和白平衡算法针对的是不同的应用，但本质上都是对图像的一个或多个通道的强度进行映射操作。而且，几乎所有的全局对比度增强算法和白平衡算法都可以归结于基于直方图变换的算法。这些算法的统一可能会为图像增强问题的研究带来更多灵感。目前，文献 [33] 提出了一个基于低级别的视觉信息的统一的色感一致性模型。但是，这个模型没有考虑图像的对比度，所以它的应用被限制在白平衡。另一方面，文献 [30] 提出了一种期望的上下文无关对比度的严格定义，并提出了一种称为最优的对比度色调映射 (OCTM) 的算法以解决对比度增强问题。OCTM 虽然改进了对比度增强的效果，但它并没有建立对比度和色调之间的关系。

在本节中，我们将分析图像的直方图、色调、对比度三者之间的关系，并建立广义均衡模型。我们会提出一系列关于对比度、色调失真的定义，并将对比度增强和白平衡算法纳入统一的模型中。基于广义均衡模型，我们提出了一种结合对比度增强和白平衡的联合增强算法，如图 6.15(b) 所示。大量实验结果表明，该算法在一系列的增强问题上取得了可喜的结果。

6.2.1   基于直方图的白平衡及对比度增强算法模型

在本节中，定义 $f(\boldsymbol{x}) = (f_r(\boldsymbol{x}), f_g(\boldsymbol{x}), f_b(\boldsymbol{x}))^{\mathrm{T}}$ 为 RGB 三通道图像信号。其中 $\boldsymbol{x}$ 为像素点的坐标。图像 $f(\boldsymbol{x})$ 的动态范围是 $[0, L]$。对于图像的每个通道 $f_c(\boldsymbol{x})$，$c = r, g, b$，其直方图 $\boldsymbol{H}_c$ 可以表示为 $2 \times K$ 大小的矩阵，如下所示

$$\boldsymbol{H}_c = \begin{pmatrix} h_{c1} & \cdots & h_{cK} \\ p_{c1} & \cdots & p_{cK} \end{pmatrix} = \begin{pmatrix} \boldsymbol{h}_c \\ \boldsymbol{p}_c \end{pmatrix} \tag{6-23}$$

其中，K 表示图像中出现概率非零的强度值的个数。向量 $\boldsymbol{h}_c \in \mathbb{R}^K$ 表示 K 个强度值，$\boldsymbol{p}_c \in \mathbb{R}^K$ 表示对应的出现概率。相邻的强度值之间的距离可以定义为 $s_{ck} = h_{ck} - h_{c,k-1}$，$k = 2, 3, \cdots, K$。其中 $s_{c1} = h_{c1}$。上述定义也可简写为向量形式 $\boldsymbol{s}_c = \nabla \boldsymbol{h}_c$，其中 ∇ 表示差分算子。

1. 直方图与白平衡算法的关系

白平衡算法的核心是解决色感一致性问题——通过估计光源并映射图像至理想光源的情况，实现对图像三通道的调整。与基于学习的方法 [31,32,34,35,46] 不同，我们专注于基于低复杂度信息的白平衡算法，并尝试建立白平衡算法和图像的直方图之间的关系。对于朗伯表面，图像中每个像素的值可以表示为

$$f_c = \int r(\lambda) l(\lambda) m_c(\lambda) \mathrm{d}\lambda \tag{6-24}$$

其中，λ 表示可见光的波长；$r(\lambda)$ 为表面反射率；$l(\lambda)$ 为光源；$m_c(\lambda)$ 为相机 c 通道的感光度。色感一致性估计的目的就在于估计理想光源到当前光源的投影 $e = \int l(\lambda) m(\lambda) \mathrm{d}\lambda$，$m = (m_r, m_g, m_b)^{\mathrm{T}}$。为了估计 e，许多假设和相应的算法被提出。例如，MAX-RGB 算法 [47] 利用三个通道的最大值估计光源颜色。另一种被广泛使用的白平衡算法是 Gray World 算法 [48]。该算法假定的三个通道的均

值估计光源颜色。文献 [49] 提出了一种统一上述算法的模型，如下所示

$$\left(\frac{\int |f(\boldsymbol{x})|^\alpha \mathrm{d}\boldsymbol{x}}{\int \mathrm{d}\boldsymbol{x}}\right)^{\frac{1}{\alpha}} = C\boldsymbol{e} \tag{6-25}$$

其中，C 是一个任意正常数，α 为模型参数。当 $\alpha = 1$ 的时候，式 (6-25) 等效于 GrayWorld 算法；当 $\alpha = \infty$ 的时候，式 (6-25) 等效于 MAX-RGB 算法。将 $\boldsymbol{e}$ 归一化为 $\hat{\boldsymbol{e}} = [\hat{e}_r, \hat{e}_g, \hat{e}_b]^{\mathrm{T}}$ 之后，我们可以将图像映射到理想光源环境下。考虑到理想光源的归一化向量为 $\left[\dfrac{1}{\sqrt{3}}, \dfrac{1}{\sqrt{3}}, \dfrac{1}{\sqrt{3}}\right]^{\mathrm{T}}$，我们只需要对每个通道乘以系数 $\dfrac{1}{\hat{e}_c\sqrt{3}}$ 即可实现图像白平衡。

从图像直方图的角度分析，式 (6-25) 中等式左边的项可以写作

$$\left(\frac{\int |f(\boldsymbol{x})|^\alpha \mathrm{d}\boldsymbol{x}}{\int \mathrm{d}\boldsymbol{x}}\right)^{\frac{1}{\alpha}} = \begin{pmatrix} (\boldsymbol{h}_r^\alpha \boldsymbol{p}_r^{\mathrm{T}})^{\frac{1}{\alpha}} \\ (\boldsymbol{h}_g^\alpha \boldsymbol{p}_g^{\mathrm{T}})^{\frac{1}{\alpha}} \\ (\boldsymbol{h}_b^\alpha \boldsymbol{p}_b^{\mathrm{T}})^{\frac{1}{\alpha}} \end{pmatrix} \tag{6-26}$$

其中，$\boldsymbol{h}_c^\alpha = [h_{c1}^\alpha, \cdots, h_{cK}^\alpha]$。事实上，式 (6-26) 揭示了图像直方图和色调之间的关系。图像的色调反映了人眼对 RGB 三通道强度感觉的综合，可以定义为三通道强度的期望值组成的向量，该向量中的元素可以写作

$$\boldsymbol{T}(\boldsymbol{H}_c) = \boldsymbol{p}_c \boldsymbol{h}_c^{\mathrm{T}} \tag{6-27}$$

我们可以发现，式 (6-27) 是式 (6-26) 的一种特殊情况 ($\alpha = 1$)。换句话说，我们可以考虑将式 (6-26) 作为一种广义的色调定义。对于一张图像，其通道 c 的直方图记为 $[\tilde{\boldsymbol{h}}_c, \boldsymbol{p}_c]$。根据式 (6-25) 和 (6-26)，我们可以估计当前光源 $\hat{\boldsymbol{e}}$ 为

$$\hat{e}_{c,\alpha} = \frac{\left(\tilde{\boldsymbol{h}}_c^\alpha \boldsymbol{p}_c^{\mathrm{T}}\right)^{\frac{1}{\alpha}}}{\sqrt{\sum_{c=r,g,b} \left(\tilde{\boldsymbol{h}}_c^\alpha \boldsymbol{p}_c^{\mathrm{T}}\right)^{\frac{2}{\alpha}}}} \tag{6-28}$$

记白平衡后图像各个通道的直方图为 $[\hat{\boldsymbol{h}}_c, \boldsymbol{p}_c]$，则有

$$\hat{\boldsymbol{h}}_c = \frac{1}{\hat{e}_{c,\alpha}\sqrt{3}} \tilde{\boldsymbol{h}}_c \tag{6-29}$$

很明显，上述处理过程是线性的。而变换的线性特性正是基于直方图的白平衡算法的最重要的特征，也是白平衡算法和对比度增强算法之间的重要区别。

2. 直方图与对比度增强算法的关系

文献 [21] 提出了一种期望的上下文无关的图像对比度定义：针对每个通道如下所示

$$C(\boldsymbol{H}_c) = \boldsymbol{p}_c \boldsymbol{s}_c^{\mathrm{T}} \tag{6-30}$$

根据定义，对于二值化的黑白图像其对比度最大，高达 L_c。相反，当图像是一个常数时，对比度为零。虽然这个定义看似合理，但仍有很大的改善空间。例如，如果我们想达到最强的对比度增强效果，我们应该通过求解下述优化问题最大限度地增大 $C(\boldsymbol{H}_c)$

$$\boldsymbol{s}_c = \arg\max_{\boldsymbol{s}_c} \boldsymbol{p}_c \boldsymbol{s}_c^{\mathrm{T}}, \quad \text{s.t.} \sum_{i=1}^{K} s_{ci} = L_c, \quad s_{ci} \geqslant d \tag{6-31}$$

这里第一个约束可以确保输出图像仍具有适当的动态范围；第二个约束表示相邻的强度级之间的最小距离为 d。我们可以发现，这是一个线性规划问题，其解是稀疏的——对于最大概率值 p_{ci}，其相应的 $s_{ci} = L_c - d(K-1)$，而其他 $s_{ck} = d$。这个结果将导致图像的二值化，这显然是有问题的。因此，在文献 [30] 中还添加了另外两个约束条件用于确保图像不会过度增强。但引入预定义的参数和更多的约束导致文献 [30] 中的模型复杂且对于参数敏感。换句话说，虽然式 (6-30) 中的定义有明确的统计学意义，但被用来作为对比度增强的目标函数并不是最佳的。

早在文献 [30] 的工作之前，基于直方图的对比度增强算法已经被广泛使用。最常用的算法当属直方图均衡化 [17]。该算法假设理想图像拥有接近均匀分布的概率密度函数。因此，均衡化后新图像的第 i 个亮度级别 h_{ci} 可以表示为

$$\hat{h}_{ci} = C \sum_{j=0}^{i} p_{cj} \tag{6-32}$$

其中，C 是常数。由式 (6-32) 可得

$$\hat{s}_{ci} = \hat{h}_{ci} - \hat{h}_{c,i-1} = C p_{ci} \tag{6-33}$$

根据式 (6-32) 和 (6-33)，直方图均衡化算法等效于求解一个无穷范数下的最优化问题，如下所示

$$\hat{\boldsymbol{s}}_c = \arg\max_{\boldsymbol{s}_c} \frac{1}{\|\boldsymbol{P}_c^{-1} \boldsymbol{s}_c^{\mathrm{T}}\|_\infty}, \quad \text{s.t.} \sum_{i=1}^{K} s_{ci} = L_c, \quad s_{ci} \geqslant d \tag{6-34}$$

虽然直方图均衡算法广泛应用于实际工程，但它的效果并不是最佳的。其根本原因在于该算法简单地假设理想图像的直方图服从均匀分布，而事实上在大多

数情况下这是不合理的。为了获得更好的均衡结果，我们需要找到一个更好的分布去拟合具有良好对比的图像的直方图。对于每个通道具有 256 个强度级的图像，此问题的自由度为 768。因此，通过人工调整找到一个合适的直方图是一个繁杂的工作。虽然已经有不少自适应直方图均衡化方法[50-54]被提出，这些算法都没有给出对比度的明确定义或类似于公式 (6-31) 和 (6-34) 的显式的对比度增强目标函数。需要注意的是，上面提到的所有增强算法都具有一个不同于白平衡算法的特点——在对比度增强过程中，直方图的变换是非线性的。

6.2.2 广义均衡模型

根据上述分析，我们针对图像直方图建立了广义均衡模型，其目标包括：① 为白平衡和对比度增强问题提供一个统一的模型和算法框架；② 为上述两个问题提供一个显式的目标函数，并提出同时处理上述问题的联合算法；③ 由极少数参数控制算法的性能。

广义均衡模型的提出受到了式 (6-31) 和 (6-34) 的启发。尽管上述两式似乎有很大的不同，但是当我们把 $\boldsymbol{P}_c$ 的阶数和目标函数的范数作为两个参数，记为 β 和 n 时，公式 (6-31) 和 (6-34) 的目标函数可以被重写为一个统一的形式，如下所示

$$C_g\left(\boldsymbol{H}_c\right) = \frac{1}{\left\|\boldsymbol{P}_c^{-\beta}\boldsymbol{s}_c^{\mathrm{T}}\right\|_n} \tag{6-35}$$

其中，$\boldsymbol{P}_c^{-\beta} = \mathrm{diag}(p_{c1}^{-\beta}, \cdots, p_{cK}^{-\beta})$。用式 (6-35) 替代式 (6-34) 中的目标函数后，我们可以得到一个新的最优化问题

$$\widehat{\boldsymbol{s}}_c = \arg\max_{\boldsymbol{s}_c} \frac{1}{\left\|\boldsymbol{P}_c^{-\beta}\boldsymbol{s}_c^{\mathrm{T}}\right\|_n}, \quad \mathrm{s.t.} \sum_{i=1}^{K} s_{ci} = L_c, \quad s_{ci} \geqslant d \tag{6-36}$$

如果 $\beta = 0$，那么无论 n 如何选择，式 (6-3) 的效果将等同于调整 s_i 到相同的长度。

此外，式 (6-31) 和 (6-34) 都与式 (6-36) 有着有趣的关系。如果我们选择 $n = \infty, \beta = 1$ 或者 $n = 2, \beta = 0.5$，那么当 $s_{ci}/p_{ci} = C$ 时目标函数达到最大值，其结果等价于直方图均衡化的结果。当 $n = \infty, 0 \leqslant \beta < 1$ 时，则目标函数得到的结果小于直方图均衡化的结果。因此，基于式 (6-36) 的对比度增强算法相比基于式 (6-34) 的均衡化算法而言更加灵活，因为目标函数对于直方图的分布不再仅限于均匀分布了。考虑到直方图均衡化往往造成图像过度增强，$\beta = 1$ 的约束是不合理的。另外，如果 $n = 1$ 或者 $\beta \to 1$，式 (6-35) 将等同于式 (6-31) 中的目标函数。

基于上述分析，我们认为式 (6-35) 为对比度增强问题的目标函数提供了一个合理而统一的定义。如果在式 (6-36) 中增加一个色调的约束，则由于三通道对比度增强造成的色彩畸变将得到有效的抑制。结合本节和 6.2.1 节的分析结果，我们一方面放松直方图变换的线性约束，另一方面通过白平衡算法求解式 (6-36) 中的 L_c。基于式 (6-28) 和 (6-36)，给出广义均衡模型的数学表达，如下所示

$$\hat{\boldsymbol{s}}_c = \arg\min_{s_c} \sum_{c=r,g,b} \left\| \boldsymbol{P}_c^{-\beta} \boldsymbol{s}_c^{\mathrm{T}} \right\|_n, \quad \text{s.t.} \sum_{i=1}^{K} s_{ci} = \frac{1}{\hat{e}_{c,\alpha}\sqrt{3}} \sum_{i=1}^{K} \tilde{s}_{ci}, \quad s_{ci} \geqslant d \quad (6\text{-}37)$$

这里 $\tilde{s}_c$ 是原始图像 c 通道中相邻强度级的间距。除了式 (6-37)，我们进一步在广义均衡模型中引入两个测量值，即对比度增益和直方图变换的非线性度，定义如下

$$G_c = \frac{\boldsymbol{p}_c^{\mathrm{T}} \hat{\boldsymbol{s}}_c}{\boldsymbol{p}_c^{\mathrm{T}} \tilde{\boldsymbol{s}}_c} \tag{6-38}$$

$$\boldsymbol{NL}_c = \left\| \nabla \left(\hat{\boldsymbol{s}}_c - \tilde{\boldsymbol{s}}_c \right) \right\|_2 \tag{6-39}$$

如果 $\tilde{\boldsymbol{s}}_c$ 是均匀的，$\boldsymbol{NL}_c = \|\nabla \hat{\boldsymbol{s}}_c\|_2$。$\boldsymbol{NL}_c$ 越大，说明变换的非线性度越强，同时图像出现色彩畸变和过度增强的危险的可能性也越大。对于传统的基于色感一致性的白平衡算法，$\boldsymbol{NL}_c \approx 0$。

在广义均衡模型中还有三个关键参数，n，α 和 β。在 6.2.3 节中，将分析这些参数的含义，并从理论上证明根据不同的组合参数求解式 (6-37) 可以实现对比加强和色调调整效果之间的权衡。由于求解式 (6-37) 等效于分别求解三通道的最优值，在 6.2.3 节中只对图像的单通道进行分析以简化分析过程的复杂性。

6.2.3　模型参数配置与分析

1. 参数 n 的选择

在式 (6-37) 中，参数 n 决定了模型中目标函数使用的范数。为了研究 n 对于最优化解的影响，我们首先给出了一个 2 维的简单模型，如图 6.16 所示。在 2 维情况下，$s = [s_1, s_2]$，$p = [p_1, p_2]$。在不失普遍性的前提下，可以假设 $p_1 < p_2$。

图 6.16 给出了 $\|\boldsymbol{P}^{-\beta}\boldsymbol{s}\|_n$ 在不同 β 下的边界，当 $\beta = 0$ 时，$\boldsymbol{P}^{-\beta}\boldsymbol{s} = \boldsymbol{s}$，$l_n$ 范数 $(n = 1, 2, \infty)$ 下的边界是各向同性的。此时式 (6-37) 的最优解在 $\boldsymbol{s}_i = L/2$ 时获得。将上述结论推广到高维情况，我们可以导出如下定理。

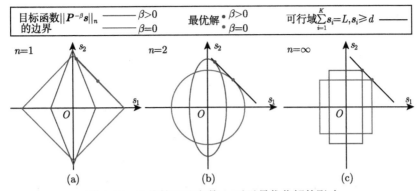

图 6.16　2 维情况下参数 n 对于最优化解的影响

在每一张子图中，粗黑线表示式 (6-37) 的可行域；红线框和蓝线框分别对应 $\beta=0$ 和 $\beta>0$ 时目标函数的边界；红点和蓝点分别对应 $\beta=0$ 和 $\beta>0$ 时得到的最优解。在图 (a), (b), (c) 中 n 分别为 1, 2 和 ∞

定理 6.1　对于最优化问题 (6-37)，在 $\beta=0$ 的情况下，当 $s_i=L/K, i=1,2,\cdots,K$ 时，$\left\|\boldsymbol{P}^{-\beta}\boldsymbol{s}\right\|_n$ 最小，其中 $n=1,2,\infty$。

证明　当 $\beta=0$ 时，$\left\|\boldsymbol{P}^{-\beta}\boldsymbol{s}\right\|_n=\|\boldsymbol{s}\|_n$。定义 $\boldsymbol{s}_0=[L/K,\cdots,L/K]$ 为式 (6-37) 的最优解。假设存在另一个向量 $\boldsymbol{s}'\neq\boldsymbol{s}_0$，满足 $\|\boldsymbol{s}'\|_n=\|\boldsymbol{s}_0\|_n$。根据最优化问题 (6-37) 中的约束条件 $\sum_{i=1}^{K}s_i=L$，则 $\boldsymbol{s}'$ 中至少有一个元素大于 L/K，记为 s_l'。由此可得

$$\|\boldsymbol{s}'\|_1=L=\|\boldsymbol{s}_0\|_1,\quad\|\boldsymbol{s}'\|_\infty=s_l'>L/K=\|\boldsymbol{s}_0\|_\infty \tag{6-40}$$

由 $\|\boldsymbol{s}\|_2$ 的凸性可知

$$\|\boldsymbol{s}'\|_2>\sqrt{K\left(\bar{\boldsymbol{s}}'\right)^2}=L/\sqrt{K}=\|\boldsymbol{s}_0\|_2 \tag{6-41}$$

其中 $\bar{\boldsymbol{s}}'$ 为 $\boldsymbol{s}$ 的均值，所以假设错误，定理得证。

当 $\beta>0$ 时，l_n 范数 $(n=1,2,\infty)$ 下目标函数的边界呈各向异性的。此时最优解随 β 的增大从可行域的中点出发沿可行域向端点逼近。在图 6.16 中，$\min-l_1\,(n=1)$ 情况下的最优解是显然的——只要 $\beta>0$，最优解为 $[d,L-d]$，即可行域的端点。说明此时式 (6-37) 等价于式 (6-31)。另外，$\min-l_2$ 和 $\min-l_\infty$ 情况下的最优解也随着 β 的增大向可行域的端点逼近。将上述结论推广到一般情况，根据收敛序列收敛速度的定义 [55]，我们可以得到如下定理。

定理 6.2　对于最优化问题 (6-37)，我们记 $n=1$ 时的最优解为 $\boldsymbol{s}_b$。则 $\min-l_2$ 和 $\min-l_\infty$ 情况下的最优解随着 β 的增大收敛于 $\boldsymbol{s}_b$，且 $n=2$ 时的收敛速度为 $n=\infty$ 时的收敛速度的平方。

证明　不妨假设 $p_i\geqslant p_{i+1}, i=1,2,\cdots,K$。记 $\min-l_2$ 和 $\min-l_\infty$ 情况

下的最优解分别为 s_2 和 s_∞，则有

$$s_2 = \frac{L}{\sum\limits_{i=1}^{K} p_i^{2\beta}} \left[p_1^{2\beta}, \cdots, p_K^{2\beta} \right], \quad s_\infty = \frac{L}{\sum\limits_{i=1}^{K} p_i^{\beta}} \left[p_1^{\beta}, \cdots, p_K^{\beta} \right] \tag{6-42}$$

则当 $\beta \to \infty$ 时，上述两个最优解收敛于 $\boldsymbol{L} = [L, 0, \cdots, 0]$。$s_2$ 的收敛速度为

$$Q_2 = \lim_{\beta \to \infty} \frac{\left\| s_{2(\beta+1)} - \boldsymbol{L} \right\|_2}{\left\| s_{2(\beta)} - \boldsymbol{L} \right\|_2} = \frac{p_2^2}{p_1^2} \tag{6-43}$$

类似地，我们可以得到 s_∞ 的收敛速度 $Q_\infty = \dfrac{p_2}{p_1}$。因为 $Q_2 = Q_\infty^2 < 1$，所以 $\min - l_2$ 和 $\min - l_\infty$ 情况下的最优解随着 β 的增大收敛于 s_b，且 $n = 2$ 时的收敛速度为 $n = \infty$ 时的收敛速度的平方。定理得证。

由定理 6.2 我们可以发现，无论 $n = 2$ 还是 ∞，式 (6-37) 的最优解的收敛点是相同的，不同的只是收敛速率。当 $n \leqslant 1$ 时，式 (6-37) 的最优解是稀疏的，将造成图像的过度增强。所以，在广义均衡模型中，参数 n 必须大于 1。为了计算的方便，采用 $n = 2$ 的配置。

2. 参数 β 的配置

为了讨论参数 β 的配置，我们需要研究其对对比度增益和变换非线性度这两个指标的影响。定义 p_m 为 $\boldsymbol{p}$ 中最大的元素。对图像进行广义均衡以后，我们可以得到

$$G_1 = \frac{L p_m}{C_{\mathrm{ori}}(\boldsymbol{H}_c)} \tag{6-44}$$

$$G_2 = \frac{L \left\| \boldsymbol{p}^{2\beta+1} \right\|_1}{C_{\mathrm{ori}}(\boldsymbol{H}_c) \left\| \boldsymbol{p}^{2\beta} \right\|_1} \tag{6-45}$$

$$G_\infty = \frac{L \left\| \boldsymbol{p}^{\beta+1} \right\|_1}{C_{\mathrm{ori}}(\boldsymbol{H}_c) \left\| \boldsymbol{p}^{\beta} \right\|_1} \tag{6-46}$$

$$\boldsymbol{NL}_1 \approx \sqrt{2}L \tag{6-47}$$

$$\boldsymbol{NL}_2 \approx \frac{L}{\sum\limits_{k=1}^{K} p_k^{2\beta}} \sqrt{\sum_{j=1}^{K-1} \left(p_{j+1}^{2\beta} - p_j^{2\beta} \right)^2} \tag{6-48}$$

$$\boldsymbol{NL}_\infty \approx \frac{L}{\sum\limits_{k=1}^{K} p_k^{\beta}} \sqrt{\sum_{j=1}^{K-1} \left(p_{j+1}^{\beta} - p_j^{\beta} \right)^2} \tag{6-49}$$

其中，$C_{\mathrm{ori}}(H_c)$ 是原始图像的对比度的期望值 (可以通过直方图求得)。根据式 (6-44)～(6-49) 可知 β 对对比度增益和变换非线性度这两个指标有重要影响。根据定理 6.2 我们可以进一步推导出如下引理。

引理 6.1 G_2 和 G_∞ 随着 β 的增大都收敛于 G_1，且 G_2 的收敛速度是 G_∞ 的平方。

引理 6.2 NL_2 和 NL_∞ 随着 β 的增大都收敛于 NL_1，且 NL_2 的收敛速度是 NL_∞ 的平方。

上述两个引理的证明与定理 6.2 相同，故不再赘述。我们希望选择最优的 β，使得通过广义均衡模型对应的算法得到的增强效果在获得高对比度增益的同时尽量降低变换的非线性度。为了实现这个目标，我们随机从网上抓取 400 张图像，在不同 β 下对图像采用广义均衡模型进行增强，绘制了对比度增益和变换非线性度随 β 变化的曲线图，如图 6.17 所示。我们可以发现，G_n 和 NL_n 确实都随 β 单调增大，这意味着，在获得强对比度的同时，我们需要对图像的直方图做很强的非线性变换。幸运的是，NL_n 和 G_n 的比值函数有一个拐点。在拐点处，我们认为 G_n 足够大而 NL_n 足够小。所以，可以通过求解如下最小化问题得到最优的 β:

$$\hat{\beta} = \min_{\beta} \frac{NL_n}{G_n} \tag{6-50}$$

在图 6.17(c) 中，平均的最优值 $\hat{\beta}$ 在 $n=2$ 时约为 0.32，在 $n=\infty$ 时约为 0.64，所以这里以 0.32 作为 β 的默认值使用。

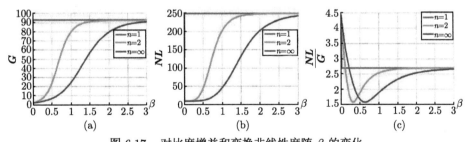

图 6.17 对比度增益和变换非线性度随 β 的变化

(a) 对比度增益变化图；(b) 变换非线性度变化图；(c) NL_n 和 G_n 比值随 β 的变换图。红色、绿色、蓝色曲线分别对应 $n=1,2,\infty$ 的情况

图 6.18 给出了不同 β 下的图像增强结果。虽然对比度增益随 β 变大，但过度增强将造成视觉效果的下降。根据 6.2.2 节的结论，当 $n=2, \beta=0.5$ 时其结果是等价于传统的直方图均衡算法的。考虑到直方图均衡常常造成过度增强，根据统计结果选择 $\beta=0.32$ 是合理的。

原始图像　　　　β=2　　　　　β=0.5　　　　　β=0.32　　　　　β=0

图 6.18　　不同 β 下的图像增强结果

3. 参数 α 的配置

根据文献 [49] 和 [33] 中的工作可知，α 反映了在广义均衡模型中采用何种色感一致性算法。在广义均衡模型，色感一致性算法的结果决定了上限值 L_c。当 β 足够小的时候，变换的非线性度被抑制。在这种情况下，式 (6-37) 的结果近似于白平衡的结果。

选择最佳 α 配置的方法是基于最小化 NL_n/G_n。为方便分析，在这里我们令 $n=2$。在 $\alpha\beta$ 平面内，我们绘制了对比度增益、变换非线性度以及它们的比率随 $\alpha\beta$ 变化的二维强度变换图，如图 6.19 所示。我们可以发现，随着 α 的增加，①G_2 和 NL_2 都增大；②NL_2/G_2 的拐点的值变小，并且其位置沿 β 减少的方向慢慢变化。根据图 6.19，我们选择 $\alpha=\infty$ 的参数配置，以获得最小的 NL_2/G_2。这意味着 L_c 是通过 MAX-RGB 算法估计得到的。事实上，MAX-RGB 算法的有效性在文献 [56,57] 中得到了证明，这为我们的选择提供了强有力的支持。

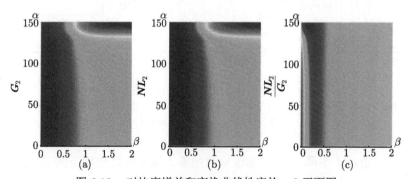

图 6.19　　对比度增益和变换非线性度的 $\alpha\beta$ 平面图

(a)，(b)，(c) 分别给出了对比度增益、变换非线性度以及其比值的 $\alpha\beta$ 平面图，α 的取值范围为 1 到 150；β 的取值范围为 0 到 2，图像中颜色越蓝对应值越低，越红对应值越高

4. 广义均衡模型分析

通过上述分析，我们可以进一步研究广义均衡模型所具有的性质。

(1) 白平衡算法和对比度增强算法都可以被描述为图像直方图的变换。如果变换是线性的，其结果等价于白平衡效果；相反，如果变换是非线性的，其结果类似于对比度增强。对比度增强和色调调整的程度可以通过对比度增益和变换非线性度分别进行定量测定。

广义均衡模型针对基于直方图的图像处理算法给出了一个统一的框架。在不同的参数配置下，广义均衡模型得到的图像增强结果等效于许多现有的算法[17,30,47-49]，如表 6.8 所示 ("—" 表示对应参数取任意值)。

表 6.8　不同参数配置下的广义均衡模型

功能	n	α	β	等效算法
对比度增强	∞	—	1	直方图均衡
对比度增强	2	—	0.5	直方图均衡
对比度增强	1	—	1	OCTM
白平衡	∞	∞	0	MAX-RGB
白平衡	∞	1	0	Gray World
白平衡	∞	7	0	Shades of Gray

(2) 广义均衡模型的另一个优点是它具有较高的效率。由于式 (6-37) 是一个凸优化问题，有很多成熟的优化算法和工具包可供选择，例如 CVX 工具箱[58]。在 $n = 2$ 时的计算复杂度是 $O(K^2)$，其中 K 为直方图中出现概率非零的强度级的数量。另一方面，因为 OCTM 算法是基于线性规划，其计算复杂度是 $O(K^3)$，大大超过我们的算法。图像直方图中的强度级的数目大致决定于图像中的像素的比特长度，因此，在 CVX 工具箱的帮助下我们计算出不同的比特长度图像 (从 8 位图像到 16 位的图像) 的处理时间，绘制的处理用时的曲线如图 6.20 所示。我们可以发现，随着图像的位长增加，OCTM 比基于广义均衡的方法消耗更多的时间。

此外，如果我们要进一步加速算法，可以设置相邻强度级的距离下限 $d = 0$。在这种情况下，式 (6-37) 的解具有如下的解析形式，这样有利于实际应用：

$$h_{ci} = \begin{cases} \dfrac{L_c \sum\limits_{j=1}^{i} p_{cj}^{2\beta}}{\sum\limits_{k=1}^{K} p_{ck}^{2\beta}}, & n = 2 \\[4mm] \dfrac{L_c \sum\limits_{j=1}^{i} p_{cj}^{\beta}}{\sum\limits_{k=1}^{K} p_{ck}^{\beta}}, & n = \infty \end{cases} \tag{6-51}$$

$$L_c = \frac{\sqrt{\sum_{c=r,g,b} \left(\tilde{\boldsymbol{h}}_c^{\alpha} \boldsymbol{p}_c^{\mathrm{T}}\right)^{\frac{2}{\alpha}}}}{\left(\tilde{\boldsymbol{h}}_c^{\alpha} \boldsymbol{p}_c^{\mathrm{T}}\right)^{\frac{1}{\alpha}} \sqrt{3}} \max\left(\tilde{\boldsymbol{h}}_c\right), \quad c = r, g, b \tag{6-52}$$

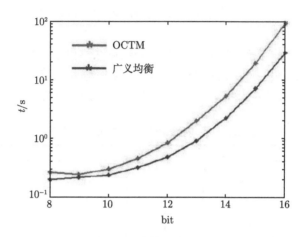

图 6.20　计算用时比较图

然而，应当提及的是，虽然设置 $d = 0$ 可以实现算法加速，它同时也带来直方图合并的风险。这可能会导致某些情况下图像质量明显下降。

参数 β 的配置是所述广义均衡模型的关键。直接求解式 (6-50) 是一个复杂的问题。相较之下我们提出用简单的二分法策略来优化 β。在我们的实验中，默认值 $\beta = 0.32(n = 2)$ 适用于大多数测试图像。所以，我们设置 $\beta = 0.32$ 作为初始值，并采用如表 6.9 所述算法搜索最优值 $\hat{\beta}$。

表 6.9　基于最优参数配置的增强算法

目标：	
	基于最优参数配置的增强算法
处理过程：	
	0. 记 $\dfrac{\boldsymbol{NL}_2}{\boldsymbol{G}_2}$ 为函数 $F(\beta)$.
	1. 初始参数配置为 $\hat{\beta} = 0.32$, 对输入图像采用式 (6-51) 进行增强.
	2. 计算 $F_{\min} = F(\hat{\beta})$.
	3. 对于 $j = 1 : J, J$ 是最大迭代次数.
	对于输入图像，在 $\beta = 0.32 \pm 0.01j$ 的配置下求解式 (6-51).
	4. 计算 $F(\beta)$, 如果 $F(\beta) < F_{\min}$, 则 $F_{\min} = F(\beta), \hat{\beta} = \beta$.
	5. 如果 $\beta = 0.32 - 0.01j < 0$, 算法停止.
	6. 对应 $\hat{\beta}$ 得到的增强结果为最优结果.

由于式 (6-51) 方便计算，即使使用上述迭代算法，影像尺寸为 512×512 的

24 位彩色图像的处理时间仅仅需要 2~3s。其中，我们的实验平台为 MATLAB，硬件配置为英特尔酷睿 2 CPU，3GB RAM。

(3) 基于广义均衡模型的增强算法具有较低的自由度，仅用 3 个参数控制模型特性和算法性能。这一特点使得基于广义均衡模型的增强算法可以设计非常理想的交互式图像增强应用。

6.2.4 实验结果与分析

接下来对所提出的基于广义均衡模型的图像增强算法进行验证。

1. 最优参数配置下的对比度增强

图像对比度增强是广义均衡算法的基本应用。可以发现，基于广义均衡模型的算法可以达到最佳的整体视觉的效果——它不仅提高了图像对比度，还防止了严重的非线性的色调失真。除了常用测试图像，我们还选择了长崎大学网上图书馆的老照片和其他一些从互联网上随机选择的图像作为测试集。这些老照片不仅对比度低，还存在严重的色调失真。使用广义均衡模型基础上的算法，分别对 RGB 三通道做广义均衡处理，可以实现对图像同时进行对比度增强和白平衡处理，相关处理结果在图 6.21 中示出。我们还测试了所述算法对曝光不足的图像，如夜视图像的处理结果，如图 6.22 中所示。可以发现，与其他几种算法[30,59]相比，使用基于广义均衡模型的算法，输出图像在暗部区域的细节变得更清晰。此

图 6.21 老照片对比度增强结果

外，图 6.23 还给出了我们提出的算法和一些现有的算法的比较结果。比较结果显示采用基于广义均衡模型的算法，图像的对比度有明显的提高，同时图像的色调得到了保持。

图 6.22　曝光不足图像对比度增强结果

图 6.23　对比度增强算法结果对比

从左往右每一列依次为：原始图像，直方图均衡得到的结果，CLAHE 算法[59] 得到的结果，OCTM 得到的结果，以及广义均衡得到的结果。其他算法的实验结果均来自文献 [30]

2. 对比度、色调联合调整

如 6.1 节所述，广义均衡模型为我们提供了图像对比度、色调联合调整的方法。表 6.9 所示，当参数 $\beta = 0$ 时，算法的变换非线性度被抑制，效果相当于白平衡。如果放松 β 的约束，使得 β 为接近零的正数，就可以有效地结合白平衡和对比度增强的效果。图 6.24 和图 6.25 中，将基于广义均衡的算法与现有的白平衡算法进行比较。可以看出，基于广义均衡的算法不仅校正了原始图像中的色调偏差，同时也增强了图像的对比度，获得了良好的视觉效果。

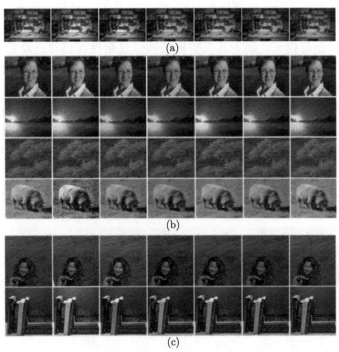

图 6.24　白平衡结果对比示例 1

(a) 从左往右依次是：原始图像，广义均衡得到的结果，文献 [35] 中的结果，以及 Gray World、MAX-RGB、Shade of Gray、Gray Edge 得到的结果；(b) 从左往右依次是：原始图像，广义均衡得到的结果，文献 [34,60] 中的结果，以及 Gray World、MAX-RGB、Shade of Gray、Gray Edge 得到的结果；(c) 从左往右依次是：原始图像，广义均衡得到的结果，理想光源下的图像，以及 Gray World、MAX-RGB、Shade of Gray、Gray Edge 得到的结果

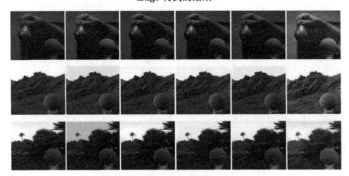

图 6.25　白平衡结果对比示例 2

测试集为 real world[60]，每一行从左往右依次是：原始图像，Gray World 处理结果，MAX-RGB 处理结果，Shade of Gray 处理结果，Gray Edge 处理结果，以及广义均衡处理结果

3. 高动态范围图像色调映射

广义均衡模型还可以用于高动态范围 (HDR) 图像的色调映射。目前国内外专家学者已经提出了许多色调映射算法 [36-38,40,50-54]。虽然很多基于局部操作的算法，如基于局部自适应滤波的色调映射算法 [36,50-52] 取得了突出的效果，全局化的算法，如伽马校正，因为其高鲁棒性和低复杂性而仍然是最受欢迎的选择。为了测试基于广义均衡模型的算法的性能，我们针对 Nikon D700 数据集中的图片进行了测试，并将测试结果与伽马校正和 MATLAB 默认函数得到的结果进行了比较。实验结果显示，虽然 MATLAB 默认的色调映射函数可以使图像的细节清晰可见，但是由此生成的图像色调明显发生了改变。换句话说，该算法在增强对比度的同时牺牲了图像的色调。另外，伽马校正避免了明显的色调畸变，保持了图像中的色彩。然而，伽马校正的效果对于参数 γ 敏感：如果 γ 接近 1，图像黑暗区域中的细节将不可见，如图 6.26(a), (b) 所示；若 γ 接近 0，图像的对比度

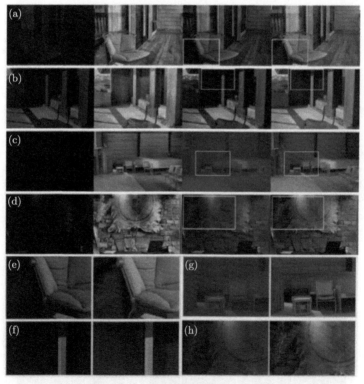

图 6.26 HDR 图像色调映射结果

(a), (b) 图像从左往右依次是原始图像，MATLAB 默认色调映射结果，伽马校正 (γ=0.8) 结果，广义均衡结果；(c), (d) 图像从左往右依次是原始图像，MATLAB 默认色调映射结果，伽马校正 ($\gamma = 0.4$) 结果，广义均衡结果；(e)~(h) 给出图 (a)~(d) 的局部放大结果

将会降低，如图 6.26(c)，(d) 所示。相比上述两种算法的结果，基于广义均衡模型的算法给出的结果视觉效果更好，如图 6.26 所示。我们提出的方法不仅保持了图像的色调不变，低亮度区域的细节也清晰可见，如图 6.26 中局部放大图所示。

4. 去雾算法后处理

由于基于广义均衡模型的算法可以实现色调和对比度的联合调整，该模型也适用于对许多现有的算法进行后处理。例如，现行的去雾算法在提高图像饱和度的同时可能导致图像的色调畸变。采用基于广义均衡的算法作为去雾算法的后处理可以有效地抑制这一不良影响，同时进一步提高图像的能见度。

为了评价我们的算法，我们应用文献 [61] 中提出的无参考图像可见度评价算法，除了第 3 章介绍的可见边缘增加量 E 以外，文献 [61] 中还提出了对比度可见等级这一指标，记作 $\bar{V}$。图像的能见度越高，$\bar{V}$ 越大。

使用 http://perso.lcpc.fr/tarel.jean-philippe/visibility/ 上的图像作为测试图像，我们首先分别采用常用的去雾算法 [43-45,62,63] 对测试图像进行去雾处理，然后计算相应的 E 和 $\bar{V}$，再对去雾结果根据广义均衡模型进行进一步处理，并再次计算 E 和 $\bar{V}$。表 6.10 和表 6.11 分别给出了 E 和 $\bar{V}$ 的比较结果。结果显示，结合广义均衡模型后，去雾结果图对应的 E 和 $\bar{V}$ 值都有提高，证明其能见度得到进一步改进。

表 6.10　E 比较结果

图像名称	Fattal'08 原始/后处理	He'09 原始/后处理	Kopf'08 原始/后处理	Tan'08 原始/后处理	Tarel'09 原始/后处理
ny12	-0.054 / $\mathbf{-0.028}$	$\mathbf{0.048}$ / 0.030	0.036 / $\mathbf{0.054}$	-0.083 / $\mathbf{-0.032}$	$\mathbf{0.145}$ / 0.130
ny17	-0.106 / $\mathbf{-0.074}$	$\mathbf{0.023}$ / 0.020	0.016 / $\mathbf{0.026}$	-0.041 / $\mathbf{0.109}$	0.110 / $\mathbf{0.155}$
y01	0.086 / $\mathbf{0.091}$	0.142 / $\mathbf{0.143}$	0.094 / $\mathbf{0.095}$	0.122 / $\mathbf{0.222}$	$\mathbf{0.209}$ / 0.191
y16	0.058 / $\mathbf{0.121}$	0.131 / $\mathbf{0.142}$	0.001 / $\mathbf{0.044}$	-0.016 / $\mathbf{0.039}$	0.241 / $\mathbf{0.247}$

表 6.11　$\bar{V}$ 比较结果

图像名称	Fattal'08 原始/后处理	He'09 原始/后处理	Kopf'08 原始/后处理	Tan'08 原始/后处理	Tarel'09 原始/后处理
ny12	1.28 / $\mathbf{1.51}$	1.39 / $\mathbf{1.78}$	1.40 / $\mathbf{1.64}$	2.18 / $\mathbf{2.65}$	1.76 / $\mathbf{2.04}$
ny17	1.53 / $\mathbf{1.55}$	1.62 / $\mathbf{1.73}$	1.61 / $\mathbf{1.65}$	2.18 / $\mathbf{2.72}$	1.70 / $\mathbf{2.11}$
y01	1.21 / $\mathbf{1.44}$	1.31 / $\mathbf{1.74}$	1.63 / $\mathbf{1.89}$	2.22 / $\mathbf{2.85}$	1.99 / $\mathbf{2.41}$
y16	1.20 / $\mathbf{1.32}$	1.36 / $\mathbf{1.67}$	1.34 / $\mathbf{1.48}$	2.06 / $\mathbf{2.63}$	1.96 / $\mathbf{2.33}$

除了客观实验，我们还设计相应的主观实验以进一步证明算法的性能。在该实验中，我们从图像库中随机选择一张含雾图像并分别用两种方法进行处理：一种方法是直接采用文献 [43~45,62,63] 所述的五种去雾算法中的任意一种进行处理；第二种方法是将所选去雾算法与基于广义均衡的后处理相结合。将原图和两

种方法生成的结果图，共三张图像，按随机排序同时显示在一个屏幕上。每个观众选择他/她认为视觉效果最佳的图像，然后进行下一张图像及其处理结果的评价。当观众不想继续实验时可以随时中止实验。

共有 30 名志愿者参与了我们的实验，平均每名志愿者观看的图像数为 7.8 张。在我们的实验中，志愿者选中对应通过后处理得到的图像的概率为 95.8%。这一结果表明，在大多数情况下，我们所提出的算法的增强结果更好地满足我们的主观感受。图 6.27 给出了一些处理结果的示例。

图 6.27　去雾算法改进效果示例图

(a)，(c)，(e) 为原始带雾图像；(b) 给出了文献 [45] 中算法的处理结果和加入后处理之后的结果的对比图；(d) 给出了文献 [44] 中算法的处理结果和加入后处理之后的结果的对比图；(f) 给出了文献 [63] 中算法的处理结果和加入后处理之后的结果的对比图

6.3　模糊视频插帧

相机传感器的快门速度和曝光时间是影响拍摄视频质量的两个基本因素。缓慢的快门速度和长的曝光时间可能会导致两种退化：运动模糊和低帧率。消除这

些退化是提高捕获视频质量的关键。然而，很少有研究探讨这个共同的问题，即从低帧率模糊输入合成高帧率清晰结果。现有的方法可以通过图像去模糊和插帧来解决这一问题，但往往由于缺乏联合建模而不是最优的。

插帧的目的是从采集的视频帧中恢复看不见的中间帧[64-67]，它可以提高帧率和视觉平滑度。最先进的插帧方法[64-66]首先估计对象的运动，然后执行帧扭转来使用参考帧合成像素。然而，如果原始参考帧被运动模糊所破坏，运动估计可能不准确。因此，通过现有的插帧方法来恢复清晰的中间帧是很具有挑战性的。

考虑到运动模糊引入的上述问题，现有的一些方法一般采用预去模糊程序[68-70]。一个直接的方法是执行帧去模糊，然后是插帧，我们称之为级联方案。然而，这种的插值质量是次优的。首先，插值的性能高度依赖于去模糊图像的质量。在去模糊阶段引入的像素误差会传播到插值阶段，从而降低整体性能。其次，大多数插帧方法使用两个连续的帧作为参考，即这些方法的时间范围为2。然而，考虑到级联方案中不完美的去模糊帧，短时内插模型很难保持相邻帧间的长期运动一致性。另一种方法是先进行插帧，然后进行帧去模糊。然而，由于插值帧受到输入模糊纹理的影响，整体质量会下降，如图6.28所示。

图 6.28　从模糊输入合成中间帧的例子
(a) 重叠模糊输入；(b) 级联插值和去模糊模型；(c) 级联去模糊和插值模型；(d) 我们的模型的结果

在本节中，我们用统一退化模型来表示联合视频增强问题，然后提出了一种模糊视频插帧 (blurry video frame interpolation，BIN) 方法，包括金字塔模块和金字塔间循环模块。我们的金字塔模块的结构类似于由多个骨干网络组成的金字塔，金字塔模块是灵活的。随着尺度的增大，模型具有更大的空间感受域和更宽的时间范围。灵活的结构还可以在计算复杂度和恢复质量之间进行权衡。此外，我们采用循环损失[71-76]来增强金字塔模块的输入帧和再生帧之间的空间一致性。

在金字塔结构的基础上，我们提出了金字塔间循环模块，有效地利用了时间信息，循环模块采用 ConvLSTM 单元跨时间传播帧信息，传播的帧信息有助于模型恢复细节以及合成时间一致的图像。除了传统的恢复评价标准外，我们还提出了一种基于光流的度量方法来评价合成视频序列的运动平滑度。我们使用现有的数据集和从 YouTube 抓取的新的组合数据集进行性能评估，在 Adobe240 数据集 [68] 和我们的 YouTube240 数据集上进行的广泛实验表明，所提出的 BIN 优于最新的方法。

6.3.1　领域内的相关工作

在本节中，我们介绍了有关插帧、视频去模糊和联合恢复问题的相关文献。

1. 视频插帧

现有的插帧方法一般利用光流处理运动信息 [65-67,77-80] 或使用基于核函数的模型 [81,82]。Long 等 [81] 训练了一个通用卷积神经网络来直接合成中间帧。Ada-Conv 和 SepConv [82] 通过估计空间自适应插值核来从一个大的邻域合成像素。Meyer 等 [83] 使用单像素的相移来表示运动，并使用经过修正的逐像素相位而不使用光流来构造中间帧。Bao 等将基于流的方法和基于核的方法集成在一起。他们的自适应扭转层使用一个局部卷积核合成一个新的像素，其中核窗口的位置由光流决定。

当插值模型遇到模糊输入时，精确估计光流是非常困难的。我们使用残差密集网络 [84] 的一个变种作为主干网络，它可以在不使用光流的情况下生成中间帧。此外，我们利用多个主干网络构造金字塔模块，可以在减少模糊的同时上转换帧率。

2. 视频去模糊

现有的基于学习的去模糊方法使用多帧 [68,85-88] 或单个图像 [68,69,89] 来减少运动模糊。Wang 等 [70] 首先从多个输入中提取特征信息，然后利用特征对齐和融合模块恢复高质量的去模糊帧。为了进一步挖掘时间信息，现有算法使用了循环机制 [90-94]。Kim 等 [90] 引入了一种时空循环架构，该架构具有动态时间混合机制，能够实现自适应的信息传播。Zhou 等 [95] 使用时空滤波自适应网络将特征对齐和去模糊融合在一起，他们的模型循环地使用前一帧和当前输入的信息。Nah 等 [96] 通过调整从过去帧传输到当前帧的隐藏状态来利用视频帧之间的信息。

我们将主干网络与所提出的金字塔间循环模块相结合，进行迭代操作。所提出的循环模块使用 ConvLSTM 单元 [97] 在相邻主干网络之间传播帧信息。该模型由于其循环特性，可以在不显著增加模型大小的情况下迭代地合成时间平滑的结果。

3. 联合视频去模糊和插帧

很少有研究探讨联合视频增强问题。Jin 等 [98] 介绍了最近的相关工作,他们的模型可以被归为联合优化的级联方案,该模型首先提取几个清晰的关键帧,然后利用这些关键帧合成中间帧。他们的模型采用近似循环的方法,将提取的帧展开并分布到多个处理阶段。

我们的方法与 Jin 等 [98] 的算法有两个不同之处。首先,我们的模型是联合优化的,我们没有明确区分帧去模糊阶段和插帧阶段,我们使用所提出的主干网络来统一关联帧去模糊和插值。其次,我们没有构造近似循环机制,而是显式地使用所提出的金字塔间循环模块,该模块采用 ConvLSTM 单元来跨时间传播帧信息。

6.3.2 联合帧去模糊和插值

在本节中,我们介绍运动模糊和低帧率的退化模型,并阐述联合帧去模糊和插值的问题。

1. 退化模型

一般来说,相机通过周期性地打开和关闭快门来捕捉视频 [99]。当快门打开,也就是曝光时,传感器会综合物体反射光的强度来获取物体像素的亮度。因此,曝光时间决定像素亮度,而快门开闭频率决定视频帧率。形式上,我们假设在每个时刻 τ 都存在一个潜像 $\boldsymbol{L}(\tau)$,如图 6.29 所示。我们从时间 t_1 开始经过一个时间间隔 (曝光时间 e) 对潜像进行积分,得到一个捕获帧。我们将获取的一帧表示为

$$B_{t_1} = \frac{1}{e} \int_{t_1}^{t_1+e} \boldsymbol{L}(\tau) \mathrm{d}\tau \tag{6-53}$$

然后在下一个快门时间 t_2,相机生成了另一帧 B_{t_2}。捕获视频的帧率可以定义为

$$f = \frac{1}{t_2 - t_1} \tag{6-54}$$

特别地,在曝光期间,快速物体移动或相机抖动都会降低像素亮度。这种退化通常以视觉模糊的形式出现。

2. 问题描述

给定低帧率模糊输入,我们的目标是生成高帧率清晰输出,即增强输入视频以提供清晰流畅的视觉体验。我们将减少模糊和提高帧率的联合问题表述为在模糊输入的条件下最大化输出帧的后验:

$$\mathcal{F}^* = \max_{\mathcal{F}} p\left(\hat{\boldsymbol{I}}_{1:1:2N-1} \mid \boldsymbol{B}_{0:2:2N}\right) \tag{6-55}$$

其中，$B_{0:2:2N}$ 表示从下标 0 开始以时间步长 2 到 $2N$ 的低帧率模糊输入，$\widehat{I}_{1:1:2N-1}$ 表示恢复的高帧率结果，$\mathcal{F}^*$ 为最优联合时空增强模型。我们提出利用可训练神经网络来逼近最优模型 $\mathcal{F}^*$。我们将公式 (6-55) 中的问题重写为在数据集 S 下最小化损失函数 $\mathcal{L}$

$$\operatorname*{minimize}_{\mathcal{F}(\cdot;\Theta)} \sum_{s\in S} \mathcal{L}\left(\widehat{I}_{1:1:2N-1} \mid I_{1:1:2N-1}\right) \tag{6-56}$$

$$\text{s.t.} \quad \widehat{I}_{1:1:2N-1} = \mathcal{F}\left(B_{0:2:2N}\right) \tag{6-57}$$

其中，$I_{1:1:2N-1}$ 表示视频样本 $s \in S$ 中帧的真值，$\mathcal{F}(\cdot;\Theta)$ 表示所提出的网络参数为 Θ 的模糊视频插帧 (BIN) 方法。

图 6.29　帧捕获示意图

相机传感器在时间步长 t_0, t_1, t_2, t_3 捕获的离散帧，每一帧都需要曝光时间在间隔 e 内的连续潜像

6.3.3　模糊视频插帧

我们提出的模型包括两个关键组成部分: 金字塔模块和金字塔间循环模块。我们使用金字塔模块同时实现减少模糊和提高帧率，金字塔间循环模块可以进一步增强相邻帧间的时间一致性。整个网络架构如图 6.30 所示，下面将介绍各个子网络的设计和实现细节。

1. 金字塔模块

所提出的金字塔模块通过以下操作将帧去模糊和插帧集成在一起

$$\widehat{I}_{1:1:2N-1} = \mathcal{F}\left(B_{0:2:2N}\right) \tag{6-58}$$

其中，$\mathcal{F}$ 表示金字塔模块。该模块的输入为 $N+1$ 帧 $B_{0:2:2N}$，输出为去模糊和插值后的帧 $\widehat{I}_{1:1:2N-1}$。我们使用多个主干网络来构建金字塔模块，如图 6.30(a) 所示。主干网络 $\mathcal{F}_b$ 通过两个连续的输入插值得到一个中间帧

$$\widehat{I}_1 = \mathcal{F}_b\left(B_0, B_2\right) \tag{6-59}$$

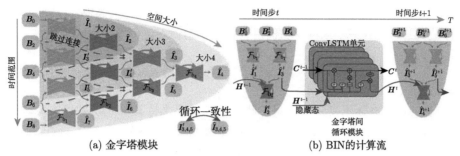

(a) 金字塔模块　　　　　　　　(b) BIN的计算流

图 6.30　　提出的模糊视频插帧模型的架构

所提出的 BIN 由金字塔模块和金字塔间循环模块两部分组成。(a) 中的金字塔模块由多个主干网络组成。相同颜色的主干网络共享权重。它以两个连续的帧作为输入，然后合成一个中间帧。金字塔模块可以同时减少运动模糊和插值中间帧。我们在 (a) 中金字塔模块的基础上，结合金字塔间循环模块来实现 (b) 中的循环机制，提出的金字塔间循环模块使用 ConvLSTM 单元在不同的金字塔模块间传播帧信息

该金字塔模块通过改变模型架构的尺度获得可调节的空间感受域和时间范围。我们在图 6.30(a) 中展示了三种不同尺度的网络，分别用尺度 2、尺度 3 和尺度 4 表示。尺度的增加使整个网络变得更深，从而形成更大的空间感受域。同时，尺度的增加也扩大了输入的数量，即时间范围，有利于上下文时间信息的利用。例如，尺度 2 模块的时间范围为 3，而尺度 4 模块可以从 5 帧中挖掘信息，并且其感受域也比尺度 2 模块深。

除了输出帧 $\hat{I}_{1:1:2N-1}$，金字塔模块也生成了多个临时帧。如图 6.30(a) 所示，尺度为 4 的金字塔模块有三个临时帧 $\{I_3', I_4', I_5'\}$。我们使用一个周期一致性损失来确保临时帧和循环配对帧之间的空间一致性 (例如 $I_3', \hat{I}_3$)。

2. 金字塔间循环模块

时间运动平滑度是影响人眼视觉体验的一个重要因素。基于金字塔结构，我们提出了一个金字塔间循环模块来构建多尺度模糊插帧模型，用 BIN_l 表示，其中 l 为金字塔结构的规模。循环模块可以进一步增强相邻帧间的运动一致性。帧间循环模块由多个 ConvLSTM 单元构成，每个 ConvLSTM 单元使用隐藏状态将之前的帧信息传播到当前的金字塔模块。

方便起见，我们以 BIN_2 为例说明 BIN 的计算流程，BIN_2 使用了一个 ConvLSTM 单元和一个规模为 2 的金字塔模块。如图 6.30(b) 所示，在时间 $t \in [1, T]$，给定三个输入 $B_{0:2:4}^t$，我们首先使用两次前馈网络 $\mathcal{F}_{b_1}$ 生成两个中间帧 $\hat{I}_1^t$ 和 $\hat{I}_3^t$

$$\hat{I}_1^t = \mathcal{F}_{b_1}\left(B_0^t, B_2^t\right) \tag{6-60}$$

$$\hat{I}_3^t = \mathcal{F}_{b_1}\left(B_2^t, B_4^t\right) \tag{6-61}$$

然后，我们使用合成的中间帧 $\hat{I}_1^t$、$\hat{I}_3^t$ 以及隐藏状态 H^{t-1} 来合成去模糊的帧 $\hat{I}_2^t$。我们扩展主干网络 $\mathcal{F}_{b_2}$ 来将早前的隐含状态作为输入，可以用下式表示

$$\hat{I}_2^t = \mathcal{F}_{b_2}\left(H^{t-1}, \hat{I}_1^t, \hat{I}_3^t\right) \tag{6-62}$$

ConvLSTM 模块除了需要合成目标帧外，还需要维持其单元状态以实现时间循环。我们用以下公式来表示金字塔间循环模块的更新方程

$$H^t, C^t = \mathcal{F}_c\left(\hat{I}_3^t, H^{t-1}, C^{t-1}\right) \tag{6-63}$$

其中，$\mathcal{F}_c$ 表示 ConvLSTM 单元，C^{t-1} 和 C^t 分别是早前的和现在的单元状态。H^t 表示当前的隐藏状态，$\hat{I}_3^t$ 表示当前输入。在时间 t 和 $t+1$，我们分别获得了 $\left\{\hat{I}_1^t, \hat{I}_2^t\right\}$ 和 $\left\{\hat{I}_3^t, \hat{I}_4^t\right\}$。通过将迭代延长到时间 T，我们可以合成所有去模糊和插值后的帧 $\hat{I}_{1:1:2N}$。

按照 BIN_2 的计算流程，我们可以扩展得到规模更大的网络 (如 BIN_3、BIN_4)。大尺度的网络可以利用宽广的感受域和时间范围来挖掘时间信息，从而合成出时间上平滑的结果。

3. 实现细节

时间跳跃连接：我们使用多个一致的跳跃连接将前期的帧信息传递到后期的主干网络中，如图 6.30(a) 所示。我们使用一致的跳跃连接来调节帧信号流，以获得更好的梯度反向传播。以 BIN_3 为例，跳跃连接输入 $\{B_2, B_4\}$ 和合成帧 $\left\{\hat{I}_2, \hat{I}_4\right\}$ 来帮助网络 $\mathcal{F}_{b_3}$ 合成帧 $\hat{I}_3$。

主干网络：我们使用残差密集网络 [84] 的一个变种作为主干网络。如图 6.31 所示，主干网络模块包括一个 DownShuffle 层 [100]、一个 UpShuffle 层 [100]、六个卷积层和六个残差稠密块 [84]。残差稠密块由 4 个 3×3 卷积层、1 个 1×1 卷积层和 4 个 ReLU 激活层组成。残差稠密块的所有层次特征被连接到连续的网络模块中。

损失函数：我们的损失函数由像素重建和循环一致性损失两项构成

$$\mathcal{L} = \mathcal{L}_p + \mathcal{L}_c \tag{6-64}$$

像素重建损失 $\mathcal{L}_p$ 度量了帧的真值 G_n^t 和重建帧 $\hat{I}_n^t$ 的整体像素差

$$\mathcal{L}_p = \frac{1}{T}\sum_{t=1}^{T}\sum_{n=1}^{2M-1}\rho\left(\hat{I}_n^t - G_n^t\right) \tag{6-65}$$

其中，$\rho(x) = \sqrt{x^2 + \epsilon^2}$ 是 Charbonnier 惩罚函数[101]，T 表示循环模块上执行的迭代次数。我们使用循环一致损失 $\mathcal{L}_c$ 来确保金字塔结构中临时输入 $I_n^{\prime t}$ 和再生帧 $\hat{I}_n^t$ 间的空间一致性

$$\mathcal{L}_c = \frac{1}{T} \sum_{t=1}^{T} \sum_{n \in \Omega} \rho \left(I_n^{\prime t} - \hat{I}_n^t \right) \tag{6-66}$$

其中，Ω 是所有循环配对帧的索引。

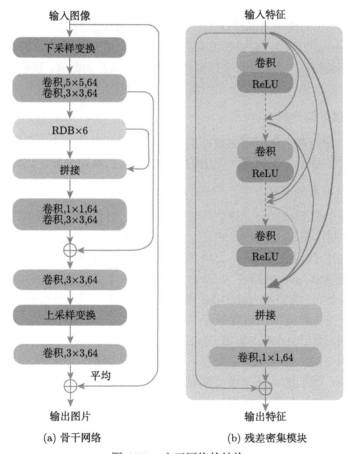

(a) 骨干网络　　　　　　(b) 残差密集模块

图 6.31　主干网络的结构

我们在主干网络中使用一个下行层来将运动信息分布到多个信道中，我们使用残差稠密块来学习层次特征

训练数据集：我们使用 Adobe240 数据集[68] 对所提出的网络进行训练。它由 120 个 240 帧的视频组成，分辨率为 1280×720。我们使用 112 个视频构建训练集，使用如下的离散退化模型生成训练数据

$$B_{2i} = \frac{1}{2\tau + 1} \sum_{iK-\tau}^{iK+\tau} L_j, \quad i = 0, 1, \cdots, N \tag{6-67}$$

其中，L_i 是第 i 个高帧率潜像，B_{2i} 是第 i 个采集低帧率模糊帧，参数 K 确定采集帧的帧率，$2\tau + 1$ 对应于等效的长曝光时间，限制了模糊程度[102]。我们对高帧率序列进行下采样以生成真实的帧，真实序列的帧速率是模糊序列帧速率的两倍。我们使用参数 $K = 8$ 和 $\tau = 5$ 的公式 (6-67) 生成训练数据。训练图像的分辨率为 640×352。考虑到计算复杂度，我们选择 $T = 2$ 的时间长度。我们通过水平和垂直翻转，随机裁剪，以及反转训练样本的时间顺序来扩充训练数据。

训练策略：我们使用 AdaMax[103] 优化器，参数设置为：$\beta_1 = 0.9$，$\beta_2 = 0.999$，批大小 (batch size) 为 2，初始学习率为 1×10^{-3}。我们将模型训练 40 个 epoch，然后将学习率降低 1/5，并对整个模型进行 5 个 epoch 的微调。我们在 RTX-2080 Ti GPU 上训练网络，模型收敛大约需要两天的时间。

6.3.4　实验结果与分析

本节中，我们首先介绍评估数据集，然后进行消融实验来分析每个提出的组成部分的贡献。最后，我们将所提出的模型与最新的算法进行了比较。

1. 评估数据集和准则

我们在两个视频数据集上评估所提出的模型，并度量合成视频序列的运动平滑度。

Adobe240：我们使用 Adobe240 数据集[68] 的 8 个视频进行评估，其中每个视频帧率都是 240 fps，分辨率为 1280×720。

YouTube240：我们从 YouTube 网站下载了 59 个慢动作视频来构建我们的 YouTube240 评估数据集，该数据集中视频的帧率和分辨率与 Adobe240 数据集中的视频相同。对于 Adobe240 和 YouTube240 数据集，我们使用公式 (6-67)，参数 $K = 8$ 和 $\tau = 5$，来生成评估数据。所有的帧被调整为 640×352 分辨率。

运动平滑：我们的运动平滑度度量是基于光流估计的[98,104]。我们首先使用三个输入 $I_{0:1:2}$ 和三个参考帧 $R_{0:1:2}$，根据下式计算微分光流 D

$$D = (F_{I_1 \to I_2} - F_{I_0 \to I_1}) - (F_{R_1 \to R_2} - F_{R_0 \to R_1}) \tag{6-68}$$

其中，$F_{x \to y}$ 为从帧 x 到帧 y 估计的光流。我们使用最先进的 PWC-Net 算法[104] 估计光流。PWC-Net 将经典的金字塔处理、流扭转和成本容量滤波技术集成到卷积神经网络框架中。我们的运动平滑算法定义为

$$\mathcal{M}(s) = \log \sum_{d \in D} \mathbf{1}_{[s, s+1)} (\|d\|_2) - \log |D| \tag{6-69}$$

其中，d 表示矩阵 D 的二维向量，$|x|$ 表示矩阵 x 的大小，如果 x 属于集合 A 则指示函数 $1_A(x)$ 等于 1。$M(s)$ 度量了三个连续输入帧关于像素误差长度 s 的运动平滑度，$M(s)$ 越小表示性能越好。

2. 模型分析

为了分析所提出的金字塔模块、金字塔间循环模块、ConvLSTM 单元和循环一致性损失的贡献，我们进行了大量的实验。

架构的可扩展性：我们首先用三种不同的尺度 (BIN$_2$, BIN$_3$, BIN$_4$) 来评估网络金字塔模块的可扩展性。我们在表 6.12 中展示了定量结果，并在图 6.32 中提供了可视化的比较。在图 6.32 中，我们发现使用更大尺度的模块能生成更清晰的细节。我们观察到，随着 BIN 参数从 229 万、349 万增加到 468 万，在 Adobe240[68] 数据集上，网络稳步获得了更好的 PSNR 结果 (从 31.87dB、32.39dB 到 32.59dB)。然而，运行时间成本也从 0.02s、0.10s 增加到 0.28s。比较结果表明，金字塔模型是可扩展的，其规模平衡了计算复杂度 (执行时间和模型参数) 和恢复质量。

表 6.12 网络尺度和循环模块分析，加粗和加下划线的数字代表最好和第二好的结果

方法	运行时间/s	参数量/百万	Adobe 240		YouTube 240	
			PSNR	SSIM	PSNR	SSIM
BIN$_2$-*w/o rec*	0.01	2.27	31.37	0.9129	34.10	0.9374
BIN$_3$-*w/o rec*	0.06	3.44	31.67	0.9181	34.54	0.9392
BIN$_4$-*w/o rec*	0.12	4.62	32.06	0.9190	34.72	0.9411
BIN$_2$	0.02	2.29	31.87	0.9183	34.41	0.9400
BIN$_3$	0.10	3.49	<u>32.39</u>	<u>0.9212</u>	<u>34.77</u>	<u>0.9419</u>
BIN$_4$	0.28	4.68	**32.59**	**0.9258**	**35.10**	**0.9443**

输入   BIN$_2$

BIN₃　　　　　　　　　　　　BIN₄

图 6.32　网络规模的影响
更大尺度的模型可以生成更清晰的内容

金字塔间循环模块：我们通过评估使用循环模块和不使用循环模块的模型性能 (也就是，BIN_l 与 $BIN_l\text{-}w/o\,rec, l = 2,3,4$)，研究了所提出的循环模块的贡献。在表 6.12 中，我们发现在 Adobe240 集下 BIN_4 获得了 0.9258 的 SSIM，比 $BIN_4\text{-}w/o\,rec$ 获得的 0.9190 的 SSIM 高。该模型使用金字塔间循环模块提高了恢复性能，在 Adobe240 集上获得了 0.5dB 增益，在 YouTube240 集上获得了 0.3dB 增益。

ConvLSTM 模块：为了分析 ConvLSTM 单元的贡献，我们使用 LSTM (BIN_2-LSTM)、ConvLSTM(BIN_2-ConvLSTM) 和不使用任何循环单元 (BIN_2-None) 对模型进行评估，其中 BIN_2-None 直接连接前面的帧来循环地传播信息。表 6.13 的结果表明，ConvLSTM 单元的性能优于 LSTM 单元，也优于不使用循环单元的模型。ConvLSTM 单元在 Adobe240 集上提供了大约 0.49dB 的 PSNR 增益，在 YouTube240 集上提供了 0.34dB 的增益。

表 6.13　ConvLSTM 单元分析，我们评估了三种情况，包括使用 LSTM 的模型 (BIN_2 -LSTM)、使用 ConvLSTM 的模型 (BIN_2 -ConvLSTM) 和不使用循环模块的模型 (BIN_2 -None)

方法	Adobe240		YouTube240	
	PSNR	SSIM	PSNR	SSIM
BIN_2-None	30.39	0.8974	33.32	0.9263
BIN_2-LSTM	<u>31.38</u>	<u>0.9120</u>	<u>34.07</u>	<u>0.9283</u>
BIN_2-ConvLSTM	**31.87**	**0.9183**	**34.41**	**0.9400**

周期一致性损失：最后，我们比较了有周期损失的模型 (BIN_4 -w/cycle loss) 和无周期损失的模型 (BIN_4 -w/o cycle loss)。在 Adobe240 数据集上，有和无周期损失的模型的 PSNR 分别为 32.59dB 和 32.42dB。在 Adobe240 数据集上，有和

无周期损失的模型的 PSNR 分别为 32.59dB 和 32.42dB。也就是，周期损失提供了 0.17dB 的增益。结果表明，周期损失保证了帧的一致性，有助于模型生成运动目标的细节。

3. 与最先进方法的对比

我们将该方法与 Jin 等[98] 提出的算法进行比较，他们的模型利用两个模糊输入合成了九个中间帧，我们提取中央内插帧与我们的结果进行比较。此外，我们通过连接去模糊和插值模型构建了几种级联方法，包括 EDVR[70]，SRN 去模糊[69]，Super SloMo[65]，MEMC[66]，DAIN[67] 插值。我们将我们的模型与最先进的算法在以下几个方面进行比较。

插值评估：如图 6.14 和图 6.33 所示，我们的模型优于所有比较的算法。此外，我们发现我们的模型比使用锐利帧 (例如 DAIN) 的插帧方法表现得更好。例如，在 Adobe240 数据集上，我们模型的 PSNR 为 32.51dB，而 DAIN 的 PSNR 为 31.03dB。主要原因是一个模糊帧包含多个锐利帧的信息，而我们的插值方法只用两个锐利帧来合成中间帧。因此，我们的模型可以从多个模糊帧中挖掘更多的时空信息，从而得到更满意的中间帧。

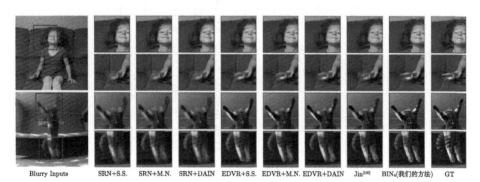

图 6.33 YouTube240 评价集上的视觉比较

前两行和后两行图片分别为去模糊帧和插值帧，我们的方法能生成更清晰的内容，S.S. 是 Super SloMo[65] 的缩写，M.N. 是 MEMC-Net[66] 的缩写

去模糊评估：随后，我们在去模糊方面与先进的算法进行了对比。如表 6.14 所示，我们的模型的性能略逊于最新的 EDVR 算法。我们的模型在 PSNR 上比 EDVR 少 0.09dB，但是我们的模型尺寸 (468 万) 比 EDVR(2360 万) 小很多，我们模型的执行时间也更短。

综合评估：我们比较了去模糊和插值的综合性能。级联方法中高性能的预去模糊模型有助于后续插值网络恢复更好的结果。如表 6.14 所示，SRN 模型的性能略逊于 EDVR。因此，EDVR+DAIN 的性能优于 SRN+DAIN。然而，最佳

表 6.14　在 Adobe240 和 YouTube240 评估集上进行定量比较

方法	运行时间/s	参数/百万	去模糊				插帧				综合			
			Adobe240		YouTube 240		Adobe240		YouTube 240		Adobe240		YouTube240	
			PSNR	SSIM	PSNR	SSIM	PSNR	SSIM	PSNR	SSIM	PSNR	SSIM	PSNR	SSIM
Blurry Inputs	—	—	28.68	0.8584	31.96	0.9119	—	—	—	—	—	—	—	—
Super SloMo	—	39.6	—	—	—	—	27.52	0.8593	30.84	0.9107	—	—	—	—
MEMC-Net	—	70.3	—	—	—	—	30.83	0.9128	34.91	0.9596	—	—	—	—
DAIN	—	24.0	—	—	—	—	31.03	0.9172	35.06	0.9615	—	—	—	—
EDVR + Super SloMo	0.42	63.2	—	—	—	—	27.79	0.8671	31.15	0.9136	30.28	0.9003	32.91	0.9292
EDVR+MEMC-Net	0.27	93.9	32.76	0.9335	34.66	0.9448	30.22	0.9058	33.49	0.9367	31.49	0.9197	34.08	0.9408
EDVR+DAIN	1.13	47.6	—	—	—	—	30.28	0.9070	33.53	0.9378	31.52	0.9203	34.10	0.9413
SRN + Super SloMo	0.27	47.7	—	—	—	—	27.22	0.8454	30.42	0.8970	28.32	0.8604	31.21	0.9044
SRN + MEMC-Net	0.22	78.4	29.42	0.8753	32.00	0.9118	28.25	0.8625	31.60	0.9107	28.84	0.8689	31.80	0.9113
SRN+DAIN	0.79	32.1	—	—	—	—	27.83	0.8562	31.15	0.9059	28.63	0.8658	31.58	0.9089
Jin	0.25	10.8	29.40	0.8734	32.06	0.9119	29.24	0.8754	32.24	0.9140	29.32	0.8744	32.15	0.9130
BIN$_4$ (Ours)	0.28	4.68	32.67	0.9236	35.10	0.9417	32.51	0.9280	35.10	0.9468	32.59	0.9258	35.10	0.9443

6.3 模糊视频插帧 · 433 ·

的级联方法 (EDVR+DAIN) 在总体性能上仍然不是最优的。EDVR+DAIN 的整体 PSNR 为 31.52dB,而我们的模型在 Adobe240 数据集上得到的 PSNR 为 32.59dB。

与 Jin 等 [98] 的方法相比,我们的方法在 Adobe240 数据集上获得了高达 3.27dB 的增益。他们的训练数据集比 Adobe240 数据集有更少的快速移动屏幕和相机抖动。因此,Adobe240 数据集的模糊比 Jin 等的训练数据集的更严重。我们注意到 Jin 等并没有公布他们的训练代码。我们不能在 Adobe240 数据集上优化他们的模型以进行公平的比较。然而,与他们的方法相比,我们的网络得益于可伸缩的结构和循环的信息传播,从而获得了显著的性能提升。

运动平滑性评估:我们基于前文所述的运动平滑度量标准比较运动平滑性能,其中指标越低,性能越好。如图 6.34 所示,Jin 等 [98] 的模型优于所有的级联方法 (为了简洁,我们只使用了 SRN+DAIN 和 EDVR+DAIN),并且我们的算法比 Jin 等的模型有更好的平滑度度量。在图 6.35 中,与级联方法相比,我们模型的光流具有更平滑的形状。我们的网络是一个统一的模型,具有较宽的时间范围,有助于生成平滑的帧。此外,与 Jin 等 [98] 的近似循环机制相比,我们提出的金字塔间循环模块使用 ConvLSTM 单元跨时间传播帧信息,进一步加强了去模糊和插值帧之间的时间一致性。因此,我们的方法优于所有的级联方法和 Jin 等的模型。

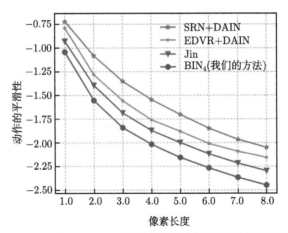

图 6.34 在 Adobe240 评估集上进行运动平滑度的比较

在运动平滑度方面,所提出的模型达到了最好的性能,用对数表示平滑度度量,以突出差异

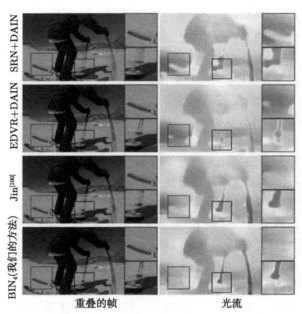

图 6.35　YouTube240 数据集上的视觉比较

我们使用 PWC-net[104] 来估计两个相邻输出帧的光流，我们的模型的光流有更加平滑的形状

6.4　本章小结

本章围绕视觉质量增强，介绍了两种图像对比度增强方法和一种用于视频增强的模糊视频插帧方法：

(1) 基于显著性保护的对比度增强方法：6.1 节介绍了基于熵增和显著性不变原则的对比度变化图像的质量评价算法，并阐述了如何将其用于优化直方图均衡框架，从而得到最优的增强图像。

(2) 基于广义均衡模型的图像增强：6.2 节分析了图像的直方图、色调、对比度三者之间的关系，建立了广义均衡模型，并阐述了一种结合对比度增强和白平衡的联合增强算法。

(3) 模糊视频插帧：6.3 节介绍了一个模糊视频插帧模型，该模型由金字塔模块和金字塔间循环模块组成。其中，金字塔模块是可扩展的，其规模平衡了计算复杂度和恢复质量；另外，该模型使用了循环一致性损失函数来保证金字塔模块中的帧间一致性；最后，金字塔间循环模块利用时空信息来生成时间上更平滑的结果。

参 考 文 献

[1] Gu K, Zhai G, Yang X, et al. Automatic contrast enhancement technology with saliency preservation. IEEE Transactions on Circuits and Systems for Video Technology, 2015,

25(9): 1480-1494.

[2] Gu K, Zhai G, Lin W, et al. The analysis of image contrast: From quality assessment to automatic enhancement. IEEE Transactions on Cybernetics, 2014, 46(1): 284-297.

[3] Xu H, Zhai G, Wu X, et al. Generalized equalization model for image enhancement. IEEE Transactions on Multimedia, 2014, 16(1): 68-82.

[4] Shen W, Bao W, Zhai G , et al. Blurry video frame interpolation. Proceedings of the IEEE Conference on Computer Vision and Pattern Recognition, 2020.

[5] Motoyoshi I, Nishida S, Sharan L, et al. Image statistics and the perception of surface qualities. Nature, 2007, 447(7141): 206-209.

[6] Gu K, Zhai G, Yang X, et al. Structural similarity weighting for image quality assessment. Proceedings of the IEEE International Conference on Multimedia and Expo Workshops, 2013.

[7] Liu A, Lin W, Narwaria M. Image quality assessment based on gradient similarity. IEEE Transactions on Image Processing, 2012, 21(4): 1500-1512.

[8] Wu J, Lin W, Shi G, et al. Perceptual quality metric with internal generative mechanism. IEEE Transactions on Image Processing, 2013, 22(1): 43-54.

[9] Zhang L, Zhang L, Mou X, et al. FSIM: A feature similarity Index for image quality assessment. IEEE Transactions on Image Processing, 2011, 20(8): 2378-2386.

[10] Hayes M, Lim J, Oppenheim A. Signal reconstruction from phase or magnitude. IEEE Transactions on Acoustics, Speech, and Signal Processing, 1980, 28(6): 672-680.

[11] Oppenheim A V, Lim J S. The importance of phase in signals. Proceedings of the IEEE, 1981, 69(5): 529-541.

[12] Hou X, Zhang L. Saliency detection: A spectral residual approach. Proceedings of the IEEE Conference on Computer Vision and Pattern Recognition, 2007.

[13] Hou X, Harel J, Koch C. Image signature: Highlighting sparse salient regions. IEEE Transactions on Pattern Analysis and Machine Intelligence, 2012, 34(1): 194-201.

[14] Shannon C E. A mathematical theory of communication. The Bell System Technical Journal, 1948, 27(3): 379-423.

[15] Johnson D, Sinanović S. Symmetrizing the kullback-leibler distance. IEEE Transactions on Information Theory, 2001.

[16] Kodak Lossless True Color Image Suite. 2006. Available from: http://r0k.us/graphics/kodak/.

[17] González R C, Woods R E. Digital Image Processing. 1992.

[18] Wang Y, Chen Q, Zhang B. Image enhancement based on equal area dualistic sub-image histogram equalization method. IEEE Transactions on Consumer Electronics, 1999, 45(1): 68-75.

[19] Sim K, Tso C, Tan Y. Recursive sub-image histogram equalization applied to gray scale images. Pattern Recognition Letters, 2007, 28(10): 1209-1221.

[20] Wang Q, Ward R K. Fast image/video contrast enhancement based on weighted thresholded histogram equalization. IEEE Transactions on Consumer Electronics, 2007, 53(2):

757-764.

[21] Judd T, Durand F, Torralba A. A benchmark of computational models of saliency to predict human fixations. 2012. https://dspace.mit.edu/handle/1721.1/68590.

[22] Martin D, Fowlkes C, Tal D, et al. A database of human segmented natural images and its application to evaluating segmentation algorithms and measuring ecological statistics. Proc. 18th IEEE Int. Conf. Comput. Vis., 2001.

[23] Seber G A. Multivariate Observations. New York: John Wiley & Sons, 2009.

[24] Farid H. Blind inverse gamma correction. IEEE Transactions on Image Processing, 2001, 10(10): 1428-1433.

[25] Debevec P, Gibson S. A tone mapping algorithm for high contrast images. Proceedings of the Eurographics Workshop on Rendering, 2002.

[26] Reinhard E, Stark M, Shirley P, et al. Photographic tone reproduction for digital images. Proceedings of the Annual Conference on Computer Graphics and Interactive Techniques, 2002.

[27] Drago F, Myszkowski K, Annen T, et al. Adaptive logarithmic mapping for displaying high contrast scenes. Computer Graphics Forum, 2003, 22(3): 419-426.

[28] Ledda P, Chalmers A, Troscianko T, et al. Evaluation of tone mapping operators using a High Dynamic Range display. ACM Transactions on Graphics, 2005, 24(3): 640-648.

[29] Shi Y H, Yang J F, Wu R B. Reducing illumination based on nonlinear gamma correction. IEEE International Conference on Image Processing, 2007: 529-532.

[30] Wu X. A linear programming approach for optimal contrast-tone mapping. IEEE Transactions on Image Processing, 2011, 20(5): 1262-1272.

[31] Forsyth D A. A novel algorithm for color constancy. International Journal of Computer Vision, 1990, 5(1): 5-35.

[32] Finlayson G D, Hordley S D, Hubel P M. Colour by correlation: A simple, unifying approach to colour constancy. Proceedings of the IEEE International Conference on Computer Vision, 1999.

[33] van de Weijer J, Gevers T, Gijsenij A. Edge-based color constancy. IEEE Transactions on Image Processing, 2007, 16(9): 2207-2214.

[34] van de Weijer J, Schmid C, Verbeek J. Using high-level visual information for color constancy. Proceedings of the IEEE International Conference on Computer Vision, 2007.

[35] Gehler P V, Rother C, Blake A, et al. Bayesian color constancy revisited. Proceedings of the IEEE Conference on Computer Vision and Pattern Recognition, 2008.

[36] Tomasi C, Manduchi R. Bilateral filtering for gray and color images. International Conference on Computer Vision, 1998.

[37] Fattal R, Agrawala M, Rusinkiewicz S. Multiscale shape and detail enhancement from multi-light image collections. ACM Transactions on Graphics, 2007, 26(3): 51.

[38] Farbman Z, Fattal R, Lischinski D, et al. Edge-preserving decompositions for multiscale tone and detail manipulation. ACM Transactions on Graphics, 2008, 27(3): 1-10.

[39] Pu Y F, Zhou J L, Yuan X. Fractional differential mask: a fractional differential-based approach for multiscale texture enhancement. IEEE Transactions on Image Processing, 2009, 19(2): 491-511.

[40] He K, Sun J, Tang X. Guided image filtering. Proceedings of the European Conference on Computer Vision, 2010.

[41] Pei S C, Zeng Y C, Chang C H. Virtual restoration of ancient Chinese paintings using color contrast enhancement and Lacuna texture synthesis. IEEE Transactions on Image Processing, 2004, 13(3): 416-429.

[42] Starck J L, Murtagh F, Candès E J, et al. Gray and color image contrast enhancement by the curvelet transform. IEEE Transactions on Image Processing, 2003, 12(6): 706-717.

[43] Tan R T. Visibility in bad weather from a single image. Proceedings of the IEEE Conference on Computer Vision and Pattern Recognition, 2008.

[44] Tarel J P, Hautière N. Fast visibility restoration from a single color or gray level image. IEEE International Conference on Computer Vision, 2009.

[45] He K, Sun J, Tang X. Single image haze removal using dark channel prior. IEEE Transactions on Pattern Analysis and Machine Intelligence, 2010, 33(12): 2341-2353.

[46] Finlayson G, Hordley S. A theory of selection for gamut mapping colour constancy. Proceedings of the IEEE Computer Society Conference on Computer Vision and Pattern Recognition, 1998.

[47] Land E H, McCann J J. Lightness and retinex theory. Journal of the Optical Society of America, 1971, 61(1): 1-11.

[48] Buchsbaum G. A spatial processor model for object colour perception. Journal of the Franklin Institute, 1980, 310(1): 1-26.

[49] Finlayson G D, Trezzi E. Shades of gray and colour constancy. Color and Imaging Conference, Society for Imaging Science and Technology, 2004.

[50] Stark J A. Adaptive image contrast enhancement using generalizations of histogram equalization. IEEE Transactions on Image Processing, 2000, 9(5): 889-896.

[51] Chen Z, Abidi B R, Page D L, et al. Gray-level grouping (GLG): An automatic method for optimized image contrast enhancement-part I: The basic method. IEEE Transactions on Image Processing, 2006, 15(8): 2290-2302.

[52] Coltuc D, Bolon P, Chassery J M. Exact histogram specification. IEEE Transactions on Image Processing, 2006, 15(5): 1143-1152.

[53] Arici T, Dikbas S, Altunbasak Y. A histogram modification framework and its application for image contrast enhancement. IEEE Transactions on Image Processing, 2009, 18(9): 1921-1935.

[54] Han J H, Yang S, Lee B U. A novel 3-D color histogram equalization method with uniform 1-D gray scale histogram. IEEE Transactions on Image Processing, 2011, 20(2): 506-512.

[55] Funt B, Shi L. The effect of exposure on MaxRGB color constancy. Human Vision and

Electronic Imaging Xv, International Society for Optics and Photonics, 2010.

[56] Süli E, Mayers D F. An introduction to numerical analysis. Cambridge: Cambridge University Press, 2003.

[57] Funt B, Shi L. The rehabilitation of maxrgb. Color and Imaging Conference, Society for Imaging Science and Technology, 2010.

[58] Grant M, Boyd S, Ye Y. Cvx users' guide. 2009 . online: http://www. stanford. edu/boyd/software. html. 2009

[59] Pisano E D, Zong S, Hemminger B M, et al. Contrast limited adaptive histogram equalization image processing to improve the detection of simulated spiculations in dense mammograms. Journal of Digital Imaging, 1998, 11(4): 193.

[60] Ciurea F, Funt B. A large image database for color constancy research. Proceedings of the Color and Imaging Conference, Society for Imaging Science and Technology, 2003.

[61] Hautière N, Tarel J P, Aubert D, et al. Blind contrast enhancement assessment by gradient ratioing at visible edges. Image Analysis & Stereology, 2008, 27(2): 87-95.

[62] Fattal R. Single image dehazing. ACM Transactions on Graphics, 2008, 27(3): 1-9.

[63] Kopf J, Neubert B, Chen B, et al. Deep photo: Model-based photograph enhancement and viewing. ACM Transactions on Graphics, 2008, 27(5): 1-10.

[64] Bao W, Zhang X, Chen L, et al. High-order model and dynamic filtering for frame rate up-conversion. IEEE Transactions on Image Processing, 2018, 27(8): 3813-3826.

[65] Jiang H Z, Sun D, Jampani V, et al. Super SloMo: High quality estimation of multiple intermediate frames for video interpolation. IEEE Conference on Computer Vision and Pattern Recognition, 2018.

[66] Bao W, Lai W S , Zhang X, et al. MEMC-Net: Motion estimation and motion compensation driven neural network for video interpolation and enhancement. IEEE Transactions on Pattern Analysis and Machine Intelligence, 2019.

[67] Bao W B, Lai W S, Ma C, et al. Depth-aware video frame interpolation. IEEE Conference on Computer Vision and Pattern Recognition, 2019.

[68] Su S C, Delbracio M, Wang J, et al. Deep video deblurring for hand-held cameras. IEEE Conference on Computer Vision and Pattern Recognition, 2017.

[69] Tao X, Gao H, Shen X, et al. Scale-recurrent network for deep image deblurring. Proceedings of the IEEE Conference on Computer Vision and Pattern Recognition, 2018.

[70] Wang X T, Chan K, Yu K, et al. EDVR: Video restoration with enhanced deformable convolutional networks. Proceedings of the IEEE/CVF Conference on Computer Vision and Pattern Recognition Workshops, 2019.

[71] Wang T C, Liu M Y, Zhu J Y, et al. Video-to-video synthesis. arXiv preprint arXiv:1808.06601, 2018.

[72] Yuan Y, Liu S, Zhang J, et al. Unsupervised image super-resolution using cycle-in-cycle generative adversarial networks. Proceedings of the IEEE Conference on Computer Vision and Pattern Recognition Workshops, 2018.

[73] Dwibedi D, Aytar Y, Tompson J, et al. Temporal cycle-consistency learning. IEEE Conference on Computer Vision and Pattern Recognition, 2019.

[74] Liu Y L, Liao Y T, Lin Y Y, et al. Deep video frame interpolation using cyclic frame generation. Proceedings of the AAAI Conference on Artificial Intelligence, 2019.

[75] Pilzer A, Lathuilière S, Sebe N, et al. Refine and distill: Exploiting cycle-inconsistency and knowledge distillation for unsupervised monocular depth estimation. IEEE Conference on Computer Vision and Pattern Recognition, 2019.

[76] Reda F A, Sun D, Dundar A, et al. Unsupervised video interpolation using cycle consistency. IEEE Conference on Computer Vision and Pattern Recognition, 2019.

[77] Lee W H, Choi K, Ra J B. Frame rate up conversion based on variational image fusion. IEEE Transactions on Image Processing, 2014, 23(1): 399-412.

[78] Liu Z W, Yeh R, Tang X, et al. Video frame synthesis using deep voxel flow. IEEE International Conference on Computer Vision, 2017.

[79] Niklaus S, Liu F. Context-aware synthesis for video frame interpolation. IEEE Conference on Computer Vision and Pattern Recognition, 2018.

[80] Xue T F, Chen B, Wu J, et al. Video enhancement with task-oriented flow. International Journal of Computer Vision, 2019, 127(8): 1106-1125.

[81] Long G C, Kneip L, Alvarez J M, et al. Learning image matching by simply watching video. European Conference on Computer Vision, 2016.

[82] Niklaus S, Mai L, Liu F. Video frame interpolation via adaptive separable convolution. IEEE International Conference on Computer Vision, 2017: 261-270, 670-679.

[83] Meyer S, Djelouah A, McWilliams B, et al. PhaseNet for video frame interpolation. IEEE Conference on Computer Vision and Pattern Recognition, 2018.

[84] Zhang Y, Tian Y, Kong Y, et al. Residual dense network for image super-resolution. IEEE Conference on Computer Vision and Pattern Recognition, 2018.

[85] Kim T H, Lee K M. Generalized video deblurring for dynamic scenes. IEEE Conference on Computer Vision and Pattern Recognition, 2015.

[86] Kim T H, Nah S, Lee K M. Dynamic video deblurring using a locally adaptive blur model. IEEE Transactions on Pattern Analysis and Machine Intelligence, 2017, 40(10): 2374-2387.

[87] Nah S, Kim T H, Lee K M. Deep multi-scale convolutional neural network for dynamic scene deblurring. IEEE Conference on Computer Vision and Pattern Recognition, 2017.

[88] Jin M G, Meishvili G, Favaro P. Learning to extract a video sequence from a single motion-blurred image. IEEE Conference on Computer Vision and Pattern Recognition, 2018.

[89] Kupyn O, Budzan V, Mykhailych M, et al. DeblurGAN: Blind motion deblurring using conditional adversarial networks. IEEE Conference on Computer Vision and Pattern Recognition, 2018.

[90] Kim T H, Lee K M, Schölkopf B, et al. Online video deblurring via dynamic temporal blending network. IEEE International Conference on Computer Vision, 2017.

[91] Zamir A R, Wu T L, Sun L, et al. Feedback networks. IEEE Conference on Computer Vision and Pattern Recognition, 2017.

[92] Sajjadi M S, Vemulapalli R, Brown M. Frame-recurrent video super-resolution. Proceedings of the IEEE Conference on Computer Vision and Pattern Recognition, 2018.

[93] Zhang K, Luo W, Zhong Y, et al. Adversarial spatio-temporal learning for video deblurring. IEEE Transactions on Image Processing, 2019, 28(1): 291-301.

[94] Li Z, Yang J, Liu Z, et al. Feedback network for image super-resolution. IEEE Conference on Computer Vision and Pattern Recognition, 2019.

[95] Zhou S, Zhang J, Pan J, et al. Spatio-temporal filter adaptive network for video deblurring. Proceedings of the IEEE International Conference on Computer Vision, 2019.

[96] Nah S, Son S, Lee K M. Recurrent neural networks with intra-frame iterations for video deblurring. IEEE Conference on Computer Vision and Pattern Recognition, 2019.

[97] Shi X J, Chen Z, Wang H, et al. Convolutional LSTM network: A machine learning approach for precipitation nowcasting. Advances in Neural Information Processing Systems, 2015, 28: 802-810.

[98] Jin M G, Hu Z, Favaro P. Learning to extract flawless slow motion from blurry videos. IEEE Conference on Computer Vision and Pattern Recognition, 2019.

[99] Telleen J, Sullivan A, Yee J, et al. Synthetic shutter speed imaging. Computer Graphics Forum, 2007, 26(3): 591-598.

[100] Shi W, Caballero J, Huszár F, et al. Real-time single image and video super-resolution using an efficient sub-pixel convolutional neural network. Proceedings of the IEEE Conference on Computer Vision and Pattern Recognition, 2016.

[101] Charbonnier P, Blanc-Féraud L, Aubert G, et al. Two deterministic half-quadratic regularization algorithms for computed imaging. Proceedings of the IEEE International Conference on Image Processing, 1994.

[102] Brooks T, Barron J T, Soc I C. Learning to synthesize motion blur. IEEE Conference on Computer Vision and Pattern Recognition, 2019.

[103] Kingma D P, Ba J. Adam: A method for stochastic optimization. Computer Science, 2014.

[104] Sun D Q, Yang X, Liu M Y, et al. PWC-Net: CNNs for optical flow using pyramid, warping, and cost volume. IEEE Conference on Computer Vision and Pattern Recognition, 2018.

第 7 章　视频质量评价

前述内容主要介绍视觉质量评价，尤其是图像质量评价，较少涉及视频内容。本章将主要介绍视频质量评价，尤其是多维度的视频质量评价。在视频质量评价的文献中，大多数的研究都集中在固定和高时空分辨率的压缩视频序列的评估上。在不同的时空分辨率下，对视频质量的评估工作还很有限。因此，本章首先从编码器类型、视频内容、比特率、帧大小和帧速率方面对视频质量评价进行了研究。另外，对于无线视频流，本章提出了一种在不同的空间、时间和信噪比组合下对视频质量进行定量和感知评价的方法。最后，针对多媒体行业对超高清内容清晰度用户体验评价的迫切需求，提出了一种有效的无参考质量评价算法，以预测目标内容的用户感知体验，并区分真 4K 和伪 4K。

7.1　低码率视频的多维感知质量评价

视频质量评价 (video quality assessment，VQA) 是近年来一个热门的研究领域。到目前为止，VQEG 只完成了全参考电视 (full reference television，FR-TV) 项目。FR-TV 第一阶段 [1] 得出的结论是，主观 VQA 不能被客观 VQA 所取代，FR-TV 第一阶段的其他 FR 视频质量指标在统计上无法超过 PSNR 指标。在 FR-TV 第一阶段，对 20 个原始序列中的每一个序列开放了一个由 16 个假设参考线路 (hypothetical reference circuits，HRC) 组成的测试数据集以及它们的平均意见分数 (mean opinion score，MOS)，极大地促进了 VQA 的研究。因此，FR-TV 第二阶段 [2] 中最好的视频质量评价方法的表现大大超过了 PSNR。

文献中的大多数 VQA 方法，包括 VQEG 提出的方法，都集中在量化视频序列的评价上，但是在固定和高空间分辨率下，例如用于 PAL 和 NTSC 电视格式的 VQEG 视频数据库分别使用 720× 576@50fps 和 720× 486@60fps 的时空分辨率。众所周知，量化会带来帧内失真，如块效应、振铃、模糊等 [3,4]。这些帧内失真经过多年的深入研究，已经提出了各种各样的评价方法来评估失真和预测感知质量。

对于资源受限的网络 (如无线网络) 上的视频传输，很难保持较高的时空分辨率。通常情况下，除了大量的量化外，还经常通过降低时间分辨率 (如帧丢弃和空间下采样) 来减少数据量，从而导致不可避免的质量下降。特别是，帧丢失会导致抖动，而空间向下采样会导致模糊 (当视频以原始空间分辨率进行上采样和回放时)。与帧内失真相比尽管文献中对帧间失真的研究较少，但也对其进行了考虑和建模[5]。

然而，当组合上述帧内和帧间失真时，领域内仅报道了在不同空间和时间分辨率下评估视频质量的有限工作。在感知视频适配[6-8]领域经常遇到这样的跨维度视频质量评价问题，其中一个主要问题是在给定的比特率预算的情况下，确定使视觉质量最大化的帧率、帧大小和信噪比水平的最佳组合。一般地，跨维度 VQA 是基于离线主观观察测试构建的经验时空模型。例如，对于 MPEG-4 FGS 视频编码，Rajendran 等提出了一种在高信噪比下具有高时间分辨率的帧率选择模型[7]。Wang 等对以不同帧率编码的 CIF 视频进行主观观看测试[8]。他们发现，随着可用带宽的下降，对于最小的视觉干扰，440kbit/s 和 175kbit/s 是帧率减半的最佳节点。然而，这种算法只考虑了帧丢失引起的质量下降。最近，Cranley 等的主观测试证明，在一定的带宽限制下，存在一个空间和时间分辨率的最佳组合，可最大限度地提高视觉质量[6]。

此外，Martens[9] 提出了图像质量多维建模的概念，他研究了噪声和模糊对图像感知质量的综合影响。Shnayderman 等[10] 构造了基于奇异值分解 (singular value decomposition，SVD) 的多维模型，对六种不同层次的图像进行了测量。这些算法虽然使用了"多维"这一术语，但实际上只处理帧内失真。

在本章中，我们考虑一个更广泛的"多维"视频质量评价的范围。特别地，讨论了在不同的设置和要求下，低码率视频的视觉质量评价问题。为了评价低码率视频的感知质量，进行了大量扩展主观测试，包括 150 个测试场景，以及包括五个不同的维度：编码器类型、视频内容、比特率、帧大小和帧速率。在得到的主观测试结果的基础上，进行了深入的统计分析，研究了不同维度对 MOS 的影响，并指出了一些有趣的观察结果。

7.1.1　问题描述

对于跨维度 VQA，为了对压缩后的视频流进行唯一化描述，我们构造了一个视频特征空间，定义为具有不同维数的向量空间。这样，任何视频比特流都被表示为向量空间中的一个点

$$f = (f_1, f_2, \cdots, f_n) \in F^n \tag{7-1}$$

类似地，视频序列感知质量的质量空间可以构造为向量空间 Q^m，且

$$q = (q_1, q_2, \cdots, q_m) \in Q^m \tag{7-2}$$

VQA 问题可以表述为从 F^n 到 Q^m 的映射，表示为

$$F^n \xrightarrow{\text{vqa}} Q^m \tag{7-3}$$

当映射函数 vqa 为线性时，当然可以假设为矩阵乘法 $q = Af$，其中 A 为 $m \times n$ 维质量评估矩阵。这种抽象允许特性和质量空间都是多维的。

在这项研究中，我们用五个维度来描述一个视频码流：编码器类型、视频内容、比特率、帧率和帧大小，表示为

$$F^5 = \{ET, VC, BR, FR, FS\} \tag{7-4}$$

需要注意的是，编码器和内容维度是高度概念化的。它们可以进一步划分为描述编码器规范 (例如：运动估计/补偿、变换和量化) 和序列性质 (例如：运动、颜色和纹理) 的子维度。在本研究中，为了简单起见，我们使用视频的时空活动来表示视频内容的维度。至于质量空间，根据 ITU 标准 BT.500-11[11]，通常使用单个 MOS 来指示视频序列的总体质量。它可以扩展到多个维度，例如，Ghinea 和 Thomas[12] 定义感知质量 (quality od perceprion, QoP) 包括两个部分：视频观众的满意度 (QoP_S) 和理解 (QoP_U) 两个方面。这可以看作视频质量空间的二维建模，即 $Q^2 = \{QoP_S, QoP_U)\}$。在本研究中，只使用单一的 MOS 值来描述视觉感知质量。

7.1.2 主观视觉测试

为了验证提出的算法的可行性，我们进行了主观视觉测试，主要包括测试材料的准备、测试使用方法、实验的环境以及测试的结果。

1. 测试材料

实验中使用了五个 250 帧的测试序列，即集装箱、海岸警卫队、工头、新闻和暴风雨，序列的快照如图 7.1 所示。为了演示这五个序列的空间和时间活动，即视频内容维度，它们的归一化绝对帧间差和帧内方差分别在图 7.2(a) 和 (b) 中给出。可以看出，"集装箱"的整体时空活动最少，"新闻"具有较高的帧内活动，暴风雨序列具有中等的时空活动性，"海岸警卫队"和"工头"的整体运动和帧内方差最大。使用 H.263 和 H.264 编码器对所有序列进行压缩，比特率为 24kbit/s 到 382kbit/s，帧大小为 QCIF 和 CIF，帧率为 7.5~30fps。对于一个由一个编码器编码的视频序列，比特率、帧大小和帧率的不同组合构成了 15 种不同的测试场景，如表 7.1 所示。

图 7.1 测试视频序列的快照 (从左到右：海岸警卫队、集装箱、工头、新闻和暴风雨)

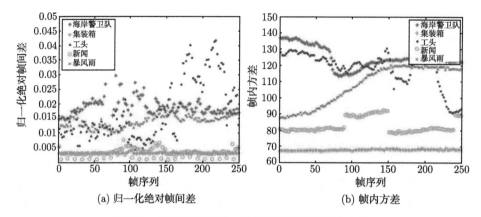

(a) 归一化绝对帧间差　　　　　(b) 帧内方差

图 7.2　不同序列的归一化绝对帧间差和帧内方差

表 7.1　比特率 (BR)、帧大小 (FS) 和帧率 (FR) 的不同组合

FS/FR	7.5 fps	15 fps	30 fps
CIF	64 kbit/s, 128 kbit/s	64 kbit/s, 128 kbit/s	128 kbit/s, 384 kbit/s
QCIF	24 kbit/s, 48 kbit/s, 64 kbit/s	24 kbit/s, 48 kbit/s, 64 kbit/s	48 kbit/s, 64 kbit/s, 128 kbit/s

2. 测试方法

在主观测试中,视频序列的不同重建以相对较高的空间和时间分辨率显示,即 CIF 和 30 fps。低分辨率序列通过上采样 (使用 H.264/AVC 6-tap 半采样内插滤波器 [13]) 和帧重复来转换为最高分辨率。此外,我们使用了 ITU-R Recommendation BT.500-11[11] 提出的双刺激损伤尺度变形 II(double stimulus impairment scale variant II, DSIS-II) 方法进行主观测试实验。在 DSIS-II 方法中,首先显示参考序列,接着显示失真序列,然后再次重复该过程,并要求观众在 4s 时间间隔内对失真序列的视觉质量进行评分。我们使用五级质量范围来描述视频质量,其中 1 分、2 分、3 分、4 分、5 分分别代表 "差"、"劣"、"中"、"良" 或 "优"。20 名受试者 (男 10 名,女 10 名) 对所有序列进行了观察,他们能够在质量范围表格上做出合理的投票。

3. 实验环境

实验室已根据 ITU-R Recommendation BT.500-11[11] 建立。使用的显示器是专业的索尼 21 寸 BVM 21F,色温 6000°。显示器后面的墙壁上覆盖着相纸,以防在测试过程中分散观众的注意力。照明由在 100Hz、6000° 色温下工作的荧光灯提供,以便对显示器产生最小的影响。视距设置为显示屏高度的 3 ~ 4 倍。

4. 测试结果

考虑到五个测试序列和两种类型的编码器加上表 7.1 中列出的 15 个组合,我们总共有 150 个测试场景。由于 H.263 编码器不使用诸如四分之一像素精确运动估计/补偿、CAVLC/CABAC(上下文自适应可变长度编码/二进制算术编码)[14]等一些先进的编码技术，很容易想象其 MOS 的性能大大低于 H.264。因此，为了更好地显示大量的 MOS 结果，我们分别展示了 H.263 和 H.264 的性能。图 7.3 给出 MOS 结果，其中在由帧大小、帧率和 MOS 定义的 3D 空间中绘制每个 MOS 数据点，并且不同的序列和比特率由表 7.2 中定义的各种标记突出显示。

表 7.2　图 7.3 中使用的标记

VC \ BR	24 kbit/s	48 kbit/s	64 kbit/s	128 kbit/s	384 kbit/s
海岸警卫队	·	+	×	*	○
集装箱	·	+	×	*	○
工头	·	+	×	*	○
新闻	·	+	×	*	○
暴风雨	·	+	×	*	○

7.1.3　主观测试结果分析

我们对测试的结果进行了分析：首先，研究不同维度 (视频内容、比特率、帧率和帧大小) 对测试结果的影响；然后，通过选择帧率和帧大小的最佳组合，以最大限度地提高感知质量；最后分析不同像素比特率和不同空间或时间分辨率 (但其中一个维度维持不变) 下的 MOS 结果。

1. 不同维度的影响

通过粗略地查看图 7.3 所示的结果，有以下简单的观察结果。首先，正如预期的那样，H.264 的性能优于 H.263。其次，一般来说，较高的 MOS 与较高的空间和时间分辨率相关，但这并不意味着低空间和/或时间分辨率的序列不能具有良好的感知质量。此外，还可以注意到内容间的差异，例如，"工头" 的分数通常低于 "新闻"。

我们利用方差分析深入研究了各种因素对 MOS 的影响。具体地，首先使用编码器类型 (encoder type，ET) 作为索引进行单向方差分析。表 7.3 显示了结果，其中第一列是 ET 不同处理之间的平方和。第二列是与 ET 模型相关的自由度，即处理次数减去 1。第三列是处理的均方根，即平方和与自由度之比。第四列显示统计数据，第五列给出 p 值，该值由 F 的累积分布函数 (cumulative distribution function，CDF) 导出。如表 7.3 所示，p 值几乎为零，这意味着 MOS 结果受编码器类型的严重影响。根据我们的实验，发现 H.263 和 H.264 的定性结论几乎相同。因此，在不损失通用性的情况下，本章的其余部分只考虑较新的编码器类型，即 H.264。

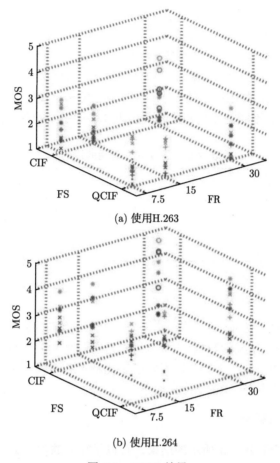

(a) 使用H.263

(b) 使用H.264

图 7.3   MOS 结果

表 7.3   使用编码器类型的 MOS 的单向方差分析

平方和	自由度	均方根	F 统计量	p 值
73.7943	1	73.7943	133.4745	$< 10^{-32}$

值得注意的是，图 7.3 中所示的比特率是在序列级别上定义的。为了考虑不同的帧率和帧大小，在下面的分析中，我们将比特率平均到像素级，即像素比特率 (PB) 定义为

$$PB = \frac{BR}{FR \cdot FS} \tag{7-5}$$

在 FR 和 FS 不变的情况下，增大 PB 对应于提高像素编码质量，相当于提高 SVC 的信噪比水平。

　　然后以 VC、FR、FS 和 PB 为变量，对 MOS 结果进行四元方差分析，分析结果如表 7.4 所示。较小的 p 值 ($p \leqslant 0.01$) 表明 MOS 受到所有四个维度的实质性影响。此外，根据 p 值的大小，我们可以进一步指出，一般情况下 VC 对 MOS 结果的影响最大，其次是 PB，然后是 FR，而 FS 的影响最小。我们的研究从数值上证实了视频质量评价和视频适配文献中的以下观察结果。

　　(1) 一个准确的视频质量评价算法必须与内容相关。仅利用视频流的比特率、空间分辨率和时间分辨率，无法对视频质量进行精确描述。

　　(2) 在比特率约束下，空间和时间分辨率的最佳组合可以提供最佳的感知质量，这一组合因内容而异，因此，一个有效的视频适配算法必须考虑视频内容。

　　(3) 在一定的比特率下，在 FR 和 FS 之间，增加 FR 通常比增加 FS 带来更多的感知质量改善。

表 7.4　基于 VC、FR、FS 和 PB 的 MOS 四元方差分析

维数	平方和	自由度	均方差	F 统计量	p 值
VC	20.3975	4	5.09937	35.08	3.4417e-015
FR	8.4808	2	4.24038	29.17	1.2894e-009
FS	1.1681	1	1.16806	8.04	0.0062
PB	20.8286	6	3.47143	23.88	2.5313e-014

　　由于发现 MOS 在 VC 和 PB 维度上大多不一致，因此我们使用基于 Tukey 诚实显著性差异 (honestly significant difference，HSD) 标准的多重比较测试进一步对内容和像素比特率进行分类[15]。VC 和 PB 的对比实验结果如图 7.4(a) 和 (b) 所示，其中每个水平条的中心和跨距分别表示平均值和 95% 置信区间。这些结果可以看作是在特征空间内的数据点在 VC 和 PB 轴上的投影。从图 7.4(a) 中，可以将测试视频分成两组，如下所示。

$$V_1 = \{海岸警卫队, 工头, 暴风雨\} \tag{7-6}$$

$$V_2 = \{集装箱, 新闻\} \tag{7-7}$$

　　这种分类与五个测试视频序列的时空活动的不同水平相匹配。特别是，将分类与图 7.2 中所示的时空活动相比较，我们可以看到 V_1 组具有比 V_2 组更高的帧差和方差。因此，V_1 组需要更多的比特来编码他们的视频内容以达到相同的质量。也就是说在同一比特率的条件下，V_1 比 V_2 的性能差。这进一步证明了视频的视觉质量与其内容高度相关的说法。

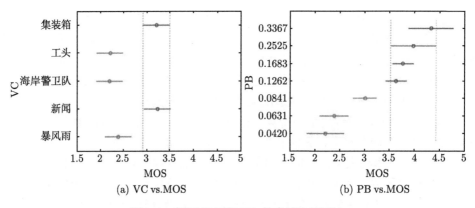

(a) VC vs.MOS   (b) PB vs.MOS

图 7.4   不同 VC 和 PB 的多重比较测试

类似地，根据图 7.4(b) 中所示的多个比较结果，像素比特率也可以分为两组

$$B_1 = \{0.0420, 0.0631, 0.0841\} \tag{7-8}$$

$$B_2 = \{0.1262, 0.1683, 0.2525, 0.3367\} \tag{7-9}$$

B_1 组的 MOS$\leqslant$3，对应于五级质量范围的"劣"、"差"、"中"，而 B_2 组的 MOS 大于 3，对应于"良"和"优"的等级。这种分类意味着，对于五个测试序列，不管它们的帧率和帧大小，给定的像素比特率应该至少在 0.1bpp 左右，以获得"良"或"优"的感知质量。这一发现还表明，当其他信息不可用时，PB 本身就可以作为视频质量的粗略定量指标。

2. 空间和时间分辨率的优化组合

多维 VQA 的一个直接应用是确定多个可伸缩视频编码 (scalable video coding, SVC) 可伸缩性的最佳组合，以实现感知视频适配。特别是给定了 ET、VC 和 BR，感知视频适配问题是选择帧率和帧大小的最佳组合，以最大限度地提高感知质量 Q，即

$$\{\text{FR}^*, \text{FS}^*\} = \arg\min_{\text{FR,FS}} Q = \arg\min_{\text{FR,FS}} \left\{ \text{vqa}\left(F^5\right) \mid \text{ET, VC, BR} \right\} \tag{7-10}$$

图 7.5(a)$\sim$(c) 显示了 ET=\{H.264\}, BR=64 kbit/s 的五个测试序列的 MOS 关于 FR 和 FS 变化图。其中"白色"带代表最佳 MOS。值得注意的是，图中的中间结果是通过使用基于样条曲线的 2D 插值[16] 生成的，该方法也用于生成图 7.6 和图 7.7。

对于图 7.5(a)$\sim$(c) 中所示的 V_1 组的结果，可以观察到通常 MOS 随着 FR 和/或 FS 的增加而下降，最佳 MOS 结果出现在 FS=\{QCIF\} 和 FR=\{7.5fps\}。

这是因为在特定的低比特率 (例如 64kbit/s) 下，较高的时空分辨率导致更低的 PB 值，这不足以描述具有大量时空活动的视频序列的类型，从而导致严重的帧内退化。另一方面，在较低的时间分辨率下，可以节省更多的比特以获得更高的帧内质量，从而有效地提高整体视觉质量。这与文献 [14]、[17] 中的一些最新研究相一致。

对于图 7.5(d) 和 (e) 所示的 V_2 组的结果，MOS 随着 FR(FS) 的增加 (减小) 而增加，并且最佳 MOS 结果出现在 FS={QCIF} 和 FR={30fps}。这是因为 V_2 中的序列具有相对较少的纹理细节和非常低的运动，因此可以很容易地获得高 FR，而不需要花费太多的比特率。图 7.5(f) 显示了五个视频序列的平均结果。结合对 V_1 和 V_2 的分析，我们可以得出结论：对于自然视频的感知适配，在带宽有限的情况下，通常 FS 应该保持在较低水平，而对于具有高 (低) 时间活动的内容，FR 应该是低 (高) 水平。

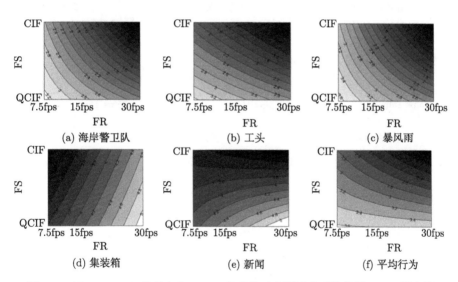

图 7.5 以 64 kbit/s 的码率由 H.264 编码的五个测试序列的等效 MOS 等高线

3. 固定的空间或时间分辨率

对于某些特定的应用，空间或时间分辨率通常是固定的，并且趋于最大化。因此，我们将进一步分析不同像素比特率和不同空间或时间分辨率 (但其中一个维度维持不变) 下的 MOS 结果。请注意，使用 PB 而不是常见的比特率。因此，当帧率和帧大小固定时，PB 的提高相当于帧内信噪比的提高。

图 7.6 显示了 PB 与 FR 的二维平面上的等 MOS 轮廓。可以看出，一般情况下，MOS 随着 PB 或 FR 的增大而增大。特别是对于 V_1，图中的条纹大致呈

水平方向，说明增大 PB 比提高帧率对感知质量的改善更为显著。这一现象表明，对于具有高时空活动性、低比特率、CIF 分辨率的视频，应该分配更多的比特来提高帧内质量。对于 V_2，它们的条纹大致是垂直的或倾斜的，这表明 FR 对 MOS 的影响更大，至少与 PB 一样显著。这是由 V_2 中的视频内容特点造成的。例如，如图 7.2(b) 所示，"集装箱"具有极低的空间活动性，因此仅增加 PB 并不能显著提高视觉质量。

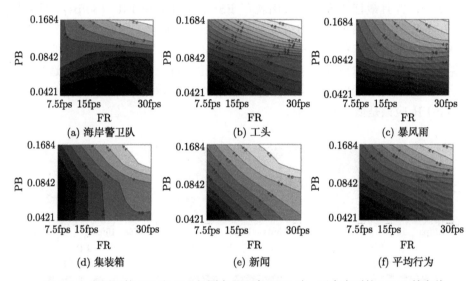

图 7.6　在不同的 PB 和 FR 但固定 FS 为 CIF 时，五个序列的 MOS 等高线

图 7.7 显示了 PB 与 FS 在二维平面上的等 MOS 轮廓。与之前图 7.5 和图 7.6 的 MOS 结果不同，图 7.7 中 V_1 和 V_2 的性能差异不明显。所有条纹的方向都是近似水平的，这表明增加 PB 比增加 FS 带来更显著的感知质量改善。这种现象可以解释如下：由于在这种情况下，帧率被固定在 30 fps，改变 PB 或 FS 仅影响帧内失真。正如我们前文所提到的，在我们的实验中，QCIF 图像在显示之前被插值到 CIF，这种上采样过程不可避免地导致图像模糊。然而，在低比特率条件下，这种模糊通常比其他类型的帧内失真 (如块效应和振铃) 具有更小的负面影响。因此，应分配更多的比特以减少更显著的失真。

通过统计分析，得出了以下有趣的结论：第一，我们发现解码视频的感知质量受编码器类型、视频内容、比特率、帧率和帧大小的影响，其显著性由大到小；第二，对于由 H.264 编码的自然视频，通常给定的 PB 应至少在 0.1bpp 左右以实现"良"或"优"的感知质量；第三，对于帧率和帧大小的最佳组合，我们发现在低比特率约束下，小的帧大小通常是首选的，而对于具有高 (低) 时间活动性的视频序列，帧率通常应保持较低 (高)；第四，在低比特率下使用相对较高的空间分辨率或时间分辨率 (30fps) 的情况下，我们发现通常提高帧内信噪比是增强感知质量的最有效方法，除了包含非常低的空间活动性的视频序列之外；相信我们研究的结果可以为低比特率下的跨维度视频评估和适配提供一般性的指导。

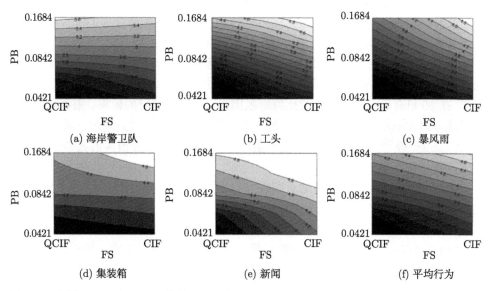

图 7.7　在固定 FR 为 30 fps 的情况下，在不同的 PB 和 FS 下，五个序列的 MOS 等高线

另外，对于无线视频流，可以直接利用高级可伸缩视频编码技术提供的三维可伸缩性 (空间、时间和信噪比)，使视频流适应动态无线网络条件和异构无线设备。然而，问题是在现有资源的情况下，如何在三维可伸缩性之间进行取舍，以最大限度地提高视频质量。7.2 节将提出一种算法来解决这一问题。

7.2　基于用户感知质量评价的三维可伸缩视频适配

可伸缩视频编码 (scalable video coding，SVC) 在比特流水平上提供了空间、时间和 SNR 可伸缩性，因为它能够方便地适应来自存储设备、终端和通信网络的各种需求，因此变得越来越有吸引力。在本研究中，我们考虑无线视频流媒体传输情形，其中储存在服务器上的 SVC 编码的视频会分发给多个无线用户。SVC 的可伸缩性可以直接用于使视频流适应动态的无线网络环境和异构的无线设备。剩下的一个挑战是如何在 SVC 提供的三维可伸缩性之间实现最佳折中，以便在可用资源的情况下最大限度地提高接收到的视频质量。

要解决这种三维可伸缩视频适配问题，一个主要的困难是在不同的空间、时间和信噪比组合下对视频质量进行定量评估。此外，考虑到人类视觉系统 (human visual system，HVS) 是任何视觉通信系统的最终接收器，因此需要量化相对于 HVS 的感知视频质量，称为感知 VQA。一般来说，VQA 可以是主观的，也可以是客观的。主观 VQA 要求观察者参与某种观看和评分训练来确定视频的感知质量，而客观 VQA 则使用数学模型来完成评价任务。

文献 [6]~[8] 中提出了一些基于主观 VQA 的视频适配算法。其基本思想是利用离线主观 VQA 构造一些经验模型，然后应用于实时视频适配。特别是 Rajendran 等在文献 [7] 中研究了 MPEG-4 FGS 视频的最佳帧率选择问题，他们的结论是高 PSNR 的情况下，更高的时间分辨率是首选的。通过主观视觉测试，Wang 等 [8] 在 50 kbit/s~1 Mbit/s 的比特率范围内，得到了较好的帧率。根据经验，他们发现 440 kbit/s 和 175 kbit/s 是帧率减半的关键比特率点。同时，通过主观测试，Cranley 等 [6] 发现在某些比特率条件下，空间和时间分辨率的某些组合可以最大限度地提高感知质量。

为了建立一个通用的三维适配模型，最好的方法是进行广泛的主观测试，在不同的带宽下测试所有可能的帧率和帧大小组合下的所有类型的视频序列。然而，由于样本空间非常大，需要大量的时间和金钱成本。或者，可以使用客观 VQA 来实时评价接收到的视频质量，而这完全取决于内容。值得注意的是，我们没有指定 SNR 分辨率，因为它是由给定的时间和空间组合的带宽约束决定的。

与很多现有的方法不同，我们考虑在用户端应用客观 VQA，尽管这样操作有用户端无法获取高质量原始视频的挑战。首先，考虑到动态的无线信道条件，发送端 VQA 只能估计端到端的统计性能，而这可能不是用户端的实际性能 [18,19]。相反，用户端 VQA 衡量确切接收到的视频的质量。其次，进一步考虑到多个无线用户使用异构无线设备，视频服务器很难估计和跟踪每个用户的情况。相比之下，用户端 VQA 实现了纯粹在接收端的质量估计和适配，这大大减轻了服务器端的负担。此外，用户端 VQA 可以由单个用户调整，甚至可以将终端用户引入环路，从而实现个性化的视频适配。

通常，根据原始视频的可用性，客观 VQA 算法可分为 NR、RR 和 FR 方法。由于我们考虑用户端 VQA，因此只有 NR 和 RR 方法适用。Lu 等 [20] 利用 Wolf 和 Pison 的 RR-VQA 模型 [17]，提出了一种基于 VQA 的客观适配算法，该算法需要传输原始视频的特征等附加信息，因此不可避免地降低了系统的带宽效率。

据我们所知，截至我们的工作发表时还没有文献研究基于 NR-VQA 的视频适配系统，这可能是因为 NR-VQA 本身并不是一项容易的任务。大多数最先进的 NR-VQA 算法都要求有一些关于场景、压缩方法和主要失真的先验知识，他们在很大程度上依赖于对某些失真的测量来预测感知视频质量。其中很多都基于复杂的 HVS 模型，这导致了很高的计算复杂度。

考虑到实时视频适配的要求、无线设备资源匮乏以及无线网络带宽有限的特点，本书提出一种低复杂度的 NR-VQA 算法来测量由三维度视频适配引起的帧内和帧间失真。本书提出的 NR-VQA 算法结合了块效应、模糊度和抖动失真的独立评价。在此基础上，我们进一步提出了一种适配算法，该算法将可伸缩视频动态地调整到一个最佳的三维组合中，使视觉质量最大化。

值得注意的是，我们提出的 NR-VQA 算法可能在性能上被其他更加复杂的 VQA 算法超越，但是我们的目的是更加有效地描述视频适配的相对感知质量，而不是预测绝对的感知质量。此外，在与感知质量的匹配方面，我们的主观验证测试表明，所提出的 NR-VQA 的性能可与 PSNR 和 SSIM 等常用的全参考质量指标相媲美。因此，它能够揭示不同 SVC 空间、时间和信噪比组合下的感知质量顺序，并指导后续的适配。

图 7.8 给出了端到端的发送–接收方案的系统图。特别地，视频序列由 SVC 编码器预编码并存储在发送器中。当接收端请求对视频进行流式传输时，它会通知发送端该如何调整视频，流提取器将相应的部分比特流提取出来并通过网络传输。一般地，只需要将时间和空间分辨率的组合发送给发送端，流提取器将传输 SNR 包以满足带宽预算。在接收端，解码后的视频被发送到 NR-VQA 模块，在 NR-VQA 模块中实时测量失真并自适应地做出相应的适配决策。NR-VQA 包含三个失真评价成分：块效应、模糊度和抖动，这些指标被综合起来以表示相关的感知视频质量。

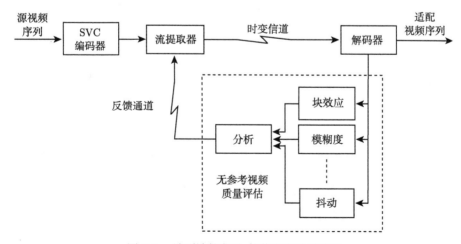

图 7.8　端到端的发送–接收方案的系统图

7.2.1　所提出的无参考视频质量评价算法

在我们提出的 NR-VQA 算法中，测量了基于块的视频编码的三种最明显的失真，即块效应、模糊度和抖动。对于所有类型的基于块的图像和视频编码方案，块效应度可能是最严重的失真，它是由基于块的量化和帧间预测不一致引起的。模糊是另一种常见的失真，通常由高频变换系数的截断引起。运动抖动是一种帧间失真，主要由帧间抖动引起。尽管我们在本书中只考虑了这三种失真，但其他失真可以很容易地集成到当前的框架中。

为了找到适合这三种失真的评价方法，我们应该记住的是由于所提出的算法是针对实时应用和资源有限的无线设备而设计的，其计算复杂度和内存消耗应该相当低。对于帧内失真，为了在可承受的复杂性和可接受的精度之间寻求平衡，我们在当前实现中没有考虑各种 HVS 掩蔽效应 (例如，帧内的亮度/纹理掩蔽和帧间的运动掩蔽)，因为它们的高度复杂性以及从我们的实验中观察到的这类操作对低比特率视频质量预测的边际有所改善。对于帧间失真，广泛应用的时间对比度敏感函数 (contrast sensitivity function，CSF) 并不适用于高度压缩的低比特率视频 [5]。因此，在我们的算法中，简单地使用帧率和平均帧间差来衡量掉帧对视觉质量的影响。所有的质量测量都只在亮度分量上进行，以进一步减少计算量。

为了对以不同的时空组合编码的视频序列进行公平的质量比较，每个单独的组合应该转换成相同的参考水平，该参考水平被设置为最高分辨率 (本节中为 30fps 的 CIF 视频)。我们使用空间上采样或帧复制将较低空间或时间分辨率的视频转换为完全分辨率。例如，为了将一个 15 fps 的 QCIF 视频转换成 30 fps 的 CIF 视频，首先使用 AVC 半采样插值滤波器 [13](带 6 个滤波器系数 [1,5,20,20,5,1]/32) 进行空间上采样，然后将每个帧复制一次。值得注意的是，也可以应用其他更高级的空间和时间上采样算法，但代价是计算复杂度更高。然后对上采样和帧重复的视频执行 NR-VQA 算法。接下来，我们详细描述了所提出的 NR-VQA 算法。

1. 失真度量

(1) 块效应度量。

我们选择 Minami 和 Zakhor 在文献 [21] 中提出的斜率均方差 (mean squared difference of slope，MSDS) 方法。文献 [21] 指出，MSDS 随着 DCT 系数的量化而增加，它是一种很好而且有效的块效应度量 (blockiness measure，KM) 方法。为了计算 MSDS，我们首先计算每个块边界的斜率平方差 (squared difference of slope，SDS)。考虑到位于图 7.9 中所示的块边界的每侧的四个像素 a, b, c 和 d,

边界的 SDS 被计算为

$$\mathrm{SDS}(b,c) = \left\{ (c-b) - \frac{1}{2}[(b-a)+(d-c)] \right\}^2 \tag{7-11}$$

它测量通过块边界的坡度与该边界每边的坡度的平均值之间的平方差。KM 等于
MSDS，然后计算为所有块边界的平均 SDS 值，即

$$\mathrm{KM} = \mathrm{MSDS} = \frac{1}{MN} \sum_{\text{所有边界点}} \mathrm{SDS} \tag{7-12}$$

KM 的计算大约需要对一个 $M+N$ 帧进行 MN 个乘法和 MN 个加法运算。

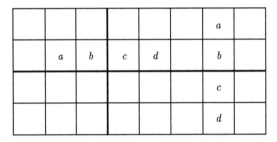

图 7.9   计算 MSDS 的说明

(2) 模糊度量。

同样，对于低复杂度需求，我们采用了 Marziliano 等提出的度量。在文献 [22]
中，感知模糊度量 (blur measure，BM) 基于对局部边缘扩展的度量。具体地，首
先用 Sobel 滤波器计算垂直二值边缘图，然后检测每个边缘点的水平邻域中的局
部极值，这些极值之间的距离表示为边缘的局部展开 (图 7.10)。

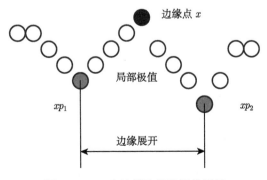

图 7.10   一个计算边缘扩展的例子

最后，BM 被计算为所有边缘点的边缘展开的平均值，即

$$\text{BM} = \frac{1}{N_e} \sum_{\text{所有边缘点}} |xp_1 - xp_2| \tag{7-13}$$

其中 N_e 是边缘点的数量。BM 计算通常使用 $6MN$ 个乘法和 $6MN$ 个加法来估计一个分辨率为 $M + N$ 的帧，其中每个边缘点需要 6 次乘法和 5 次加法来进行带有 Sobel 掩模的垂直边缘检测处理 (包含 6 个非零元素)，式 (7-13) 中的计算还需要一个加法。

(3) 抖动测量。

心理视觉研究表明，时空能量模型可用于准确描述 HVS 的运动感觉[23]。对于低比特率视频，最突出的时间失真是抖动，这主要是由帧丢失引起的[5]。抖动对于 HVS 来说是非常烦人的，因为它独特的 "快照" 的出现将会影响连续和平滑的运动。

在本研究中，我们用直接帧差法来测量抖动性。我们将帧率设置为 30 fps 作为一个锚点，并将其他服务中使用的帧率与之进行比较。对于一个帧，其抖动计算为

$$\text{JM} = \frac{30}{\text{帧率}} \sqrt{\frac{1}{MN} \sum_{x=1}^{M} \sum_{y=1}^{N} |f_i(x,y) - f_{i-1}(x,y)|} \tag{7-14}$$

其中 (x, y) 和 (M, N) 分别是像素坐标和帧大小。对于一个 $M \times N$ 帧，计算抖动测量 (Motion jerkiness measure，JM) 需要计算 MN 次加法。

(4) 质量损伤评分。

在综合上述计算的指标来预测最终的质量损伤评分 (quality impairment score，QIS) 之前，我们对过去几帧的 KM、BM 和 JM 值进行平均。首先，由于 KM 和 BM 是以帧内信息逐帧的方式计算的，因此应该对它们进行平滑处理，以避免不同帧编码类型 (I、P、B) 引起的突变。其次，视觉持久性还要求当前帧的感知质量与过去的几帧相关。因此，在本研究中，使用滑动窗口在 30 帧内平均 KM、BM 和 JM 值，平均值分别表示为 AKM、ABM 和 AJM。值得注意的是，这种滑动窗口平均过程过滤掉小范围的视频内容变化，同时保持大范围的变化。这样，就可以避免由这些感知质量指标引发的过于频繁的视频适配。

我们将综合衡量指标 QIS 定义为

$$\text{QIS}(i) = [\text{QIK}] \cdot [\text{QIB}] \cdot [\text{QIJ}] = \text{AKM}(i)^{a_1} \cdot \text{ABM}(i)^{a_2} \cdot \text{AJM}(i)^{a_3} \tag{7-15}$$

其中，块效应质量损伤 (quality impairment of blockiness，QIK)、模糊质量损伤 (quality impairment of blur，QIB) 和抖动质量损伤 (quality impairment of jerkiness，QIJ) 分别是 AKM、ABM 和 AJM 的幂函数，我们引入参数 a_1, a_2, a_3 对不同的度量赋予不同的权重。根据经验，我们选择 a_1, a_2, a_3 分别为 0.1,1 和 1。给 QIK 一个较小的权重的原因是在我们的实验中观察到的 QIK 度量中有更大的波动，而 QIB 和 QIJ 相对稳定。然后，计算出的 QIS 值用作总的视频质量指标。QIS 越小，我们感知到的视觉质量越好。

2. 度量验证

为了验证所提出的 NR-VQA 度量的准确性，我们进行了主观观察测试。具体地说，工头由 MPEG-4 压缩，其空间分辨率为 {CIF, QCIF}，帧率为 {130,15,7.5} (fps)，比特率为 {24,48,64,128,384}(kbit/s)。主观测试设置的细节列于表 7.5。

表 7.5 工头的主观测试设置细节

比特率	7.5Hz	15Hz	30Hz	分辨率
24 kbit/s	√	√		QCIF
48 kbit/s	√	√	√	QCIF
64 kbit/s	√	√	√	QCIF
128 kbit/s			√	QCIF
64 kbit/s	√	√		CIF
128 kbit/s	√	√	√	CIF
384 kbit/s			√	CIF

所有组合的重建视频以 CIF 和 30 fps 的速度播放，必要时通过上采样和帧重复播放。实验邀请了 20 名测试者，设置符合 ITU-R Recommendation BT.500-11[11] 的规定。平均意见分数 (mean opinion score，MOS) 通过双刺激损伤量表 (double stimulus impairment scale，Variant II，DSIS II) 收集。使用的监视器类型是 SONY BVM 21F，视距设置为图像高度的 3~4 倍。图 7.11 显示了不同度量与 MOS 的散点图。

我们将提出的 QIS 度量方法与 MSSIM[24] 以及 PSNR 进行了比较。我们用二次函数拟合实际数据，拟合的 R 平方值分别为 0.7440, 0.6484 和 0.5286，说明 QIS 与 MOS 的相关性大于 MSSIM 和 PSNR，这是因为 MSSIM 和 PSNR 没有利用任何时间信息。也可以看出，由于 QIS 具有更紧的预测边界和更少的异常值，因此 QIS 略优于 MSSIM 和 PSNR。因此，我们可以得出结论，所提出的 QIS 可以作为一个简单而精确的度量标准来衡量不同 SVC 可伸缩性组合下的感知视频质量。

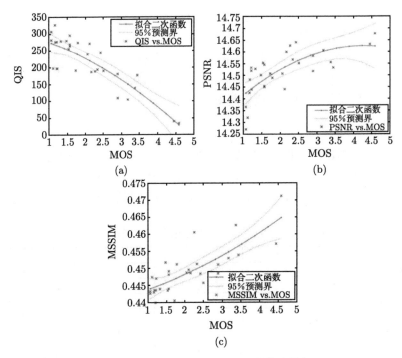

图 7.11　不同度量与 MOS 的散点图

7.2.2　三维可伸缩视频适配

在评估用户端当前的视频质量后，问题是如何利用这三种可伸缩性来适配可伸缩视频比特流。具体来说，三维视频适配问题可以概括为：在当前带宽下，如何找到空间分辨率、时间分辨率和信噪比分辨率的最佳组合，从而最大限度地提高未来帧的视频质量。由于这种适配决策是在用户端做出的，在用户端没有未来帧可用的情况下，不可能实现全局优化。我们能做的最好的事情就是从最近的帧中找到最佳的组合，假设这也是未来帧的合理选择。

考虑到带宽限制、空间和时间可伸缩性提供的粗略调整以及信噪比可伸缩性的细微变化，显然我们应该先确定空间分辨率和时间分辨率，然后再微调 SNR 可伸缩性，以满足可用的比特率约束。具体地，我们在接收端确定时间和空间分辨率，并将该决定与当前可用带宽信息一起传递给发送端。在发送端，截取 SNR 包，使用现有的率失真优化 (rate-distortion optimised，RDO) 算法，并提取相应的比特流。因为只需要发送很少的信息，所以我们忽略了这种反馈传输开销。

通过实验我们发现，对于有限数量的空间和时间分辨率以及通常用于无线视频流应用的普通比特率范围，时间分辨率控制着整体的视频质量。因此，我们建议先选择时间分辨率，再选择空间分辨率。具体算法如下。

(1) 起始步骤：在给定的比特率约束下，选择最高的时间分辨率，然后选择可用的最高空间分辨率。

(2) 更新步骤：对于每个帧，根据前文中的算法计算 KM、BM、JM 和 QIS，并更新它们在过去所有帧中的平均值 AKM、ABM、AJM 和 AQIS。

(3) 验证步骤：最后一帧计算的适配用当前帧计算的 QIS 和 AQIS 值进行验证。具体来说，如果 QIS 高于 AQIS，这意味着图像质量低于平均水平，我们批准预先计算的适配配置；否则，不执行适配。引入这个验证阶段是为了防止频繁的适配。

(4) 配置步骤：在这个阶段，计算出良好的空间和时间配置。其基本思想是将 JM、KM 和 BM 值与其平均值进行比较，以查看当前失真是否明显偏离平均水平。特别是，如果抖动非常高 (低)，$JM > JM_{MAX}(JM < JM_{MIN})$，那么增加 (减少) 帧率。那么，如果块效应很高，$KM > KM_{MAX}$，或者模糊度很低，$BM < BM_{MIN}$，那么将帧尺寸减小；否则，如果当前块效应非常低，$KM < KM_{MIN}$，或者模糊度很高，$BM > BM_{MAX}$，那么将帧尺寸增大。根据经验，阈值设置为 AJM、AKM 和 ABM 的缩放版本

$$JM_{MAX} = 1.5AJM, \quad JM_{MIN} = 0.5AJM$$

$$KM_{MAX} = 1.5AKM, \quad KM_{MIN} = 0.8AKM$$

$$BM_{MAX} = 1.2ABM, \quad BM_{MIN} = 0.8ABM \tag{7-16}$$

7.2.3 模拟结果

我们所使用的视频内容是 10 个 4 : 2 : 0 测试视频序列的前 100 帧的串联，这些测试视频序列包括观依、海岸警卫队、集装箱、工头、移动电话、母亲和女儿、新闻、史蒂芬、暴风雨以及天气，如图 7.12(e) 所示。

我们使用标准 SVC 参考软件 JSVM v.5.11 以非常高的比特率对视频进行编码，GOP 大小为 8。压缩后的视频比特流被截断成一些较低的测试比特率，范围从 640 kbit/s 到 128 kbit/s。空间分辨率是 {CIF,QCIF}，而时间分辨率的集合是 {30,15,7.5,3.75} (fps)。在这里，我们只显示 640kbit/s 的结果，其他比特率下的结果是相似的。

1. 无参考视频质量评价结果

图 7.12 显示了在不同的空间和时间分辨率下计算的 QIK、QIB、QIJ 和 QIS 结果，总比特率预算为 640kbit/s，我们有以下观察。第一，QIK 和 QIB 结果主要取决于帧大小。与 CIF 流相比，QCIF 流通常导致更高的 QIB 而较低的 QIK。这是合理的，因为对于 QCIF 流，VQA 中引入的上采样过程减少了块效应，但增

强了模糊效果。第二，QIJ 结果与帧率密切相关，对视频内容的依赖性较小，而帧大小对 QIJ 影响不大。第三，QIS 结果显示时间分辨率对感知视频质量有很大的影响。第四，同样从 QIS 的结果中，我们发现在相同的帧率下，CIF 流对于诸如移动电话和史蒂芬这样的大运动序列通常具有更好的质量，而 QCIF 配置对于母亲和女儿与新闻这样的小运动序列表现得更好。这是因为 QCIF 配置通常在描述运动时精度较低，因此在运动场景序列上的性能较差。图 7.13 和图 7.14 说明了对不同视频内容使用不同空间分辨率的优势。

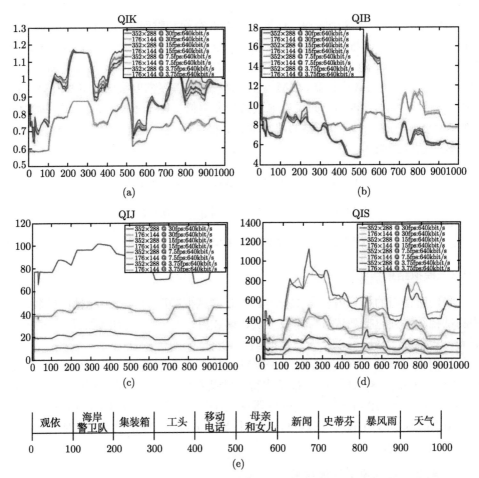

图 7.12 QIK、QIB、QIJ 和 QIS 在不同配置下的结果，总比特率预算为 640 kbit/s
(a) QIK 与帧编号；(b) QIB 与帧编号；(c) QIJ 与帧编号；(d) QIS 与帧编号；(e) 序列信息

图 7.13 不同空间分辨率下的感觉质量比较 (一)

(a) 帧 310，CIF，30 fps，640 kbit/s，QIR=1.1182，QIB=7.8761，QIJ=12.3157，QIS=108 4676；(b) 帧 310，QCIF，30 fps，640 kbit/s，QIK=0.8522，QIB=9.4155，QIJ=12.3034，QIS=98.7269；(c) 450 帧，CIF，30 fps，640 kbit/s，QIR=1.0759，QIB=4.9239，QIJ =11.5857，QIS=61.3756；(d) 450 帧，QCIF，30 fps，640 kbit/s，QIR=0.8163，Q1B=7.8016，QIJ=11.5742，QIS=73.7107

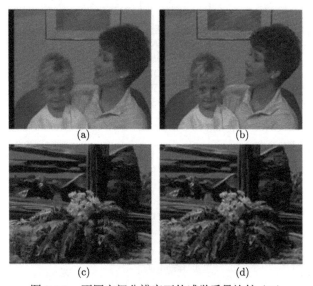

图 7.14 不同空间分辨率下的感觉质量比较 (二)

(a) 帧 550，CIF，30 fps，640 kbit/s，QIK=0.7024，QIB=15 63571，QIJ=0.7504，QIS=118.0701；(b) 帧 550，QCIF，30 fps，640 kbit/s，QIK=0.6302，QIB=9.3705，QIS=10.7596，QIS=63 5420；(c) 帧 850，CIF，30 fps，640 kbit/s，QIK=0.9340，QIB=6.3026，QIJ=8 4982，QIS=50 0271；(d) 帧 850，QCIF，30 fps，640 kbit/s，QIK=0.7442，QIB=9.4003，QIJ=8.4681，QIS=59.2402

2. 视频适配结果

我们考虑了表 7.6 所列的八种时空组合，它们可以看作八种适配模式。图 7.15 给出了适配结果和相应的 QIS 值。可以看出，在开始时选择了模式 1。大约

表 7.6　不同的时空组合

模式	1	2	3	4	5	6	7	8
帧率	30	30	15	15	7.5	7.5	3.75	3.75
帧大小	CIF	QCIF	CIF	QCIF	CIF	QCIF	CIF	QCIF

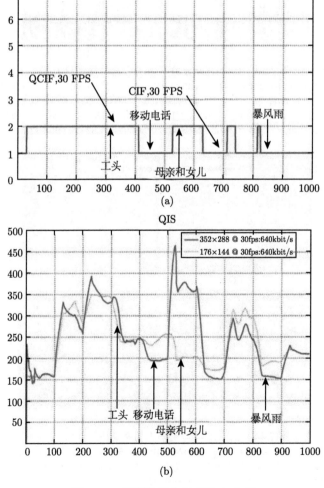

图 7.15　适配结果和相应的 QIS 值

30 帧后，选择模式 2，因为它具有较低的 QIS。之后，在 420 帧处，适配被切换回模式 1，因为当前视频内容移动电话更适合模式 1。在其他地方发生的模式转换可以用类似的方式来解释。从适配结果来看，我们还发现在适配过程中存在一种 "延迟"，这是由 NR-VQA 算法的时间平均和适配算法的验证阶段造成的。如此短的 "延迟" 是必要的，因为它可以防止烦人的突然适配变化。还可以看到，我们提出的算法总是选择能提供更好感知质量的帧大小和帧率组合，例如在 310 帧和 550 帧处具有 QCIF 分辨率的工头与母亲和女儿，以及在 450 帧和 850 帧具有 CIF 分辨率的移动电话和暴风雨。

本小节提出的用于无线网络上的流媒体可伸缩视频编码的基于用户感知质量评估的三维视频适配方法，适用于无线设备的实时应用。实验结果表明，在一定的比特率预算下，所提出的视频适配算法能够找到空间分辨率和时间分辨率的最佳组合，最大限度地提高视频质量。进一步地，为了满足用户对超高清内容清晰度评价的实际需求，本章在最后介绍了一种可以识别真假 4K 的视频质量评价方法。

7.3 超高清内容清晰度用户体验质量评价

随着数字电视与多媒体行业的高速发展，超高清内容已经成为新一代电视、电脑显示器甚至手机屏幕的流行规格。由于超高清图像和视频在改善用户体验方面有着很强的作用，在适当的观看距离下，4K 视频有生动的细节呈现，没有模糊，能显著增强视觉体验，因此，超高清内容成为时下最火热的话题之一。2012 年，国际电信联盟发布了超高清电视的国际标准：ITU-R BT.2020 建议书[25]，正式规范了 4K 分辨率为 3840×2160，高宽比为 16 : 9。此后，各个国家制定了相应的超高清图像和视频标准，以规范该行业。例如，国家广播电影电视总局发布了超高清晰度电视系统节目制作和交换参数值 (GY/T 307—2017) 和超高清电视图像质量主观评价方法 (T/CSMPTE 3—2018)。在消费市场上，各种电子设备制造商以 4K 为卖点，声称其数字设备支持超高清内容。许多网络视频运营商还推出了超高清节目源，例如，Netflix、YouTube、乐视网、优酷和百视通都有 4K 视频直播服务。此外，智能手机行业将其注意力转向 4K，越来越多的高端智能手机以可以拍摄和生成 4K 图像和视频为卖点。

然而，超高清行业的发展同样会带来一些问题。根据 Akamai 最近的统计数据，只有 21% 的美国家庭网速在 15 Mbit/s 以上，这一传输速率被认为是有效播放 4K 视频的最低门槛。一些调查显示，虽然中国消费了全球约 80% 的 4K 电视，但是大部分视频信号仍是高清水平。此外，为了推广 4K 这一新兴卖点，一些内容提供商或个人在网络上传播通过对高清信号进行插值制作的大量虚假 4K 视频。尽管这些高端的 "4K" 视频具有与自然 4K 内容相同的分辨率，但其往往模糊且缺乏细节，无法满足消费者的需求。这些虚假的 4K 视频在存储和传输过程中浪费了大量的内存和带宽资源，但却无法为用户提供相应的高质量体验。因此，如何将这些伪超高清内容从真实的超高清内容中辨识出来显得尤为重要。

图像质量评价作为一种预测图像的感知质量的方法，在过去的 20 年中得到了广泛研究 [26]。一般而言，图像质量评价可以分为主观图像质量评价和客观图像质量评价 [27]。其中，主观质量评价被认为是判断图像感知质量的最准确方法。研究者通过建立许多主观的图像质量数据库来提供各种质量和相应的真实质量分数的图像，以促进客观模型的发展。与主观质量评价相比，客观质量评价可以自动、高效地预测失真图像的感知质量，具有可重复性高、速度快的特点，是质量评价领域的研究重点。根据参考图像的可用信息，客观质量评价算法通常可以分为全参考、半参考和无参考算法。其中，全参考质量评价模型可以利用参考图像的全部信息。均方误差 (MSE)、峰值信噪比 (peak signal-to-noise ratio，PSNR) 和结构相似性 (structural similarity，SSIM)[24] 是全参考领域的 3 种最经典的算法。半参考质量评价模型则只能使用一部分参考图像的信息，例如参考图像的几个特征值，但仍可以大大减少传输参考图像时的信息量 [28]。此外，在大多数的现实场景中，由于参考图像并不存在，无参考图像质量评价则可以发挥出作用，这是因为它不需要参考图像就可以准确地评估失真图像的感知质量。根据方法论的不同，无参考质量评价模型大致可以分为 3 大类：基于自然图像统计的模型 [29]、基于机器学习的模型 [30] 和基于人眼视觉系统的模型 [31]。

目前，大多数图像质量评价方法都针对普通的低分辨率图像或人为制作的失真图像。与这类图像不同，超高清图像具有非常高的分辨率，而人眼很难区分真实的超高清图像和通过插值算法得到的伪 4K 图像。据我们所知，目前还没有专门针对这项任务而设计的算法。因此，预测超高清图像的质量、区分真伪超高清图像是一个全新的挑战。这值得我们去研究现有的无参考质量评价模型是否可以胜任此任务，并尝试提出一个针对超高清图像质量的新算法。

7.3.1 所提出的超高清内容质量评价算法

提出的算法框架包括图像的分解、特征值提取以及特征值的融合。其中特征值提取包括对复杂度的特征值提取、在频域的特征值提取、像素统计特征值提取。

1. 图像分解预处理

超高清图像的分辨率比一般的图像大很多，这会显著增加算法的计算量，造成算法运算时间过长，不利于算法的实际应用。因此，我们首先尝试将一个输入图像切成多个子图像，以获得最具代表性的一个或几个子图像来代表整个输入图像，然后在这些选定的子图像上执行后续的特征提取过程，以减少算法的计算量。

在给定一个 4K 图像 I 的条件下，我们首先将 I 划分为 16×9 个子图像 $I_{i,j}$，其中 $i \in \{1, 2, \cdots, 16\}, j \in \{1, 2, \cdots, 9\}$。这使得子图像 $I_{i,j}$ 的宽度像素和高度像素均为 240，在随后的计算过程中方便计算。由于人类的拍摄习惯和节目拍摄技巧，最重要和最具吸引力的内容往往集中在图像的中心而不是边缘。因此，为了避免代表性的子图像来自原图像的边缘区域，造成子图像中含有大量人们不太关注的图像内容，例如电视台徽标、电视节目名称、字幕等，我们缩小选择范围：从左侧的第三列到右侧的第三列，以及从顶部的第二行到底部的第二行。

然后，依据图像复杂度的特性来选择代表性的子图像。由于具有高复杂度的子图像具有更多样化的内容，这些内容可能更具吸引力和更加重要，因此，采用了局部方差作为依据。局部方差是一个可以有效反映图像结构信息、对高频信息高度敏感而又比较简单的特征。对于子图像 $I_{i,j}$ 中的像素点 (m, n)，局部方差 $\sigma^2(m, n)$ 可以表示为

$$\sigma^2(m, n) = \sum_{k=-K}^{K} \sum_{l=-L}^{L} \omega_{k.l} \left(I_{k.l}(m, n) - \mu(m, n) \right)^2 \tag{7-17}$$

其中，$\omega = \{\omega_{k.l} \mid k = -K, \cdots, K, l = -L, \cdots, L\}$ 是一个二维的圆对称高斯加权函数，K 和 L 分别表示该函数窗宽和窗高的尺寸，μ 表示图像的局部均值。接下来，我们计算子图 $I_{i,j}$ 的平均局部方差，并将其作为最终的选择依据，如公式 (7-18) 所示

$$\sigma^2(I_{i,j}) = \frac{1}{M \times N} \sum_{m=1}^{M} \sum_{n=1}^{N} \sigma^2(m, n) \tag{7-18}$$

其中，M 和 N 分别表示图像子块的宽度和高度。将所有子图的局部方差进行排序后，我们选择了 3 个拥有最大局部方差的子图作为代表性子图 $I_{1,2,3}$，以用于后续算法的实现。

2. 复杂度特征提取

在基于人类视觉系统建模的无参考图像质量评价研究中，很多学者研究自由能原理，并取得了良好的性能效果。自由能原理是在脑神经科学领域里被提出的，用于量化人脑的感知、行为和学习的过程。在图像处理领域中，自由能被证明可以很好地表征图像复杂度特征，并且和图像质量高度相关。因此，本书中，我们尝试使用自由能原理模型来模拟人脑预测图像的过程，并提取图像复杂度特征。

基于自由能的大脑原理的一个基本前提是，认知过程受人脑内部生成模型的控制。当人的大脑收到一个"惊喜"时，大脑会在其内部生成模型，主动预测有意义的信息并消除残留的不确定性，以生成一个预测结果，来解释大脑的感知。

我们假设用于视觉感知的内部生成模型 G 是参数化的,它通过调整参数向量 $\boldsymbol{\theta}$ 来解释视觉场景。具体来说,在给定一个输入图像 I 的条件下,它对大脑产生的 "惊喜",可以通过在模型参数向量 $\boldsymbol{\theta}$ 空间上的联合分布 $P(I, \boldsymbol{\theta}|G)$ 来表示

$$-\log P(I \mid G) = -\log \int P(I, \boldsymbol{\theta} \mid G)\mathrm{d}\boldsymbol{\theta} \tag{7-19}$$

为了使公式 (7-19) 更加便于理解,我们引入一个辅助项 $Q(\boldsymbol{\theta}|I, G)$ 分别加入分子和分母中,可以得到

$$-\log P(I \mid G) = -\log \int Q(\boldsymbol{\theta} \mid I, G)\frac{P(I, \boldsymbol{\theta} \mid G)}{Q(\boldsymbol{\theta}|I, G)}\mathrm{d}\boldsymbol{\theta} \tag{7-20}$$

其中,$Q(\boldsymbol{\theta}|I, G)$ 是这个图像的参数模型的辅助后验分布。该分布可以认为是人脑计算的模型参数 $P(\boldsymbol{\theta}|I, G)$ 的真实后验的近似。大脑将通过感知图像,调整 $Q(\boldsymbol{\theta}|I, G)$ 的参数 $\boldsymbol{\theta}$,来最小化近似后验 $Q(\boldsymbol{\theta}|I, G)$ 与真实后验 $P(\boldsymbol{\theta}|I, G)$ 之间的差距,用于最好地解释这个输入信号。为了简化表达,我们在后续分析中删除了生成模型符号 G。利用詹森不等式,可以得到

$$-\log P(I) \leqslant -\int Q(\boldsymbol{\theta}|I)\frac{P(I, \boldsymbol{\theta})}{Q(\boldsymbol{\theta}|I)}\mathrm{d}\boldsymbol{\theta} \tag{7-21}$$

然后,基于统计物理和热力学,定义公式 (7-21) 的右边部分为自由能:

$$F(\boldsymbol{\theta}) = -\int Q(\boldsymbol{\theta} \mid I)\frac{P(I, \boldsymbol{\theta})}{Q(\boldsymbol{\theta} \mid I)}\mathrm{d}\boldsymbol{\theta} \tag{7-22}$$

显然 $-\log P(I) \leqslant F(\boldsymbol{\theta})$,因此 $F(\boldsymbol{\theta})$,定义了一个图像 "惊喜" 的上确界。注意到 $P(I, \boldsymbol{\theta}) = P(\boldsymbol{\theta}|I)P(I)$,可以继续将公式 (7-22) 转化为

$$
\begin{aligned}
F(\boldsymbol{\theta}) &= \int Q(\boldsymbol{\theta} \mid I)\frac{Q(\boldsymbol{\theta} \mid I)}{P(\boldsymbol{\theta} \mid I)P(I)}\mathrm{d}\boldsymbol{\theta} \\
&= -\log P(I) + \int Q(\boldsymbol{\theta} \mid I)\frac{Q(\boldsymbol{\theta} \mid I)}{P(\boldsymbol{\theta} \mid I)}\mathrm{d}\boldsymbol{\theta} \\
&= -\log P(I) + \mathrm{KL}(Q(\boldsymbol{\theta} \mid I)\|P(\boldsymbol{\theta} \mid I))
\end{aligned}
\tag{7-23}
$$

其中,$\mathrm{KL}(\cdot)$ 表示近似后验分布和真实后验分布之间的 Kullback-Leibler 散度。

我们利用稀疏表示的方法来近似人脑的内部生成模型。具体来说,利用一个提取算子 $O_s(\cdot)$ 选取输入图像的一个图像块 $x_s \in \mathbb{R}^B$,其中 B 是图像块的尺寸。

那么基于一个完备字典 $\mathbf{Y} \in \mathbb{R}^{B \times U}$，图像块 x_s 的稀疏表示是通过计算一个向量 $\boldsymbol{\alpha}_s \in \mathbb{R}^U$ 来表示的，如公式 (7-24) 所示

$$\boldsymbol{\alpha}_s^* = \arg\min_{\alpha_s} \frac{1}{2} \|x_s - Y\alpha_s\|_2 + \lambda \|\alpha_s\|_p \tag{7-24}$$

其中，$\boldsymbol{\alpha}_s$ 是提取的图像块的表示系数向量，U 表示稀疏表示模型里的原子的个数。λ 是一个正常数，用于平衡重建保真度的权重约束条件和稀疏惩罚条件。通过计算每一个图像块的表示系数向量，整个输入图像 I 的稀疏表示可以表示为

$$\hat{I} = \sum_{s=1}^{n_p} O_s^{\mathrm{T}} (Y\alpha_s^*) \cdot / O_s^{\mathrm{T}} (1_B) \tag{7-25}$$

其中，$\hat{I}$ 表示输入图像的稀疏表示，可以被认为人脑对于输入图像的理解。"·/" 表示两个矩阵按元素对相除，n_p 为图像块的数量，$O_s^{\mathrm{T}}(\cdot)$ 表示 $O_s(\cdot)$ 的转置，1_B 表示尺寸为 B 的全 1 矩阵。

根据自由能理论，自由能表示输入图像与人脑内部生成模型得到的最佳预测图像之间的差异。因此，可以将自由能定义为输出图像的预测残差的熵。预测残差可以表示为

$$RE = |I - \hat{I}| \tag{7-26}$$

而其熵可以表示为

$$H = -\sum_{i=0}^{255} p_i \log_2 p_i \tag{7-27}$$

其中，p_i 表示预测残差的第 i 个灰度级的概率密度。最终可以得到输出图像的自由能的值。本章中，我们采用自由能作为图像复杂度特征。

3. 频域特征提取

通常，插值方法会平滑目标图像，造成图像中低频信息增加，高频信息减少。因此，频域特征在这项任务中很有效。本章中，我们采用离散余弦变换 (DCT) 获得超高清图像的频域特性。在给定一个输入图像 I 的情况下，可以获得其 DCT 系数 $\mathcal{D}$。由于数据在直角坐标系是二维的，因此，将直角坐标系转换到极坐标系中，降低维度，以便于后续的处理。随后，计算图像在对数尺度下沿极半径方向的频谱能量 ε_ρ，如公式 (7-28) 所示

$$\varepsilon_\rho = \log \left(1 + \sum_\rho |\mathcal{D}|^2 / f^2 \right) \tag{7-28}$$

其中，ρ 表示极半径方向，$\mathcal{D}$ 表示图像 I 的 DCT 系数。$f = f_s/N$，其中 f_s 表示采样率。

通过大量的实验，我们发现了真伪 4K 图像能量谱和累积能量谱上的特征。图 7.16 给出了一对真伪 4K 图像标准化后的能量谱和累积能量谱的示意图。在图 7.16(a) 中，黑色曲线 P_1 表示真 4K 图像，红色曲线 P_2 表示伪 4K 图像，它们是从低分辨 (例如 2K、1080p、720p 等) 的图像上采样得到的。蓝色实线 P_3 是一条辅助线，经过点 P_1 与 P_2 的交点 p。p_x 和 p_y 分别为交点 p 的横坐标和纵坐标。浅蓝色虚线 P_4 表示一个辅助图像，在整个频率上具有相同的能量，且能量高于或低于 p_y。图 7.16(b) 中，E_i 为 P_i 的累积能量谱 $(i = 1, 2, 3, 4)$。由于是标准化后的累积能量谱，E_3 和 E_4 为相同斜率的一条过原点的线段。

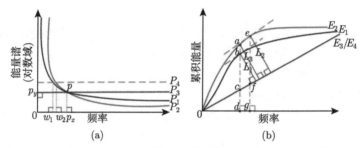

图 7.16　一对真伪 4K 图像标准化后的频域能量谱和累积能量谱示意图
(a) 频域能量谱图；(b) 频域累积能量谱图

由频域能量谱与累积能量谱的关系可知

$$E_i(\omega) = \int_0^\omega P_i(x)\mathrm{d}x \tag{7-29}$$

$$P_i(\omega) = \frac{\partial E_i(\omega)}{\partial \omega} \tag{7-30}$$

通过大量的实验统计，我们对原始分辨率为 4K 的图像，以及从 2K、1080p、720p 3 种分辨率插值得到的伪 4K 图像的累积能量谱进行了拟合，发现在这 4 种情况下，它们的特性均近似满足：$E_i(\omega) \approx a_i\omega^{b_i}$。由于 E_i 的二阶导数小于零，所以它们都是凹函数。因此，我们可以发现曲线上的单点具有和 E_4 相同的斜率，如黑色曲线上的点 b，红色曲线上的点 e。绿色的虚线是与蓝线平行的辅助线。点 b 和点 e 分别为累积能量谱曲线 E_1 和 E_2 与绿色虚线的交点，如图 7.16(b) 所示。这些单点在 $E_i(i = 1, 2)$ 和 E_4 之间的最大距离记为 L_1 和 L_2。利用这些距离作为算法的频域特征。

实际上，$E_i(i = 1, 2, 3, 4)$ 是图像标准化后的累积能量谱，它们都从原点开始，到点 $(\omega_m, 1)$ 结束，其中 ω_m 是最大频率。由于不同真假 4K 图像的特征各不相同，因此其频域能谱和辅助图像的频域能量谱 P_4 位置关系可以分为 3 种情况：①P_3 通过 P_1 和 P_2 的交点；②P_4 的值大于 p_y，如图 7.16(a) 所示；③P_4 的值小于 p_y。下面我们将分 3 种情况讨论所提出特征的有效性。

(1) 考虑 $P_4 = p_y$ 的情况，我们有：$P_1 < P_2\,(\omega \leqslant p_x)$。同时，$E_i(i=1,2,3)$ 在 $\omega = p_x$ 处有着相同的斜率，这意味着 E_1 和 E_2 在同一水平坐标中的单个点，如图 7.16(b) 中所示的点 b 和点 a。因此可以推导出

$$\int_0^{p_x} P_1 \mathrm{d}\omega < \int_0^{p_x} P_2 \mathrm{d}\omega \quad (\omega \leqslant p_x) \tag{7-31}$$

在图 7.16(b) 中，式 (7-31) 表明线段 ad 的长度大于 bd，等价于 $ac > bc$。根据相似三角形原理，我们有 $L_1 < L_3$。即真 4K 图像的所提特征小于伪 4K 图像。

(2) 考虑 $P_4 > p_y$ 的情况，当 $P_1 = P_2 = P_4$ 时，我们有 $\omega_1 < \omega_2$，其中 ω_1 和 ω_2 分别是 P_1 和 P_4、P_2 和 P_4 的两个交点，则有

$$\omega_a = \omega_b = \omega_d = \omega_1 < \omega_2 = \omega_e = \omega_g \tag{7-32}$$

同时，由于 $P_2 \geqslant P_4, \omega \subset [\omega_1, \omega_2]$，因此，我们可以得到 $y_f - y_c < y_e - y_a$，其中 y_i 表示点 i 的纵坐标。因此，线段 ac 的长度大于 ef。根据相似三角形原则，我们有 $L_3 < L_2$。结合情况 (1)，我们可以得到 $L_1 < L_3 < L_2$，即真 4K 图像的所提特征小于伪 4K 图像。

(3) 考虑 $P_4 < p_y$ 的情况，由于 $P_1 > P_2$，当 $\omega > p_x$ 时，有

$$\int_{p_x}^{\omega_1} P_1(x)\mathrm{d}x > \int_{p_x}^{\omega_2} P_2(x)\mathrm{d}x \tag{7-33}$$

可以进一步得到

$$\int_0^{\omega_1} P_1(x)\mathrm{d}x > \int_0^{\omega_2} P_2(x)\mathrm{d}x \tag{7-34}$$

式 (7-34) 说明 $L_1 > L_2$，即真 4K 图像的所提特征小于伪 4K 图像。

综上所述，我们所提取的频域成分的特征，可以有效地描述 4K 图像的真假，敏感于超高清图像的质量。因此，在本章中，我们将其定义为本算法的频域特征。

4. 像素统计特征提取

作为一种对图像质量很敏感的信息，自然图像统计特征在图像质量评价领域被广泛应用。因此，本算法在像素层面上，也考虑了统计信息特征来提升算法的性能。我们使用了局部的均值去除对比度归一化方法来表征超高清图像的质量变化。

　　具体来说, 对于一张给定的输入图像 I, 将其转化为灰度图 Z, 利用公式 (7-35) 获得其均值去除对比度归一化系数

$$\hat{Z}(x,y) = \frac{Z(x,y) - \mu(x,y)}{\sigma(x,y) - 1} \tag{7-35}$$

其中, $\hat{Z}(x,y)$ 为坐标点 (x,y) 处的均值去除对比度归一化系数。$\mu(x,y)$ 和 $\sigma(x,y)$ 分别表示在坐标点 (x,y) 处的局部均值和局部标准差, 可以通过公式 (7-36) 和公式 (7-37) 来计算

$$\mu(x,y) = \sum_{k=-K}^{K} \sum_{l=-L}^{L} \omega_{k.l} Z(x+k, y+l) \tag{7-36}$$

$$\sigma(x,y) = \sqrt{\sum_{k=-K}^{K} \sum_{l=-L}^{L} \omega_{k.l} (Z(x+k, y+l) - \mu(x,y))^2} \tag{7-37}$$

其中, $\omega_{k.l}$ 是一个二维的圆对称高斯加权窗函数。在以前的研究中我们观察到, 对于自然图像, 均值去除对比度归一化系数值与单位正态高斯特征具有很强的相关性。我们尝试利用该系数的属性, 来判断真实 4K 图像和从不同原始分辨率插值以及不同插值算法得到的伪 4K 图像。为了证明在此任务中使用均值去除对比度归一化系数的效果, 我们选择了一个真实 4K 图像, 如图 7.17(a) 所示。接着, 我们分别计算了该图像与其对应的具有不同的原始分辨率和不同插值算法的伪 4K 版本的均值去除对比度归一化系数值, 如图 7.17(b) 所示。

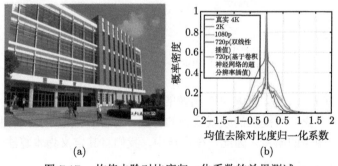

(a)　　　　　　　　　　　　(b)

图 7.17　均值去除对比度归一化系数的效果测试

(a) 真实 4K 图像; (b) 真伪 4K 图像均值去除对比度归一化系数值分布图

　　可以看出, 真实 4K 图像及其不同 4K 版本的分布是可区分的。真实 4K 图像的分布显示出类似高斯的外观, 而其他不同的伪 4K 版本则以自己的方式偏离

了这种特性。这表明该系数的属性在区分真实 4K 图像和伪 4K 图像中起着积极的作用。为了数学化描述均值去除对比度归一化系数的分布，我们采用广义高斯分布来有效描述真实 4K 图像和伪 4K 图像统计数据谱。零均值的广义高斯分布可定义为

$$\mathcal{G}\left(x; \alpha, \sigma^2\right) = \frac{\alpha}{2\beta(1/\alpha)} \exp\left(-\left(\frac{|x|}{\beta}\right)^{\alpha}\right) \tag{7-38}$$

其中，$\beta = \sigma\sqrt{\Gamma(1/\alpha)/\Gamma(3/\alpha)}$。伽马方程可以表示为公式 (7-39)

$$\Gamma(\varphi) = \int_0^{\infty} \phi^{\varphi-1}\mathrm{e}^{-\phi}\mathrm{d}\phi, \quad \varphi > 0 \tag{7-39}$$

其中，α 和 σ 是两个参数，分别改变此高斯分布的幅度和方差。我们采用该广义高斯分布模型，近似超高清图像的均值去除对比度归一化系数分布。α 和 σ 这两个参数被提取作为本算法像素统计特征。由于多尺度处理有助于改善质量评价模型的预测分数与人类感知之间的相关性，我们从两个尺度上提取特征，包括原始比例和分辨率为原来 1/2 的图像。

5. 特征融合和模型表示

为了聚合上述提取的与超高清图像质量相关的特征，并生成质量评价模型以预测目标图像的质量分数，综合考虑了回归器的有效性和模型的计算速度，我们利用支持向量回归 (SVR) 方法聚合了提出的特征。我们采用 LIBSVM 软件包来学习有径向基函数 (RBF) 内核的模型。

7.3.2 算法性能测试

我们的实验数据是由 2802 个伪 4K 图像构成的，并将提出的算法与现有的客观质量评价模型进行了比较，最后对实验结果进行了分析。

1. 实验数据构成

为了测试算法的有效性，我们首先构建了真伪超高清图像的数据库，并从几个现有的超高清视频序列库中获得了 50 多段视频序列。然后，我们从这些具有不同图像内容的视频序列中提取总共 350 张真实 4K 图像，得到了真实 4K 内容数据集。这些素材内容非常广泛，包括室外场景、室内场景、建筑物、角色、动物、静物、夜景、运动场景、电影和电视剧片段。接着，我们将真实的 4K 图像下采样为 2K，1080p 和 720p 3 种分辨率的图像。接着，我们通过 14 种不同的插值方法将它们都上采样到 4K 分辨率。总共有 2802 个伪 4K 图像构成了伪 4K 内容数据集。

2. 实验方案

基于上述所构建的数据库，我们将提出的算法与现有的客观质量评价模型进行了比较。由于本项任务没有用于确定 4K 图像真实性的参考图像，因此我们仅选择无参考质量评价算法来衡量性能。我们采用了 11 种最新的无参考质量评价模型与我们提出的模型进行比较以预测准确性，这 11 种模型分别是 NIQE、QAC、IL-NIQE、LPSI、HOSA、BRISQUE、BPRI、BMPRI、NFEDM、CPBD 和 GMLF。

根据质量评价领域的传统评估方法，我们使用 4 个通用评估标准来衡量所有比较的无参考质量评价模型的性能，它们分别是 SROCC、PLCC 和 RMSE。此外，由于任务的特殊性，我们还计算了 3 个准确性指标: 精确率 (precision)、召回率 (recall) 和准确率 (accuracy)，以比较算法和判断 4K 图像真实性的能力。

为了对所提出的模型进行训练，我们将测试材料随机分为两组: 训练集和测试集，它们分别包含 80% 和 20% 的图像。我们使用训练集训练提出的模型，并使用测试集测试其性能。为了保证模型的鲁棒性，我们将此过程重复了 1000 次。这 1000 次重复的中值结果被认为是最终性能。

3. 实验结果和分析

表 7.7 给出了所有算法的性能结果。其中，Precision_T 和 Precision_F 分别表示真 4K 图像和伪 4K 图像素材组的精确率，而 Recall_T 和 Recall_F 分别表示真 4K 图像和伪 4K 图像素材组的召回率。由表 7.7 可以看出，在传统指标中，与传统图像质量评价数据库中的性能结果相比，所有算法的性能均不算出色。例如，这些指标中 SROCC 和 PLCC 值均不超过 0.9，而通常这些指标在传统的质量评价数据库上会超过 0.9。造成这种现象的主要原因是真实的 4K 图像与其对应的伪 4K 图像之间的差距很小，肉眼难以分辨。对于传统的人为失真来说，这项任务中的差异微乎其微，甚至很多伪 4K 图像的质量都要优于传统质量评价数据库里的参考图像。从结果上看，我们算法的性能明显优于其他流行的无参考质量评价模型。我们算法的 SROCC 值超过 0.8，PLCC 值接近 0.85，而其他算法的 SROCC 值大都低于 0.7，PLCC 值低于 0.8。

通过观察分类算法中常用的指标精确率、召回率和准确率的结果，我们还可以得出这样的结论: 每个模型都具有较强的判断能力，而伪 4K 图像的判断准确度要优于真 4K 图像。此外，我们提出的算法具有最佳的性能，综合判断精度超过 97%。因此，我们的算法具有优秀的区分真实和伪 4K 图像的能力，并且这种能力与主观感知分数呈正相关关系。

表 7.7 提出算法和对比算法的性能结果

指标	BPRI	BMPRI	BRISQUE	CPBD	NFERM	GMLF
SROCC	0.3506	0.3594	0.6651	0.5963	0.6708	0.2387
PLCC	0.5614	0.6534	0.6696	0.6194	0.6662	0.2376
KROCC	0.2956	0.2308	0.5061	0.4315	0.4990	0.1594
RMSE	13.5928	12.4345	12.2003	12.8950	12.2497	14.2550
Precision_T	0.9097	0.5890	0.8795	0.5522	0.9653	0.3433
Precision_F	0.9727	0.9441	0.9477	0.9349	0.9299	0.9196
Recall_T	0.7771	0.5486	0.5629	0.4686	0.3971	0.3600
Recall_F	0.9904	0.9522	0.9904	0.9525	0.9982	0.9140
准确率	0.9667	0.9074	0.9429	0.8988	0.9315	0.8525
指标	HOSA	NIQE	IL-NIQE	LPSI	QAC	(Pro.)
SROCC	0.7153	0.5223	0.3819	0.5782	0.6866	0.8136
PLCC	0.7296	0.5691	0.3437	0.7629	0.6427	0.8447
KROCC	0.5299	0.3797	0.2593	0.5051	0.5204	0.6472
RMSE	11.4445	13.5061	15.4249	10.6193	12.5836	7.9403
Precision_T	0.6613	0.7550	0.1469	0.7188	0.4868	0.9748
Precision_F	0.9496	0.9442	0.9081	0.9942	0.8920	0.9807
Recall_T	0.5914	0.5371	0.4600	0.7886	0.2114	0.9138
Recall_F	0.9622	0.9782	0.6663	0.9936	0.9722	0.9914
准确率	0.9210	0.9293	0.6434	0.9708	0.8877	0.9781

实验验证结果表明,在预测超高清内容清晰度的用户体验质量上,本算法优于其他最新的无参考质量评价模型,并且具有良好的区分原始和伪超高清图像的能力。

7.4 本 章 小 结

本章围绕视频质量展开探讨,并针对无线视频流和超高清视频介绍了几种特定的质量评价方法:

(1) 低码率视频的多维感知质量评价:探讨了在不同条件下评估低比特率视频的感知视觉质量的问题。首先进行了广泛的主观测试来评估低比特率视频的感知质量,该测试涵盖了 150 个测试场景,包括五个不同的维度:编码器类型、视频内容、比特率、帧大小和帧率。基于所获得的主观测试结果,进行了深入的统计分析,以研究不同维度对感知质量的影响,并指出了一些有趣的观察结果。我们相信,这样的研究为跨维视频质量评估带来了新的知识,并且它在移动网络上可扩展视频的感知视频适配中有着直接的应用。

(2) 基于用户感知质量评价的三维可伸缩视频适配:我们提出了一种低复杂度算法,该算法在资源有限的用户端执行,可以定量和符合用户感知地评估不同空间、时间和信噪比组合下的视频质量。在视频质量度量的基础上,进一步提出了一种高效的适配算法，该算法将可缩放视频动态地适配到合适的三维组合。实验结果证明了我们提出的感知视频适配框架的有效性。

(3) 超高清内容清晰度用户体验质量评价：针对多媒体行业对超高清内容清晰度用户体验评价的迫切需求，我们提出了一种有效的无参考质量评价算法，预测目标内容的用户感知体验并区分原始和伪超高清内容。对目标内容做了分割，利用局部方差选择了三个代表性子块代替全局来提高计算效率。针对超高清内容的特性，提取了复杂度特征、频域特征和像素统计特征。采用支持向量回归的方法将这些提取的特征融合为一个质量指标，以预测目标内容的质量分数。实验结果表明，我们提出的模型可以有效地评估用户感知体验，并具有良好的辨别真假超高清内容的能力。

参 考 文 献

[1] Antkowiak J, Baina T J, Baroncini F V, et al. Final report from the video quality experts group on the validation of objective models of video quality assessment. 2000.

[2] Video Quality Experts Group. VQEG final report of FR-TV phase II validation test. 2003.

[3] Yuen M. Coding artifacts and visual distortions. Digital Video Image Quality and Perceptual Coding, 2017: 87-122.

[4] Yuen M, Wu H R. A survey of hybrid MC/DPCM/DCT video coding distortions. Signal Processing, 1998, 70(3): 247-278.

[5] Pastrana-Vidal R, Gicquel J C, Colomes C, et al. Sporadic frame dropping impact on quality perception. Image Quality and System Performance, 2004, 5292(1): 182-193.

[6] Cranley N, Perry P, Murphy L. Optimum adaptation trajectories for streamed multimedia. Multimedia Systems, 2005, 10(5): 392-401.

[7] Rajendran R, van der Schaar M, Chang S F. FGS+:Optimizing the joint SNR-temporal video quality in MPEG-4 fine grained scalable coding. Proceedings of IEEE International Symposium on Circuits and Systems, 2002, 1: 445-448.

[8] Wang Y, Chang S F, Loui A. Subjective preference of spatio-temporal rate in video adaptation using multi-dimensional scalable coding. Proceedings of IEEE International Conference on Multimedia and Expo, 2004, 3: 1119-1122.

[9] Martens J. Multidimensional modeling of image quality. Proceedings of IEEE International Conference on Computer Vision, 2002, 90: 133-153.

[10] Shnayderman A, Gusev A, Eskicioglu A M. An SVD-based grayscale image quality measure for local and global assessment. IEEE Transactions on Image Processing, 2006, 15(2): 422-429.

[11] ITU. Methodology for the subjective assessment of the quality of television pictures. Recommendation ITU-R BT. 500-11 ITU, 2002.

[12] Ghinea G, Thomas J P. Quality of perception: User quality of service in multimedia presentations. IEEE Transactions on Multimedia, 2005, 7(4): 786-789.

[13] ITU. Advanced video coding for generic audiovisual services. ITU-T Rec. H.264 (03/2005) MPEG-4 AVC/H.264 Video Group, 2005.

[14] Wiegand T, Sullivan G J, Bjontegaard G, et al. Overview of the h.264/avc video coding standard. IEEE Transactions on Circuits and Systems for Video Technology, 2003, 13(7): 560-576.

[15] Hogg R V, Ledolter J. Eng. Statist. New York: MacMillan, 1987.

[16] Sankar P, Ferrari L. Simple algorithms and architectures for B-spline interpolation. IEEE Transactions on Pattern Analysis and Machine Intelligence, 1988, 10(2): 271-276.

[17] Wolf S, Pinson M H. Spatial-temporal distortion metric for in-service quality monitoring of any digital video system. Multimedia Systems and Applications II. International Society for Optics and Photonics, 1999, 3845: 266-277.

[18] Kanumuri S, Cosman P C, Reibman A R, et al. Modeling packet-loss visibility in MPEG-2 video. IEEE Transactions on Multimedia, 2006, 8(2): 341-355.

[19] Koumaras H, Lin C H, Shieh C K, et al. A framework for end-to-end video quality prediction of MPEG video. Journal of Visual Communication and Image Representation, 2010, 21(2): 139-154.

[20] Lu X, Tao S, Zarki M E, et al. Quality-based adaptive video over the internet. Proceedings of CNDS, 2003.

[21] Minami S, Zakhor A. An optimization approach for removing blocking effects in transform coding. IEEE Transactions on Circuits and Systems for Video Technology, 1995, 5(2): 74-82.

[22] Marziliano P, Dufaux F, Winkler S, et al. A no-reference perceptual blur metric. International Conference on Image Processing, 2002, 3: 57-60.

[23] Adelson E, Bergen J. Spatiotemporal energy models for the perception of motion. Journal of the Optical Society of America A, 1985, 2(2): 284-299.

[24] Wang Z, Bovik A C, Sheikh H R, et al. Image quality assessment: From error visibility to structural similarity. IEEE Transactions on Image Processing, 2004, 13(4): 600-612.

[25] ITU. Parameter values for ultra-high definition television systems for production and international programme exchange ITU-T Recommendation, 2012.

[26] Zhai G, Min X. Perceptual image quality assessment: A survey. Science China Information Sciences, 2020, 63(11): 211301.

[27] Zhu W, Zhai G, Min X, et al. Multi-channel decomposition in tandem with free-energy principle for reduced-reference image quality assessment. IEEE Transactions on Multimedia, 2019, 21(9): 2334-2346.

[28] Soundararajan R, Bovik A C. RRED indices: Reduced reference entropic differencing for image quality assessment. IEEE Transactions on Image Processing, 2012, 21(2): 517-526.

[29] Mittal A, Soundararajan R, Bovik A C. Making a "completely blind" image quality analyzer. IEEE Signal Processing Letters, 2013, 20(3): 209-212.

[30] Xu J, Ye P, Li Q, et al. Blind image quality assessment based on high order statistics

aggregation. IEEE Transactions on Image Processing, 2016, 25(9): 4444-4457.

[31]　Zhai G. Wu X, Yang X, et al. A psychovisual quality metric in free-energy principle. IEEE Transactions on Image Processing, 2012, 21(1): 41-52.